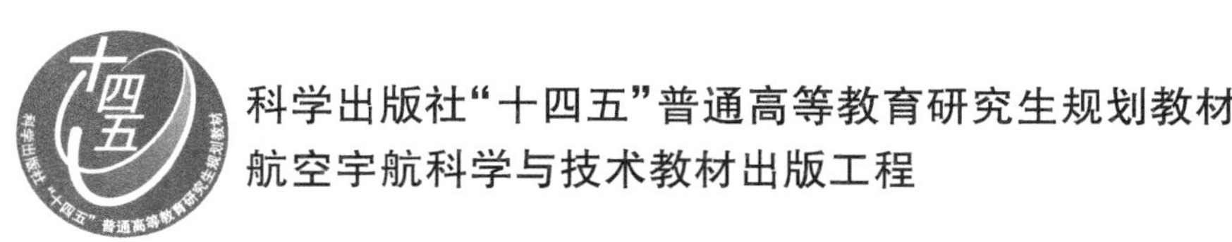

科学出版社"十四五"普通高等教育研究生规划教材
航空宇航科学与技术教材出版工程

# 远程火箭飞行动力学与制导

（第 2 版）

Launch Vehicle Flight Dynamics and Guidance
( Second Edition )

陈克俊　刘鲁华　孟云鹤　编著

科学出版社
北　京

## 内 容 简 介

本书是一部以运载火箭/弹道导弹的飞行动力学与制导为主题的教材。基本内容包括：地球与大气基础知识、坐标系及其坐标转换、变质量力学原理；飞行器飞行过程中所受作用力、力矩的定义和表示；飞行器空间运动方程及其简化；弹道导弹自由飞行段弹道方程、弹道参数计算及特性分析；再入段运动方程、运动特性分析与机动弹道工程设计；主动段运动方程、运动特性分析与弹道设计；主动段摄动原理及摄动制导方法；主动段显式制导原理及显式制导方法；再入制导原理及再入制导方法。

本书可作为高校航空宇航科学与技术等学科专业基础教材，亦可供其他相关学科高校师生及科研机构专业技术人员参考。

图书在版编目(CIP)数据

远程火箭飞行动力学与制导 / 陈克俊，刘鲁华，孟云鹤编著. -- 2 版. -- 北京 ：科学出版社，2024. 8.
(科学出版社"十四五"普通高等教育研究生规划教材)
(航空宇航科学与技术教材出版工程). -- ISBN 978-7-03-079199-3

Ⅰ. V412. 1;V448. 13

中国国家版本馆 CIP 数据核字第 2024YJ7492 号

责任编辑：徐杨峰 / 责任校对：谭宏宇
责任印制：黄晓鸣 / 封面设计：殷 靓

科学出版社 出版
北京东黄城根北街 16 号
邮政编码：100717
http：//www. sciencep. com

南京展望文化发展有限公司排版
广东虎彩云印刷有限公司印刷
科学出版社发行 各地新华书店经销

*

2024 年 8 月第 二 版 开本：787×1092 1/16
2025 年 4 月第四次印刷 印张：22
字数：508 000

**定价：98.00 元**

(如有印装质量问题，我社负责调换)

# 航空宇航科学与技术教材出版工程<br>专家委员会

# 航空宇航科学与技术教材出版工程
# 编写委员会

# 丛 书 序

我在清华园中出生,旧航空馆对面北坡静置的一架旧飞机是我童年时流连忘返之处。1973 年,我作为一名陕北延安老区的北京知青,怀揣着一张印有西北工业大学航空类专业的入学通知书来到古城西安,开始了延绵 46 年矢志航宇的研修生涯。1984 年底,我在美国布朗大学工学部固体与结构力学学门通过 Ph. D 的论文答辩,旋即带着在 24 门力学、材料科学和应用数学方面的修课笔记回到清华大学,开始了一名力学学者的登攀之路。1994 年我担任该校工程力学系的系主任。随之不久,清华大学委托我组织一个航天研究中心,并在 2004 年成为该校航天航空学院的首任执行院长。2006 年,我受命到杭州担任浙江大学校长,第二年便在该校组建了航空航天学院。力学学科与航宇学科就像一个交互传递信息的双螺旋,记录下我的学业成长。

以我对这两个学科所用教科书的观察:力学教科书有一个推陈出新的问题,航宇教科书有一个宽窄适度的问题。20 世纪 80~90 年代是我国力学类教科书发展的鼎盛时期,之后便只有局部的推进,未出现整体的推陈出新。力学教科书的现状也确实令人扼腕叹息:近现代的力学新应用还未能有效地融入力学学科的基本教材;在物理、生物、化学中所形成的新认识还没能以学科交叉的形式折射到力学学科;以数据科学、人工智能、深度学习为代表的数据驱动研究方法还没有在力学的知识体系中引起足够的共鸣。

如果说力学学科面临着知识固结的危险,航宇学科却孕育着重新洗牌的机遇。在军民融合发展的教育背景下,随着知识体系的涌动向前,航宇学科出现了重塑架构的可能性。一是知识配置方式的融合。在传统的航宇强校(如哈尔滨工业大学、北京航空航天大学、西北工业大学、国防科技大学等),实行的是航宇学科的密集配置。每门课程专业性强,但知识覆盖面窄,于是必然缺少融会贯通的教科书之作。而 2000 年后在综合型大学(如清华大学、浙江大学、同济大学等)新成立的航空航天学院,其课程体系与教科书知识面较宽,但不够健全,即宽失于泛、窄不概全,缺乏军民融合、深入浅出的上乘之作。若能够将这两类大学的教育名家聚集于一堂,互相切磋,是有可能纲举目张,塑造出一套横跨航空和宇航领域,体系完备、粒度适中的经典教科书。于是在郑耀教授的热心倡导和推动下,我们聚得 22 所高校和 5 个工业部门(航天科技、航天科工、中航、商飞、中航发)的数十位航宇专家为一堂,开启"航空宇航科学与技术教材出版工程"。在科学出版社的大力促进下,为航空与宇航一级学科编纂这套教科书。

考虑到多所高校的航宇学科,或以力学作为理论基础,或由其原有的工程力学系改造而成,所以有必要在教学体系上实行航宇与力学这两个一级学科的共融。美国航宇学科之父冯·卡门先生曾经有一句名言:“科学家发现现存的世界,工程师创造未来的世界……而力学则处在最激动人心的地位,即我们可以两者并举!”因此,我们既希望能够表达航宇学科的无垠、神奇与壮美,也得以表达力学学科的严谨和博大。感谢包为民先生、杜善义先生两位学贯中西的航宇大家的加盟,我们这个由18位专家(多为两院院士)组成的教材建设专家委员会开始使出十八般武艺,推动这一出版工程。

因此,为满足航宇课程建设和不同类型高校之需,在科学出版社盛情邀请下,我们决心编好这套丛书。本套丛书力争实现三个目标:一是全景式地反映航宇学科在当代的知识全貌;二是为不同类型教研机构的航宇学科提供可剪裁组配的教科书体系;三是为若干传统的基础性课程提供其新貌。我们旨在为移动互联网时代,有志于航空和宇航的初学者提供一个全视野和启发性的学科知识平台。

这里要感谢科学出版社上海分社的潘志坚编审和徐杨峰编辑,他们的大胆提议、不断鼓励、精心编辑和精品意识使得本套丛书的出版成为可能。

是为总序。

杨卫

2019年于杭州西湖区求是村、北京海淀区紫竹公寓

# 前　言

运载火箭和弹道导弹是以火箭发动机为动力，在控制系统作用下按预定的轨迹飞行至目标或进入轨道的飞行器。弹道导弹是无人驾驶的进攻性武器，其有效载荷是弹头；运载火箭是航天运载工具，其有效载荷是航天器。

为了保证飞行器能完成预定的任务。在研制、试验和实际应用过程中，均必须掌握飞行器的机械运动规律和制导控制原理。这样在设计过程中才能正确选择飞行器的参数(如起飞重量、发动机推力和控制系统参数等)，选择合理的飞行弹道保证飞行器按预定规律运动；在飞行试验过程中才能正确评定飞行试验结果，对飞行器及其各分系统的特性做出鉴定；在具体应用中才可能根据具体任务确定发射诸元，使飞行器准确入轨或攻击目标。研究这类飞行器运动规律的专门学科为飞行力学，它是应用力学的一个新分支。飞行力学与研究一般力学对象运动规律的理论力学既有区别又有联系，在理论力学中给出了一般力学对象做机械运动时所应遵循的普遍规律和描述其运动的运动微分方程，飞行力学则根据理论力学的普遍规律深入分析弹道导弹和运载火箭及其有效载荷等对象作机械运动时的特殊矛盾，建立描述其运动的微分方程，揭示飞行器运动的客观规律，并运用这些规律来解决实际工程问题。由于飞行器是一个复杂的系统，描述其运动的微分方程组在战术技术精度指标要求愈高时愈为复杂，在工程上常将这类飞行器的运动分为质心运动和绕质心运动两部分进行研究，相应的飞行力学也就分为飞行动力学与制导和姿态动力学与控制两部分内容。

自 1958 年我校建立飞行力学专业以来，关于飞行动力学与制导部分的内容：1980 年由贾沛然和沈为异编写了铅印教材《弹道导弹弹道学》，1993 年由贾沛然、陈克俊和何力在《弹道导弹弹道学》基础上结合本专业多年的教学科研实践编写出版了教材《远程火箭弹道学》，1997 年由赵汉元教授编写出版了教材《飞行器再入动力学与制导》，1987～1999 年由程国采教授陆续编写出版了教材《弹道导弹制导方法与最优控制》(1987 年)、《战术导弹导引方法》(1996 年)和《航天飞行器最优控制理论与方法》(1999 年)，这一系列教材充分反映出了本专业领域多年的教学和科研成果，以及有关问题研究应用所需基础。根据本专业教育发展需要，考虑到我国航天事业的发展状况，参阅大量国内外近几年来的有关书籍和论文，在原系列教材的基础上编写了这本《远程火箭飞行动力学与制导(第 2 版)》教材。全书共 9 章。第 1 章介绍了飞行动力学的基础知识，包括地球的运动及形状、地球大气、坐标系间的方向余弦阵及矢量导数的关系、常用坐标系及相互转换关系、变质量力学基本定理;第 2 章介绍了远程火箭飞行的力学环境,分析讨论了飞行器在主动段飞行中所受到的作用力和力矩;第 3 章建立了空间运动方程,对主动段运动方程进行了严格的推导,并分析建立了保证一定精度的计算方程;第 4 章建立了自由飞行段轨道方程,分析了自由飞行段弹道特性,对以弹头为对象的自由段射程、飞行时间与主动段终点参数关系等进行了讨论,介绍了地球旋转对自由段射程及误差系数的影响及考虑地球扁率的自由段微分方程;第 5 章建立了再入段运动方程,分析讨论了零攻角再入弹道特性和有升力再入弹道特性,并分析介绍了再入机动弹道设计方法;第 6 章对飞行器主动段运动特性进行了分析,分析讨论了火箭总体设计中的参数选择问题,介绍了主动段弹道设计中飞行程序选择的工程方法及优化设计方法,并对远程多级固体火箭的能量管理问题进行了讨论。第 7 章介绍了主动段制导控制的基本概念和摄动制导的基本原理,分析讨论了按速度关机进行射程控制和按射程偏差关机进行射程控制等典型的主动段摄动制导方法,以及横向导引和法向导引方法;第 8 章介绍了主动段显式制导的基本原理,分析讨论了需要速度制导、迭代制导及 $E$ 制导等显式制导方法;第 9 章介绍了再入制导的基本原理和方法,分析讨论了(广义)标准轨道再入制导方法、最优再入机动末制导方法等再入段的制导方法。

本教材对飞行力学专业的传承与发展具有重要意义,在科学出版社"航空宇航科学与技术教材出版工程"的支持下进行再版,完善了书中部分表述并增加了简介与附录。在编著过程中,除了作者所在单位的同志们给予了关心和支持外,还得到了工业设计部门、兄弟院校及应用单位科技工作者的关心,为图书的出版提供了宝贵的资料,提出了有益的建议,作者在此对所有同志表示衷心的感谢!

本书由陈克俊、刘鲁华和孟云鹤编写,最后由陈克俊负责全书的统稿工作。鉴于编著者水平有限,本书虽经多次修改,缺点和错误仍难避免,恳请读者斧正。

编著者于湖南长沙

2023 年 8 月

# 目　　录

# 第1章 飞行动力学的基础知识

对于远程运载火箭和弹道导弹等飞行器，根据其飞行过程中的受力情况，通常可将其飞行轨道分段进行研究。首先根据飞行器主发动机工作与否，将飞行轨道分为两段：主动段和被动段。而被动段又可根据飞行器所受空气动力的大小分为自由飞行段和再入飞行段。将飞行轨道进行分段的目的是在不同的飞行段上采用不同的方法来求解运动微分方程，以获得飞行器运动的客观规律。

现以远程弹道为例介绍各飞行阶段的特点。

1. 主动段

主动段是指从导弹离开发射台开始，到主发动机停止工作为止的一段弹道。因为在这一飞行阶段中发动机一直工作，故称为主动段，或动力飞行段。该段的特点是发动机和控制系统一直处于工作状态。作用在弹体上的主要有引力、发动机推力、空气动力和控制力，以及与之相应的力矩。导弹主发动机点火工作，当其提供的推力超过导弹所受的重力后，导弹从发射台起飞做垂直上升运动，垂直上升段的持续时间为 10 s 左右，此时离地面的高度约 200 m，速度约为 40 m/s。此后，导弹在控制系统作用下开始“转弯”，并指向“目标”。随着时间的增长，导弹的飞行速度、飞行距离逐渐增大，而速度与发射点处地平线的夹角 $\theta$ 逐渐减小。当发动机关机时，即到主动段终点 $K$ 时，导弹的速度约 7 000 m/s，离地面的高度约为 200 km，离发射点 $O$ 的水平距离约为 700 km。整个主动段的飞行时间为 200~300 s。

2. 被动段

被动段是指从主发动机推力为零开始，到导弹落向地面为止的一段弹道。在被动段开始时，弹头与弹体已分离，这一段弹道就是弹头的弹道。若在弹头上不安装动力装置与控制系统，则弹头依靠在主动段终点处获得的能量做惯性飞行。由于该段弹头不受发动机推力作用，因此将该段称为被动段或无动力飞行段。虽然在被动段不对弹头进行控制，但作用在弹上的力是可以相当精确地获得的，故而可较准确地掌握弹头的运动规律，保证弹头在一定射击精度要求下命中目标。

前面已提及被动段可分为自由段和再入段，这主要是由于自由段的飞行高度较高，空气稀薄，可以略去空气动力的影响，而再入段要考虑空气动力对弹头的作用。由于空气密度随高度变化是连续的，因而划出一条有、无空气的边界是不可能的。为了简化研究问题，人为地以一定高度划出一条边界作为大气边界层。事实上，一般离地面高度 70 km 左右处的大气密度只有地面大气密度的万分之一，因此可取该高度为自由段与再入段的分界点。

(1) 自由段。因为远程导弹主动段终点高度约为 200 km,弹头由主动段终点飞行至再入点这一段是在极为稀薄的大气中飞行,作用在弹头上的引力远大于空气动力,故可近似地将空气动力略去,即认为弹头在真空中飞行。我们将会知道,自由段弹道可近似看作椭圆曲线的一部分,并且此段弹道的射程和飞行时间占全弹道的 80%以上。

考虑到对中近程导弹而言,其主动段终点高度在 100 km 左右,为讨论问题方便,有时将再入点取为与主动段终点等高度的点。

需要指出的是,导弹在主动段运动时,因受到空气动力矩和控制力矩的作用,而产生绕质心的旋转运动。因此,在主动段终点(即自由段起点)处,导弹绕质心的旋转角速度一般不为零,并且由于弹头与弹体分离时的扰动,使得在自由段不受空气动力矩和控制力矩作用的弹头不会保持其分离时的姿态,而是以固定的角速度绕其质心自由地转动。

(2) 再入段。再入段就是弹头重新进入稠密大气层后飞行的一段弹道。弹头高速进入大气层后,将受到巨大的空气动力作用,由于空气动力的制动作用远远大于重力的影响,这既会引起导弹剧烈的气动加热,也会使导弹做急剧的减速运动。所以,弹头的再入段弹道与自由段有着完全不同的特性。

为了后面集中篇幅研究远程火箭各飞行段的运动规律,在本章中,就地球自身的运动及形状、地球大气、坐标系间方向余弦阵及矢量导数的关系、常用坐标系及其相互转换,以及变质量力学基本原理等进行介绍。

## 1.1 地球的运动及形状

火箭是从地球上发射出去的。我们关心火箭相对于地球的运动状态、轨迹,作为武器系统的导弹,它在地球上的落点位置是关键的参数。因此,必须对地球的运动规律及形状有一定的认识。

### 1.1.1 地球的运动

众所周知,地球作为围绕太阳运动的行星,它既有绕太阳的转动(公转),也有绕自身轴的转动(自转)。

地球质心绕太阳公转的周期为一年,轨迹近似为一椭圆。椭圆的近日距离约为 1.471 亿千米,远日距离约为 1.521 亿千米,是一个近圆轨道。

地球自转是绕地轴进行的。地轴与地球表面相交于两点,分别称为地理北极和地理南极。地球自转角速度矢量与地轴重合,指向地理北极。

地轴在地球内部有位置变化,反映为地球两极的移动,称为极移。极移的原因是地球内部和外部的物质移动。极移的范围很小,就 1967~1973 年的实际情况而论,仅有 15 m 左右。

地球除有极移还有进动。地球为一扁球体,过地心作垂直于地轴的平面,它与地球表面的截痕称为赤道。太阳相对地球地心运动的轨道称为黄道。月球相对地心运动的轨道称为白道。由于黄道与赤道不共面(两轨道面的夹角为 23°26′),而白道比较靠近黄道

（白道平面与黄道平面的夹角平均为 5°9′），因此，太阳和月球经常在赤道平面以外对赤道隆起部分施加不平衡的引力。如果地球没有自转，该力将使地球的赤道平面逐渐靠近黄道平面。由于地球自转的存在，上述作用力不会使地轴趋向于黄轴，而是以黄轴为轴做周期性的圆锥运动，这就是地轴的进动。地轴的进动方向与地球自转方向相反，进动的速度是每年 50. 29″，因此进动的周期约为 25 800 年。黄道平面与赤道平面的交线与地球运行轨道有两个交点，即所谓的春分点和秋分点。春分点是指太阳相对于地心运动时，由地球赤道面以南穿过赤道面的点。秋分点则是太阳由赤道面以北穿过赤道面的点。由于地轴的进动，春分点在空中是自东向西移动的。

此外，由于白道平面与黄道平面的交线在惯性空间有转动，从北黄极看该交线按顺时针方向每年转动约 19°21′，约 18. 6 年完成一周，致使月球对地球的引力作用也同样有周期性变化，从而引起地轴除绕黄轴进动外还存在章动。

由上述简介可见，地球的运动是一种复杂运动。

在研究运载火箭及远程导弹的运动规律时，上述影响地球运动的因素除地球自转外，均不予考虑，因为它们对火箭及导弹飞行运动规律的影响是极小的。因此，本书以后的讨论中即认为地球的地轴在惯性空间内的指向不变，地球以一常值角速度绕地轴旋转。

为了描述地球的自转角速度，则需用到时间计量单位。在很大程度上人们的日常生活由太阳所决定，因此，把真太阳相继两次通过观测者子午圈所经历的时间间隔称为一个真太阳日。但真太阳相对地心的运动是在黄道平面做椭圆运动，真太阳日的长度不是常值，不便生活中使用。为此，人们设想一个“假太阳”，它也和真太阳一样，按相同的周期及同一方向绕地球运行，但有两点差别：① 它的运行轨道面是赤道平面，而不是黄道平面；② 运动速度是均匀的，等于真太阳在黄道上运动速度的平均速度。这样就将“假太阳”两次过地球同一子午线的时间间隔称为一个平太阳日，一个平太阳日分为 24 个平太阳时。由于平太阳日是从正午开始，这就把同一白天分成两天。为方便人们生活习惯，将子夜算作一日的开始，所以实际民用时要比平太阳时早开始 12 小时。

地球绕太阳公转周期为 365. 256 36 个平太阳日。从图 1－1－1 可看出，地球自转一周所用的时间 $t$ 较一个平太阳日要短，即地球在一个平太阳日要转过的角度比 360° 要多 360°/365. 256 36≈1°。显然，地球绕太阳公转一周时，地球共自转了 366. 256 36 圈。因此，可得地球自转一周所要的时间为

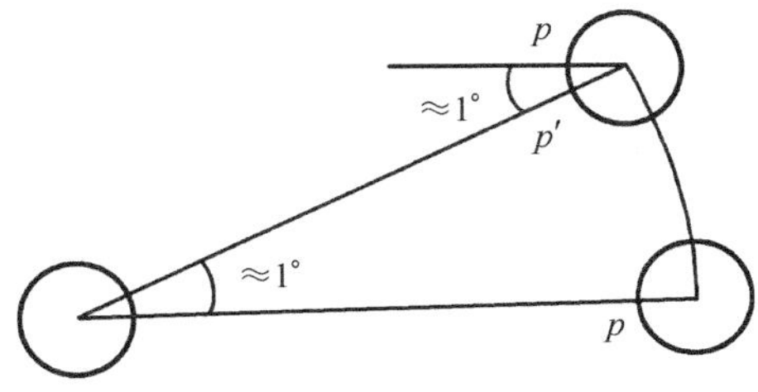

**图 1－1－1　平太阳日与公转关系示意图**

$$t = \frac{365.25636 \times 24 \times 3600}{366.25636} = 86164.0997\ \text{s}$$

故得地球自转角速度为

$$\omega_e = \frac{2\pi}{t} = 7.292115 \times 10^{-5}\ \text{rad/s}$$

### 1.1.2 地球的形状

地球是一个形状复杂的物体。由于地球自转,使其形成一个两极间距离小于赤道直径的扁球体。地球的物理表面也极不规则,近30%是大陆,近70%为海洋。世界最高峰是珠穆朗玛峰,海拔 8 848.86 m;世界最深的海沟是太平洋的马里亚纳海沟,深度是 11 034 m。地球的物理表面实际上是不能用数学方法描述的。

通常所说的地球形状是指全球静止海平面的形状。全球静止海面不考虑地球物理表面的海陆差异及陆上、海底的地势起伏。它与实际海洋静止表面相重合,而且包括陆地下的假想“海面”,后者是前者的延伸,两者总称大地水准面,如图 1-1-2 所示。大地水准面的表面是连续的、封闭的,而且没有皱褶与裂痕,故是一个等重力势面。由于重力方向与地球内部不均匀分布的质量吸引作用,因此,大地水准面的表面也是一个无法用数学方法描述的非常复杂的表面。实际上往往用一个较简单形状的物体来代替,要求该物体的表面与大地水准面的差别尽可能小,并且在此表面上进行计算没有困难。

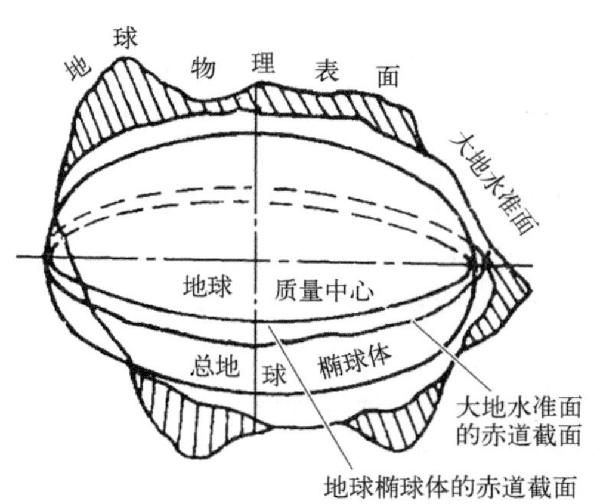


**图 1-1-2 地球物理表面、大地水准面与地球椭球体示意图**

作为一级近似,可以认为地球为一圆球,其体积等于地球体积。圆球体的半径 $R$ = 6 371 004 m。

在多数情况下,用一椭圆绕其短轴旋转所得的椭球体来代替大地水准面。该椭球体按下列条件确定:

(1) 椭球体中心与地球质心重合,而且其赤道平面与地球赤道平面重合;

(2) 椭球体的体积与大地水准面的体积相等;

(3) 椭球体的表面对大地水准面的表面偏差(按高度)的平方和必须最小。

按上述条件确定的椭球体称为总地球椭球体。用它逼近实际大地水准面的精度一般来说是足够的。

关于地球椭球体的几何尺寸,我国采用 1975 年国际大地测量和地球物理学联合会(IUGG)第十六届大会的推荐值:

地球赤道半径(即总椭球体长半轴) $a_e$ = 6 378 140 m;

地球扁率 $\alpha_e = \dfrac{a_e - b_e}{a_e} = 1/298.257$。

## 1.2 地球大气

虽然地球大气的全部质量大约仅为地球质量的百万分之一,可是大气对火箭的动力飞行弹道、近地卫星运行轨道和各种再入飞行器运动弹道均有较大的影响。这是因为任何物体只要有相对于大气的运动都会产生空气动力，故需介绍一些有关大气特性的基本知识。

### 1.2.1　地球大气分层

为了讨论大气的一般特性，比较方便的办法是根据大气的温度分布，把它分成几层。

1. 对流层

此为大气的最底层，它的底界是地面，顶部所在高度在赤道地区约为 18 km，在两极地区只有 8 km 左右。在对流层中集中了整个大气层质量的 75%左右及水汽的 95%。该层是大气变化最复杂的层次，一些大气现象，如风、云、雾、雷暴、积冰等均出现在这一层中。该层的主要特征如下。

（1）大气沿垂直方向上、下对流。地球表面和大气的热量主要来源是：太阳的辐射能、地球内部的热量、来自宇宙中其他星体的辐射能。据计算，来自太阳的热量比其他星球来的热量大一亿倍，比来自地球内部的热量大一万倍。而太阳辐射能有 51%被地面吸收，19%被大气和云吸收，30%被大气层反射、散射回宇宙空间，故地球表面温度较大气高，地球就像一个大火炉，使下面的大气受热上升，上面冷空气下降，这就发生了空气的对流。

（2）在该层内气温随高度离地面距离的增加而下降，平均而言，每上升 100 m，气温下降 0.65℃。因此，对流层顶部的温度常常低于零下五六十摄氏度。

（3）该层大气的密度和压力随高度增加而减小，到对流层的顶部，密度是地球表面处的 30%左右，压力是地球表面处的 22%左右。

2. 平流层

这一层范围高度在 11 km 上下到 50 km 上下。由高度 11 km 上下到 30 km 上下，称为同温层。在同温层中，大气从太阳吸收的热量等于散射的热量，温度几乎保持不变，对流运动比对流层显著减弱，整层的气流比较平稳。而高度由 30~50 km 这一区间，因存在臭氧（$O_3$），故称臭氧层。因臭氧对太阳辐射的波长在 0.2~0.3 μm 的短波紫外线的吸收能力强，愈接近太阳吸收能力愈强，在这种辐射作用下，臭氧发生分解，产生热量，使臭氧层温度随着高度的增加而增加。在整个平流层中，随着高度的升高，大气的密度和压力一直是下降的，如在 50 km 处的值，只有地球表面处相应值的 0.08%。

3. 中间层

高度在 50~90 km 上下范围。该层内温度随高度增加而下降，原因之一是臭氧浓度降低为零，另一原因是在该层内没有使温度明显变化的放热化学反应。

4. 电离层

该层大约从 50 km 高度起，延伸到地球上空数百千米处。其特点是空气成分被强烈地电离，因而有大量的自由电子存在。由于该层内空气密度已经很低，自由电子与正离子不会很快地复合。因此，即使在夜间不存在产生电离的太阳辐射时，电离层还继续存在。

5. 热成层

高度为 90~500 km 的区域。该层内温度随着高度的增加急剧升高，到达 300~500 km 处，温度就达到所谓的外逸层温度，在此高度以上，分子动力温度保持不变，热成层的大气

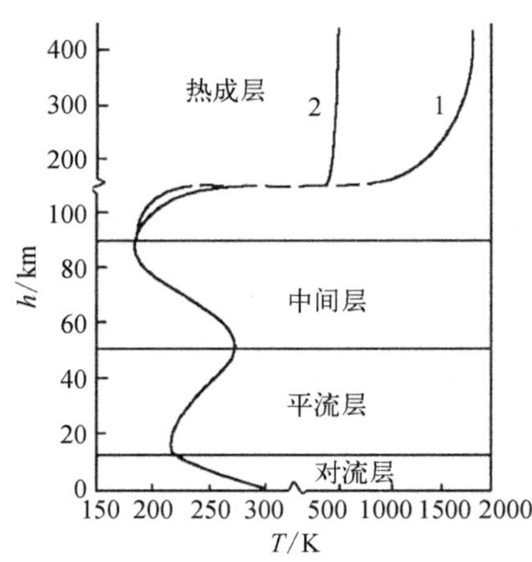


1—强太阳活动;2—弱太阳活动

**图1-2-1 大气分层和温度随高度的变化**

状况受太阳活动的强烈影响,在太阳扰动期间太阳的紫外辐射和微粒子辐射增强,使得大气压强、密度和平均分子量有较明显的变化。

6. 外逸层

高度处于500 km以上。这时空气密度极低,在1 000 km处,密度小于$10^{-13}$ kg/m$^3$,此时作用在宇宙飞行器上的空气动力基本上可以略去不计。

对于运载火箭而言,比上述高度低得多的高度上,大气的影响就小得可以不予考虑,一般只考虑到80~90 km处。

图1-2-1给出了各层的高度范围和温度随高度的变化曲线。

图1-2-2给出了大气的压强$p$、密度$\rho$和平均分子量$\mu$随高度的变化关系。

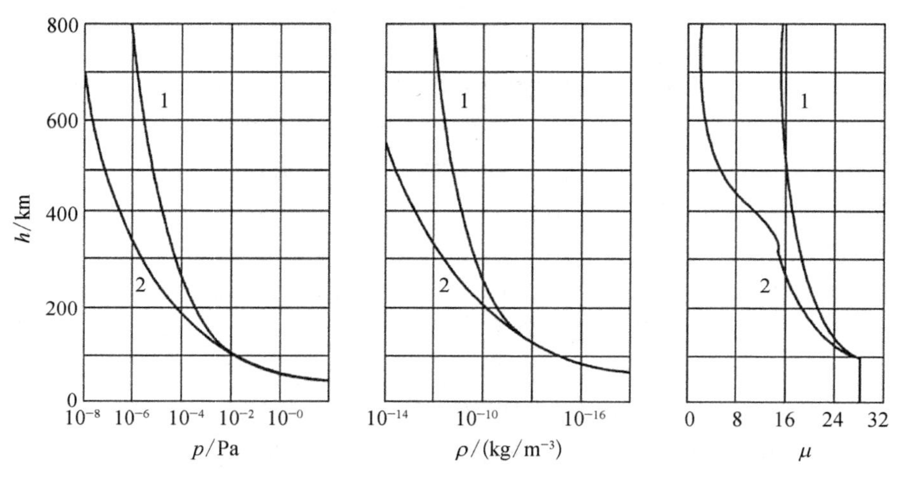


1—强太阳活动;2—弱太阳活动

**图1-2-2 压强、密度和平均分子量随高度的变化**

## 1.2.2 标准大气

运载火箭飞行状态是随高度变化的连续函数,它与随高度变化的大气状态参数(压强$p$、密度$\rho$、温度$T$及声速$a$等)有密切关系。实际大气中状态参数的变化是复杂的,它们不仅随高度变化,而且还与地理纬度、季节、昼夜及其他偶然因素有关。

在进行运载火箭弹道设计及计算时,只需要掌握大气变化的基本规律或基本状态,没有必要也不可能考虑实际发射对具体天气状态的影响。即使在进行飞行试验或实际战斗使用时,需顾及实际大气状态,也只需考虑实际大气状态与基本状态的差别带来的影响。在实际工作中常采用下列两种方法来求解有关大气状态参数基本规律或状态。

1. 大气变化规律

以下可根据气体状态方程和流体静力学平衡方程导出大气变化规律，并将其作为大气的标准分布。在物理学中已介绍气体状态方程为

$$p = \frac{\bar{R}}{\mu}\rho T \tag{1-2-1}$$

式中，$\bar{R}$ 为通用气体常数，其值为 8.314 31±0.31 J/(mol·K)；$\mu$ 为气体分子数，在高度为 0~90 km 范围内取 $\mu = \mu_0 = 28.964$。由式(1-2-1)看出，大气参数 $p$、$\rho$、$T$ 中的任意两个已知则可求出第三个参数。所以这三个参数中只有两个是独立的。

实际使用中，气体状态方程常采用的形式是

$$p = Rg_0\rho T \tag{1-2-2}$$

其中，$R = \dfrac{\bar{R}}{\mu g_0}$ 称为标准气体常数，$R = 29.27$ kgf* ·m/(kg·K)。

1）温度 $T$ 随高度的标准分布

根据图 1-2-1 之温度随高度的变化曲线，在 $h$ 为 0~80 km 范围内可近似用一组折线来表示温度与高度的变化关系，如图 1-2-3 所示，显然，这就可用直线方程来描述各段的变化规律：

$$T(h) = T_0 + Gh \tag{1-2-3}$$

其中，$T_0$ 为每一层底层的温度；$G$ 为每一层的温度梯度；$h$ 为距该层底层的高度。

显然，对于不同的层取值不同。例如，对流层中取 $G = -0.65° \times 10^{-2}$/m；同温层中取 $G = 0$。

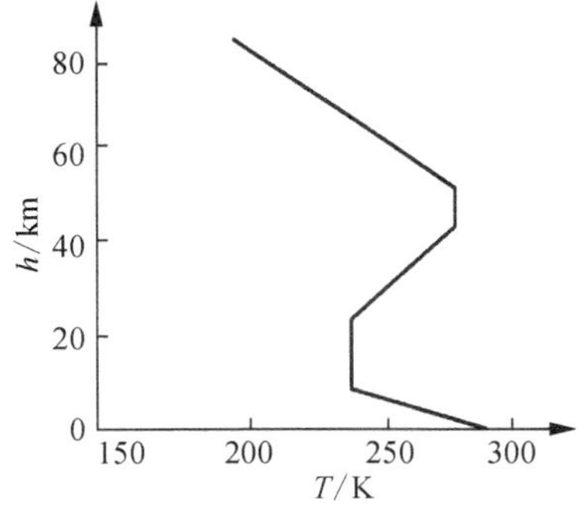


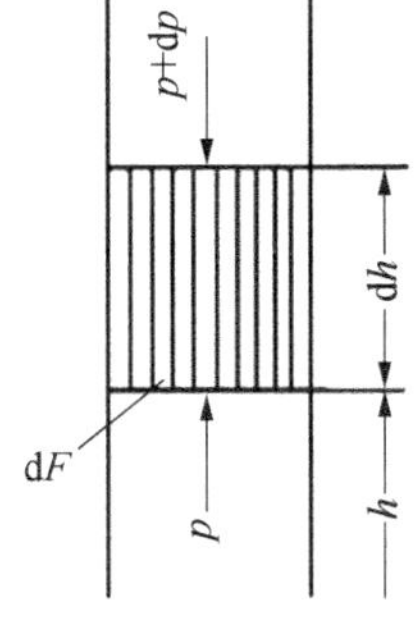


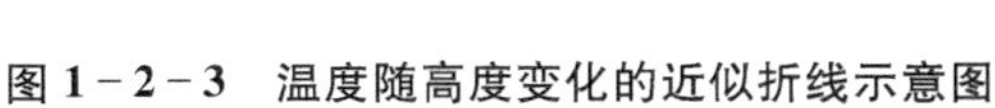

图 1-2-3　温度随高度变化的近似折线示意图　　图 1-2-4　空气柱的铅垂平衡

2）气压 $p$ 随高度的标准分布

大气的实际压强 $p$ 和气温一样，变化是复杂的。为了求得其标准分布，引入“大气垂直平衡”假设。即认为大气在铅垂方向是静止的，处于力的平衡状态。据此可在离地面 $h$ 处，取一厚度为 d$h$ 的气柱，见图 1-2-4，气柱的上、下底面积为 d$F$，设上、下底面处气压

* 1 kgf = 9.806 65 N。

分别为 $(p+\mathrm{d}p)$ 和 $p$，现以此 $\mathrm{d}h$ 厚的气体为受力对象，则其上、下底面处分别受力为 $(p+\mathrm{d}p)\mathrm{d}F$ 和 $p\mathrm{d}F$ 的作用。该气柱的重量为 $\rho g\mathrm{d}F\mathrm{d}h$，根据假设此三力平衡，则

$$(p+\mathrm{d}p)\mathrm{d}F+\rho g\mathrm{d}F\mathrm{d}h-p\mathrm{d}F=0$$

即有

$$\mathrm{d}p=-\rho g\mathrm{d}h \tag{1-2-4}$$

由此可知，大气压强为单位面积气柱的质量所产生。由理想气体状态方程有

$$\rho=\frac{p}{RTg_0}$$

将其代入式(1-2-4)，则有

$$\frac{\mathrm{d}p}{p}=-\frac{g}{RTg_0}\mathrm{d}h$$

上式积分可得

$$p=p_0\mathrm{e}^{-\frac{1}{Rg_0}\int_0^h\frac{g}{T}\mathrm{d}h} \tag{1-2-5}$$

其中，$p_0$ 为 $h=0$ 处大气压强。

令

$$H=\frac{1}{g_0}\int_0^h g\mathrm{d}h \tag{1-2-6}$$

式中，$H$ 为地势高度，相当于具有同等势能的均匀重力场中的高度。地势高度 $H$ 总小于几何高度 $h$，但在高度不大时二者差别较小。

利用式(1-2-6)，可将式(1-2-5)改写为

$$p=p_0\mathrm{e}^{-\frac{1}{R}\int_0^H\frac{\mathrm{d}H}{T}} \tag{1-2-7}$$

在弹道计算中有时为简便起见，忽略 $H$ 与 $h$ 的差别，而取：

$$p=p_0\mathrm{e}^{-\frac{1}{R}\int_0^h\frac{\mathrm{d}h}{T}} \tag{1-2-8}$$

将 $T(h)$ 表达式(1-2-3)代入上式，即可得气压的基本变化规律。气压随高度的增加而减小，是因高度越高同体积气柱的质量愈小的缘故。

3) 密度随高度的分布规律

由气体状态方程：

$$p=\rho g_0RT$$

则有

$$\frac{\rho}{\rho_0}=\frac{pT_0}{p_0T}=\frac{T_0}{T}e^{-\frac{1}{Rg_0}\int_0^h\frac{g}{T}dh} \tag{1-2-9}$$

或

$$\frac{\rho}{\rho_0}=\frac{T_0}{T}e^{-\frac{1}{R}\int_0^H\frac{dH}{T}} \tag{1-2-10}$$

在分析运载火箭基本运动规律时，为了简便，还将压强和密度的计算作进一步近似，即认为在某一高度范围 $H_1$ 至 $H_2$ 内为等温过程，则有

$$\frac{p_2}{p_1}=\frac{\rho_2}{\rho_1}=e^{-\frac{H_2-H_1}{H_{M1}}} \tag{1-2-11}$$

式中，$H_{M1}=RT_1$，称为基准高或标高。

甚至有的文献认为在 0～80 km 范围内，取 $H_{M1}=H_{MCP}=7.11$ km，压强和密度可按下式计算：

$$\frac{p}{p_0}=\frac{\rho}{\rho_0}=e^{-\beta h} \tag{1-2-12}$$

其中，$\beta=1/H_{MCP}$，利用这种“准等温”大气模型与实际大气模型所算得的气体参数比较接近。

2. 编制标准大气表

标准大气表是以实际大气为特征的统计平均值为基础，并结合一定的近似数值计算所形成的，它反映了大气状态参数的年平均状况。

1976 年美国国家海洋和大气局、美国国家航空航天局、美国空军部联合制订了新的美国国家标准大气，它依据大量的探空火箭探测资料和人造地球卫星对一个以上完整的太阳活动周期的探测结果，把高度扩展到 1 000 km。1980 年我国国家标准总局根据航空航天部门的工作需要，发布了以 1976 年美国国家标准大气为基础，将 30 km 以下的数据定作中华人民共和国国家标准大气，30 km 以上的数据作为选用值。该标准大气表摘录于附录。

显然，利用标准大气表所算得的运载火箭运动轨迹，所反映的只是火箭“平均”运动规律。对火箭设计而言，只关心该型号火箭在“平均”大气状态下的运动规律，因此，运用标准大气表就可以了。对火箭飞行试验而言，也可以标准大气下的运动规律作为依据，然后再考虑实际大气条件与该标准大气的偏差对试验结果的影响，来对火箭的运动进行分析。

在进行弹道分析计算中，若将标准大气表的上万个数据输入到计算机中，工作量及存储量均是很大的。如能使用公式计算大气温度、密度、压强、声速等诸参数，既能节省许多内存容量，而且不必做大量的插值运算，可节省大量机时。杨炳尉在“标准大气参数的公式表示”一文中给出了以标准大气表为依据，采用拟合法得出的从海平面到 91 km 范围内的标准大气参数计算公式。运用该公式计算的参数值与原表之值的相对误差小于万分之三。可以认为利用这套公式进行弹道分析计算是足够精确的，可代替原标准大气表。

标准大气表用 $Z$ 表示几何高度，它与地势高度 $H$ 有下列换算关系：

$$H=Z/(1+Z/R_0) \tag{1-2-13}$$

其中，$R_0 = 6\,356.766$ km。

计算大气表参数的公式是以几何高度 $Z$ 进行分段，每段引入一个中间参数 $W$，它在各段代表不同的简单函数。各段统一选用海平面的值作参照值，以下标 $SL$ 表示，各段大气参数计算公式如下。

（1）$0 \leqslant Z \leqslant 11.019\,1$ km：

$$\begin{aligned} &W = 1 - H/44.330\,8 \\ &T = 288.15W(\mathrm{K}) \\ &p/p_{SL} = W^{5.255\,9} \\ &\rho/\rho_{SL} = W^{4.255\,9} \end{aligned} \tag{1-2-14}$$

（2）$11.019\,1 < Z \leqslant 20.063\,1$ km：

$$\begin{aligned} &W = \exp[(14.964\,7 - H)/6.341\,6] \\ &T = 216.650(\mathrm{K}) \\ &p/p_{SL} = 0.119\,53W \\ &\rho/\rho_{SL} = 0.158\,98W \end{aligned} \tag{1-2-15}$$

（3）$20.063\,1 < Z \leqslant 32.1619$ km：

$$\begin{aligned} &W = 1 + [(H - 24.902\,1)/221.552] \\ &T = 221.552W(\mathrm{K}) \\ &p/p_{SL} = 0.025\,158W^{-34.162\,9} \\ &\rho/\rho_{SL} = 0.032\,722W^{-35.162\,9} \end{aligned} \tag{1-2-16}$$

（4）$32.161\,9 < Z \leqslant 47.350\,1$ km：

$$\begin{aligned} &W = 1 + [(H - 39.749\,9)/89.410\,7] \\ &T = 250.350W(\mathrm{K}) \\ &p/p_{SL} = 2.833\,8 \times 10^{-3}W^{-12.201\,1} \\ &\rho/\rho_{SL} = 3.261\,8 \times 10^{-3}W^{-13.201\,1} \end{aligned} \tag{1-2-17}$$

（5）$47.350\,1 < Z \leqslant 51.412\,5$ km：

$$\begin{aligned} &W = \exp[(48.625\,2 - H)/7.923\,3] \\ &T = 270.650(\mathrm{K}) \\ &p/p_{SL} = 8.915\,5 \times 10^{-4}W \\ &\rho/\rho_{SL} = 9.492\,0 \times 10^{-4}W \end{aligned} \tag{1-2-18}$$

（6）$51.412\,5 < Z \leqslant 71.802\,0$ km：

$$\begin{aligned} &W = 1 - [(H - 59.439\,0)/88.221\,8] \\ &T = 247.021W(\mathrm{K}) \\ &p/p_{SL} = 2.167\,1 \times 10^{-4}W^{12.201\,1} \\ &\rho/\rho_{SL} = 2.528\,0 \times 10^{-4}W^{11.201\,1} \end{aligned} \tag{1-2-19}$$

(7) $71.8020 < Z \leqslant 86.000$ km：

$$
\begin{aligned}
&W = 1 - [(H - 78.0303)/100.2950] \\
&T = 200.590W(\mathrm{K}) \\
&p/p_{SL} = 1.2274 \times 10^{-5} W^{17.0816} \\
&\rho/\rho_{SL} = 1.7632 \times 10^{-5} W^{16.0816}
\end{aligned}
\tag{1-2-20}
$$

(8) $86.000 < Z \leqslant 91.000$ km：

$$
\begin{aligned}
&W = \exp[(87.2848 - H)/5.4700] \\
&T = 186.870(\mathrm{K}) \\
&p/p_{SL} = (2.2730 + 1.042 \times 10^{-3} H) \times 10^{-6} W \\
&\rho/\rho_{SL} = 3.6411 \times 10^{-6} W
\end{aligned}
\tag{1-2-21}
$$

在 0~91 km 范围内的声速公式为：

$$
a = 20.0468\sqrt{T(\mathrm{K})}\ (\mathrm{m/s}) \tag{1-2-22}
$$

# 1.3　坐标系间的方向余弦阵及矢量导数的关系

要描述带有方向性的物理量，如一个矢量（力和力矩，运动速度和位置等）、一个物体的姿态，均需选用适当的坐标系来描述。在讨论、研究物体的运动特性和规律时，必须将不同坐标系描述的物理量统一到一个坐标系中来进行。本节介绍任意两个坐标系间物理量的转换关系。

## 1.3.1　坐标系之间的方向余弦阵

设 $o_p - x_p y_p z_p$ 及 $o_q - x_q y_q z_q$ 为任意两个原点及坐标轴方向均不重合的右手直角坐标系。令矩阵 $\boldsymbol{P}_Q$ 是把 $x_q$、$y_q$、$z_q$ 坐标轴单位矢量变换成 $x_p$、$y_p$、$z_p$ 坐标轴单位矢量的转换矩阵，则有

$$
\boldsymbol{E}_p = \boldsymbol{P}_Q \boldsymbol{E}_q \tag{1-3-1}
$$

其中，

$$
\boldsymbol{E}_p = \begin{bmatrix} \boldsymbol{x}_p^0 \\ \boldsymbol{y}_p^0 \\ \boldsymbol{z}_p^0 \end{bmatrix},\quad \boldsymbol{E}_q = \begin{bmatrix} \boldsymbol{x}_q^0 \\ \boldsymbol{y}_q^0 \\ \boldsymbol{z}_q^0 \end{bmatrix}
$$

将式（1-3-1）乘以 $\boldsymbol{E}_q$ 的转置矩阵 $\boldsymbol{E}_q^{\mathrm{T}}$，并注意到 $\boldsymbol{E}_q \boldsymbol{E}_q^{\mathrm{T}} = \boldsymbol{I}$（单位矩阵），则有

$$
\boldsymbol{P}_Q = \boldsymbol{E}_p \boldsymbol{E}_q^{\mathrm{T}} = \begin{bmatrix} \boldsymbol{x}_p^0 \cdot \boldsymbol{x}_q^0 & \boldsymbol{x}_p^0 \cdot \boldsymbol{y}_q^0 & \boldsymbol{x}_p^0 \cdot \boldsymbol{z}_q^0 \\ \boldsymbol{y}_p^0 \cdot \boldsymbol{x}_q^0 & \boldsymbol{y}_p^0 \cdot \boldsymbol{y}_q^0 & \boldsymbol{y}_p^0 \cdot \boldsymbol{z}_q^0 \\ \boldsymbol{z}_p^0 \cdot \boldsymbol{x}_q^0 & \boldsymbol{z}_p^0 \cdot \boldsymbol{y}_q^0 & \boldsymbol{z}_p^0 \cdot \boldsymbol{z}_q^0 \end{bmatrix} \tag{1-3-2}
$$

上式可简记为

$$\boldsymbol{P}_Q = [a_{ij}] \quad i, j = 1, 2, 3 \tag{1-3-3}$$

其中，$a_{ij}$ 表示是第 $i$ 行、第 $j$ 列的元素，即

$$a_{11} = \boldsymbol{x}_p^0 \cdot \boldsymbol{x}_q^0 = \cos(\boldsymbol{x}_p, \boldsymbol{x}_q)$$

$$a_{12} = \boldsymbol{x}_p^0 \cdot \boldsymbol{y}_q^0 = \cos(\boldsymbol{x}_p, \boldsymbol{y}_q)$$

以此类推。

$\boldsymbol{P}_Q$ 矩阵中的九个元素是由两坐标系坐标轴夹角之余弦值组成，故称该矩阵为方向余弦阵。该矩阵为正交矩阵，证明如下：由 $\boldsymbol{E}_q = \boldsymbol{Q}_P\boldsymbol{E}_p$ 的方向余弦阵写出后有 $\boldsymbol{Q}_P = \boldsymbol{P}_Q^{\mathrm{T}}$，且由式(1-3-1)不难写出 $\boldsymbol{E}_q = \boldsymbol{P}_Q^{-1}\boldsymbol{E}_P$，可见 $\boldsymbol{P}_Q^{\mathrm{T}} = \boldsymbol{Q}_P = \boldsymbol{P}_Q^{-1}$，故得证。

对于具有正交性的方向余弦阵之九元素，因为它们满足每行(或列)自身点乘等于1、行与行(或列与列)之间互相点乘等于0，共有六个关系式，故只有三个元素是独立的。

两坐标系间方向余弦阵有一个最简单的形式，就是这两坐标系的三个轴中，有一组相对应的坐标轴平行，例如 $z_q$ 与 $z_p$ 平行，而 $y_q$ 与 $y_p$ 夹角为 $\xi$，则此时方向余弦阵为

$$\boldsymbol{P}_Q = \begin{bmatrix} \cos\xi & \sin\xi & 0 \\ -\sin\xi & \cos\xi & 0 \\ 0 & 0 & 1 \end{bmatrix} \triangleq \boldsymbol{M}_3[\xi] \tag{1-3-4}$$

所记 $\boldsymbol{M}_3[\xi]$ 即表示这两坐标系第三个轴平行而其他相应两轴夹角为 $\xi$ 的方向余弦阵。不难理解，可将此类方向余弦阵记成一般形式 $\boldsymbol{M}_i[\theta]$ $(i=1, 2, 3)$ 表示第 $i$ 轴平行，$\theta$ 为其他相应两轴的夹角，并称 $\boldsymbol{M}_i[\theta]$ 为初等转换矩阵。

现将坐标系间的方向余弦阵作一应用推广。若有三个右手直角坐标系：$o_s - x_sy_sz_s$，$o_p - x_py_pz_p$，$o_q - x_qy_qz_q$，根据式(1-3-1)可写出它们之间的方向余弦关系：

$$\boldsymbol{E}_s = \boldsymbol{S}_P\boldsymbol{E}_p$$

$$\boldsymbol{E}_p = \boldsymbol{P}_Q\boldsymbol{E}_q$$

$$\boldsymbol{E}_s = \boldsymbol{S}_Q\boldsymbol{E}_q$$

而由前两式可得

$$\boldsymbol{E}_s = \boldsymbol{S}_P\boldsymbol{P}_Q\boldsymbol{E}_q$$

将其与第三式比较，则有

$$\boldsymbol{S}_Q = \boldsymbol{S}_P\boldsymbol{P}_Q \tag{1-3-5}$$

由此可见，坐标系之间的方向余弦关系具有传递性。

### 1.3.2 坐标系转换矩阵的欧拉角表示法

我们可以将一坐标系视为一个刚体，将其相对于另一坐标系的原点经过三次转动

使这两坐标系相应轴重合，将这三个转动的角度作为独立变量来描述这两个坐标系的转换关系。这样，方向余弦阵中九元素就可用三个角度的三角函数来表示，这三个角度称为此两坐标系的欧拉角。

设有 $P$、$Q$ 两右手直角坐标系，为讨论方便，在图 1－3－1 中将两坐标系原点重合。为找出两坐标系的欧拉角，这里考虑的是将 $Q$ 坐标系先绕 $z_q$ 轴旋转 $\xi$ 角得 $o-x_1y_1z_q$ 系，再绕 $y_1$ 轴转 $\eta$ 角得 $o-x_py_1z_1$，最后绕 $x_p$ 旋转 $\zeta$ 角得 $o-x_py_pz_q$。根据初等转换矩阵可写出：

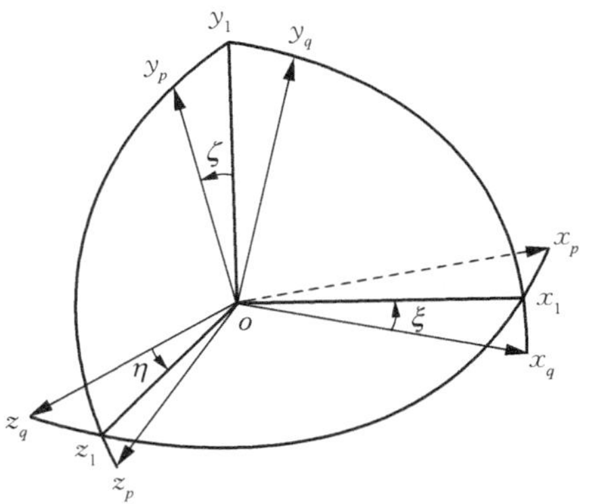

**图 1－3－1　两坐标系的欧拉角关系图**

$$\begin{bmatrix} x_1 \\ y_1 \\ z_q \end{bmatrix} = \boldsymbol{M}_3[\xi]\begin{bmatrix} x_q \\ y_q \\ z_q \end{bmatrix};\ \begin{bmatrix} x_p \\ y_1 \\ z_1 \end{bmatrix} = \boldsymbol{M}_2[\eta]\begin{bmatrix} x_1 \\ y_1 \\ z_q \end{bmatrix};\ \begin{bmatrix} x_p \\ y_p \\ z_p \end{bmatrix} = \boldsymbol{M}_1[\zeta]\begin{bmatrix} x_p \\ y_1 \\ z_1 \end{bmatrix} \tag{1-3-6}$$

再运用转换矩阵的递推性，可得

$$\boldsymbol{P}_Q = \begin{bmatrix} \cos\xi\cos\eta & \sin\xi\cos\eta & -\sin\eta \\ \cos\xi\sin\eta\sin\zeta - \sin\xi\cos\zeta & \sin\xi\sin\eta\sin\zeta + \cos\xi\cos\zeta & \cos\eta\sin\zeta \\ \cos\xi\sin\eta\cos\zeta + \sin\xi\sin\zeta & \sin\xi\sin\eta\cos\zeta - \cos\xi\sin\zeta & \cos\eta\cos\zeta \end{bmatrix} \tag{1-3-7}$$

上述即为用欧拉角 $\xi$、$\eta$、$\zeta$ 表示的两坐标系间方向余弦阵。由于任意两坐标系经转动至重合的三个角度与转动的次序有关，根据转动次序的排列数可知共有 6 种次序，亦即有 6 组不同的欧拉角，这样式(1－3－7)中的每个元素的表达式也就不同，但每个元素的值都是唯一的。

### 1.3.3　坐标系间矢量导数的关系

设有原点重合的两个右手直角坐标系，其中 $o-xyz$ 坐标系相对于另一坐标系 $P$ 以角速度 $\boldsymbol{\omega}$ 转动。$\boldsymbol{x}^0$、$\boldsymbol{y}^0$、$\boldsymbol{z}^0$ 为转动坐标系的单位矢量，则任意矢量 $\boldsymbol{a}$ 可表示为

$$\boldsymbol{a} = a_x\boldsymbol{x}^0 + a_y\boldsymbol{y}^0 + a_z\boldsymbol{z}^0 \tag{1-3-8}$$

将上式微分，得

$$\frac{\mathrm{d}\boldsymbol{a}}{\mathrm{d}t} = \frac{\mathrm{d}a_x}{\mathrm{d}t}\boldsymbol{x}^0 + \frac{\mathrm{d}a_y}{\mathrm{d}t}\boldsymbol{y}^0 + \frac{\mathrm{d}a_z}{\mathrm{d}t}\boldsymbol{z}^0 + a_x\frac{\mathrm{d}\boldsymbol{x}^0}{\mathrm{d}t} + a_y\frac{\mathrm{d}\boldsymbol{y}^0}{\mathrm{d}t} + a_z\frac{\mathrm{d}\boldsymbol{z}^0}{\mathrm{d}t} \tag{1-3-9}$$

定义：

$$\frac{\delta\boldsymbol{a}}{\delta t} = \frac{\mathrm{d}a_x}{\mathrm{d}t}\boldsymbol{x}^0 + \frac{\mathrm{d}a_y}{\mathrm{d}t}\boldsymbol{y}^0 + \frac{\mathrm{d}a_z}{\mathrm{d}t}\boldsymbol{z}^0 \tag{1-3-10}$$

该 $\delta \boldsymbol{a}/\delta t$ 是处于转动坐标系 $o-xyz$ 内的观测者所见到的矢量 $\boldsymbol{a}$ 随时间的变化率。对于该观测者而言，只有 $\boldsymbol{a}$ 的分量能变，而单位矢量 $\boldsymbol{x}^0$、$\boldsymbol{y}^0$、$\boldsymbol{z}^0$ 是固定不动的。但对于处于 $P$ 坐标系内的观测者来说，$\mathrm{d}\boldsymbol{x}^0/\mathrm{d}t$ 是具有位置矢量 $\boldsymbol{x}^0$ 的点由于转动 $\boldsymbol{\omega}$ 而造成的速度。由理论力学可知该点速度为 $\boldsymbol{\omega} \times \boldsymbol{x}^0$，同理可得

$$\frac{\mathrm{d}\boldsymbol{y}^0}{\mathrm{d}t} = \boldsymbol{\omega} \times \boldsymbol{y}^0,\ \frac{\mathrm{d}\boldsymbol{z}^0}{\mathrm{d}t} = \boldsymbol{\omega} \times \boldsymbol{z}^0$$

将上述关系式代入式(1-3-9)即得

$$\frac{\mathrm{d}\boldsymbol{a}}{\mathrm{d}t} = \frac{\delta \boldsymbol{a}}{\delta t} + \boldsymbol{\omega} \times \boldsymbol{a} \tag{1-3-11}$$

将 $\delta \boldsymbol{a}/\delta t$ 称为在转动坐标系 $o-xyz$ 中的“局部导数”(或称“相对导数”)。$\mathrm{d}\boldsymbol{a}/\mathrm{d}t$ 为“绝对导数”，相当于站在惯性坐标系中的观测者所看到的矢量 $\boldsymbol{a}$ 的变化率。

需要强调的是，实际推导中并未用到惯性坐标系的假设，因此，对于任意两个有相对转动的坐标系，关系式(1-3-11)是普遍成立的。

## 1.4 常用坐标系及其相互转换

在飞行力学中，为方便描述影响火箭运动的物理量及建立火箭运动方程，可建立多种坐标系。本节介绍其中常用的一些坐标系及这些坐标系的相互转换关系，另外一些坐标系将在具体章节中进行介绍和引用。

### 1.4.1 常用坐标系

1. 地心惯性坐标系 $O_E-X_IY_IZ_I$

该坐标系的原点在地心 $O_E$ 处，$O_EX_I$ 轴在赤道面内指向平春分点(由于春分点随时间变化具有进动性，根据1976年国际天文协会决议，1984年起采用新的标准历元，以2000年1月1.5日的平春分点为基准)，$O_EZ_I$ 轴垂直于赤道平面，与地球自转轴重合，指向北极，$O_EY_I$ 轴的方向是使得该坐标系成为右手直角坐标系的方向。

该坐标系可用来描述洲际弹道导弹、运载火箭的飞行弹道及地球卫星、飞船等的轨道。

2. 地心坐标系 $O_E-X_EY_EZ_E$

坐标系原点在地心 $O_E$ 处，$O_EX_E$ 在赤道平面内指向起始本初子午线(通常取格林尼治天文台所在子午线)，$O_EZ_E$ 轴垂直于赤道平面指向北极，$O_E-X_EY_EZ_E$ 组成右手直角坐标系。由于坐标 $O_EX_E$ 与所指向的子午线随地球一起转动，因此该坐标系为一动参考系。

地心坐标系对确定火箭相对于地球表面的位置很适用。

3. 发射坐标系 $O-xyz$

坐标原点与发射点 $O$ 固连，$Ox$ 轴在发射点水平面内指向发射瞄准方向，$Oy$ 轴垂直于发射点水平面指向上方，$Oz$ 轴与 $xOy$ 面相垂直并构成右手坐标系。由于发射点随地球一起旋转，所以发射坐标系为一动坐标系。

以上是该坐标系的一般定义。当把地球分别看成是圆球或椭球时，该坐标系的具体含义是不同的。过发射点的圆球表面的切平面与椭球表面的切平面不重合，即圆球时 $Oy$ 轴与过 $O$ 点的半径 $R$ 重合（图 1－4－1），而椭球时 $Oy$ 轴与椭圆过点 $O$ 的主法线重合（图 1－4－2），它们与赤道平面的夹角分别称为地心纬度（记作 $\phi_0$）和地理纬度（记作 $B_0$）。在不同的切平面内 $Ox$ 轴与子午线切线正北方向的夹角分别称为地心方位角（记作 $\alpha_0$）和射击方位角（记作 $A_0$），这些角度均以对着 $Oy$ 看去顺时针为正。

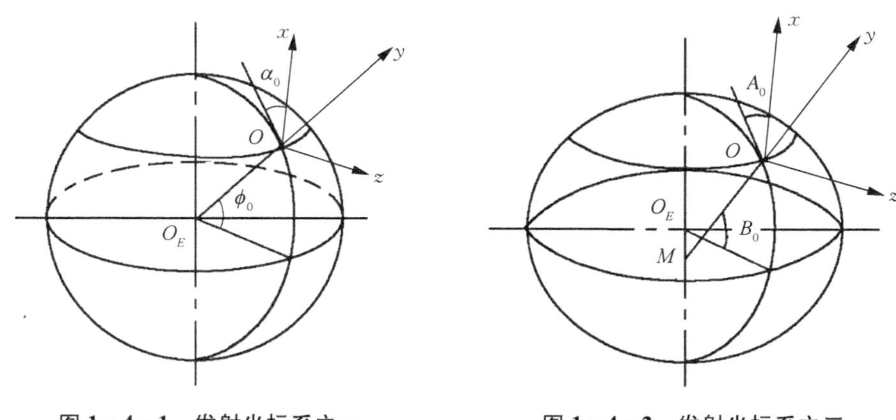


**图 1－4－1　发射坐标系之一**　　**图 1－4－2　发射坐标系之二**

利用该坐标系可建立火箭相对于地面的运动方程，便于描述火箭相对大气运动所受到的作用力。

4. 发射惯性坐标系 $o_A - x_A y_A z_A$

火箭起飞瞬间，$o_A$ 与发射点 $O$ 重合，各坐标轴与发射坐标系各轴也相应重合。火箭起飞后，$o_A$ 点及坐标系各轴方向在惯性空间保持不动。

利用该坐标来建立火箭在惯性空间的运动方程。

5. 平移坐标系 $o_T - x_T y_T z_T$

该坐标系原点根据需要可选择在发射坐标系原点 $O$，或是火箭的质心 $o_1$，$o_T$ 始终与 $O$ 或 $o_1$ 重合，但其坐标轴与发射惯性坐标系各轴始终保持平行。

该坐标系用来进行惯性器件的对准和调平。

6. 箭体坐标系 $o_1 - x_1 y_1 z_1$

坐标系原点 $o_1$ 为火箭的质心。$o_1 x_1$ 为箭体外壳对称轴，指向箭的头部；$o_1 y_1$ 在火箭的主对称面内，该平面在发射瞬时与发射坐标系 $xOy$ 平面重合，$y_1$ 轴垂直 $x_1$ 轴；$z_1$ 轴垂直于主对称面，顺着发射方向看去，$z_1$ 轴指向右方。$o_1 - x_1 y_1 z_1$ 为右手直角坐标系。

该坐标系在空间的位置反映了火箭在空中的姿态。

7. 速度坐标系 $o_1 - x_v y_v z_v$

坐标系原点 $o_1$ 为火箭的质心。$o_1 x_v$ 轴沿飞行器的飞行速度方向；$o_1 y_v$ 轴在火箭的主对称面内，垂直 $o_1 x_v$ 轴；$o_1 z_v$ 轴垂直于 $x_v o_1 y_v$ 平面，顺着飞行方向看去，$z_v$ 轴指向右方。$o_1 - x_v y_v z_v$ 亦为右手直角坐标系。

用该坐标系与其他坐标系的关系反映出火箭的飞行速度矢量状态。

### 1.4.2 各坐标系间转换关系

1. 地心惯性坐标系与地心坐标系的方向余弦阵

由定义可知这两坐标系中 $O_EZ_I$ 与 $O_EZ_E$ 是重合的,而 $O_EX_I$ 指向平春分点,$O_EX_E$ 指向所讨论时刻格林尼治天文台所在本初子午线与赤道的交点,$O_EX_I$ 与 $O_EX_E$ 的夹角可通过天文年历表查算得到,记该角为 $\Omega_G$,显然,这两个坐标系之间仅存在一个欧拉角 $\Omega_G$,不难写出两个坐标系的转换矩阵关系:

$$\begin{bmatrix} X_E \\ Y_E \\ Z_E \end{bmatrix} = \boldsymbol{E}_I \begin{bmatrix} X_I \\ Y_I \\ Z_I \end{bmatrix} \tag{1-4-1}$$

其中,

$$\boldsymbol{E}_I = \boldsymbol{M}_3[\Omega_G] = \begin{bmatrix} \cos\Omega_G & \sin\Omega_G & 0 \\ -\sin\Omega_G & \cos\Omega_G & 0 \\ 0 & 0 & 1 \end{bmatrix} \tag{1-4-2}$$

2. 地心坐标系与发射坐标系之间的方向余弦阵

设地球为一圆球,发射点 $O$ 在地球表面的位置可用经度 $\lambda_0$、地心纬度 $\phi_0$ 来表示,$Ox$ 指向射击方向,该轴与过 $O$ 点的子午北切线之夹角为地心方位角 $\alpha_0$。图 1-4-3 绘出两坐标系的欧拉角关系,为表达清晰将两坐标系原点重合,要使这两个坐标系各轴相应平行,可先绕 $O_EZ_E$ 轴反转 $90° - \lambda_0$,然后绕新坐标系 $O_EX'$ 正向转 $\phi_0$,即可将 $O_EY$ 轴转至与 $Oy$ 轴平行,此时再绕与 $Oy$ 平行的新的第二轴反转 $90° + \alpha_0$,即使得两坐标系相应各轴平行。而 $(90° - \lambda_0)$,$\phi_0$,$(90° + \alpha_0)$ 即为三个欧拉角。依据式(1-3-6)可写出方向余弦阵关系式:

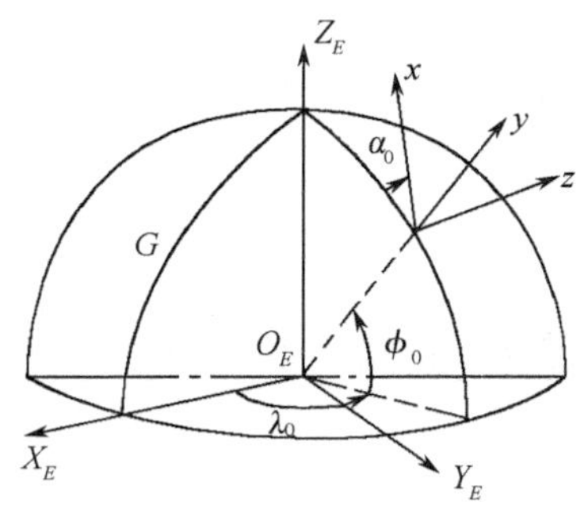

图 1-4-3 地心坐标系与发射坐标系的欧拉角关系图

$$\begin{bmatrix} \boldsymbol{x}^0 \\ \boldsymbol{y}^0 \\ \boldsymbol{z}^0 \end{bmatrix} = \boldsymbol{G}_E \begin{bmatrix} \boldsymbol{x}_E^0 \\ \boldsymbol{y}_E^0 \\ \boldsymbol{z}_E^0 \end{bmatrix} \tag{1-4-3}$$

其中,

$$\begin{aligned} \boldsymbol{G}_E &= \boldsymbol{M}_2[-(90° + \alpha_0)]\boldsymbol{M}_1[\phi_0]\boldsymbol{M}_3[-(90° - \lambda_0)] \\ &= \begin{bmatrix} -\sin\alpha_0\sin\lambda_0 - \cos\alpha_0\sin\phi_0\cos\lambda_0 & \sin\alpha_0\cos\lambda_0 - \cos\alpha_0\sin\phi_0\sin\lambda_0 & \cos\alpha_0\cos\phi_0 \\ \cos\phi_0\cos\lambda_0 & \cos\phi_0\sin\lambda_0 & \sin\phi_0 \\ -\cos\alpha_0\sin\lambda_0 + \sin\alpha_0\sin\phi_0\cos\lambda_0 & \cos\alpha_0\cos\lambda_0 + \sin\alpha_0\sin\phi_0\sin\lambda_0 & -\sin\alpha_0\cos\phi_0 \end{bmatrix} \end{aligned} \tag{1-4-4}$$

若将地球考虑为总地球椭球体,则发射点在椭球体上的位置可用经度 $\lambda_0$,地理纬度 $B_0$ 确定,$ox$ 轴的方向则以射击方位角 $A_0$ 表示。这样两坐标系间的方向余弦阵只需将式(1-4-4)中 $\phi_0$、$\alpha_0$ 分别用 $B_0$、$A_0$ 代替,即可得到。

3. 发射坐标系与箭体坐标系间的欧拉角及方向余弦阵

这两个坐标系的关系用以反映箭体相对于发射坐标系的姿态角。为使一般状态下的这两坐标系转至相应轴平行,现采用下列转动顺序:先绕 $Oz$ 轴正向转动 $\varphi$ 角,然后绕新的 $y'$ 轴正向转动 $\psi$ 角,最后绕新的 $x_1$ 轴正向转 $\gamma$ 角。图 1-4-4 绘出两坐标系的欧拉角关系,不难写出两个坐标系的方向余弦关系:

$$\begin{bmatrix} \boldsymbol{x}_1^0 \\ \boldsymbol{y}_1^0 \\ \boldsymbol{z}_1^0 \end{bmatrix} = \boldsymbol{B}_G \begin{bmatrix} \boldsymbol{x}^0 \\ \boldsymbol{y}^0 \\ \boldsymbol{z}^0 \end{bmatrix} \tag{1-4-5}$$

其中,

$$\begin{aligned} \boldsymbol{B}_G &= \boldsymbol{M}_1[\gamma]\boldsymbol{M}_2[\psi]\boldsymbol{M}_3[\varphi] \\ &= \begin{bmatrix} \cos\varphi\cos\psi & \sin\varphi\cos\psi & -\sin\psi \\ -\sin\varphi\cos\gamma+\cos\varphi\sin\psi\sin\gamma & \cos\varphi\cos\gamma+\sin\varphi\sin\psi\sin\gamma & \cos\psi\sin\gamma \\ \sin\varphi\sin\gamma+\cos\varphi\sin\psi\cos\gamma & -\cos\varphi\sin\gamma+\sin\varphi\sin\psi\cos\gamma & \cos\psi\cos\gamma \end{bmatrix} \end{aligned} \tag{1-4-6}$$

由图 1-4-4 可看出各欧拉角的物理意义。

$\varphi$ 称为俯仰角,为火箭纵轴 $Ox_1$ 在射击平面 $xOy$ 上的投影量与 $x$ 轴的夹角,投影量在 $x$ 的上方为正角;$\psi$ 称为偏航角,为轴 $Ox_1$ 与射击平面的夹角,$Ox_1$ 在射击平面的左方取正值;$\gamma$ 称为滚动角,为火箭绕 $Ox_1$ 轴旋转的角度,当旋转角速度矢量与 $Ox_1$ 轴方向一致,则 $\gamma$ 取为正值。

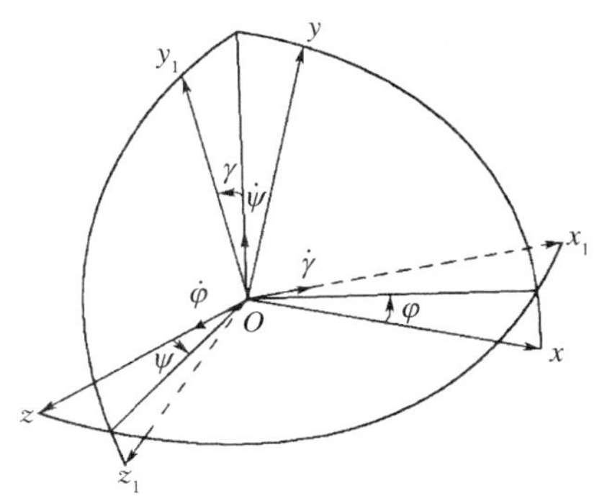


**图 1-4-4　发射坐标系与箭体坐标系间的欧拉角关系图**

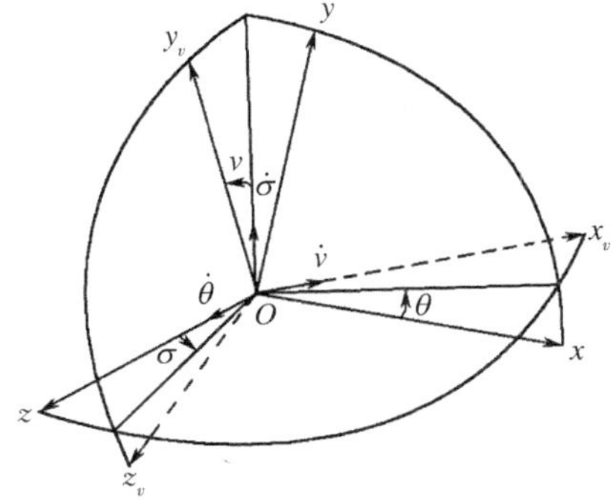


**图 1-4-5　发射坐标系与速度坐标系间的欧拉角关系图**

4. 发射坐标系与速度坐标系间的欧拉角及方向余弦阵

两个坐标系转动至平行的顺序及欧拉角可由图 1-4-5 看出,图中将两个坐标系原点重合,绕 $Oz$ 轴正向转动 $\theta$ 角(速度倾角),接着绕 $y'$ 轴正向转动 $\sigma$ 角(航迹偏航角),最后绕 $x_v$ 轴正向转动 $\nu$ 角(倾侧角),即可使地面坐标系与速度坐标系相重合,上述 $\theta$、$\sigma$、$\nu$ 角即为三个欧拉角,图 1-4-5 中表示的各欧拉角均定义为正值。不难写出这两个坐标系的方向余弦阵关系:

$$\begin{bmatrix} \boldsymbol{x}_v^0 \\ \boldsymbol{y}_v^0 \\ \boldsymbol{z}_v^0 \end{bmatrix} = \boldsymbol{V}_G \begin{bmatrix} \boldsymbol{x}^0 \\ \boldsymbol{y}^0 \\ \boldsymbol{z}^0 \end{bmatrix} \tag{1-4-7}$$

其中,$\boldsymbol{V}_G$ 为方向余弦阵,且有

$$\begin{aligned} \boldsymbol{V}_G &= \boldsymbol{M}_1[\nu]\boldsymbol{M}_2[\sigma]\boldsymbol{M}_3[\theta] \\ &= \begin{bmatrix} \cos\theta\cos\sigma & \sin\theta\cos\sigma & -\sin\sigma \\ -\sin\theta\cos\nu+\cos\theta\sin\sigma\sin\nu & \cos\theta\cos\nu+\sin\theta\sin\sigma\sin\nu & \cos\sigma\sin\nu \\ \sin\theta\sin\nu+\cos\theta\sin\sigma\cos\nu & -\cos\theta\sin\nu+\sin\theta\sin\sigma\cos\nu & \cos\sigma\cos\nu \end{bmatrix} \end{aligned} \tag{1-4-8}$$

5. 速度坐标系与箭体坐标系间的欧拉角及方向余弦阵

据定义,速度坐标系 $o_1y_v$ 轴在火箭主对称平面 $x_1o_1y_1$ 内。因此,这两个坐标系间的转换关系只存在两个欧拉角。将速度坐标系先绕 $o_1y_v$ 转 $\beta$ 角,$\beta$ 角称为侧滑角;然后,绕新的侧轴 $o_1z_1$ 转动 $\alpha$ 角,$\alpha$ 角称为攻角,即达到两个坐标系重合。图 1-4-6 给出两个坐标系的欧拉角关系,图中 $\alpha$、$\beta$ 均为正值方向。因此,可得两个坐标系的方向余弦关系为

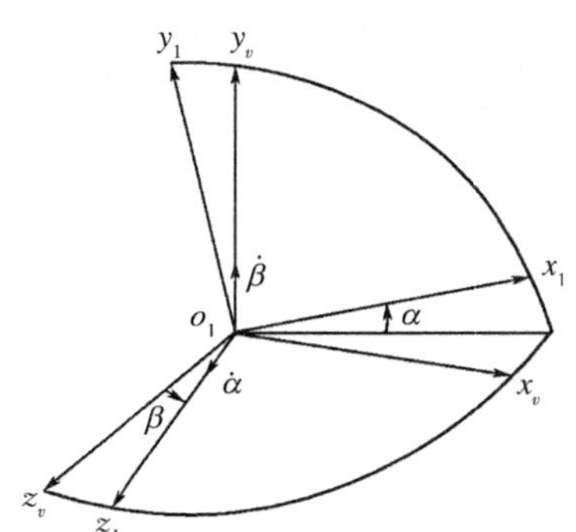


图 1-4-6　速度坐标系与箭体坐标系间的欧拉角关系图

$$\begin{bmatrix} \boldsymbol{x}_1^0 \\ \boldsymbol{y}_1^0 \\ \boldsymbol{z}_1^0 \end{bmatrix} = \boldsymbol{B}_V \begin{bmatrix} \boldsymbol{x}_v^0 \\ \boldsymbol{y}_v^0 \\ \boldsymbol{z}_v^0 \end{bmatrix} \tag{1-4-9}$$

其中,$\boldsymbol{B}_V$ 表示由速度坐标系到箭体坐标系的方向余弦阵,且有

$$\boldsymbol{B}_V = \boldsymbol{M}_3[\alpha]\boldsymbol{M}_2[\beta] = \begin{bmatrix} \cos\alpha\cos\beta & \sin\alpha & -\cos\alpha\sin\beta \\ -\sin\alpha\cos\beta & \cos\alpha & \sin\alpha\sin\beta \\ \sin\beta & 0 & \cos\beta \end{bmatrix} \tag{1-4-10}$$

由图 1-4-6 可看出这两个欧拉角的意义是:侧滑角 $\beta$ 是速度轴 $x_v$ 与箭体主对称面的夹角,顺 $o_1x_1$ 看去,$o_1x_v$ 在主对称面右方为正;攻角 $\alpha$ 是速度轴 $o_1x_v$ 在主对称面的投影与 $o_1x_1$ 的夹角,顺 $o_1x_1$ 轴看去,速度轴的投影量在 $o_1x_1$ 的下方为正。

6. 平移坐标系或发射惯性坐标系与发射坐标系的方向余弦阵

设地球为一圆球,据定义,发射惯性坐标系在发射瞬时与发射坐标系是重合的,只是由于地球旋转,使固定在地球上的发射坐标系在惯性空间的方位发生变化。记从发射瞬

时到所讨论时刻的时间间隔为 $t$,则发射坐标系绕地轴转动 $\omega_e t$ 角。

显然,如果发射坐标系与发射惯性坐标系各有一轴与地球转动轴相平行,那它们之间方向余弦阵将是很简单的。一般情况下,这两个坐标系对转动轴而言是处于任意的位置。因此,首先考虑将这两个坐标系经过一定的转动使得相应的新坐标系各有一轴与转动轴平行,而且要求所转动的欧拉角是已知参数。图 1-4-7 表示出了一般情况下两个坐标系的关系,由此可先将 $o_A-x_Ay_Az_A$ 与 $o-xyz$ 分别绕 $y_A$、$y$ 轴转动角 $\alpha_0$,这即使得 $x_A$、$x$ 转到发射点 $o_A$、$o$ 所在子午面内,此时 $z_A$ 与 $z$ 即转到垂直于各自子午面在过发射点的纬圈的切线方向。然后再绕各自新的侧轴转 $\phi_0$ 角,从而得新的坐标系 $o_A-\xi_A\eta_A\zeta_A$ 及 $o-\xi\eta\zeta$,此时 $\xi_A$ 轴与 $\xi$ 轴均平行于地球转动轴。最后,将新的坐标系与各自原有坐标系固连起来,这样,$o_A-\xi_A\eta_A\zeta_A$ 仍然为惯性坐标系,$o-\xi\eta\zeta$ 也仍然为随地球一起转动的相对坐标系。根据上述坐标系转动关系不难写出下列转换关系式:

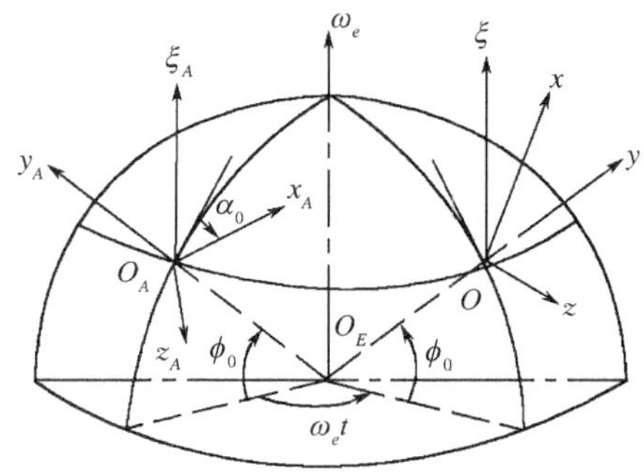

**图 1-4-7　发射惯性坐标系与发射坐标系间的欧拉角关系图**

$$\begin{bmatrix} \boldsymbol{\xi}_A^0 \\ \boldsymbol{\eta}_A^0 \\ \boldsymbol{\zeta}_A^0 \end{bmatrix} = \boldsymbol{A} \begin{bmatrix} \boldsymbol{x}_A^0 \\ \boldsymbol{y}_A^0 \\ \boldsymbol{z}_A^0 \end{bmatrix} \tag{1-4-11}$$

$$\begin{bmatrix} \boldsymbol{\xi}^0 \\ \boldsymbol{\eta}^0 \\ \boldsymbol{\zeta}^0 \end{bmatrix} = \boldsymbol{A} \begin{bmatrix} \boldsymbol{x}^0 \\ \boldsymbol{y}^0 \\ \boldsymbol{z}^0 \end{bmatrix} \tag{1-4-12}$$

其中,

$$\boldsymbol{A} = \begin{bmatrix} \cos\alpha_0\cos\phi_0 & \sin\phi_0 & -\sin\alpha_0\cos\phi_0 \\ -\cos\alpha_0\sin\phi_0 & \cos\phi_0 & \sin\alpha_0\sin\phi_0 \\ \sin\alpha_0 & 0 & \cos\alpha_0 \end{bmatrix} \tag{1-4-13}$$

注意到在发射瞬时 $t=0$ 处,$o_A-\xi_A\eta_A\zeta_A$ 与 $o-\xi\eta\zeta$ 重合,且 $\xi_A$,$\xi$ 的方向与地球自转轴 $\omega_e$ 的方向一致。那么,任意瞬时 $t$,这两个坐标系存在一个绕 $\xi_A$ 轴旋转的欧拉角 $\omega_e t$,故它们之间有转换关系:

$$\begin{bmatrix} \boldsymbol{\xi}^0 \\ \boldsymbol{\eta}^0 \\ \boldsymbol{\zeta}^0 \end{bmatrix} = \boldsymbol{B} \begin{bmatrix} \boldsymbol{\xi}_A^0 \\ \boldsymbol{\eta}_A^0 \\ \boldsymbol{\zeta}_A^0 \end{bmatrix} \tag{1-4-14}$$

其中,

$$\boldsymbol{B}=\begin{bmatrix}1 & 0 & 0\\ 0 & \cos\omega_e t & \sin\omega_e t\\ 0 & -\sin\omega_e t & \cos\omega_e t\end{bmatrix} \tag{1-4-15}$$

根据转换矩阵的传递性,由式(1-4-11)、式(1-4-12)及式(1-4-14)可得

$$\begin{bmatrix}\boldsymbol{x}^0\\ \boldsymbol{y}^0\\ \boldsymbol{z}^0\end{bmatrix}=\boldsymbol{G}_A\begin{bmatrix}\boldsymbol{x}_A^0\\ \boldsymbol{y}_A^0\\ \boldsymbol{z}_A^0\end{bmatrix} \tag{1-4-16}$$

其中,$\boldsymbol{G}_A$ 为发射惯性坐标系与发射坐标系之间的方向余弦阵:

$$\boldsymbol{G}_A=\boldsymbol{A}^{-1}\boldsymbol{B}\boldsymbol{A} \tag{1-4-17}$$

由于 $\boldsymbol{A}$ 为正交矩阵,故有 $\boldsymbol{A}^{\mathrm{T}}=\boldsymbol{A}^{-1}$。

将式(1-4-13)、式(1-4-15)代入式(1-4-17),运用矩阵乘法可得到矩阵 $\boldsymbol{G}_A$ 中的每个元素。令 $g_{ij}$ 表示 $\boldsymbol{G}_A$ 中的第 $i$ 行第 $j$ 列元素,则有

$$\begin{cases}g_{11}=\cos^2\alpha_0\cos^2\phi_0(1-\cos\omega_e t)+\cos\omega_e t\\ g_{12}=\cos\alpha_0\sin\phi_0\cos\phi_0(1-\cos\omega_e t)-\sin\alpha_0\cos\phi_0\sin\omega_e t\\ g_{13}=-\sin\alpha_0\cos\alpha_0\cos^2\phi_0(1-\cos\omega_e t)-\sin\phi_0\sin\omega_e t\\ g_{21}=\cos\alpha_0\sin\phi_0\cos\phi_0(1-\cos\omega_e t)+\sin\alpha_0\cos\phi_0\sin\omega_e t\\ g_{22}=\sin^2\phi_0(1-\cos\omega_e t)+\cos\omega_e t\\ g_{23}=-\sin\alpha_0\sin\phi_0\cos\phi_0(1-\cos\omega_e t)+\cos\alpha_0\cos\phi_0\sin\omega_e t\\ g_{31}=-\sin\alpha_0\cos\alpha_0\cos^2\phi_0(1-\cos\omega_e t)+\sin\phi_0\sin\omega_e t\\ g_{32}=-\sin\alpha_0\sin\phi_0\cos\phi_0(1-\cos\omega_e t)-\cos\alpha_0\cos\phi_0\sin\omega_e t\\ g_{33}=\sin^2\alpha_0\cos^2\phi_0(1-\cos\omega_e t)+\cos\omega_e t\end{cases} \tag{1-4-18}$$

将式(1-4-18)中含 $\omega_e t$ 的正弦、余弦函数展成 $\omega_e t$ 的幂级数,略去三阶及三阶以上各项,即

$$\begin{cases}\cos\omega_e t=1-\dfrac{1}{2}(\omega_e t)^2\\ \sin\omega_e t=\omega_e t\end{cases} \tag{1-4-19}$$

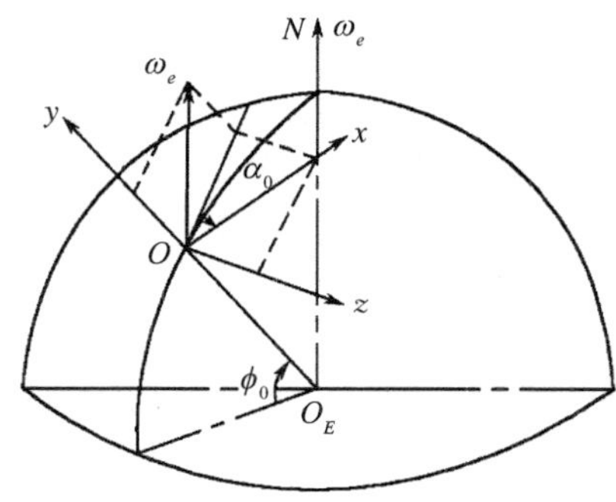


图1-4-8 $\boldsymbol{\omega}_e$ 在发射坐标系上投影关系图

再将 $\boldsymbol{\omega}_e$ 在地面坐标系内投影。各投影分量可按下列步骤求取:首先在过发射点 $O$ 的子午面内将 $\boldsymbol{\omega}_e$ 分解为 $Oy$ 方向和水平(垂直 $Oy$)方向的两个分量,然后再将水平分量分解为沿 $Ox$ 轴方向与 $Oz$ 轴方向的分量。这在图1-4-8上的 $O$ 点处画出。由此可得 $\boldsymbol{\omega}_e$ 在地面坐标系的三个分量为

$$\begin{bmatrix}\omega_{ex}\\ \omega_{ey}\\ \omega_{ez}\end{bmatrix}=\omega_e\begin{bmatrix}\cos\phi_0\cos\alpha_0\\ \sin\phi_0\\ -\cos\phi_0\sin\alpha_0\end{bmatrix} \tag{1-4-20}$$

将式(1-4-19)及式(1-4-20)代入式(1-4-18),则得 $\boldsymbol{G}_A$ 准确至 $\omega_e t$ 的二次方项的形式:

$$\boldsymbol{G}_A=\begin{bmatrix}1-\frac{1}{2}(\omega_e^2-\omega_{ex}^2)t^2 & \omega_{ez}t+\frac{1}{2}\omega_{ex}\omega_{ey}t^2 & -\omega_{ey}t+\frac{1}{2}\omega_{ex}\omega_{ez}t^2\\ -\omega_{ez}t+\frac{1}{2}\omega_{ex}\omega_{ey}t^2 & 1-\frac{1}{2}(\omega_e^2-\omega_{ey}^2)t^2 & \omega_{ex}t+\frac{1}{2}\omega_{ez}\omega_{ey}t^2\\ \omega_{ey}t+\frac{1}{2}\omega_{ex}\omega_{ez}t^2 & -\omega_{ex}t+\frac{1}{2}\omega_{ey}\omega_{ez}t^2 & 1-\frac{1}{2}(\omega_e^2-\omega_{ez}^2)t^2\end{bmatrix} \tag{1-4-21}$$

如果将 $\boldsymbol{G}_A$ 进一步近似至 $\omega_e t$ 的一次项,则由上式可得

$$\boldsymbol{G}_A=\begin{bmatrix}1 & \omega_{ez}t & -\omega_{ey}t\\ -\omega_{ez}t & 1 & \omega_{ex}t\\ \omega_{ey}t & -\omega_{ex}t & 1\end{bmatrix} \tag{1-4-22}$$

不难理解,由于平移坐标系与发射惯性坐标系各轴始终保持平行,因此,这两个坐标系与地面坐标系之间的方向余弦阵应是相同的,即

$$\boldsymbol{G}_T=\boldsymbol{G}_A \tag{1-4-23}$$

如果将地球考虑成标准椭球体,则只需将上述方向余弦阵元素中之地心方位角 $\alpha_0$ 和地心纬度 $\phi_0$ 分别代以大地方位角 $A_0$ 及大地纬度 $B_0$ 即可。

以上介绍了一些坐标系之间的方向余弦阵,虽未给出所有常用坐标系中任意两个坐标系间的方向余弦关系,但运用转换矩阵的递推性是不难找到的。

### 1.4.3　常用欧拉角的联系方程

在实际运用中,一些描述坐标系关系的欧拉角可通过转换矩阵的递推性找到它们之间的联系方程。这样,当知道某些欧拉角后,就可以通过联系方程来求取另外一些欧拉角。

1. 速度坐标系、箭体坐标系及发射坐标系之间欧拉角联系方程

由发射坐标系转换到速度坐标系,既可直接进行转换:

$$\begin{bmatrix}\boldsymbol{x}_v^0\\ \boldsymbol{y}_v^0\\ \boldsymbol{z}_v^0\end{bmatrix}=\boldsymbol{V}_G\begin{bmatrix}\boldsymbol{x}^0\\ \boldsymbol{y}^0\\ \boldsymbol{z}^0\end{bmatrix}$$

也可利用转换矩阵的递推性,通过箭体坐标系再转换到速度坐标系:

$$\begin{bmatrix} \boldsymbol{x}_v^0 \\ \boldsymbol{y}_v^0 \\ \boldsymbol{z}_v^0 \end{bmatrix} = \boldsymbol{V}_B \boldsymbol{B}_G \begin{bmatrix} \boldsymbol{x}^0 \\ \boldsymbol{y}^0 \\ \boldsymbol{z}^0 \end{bmatrix}$$

比较以上两式可知：

$$\boldsymbol{V}_G = \boldsymbol{V}_B \boldsymbol{B}_G$$

该式的展开形式为

$$\begin{bmatrix} \cos\theta\cos\sigma & \sin\theta\cos\sigma & -\sin\sigma \\ -\sin\theta\cos\nu + \cos\theta\sin\sigma\sin\nu & \cos\theta\cos\nu + \sin\theta\sin\sigma\sin\nu & \cos\sigma\sin\nu \\ \sin\theta\sin\nu + \cos\theta\sin\sigma\cos\nu & -\cos\theta\sin\nu + \sin\theta\sin\sigma\cos\nu & \cos\sigma\cos\nu \end{bmatrix}$$
$$= \begin{bmatrix} \cos\alpha\cos\beta & -\sin\alpha\cos\beta & \sin\beta \\ \sin\alpha & \cos\alpha & 0 \\ -\cos\alpha\sin\beta & \sin\alpha\sin\beta & \cos\beta \end{bmatrix}$$
$$\begin{bmatrix} \cos\varphi\cos\psi & \sin\varphi\cos\psi & -\sin\psi \\ -\sin\varphi\cos\gamma + \cos\varphi\sin\psi\sin\gamma & \cos\varphi\cos\gamma + \sin\varphi\sin\psi\sin\gamma & \cos\psi\sin\gamma \\ \sin\varphi\sin\gamma + \cos\varphi\sin\psi\cos\gamma & -\cos\varphi\sin\gamma + \sin\varphi\sin\psi\cos\gamma & \cos\psi\cos\gamma \end{bmatrix} \tag{1-4-24}$$

等式左端的方向余弦阵中有三个欧拉角：$\theta$、$\sigma$、$\nu$，而等式右端的方向余弦阵中包含5个欧拉角$\varphi$、$\psi$、$\gamma$、$\alpha$、$\beta$。由于方向余弦阵中的9个元素只有三个是独立的，因此由式(1-4-24)只能找到三个独立的关系性，必须在不同一行或同一列的三个方向余弦元素选定三个联系方程。在式(1-4-24)中，可选下列三个联系方程：

$$\begin{cases} \sin\sigma = \cos\alpha\cos\beta\sin\psi + \sin\alpha\cos\beta\cos\psi\sin\gamma - \sin\beta\cos\psi\cos\gamma \\ \cos\sigma\sin\nu = -\sin\psi\sin\alpha + \cos\alpha\cos\psi\sin\gamma \\ \cos\theta\cos\sigma = \cos\alpha\cos\beta\cos\varphi\cos\psi - \sin\alpha\cos\beta(\cos\varphi\sin\psi\sin\gamma - \sin\varphi\cos\gamma) \\ + \sin\beta(\cos\varphi\sin\psi\cos\gamma + \sin\varphi\sin\gamma) \end{cases} \tag{1-4-25}$$

因$\beta$、$\sigma$、$\nu$、$\psi$和$\gamma$均较小，将它们的正弦、余弦量展成Taylor级数取至一阶微量，并将上述各量之一阶微量的乘积作为高阶微量略去，则上式可简化、整理为

$$\begin{cases} \sigma = \psi\cos\alpha + \gamma\sin\alpha - \beta \\ \nu = \gamma\cos\alpha - \psi\sin\alpha \\ \theta = \varphi - \alpha \end{cases} \tag{1-4-26}$$

将$\alpha$也视为小量，接上述原则作进一步简化可得

$$\begin{cases} \sigma = \psi - \beta \\ \nu = \gamma \\ \theta = \varphi - \alpha \end{cases} \tag{1-4-27}$$

由上面讨论可知，在这八个欧拉角中，只有五个是独立的，当知道其中的五个，即可通过三个联系方程将其他三个欧拉角找到。

2. 箭体坐标系相对于发射坐标系的姿态角与相对于平移坐标系姿态角之间的关系

已知箭体坐标系与发射坐标系的方向余弦阵为 $\boldsymbol{G}_B$，其中三个欧拉角顺序排列为 $\varphi$、$\psi$、$\gamma$，箭体坐标系与平移坐标系之间的欧拉角亦可按顺序排列记为 $\varphi_T$、$\psi_T$、$\gamma_T$，其方向余弦阵 $\boldsymbol{T}_B$ 与 $\boldsymbol{G}_B$ 在形式上相同，为

$$\boldsymbol{T}_B=\begin{bmatrix}\cos\varphi_T\cos\psi_T & \sin\varphi_T\cos\psi_T & -\sin\psi_T\\ -\sin\varphi_T\cos\gamma_T+\cos\varphi_T\sin\psi_T\sin\gamma_T & \cos\varphi_T\cos\gamma_T+\sin\varphi_T\sin\psi_T\sin\gamma_T & \cos\psi_T\sin\gamma_T\\ \sin\varphi_T\sin\gamma_T+\cos\varphi_T\sin\psi_T\cos\gamma_T & -\cos\varphi_T\sin\gamma_T+\sin\varphi_T\sin\psi_T\cos\gamma_T & \cos\psi_T\cos\gamma_T\end{bmatrix}^{\mathrm{T}} \tag{1-4-28}$$

由转换矩阵的递推性有

$$\boldsymbol{T}_B=\boldsymbol{T}_G\boldsymbol{G}_B \tag{1-4-29}$$

其中，$\boldsymbol{T}_G$、$\boldsymbol{G}_B$ 的矩阵可由式(1－4－21)、式(1－4－6)得到。

考虑到 $\psi$、$\gamma$、$\psi_T$、$\gamma_T$ 和 $\omega_e t$ 均为小量，将它们的正弦、余弦展成 Taylor 级数取至一阶微量，则可将式(1－4－29)写成展开式后准确至一阶微量的形式：

$$\begin{bmatrix}\cos\varphi_T & -\sin\varphi_T & \psi_T\cos\varphi_T+\gamma_T\sin\varphi_T\\ \sin\varphi_T & \cos\varphi_T & \psi_T\sin\varphi_T-\gamma_T\cos\varphi_T\\ -\psi_T & \gamma_T & 1\end{bmatrix}$$

$$=\begin{bmatrix}1 & -\omega_{ez}t & \omega_{ey}t\\ \omega_{ez}t & 1 & -\omega_{ex}t\\ -\omega_{ey}t & \omega_{ex}t & 1\end{bmatrix}\begin{bmatrix}\cos\varphi & -\sin\varphi & \psi\cos\varphi+\gamma\sin\varphi\\ \sin\varphi & \cos\varphi & \psi\sin\varphi-\gamma\cos\varphi\\ -\psi & \gamma & 1\end{bmatrix} \tag{1-4-30}$$

在上面矩阵等式中选取不属同一行或同一列的三个元素建立三个等式，即可找到两种姿态角的关系式：

$$\begin{cases}\varphi_T=\varphi+\omega_{ez}t\\ \psi_T=\psi+(\omega_{ey}\cos\varphi-\omega_{ex}\sin\varphi)t\\ \gamma_T=\gamma+(\omega_{ey}\sin\varphi+\omega_{ex}\cos\varphi)t\end{cases} \tag{1-4-31}$$

上式中，相应姿态角的差值是由地球旋转影响地面坐标系方向轴的变化引起的。

## 1.5　变质量力学基本原理

当研究火箭的运动时，在每一瞬时只将在该瞬时位于“规定”表面以内的质点作为它的组成。这一“规定”的表面，通常是取火箭的外表面和喷管的出口断面。火箭发动机工作时，燃料燃烧后的气体质点不断地由火箭内部喷出，火箭的质量不断减少。因此，整个火箭运动过程是一变质量系，实际上火箭质量变化原因除燃料(占起飞时质量的 80%～

90%)消耗外,还有控制发动机系统及冷却系统工作时的工质消耗,以及作为再入大气层的弹头或飞行器烧蚀影响等,这些都使火箭整体不是一个定质点系。这样,动力学的经典理论就不能直接用来研究火箭的运动,因而有必要介绍有关变质量系运动的基本力学原理。

### 1.5.1 变质量质点的基本方程

设有一质量随时间变化的质点,其质量在 $t$ 时刻为 $m(t)$,并具有绝对速度 $\boldsymbol{V}$,此时该质点的动量为

$$\boldsymbol{Q}(t) = m(t)\boldsymbol{V} \tag{1-5-1}$$

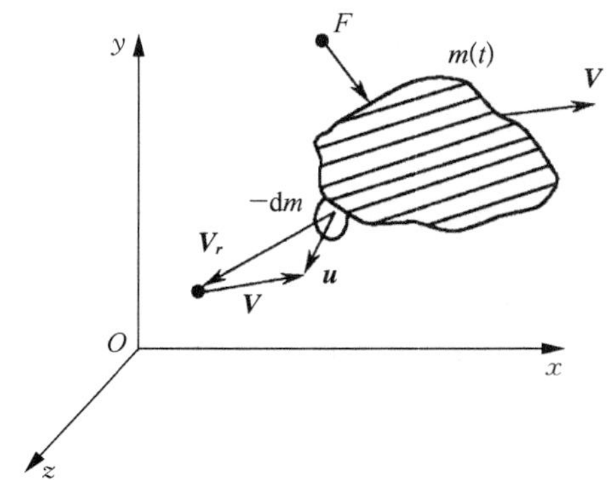


图 1-5-1 变质量质点示意图

在 $\mathrm{d}t$ 时间内,有外界作用在系统质点上的力 $\boldsymbol{F}$,且质点 $\boldsymbol{M}$ 向外以相对速度 $\boldsymbol{V}_r$ 喷射出元质量 $-\mathrm{d}m$,如图 1-5-1 所示。显然,

$$-\mathrm{d}m = m(t) - m(t+\mathrm{d}t) \tag{1-5-2}$$

假设在 $\mathrm{d}t$ 时间内质点 $m(t+\mathrm{d}t)$ 具有的速度增量为 $\mathrm{d}\boldsymbol{V}$,那么在 $t+\mathrm{d}t$ 时刻,整个质点的动量应为

$$\boldsymbol{Q}(t+\mathrm{d}t) = [m(t) - (-\mathrm{d}m)](\boldsymbol{V}+\mathrm{d}\boldsymbol{V}) + (-\mathrm{d}m)(\boldsymbol{V}+\boldsymbol{V}_r) \tag{1-5-3}$$

略去 $\mathrm{d}m\mathrm{d}\boldsymbol{V}$ 项,则

$$\boldsymbol{Q}(t+\mathrm{d}t) = m(t)(\boldsymbol{V}+\mathrm{d}\boldsymbol{V}) - \mathrm{d}m\boldsymbol{V}_r \tag{1-5-4}$$

比较式(1-5-1)、式(1-5-4)两式,可得整个质点在 $\mathrm{d}t$ 时间内的动量变化量:

$$\mathrm{d}\boldsymbol{Q} = m\mathrm{d}\boldsymbol{V} - \mathrm{d}m\boldsymbol{V}_r \tag{1-5-5}$$

根据常质量质点动量定理有

$$\frac{\mathrm{d}\boldsymbol{Q}}{\mathrm{d}t} = \boldsymbol{F} \tag{1-5-6}$$

其中,$\boldsymbol{F}$ 是指外界作用在整个质点上的力。即有

$$m\frac{\mathrm{d}\boldsymbol{V}}{\mathrm{d}t} = \boldsymbol{F} + \frac{\mathrm{d}m}{\mathrm{d}t}\boldsymbol{V}_r \tag{1-5-7}$$

该方程称为密歇尔斯基方程,即为变质量质点基本方程,对于不变质量质点,$\mathrm{d}m/\mathrm{d}t = 0$,则由式(1-5-7)得到熟知的牛顿第二定律的一般表达式:

$$m\frac{\mathrm{d}\boldsymbol{V}}{\mathrm{d}t} = \boldsymbol{F} \tag{1-5-8}$$

如果将式(1-5-7)中具有力的因次项 $(\mathrm{d}m/\mathrm{d}t)\boldsymbol{V}_r$,视为作用在质点 $\boldsymbol{M}$ 上的力,记为

$\boldsymbol{P}_r$，则可将式(1-5-7)写成如下形式：

$$m\frac{\mathrm{d}\boldsymbol{V}}{\mathrm{d}t}=\boldsymbol{F}+\boldsymbol{P}_r \tag{1-5-9}$$

其中，$\boldsymbol{P}_r$ 称为喷射反作用力。对于物体而言，$\mathrm{d}m/\mathrm{d}t<0$，故喷射反作用力的方向与 $\boldsymbol{V}_r$ 方向相反，是一个加速力。

由上可知，使物体产生运动状态的变化除外界作用力外，还可通过物体本身向所需运动反方向喷射物质而获得加速度，这称为直接反作用原理。

根据密歇尔斯基方程，如果质点不受外力作用，则有

$$m\frac{\mathrm{d}\boldsymbol{V}}{\mathrm{d}t}=\frac{\mathrm{d}m}{\mathrm{d}t}\boldsymbol{V}_r$$

若设 $\boldsymbol{V}$ 与 $\boldsymbol{V}_r$ 正好反向，即有

$$m\frac{\mathrm{d}v}{\mathrm{d}t}=-\frac{\mathrm{d}m}{\mathrm{d}t}v_r$$

则

$$\mathrm{d}v=-v_r\frac{\mathrm{d}m}{m}$$

当喷射元质量的速度 $v_r$ 为定值，对上式积分可得

$$v-v_0=-v_r\ln\frac{m}{m_0} \tag{1-5-10}$$

其中，$v_0$、$m_0$ 为起始时刻质点所具有的速度和质量。$m_0$ 为物体结构质量 $m_k$ 与全部可喷射物质质量 $m_T$ 之和。

若初始速度 $v_0=0$，在 $m_T$ 全部喷射完时，物体具有的速度则为

$$v_k=-v_r\ln\frac{m_k}{m_0} \tag{1-5-11}$$

此式即为著名的齐奥尔科夫斯基公式，用该式计算出的速度为理想速度。

该式说明，物体不受外力作用时，变质量质点在给定的 $m_0$ 中，喷射物质占有的质量 $m_T$ 愈多，或喷射物质质量一定，但喷射元质量的速度 $v_r$ 越大，则质点的理想速度就越大。

### 1.5.2　变质量质点系的运动方程

当组成物体为变质量质点系，其中除有一些质点随物体作牵连运动外，在物体内部还有相对运动，这对物体的运动也是有影响的。此时，若对该物体运用密歇尔斯基方程来建立运动方程，则存在近似性，因此必须对变质量质点系进行专门的讨论。

在理论力学中已介绍离散质点系的动力学方程，即在 $O-XYZ$ 惯性参考系中，有一质点系 $S$，该质点系由 $N$ 个质点组成。离散质点 $m_i$ 在惯性坐标系中的矢径为 $r_i$，外界作用

于系统 $S$ 上的总外力为 $\boldsymbol{F}_S$，则系统 $S$ 的平动方程及转动方程分别为

$$\boldsymbol{F}_S = \sum_{i=1}^{N} m_i \frac{\mathrm{d}^2\boldsymbol{r}_i}{\mathrm{d}t^2} \tag{1-5-12}$$

$$\boldsymbol{M}_S = \sum_{i=1}^{N} m_i\boldsymbol{r}_i \times \frac{\mathrm{d}^2\boldsymbol{r}_i}{\mathrm{d}t^2} \tag{1-5-13}$$

现要研究连续质系(即物体)的运动方程,则将物体考虑成是无数个具有无穷小质量的质点组成的系统。在这种情况下,方程(1-5-12)和方程(1-5-13)中的求和符号必须用积分符号来代替,于是有

$$\boldsymbol{F} = \int_m \frac{\mathrm{d}^2\boldsymbol{r}}{\mathrm{d}t^2}\mathrm{d}m \tag{1-5-14}$$

$$\boldsymbol{M} = \int_m \boldsymbol{r} \times \frac{\mathrm{d}^2\boldsymbol{r}}{\mathrm{d}t^2}\mathrm{d}m \tag{1-5-15}$$

上两式中虽只有一个积分符号,实际上对于一个三维系统,该积分为三重积分。这是因为 $\mathrm{d}m$ 可以写成 $\rho\mathrm{d}V$，其中，$\rho$ 是质量密度，$\mathrm{d}V$ 是体积元,故将该体积分以 $\int_m$ 表示。

1. 连续质系 $S$ 的质心运动方程

设系统 $S$ 对惯性坐标系有转动速度 $\boldsymbol{\omega}_T$。而系统 $S$ 中的任一质点元 $p_i$ 在惯性坐标系中的矢径 $\boldsymbol{r}$ 可以表示为系统 $S$ 质心的矢径 $\boldsymbol{r}_{c.m}$ 与质心到质点元 $p_i$ 的矢径 $\boldsymbol{\rho}$ 之和,如图1-5-2所示。即有

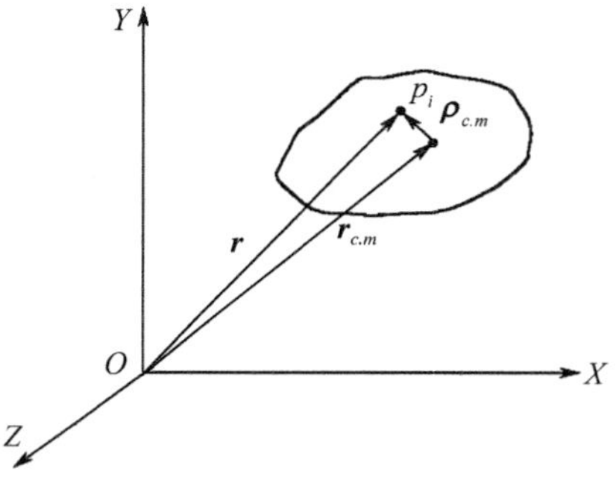

$$\boldsymbol{r} = \boldsymbol{\rho} + \boldsymbol{r}_{c.m} \tag{1-5-16}$$



图1-5-2 质点系矢量关系图

利用方程式(1-3-11)得到 $p$ 点的绝对加速度为

$$\frac{\mathrm{d}^2\boldsymbol{r}}{\mathrm{d}t^2} = \frac{\mathrm{d}^2\boldsymbol{r}_{c.m}}{\mathrm{d}t^2} + 2\boldsymbol{\omega}_T \times \frac{\delta\boldsymbol{\rho}}{\delta t} + \frac{\delta^2\boldsymbol{\rho}}{\delta t^2} + \frac{\mathrm{d}\boldsymbol{\omega}_T}{\mathrm{d}t} \times \boldsymbol{\rho} + \boldsymbol{\omega}_T \times (\boldsymbol{\omega}_T \times \boldsymbol{\rho}) \tag{1-5-17}$$

由于 $\boldsymbol{\rho}$ 表示系统 $S$ 的质点到质心的矢径,根据质心的定义有 $\int_m \boldsymbol{\rho}\mathrm{d}m = 0$，因此,将式(1-5-17)代入式(1-5-14)后,即有

$$\boldsymbol{F}_S = m\frac{\mathrm{d}^2\boldsymbol{r}_{c.m}}{\mathrm{d}t^2} + 2\boldsymbol{\omega}_T \times \int_m \frac{\delta\boldsymbol{\rho}}{\delta t}\mathrm{d}m + \int_m \frac{\delta^2\boldsymbol{\rho}}{\delta t^2}\mathrm{d}m \tag{1-5-18}$$

式(1-5-18)为适用于任意变质量物体的一般运动方程,从而可得任意变质量物体的质心运动方程为

$$m\frac{\mathrm{d}^2\boldsymbol{r}_{c.m}}{\mathrm{d}t^2} = \boldsymbol{F}_s + \boldsymbol{F}'_k + \boldsymbol{F}'_{rel} \tag{1-5-19}$$

其中，

$$\boldsymbol{F}'_k = -2\boldsymbol{\omega}_T \times \int_m \frac{\delta \boldsymbol{\rho}}{\delta t}\mathrm{d}m$$

$$\boldsymbol{F}'_{rel} = -\int_m \frac{\delta^2 \boldsymbol{\rho}}{\delta t^2}\mathrm{d}m$$

$\boldsymbol{F}'_k$、$\boldsymbol{F}'_{rel}$ 分别称为系统 $S$ 的附加科氏力和附加相对力。

2. 连续质点系 $S$ 的转动方程

由式(1－5－15)不难写出变质量质点系 $S$ 在力 $\boldsymbol{F}$ 的作用下所产生的绕惯性坐标系原点 $O$ 和绕系统 $S$ 的质心的力矩方程：

$$\boldsymbol{M}_0 = \int_m \boldsymbol{r} \times \frac{\mathrm{d}^2 \boldsymbol{r}}{\mathrm{d}t^2}\mathrm{d}m \tag{1-5-20}$$

$$\boldsymbol{M}_{c.m} = \int_m \boldsymbol{\rho} \times \frac{\mathrm{d}^2 \boldsymbol{r}}{\mathrm{d}t^2}\mathrm{d}m \tag{1-5-21}$$

顾及以后研究导弹在空中的姿态变化是以绕质心的转动来进行的，因此，下面对式(1－5－21)进行讨论，将式(1－5－17)代入式(1－5－21)，则力矩方程即可写为

$$\begin{aligned}\boldsymbol{M}_{c.m} = &\int_m \boldsymbol{\rho} \times \frac{\mathrm{d}^2 \boldsymbol{r}_{c.m}}{\mathrm{d}t^2}\mathrm{d}m + 2\int_m \boldsymbol{\rho} \times \left(\boldsymbol{\omega}_T \times \frac{\delta \boldsymbol{\rho}}{\delta t}\right)\mathrm{d}m + \\ &\int_m \boldsymbol{\rho} \times \frac{\delta^2 \boldsymbol{\rho}}{\delta t^2}\mathrm{d}m + \int_m \boldsymbol{\rho} \times \left(\frac{\mathrm{d}\boldsymbol{\omega}_T}{\mathrm{d}t} \times \boldsymbol{\rho}\right)\mathrm{d}m + \int_m \boldsymbol{\rho} \times [\boldsymbol{\omega}_T \times (\boldsymbol{\omega}_T \times \boldsymbol{\rho})]\mathrm{d}m\end{aligned}$$

注意到 $\boldsymbol{r}_{c.m}$ 与质量 d$m$ 无关，且按质心的定义有 $\int_m \boldsymbol{\rho}\mathrm{d}m = 0$，故上式简化为

$$\begin{aligned}\boldsymbol{M}_{c.m} = &2\int_m \boldsymbol{\rho} \times \left(\boldsymbol{\omega}_T \times \frac{\delta \boldsymbol{\rho}}{\delta t}\right)\mathrm{d}m + \int_m \boldsymbol{\rho} \times \frac{\delta^2 \boldsymbol{\rho}}{\delta t^2}\mathrm{d}m + \\ &\int_m \boldsymbol{\rho} \times \left(\frac{\mathrm{d}\boldsymbol{\omega}_T}{\mathrm{d}t} \times \boldsymbol{\rho}\right)\mathrm{d}m + \int_m \boldsymbol{\rho} \times [\boldsymbol{\omega}_T \times (\boldsymbol{\omega}_T \times \boldsymbol{\rho})]\mathrm{d}m\end{aligned} \tag{1-5-22}$$

上式为适用于任意变质量物体的绕质心的一般转动方程。据此可写成另一种形式，首先将上式移项写成：

$$\int_m \boldsymbol{\rho} \times \left(\frac{\mathrm{d}\boldsymbol{\omega}_T}{\mathrm{d}t} \times \boldsymbol{\rho}\right)\mathrm{d}m + \int_m \boldsymbol{\rho} \times [\boldsymbol{\omega}_T \times (\boldsymbol{\omega}_T \times \boldsymbol{\rho})]\mathrm{d}m = \boldsymbol{M}_{c.m} + \boldsymbol{M}'_k + \boldsymbol{M}'_{rel} \tag{1-5-23}$$

其中，

$$\boldsymbol{M}'_k = -2\int_m \boldsymbol{\rho} \times \left(\boldsymbol{\omega}_T \times \frac{\delta \boldsymbol{\rho}}{\delta t}\right)\mathrm{d}m$$

$$\boldsymbol{M}'_{rel} = -\int_m \boldsymbol{\rho} \times \frac{\delta^2 \boldsymbol{\rho}}{\delta t^2} \mathrm{d}m$$

$\boldsymbol{M}'_k$、$\boldsymbol{M}'_{rel}$ 分别称为系统 $S$ 的附加科氏力矩和附加相对力矩。

式(1-5-23)左端的第二项,根据矢量叉乘运算法则可得

$$\int_m \boldsymbol{\rho} \times [\boldsymbol{\omega}_T \times (\boldsymbol{\omega}_T \times \boldsymbol{\rho})] \mathrm{d}m = \boldsymbol{\omega}_T \times \int_m \boldsymbol{\rho} \times (\boldsymbol{\omega}_T \times \boldsymbol{\rho}) \mathrm{d}m \tag{1-5-24}$$

记

$$\boldsymbol{H}_{c.m} = \int_m \boldsymbol{\rho} \times (\boldsymbol{\omega}_T \times \boldsymbol{\rho}) \mathrm{d}m \tag{1-5-25}$$

该式是将系统视为刚体后,该刚体对质心的动量矩。

现以变质量物体的质心作为原点 $o_1$,建立一个与该物体固连的任意直角坐标系 $o_1-xyz$,并设有

$$\boldsymbol{\omega}_T = [\omega_{Tx},\ \omega_{Ty},\ \omega_{Tz}]^{\mathrm{T}}$$

$$\boldsymbol{\rho} = [x,\ y,\ z]^{\mathrm{T}}$$

则

$$\begin{aligned} \boldsymbol{H}_{c.m} &= \int_m [\boldsymbol{\rho} \times (\boldsymbol{\omega}_T \times \boldsymbol{\rho})] \mathrm{d}m = \int_m [\boldsymbol{\omega}_T \cdot (\boldsymbol{\rho} \cdot \boldsymbol{\rho}) - \boldsymbol{\rho} \cdot (\boldsymbol{\omega}_T \cdot \boldsymbol{\rho})] \mathrm{d}m \\ &= \int_m \begin{bmatrix} y^2+z^2 & -xy & -xz \\ -yx & z^2+x^2 & -yz \\ -zx & -zy & x^2+y^2 \end{bmatrix} \mathrm{d}m \cdot \begin{bmatrix} \omega_{Tx} \\ \omega_{Ty} \\ \omega_{Tz} \end{bmatrix} \end{aligned} \tag{1-5-26}$$

定义:

$$\begin{cases} I_{xx} = \int_m (y^2+z^2) \mathrm{d}m \\ I_{yy} = \int_m (x^2+z^2) \mathrm{d}m \\ I_{zz} = \int_m (y^2+x^2) \mathrm{d}m \\ I_{xy} = I_{yx} = \int_m xy \mathrm{d}m \\ I_{xz} = I_{zx} = \int_m xz \mathrm{d}m \\ I_{yz} = I_{zy} = \int_m yz \mathrm{d}m \end{cases} \tag{1-5-27}$$

其中,$I_{xx}$、$I_{yy}$、$I_{zz}$ 称为转动惯量,余下的称为惯量积。

为书写简便起见,可将式(1-5-26)写为

$$\boldsymbol{H}_{c.m} = \boldsymbol{I} \cdot \boldsymbol{\omega}_T \tag{1-5-28}$$

其中，

$$\boldsymbol{I}=\begin{bmatrix} I_{xx} & -I_{xy} & -I_{xz} \\ -I_{yx} & I_{yy} & -I_{yz} \\ -I_{zx} & -I_{zy} & I_{zz} \end{bmatrix} \tag{1-5-29}$$

称为惯量张量。

将式(1－5－28)代入式(1－5－24)可得

$$\int_m \boldsymbol{\rho}\times[\boldsymbol{\omega}_T\times(\boldsymbol{\omega}_T\times\boldsymbol{\rho})]\mathrm{d}m=\boldsymbol{\omega}_T\times(\boldsymbol{I}\cdot\boldsymbol{\omega}_T) \tag{1-5-30}$$

同理，可将式(1－5－23)之左端第一项写成：

$$\int_m \boldsymbol{\rho}\times\left(\frac{\mathrm{d}\boldsymbol{\omega}_T}{\mathrm{d}t}\times\boldsymbol{\rho}\right)\mathrm{d}m=\boldsymbol{I}\cdot\frac{\mathrm{d}\boldsymbol{\omega}_T}{\mathrm{d}t} \tag{1-5-31}$$

最终可将式(1－5－23)写成：

$$\boldsymbol{I}\cdot\frac{\mathrm{d}\boldsymbol{\omega}_T}{\mathrm{d}t}+\boldsymbol{\omega}_T\times(\boldsymbol{I}\cdot\boldsymbol{\omega}_T)=\boldsymbol{M}_{c.m}+\boldsymbol{M}'_k+\boldsymbol{M}'_{rel} \tag{1-5-32}$$

显然，式(1－5－32)左端是惯性力矩。

式(1－5－19)及式(1－5－32)是变质量物体的一般的质心运动方程和绕质心运动方程，形式上与适用于刚体的方程式相同。因此，我们引进一条重要的原理——刚化原理，现说明如下。

在一般情况下，任意一个变质量系统在 $t$ 瞬时的质心运动方程和绕质心运动方程，能用如下这样一个刚体的相应方程来表示：这个刚体的质量等于系统在 $t$ 瞬时的质量，而它受的力除了真实的外力和力矩外，还要加两个附加力和两个附加力矩，即附加科氏力、附加相对力和附加科氏力矩、附加相对力矩。

# 第2章 远程火箭飞行的力学环境

根据刚化原理,对于运载火箭这一变质量质点系,必须将作用在火箭上的外力、外力矩及两个附加力和两个附加力矩的表达式找到,才可具体建立它的质心运动方程和绕质心运动方程并进行求解。本章结合火箭飞行中所受到的力和力矩的物理意义及其表达式予以讨论。

## 2.1 附加力、附加力矩及火箭发动机特性

### 2.1.1 附加力和附加力矩

设火箭为一轴对称体,发动机喷管出口截面积为 $S_e$,火箭的质心记为 $o_1$,燃料燃烧过程中 $t$ 时刻质心 $o_1$ 相对于箭体的运动速度矢量为 $\boldsymbol{V}_{rc}$,而箭体内质点相对于箭体的速度矢量为 $\boldsymbol{V}_{rb}$,则该质点相对于可变质心的速度矢量为 $\delta\boldsymbol{\rho}/\delta t$,它与 $\boldsymbol{V}_{rb}$、$\boldsymbol{V}_{rc}$ 有如下关系:

$$\frac{\delta\boldsymbol{\rho}}{\delta t} = \boldsymbol{V}_{rb} - \boldsymbol{V}_{rc} \tag{2-1-1}$$

根据雷诺迁移定理,有

$$\int_m \frac{\delta\boldsymbol{H}}{\delta t}\mathrm{d}m = \frac{\delta}{\delta t}\int_m \boldsymbol{H}\mathrm{d}m + \int_{S_e} \boldsymbol{H}(\rho_m \boldsymbol{V}_{rb} \cdot \boldsymbol{n})\mathrm{d}S_e \tag{2-1-2}$$

式中,$\boldsymbol{H}$ 为某一矢量点函数;$\rho_m$ 为流体质量密度;$\boldsymbol{V}_{rb}$ 为燃烧产物相对于火箭的速度;$\boldsymbol{n}$ 为喷管截面 $S_e$ 的外法向单位矢量。

式(2-1-2)表示被积函数的导数与积分的导数之间的关系。运用式(2-1-2),可将作用于火箭上的附加力和力矩具体表达式导出。

1. 附加相对力

由式(1-5-19)知附加相对力为

$$\boldsymbol{F}'_{rel} = -\int_m \frac{\delta^2\boldsymbol{\rho}}{\delta t^2}\mathrm{d}m$$

将 $\dfrac{\delta\boldsymbol{\rho}}{\delta t}$ 代替式(2-1-2)的 $\boldsymbol{H}$,即得

$$\boldsymbol{F}'_{rel}=-\frac{\delta}{\delta t}\int_m \frac{\delta\boldsymbol{\rho}}{\delta t}\mathrm{d}m-\int_{S_e}\frac{\delta\boldsymbol{\rho}}{\delta t}(\rho_m\boldsymbol{V}_{rb}\cdot\boldsymbol{n})\mathrm{d}S_e \tag{2-1-3}$$

将式(2-1-1)代入式(2-1-3)右端第二个积分式,则有

$$\int_{S_e}\frac{\delta\boldsymbol{\rho}}{\delta t}(\rho_m\boldsymbol{V}_{rb}\cdot\boldsymbol{n})\mathrm{d}S_e=\int_{S_e}\boldsymbol{V}_{rb}(\rho_m\boldsymbol{V}_{rb}\cdot\boldsymbol{n})\mathrm{d}S_e-\int_{S_e}\boldsymbol{V}_{rc}(\rho_m\boldsymbol{V}_{rb}\cdot\boldsymbol{n})\mathrm{d}S_e \tag{2-1-4}$$

对火箭而言,质心 $o_1$ 相对于箭体的速度 $\boldsymbol{V}_{rc}$ 与 $\mathrm{d}S_e$ 无关,而流动质点只能从火箭发动机喷口截面 $S_e$ 处流出火箭体外, $\boldsymbol{V}_{rb}$ 只是指 $S_e$ 面上的质点相对于箭体的速度。如果把 $S_e$ 面上质点的排出速度看成是相同的,记 $\boldsymbol{V}_{rb}(\mathrm{d}S_e)=\boldsymbol{u}_e$, 则 $\boldsymbol{V}_{rb}$、$\boldsymbol{V}_{rc}$ 均可提到各积分号外面。

事实上有

$$\int_{S_e}(\rho_m\boldsymbol{V}_{rb}\cdot\boldsymbol{n})\mathrm{d}S_e=\dot{m} \tag{2-1-5}$$

$\dot{m}$ 称为质量秒耗量,且 $\dot{m}=\left|\frac{\mathrm{d}m}{\mathrm{d}t}\right|$, 则式(2-1-4)即可写为

$$\int_{S_e}\frac{\delta\boldsymbol{\rho}}{\delta t}(\rho_m\boldsymbol{V}_{rb}\cdot\boldsymbol{n})\mathrm{d}S_e=\dot{m}\boldsymbol{u}_e-\dot{m}\boldsymbol{V}_{rc} \tag{2-1-6}$$

如果过 $S_e$ 的各质点之速度 $\boldsymbol{V}_{rb}$ 不相同,则记:

$$\boldsymbol{u}_e=\frac{1}{\dot{m}}\int_{S_e}\boldsymbol{V}_{rb}(\rho_m\boldsymbol{V}_{rb}\cdot\boldsymbol{n})\mathrm{d}S_e \tag{2-1-7}$$

仍可得式(2-1-6)。

式(2-1-3)右端第一项积分式运用雷诺迁移定理则可写成:

$$\int_m\frac{\delta\boldsymbol{\rho}}{\delta t}\mathrm{d}m=\frac{\delta}{\delta t}\int_m\boldsymbol{\rho}\mathrm{d}m+\int_{S_e}\boldsymbol{\rho}(\rho_m\boldsymbol{V}_{rb}\cdot\boldsymbol{n})\mathrm{d}S_e \tag{2-1-8}$$

根据质心定义,该式右端第一项积分式为零。令喷口截面上任意一矢量 $\boldsymbol{\rho}$ 为火箭质心 $o_1$ 到截面中心矢量 $\boldsymbol{\rho}_e$ 与截面中心到该点的矢量 $\boldsymbol{\nu}$ 之和,如图 2-1-1 所示,即有

$$\boldsymbol{\rho}=\boldsymbol{\rho}_e+\boldsymbol{\nu} \tag{2-1-9}$$

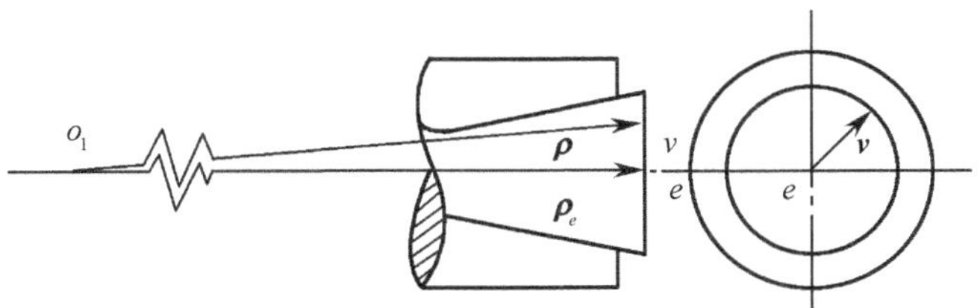


**图 2-1-1　火箭喷口截面上质点位置矢径**

如果过 $S_e$ 的 $\boldsymbol{V}_{rb}$ 相同,且 $S_e$ 对喷口截面中心点 $e$ 为对称面,则

$$\int_{S_e}\boldsymbol{\nu}(\rho_m\boldsymbol{V}_{rb}\cdot\boldsymbol{n})\mathrm{d}S_e=0 \tag{2-1-10}$$

因此,式(2-1-8)右端第二积分式即等于喷口截面中心矢径$\boldsymbol{\rho}_e$与质量秒耗量 $\dot{m}$ 的乘积。而式(2-1-8)即可写为

$$\int_m\frac{\delta\boldsymbol{\rho}}{\delta t}\mathrm{d}m=\dot{m}\boldsymbol{\rho}_e \tag{2-1-11}$$

当然,如果 $S_e$ 为不对称面时,则$\boldsymbol{\rho}_e$ 即可用:

$$\boldsymbol{\rho}_e=\frac{1}{\dot{m}}\int_{S_e}\boldsymbol{\rho}(\rho_m\boldsymbol{V}_{rb}\cdot\boldsymbol{n})\mathrm{d}S_e \tag{2-1-12}$$

计算得到。

这样,等式(2-1-3)右端第一项即可写成:

$$\frac{\delta}{\delta t}\int_m\frac{\delta\boldsymbol{\rho}}{\delta t}\mathrm{d}m=\ddot{m}\boldsymbol{\rho}_e+\dot{m}\dot{\boldsymbol{\rho}}_e \tag{2-1-13}$$

将式(2-1-6)、式(2-1-13)代入式(2-1-3)即得

$$\boldsymbol{F}'_{rel}=-\ddot{m}\boldsymbol{\rho}_e-\dot{m}\dot{\boldsymbol{\rho}}_e-\dot{m}\boldsymbol{u}_e+\dot{m}\boldsymbol{V}_{rc} \tag{2-1-14}$$

当考虑到火箭质点相对流动的非定常性很弱,特别在火箭发动机稳定工作后,可认为是定常流动,即认为 $\ddot{m}=0$;而质心的相对速度 $\boldsymbol{V}_{rc}$ 及喷口截面中心矢径$\boldsymbol{\rho}_e$的变化率$\dot{\boldsymbol{\rho}}_e$远小于$\boldsymbol{u}_e$,因此,$\dot{m}\dot{\boldsymbol{\rho}}_e$及 $\dot{m}\boldsymbol{V}_{rc}$ 均可忽略不计。这样,附加相对力就可写成:

$$\boldsymbol{F}'_{rel}=-\dot{m}\boldsymbol{u}_e \tag{2-1-15}$$

并由此得出结论:附加相对力的大小与通过出口面 $S_e$ 的线动量通量相等,而方向相反。

2. 附加科氏力

由式(1-5-19)知,附加科氏力为

$$\boldsymbol{F}'_k=-2\boldsymbol{\omega}_T\times\int_m\frac{\delta\boldsymbol{\rho}}{\delta t}\mathrm{d}m$$

将式(2-1-11)代入,则得

$$\boldsymbol{F}'_k=-2\dot{m}\boldsymbol{\omega}_T\times\boldsymbol{\rho}_e \tag{2-1-16}$$

3. 附加科氏力矩

据表达式(1-5-23),

$$\boldsymbol{M}'_k=-2\int_m\boldsymbol{\rho}\times\left(\boldsymbol{\omega}_T\times\frac{\delta\boldsymbol{\rho}}{\delta t}\right)\mathrm{d}m \tag{2-1-17}$$

注意到:

$$\frac{\delta}{\delta t}[\boldsymbol{\rho}\times(\boldsymbol{\omega}_T\times\boldsymbol{\rho})]=\frac{\delta\boldsymbol{\rho}}{\delta t}\times(\boldsymbol{\omega}_T\times\boldsymbol{\rho})+\boldsymbol{\rho}\times\left(\frac{\mathrm{d}\boldsymbol{\omega}_T}{\mathrm{d}t}\times\boldsymbol{\rho}\right)+\boldsymbol{\rho}\times\left(\boldsymbol{\omega}_T\times\frac{\delta\boldsymbol{\rho}}{\delta t}\right)$$

及

$$\frac{\delta\boldsymbol{\rho}}{\delta t}\times(\boldsymbol{\omega}_T\times\boldsymbol{\rho})=\boldsymbol{\omega}_T\times\left(\frac{\delta\boldsymbol{\rho}}{\delta t}\times\boldsymbol{\rho}\right)+\boldsymbol{\rho}\times\left(\boldsymbol{\omega}_T\times\frac{\delta\boldsymbol{\rho}}{\delta t}\right)$$

则有

$$2\boldsymbol{\rho}\times\left(\boldsymbol{\omega}_T\times\frac{\delta\boldsymbol{\rho}}{\delta t}\right)=\frac{\delta}{\delta t}[\boldsymbol{\rho}\times(\boldsymbol{\omega}_T\times\boldsymbol{\rho})]-\boldsymbol{\rho}\times\left(\frac{\mathrm{d}\boldsymbol{\omega}_T}{\mathrm{d}t}\times\boldsymbol{\rho}\right)-\boldsymbol{\omega}_T\times\left(\frac{\delta\boldsymbol{\rho}}{\delta t}\times\boldsymbol{\rho}\right) \tag{2-1-18}$$

将该结果代入式(2－1－17)则有

$$\boldsymbol{M}'_k=-\int_m\left\{\frac{\delta}{\delta t}[\boldsymbol{\rho}\times(\boldsymbol{\omega}_T\times\boldsymbol{\rho})]-\boldsymbol{\rho}\times\left(\frac{\mathrm{d}\boldsymbol{\omega}_T}{\mathrm{d}t}\times\boldsymbol{\rho}\right)-\boldsymbol{\omega}_T\times\left(\frac{\delta\boldsymbol{\rho}}{\delta t}\times\boldsymbol{\rho}\right)\right\}\mathrm{d}m$$

将上式右端第一项运用雷诺迁移定理后，即有

$$\begin{aligned}\boldsymbol{M}'_k=&-\frac{\delta}{\delta t}\int_m\boldsymbol{\rho}\times(\boldsymbol{\omega}_T\times\boldsymbol{\rho})\mathrm{d}m-\int_{S_e}\boldsymbol{\rho}\times(\boldsymbol{\omega}_T\times\boldsymbol{\rho})(\rho_m\boldsymbol{V}_{rb}\cdot\boldsymbol{n})\mathrm{d}S_e\\&+\int_m\boldsymbol{\rho}\times\left(\frac{\mathrm{d}\boldsymbol{\omega}_T}{\mathrm{d}t}\times\boldsymbol{\rho}\right)\mathrm{d}m+\int_m\boldsymbol{\omega}_T\times\left(\frac{\delta\boldsymbol{\rho}}{\delta t}\times\boldsymbol{\rho}\right)\mathrm{d}m\end{aligned} \tag{2-1-19}$$

根据式(1－5－28)有

$$\int_m\boldsymbol{\rho}\times(\boldsymbol{\omega}_T\times\boldsymbol{\rho})\mathrm{d}m=\boldsymbol{I}\cdot\boldsymbol{\omega}_T$$

微分上式得

$$\frac{\delta}{\delta t}\int_m\boldsymbol{\rho}\times(\boldsymbol{\omega}_T\times\boldsymbol{\rho})\mathrm{d}m=\frac{\delta\boldsymbol{I}}{\delta t}\cdot\boldsymbol{\omega}_T+\boldsymbol{I}\cdot\frac{\mathrm{d}\boldsymbol{\omega}_T}{\mathrm{d}t} \tag{2-1-20}$$

将式(1－5－31)、式(2－1－20)代入式(2－1－19)则得

$$\boldsymbol{M}'_k=-\frac{\delta\boldsymbol{I}}{\delta t}\cdot\boldsymbol{\omega}_T+\boldsymbol{\omega}_T\times\int_m\frac{\delta\boldsymbol{\rho}}{\delta t}\times\boldsymbol{\rho}\mathrm{d}m-\int_{S_e}[\boldsymbol{\rho}\times(\boldsymbol{\omega}_T\times\boldsymbol{\rho})](\rho_m\boldsymbol{V}_{rb}\cdot\boldsymbol{n})\mathrm{d}S_e \tag{2-1-21}$$

将式(2－1－9)代入上式，并注意到当 $S_e$ 为对称面，且过 $S_e$ 的各质点之速度 $\boldsymbol{V}_{rb}$ 相同，则式(2－1－21)即可写为

$$\begin{aligned}\boldsymbol{M}'_k=&-\frac{\delta\boldsymbol{I}}{\delta t}\cdot\boldsymbol{\omega}_T-\dot{m}\boldsymbol{\rho}_e\times(\boldsymbol{\omega}_T\times\boldsymbol{\rho}_e)\\&-\int_{S_e}\boldsymbol{\nu}\times(\boldsymbol{\omega}_T\times\boldsymbol{\nu})(\rho_m\boldsymbol{V}_{rb}\cdot\boldsymbol{n})\mathrm{d}S_e+\boldsymbol{\omega}_T\times\int_m\frac{\delta\boldsymbol{\rho}}{\delta t}\times\boldsymbol{\rho}\mathrm{d}m\end{aligned} \tag{2-1-22}$$

上式为附加科氏力矩的完整表达式。注意到火箭喷口截面尺寸较之火箭的纵向尺寸要小得多，因此上式中在 $S_e$ 上的积分项可略去不计。而上式的最后一项表示火箭内部有

质量对质心相对运动所造成的动量矩。由于火箭中液体介质的相对速度很小,燃烧产物的气体质量也很小,且可将燃烧室的平均气流近似看成与纵轴平行。因此,该项积分也可略去不计。最后可认为附加科氏力矩为

$$\boldsymbol{M}'_k = -\frac{\delta \boldsymbol{I}}{\delta t}\cdot\boldsymbol{\omega}_T - \dot{m}\boldsymbol{\rho}_e\times(\boldsymbol{\omega}_T\times\boldsymbol{\rho}_e) \tag{2-1-23}$$

该力矩的第二项是由于单位时间内喷出的气流所造成的力矩,它起到阻尼作用,通常称为喷气阻尼力矩。第一项为转动惯量变化引起的力矩,对火箭来说,因为 $\delta\boldsymbol{I}/\delta t$ 各分量为负值,所以该项起减小阻尼的作用,该力矩的量级约为喷气阻尼力矩的30%。

4. 附加相对力矩

由式(1-5-23)有

$$\boldsymbol{M}'_{rel} = -\int_m \boldsymbol{\rho}\times\frac{\delta^2\boldsymbol{\rho}}{\delta t^2}\mathrm{d}m$$

将其改为

$$\boldsymbol{M}'_{rel} = -\int_m \frac{\delta}{\delta t}\left(\boldsymbol{\rho}\times\frac{\delta\boldsymbol{\rho}}{\delta t}\right)\mathrm{d}m$$

应用雷诺迁移定理得

$$\boldsymbol{M}'_{rel} = -\frac{\delta}{\delta t}\int_m \boldsymbol{\rho}\times\frac{\delta\boldsymbol{\rho}}{\delta t}\mathrm{d}m - \int_{S_e}\boldsymbol{\rho}\times\frac{\delta\boldsymbol{\rho}}{\delta t}(\rho_m\boldsymbol{V}_{rb}\cdot\boldsymbol{n})\mathrm{d}S_e$$

将式(2-1-1)代入上式,并利用式(2-1-11),则得

$$\boldsymbol{M}'_{rel} = -\frac{\delta}{\delta t}\int_m \boldsymbol{\rho}\times\frac{\delta\boldsymbol{\rho}}{\delta t}\mathrm{d}m - \int_{S_e}(\boldsymbol{\rho}\times\boldsymbol{V}_{rb})(\rho_m\boldsymbol{V}_{rb}\cdot\boldsymbol{n})\mathrm{d}S_e + \dot{m}\boldsymbol{\rho}_e\times\boldsymbol{V}_{rc} \tag{2-1-24}$$

截面 $S_e$ 上的 $\boldsymbol{V}_{rb}$ 可以分解成为平均排气速度矢量 $\boldsymbol{u}_e$ 与截面上的速度矢量 $\boldsymbol{V}_\eta$,即

$$\boldsymbol{V}_{rb} = \boldsymbol{u}_e + \boldsymbol{V}_\eta \tag{2-1-25}$$

由于 $\boldsymbol{V}_\eta$ 在截面 $S_e$ 上具有对称性,则有

$$\int_{S_e}\boldsymbol{V}_\eta(\rho_m\boldsymbol{V}_{rb}\cdot\boldsymbol{n})\mathrm{d}S_e = 0 \tag{2-1-26}$$

将式(2-1-11)、式(2-1-25)代入式(2-1-24),同时利用式(2-1-5)、式(2-1-10)及式(2-1-26)可得

$$\boldsymbol{M}'_{rel} = -\frac{\delta}{\delta t}\int_m \boldsymbol{\rho}\times\frac{\delta\boldsymbol{\rho}}{\delta t}\mathrm{d}m - \int_{S_e}(\boldsymbol{\nu}\times\boldsymbol{V}_\eta)(\rho_m\boldsymbol{V}_{rb}\cdot\boldsymbol{n})\mathrm{d}S_e - \dot{m}\boldsymbol{\rho}_e\times(\boldsymbol{u}_e - \boldsymbol{V}_{rc}) \tag{2-1-27}$$

按照与前述相同的理由,略去上式中含有体积分的项。同时,考虑到 $|\boldsymbol{\nu}|$ 与 $\boldsymbol{\rho}_e$ 相比、$\boldsymbol{V}_{rc}$ 及 $\boldsymbol{V}_\eta$ 与 $\boldsymbol{u}_e$ 的绝对值相比均很小而略去,因此附加相对力矩可用下式近似表示:

$$\boldsymbol{M}'_{rel} = -\dot{m}\boldsymbol{\rho}_e \times \boldsymbol{u}_e \tag{2-1-28}$$

至此，已推导出附加力和附加力矩的表达式，归纳如下：

$$\begin{cases} \boldsymbol{F}'_{rel} = -\dot{m}\boldsymbol{u}_e \\ \boldsymbol{F}'_k = -2\dot{m}\boldsymbol{\omega}_T \times \boldsymbol{\rho}_e \\ \boldsymbol{M}'_{rel} = -\dot{m}\boldsymbol{\rho}_e \times \boldsymbol{u}_e \\ \boldsymbol{M}'_k = -\dfrac{\delta \boldsymbol{I}}{\delta t} \cdot \boldsymbol{\omega}_T - \dot{m}\boldsymbol{\rho}_e \times (\boldsymbol{\omega}_T \times \boldsymbol{\rho}_e) \end{cases} \tag{2-1-29}$$

式中，$\dot{m}$ 为质量秒耗量；$\boldsymbol{u}_e$ 为平均排气速度。当发动机确定后即为已知，惯量张量 $\boldsymbol{I}$ 及 $t$ 时刻质心 $o_1$ 至喷口截面中心的矢径 $\boldsymbol{\rho}_e$ 则决定于火箭总体设计及火箭燃烧情况，而火箭转动角速度 $\boldsymbol{\omega}_T$ 为火箭运动方程中的一个变量。

### 2.1.2　火箭发动机特性

附加相对力 $\boldsymbol{F}'_{rel}$ 实质是利用排出燃气所需的力产生推动火箭前进的反作用力。化学火箭发动机是将火箭自身携带的燃烧剂和氧化剂（统称为推进剂）在进入燃烧室内进行化学反应（燃烧），主要燃烧产物就是释放的化学能所加热的燃气。由于这些热燃烧被限制在容积相当小的燃烧室内，燃气的热膨胀就导致高压。这些被压缩的燃气通过喷管膨胀而加速，产生作用于火箭的反作用力。

火箭所携带的推进剂的物理状态，可分为液体推进剂、固体推进剂和固-液推进剂三种类型。与此对应的火箭叫作液体火箭、固体火箭和固-液火箭。

液体火箭的推进剂有单组元推进剂、双组元推进剂之分。单组元推进剂如过氧化氢或肼在催化剂的作用下进行分解，从而产生高温、高压燃气。双组元推进剂为自燃推进剂，如液氢-液氧、偏二甲肼-四氧化二氯等。以双组元推进剂为例的火箭发动机工作状态是将推进剂分别贮存在燃料箱和氧化剂箱内，涡轮泵将推进剂送入燃烧室进行燃烧以产生高温、高压燃气。涡轮泵可以利用一部分燃气能量来驱动，也有采用独立的燃气发生器提供燃气来驱动。近代多级火箭发动机中多采用预燃室，即燃料与一部分氧化剂先在预燃室中进行化学反应，其预燃产物先去驱动涡轮泵，然后再进入主燃烧室，并在主燃烧室内与剩下的氧化剂进行反应，对于简单的液体火箭，可以用使推进剂箱内增压的方法来取代涡轮泵。

固体火箭是将全部推进剂装在燃烧室壳体内，在固体药柱表面进行燃烧。药柱的形状设计极为重要，因为药柱形状决定了固体火箭的相对力对时间的变化关系。固体推进剂可以是把燃料和氧化剂组合在一个分子内的推进剂（称双基药），也可以是燃料和氧化剂的混合物（称复合药）。

固—液火箭发动机的氧化剂装在压力容器内并用挤压方式送入燃烧室，固体燃料在表面与氧化剂发生化学反应，从而产生高温、高压的燃烧产物。

不论哪种化学火箭发动机，为了获得其相对力，均需将火箭发动机装在试车台上进行热试车。火箭发动机在试车台上安装方式通常有水平安装、垂直安装。水平安装可能显得容易些，但大型火箭发动机的结构可能不十分合适于作水平试车。另外，对于液体火箭发动机,会由于点火延滞致使注入燃烧室内的推进剂未燃烧而留在燃烧室内,这样有可能导致爆炸。故常采用垂直安装。火箭发动机的静态试车是一门专业性很强的技术,不属本书讨论范畴,下面仅以水平安装试车原理给出发动机特征量。

图2-1-2为水平安装试车原理示意图。在试车台上,火箭处于静态试验过程,除了重力和试车台反作用力存在并相互抵消外,就只有轴向力。应注意的是该轴向力并不单纯是相对力 $-\dot{m}\boldsymbol{u}_e$,还包括火箭表面大气静压力和喷管出口截面上燃气静压力所形成的轴向力,这两部分静压力称为静推力,记为 $\boldsymbol{P}_{st}$,为

$$\boldsymbol{P}_{st} = \int_{S_e} \boldsymbol{p}\mathrm{d}s + \int_{S_b} \boldsymbol{p}_H \mathrm{d}s \tag{2-1-30}$$

式中,$S_e$ 为喷口截面积;$S_b$ 为箭体表面积(不包括 $S_e$ 部分);$\boldsymbol{p}_H$ 为火箭试车台所在高度的大气压,其方向垂直于 $S_b$ 表面;$\boldsymbol{p}$ 为喷口截面上燃气静压,可取平均值 $\boldsymbol{p}_e$,其方向与 $x_1$ 轴正向重合。

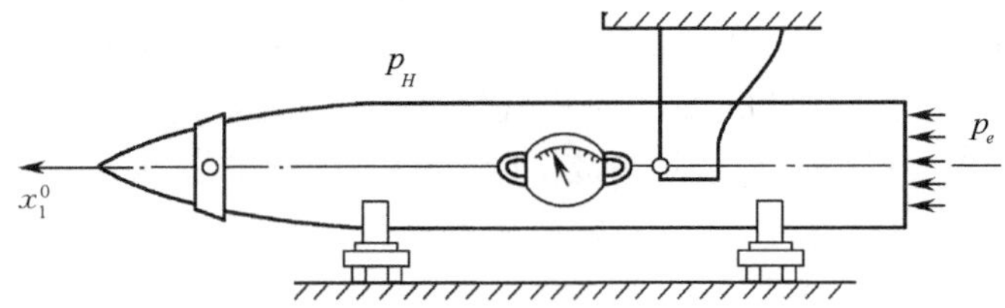


图2-1-2 水平安装试车原理示意图

考虑到火箭外形具有对称性,则静推力为

$$\boldsymbol{P}_{st} = S_e(p_e - p_H)\boldsymbol{x}_1^0 \tag{2-1-31}$$

其中,$\boldsymbol{x}_1^0$ 为火箭纵轴方向的单位矢量。因此,一台发动机的推力就定义为相对力 $-\dot{m}\boldsymbol{u}_e$ 和静推力 $\boldsymbol{P}_{st}$ 之和:

$$\boldsymbol{P} = -\dot{m}\boldsymbol{u}_e + S_e(p_e - p_H)\boldsymbol{x}_1^0 \tag{2-1-32}$$

与静推力对应,相对力 $-\dot{m}\boldsymbol{u}_e$ 也称动推力或推力动分量。注意到排气速度 $\boldsymbol{u}_e$ 指向 $\boldsymbol{x}_1^0$ 的反向,故推力值为

$$P = \dot{m}u_e + S_e(p_e - p_H) \tag{2-1-33}$$

气动力学计算和实验表明,在一定范围内可以认为排气速度 $u_e$ 不变,同时排气端面的压力 $p_e$ 正比于质量秒耗量 $\dot{m}$,因此 $u_e$、$p_e/\dot{m}$ 这两个量与外部大气压 $p_H$ 无关。故可记:

$$u_e' = u_e + S_e\frac{p_e}{\dot{m}} \tag{2-1-34}$$

$u_e'$ 称为有效排气速度。因此,式(2-1-33)可表示为

$$P = \dot{m}u_e' - S_e p_H \tag{2-1-35}$$

在真空时，有

$$P_v = \dot{m}u'_e \tag{2-1-36}$$

在地面时，有

$$P_0 = \dot{m}_0 u'_e - S_e p_0 \tag{2-1-37}$$

其中，$p_0$ 为地面大气压；$\dot{m}_0$ 为地面时发动机质量秒耗量。

由式(2－1－37)有

$$u'_e = \frac{P_0 + S_e p_0}{\dot{m}_0} \tag{2-1-38}$$

有效排气速度 $u'_e$ 可由地面发动机试车来确定。显然，推力也可写为

$$P = \frac{\dot{m}}{\dot{m}_0}(P_0 + S_e p_0) - S_e p_H \tag{2-1-39}$$

这里 $\dot{m}$ 与 $\dot{m}_0$ 不同，是基于对远程火箭在火箭加速飞行过程中由于加速度及泵等工作状态有变化这个因素的考虑。一般情况下，不考虑 $\dot{m}$ 的变化，即认为 $\dot{m} = \dot{m}_0 =$ 常数，则式(2－1－39)写为

$$P = P_0 + S_e(p_0 - p_H) \tag{2-1-40}$$

或者

$$P = P_v - S_e p_H \tag{2-1-41}$$

现引入描述发动机性能的一个重要指标：比推力(或称比冲量)。它的定义为：发动机在无限小时间间隔 $\delta t$ 内产生的冲量 $P\delta t$ 与该段时间间隔内消耗的推进剂重量 $\dot{m}g_0\delta t$ 之比，即

$$P_{SP} = \frac{P\delta t}{\dot{m}g_0\delta t} = \frac{P}{\dot{m}g_0} \tag{2-1-42}$$

式中，$g_0$ 为海平面标准重力加速度。

将式(2－1－35)代入上式即有

$$P_{SP} = \frac{u'_e}{g_0} - \frac{S_e p_H}{\dot{m}g_0} \tag{2-1-43}$$

由上式可知真空比推力 $P_{SP.V}$ 与地面比推力 $P_{SP.0}$ 分别为

$$P_{SP.V} = \frac{u'_e}{g_0} \tag{2-1-44}$$

$$P_{SP.0} = \frac{u'_e}{g_0} - \frac{S_e p_0}{\dot{m}g_0} = \frac{P_0}{\dot{G}_0} \tag{2-1-45}$$

从地面到真空，比推力可增加 10%～15%。

对于固体推进剂，$P_{SP}$ 大致为 200~300 s，现代的液体推进剂的 $P_{SP}$ 较高，为 250~460 s。固液混合推进剂的比推力通常略高于固体推进剂。

火箭飞行过程中，单台液体发动机的推力随时间的变化曲线如图 2-1-3 所示。当发出发动机点火指令后，火箭推力由 0 开始急剧增加。当 $P(t_0)=G(t_0)$ 时，火箭推力即使火箭开始加速、离开发射台。发动机由点火到额定工作状态有一段时间，设 $t_1$ 为火箭发动机达到额定工作状态的时刻。随后随着火箭离地面的高度增加而使得大气静压力 $S_e p_H$ 减小，即静推力增大，所以 $P$ 在增大，最大为真空推力 $P_V$。当火箭运动状态达到所要求的指标时，则发出关闭发动机指令，记该时刻为 $t_2$，但在关机指令发出后，燃烧室由于有剩余推进剂的燃烧仍然产生推力，直至燃烧完全结束，推力才为 0，记该瞬时为 $t_{p=0}$，由 $t_2$ 至 $t_{p=0}$ 这段时间内发动机燃烧室剩余燃料所产生的推力会造成推力冲量 $I$，其大小可表示为

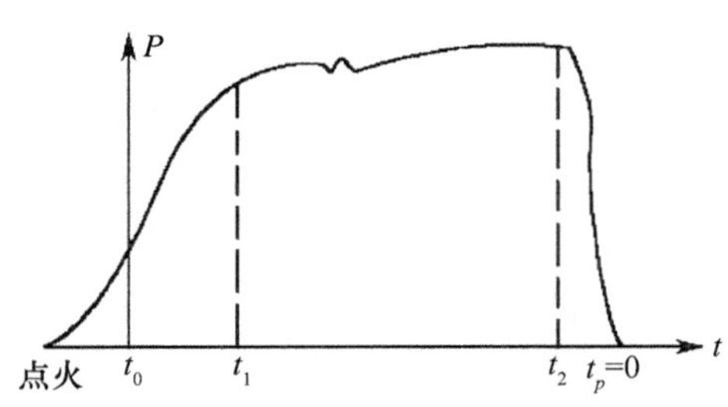


**图 2-1-3 单台发动机在飞行过程中 $P(t)$ 示意图**

$$I=\int_{t_2}^{t_{p=0}} P(t)\,\mathrm{d}t \tag{2-1-46}$$

推力冲量 $I$ 又称后效冲量。它是一随机变量，变化范围约为平均值的 15%，这种瞬变特性对导弹的级间分离或头体分离是有影响的，更重要的是它直接影响导弹的精度。

为了减少推力冲量对导弹运动的影响，在关机之前可先下达“预备关机指令”，使发动机先工作在输入较少推进剂的工作状态。然后当火箭运动状态满足所要求的指标时，再下达全部关闭发动机的命令，停止推进剂的供应，这样发动机燃烧室内剩余的推进剂较少，从而减小后效冲量。

现代火箭是采用先关闭主发动机，然后由几个很小推力的发动机(游动发动机)继续工作，使火箭运动满足规定指标时，再关闭小推力发动机，以达到减小后效冲量影响的目的。

## 2.2 引力与重力

### 2.2.1 引力

对于一个保守力场，场外一单位质点所受到该力场的作用力称为场强，记作 $\boldsymbol{F}$，它是矢量场。场强 $\boldsymbol{F}$ 与该质点在此力场中所具有的势函数 $U$，有如下关系：

$$\boldsymbol{F}=\operatorname{grad} U \tag{2-2-1}$$

式中，势函数 $U$ 为一标量函数，又称引力位。

地球对球外质点的引力场为一保守力场，若设地球为一均质圆球，可把地球质量 $M$ 看作集中于地球中心，则地球对球外距地心为 $r$ 的一单位质点的势函数为

$$U=\frac{fM}{r} \tag{2-2-2}$$

其中，$f$ 为万有引力常数，记 $\mu=fM$ 称为地球引力系数。由式(2－2－1)可得地球对距球心 $r$ 处一单位质点的场强为

$$\boldsymbol{g}=-\frac{fM}{r^2}\boldsymbol{r}^0 \tag{2-2-3}$$

场强 $\boldsymbol{g}$ 又称为单位质点在地球引力场中所具有的引力加速度矢量。

显然，若地球外一质点具有的质量为 $m$，则地球对该质点的引力即为

$$\boldsymbol{F}=m\boldsymbol{g} \tag{2-2-4}$$

实际地球为一形状复杂的非均质的物体，要求其对地球外一点的势函数，则需对整个地球进行积分来获得，即

$$U=f\int_M \frac{\mathrm{d}m}{\rho} \tag{2-2-5}$$

式中，$\mathrm{d}m$ 为地球单元体积的质量；$\rho$ 为 $\mathrm{d}m$ 至空间所研究的一点的距离。

由上式看出，要精确地求出势函数，则必须已知地球表面的形状和地球内部的密度分布，才能计算该积分值。这在目前还是很难做到的。应用球函数展开式可导出地球的引力位的标准表达式为

$$U=\frac{fM}{r}\left[1+\sum_{n=2}^{\infty}\sum_{m=0}^{n}\left(\frac{a_e}{r}\right)^n(C_{nm}\cos m\lambda+S_{nm}\sin m\lambda)P_{nm}(\sin\phi)\right] \tag{2-2-6}$$

也可写为

$$\begin{aligned}U=&\frac{fM}{r}-\frac{fM}{r}\sum_{n=2}^{\infty}\left(\frac{a_e}{r}\right)^n J_nP_n(\sin\phi)+\\&\frac{fM}{r}\sum_{n=2}^{\infty}\sum_{m=1}^{n}\left(\frac{a_e}{r}\right)^n(C_{nm}\cos m\lambda+S_{nm}\sin m\lambda)P_{nm}(\sin\phi)\end{aligned} \tag{2-2-7}$$

上两式中，$a_e$ 为地球赤道平均半径；$\phi$、$\lambda$ 为地心纬度和经度；$J_n$ 为带谐系数，且 $J_n=-C_{n0}$；$C_{nm}$ 和 $S_{nm}$，其中 $n\neq m$ 时，为田谐系数，$n=m$ 时，为扇谐系数；$P_n(\sin\phi)$ 为勒让德函数；$P_{nm}(\sin\phi)$ 为缔合勒让德函数。

式(2－2－7)的物理意义可这样理解：该式右端之第一项即为地球为圆球时所具有的引力位；右端之第二项含有带谐系数，故称作带谐项，它是将地球描述成许多凸形和凹形的带[图 2－2－1(a)]，用以对认为地球是球形所得引力位的修正，该项又称为带谐函数；右端之第三项中，$n\neq m$ 的部分，即含田谐系数的项，它将地球描述成凸凹相间如同棋盘图形[图 2－2－1(b)]，用以对第一项修正，该部分称为田谐项，也称田谐函数，而 $n=m$ 的部分，则为将地球描述成凸凹的扇形[图 2－2－1(c)]，也是修正项，该部分含有扇谐系数，故称扇谐项或扇谐函数。

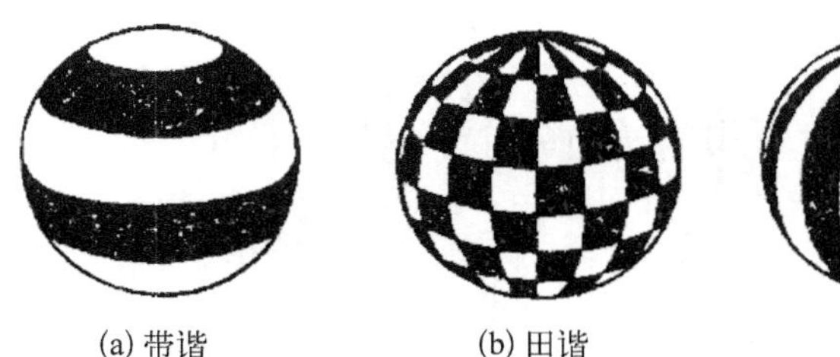

(a) 带谐　　(b) 田谐　　(c) 扇谐

**图 2-2-1　各种谐函数示意图**

由式(2-2-7)可知,如果知道谐系数的值,就可描绘出地球的引力位,事实上,该式之 $n$ 是由 2 至无穷大,要全部给出这些系数是不可能的。但随着空间技术的不断发展,观测数据不断增多,因而,谐系数的求解也日趋完善。美国哥达德(Goddard)宇航中心发表的地球模型 GEM-10C,给出了 $n=180$ 的三万多个谐系数。

不同的地球模型,所得到的谐系数有所差异,对于两轴旋转椭球体,且质量分布对于地轴及赤道面有对称性,则该椭球体对球外单位质点的引力位 $U$ 为无穷级数:

$$U=\frac{fM}{r}\left[1-\sum_{n=1}^{\infty}J_{2n}\left(\frac{a_e}{r}\right)^{2n}P_{2n}(\sin\phi)\right] \tag{2-2-8}$$

式中,各符号意义同式(2-2-7),该式中仅存在偶阶带谐系数 $J_{2n}$。

式(2-2-8)所表示的引力位 $U$,通常称为正常引力位,考虑到工程实际使用中的精度取至 $J_4$ 即可,则把:

$$U=\frac{fM}{r}\left[1-\sum_{n=1}^{2}J_{2n}\left(\frac{a_e}{r}\right)^{2n}P_{2n}(\sin\phi)\right] \tag{2-2-9}$$

取作正常引力位。

由于谐系数与地球模型有关,不同的地球模型下谐系数有差异,但 $J_2$、$J_4$ 中,前者是统一的,后者差异较小。我国采用 1975 年国际大地测量协会推荐的数值,除第 1 章介绍的总地球椭球体的参数值 $\omega_e$、$a_e$、$\alpha_e$、$fM$ 外,带谐系数值为

$$J_2=1.08263\times10^{-3}$$

$$J_4=-2.37091\times10^{-6}$$

式(2-2-9)中勒让德函数为

$$P_2(\sin\phi)=\frac{3}{2}\sin^2\phi-\frac{1}{2}$$

$$P_4(\sin\phi)=\frac{35}{8}\sin^4\phi-\frac{15}{4}\sin^2\phi+\frac{3}{8}$$

在弹道设计和计算中,有时为了方便,还可近似取式(2-2-9)中 $J_2$ 为止的引力位作为正常引力位,即

$$U=\frac{fM}{r}\left[1+\frac{J_2}{2}\left(\frac{a_e}{r}\right)^2(1-3\sin^2\phi)\right] \tag{2-2-10}$$

值得指出的是正常引力位是人为假设的，不论是式(2-2-9)或式(2-2-10)，其所表示的正常引力位与实际地球的引力位均有差别，这一差别称为引力位的异常。若要求弹道计算的精度较高，则需顾及引力位异常的影响。在以后的讨论中，均取式(2-2-10)作为正常引力位。

有了势函数后即可运用式(2-2-1)求取单位质量质点受地球引力作用的引力加速度矢量 $\boldsymbol{g}$，由式(2-2-10)可见正常引力位仅与观测点的距离 $r$ 及地心纬度 $\phi$ 有关。因此，引力加速度 $\boldsymbol{g}$ 总是在地球地轴与所考察的空间点构成的平面内，该平面与包含 $r$ 在内的子午面重合，如图 2-2-2 所示。

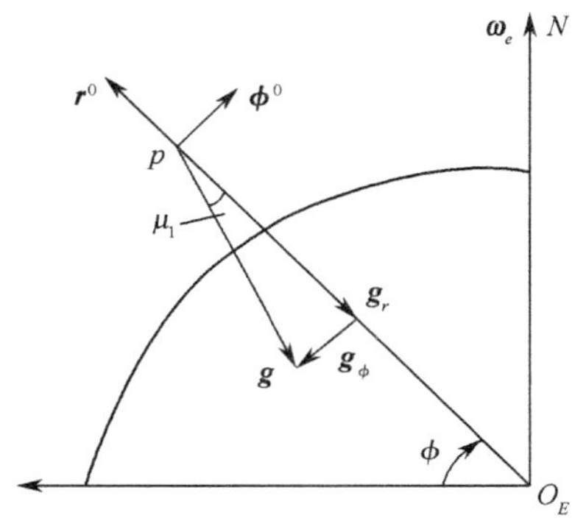


**图 2-2-2　$\boldsymbol{g}$ 在 $\boldsymbol{r}^0$ 及 $\boldsymbol{\phi}^0$ 方向上的投影**

对于位于 $p$ 点的单位质量质点而言，为计算该点的引力加速度矢量，作过 $p$ 点的子午面，令 $\overline{O_Ep}=r$，$r$ 的单位矢量为 $\boldsymbol{r}^0$，并令在此子午面内垂直 $\overline{O_Ep}$ 且指向 $\phi$ 增加方向的单位矢量为 $\boldsymbol{\phi}^0$，则引力加速度 $\boldsymbol{g}$ 在 $\boldsymbol{r}^0$ 及 $\boldsymbol{\phi}^0$ 方向的投影分别为

$$\begin{cases} g_r=\dfrac{\partial U}{\partial r}=-\dfrac{fM}{r^2}\left[1+\dfrac{3}{2}J_2\left(\dfrac{a_e}{r}\right)^2(1-3\sin^2\phi)\right] \\ g_\phi=\dfrac{1}{r}\dfrac{\partial U}{\partial \phi}=-\dfrac{fM}{r^2}\dfrac{3}{2}J_2\left(\dfrac{a_e}{r}\right)^2\sin 2\phi \end{cases} \tag{2-2-11}$$

令 $J=\dfrac{3}{2}J_2$，则

$$\begin{cases} g_r=-\dfrac{fM}{r^2}\left[1+J\left(\dfrac{a_e}{r}\right)^2(1-3\sin^2\phi)\right] \\ g_\phi=-\dfrac{fM}{r^2}J\left(\dfrac{a_e}{r}\right)^2\sin 2\phi \end{cases} \tag{2-2-12}$$

显见，当上式中不考虑含 $J$ 的项，即得

$$\begin{cases} g_r=-\dfrac{fM}{r^2} \\ g_\phi=0 \end{cases}$$

因此，含 $J$ 的项是考虑了地球扁率后，对作为均质圆球地球的引力加速度的修正，而且当考虑地球扁率时，还有一个总是指向赤道方向的分量 $g_\phi$，这是由于地球的赤道略微隆起，此处质量加大的原因而引起的。

为了计算方便，常常把引力加速度投影在矢量 $\boldsymbol{r}$ 与地球自转 $\boldsymbol{\omega}_e$ 方向。显然，这只需

要矢量 $\boldsymbol{g}_\phi$ 分解到 $\boldsymbol{r}$ 及 $\boldsymbol{\omega}_e$ 方向上即可。由图 2-2-2 可以看出:

$$\boldsymbol{g}_\phi = g_{\phi r}\boldsymbol{r}^0 + g_{\phi\omega_e}\boldsymbol{\omega}_e^0 = -g_\phi \tan\phi \boldsymbol{r}^0 + \frac{g_\phi}{\cos\phi}\boldsymbol{\omega}_e^0 \tag{2-2-13}$$

将式(2-2-12)之 $g_\phi$ 代入上式可得

$$\boldsymbol{g}_\phi = 2\frac{fM}{r^2}J\left(\frac{a_e}{r}\right)^2 \sin^2\phi \boldsymbol{r}^0 - 2\frac{fM}{r^2}J\left(\frac{a_e}{r}\right)^2 \sin\phi \boldsymbol{\omega}_e^0 \tag{2-2-14}$$

这样引起的加速度矢量可以表示成下面两种形式:

$$\boldsymbol{g} = g_r\boldsymbol{r}^0 + g_\phi\boldsymbol{\phi}^0 \tag{2-2-15}$$

或

$$\boldsymbol{g} = g_{r\phi r}\boldsymbol{r}^0 + g_{\omega_e}\boldsymbol{\omega}_e^0 \tag{2-2-16}$$

其中,

$$\begin{cases} g_{r\phi r} = g_r + g_{\phi r} = -\dfrac{fM}{r^2}\left[1 + J\left(\dfrac{a_e}{r}\right)^2(1 - 5\sin^2\phi)\right] \\ g_{\omega_e} = g_{\phi\omega_e} = -2\dfrac{fM}{r^2}J\left(\dfrac{a_e}{r}\right)^2 \sin\phi \end{cases} \tag{2-2-17}$$

由图 2-2-2 看到引力加速度矢量 $\boldsymbol{g}$ 与该点的矢量 $\boldsymbol{r}$ 的夹角 $\mu_1$ 为

$$\tan\mu_1 = \frac{g_\phi}{g_r} \tag{2-2-18}$$

考虑到 $\mu_1$ 很小,近似取 $\tan\mu_1 \approx \mu_1$,将式(2-2-11)代入上式右端后取至 $J$ 的准确度时,式(2-2-18)可整理得

$$\mu_1 \approx J\left(\frac{a_e}{r}\right)^2 \sin 2\phi \tag{2-2-19}$$

对于地球为两轴旋转椭球体的情况,其表面任一点满足椭圆方程:

$$\frac{x^2}{a_e^2} + \frac{y^2}{b_e^2} = 1$$

设该点地心距为 $r_0$,则不难将上式写成:

$$b_e^2 r_0^2 \cos^2\phi + a_e^2 r_0^2 \sin^2\phi = a_e^2 b_e^2$$

即有

$$r_0 = \frac{a_e b_e}{\sqrt{b_e^2\cos^2\phi + a_e^2\sin^2\phi}} \tag{2-2-20}$$

注意到椭球的扁率为

$$\alpha_e = \frac{a_e - b_e}{a_e}$$

代入式(2-2-20)得

$$r_0 = \frac{a_e^2(1-\alpha_e)}{a_e\sqrt{(1-\alpha_e)^2\cos^2\phi + \sin^2\phi}} = a_e(1-\alpha_e)(1 - 2\alpha_e\cos^2\phi + \alpha_e^2\cos^2\phi)^{-\frac{1}{2}}$$

记

$$\chi = 2\alpha_e\cos^2\phi - \alpha_e^2\cos^2\phi$$

因为$\chi$ 为小量,将其代入前式,并按级数展开,则可得两轴旋转体表面上任一点 $r_0$ 与赤道半径 $a_e$ 及该点地心距与赤道平面夹角 $\phi$ 之间有下列关系式:

$$r_0 = a_e\left(1 - \alpha_e\sin^2\phi - \frac{3}{8}\alpha_e^2\sin^2 2\phi - \cdots\right)$$

已知:

$$\alpha_e = \frac{a_e - b_e}{a_e} = \frac{1}{298.257}$$

故当考虑到扁率一阶项时,可将 $\alpha_e^2$ 以上项略去,则有关系式:

$$\frac{a_e}{r_0} \approx \frac{1}{1 - \alpha_e\sin^2\phi}$$

$$\left(\frac{a_e}{r_0}\right)^2 \approx \frac{1}{1 - 2\alpha_e\sin^2\phi} \approx 1 + 2\alpha_e\sin^2\phi$$

将结果代入式(2-2-19),得

$$\mu_{10} = J(1 + 2\alpha_e\sin^2\phi)\sin 2\phi$$

$J$、$\alpha_e$ 均为小量,故在准确至 $\alpha_e$ 量级时,可取:

$$\mu_{10} = J\sin 2\phi \tag{2-2-21}$$

该$\mu_{10}$ 即为地球为旋转球体的表面一点引力加速度矢量 $\boldsymbol{g}$ 与该点地心矢径 $\boldsymbol{r}$ 的夹角,该角的大小是准确至 $\alpha_e$ 量级值。不难由式(2-2-21)看出当 $\phi = \pm 45°$ 时 $|\mu_{10}|$ 取最大值:

$$|\mu_{10}| = J = 1.62395 \times 10^{-3}\ \text{rad} = 5.6'$$

由图 2-2-2 可知,空间任一点引力加速度大小为

$$g = \frac{g_r}{\cos\mu_1}$$

由于$\mu_1$ 很小,取 $\cos\mu_1 \approx 1$, 故

$$g = g_r = -\frac{fM}{r^2}\left[1 + J\left(\frac{a_e}{r}\right)^2(1 - 3\sin^2\phi)\right] \tag{2-2-22}$$

当 $1 - 3\sin^2\phi = 0$，即 $\phi = 35°15'52''$ 时，有

$$g = -\frac{fM}{r^2}$$

将该 $\phi$ 角代入 $r_0$ 的展开式，在准确至 $\alpha_e$ 量级时，则有

$$r_0 = a_e\left(1 - \frac{1}{3}\alpha_e\right) = 6\ 371.11\ \text{km}$$

通常将此 $r_0$ 值取作球形引力场时的地球平均半径，记为 $R$。

### 2.2.2 重力

如地球外一质量为 $m$ 的质点相对于地球是静止的，该质点受到地球的引力为 $m\boldsymbol{g}$，另由于地球自身在以 $\boldsymbol{\omega}_e$ 角速度旋转，故该质点还受到随同地球旋转而引起的离心惯性力，将该质点所受的引力和离心惯性力之和称为该质点所受的重力，记为 $m\boldsymbol{g}'$，则

$$m\boldsymbol{g}' = m\boldsymbol{g} + m\boldsymbol{a}'_e \tag{2-2-23}$$

其中，$\boldsymbol{a}'_e = -\boldsymbol{\omega}_e \times (\boldsymbol{\omega}_e \times \boldsymbol{r})$ 称离心加速度。

空间一点的离心惯性加速度 $\boldsymbol{a}'_e$，是在该点与地轴组成的子午面内并与地轴垂直指向球外。将其分解到 $\boldsymbol{r}^0$ 及 $\boldsymbol{\phi}^0$ 方向，其大小分别记为 $a'_{er}$、$a'_{e\phi}$，则可得

$$\begin{cases} a'_{er} = r\omega_e^2\cos^2\phi \\ a'_{e\phi} = -r\omega_e^2\sin\phi\cos\phi \end{cases} \tag{2-2-24}$$

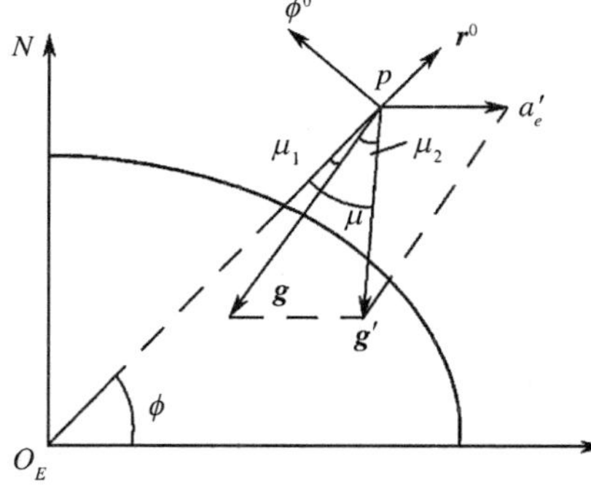


图 2-2-3 地球外一点的重力加速度示意图

显然，$\boldsymbol{g}'$ 同属于 $\boldsymbol{a}'_e$、$\boldsymbol{g}$ 所在的子午面内(图2-2-3)，将式(2-2-11)与式(2-2-24)代入式(2-2-23)即可得到重力加速度 $\boldsymbol{g}'$ 在该子午面内 $\boldsymbol{r}^0$ 及 $\boldsymbol{\phi}^0$ 方向的分量为

$$\begin{cases} g'_r = -\dfrac{fM}{r^2}\left[1 + J\left(\dfrac{a_e}{r}\right)^2(1 - 3\sin^2\phi)\right] + r\omega_e^2\cos^2\phi \\ g'_\phi = -\dfrac{fM}{r^2}J\left(\dfrac{a_e}{r}\right)^2\sin 2\phi - r\omega_e^2\cos\phi\sin\phi \end{cases} \tag{2-2-25}$$

将上式经过整理可得如下形式：

$$\begin{cases} g'_r = -\dfrac{fM}{r^2}\left[1 + J\left(\dfrac{a_e}{r}\right)^2(1 - 3\sin^2\phi) - q\left(\dfrac{r}{a_e}\right)^3\cos^2\phi\right] \\ g'_\phi = -\dfrac{fM}{r^2}\left[J\left(\dfrac{a_e}{r}\right)^2 + \dfrac{q}{2}\left(\dfrac{r}{a_e}\right)^3\right]\sin 2\phi \end{cases} \tag{2-2-26}$$

其中，$q = \dfrac{a_e\omega_e^2}{fM/a_e^2}$ 为赤道上离心加速度与引力加速度之比。将 $a_e$、$\omega_e$、$fM$ 值代入可算得 $q = 3.461\,4 \times 10^{-3} = 1.032\,4\alpha_e$，可见 $q$ 与 $\alpha_e$ 是同量级的参数。

由图 2-2-3 可见，空间 $p$ 点之重力加速度矢量在过该点的子午面内，$\boldsymbol{g}'$ 的指向不通过地心，即 $\boldsymbol{g}'$ 与 $\boldsymbol{r}$ 之间有一夹角 $\mu$，该角可用下式计算：

$$\tan\mu = \frac{g'_\phi}{g'_r}$$

当考虑到 $\mu$ 角很小，上式左端近似为 $\mu$，而右端在准确到 $\alpha_e$ 量级时可展开得

$$\mu \approx J\left(\frac{a_e}{r}\right)^2\sin 2\phi + \frac{q}{2}\left(\frac{r}{a_e}\right)^3\sin 2\phi \tag{2-2-27}$$

式(2-2-27)右端第一项即为 $\mu_1$，它是 $\boldsymbol{g}$ 与 $\boldsymbol{r}$ 的夹角；第二项为 $\mu_2$，它是由于有离心加速度存在造成 $\boldsymbol{g}'$ 与 $\boldsymbol{g}$ 之间的夹角，则式(2-2-27)可记为

$$\mu = \mu_1 + \mu_2$$

火箭发射时是以发射点的垂线方向亦即 $\boldsymbol{g}'$ 的方向定向。当将地球形状视为一两轴旋转椭球体时，在椭球表面上任一点的重力垂线即为椭球面上过该点的法线。如图 2-2-4 所示，该法线从发射点 $O$ 与地轴交点 $M$ 的长度 $OM$，称为椭球面上 $O$ 点的卯酉半径，记为 $N$，$M$ 称为卯酉中心。$N$ 与赤道平面的夹角记为 $B$，即为地理纬度。而 $M$ 与椭球中心 $O_E$ 之间的距离为 $O_EM$。由于椭球面上各点的法线不指向同一中心，故 $M$ 点是沿地轴移动的，即 $O_EM$ 的长度与 $O$ 点在椭球面上的位置有关。

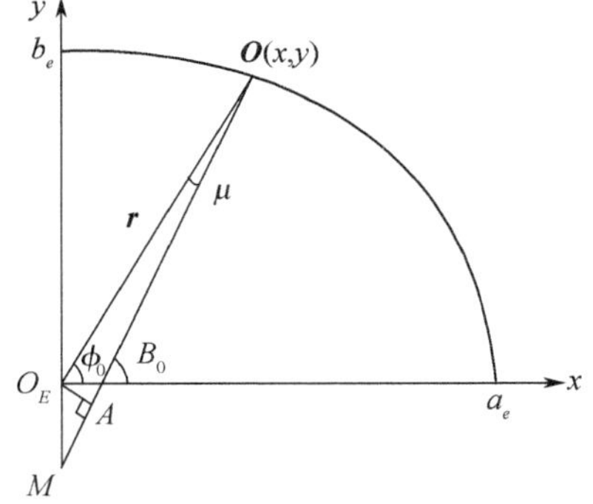


**图 2-2-4　地球表面一点卯酉半径示意图**

发射点 $O$ 所在子午面的椭圆曲线方程为

$$\frac{x^2}{a_e^2} + \frac{y^2}{b_e^2} = 1$$

则过 $O$ 点的椭圆法线的斜率为

$$\tan B_0 = -\frac{\mathrm{d}x}{\mathrm{d}y} = \frac{y}{x}\frac{a_e^2}{b_e^2}$$

而过 $O$ 点的矢径 $\boldsymbol{r}$ 与赤道平面的夹角为地心纬度 $\phi_0$，由图 2-2-4 可知：

$$\tan\phi_0 = \frac{y}{x}$$

则地理纬度 $B_0$ 与地心纬度 $\phi_0$ 之间有下列严格关系：

$$\tan B_0 = \frac{a_e^2}{b_e^2}\tan\phi_0 \tag{2-2-28}$$

当知道 $B_0$、$\phi_0$ 中任一参数值,即可准确求得另一个参数值,从而可求得

$$\mu_0 = B_0 - \phi_0 \tag{2-2-29}$$

由图 2-2-4,过 $O_E$ 作 $OM$ 垂线交于 $A$,并注意到 $\mu$ 为一微量,则有

$$O_E M = \frac{O_E A}{\cos B_0} \approx \frac{r_0 \mu_0}{\cos B_0} \tag{2-2-30}$$

将 $b_e = a_e(1 - \alpha_e)$ 代入式(2-2-28),并准确到 $\alpha_e$ 量级时,有

$$\tan B_0 - \tan \phi_0 = 2\alpha_e \tan \phi_0$$

由于,

$$\tan B_0 - \tan \phi_0 = \frac{\sin(B_0 - \phi_0)}{\cos B_0 \cos \phi_0}$$

则得

$$\sin(B_0 - \phi_0) = 2\alpha_e \sin \phi_0 \cos B_0$$

注意到式(2-2-29)且考虑到 $\mu$ 很小,故有

$$\mu_0 = \alpha_e \sin 2B_0 = \alpha_e \sin 2\phi_0 \tag{2-2-31}$$

不难看出,在椭球面上,当 $\phi = \pm 45°$ 时,$\mu$ 取最大值,即

$$\mu_{0\max} = \alpha_e = 11.5'$$

将式(2-2-31)代入式(2-2-30)可得

$$O_E M = 2r_0 \alpha_e \sin B_0 = 2r_0 \alpha_e \sin \phi_0 \tag{2-2-32}$$

此时卯酉半径 $N$ 为

$$N = OA + AM = r_0 + O_E M \sin B_0 = r_0(1 + 2\alpha_e \sin^2 B_0) \tag{2-2-33}$$

将式(2-2-20)代入上式,略去 $\alpha_e^2$ 以上各项,则得

$$N = a_e(1 + \alpha_e \sin^2 B_0) \tag{2-2-34}$$

由上式可见:在赤道上,$N = a_e$;在非赤道面上,任一点的卯酉半径均大于赤道半径,最大的卯酉半径是两极点处的值,为 $a_e(1 + \alpha_e)$。

由图 2-2-3 可知空间任一点的重力加速度大小为

$$g' = \frac{g'_r}{\cos \mu}$$

在准确到 $\alpha_e$ 量级时,可取 $\cos \mu = 1$,则

$$g' \approx g'_r = -\frac{fM}{r^2}\left[1 + J\left(\frac{a_e}{r}\right)^2 (1 - 3\sin^2\phi) - q\left(\frac{r}{a_e}\right)^3 \cos^2\phi\right] \tag{2-2-35}$$

# 2.3　空气动力及气动力矩

## 2.3.1　空气动力

火箭和其他物体一样，当其相对于大气运动时，大气则会在导弹的表面形成作用力。空气动力是作用在导弹表面的分布力系，如图 2-3-1 所示。

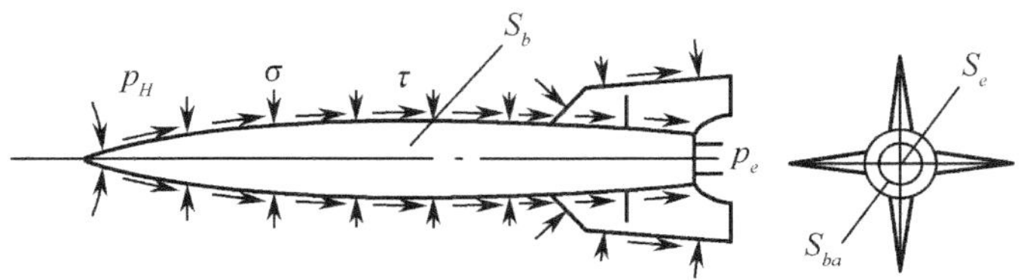


**图 2-3-1　箭体表面的压力分布**

将火箭表面分成喷口截面积 $S_e$ 及除 $S_e$ 外的弹体表面 $S_b$ 两部分。记空气作用在火箭体表面上单位面积法向力和切向力为 $\boldsymbol{\sigma}$、$\boldsymbol{\tau}$，则在 $S_b$ 的每一个微小面积 d$S$ 上作用有法向力 $\boldsymbol{\sigma}\mathrm{d}S$ 及切向力 $\boldsymbol{\tau}\mathrm{d}S$，因而空气作用在 $S_b$ 上合力为

$$\boldsymbol{R}_b = \int_{S_b} \boldsymbol{\sigma}\mathrm{d}S + \int_{S_b} \boldsymbol{\tau}\mathrm{d}S \tag{2-3-1}$$

同样，当发动机不工作时，空气作用于喷口截面 $S_e$ 上的合力为

$$\boldsymbol{R}_e = \int_{S_e} \boldsymbol{\sigma}\mathrm{d}S + \int_{S_e} \boldsymbol{\tau}\mathrm{d}S \tag{2-3-2}$$

由于法向力 $\boldsymbol{\sigma}$ 可写成未扰动空气的静压 $\boldsymbol{p}_H$ 与法向剩余压力 $\boldsymbol{\sigma}'$ 之和，即

$$\boldsymbol{\sigma} = \boldsymbol{p}_H + \boldsymbol{\sigma}' \tag{2-3-3}$$

故空气作用在火箭上的总的合力可写成：

$$\boldsymbol{R} = \int_{S_b} \boldsymbol{p}_H\mathrm{d}S + \int_{S_e} \boldsymbol{p}_H\mathrm{d}S + \int_{S_b} \boldsymbol{\sigma}'\mathrm{d}S + \int_{S_e} \boldsymbol{\sigma}'\mathrm{d}S + \int_{S_b} \boldsymbol{\tau}\mathrm{d}S + \int_{S_e} \boldsymbol{\tau}\mathrm{d}S \tag{2-3-4}$$

其中，前两项为作用在火箭上的空气静压力，在发动机不工作时为零；最后一项为喷口截面上的切向力，一般可忽略。这样总合力即为

$$\boldsymbol{R} = \int_{S_b} \boldsymbol{\sigma}'\mathrm{d}S + \int_{S_e} \boldsymbol{\sigma}'\mathrm{d}S + \int_{S_b} \boldsymbol{\tau}\mathrm{d}S \tag{2-3-5}$$

记火箭底部面积 $S_{ba}$ 与喷口截面积 $S_e$ 之差为 $S_r$，则

$$S_e = S_{ba} - S_r \tag{2-3-6}$$

则总合力可写成：

$$\boldsymbol{R} = \int_{S_b - S_r} \boldsymbol{\sigma}' \mathrm{d}S + \int_{S_b} \boldsymbol{\tau} \mathrm{d}S + \int_{S_{ba}} \boldsymbol{\sigma}' \mathrm{d}S \tag{2-3-7}$$

式中,$\int_{S_{ba}} \boldsymbol{\sigma}' \mathrm{d}S$ 为火箭底阻,其合力作用线与火箭纵轴 $x_1$ 重合,记为 $\boldsymbol{X}_{1ba}$;$\int_{S_b} \boldsymbol{\tau} \mathrm{d}S$ 为摩擦阻力,其合力作用线与 $x_1$ 重合,记为 $\boldsymbol{X}_{1f}$。

另将 $\int_{S_b - S_r} \boldsymbol{\sigma}' \mathrm{d}S$ 分解在火箭箭体坐标轴的三个方向,分别为压差阻力 $\boldsymbol{X}_{1b}$、法向力 $\boldsymbol{Y}_1$ 及横向力 $\boldsymbol{Z}_1$,则式(2-3-7)可写成:

$$\boldsymbol{R} = \boldsymbol{X}_{1ba} + \boldsymbol{X}_{1f} + \boldsymbol{X}_{1b} + \boldsymbol{Y}_1 + \boldsymbol{Z}_1 \tag{2-3-8}$$

记

$$\boldsymbol{X}_1 = \boldsymbol{X}_{1ba} + \boldsymbol{X}_{1f} + \boldsymbol{X}_{1b} \tag{2-3-9}$$

$\boldsymbol{X}_1$ 称为总的轴向力。

则式(2-3-8)即为

$$\boldsymbol{R} = \boldsymbol{X}_1 + \boldsymbol{Y}_1 + \boldsymbol{Z}_1 \tag{2-3-10}$$

当发动机工作时,在计算发动机推力中,已将大气静压力 $\int_{S_b} \boldsymbol{p}_H \mathrm{d}S$ 与发动机喷口截面上的燃气压力 $\int_{S_e} \boldsymbol{p} \mathrm{d}S$ 合成为推力静分量,计入发动机推力之中,见式(2-1-31),而此时火箭的底阻仅为底部圆环部分的面积 $S_r$ 的法向剩余压力造成。除此之外,发动机工作与否,总气动力表达式相同。

当火箭相对大气运动时,如何确定作用在火箭上的空气动力是一个颇为复杂的问题,很难通过理论计算准确确定。目前是用空气动力学理论进行计算与空气动力实验校正相结合的方法,空气动力实验是在可产生一定马赫数的均匀气流的风洞中进行。马赫数 $M$ 是气流的速度 $v$ 与声速 $a$ 之比值。在实验时,将按比例缩小了的实物模型静止放在风洞内,然后使气流按一定的马赫数吹过此模型,通过测量此模型所受的空气动力并进行适当的换算后,求得实物在此马赫数下所受的空气动力。

在火箭研制过程中,由研究空气动力学的专门人员根据火箭外形,利用上面谈及的方法给出该型号火箭的空气动力计算所必需的图表、曲线等。正确地使用这些资料,即可确定作用在火箭上的气动力和气动力矩。

式(2-3-10)中各分力可以按下式计算:

$$\begin{cases} X_1 = C_{x1} \dfrac{1}{2} \rho v^2 S_M = C_{x1} q S_M \\ Y_1 = C_{y1} \dfrac{1}{2} \rho v^2 S_M = C_{y1} q S_M \\ Z_1 = C_{z1} \dfrac{1}{2} \rho v^2 S_M = C_{z1} q S_M \end{cases} \tag{2-3-11}$$

式中,$v$ 为火箭相对于大气的速度;$\rho$ 为大气密度,可查标准大气表或按近似公式计算;$S_M$ 为火箭最大横截面积,亦称特征面积;$q$ 为速度头(或称动压头),$q=\frac{1}{2}\rho v^2$;$C_{x1}$、$C_{y1}$、$C_{z1}$ 依次为火箭的轴向力系数、法向力系数、横向力系数,均为无因次量。

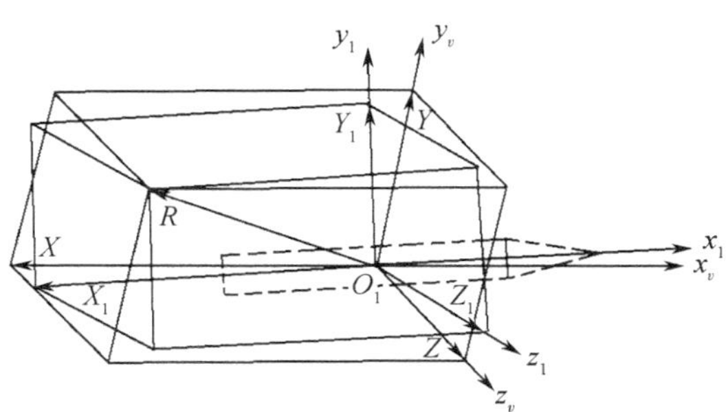


**图 2-3-2　空气动力沿速度坐标系和箭体坐标系分解**

在研究火箭运动规律时,有时在速度坐标系内进行讨论,故亦可将空气动力总的合力在速度坐标系内分解为阻力 $\boldsymbol{X}$、升力 $\boldsymbol{Y}$ 与侧力 $\boldsymbol{Z}$,如图 2-3-2 所示。即

$$\boldsymbol{R}=\boldsymbol{X}+\boldsymbol{Y}+\boldsymbol{Z} \tag{2-3-12}$$

其中,力的各分量可按下式计算:

$$\begin{cases} X=C_x\dfrac{1}{2}\rho v^2 S_M=C_x q S_M \\ Y=C_y\dfrac{1}{2}\rho v^2 S_M=C_y q S_M \\ Z=C_z\dfrac{1}{2}\rho v^2 S_M=C_z q S_M \end{cases} \tag{2-3-13}$$

式中,$C_x$、$C_y$、$C_z$ 分别为阻力系数、升力系数、侧力系数,它们亦均为无因次量,其他符号意义同式(2-3-11)。

由于按式(2-3-11)及式(2-3-13)计算得的 $X_1$、$X$ 为正值,而实际合力 $\boldsymbol{R}$ 在箭体坐标系 $X_1$ 及速度坐标系 $X_v$ 上的投影分量应为负值,故该投影分量应在 $X_1$、$X$ 前冠以负号。

根据速度坐标系与箭体坐标系之间的方向余弦关系,合力 $\boldsymbol{R}$ 在此两个坐标系的分量有如下关系:

$$\begin{bmatrix} -X \\ Y \\ Z \end{bmatrix}=\boldsymbol{V}_B\begin{bmatrix} -X_1 \\ Y_1 \\ Z_1 \end{bmatrix} \tag{2-3-14}$$

其中,

$$\boldsymbol{V}_B=\begin{bmatrix} \cos\beta\cos\alpha & -\cos\beta\sin\alpha & \sin\beta \\ \sin\alpha & \cos\alpha & 0 \\ -\sin\beta\cos\alpha & \sin\beta\sin\alpha & \cos\beta \end{bmatrix}$$

依据关系式(2-3-14)分别对空气动力各分量及相应的气动力系数进行讨论。

1. 阻力和阻力系数

由式(2-3-14)可得

$$X = X_1\cos\beta\cos\alpha + Y_1\cos\beta\sin\alpha - Z_1\sin\beta \tag{2-3-15}$$

将 $X_1$ 分为两部分：一部分是 $\alpha = 0$、$\beta = 0$ 时产生的轴向力 $X_{10}$，另一部分是 $\alpha \neq 0$、$\beta \neq 0$ 引起的阻力增量 $\Delta X_1$，即

$$X_1 = X_{10} + \Delta X_1$$

将其代入式(2-3-15)得

$$X = X_{10}\cos\beta\cos\alpha + Y_1\cos\beta\sin\alpha - Z_1\sin\beta + \Delta X_1\cos\beta\cos\alpha \tag{2-3-16}$$

考虑到火箭飞行过程中，$\alpha$、$\beta$ 值均较小,且升力和法向力、侧力和横向力各系数分别是 $\alpha$ 和 $\beta$ 的线性函数：

$$\begin{cases} C_y = C_y^\alpha\alpha, & C_z = C_z^\beta\beta \\ C_{y1} = C_{y1}^\alpha\alpha, & C_{z1} = C_{z1}^\beta\beta \end{cases} \tag{2-3-17}$$

又因火箭是一轴对称体,按力的定义,有

$$C_{y1}^\alpha = -C_{z1}^\beta, \quad C_y^\alpha = -C_z^\beta \tag{2-3-18}$$

则式(2-3-16)可近似为

$$X = X_{10} + Y_1^\alpha(\alpha^2 + \beta^2) + \Delta X_1 \tag{2-3-19}$$

记

$$X_i = Y_1^\alpha(\alpha^2 + \beta^2) + \Delta X_1 \tag{2-3-20}$$

称 $X_i$ 为攻角和侧滑角引起的诱导阻力,则

$$X = X_{10} + X_i \tag{2-3-21}$$

将阻力写成系数形式,则有关系式：

$$C_x = C_{x10} + C_{x_i} \tag{2-3-22}$$

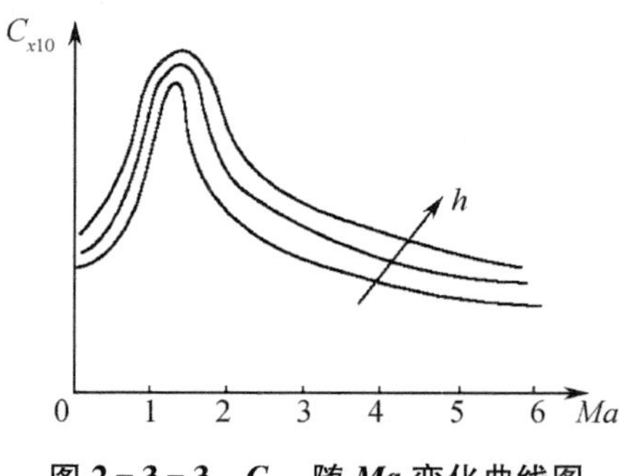

**图 2-3-3 $C_{x10}$ 随 *Ma* 变化曲线图**

其中，$C_{x10}$ 为 $\alpha=0$、$\beta=0$ 时的阻力系数,它与 $\alpha$ 和 $\beta$ 无关,仅是马赫数和高度的函数,如图 2-3-3 所示。可见，$C_{x10}$ 在 $Ma = 1$ 附近跨声速区剧增,这主要是波阻起作用。超声速后,激波顶角减小,阻力系数减小。$C_{x10}$ 随高度增加而增加,因为气体流过飞行器表面时由于表面凸凹不平使气流分子受到阻滞,加上气体有一定的黏性,从而形成摩擦阻力

$X_{1f}$。该力除与气体黏性系数 $\mu$ 及火箭最大横截面 $S_M$ 有关，还与 $v/l$（$v$ 为气体速度，$l$ 为火箭表面长度）成正比，即

$$X_{1f} \propto \mu \frac{v}{l} S_M \tag{2-3-23}$$

则知摩擦阻力系数为

$$C_{x_{1f}} = \frac{X_{1f}}{qS_M} \propto \frac{\mu}{\rho v l} \tag{2-3-24}$$

由该式可见，在一定的 $Ma$ 下，随着高度增加气体密度在减小，则 $C_{x1f}$ 增加，这就增大了摩擦阻力在总空气动力中所占的比重，故阻力系数即随高度增加而增加。

$C_{xi}$ 为诱导阻力系数，通常只需对法向力和横向力在阻力方向的分量做一修正即可，故计算时用：

$$C_{xi} = KC_{y1}^{\alpha}(\alpha^2 + \beta^2) \tag{2-3-25}$$

其中，$K$ 为与导弹形状有关的系数。

2. 升力和升力系数

由式(2-3-14)可得升力表达式为

$$Y = Y_1 \cos\alpha - X_1 \sin\alpha \tag{2-3-26}$$

而升力系数则为

$$C_y = C_{y1}\cos\alpha - (C_{x10} + C_{xi})\sin\alpha$$

考虑到 $\alpha$ 角很小，且 $C_{xi}\alpha$ 可略而不计，则升力系数可近似为

$$C_y = C_{y1} - C_{x10}\alpha \tag{2-3-27}$$

在 $\alpha$ 较小时，法向力系数为 $\alpha$ 的线性函数，则可得

$$C_y^{\alpha} = C_{y1}^{\alpha} - C_{x10} \tag{2-3-28}$$

$C_y^{\alpha}$ 随高度变化很小，一般可不予考虑。通常空气动力资料只给 $C_y^{\alpha}(Ma)$ 曲线或数据。在图 2-3-4 中给出 $C_y^{\alpha}(Ma)$ 的近似关系曲线。

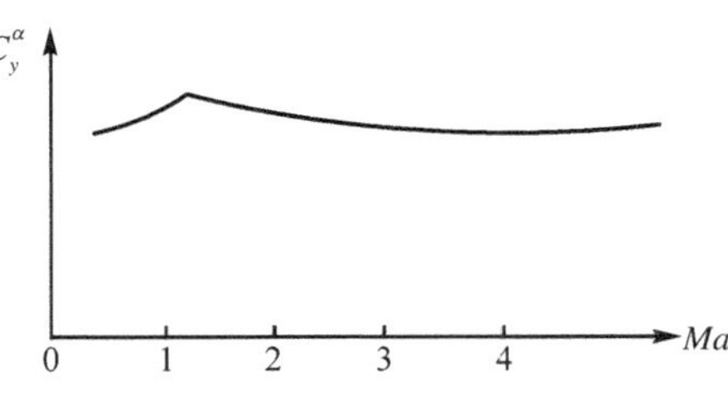

**图 2-3-4　$C_y^{\alpha}(Ma)$ 近似关系图**

3. 侧力和侧力系数

据式(2-3-14)可得侧力表达式：

$$Z = X_1\cos\alpha\sin\beta + Y_1\sin\alpha\sin\beta + Z_1\cos\beta \tag{2-3-29}$$

因 $\alpha$、$\beta$ 是微量，在略去二阶以上微量时，上式可简化为

$$Z = X_1\beta + Z_1 \tag{2-3-30}$$

同理可得侧力系数：

$$C_z = C_{x10}\beta + C_{z1} \tag{2-3-31}$$

及侧力系数对 $\beta$ 的导数:

$$C_z^{\beta} = C_{x10} + C_{z1}^{\beta} \tag{2-3-32}$$

注意到式(2-3-18),上式可写为

$$C_z^{\beta} = C_{x10} - C_{y1}^{\alpha} \tag{2-3-33}$$

### 2.3.2 空气动力矩

火箭相对于大气运动时,由于火箭的对称性,故作用于火箭表面的气动力合力 $\boldsymbol{R}$ 的作用点应位于火箭纵轴 $x_1$ 上,该作用点称为压力中心,或简称压心,记为 $O_{c.p}$。一般情况下,压心 $O_{c.p}$ 并不与火箭质心 $O_{c.g}$ 重合。

在研究火箭质心运动时,往往将气动力合力 $\boldsymbol{R}$ 简化到质心上,因此就产生一空气动力矩,这种力矩称为稳定力矩,记为 $\boldsymbol{M}_{st}$。另外,当火箭产生相对于大气的转动时,大气对其将产生阻尼作用。该作用力矩称为阻尼力矩,记为 $\boldsymbol{M}_d$。

1. 稳定力矩

由于通常以箭体坐标系来描述火箭的转动。因此,用空气动力对箭体坐标系三轴之矩来表示气动力矩。

已知 $\boldsymbol{R} = \boldsymbol{X}_1 + \boldsymbol{Y}_1 + \boldsymbol{Z}_1$,而质心与压心之距离矢量可表示为 $(x_p - x_g)\boldsymbol{x}_1^0$,$x_p$、$x_g$ 分别为压心、质心至火箭头部理论尖端的距离,均以正值表示。则稳定力矩为

$$\boldsymbol{M}_{st} = \boldsymbol{R} \times (x_p - x_g)\boldsymbol{x}_1^0 = Z_1(x_p - x_g)\boldsymbol{y}_1^0 - Y_1(x_p - x_g)\boldsymbol{z}_1^0 \tag{2-3-34}$$

记

$$\begin{cases} M_{y1st} = Z_1(x_p - x_g) = m_{y1st}qS_M l_k \\ M_{z1st} = -Y_1(x_p - x_g) = m_{z1st}qS_M l_k \end{cases} \tag{2-3-35}$$

式中,$M_{y1st}$、$M_{z1st}$ 分别为绕 $y_1$、$z_1$ 轴的稳定力矩值;$m_{z1st}$、$m_{y1st}$ 为相应的力矩系数;$l_k$ 为火箭的长度。

由式(2-3-35)可见:

$$\begin{cases} m_{y1st} = \dfrac{Z_1(x_p - x_g)}{qS_M l_k} = C_{y1}^{\alpha}(\bar{x}_g - \bar{x}_p)\beta \\ m_{z1st} = \dfrac{-Y_1(x_p - x_g)}{qS_M l_k} = C_{y1}^{\alpha}(\bar{x}_g - \bar{x}_p)\alpha \end{cases} \tag{2-3-36}$$

式中,$\bar{x}_g = \dfrac{x_g}{l_k}$;$\bar{x}_p = \dfrac{x_p}{l_k}$。

又记

$$m_{y1}^{\beta} = \frac{\partial m_{y1st}}{\partial \beta} = C_{y1}^{\alpha}(\bar{x}_g - \bar{x}_p) \tag{2-3-37}$$

显然有

$$m_{z1}^{\alpha} = m_{y1}^{\beta} \tag{2-3-38}$$

由以上讨论可得稳定力矩的最终计算公式为

$$\begin{cases} M_{y1st} = m_{y1}^{\beta} q S_M l_k \beta \\ M_{z1st} = m_{z1}^{\alpha} q S_M l_k \alpha \\ m_{y1}^{\beta} = m_{z1}^{\alpha} = C_{y1}^{\alpha}(\bar{x}_g - \bar{x}_p) \end{cases} \tag{2-3-39}$$

显然,稳定力矩的计算与质心和压心的位置有关。压心的位置是通过气动力计算和风洞实验确定的,图 2-3-5 中给出了典型火箭的压心随马赫数的变化曲线。质心的位置可通过具体火箭的质量分布和剩余燃料的质量和位置计算得到。

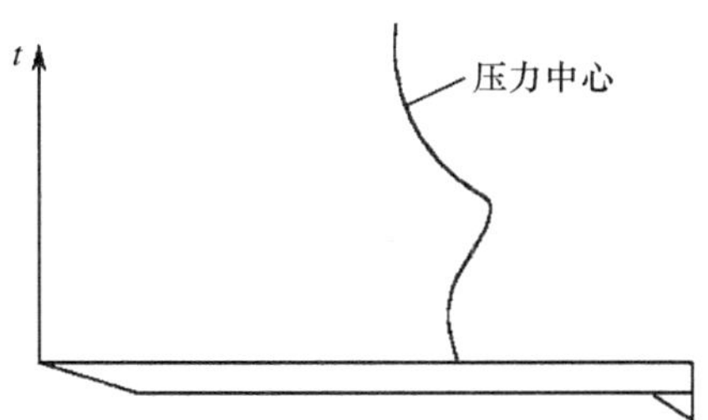


图 2-3-5　压力中心与主动段飞行时间的关系曲线

由式(2-3-39)可知,若 $\bar{x}_p > \bar{x}_g$、$m_{z_1}^{\alpha} < 0$, 则当火箭在飞行中出现 $\alpha$、$\beta$ 时,力矩 $M_{z1st}$、$M_{y1st}$ 将使得火箭分别绕 $z_1$、$y_1$ 轴旋转来消除 $\alpha$、$\beta$ 角,此时称火箭是静稳定的,称 $M_{z1st}$、$M_{y1st}$ 为静稳定力矩。若 $\bar{x}_p < \bar{x}_g$, $m_{z_1}^{\alpha} > 0$, 当出现 $\alpha$、$\beta$ 时, $M_{z1st}$、$M_{y1st}$ 将使火箭绕 $z_1$、$y_1$ 轴旋转,造成 $\alpha$、$\beta$ 继续增大,此时称火箭是静不稳定的,并将这两个力矩称为静不稳定力矩。无量纲量 $\bar{x}_g - \bar{x}_p$ 称为静稳定裕度,该值为负,且绝对值较大时,对火箭的稳定性有好处,但它也会导致结构上有较大的弯矩,这对于大型运载火箭是不允许的。需强调指出的是,静稳定性是指火箭在不加控制情况下的一种空气动力特性。实际上,对于静不稳定的火箭而言,只要控制系统设计得当,火箭在控制力作用下,仍可稳定飞行。因此,不要将火箭的固有的空气动力静稳定性与控制系统作用下的操纵稳定性相混淆。

2. 阻尼力矩

火箭在运动中有转动时,存在有大气的阻尼,表现为阻止转动的空气动力矩,此力矩称为阻尼力矩。该力矩的方向总是与转动方向相反,对转动角速度起阻尼作用。

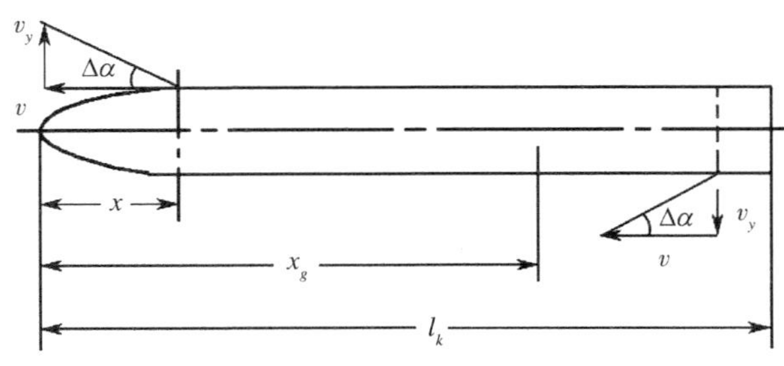


图 2-3-6　火箭转动时表面各点上产生的附加攻角

以火箭绕 $z_1$ 轴旋转为例,若火箭在攻角为零状态下以速度 $v$ 飞行,并以角速度 $\omega_{z1}$ 绕 $z_1$ 轴旋转,则在距质心 $x_g - x$ 处的一个单元长度 $\mathrm{d}x$ 上有线速度 $(x_g - x)\omega_{z1}$, 该线速度与火箭运动速度 $v$ 组合成新的速度,这就造成局部攻角 $\Delta\alpha$, 图 2-3-6 表示了 $\Delta\alpha < 0\ (x < x_g)$ 及 $\Delta\alpha > 0\ (x > x_g)$ 两

种情况。不难理解:

$$\tan\Delta\alpha = \frac{\omega_{z1}(x - x_g)}{v}$$

因 $\Delta\alpha$ 很小,可近似为

$$\Delta\alpha = \frac{\omega_{z1}(x - x_g)}{v} \tag{2-3-40}$$

$\Delta\alpha$ 的出现则会造成对质心的附加力矩为

$$\mathrm{d}M_{z1d} = -C_{y1\sec}^{\alpha}\Delta\alpha q S_M (x - x_g)\mathrm{d}x \tag{2-3-41}$$

其中,$C_{y1\sec}^{\alpha}$ 为长度方向上某一单位长度上的法向力系数对 $\alpha$ 的导数。

将全箭各局部的空气动力矩总和起来,即可求得火箭的俯仰阻尼力矩为

$$M_{z1d} = \int_0^{l_k} C_{y1\sec}^{\alpha}\Delta\alpha q S_M (x_g - x)\mathrm{d}x$$

将式(2-3-40)代入上式,经过整理可得

$$M_{z1d} = m_{z1}^{\bar{\omega}_{z1}} q S_M l_k \bar{\omega}_{z_1} \tag{2-3-42}$$

式中,$\bar{\omega}_{z1} = \dfrac{l_k\omega_{z1}}{v}$ 称为无因次俯仰角速度;$m_{z1}^{\bar{\omega}_{z1}} = -\displaystyle\int_0^{l_k} C_{y1\sec}^{\alpha}\left(\frac{x_g - x}{l_k}\right)^2\mathrm{d}x$ 称为俯仰阻尼力矩系数导数。

同理可导得偏航阻尼力矩及滚动阻尼力矩:

$$M_{y1d} = m_{y1}^{\bar{\omega}_{y1}} q S_M l_k \bar{\omega}_{y1} \tag{2-3-43}$$

其中,$\bar{\omega}_{y1} = \dfrac{l_k\omega_{y1}}{v}$ 为无因次偏航角速度;$m_{y1}^{\bar{\omega}_{y1}}$ 为偏航阻尼力矩系数导数,由于火箭具有轴对称性,故有 $m_{y1}^{\bar{\omega}_{y1}} = m_{z1}^{\bar{\omega}_{z1}}$。

$$M_{x1d} = m_{x1}^{\bar{\omega}_{x1}} q S_M l_k \bar{\omega}_{x_1} \tag{2-3-44}$$

式中,$\bar{\omega}_{x1} = \dfrac{l_k\omega_{x1}}{v}$ 为无因次滚动角速度;$m_{x1}^{\bar{\omega}_{x1}}$ 为滚动阻尼力矩系数导数。

滚动阻尼力矩较俯仰和偏航阻尼力矩要小得多,它们相应的力矩系数导数的绝对值之比,对有的火箭而言约为 1∶100,在图 2-3-7 中给出某一火箭的阻尼力矩系数导数和滚动力矩系数导数随 $Ma$ 数的变化曲线。

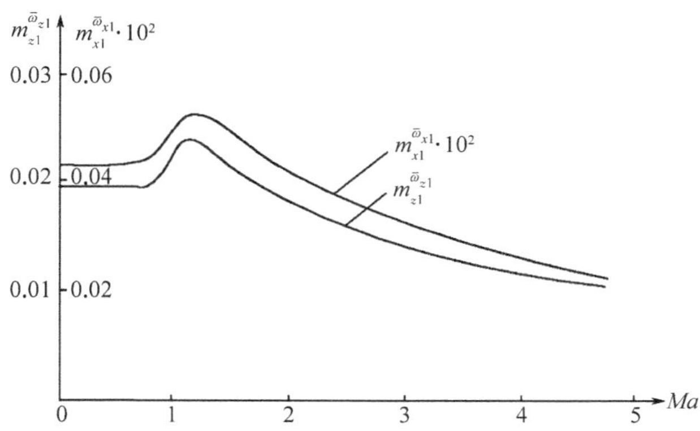


**图 2-3-7　箭体的俯仰阻尼力矩系数和滚动阻尼力矩系数**

## 2.4　控制系统、控制力和控制力矩

火箭控制系统可分为箭上飞行控制系统和地面测试发射控制系统两大部分。在研究火箭运动规律时，只需了解箭上飞行控制系统。该系统由导航、制导和姿态控制几部分组成，飞行控制系统通过测量装置、中间装置、执行机构及飞行控制软件等完成测算运动状态参量；根据确定的飞行状态参量产生制导信号，以期在火箭达到最佳终端条件时关闭发动机，结束主动段飞行；在飞行过程中，根据状态参量及事先规定的程序控制要求，产生操纵火箭姿态的控制信号进行姿态控制和保证稳定飞行，这些就是飞行控制系统的综合功能。

### 2.4.1　火箭状态参数的测量

为了描述火箭飞行状态（如火箭运动参数及其在空中的姿态）及研究火箭运动的规律，需要了解如何测量这些状态参数。限于篇幅，本书仅介绍目前广泛运用的自主式的测量器件原理。

1. 加速度表工作原理

加速度表是用于对火箭进行测速定位的器件，其物理基础是利用物体运动的惯性现象。其原理图如图 2-4-1 所示。

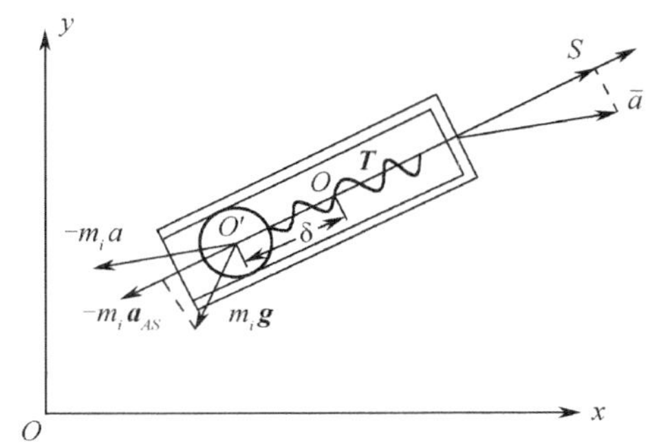


**图 2-4-1　加速度表原理图**

设加速度表的敏感轴方向为 $S$，敏感元件是质量为 $m_i$ 的重物，它通过刚度为 $C$ 的弹簧与壳体相连接，重物 $m_i$ 可沿 $S$ 方向相对于壳体移动。设壳体相对于惯性坐标系以加速度 $\boldsymbol{a}_A$ 运动时，物体质心由初始位置 $O$ 移到 $O'$，位移量的大小为 $\delta$，若忽略掉弹簧质量及物体与壳体内壁的摩擦，且认为重物受力处于瞬时力的平衡状态，则重物所受的惯性力 $m_i\boldsymbol{a}_A$ 与弹簧拉力 $\boldsymbol{T}$ 及引力 $m_i\boldsymbol{g}$ 沿

敏感轴 $S$ 方向的分量之和为0,即

$$-m_i\boldsymbol{a}_{AS}+\boldsymbol{T}+m_i\boldsymbol{g}_s=0$$

则

$$\boldsymbol{T}=m_i(\boldsymbol{a}_{AS}-\boldsymbol{g}_s)$$

上式也可写为

$$\frac{\boldsymbol{T}}{m_i}=\boldsymbol{a}_{AS}-\boldsymbol{g}_s$$

将上式右端称为视加速度,记为 $\dot{\boldsymbol{W}}_S$,即

$$\dot{\boldsymbol{W}}_S=\boldsymbol{a}_{AS}-\boldsymbol{g}_s \tag{2-4-1}$$

写成一般形式:

$$\dot{\boldsymbol{W}}=\boldsymbol{a}_A-\boldsymbol{g} \tag{2-4-2}$$

由于将加速度表固定在火箭上,则 $\boldsymbol{a}_A$ 是火箭所具有的绝对加速度。现记火箭质量为 $m$,火箭在飞行中所受的作用力中除引力 $m\boldsymbol{g}$ 外的其他所有力的合力为 $\boldsymbol{N}$,根据牛顿第二定律有

$$m\boldsymbol{a}_A=\boldsymbol{N}+mg$$

亦即

$$\boldsymbol{a}_A=(\boldsymbol{N}+m\boldsymbol{g})/m=\frac{\boldsymbol{N}}{m}+\boldsymbol{g}$$

将其代入式(2-4-2),有

$$\dot{\boldsymbol{W}}=\boldsymbol{N}/m \tag{2-4-3}$$

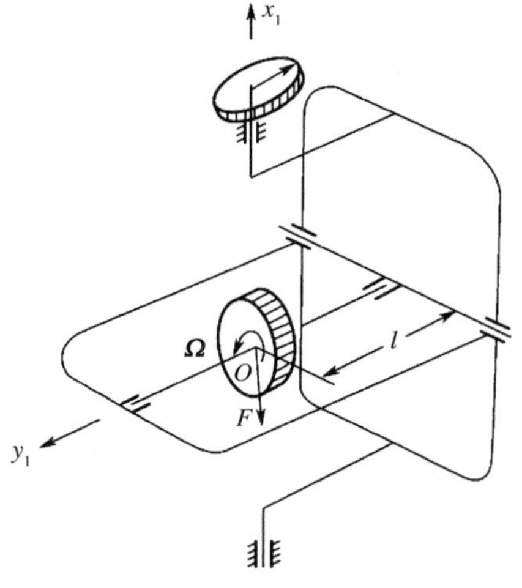

图2-4-2 陀螺加速度表结构示意图

上式说明视加速度 $\dot{\boldsymbol{W}}$ 为除引力以外的其他力的合力作用在火箭上所产生的加速度,它是时间 $t$ 的函数。将 $\dot{\boldsymbol{W}}(t)$ 经过对时间的一次积分和两次积分,即得视速度 $W$ 及视位移。

2. 陀螺加速度表

上面介绍的只是加速度表的一般原理,目前实际使用的加速度表是陀螺加速度表。其结构原理示意图见图2-4-2,该陀螺由外环、内环及转子所组成。外环轴插入固定在加速度表的壳体轴套中,内环轴套插入固定在外环上的轴套上。转子的自转角速度矢量 $\boldsymbol{\Omega}$ 位于内环平面内且与内环轴垂直。陀螺转子与内环的总质心在转子轴与外环轴的交点 $O$ 上。交点 $O$ 与内环轴相距为 $l$。这样,转子与内环就

相当于一个支承在内环轴上的摆，构成陀螺摆。而陀螺加速度表的主要部分就是一个有偏心距 $l$ 的二自由度陀螺。

如果陀螺加速度表按图所示装在垂直发射状态的火箭上，其敏感轴（即外环轴）与火箭的纵轴 $x_1$ 一致，陀螺摆的悬挂轴（即内环轴）与弹体 $y_1$ 轴垂直，在转子高速旋转时，内环平面（亦称进动平面）则始终保持与敏感轴相垂直。在火箭主动段飞行过程中，陀螺加速度表这种相对安装关系不变。

在火箭发射之前，陀螺仪的转子轴由锁定机构将其固定在所要求的安装方向上。发射前数分钟陀螺仪就已通电工作。当火箭离开发射台的起飞瞬间，锁定机构通电开锁，放开转子轴，陀螺仪便开始测量沿火箭纵轴 $x_1$ 方向的视加速度 $\dot{W}_{x1}$，设陀螺摆的质量为 $m_i$，它在 $\dot{W}_{x1}$ 作用下引起的惯性力为 $m_i\dot{W}_{x1}$，该力对内环轴形成惯性力矩 $\boldsymbol{M}_I$，即有

$$\boldsymbol{M}_I = m_i l \dot{W}_{x_1} \boldsymbol{z}_1^0 \tag{2-4-4}$$

在惯性力矩的作用下，高速旋转的转子以角速度 $\boldsymbol{\omega}$ 向力矩方向进动。此时，相应会产生陀螺力矩 $\boldsymbol{M}_g$，根据陀螺力矩方向定律，$\boldsymbol{M}_g$ 的方向是使转子的动量矩 $\boldsymbol{H}$（与转子自转矢量 $\boldsymbol{\Omega}$ 一致）沿最短路径趋向于进动角矢量 $\boldsymbol{\omega}$，即 $\boldsymbol{H}$ 按右手定则趋向 $\boldsymbol{\omega}$。

陀螺力矩的关系式为

$$\boldsymbol{M}_g = \boldsymbol{H} \times \boldsymbol{\omega}$$

由于 $\boldsymbol{H}$ 垂直 $\boldsymbol{\omega}$，故

$$M_g = H\omega \tag{2-4-5}$$

忽略内环轴上干扰力矩的影响，$M_I$ 与 $M_g$ 应是大小相等、方向相反，两者相平衡，故可得

$$\omega = \frac{ml}{H}\dot{W}_{x_1} \tag{2-4-6}$$

由于 $m$、$l$、$H$ 均为常数，所以陀螺绕输出轴（即敏感轴）进动的角速度 $\omega$ 与导弹纵轴 $x_1$ 方向的视加速度 $\dot{W}_{x1}$ 成正比。这样就可获得进动角 $\varphi$ 的表达式为

$$\varphi = \int_0^t \omega \mathrm{d}t = \frac{ml}{H}W_{x_1} \tag{2-4-7}$$

可见陀螺加速度表的输出量 $\varphi$ 与沿敏感轴的视速度分量相对应。

注意到关系式（2-4-2），则可知 $\varphi$ 与导弹飞行加速度及引力加速度有如下关系：

$$\varphi = \frac{ml}{H}\int_0^t (a_{A_{x1}} - g_{x1})\mathrm{d}t \tag{2-4-8}$$

不难理解，如果用三块陀螺加速度表，将它们敏感轴按非共面（例如两两相垂直）形式安装，则可确定视加速度矢量。

3. 测量姿态角的二自由度陀螺仪

用于姿态角测量的二自由度陀螺仪是一个转子质心位于内、外环轴线交点的陀螺。

它是利用转子轴在空间定向的特性来测量基座相对于外环轴的转动角及外环相对于内环轴的转动角,从而组成姿态角的测量信息。

由于陀螺的转子轴在空间定向,其指向是以发射瞬间发射坐标系为基准系,且保持不变,因此,利用二自由度陀螺仪提供的测角基准是一个平移坐标系。

以二自由度陀螺仪在发射瞬间的发射坐标系为基准固定在火箭体上为例,有下列两种安装形式:水平陀螺仪(图2-4-3),其转子轴处于射击平面内与发射点水平面平行;垂直陀螺仪(图2-4-4),其转子轴垂直于发射点的射击平面。

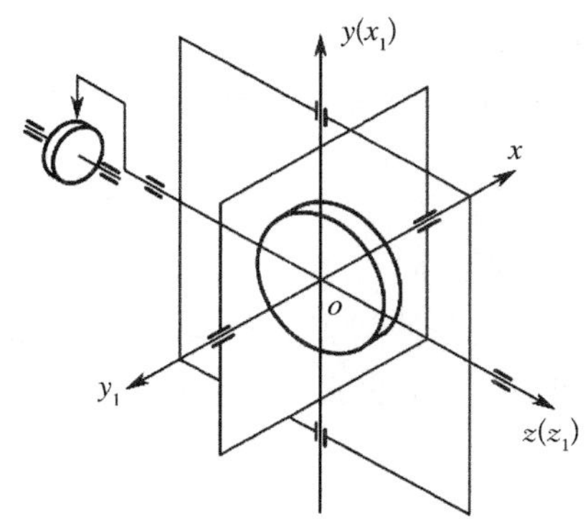


图2-4-3　水平陀螺仪安装示意图

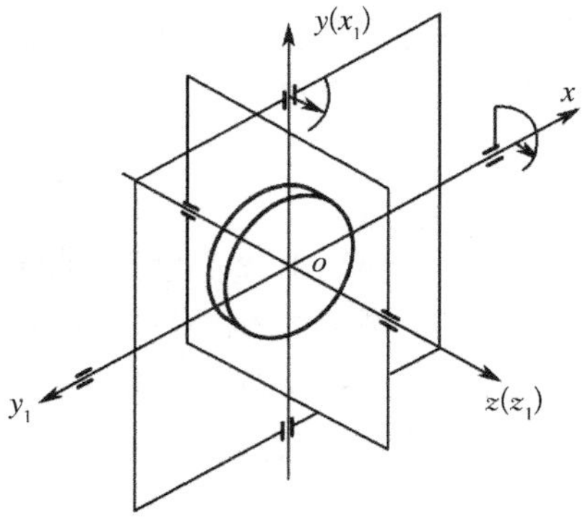

图2-4-4　垂直陀螺仪安装示意图

水平陀螺仪的转子轴方向在火箭起飞瞬间与发射坐标系 $x$ 一致,且保持空间定向,因此,可用陀螺基座与外环轴之间的相对关系来描述箭体 $x_1$ 轴相对于平移坐标系 $x_T$ 的俯仰角 $\varphi_T$。垂直陀螺仪的转子轴与发射瞬间发射坐标系 $z$ 一致,并保持空间定向,因此,可通过陀螺基座与外环轴之间的相互关系测出箭轴 $x_1$ 偏离 $x_To y_T$ 平面的偏航角 $\psi_T$。通过外环与内环轴相对关系测得弹体 $x_1$ 在平移坐标系内以 $\varphi_T$、$\psi_T$ 定向后,箭体绕 $x_1$ 的滚动角 $\gamma_T$ 便可确定。

将上述惯性器件直接固连在箭体上,则其测量的参考基准是箭体坐标系,其测量量需经过坐标转换计算才能成为惯性坐标系参量。为了直接获取惯性坐标系的参量,目前常利用陀螺的定轴性由三个三轴陀螺仪通过三个伺服回路组成一个稳定平台,该平台提供一个相对于惯性坐标系不旋转的基准,从而给出测速定向基准和测角参考系。

### 2.4.2　姿态控制系统

姿态控制系统的功能是控制火箭姿态运动,实现程序飞行、执行制导导引要求和克服各种干扰影响以保证姿态角稳定在允许范围内。

由二自由度陀螺仪或惯性平台提供的测角基准是一平移坐标系,火箭绕质心运动可以分解为绕箭体三个轴的角运动,而火箭在平移坐标系的姿态角则分别为俯仰角、偏航角、滚动角,因此姿态控制是三维控制系统,对应有三个基本控制通道,分别对火箭的三个轴进行控制和稳定。各控制通道组成基本相同,每个通道有敏感姿态运动的测量装置、形成控制信号的变换放大器和产生操纵作动的执行机构,如图 2-4-5 所示。

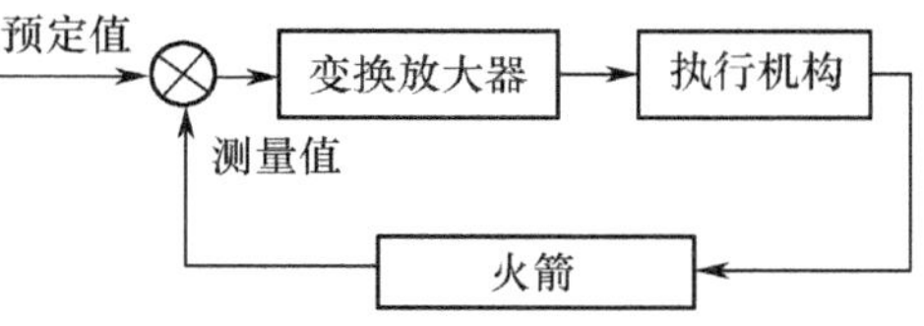


**图 2-4-5　控制通道示意图**

由图 2-4-5,若从控制姿态角而言,即将箭上实际测量的姿态角与预定的程序姿态角组成误差信号:

$$\begin{cases}\Delta\varphi_T = \varphi_T - \tilde{\varphi}_T \\ \Delta\psi_T = \psi_T - \tilde{\psi}_T \\ \Delta\gamma_T = \gamma_T - \tilde{\gamma}_T\end{cases} \tag{2-4-9}$$

其中 $\tilde{\varphi}_T$、$\tilde{\psi}_T$、$\tilde{\gamma}_T$ 分别为给定的姿态角,通常取:

$$\begin{cases}\tilde{\varphi}_T = \varphi_{pr}(t) \\ \tilde{\psi}_T = \tilde{\gamma}_T = 0\end{cases} \tag{2-4-10}$$

式中,$\varphi_{pr}(t)$ 为程序俯仰角,是给定规律随时间变化的值。

大型火箭的姿态控制,多采用姿态角及其变化率和位置、速度参数等多回路控制,火箭上俯仰、偏航、滚动三个通道的输入信号与执行机构偏转角之间的函数关系称为该通道的控制方程,其一般表达形式为

$$\begin{cases}F_\varphi(\delta_\varphi、x、y、z、\dot{x}、\dot{y}、\dot{z}、\varphi_T、\dot{\varphi}_T\cdots) = 0 \\ F_\psi(\delta_\psi、x、y、z、\dot{x}、\dot{y}、\dot{z}、\psi_T、\dot{\psi}_T\cdots) = 0 \\ F_\gamma(\delta_\gamma、x、y、z、\dot{x}、\dot{y}、\dot{z}、\gamma_T、\dot{\gamma}_T\cdots) = 0\end{cases} \tag{2-4-11}$$

此控制方程是由控制系统设计提供,由于火箭角运动的动态稳定过程进行得非常快,对火箭质心运动的影响很小,因而在研究火箭质心运动时,常采用略去动态过程的控制方程:

$$\begin{cases}\delta_\varphi = a_0^\varphi \Delta\varphi_T \\ \delta_\psi = a_0^\psi \Delta\psi_T \\ \delta_\gamma = a_0^\gamma \Delta\gamma_T\end{cases} \tag{2-4-12}$$

式中,$a_0^\varphi$、$a_0^\psi$、$a_0^\gamma$ 分别为俯仰、偏航和滚动通道的静放大系数。

这里要强调指出的是,控制方程式(2-4-12)对解算标准飞行条件下的火箭质心运动参数是适用的。在实际飞行条件下,控制方程还取决于火箭采用何种制导方法。例如,对于显式制导方法,控制方程中 $\tilde{\varphi}_T$、$\tilde{\psi}_T$、$\tilde{\gamma}_T$ 则要根据火箭飞行实际状态参数及控制泛函(如射程、需要速度等)来适时计算得到;对于开路制导有时为保证火箭在射击平面内飞行及关机点速度倾角为要求值,而在偏航及俯仰通道中加入控制导引信号,例如可采用如下控制方程:

$$\begin{cases}\delta_\varphi = a_0^\varphi \Delta\varphi_T + k_\varphi u_\varphi \\ \delta_\psi = a_0^\psi \Delta\psi_T + k_H u_H\end{cases} \tag{2-4-13}$$

式中，$k_\varphi u_\varphi$、$k_H u_H$ 两项分别为法向和横向导引相应的附加偏转角。

### 2.4.3 控制力和控制力矩

根据要求的偏转角，火箭的执行机构提供控制力和控制力矩以改变火箭的飞行状态，控制力和控制力矩取决于执行机构的类型和在火箭上的配置方式。一般来说，火箭执行机构有燃气舵、摇摆发动机、空气舵等。对远程火箭而言，多采用前两种执行机构。

1. 燃气舵产生的控制力和控制力矩

燃气舵是由石墨或其他耐高温材料制成，安装在发动机喷口出口处，共有四个。当火箭竖立在发射台上时，舵的安装位置是两个舵在射击平面内，另两舵垂直于射面，四个呈十字型。舵的编号为：1 舵在射面内偏向射击方向一边。从尾部看去由 1 舵开始顺时针排序，如图 2-4-6 所示。

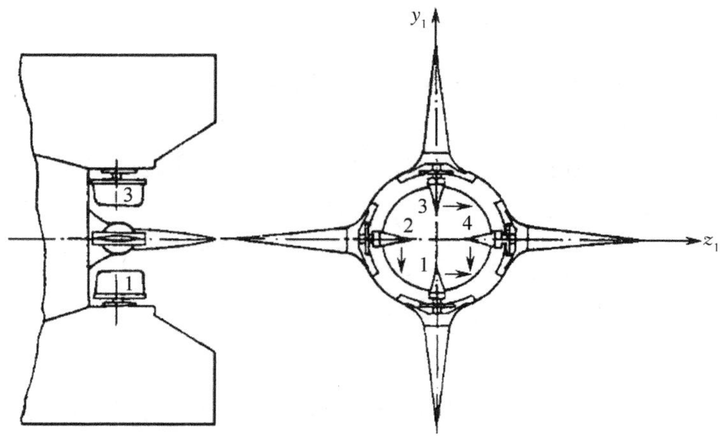


图 2-4-6　十字型布置的燃气舵

发动机燃烧室排出的燃气流作用在燃气舵上，就像空气流作用在飞行器上一样，形成燃气动力，即称为控制力。显然，控制力的大小与燃气舵的偏转角(舵偏角)有关。考虑到每个舵的形状、大小均相同，因而各舵的气动特性也一样。为了便于计算控制力和控制力矩，通常引进等效舵偏角的概念，其含意是与实际舵偏角具有相同控制力的平均舵偏角。不难理解，若要产生法向控制力，则可同时偏转 2、4 舵，其舵偏角分别记为 $\delta_2$、$\delta_4$，则等效舵偏角记为

$$\delta_\varphi = \frac{1}{2}(\delta_2 + \delta_4) \tag{2-4-14}$$

同理，对应 1、3 舵的 $\delta_1$、$\delta_3$ 之等效舵偏角即为

$$\delta_\psi = \frac{1}{2}(\delta_1 + \delta_3) \tag{2-4-15}$$

从控制火箭的俯仰与偏航运动出发，不难理解，1 舵与 3 舵应同向偏转、2 舵与 4 舵应同向

偏转，规定为产生负的控制力矩的舵偏角为正。具体各舵正向规定见图 2-4-6 所示方向。当火箭飞行中出现滚动角时，要消除该角，必须使 1 舵、3 舵或者 2 舵、4 舵反向偏转，才能产生滚动力矩。通常火箭滚动控制通道中采用 1 舵、3 舵差动来完成姿态稳定，为了讨论的一般性，则认为 2 舵、4 舵也可差动，与 1 舵、3 舵一起同为滚动控制通道中的执行机构。根据各舵偏转角正、负向的规定，不难写出滚动通道有效舵偏角的表达式为

$$\delta_\gamma = \frac{1}{4}(\delta_3 - \delta_1 + \delta_4 - \delta_2) \tag{2-4-16}$$

记 $C_{x1j}$、$C_{y1j}$、$C_{z1j}$ 分别为每个燃气舵的阻力系数、升力系数、侧力系数，在临界舵偏角范围内，升力系数 $C_{y1j}$ 与等效舵偏角 $\delta_\varphi$ 成正比，即 $C_{y1j} = C_{y1j}^\delta \delta_\varphi$，注意到各个舵的形状、大小相同，且以 $\delta_\varphi$、$\delta_\psi$ 均为正时，相应的控制力为正升力和负侧力，故知 $C_{z1j}^\delta = -C_{y1j}^\delta$。因此，燃气流作用在燃气舵上的力可表示为

$$\begin{cases} X_{1c} = 4C_{x1j} q_j S_j \\ Y_{1c} = 2C_{y1j}^\delta q_j S_j \delta_\varphi \triangleq R' \delta_\varphi \\ Z_{1c} = -2C_{y1j}^\delta q_j S_j \delta_\psi \triangleq -R' \delta_\psi \end{cases} \tag{2-4-17}$$

式中，$q_j = \frac{1}{2}\rho_j v_j^2$ 为燃气动压头，$\rho_j$ 为燃气流的气体密度，$v_j$ 为燃气流速度；$S_j$ 为燃气舵参考面积；$R' = 2Y_{1c}^\delta = 2C_{y1j}^\delta q_j S_j$ 为一对燃气舵的升力梯度。

燃气舵所提供的俯仰、偏航、滚动控制力矩依次为

$$\begin{cases} M_{z1c} = -R'(x_c - x_g)\delta_\varphi \\ M_{y1c} = -R'(x_c - x_g)\delta_\psi \\ M_{x1c} = -4Y_{1cj} r_c = -2R' r_c \delta_\gamma \end{cases} \tag{2-4-18}$$

其中，$x_c - x_g$ 为燃气舵压心到质心的距离，即为控制力矩的力臂，通常燃气舵的压心取为舵的铰链轴位置，$r_c$ 为舵的压心到纵轴 $x_1$ 的距离。

记

$$\begin{cases} M_{z1c}^\delta = M_{y1c}^\delta = -R'(x_c - x_g) \\ M_{x1c}^\delta = -2R' r_c \end{cases} \tag{2-4-19}$$

分别称为俯仰、偏航和滚动力矩梯度，则式(2-4-18)也可写为

$$\begin{cases} M_{z1c} = M_{z1c}^\delta \delta_\varphi \\ M_{y1c} = M_{y1c}^\delta \delta_\psi \\ M_{x1c} = M_{x1c}^\delta \delta_\gamma \end{cases} \tag{2-4-20}$$

2. 摇摆发动机产生的控制力和控制力矩

1）按十字型配置的摇摆发动机

如果规定四台摇摆发动机的编号顺序及发动机偏转角的正向均与燃气舵相同，见图

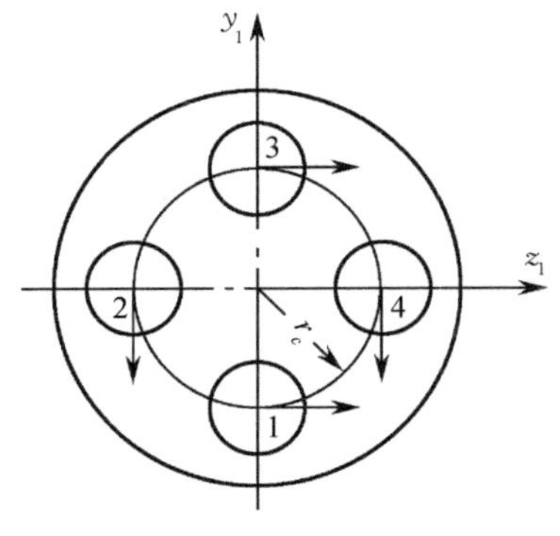


图 2-4-7　十字型布置的摇摆发动机

2-4-7,且每台摇摆发动机的推力均为 $P_c$,记

$$P = 4P_c \qquad (2-4-21)$$

$P$ 为总推力,则不难写出其控制力和控制力矩。

控制力的阻力、升力和侧力表达式分别为

$$\begin{cases} X_{1c} = P - P_c(\cos\delta_1 + \cos\delta_2 + \cos\delta_3 + \cos\delta_4) \\ Y_{1c} = P_c(\sin\delta_2 + \sin\delta_4) \\ Z_{1c} = -P_c(\sin\delta_1 + \sin\delta_3) \end{cases} \qquad (2-4-22)$$

俯仰、偏航和滚动通道控制力矩分别为

$$\begin{cases} M_{z1c} = -P_c(x_c - x_g)(\sin\delta_2 + \sin\delta_4) \\ M_{y1c} = -P_c(x_c - x_g)(\sin\delta_1 + \sin\delta_3) \\ M_{x1c} = -P_c r_c(\sin\delta_3 - \sin\delta_1 + \sin\delta_4 - \sin\delta_2) \end{cases} \qquad (2-4-23)$$

式中,$x_c$、$r_c$ 分别为摇摆发动机铰链与各台发动机推力轴线的交点至火箭顶端及箭体 $x_1$ 轴的距离。

当取 $\sin\delta_i = \delta_i$、$\cos\delta_i = 1\ (i = 1, \cdots, 4)$ 时,根据式(2-4-14)、式(2-4-15)、式(2-4-16)并引入等效舵偏角的概念,则式(2-4-22)、式(2-4-23)分别可写为

$$\begin{cases} X_{1c} = 0 \\ Y_{1c} = \dfrac{P}{2}\delta_\varphi \\ Z_{1c} = -\dfrac{P}{2}\delta_\psi \end{cases} \qquad (2-4-24)$$

$$\begin{cases} M_{x1c} = -Pr_c\delta_\gamma \\ M_{y1c} = -\dfrac{P}{2}(x_c - x_g)\delta_\psi \\ M_{z1c} = -\dfrac{P}{2}(x_c - x_g)\delta_\varphi \end{cases} \qquad (2-4-25)$$

2)按 X 型配置摇摆发动机

此时摇摆发动机的配置位置和编号如图 2-4-8 所示。发动机偏转角的正向定义为从喷管尾端按顺时针的偏转角。

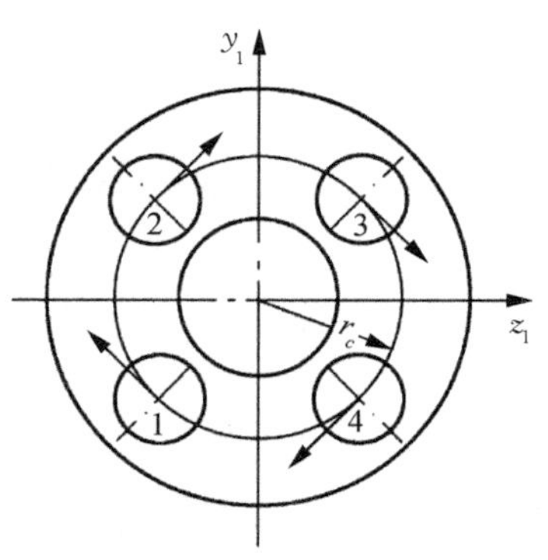


图 2-4-8　X 型布置的摇摆发动机

设各个发动机具有相同的推力为 $P_c$,则其控制力和控制力矩为

$$\begin{cases}X_{1c} = 4P_c - P_c(\cos\delta_1 + \cos\delta_2 + \cos\delta_3 + \cos\delta_4)\\ Y_{1c} = P_c\sin 45°(\sin\delta_3 + \sin\delta_4 - \sin\delta_1 - \sin\delta_2)\\ Z_{1c} = -P_c\sin 45°(\sin\delta_2 + \sin\delta_3 - \sin\delta_1 - \sin\delta_4)\end{cases} \tag{2-4-26}$$

$$\begin{cases}M_{x1c} = -P_c r_c(\sin\delta_1 + \sin\delta_2 + \sin\delta_3 + \sin\delta_4)\\ M_{y1c} = -P_c\sin 45°(x_c - x_g)(\sin\delta_2 + \sin\delta_3 - \sin\delta_1 - \sin\delta_4)\\ M_{z1c} = -P_c\sin 45°(x_c - x_g)(\sin\delta_3 + \sin\delta_4 - \sin\delta_1 - \sin\delta_2)\end{cases} \tag{2-4-27}$$

当取 $\sin\delta_i = \delta_i$、$\cos\delta_i = 1$（$i = 1, \cdots, 4$）及 $P = 4P_c$ 时，并定义等效偏转角为

$$\begin{cases}\delta_\varphi = (\delta_3 + \delta_4 - \delta_1 - \delta_2)/4\\ \delta_\psi = (\delta_2 + \delta_3 - \delta_1 - \delta_4)/4\\ \delta_\gamma = (\delta_1 + \delta_2 + \delta_3 + \delta_4)/4\end{cases} \tag{2-4-28}$$

则式(2-4-26)、式(2-4-27)分别可写成：

$$\begin{cases}X_{1c} = 0\\ Y_{1c} = \dfrac{\sqrt{2}}{2}P\delta_\varphi\\ Z_{1c} = -\dfrac{\sqrt{2}}{2}P\delta_\psi\end{cases} \tag{2-4-29}$$

$$\begin{cases}M_{x1c} = -Pr_c\delta_\gamma\\ M_{y1c} = -\dfrac{\sqrt{2}}{2}P(x_c - x_g)\delta_\psi\\ M_{z1c} = -\dfrac{\sqrt{2}}{2}P(x_c - x_g)\delta_\varphi\end{cases} \tag{2-4-30}$$

比较式(2-4-24)、式(2-4-25)与式(2-4-29)、式(2-4-30)可见，X 型安装与十字型安装的效果不同。在相同等效偏转角条件下，除阻力和滚动力矩外，其他控制力和控制力矩可增大$\sqrt{2}$倍，提高了控制能力，但这是四台发动机均工作时的结果。从效费比而言 X 型较十字型要低些，X 型配置的优点还在于当一台发动机发生故障时，仍可使三个通道完成控制任务，提高了控制可靠性。当然，这种配置形式使得控制通道比较复杂，交连影响大，精度较十字型低。

# 第 3 章
# 空间运动方程的建立

为了严格、全面的描述远程火箭的运动，提供准确的运动状态参数，需要建立准确的空间运动方程及相应的空间弹道计算方程。

## 3.1　远程火箭矢量形式的动力学方程

### 3.1.1　质心动力学方程

式(1－5－19)给出了任一变质量质点系在惯性坐标系中的质心动力学矢量方程：

$$m\frac{\mathrm{d}^2\boldsymbol{r}_{c\cdot m}}{\mathrm{d}t^2}=\boldsymbol{F}_s+\boldsymbol{F}'_k+\boldsymbol{F}'_{rel}$$

第 2 章结合火箭的实际对上述各力进行了讨论，并已知：

$$\boldsymbol{F}_s=m\boldsymbol{g}+\boldsymbol{R}+\boldsymbol{P}_{st}+\boldsymbol{F}_c \tag{3-1-1}$$

式中，$m\boldsymbol{g}$ 为作用在火箭上的引力矢量；$\boldsymbol{R}$ 为作用在火箭上的气动力矢量；$\boldsymbol{P}_{st}$ 为发动机推力静分量矢量；$\boldsymbol{F}_c$ 为作用在火箭上的控制力矢量。而且已知：

$$\boldsymbol{F}'_{rel}=-\dot{m}\boldsymbol{u}_e$$

$$\boldsymbol{F}'_k=-2\dot{m}\boldsymbol{\omega}_T\times\boldsymbol{\rho}_e$$

考虑到附加相对力 $\boldsymbol{F}'_{rel}$ 与发动机推力静分量合成的推力为 $\boldsymbol{P}$，见式(2－1－32)，则可得火箭在惯性坐标系中以矢量描述的质心动力学方程(为书写方便，以后 $\boldsymbol{r}_{c.m}$ 均写成 $\boldsymbol{r}$)。

$$m\frac{\mathrm{d}^2\boldsymbol{r}}{\mathrm{d}t^2}=\boldsymbol{P}+\boldsymbol{R}+\boldsymbol{F}_c+m\boldsymbol{g}+\boldsymbol{F}'_k \tag{3-1-2}$$

### 3.1.2　绕质心转动的动力学方程

由变质量质点的绕质心运动方程：

$$\boldsymbol{I}\cdot\frac{\mathrm{d}\boldsymbol{\omega}_T}{\mathrm{d}t}+\boldsymbol{\omega}_T\times(\boldsymbol{I}\cdot\boldsymbol{\omega}_T)=\boldsymbol{M}_{c\cdot m}+\boldsymbol{M}'_k+\boldsymbol{M}'_{rel}$$

及第 2 章描述的火箭所受到的外力矩：

$$\boldsymbol{M}_{c\cdot m}=\boldsymbol{M}_{st}+\boldsymbol{M}_{c}+\boldsymbol{M}_{d} \tag{3-1-3}$$

其中，$\boldsymbol{M}_{st}$ 为作用在火箭上的稳定力矩；$\boldsymbol{M}_{c}$ 为控制力矩；$\boldsymbol{M}_{d}$ 为火箭相对大气有转动时引起的阻尼力矩。

注意到附加相对力矩、附加科氏力矩为

$$\boldsymbol{M}'_{rel}=-\dot{m}\boldsymbol{\rho}_{e}\times\boldsymbol{u}_{e}$$

$$\boldsymbol{M}'_{k}=-\frac{\delta\boldsymbol{I}}{\delta t}\cdot\boldsymbol{\omega}_{T}-\dot{m}\boldsymbol{\rho}_{e}\times(\boldsymbol{\omega}_{T}\times\boldsymbol{\rho}_{e})$$

即可得到用矢量描述的火箭绕质心转动的动力学方程为

$$\boldsymbol{I}\cdot\frac{\mathrm{d}\boldsymbol{\omega}_{T}}{\mathrm{d}t}+\boldsymbol{\omega}_{T}\times(\boldsymbol{I}\cdot\boldsymbol{\omega}_{T})=\boldsymbol{M}_{st}+\boldsymbol{M}_{c}+\boldsymbol{M}_{d}+\boldsymbol{M}'_{k}+\boldsymbol{M}'_{rel} \tag{3-1-4}$$

## 3.2　地面发射坐标系中的空间弹道方程

用矢量描述的火箭质心动力学方程和绕质心转动动力学方程给人以简洁、清晰的概念，但对这些微分方程求解还必须将其投影到选定的坐标系中来进行，通常是选择地面发射坐标系为描述火箭运动的参考系，该坐标系是定义在将地球看作以角速度 $\omega_e$ 进行自转的两轴旋转椭球体上的。

### 3.2.1　地面发射坐标系中的质心动力学方程

由于地面发射坐标系为一动参考系，其相对于惯性坐标系以角速度 $\omega_e$ 转动，故由矢量导数法可知：

$$m\frac{\mathrm{d}^2\boldsymbol{r}}{\mathrm{d}t^2}=m\frac{\delta^2\boldsymbol{r}}{\delta t^2}+2m\boldsymbol{\omega}_e\times\frac{\delta\boldsymbol{r}}{\delta t}+m\boldsymbol{\omega}_e\times(\boldsymbol{\omega}_e\times\boldsymbol{r})$$

将其代入式(3－1－2)并整理得

$$m\frac{\delta^2\boldsymbol{r}}{\delta t^2}=\boldsymbol{P}+\boldsymbol{R}+\boldsymbol{F}_c+m\boldsymbol{g}+\boldsymbol{F}'_k-m\boldsymbol{\omega}_e\times(\boldsymbol{\omega}_e\times\boldsymbol{r})-2m\boldsymbol{\omega}_e\times\frac{\delta\boldsymbol{r}}{\delta t} \tag{3-2-1}$$

将上面等式各项在地面发射坐标系中分解，得到以下几项。

1. 相对加速度项

$$\frac{\delta^2\boldsymbol{r}}{\delta t^2}=\begin{bmatrix}\dfrac{\mathrm{d}v_x}{\mathrm{d}t}\\ \dfrac{\mathrm{d}v_y}{\mathrm{d}t}\\ \dfrac{\mathrm{d}v_z}{\mathrm{d}t}\end{bmatrix} \tag{3-2-2}$$

2. 推力 $\boldsymbol{P}$ 项

由式(2-1-32)知,推力 $\boldsymbol{P}$ 在弹体坐标系内描述形式最简单,即

$$\boldsymbol{P}=\begin{bmatrix}\dot{m}u_e+S_e(p_e-p_H)\\0\\0\end{bmatrix}=\begin{bmatrix}P\\0\\0\end{bmatrix} \tag{3-2-3}$$

已知弹体坐标系到地面坐标系的方向余弦阵 $\boldsymbol{G}_B$,由式(1-4-6)可求得,则可得推力 $\boldsymbol{P}$ 在地面发射坐标系的分量为

$$\begin{bmatrix}P_x\\P_y\\P_z\end{bmatrix}=\boldsymbol{G}_B\begin{bmatrix}P\\0\\0\end{bmatrix} \tag{3-2-4}$$

3. 气动力 $\boldsymbol{R}$ 项

已知火箭飞行中所受气动力在速度坐标系中的分量为

$$\boldsymbol{R}=\begin{bmatrix}-X\\Y\\Z\end{bmatrix}$$

且速度坐标系到地面坐标系的方向余弦阵 $\boldsymbol{G}_V$ 可由式(1-4-8)得到,则气动力 $\boldsymbol{R}$ 为

$$\begin{bmatrix}R_x\\R_y\\R_z\end{bmatrix}=\boldsymbol{G}_V\begin{bmatrix}-X\\Y\\Z\end{bmatrix}=\boldsymbol{G}_V\begin{bmatrix}-C_xqS_M\\C_y^{\alpha}qS_M\alpha\\-C_y^{\alpha}qS_M\beta\end{bmatrix} \tag{3-2-5}$$

4. 控制力 $\boldsymbol{F}_c$ 项

由第2.4节内容可知,无论执行机构是燃气舵还是不同配置形式的摇摆发动机,均可将控制力以弹体坐标系的分量表示为同一形式:

$$\boldsymbol{F}_c=\begin{bmatrix}-X_{1c}\\Y_{1c}\\Z_{1c}\end{bmatrix} \tag{3-2-6}$$

而各力具体计算公式则根据采用何种执行机构确定,因此控制力在地面坐标系的三分量不难用下式得

$$\begin{bmatrix}F_{cx}\\F_{cy}\\F_{cz}\end{bmatrix}=\boldsymbol{G}_B\begin{bmatrix}-X_{1c}\\Y_{1c}\\Z_{1c}\end{bmatrix} \tag{3-2-7}$$

5. 引力 $m\boldsymbol{g}$ 项

根据式(2-2-16),

$$\boldsymbol{g} = g_{r\phi r}\boldsymbol{r}^0 + g_{\omega_e}\boldsymbol{\omega}_e^0$$

其中，

$$g_{r\phi r} = -\frac{fM}{r^2}\left[1 + J\left(\frac{a_e}{r}\right)^2(1 - 5\sin^2\phi)\right]$$

$$g_{\omega_e} = -2\frac{fM}{r^2}J\left(\frac{a_e}{r}\right)^2\sin\phi$$

由图 3－2－1 可知，任一点地心矢径为

$$\boldsymbol{r} = \boldsymbol{R}_0 + \boldsymbol{\rho} \tag{3-2-8}$$

式中，$\boldsymbol{\rho}$ 为发射点到弹道上任意一点的矢径，在发射坐标系中的三个分量为 $x$、$y$、$z$，$\boldsymbol{R}_0$ 为发射点地心矢径，在发射坐标系上的三分量可由图 3－2－1 求得

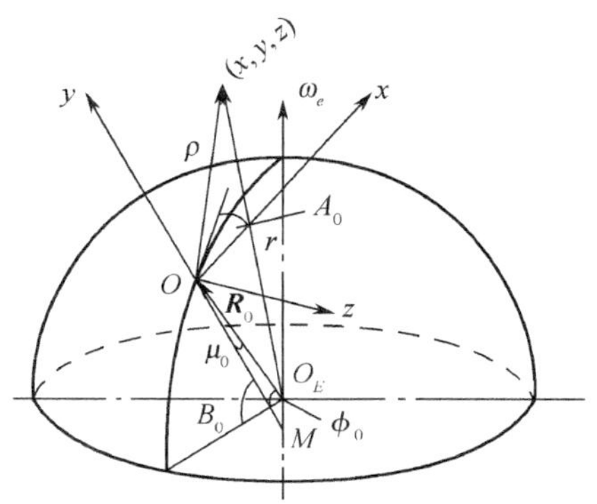


图 3－2－1　弹道上任一点的地心矢径和发射点的地心矢径

$$\begin{bmatrix} R_{ox} \\ R_{oy} \\ R_{oz} \end{bmatrix} = R_0\begin{bmatrix} -\sin\mu_0\cos A_0 \\ \cos\mu_0 \\ \sin\mu_0\sin A_0 \end{bmatrix} \tag{3-2-9}$$

式中，$A_0$ 为发射方位角；$\mu_0$ 为发射点的地理纬度与地心纬度之差，即 $\mu_0 = B_0 - \phi_0$。

由于假设地球为一两轴旋转的椭球体，故 $\boldsymbol{R}_0$ 的长度可由子午椭圆方程求得

$$R_0 = \frac{a_e b_e}{\sqrt{a_e^2\sin^2\phi_0 + b_e^2\cos^2\phi_0}}$$

由式(3－2－8)可得 $\boldsymbol{r}^0$ 在发射坐标系的表达式为

$$\boldsymbol{r}^0 = \frac{x + R_{0x}}{r}\boldsymbol{x}^0 + \frac{y + R_{0y}}{r}\boldsymbol{y}^0 + \frac{z + R_{0z}}{r}\boldsymbol{z}^0 \tag{3-2-10}$$

显然，$\boldsymbol{\omega}_e^0$ 在发射坐标系的表达式可写成：

$$\boldsymbol{\omega}_e^0 = \frac{\omega_{ex}}{\omega_e}\boldsymbol{x}^0 + \frac{\omega_{ey}}{\omega_e}\boldsymbol{y}^0 + \frac{\omega_{ez}}{\omega_e}\boldsymbol{z}^0 \tag{3-2-11}$$

其中，$\omega_{ex}$、$\omega_{ey}$、$\omega_{ez}$ 由式(1－4－20)可知：

$$\begin{bmatrix} \omega_{ex} \\ \omega_{ey} \\ \omega_{ez} \end{bmatrix} = \omega_e\begin{bmatrix} \cos B_0\cos A_0 \\ \sin B_0 \\ -\cos B_0\sin A_0 \end{bmatrix} \tag{3-2-12}$$

于是可将式(2－2－16)写成发射坐标系分量形式：

$$m\begin{bmatrix} g_x \\ g_y \\ g_z \end{bmatrix} = m\frac{g_{r\phi r}}{r}\begin{bmatrix} x + R_{0x} \\ y + R_{0y} \\ z + R_{0z} \end{bmatrix} + m\frac{g_{\omega_e}}{\omega_e}\begin{bmatrix} \omega_{ex} \\ \omega_{ey} \\ \omega_{ez} \end{bmatrix} \tag{3-2-13}$$

6. 附加科氏力 $\boldsymbol{F}'_k$ 项

由式(2-1-16)

$$\boldsymbol{F}'_k = -2\dot{m}\boldsymbol{\omega}_T \times \boldsymbol{\rho}_e$$

其中,$\boldsymbol{\omega}_T$ 为箭体相对于惯性(或平移)坐标系的转动角速度矢量,它在箭体坐标系中的分量表示为

$$\boldsymbol{\omega}_T = [\omega_{Tx1} \quad \omega_{Ty1} \quad \omega_{Tz1}]^{\mathrm{T}}$$

$\boldsymbol{\rho}_e$ 为质心到喷管出口中心点的矢量,即

$$\boldsymbol{\rho}_e = -x_{1e}\boldsymbol{x}_1^0$$

因此,可得 $\boldsymbol{F}'_k$ 在箭体坐标系的三分量:

$$\begin{bmatrix} F'_{kx1} \\ F'_{ky1} \\ F'_{kz1} \end{bmatrix} = 2\dot{m}x_{1e}\begin{bmatrix} 0 \\ \omega_{Tz1} \\ -\omega_{Ty1} \end{bmatrix} \tag{3-2-14}$$

从而 $\boldsymbol{F}'_k$ 在发射坐标系中的分量可由下式来描述:

$$\begin{bmatrix} F'_{kx} \\ F'_{ky} \\ F'_{kz} \end{bmatrix} = \boldsymbol{G}_B\begin{bmatrix} F'_{kx1} \\ F'_{ky1} \\ F'_{kz1} \end{bmatrix} \tag{3-2-15}$$

7. 离心惯性力 $-m\boldsymbol{\omega}_e \times (\boldsymbol{\omega}_e \times \boldsymbol{r})$ 项

记

$$\boldsymbol{a}_e = \boldsymbol{\omega}_e \times (\boldsymbol{\omega}_e \times \boldsymbol{r}) \tag{3-2-16}$$

为牵连加速度。

根据式(3-2-12),并注意到:

$$\boldsymbol{r} = (x + R_{0x})\boldsymbol{x}^0 + (y + R_{0y})\boldsymbol{y}^0 + (z + R_{0z})\boldsymbol{z}^0$$

则牵连加速度在发射坐标系中的分量形式为

$$\begin{bmatrix} a_{ex} \\ a_{ey} \\ a_{ez} \end{bmatrix} = \begin{bmatrix} a_{11} & a_{12} & a_{13} \\ a_{21} & a_{22} & a_{23} \\ a_{31} & a_{32} & a_{33} \end{bmatrix}\begin{bmatrix} x + R_{0x} \\ y + R_{0y} \\ z + R_{0z} \end{bmatrix} \tag{3-2-17}$$

其中,

$$a_{11} = \omega_{ex}^2 - \omega_e^2$$

$$a_{12} = a_{21} = \omega_{ex}\omega_{ey}$$

$$a_{22} = \omega_{ey}^2 - \omega_e^2$$

$$a_{23} = a_{32} = \omega_{ez}\omega_{ey}$$

$$a_{33} = \omega_{ez}^2 - \omega_e^2$$

$$a_{13} = a_{31} = \omega_{ex}\omega_{ez}$$

从而离心惯性力 $\boldsymbol{F}_e$ 在发射坐标系中的分量可由下式来描述:

$$\begin{bmatrix} F_{ex} \\ F_{ey} \\ F_{ez} \end{bmatrix} = -m\begin{bmatrix} a_{ex} \\ a_{ey} \\ a_{ez} \end{bmatrix} \tag{3-2-18}$$

8. 科氏惯性力 $-2m\boldsymbol{\omega}_e \times \dfrac{\delta \boldsymbol{r}}{\delta t}$ 项

记

$$\boldsymbol{a}_k = 2\boldsymbol{\omega}_e \times \frac{\delta \boldsymbol{r}}{\delta t} \tag{3-2-19}$$

为科氏加速度,式中,$\dfrac{\delta \boldsymbol{r}}{\delta t}$ 为火箭相对于发射坐标系的速度,即有

$$\frac{\delta \boldsymbol{r}}{\delta t} = [\dot{x} \quad \dot{y} \quad \dot{z}]^{\mathrm{T}} \tag{3-2-20}$$

并注意到式(3-2-12),则式(3-2-19)可写为

$$\begin{bmatrix} a_{kx} \\ a_{ky} \\ a_{kz} \end{bmatrix} = \begin{bmatrix} b_{11} & b_{12} & b_{13} \\ b_{21} & b_{22} & b_{23} \\ b_{31} & b_{32} & b_{33} \end{bmatrix}\begin{bmatrix} \dot{x} \\ \dot{y} \\ \dot{z} \end{bmatrix} \tag{3-2-21}$$

其中,

$$b_{11} = b_{22} = b_{33} = 0$$

$$b_{12} = -b_{21} = -2\omega_{ez}$$

$$b_{31} = -b_{13} = -2\omega_{ey}$$

$$b_{23} = -b_{32} = -2\omega_{ex}$$

从而可得科氏惯性力 $\boldsymbol{F}_k$ 在发射坐标系的分量形式为

$$\begin{bmatrix} F_{kx} \\ F_{ky} \\ F_{kz} \end{bmatrix} = -m\begin{bmatrix} a_{kx} \\ a_{ky} \\ a_{kz} \end{bmatrix} \tag{3-2-22}$$

将式(3-2-2)、式(3-2-4)、式(3-2-5)、式(3-2-7)、式(3-2-13)、式(3-2-15)、式(3-2-18)、式(3-2-22)代入式(3-2-1),并令

$$P_e = P - X_{1c}$$

则在发射坐标系中建立的质心动力学方程为

$$m\begin{bmatrix}\dfrac{\mathrm{d}v_x}{\mathrm{d}t}\\ \dfrac{\mathrm{d}v_y}{\mathrm{d}t}\\ \dfrac{\mathrm{d}v_t}{\mathrm{d}t}\end{bmatrix} = \boldsymbol{G}_B\begin{bmatrix}P_e\\ Y_{1c} + 2\dot{m}\omega_{Tz1}x_{1e}\\ Z_{1c} - 2\dot{m}\omega_{Ty1}x_{1e}\end{bmatrix} + \boldsymbol{G}_V\begin{bmatrix}-C_x qS_M\\ C_y^{\alpha}qS_M\alpha\\ -C_y^{\alpha}qS_M\beta\end{bmatrix} + m\frac{g_{r\phi r}}{r}\begin{bmatrix}x + R_{0x}\\ y + R_{0y}\\ z + R_{0z}\end{bmatrix}$$

$$+ m\frac{g_{\omega_e}}{\omega_e}\begin{bmatrix}\omega_{ex}\\ \omega_{ey}\\ \omega_{ez}\end{bmatrix} - m\begin{bmatrix}a_{11} & a_{12} & a_{13}\\ a_{21} & a_{22} & a_{23}\\ a_{31} & a_{32} & a_{33}\end{bmatrix}\begin{bmatrix}x + R_{0x}\\ y + R_{0y}\\ z + R_{0z}\end{bmatrix} - m\begin{bmatrix}b_{11} & b_{12} & b_{13}\\ b_{21} & b_{22} & b_{23}\\ b_{31} & b_{32} & b_{33}\end{bmatrix}\begin{bmatrix}\dot{x}\\ \dot{y}\\ \dot{z}\end{bmatrix} \tag{3-2-23}$$

### 3.2.2 绕质心动力学方程在箭体坐标系的分解

将式(3-1-4)

$$\boldsymbol{I}\cdot\frac{\mathrm{d}\boldsymbol{\omega}_T}{\mathrm{d}t} + \boldsymbol{\omega}_T\times(\boldsymbol{I}\cdot\boldsymbol{\omega}_T) = \boldsymbol{M}_{st} + \boldsymbol{M}_c + \boldsymbol{M}_d + \boldsymbol{M}'_k + \boldsymbol{M}'_{rel}$$

的各项在箭体坐标系内进行分解。

由于箭体坐标系为中心惯量主轴坐标系,因此惯量张量式(1-5-29)可简化为

$$\boldsymbol{I} = \begin{bmatrix}I_{x1} & 0 & 0\\ 0 & I_{y1} & 0\\ 0 & 0 & I_{z1}\end{bmatrix} \tag{3-2-24}$$

在第2章中已经给出稳定力矩,阻尼力矩在箭体坐标系中各分量的表达式为

$$\boldsymbol{M}_{st} = \begin{bmatrix}0\\ M_{y1st}\\ M_{z1st}\end{bmatrix} = \begin{bmatrix}0\\ m_{y1}^{\beta}qS_M l_k\beta\\ m_{z1}^{\alpha}qS_M l_k\alpha\end{bmatrix}$$

$$\boldsymbol{M}_d = \begin{bmatrix}M_{x1d}\\ M_{y1d}\\ M_{z1d}\end{bmatrix} = \begin{bmatrix}m_{x1}^{\bar{\omega}_{x1}}qS_M l_k\bar{\omega}_{x1}\\ m_{y1}^{\bar{\omega}_{y1}}qS_M l_k\bar{\omega}_{y1}\\ m_{z1}^{\bar{\omega}_{z1}}qS_M l_k\bar{\omega}_{z1}\end{bmatrix}$$

由于控制力矩和所采用的执行机构有关,这里以燃气舵作为执行机构,则其控制力矩

即如式(2－4－18)、式(2－4－20)所示：

$$\boldsymbol{M}_c=\begin{bmatrix}M_{x1c}\\M_{y1c}\\M_{z1c}\end{bmatrix}=\begin{bmatrix}-2R'r_c\delta_\gamma\\-R'(x_c-x_g)\delta_\psi\\-R'(x_c-x_g)\delta_\varphi\end{bmatrix}=\begin{bmatrix}M_{x1c}^{\delta}\delta_\gamma\\M_{y1c}^{\delta}\delta_\psi\\M_{z1c}^{\delta}\delta_\varphi\end{bmatrix}$$

附加相对力矩和附加科氏力矩其矢量表达式为式(2－1－29)：

$$\boldsymbol{M}'_{rel}=-\dot{m}\boldsymbol{\rho}_e\times\boldsymbol{u}_e$$

$$\boldsymbol{M}'_k=-\frac{\delta\boldsymbol{I}}{\delta t}\cdot\boldsymbol{\omega}_T-\dot{m}\boldsymbol{\rho}_e\times(\boldsymbol{\omega}_T\times\boldsymbol{\rho}_e)$$

注意到在标准条件下，即发动机安装无误差，其推力轴线与箭体轴 $x_1$ 平行，则附加相对力矩为 0，而如果控制系统中采用摇摆发动机为执行机构，该附加相对力矩即为控制力矩，其表达式如式(2－4－23)，因此此处不再列写。

附加力矩向箭体坐标系分解时，只要注意到：

$$\boldsymbol{\rho}_e=-x_{1e}\boldsymbol{x}_1^0$$

则不难写出：

$$\boldsymbol{M}'_k=-\begin{bmatrix}\dot{I}_{x1}\omega_{Tx1}\\\dot{I}_{y1}\omega_{Ty1}\\\dot{I}_{z1}\omega_{Tz1}\end{bmatrix}+\dot{m}\begin{bmatrix}0\\-x_{1e}^2\omega_{Ty1}\\-x_{1e}^2\omega_{Tz1}\end{bmatrix}$$

则式(3－1－4)即可写成在箭体坐标系内的分量形式：

$$\begin{bmatrix}I_{x1}&0&0\\0&I_{y1}&0\\0&0&I_{z1}\end{bmatrix}\begin{bmatrix}\dfrac{\mathrm{d}\omega_{Tx1}}{\mathrm{d}t}\\\dfrac{\mathrm{d}\omega_{Ty1}}{\mathrm{d}t}\\\dfrac{\mathrm{d}\omega_{Tz1}}{\mathrm{d}t}\end{bmatrix}+\begin{bmatrix}(I_{z1}-I_{y1})\omega_{Tz1}\omega_{Ty1}\\(I_{x1}-I_{z1})\omega_{Tx1}\omega_{Tz1}\\(I_{y1}-I_{x1})\omega_{Ty1}\omega_{Tx1}\end{bmatrix}=\begin{bmatrix}0\\m_{y1}^{\beta}qS_Ml_k\beta\\m_{z1}^{\alpha}qS_Ml_k\alpha\end{bmatrix}$$

$$+\begin{bmatrix}m_{x1}^{\bar{\omega}_{x1}}qS_Ml_k\bar{\omega}_{x1}\\m_{y1}^{\bar{\omega}_{y1}}qS_Ml_k\bar{\omega}_{y1}\\m_{z1}^{\bar{\omega}_{z1}}qS_Ml_k\bar{\omega}_{z1}\end{bmatrix}+\begin{bmatrix}-2R'r_c\delta_\gamma\\-R'(x_c-x_g)\delta_\psi\\-R'(x_c-x_g)\delta_\varphi\end{bmatrix}-\begin{bmatrix}\dot{I}_{x1}\omega_{Tx1}\\\dot{I}_{y1}\omega_{Ty1}\\\dot{I}_{z1}\omega_{Tz1}\end{bmatrix}+\dot{m}\begin{bmatrix}0\\-x_{1e}^2\omega_{Ty1}\\-x_{1e}^2\omega_{Tz1}\end{bmatrix}\quad(3-2-25)$$

### 3.2.3　补充方程

上面所建立的质心动力学方程和绕质心转动的动力学方程，其未知参数个数远大于方程的数目，因此要求解火箭运动参数还必须补充有关方程。

1. 运动学方程

质心速度与位置参数关系方程:

$$\begin{cases}\dfrac{\mathrm{d}x}{\mathrm{d}t}=v_x\\ \dfrac{\mathrm{d}y}{\mathrm{d}t}=v_y\\ \dfrac{\mathrm{d}z}{\mathrm{d}t}=v_z\end{cases}\tag{3-2-26}$$

由于,

$$\boldsymbol{\omega}_T=\dot{\boldsymbol{\varphi}}_T+\dot{\boldsymbol{\psi}}_T+\dot{\boldsymbol{\gamma}}_T\tag{3-2-27}$$

则不难得到火箭绕平移坐标系转动角速度 $\boldsymbol{\omega}_T$ 在箭体坐标系的分量为

$$\begin{cases}\omega_{Tx1}=\dot{\gamma}_T-\dot{\varphi}_T\sin\psi_T\\ \omega_{Ty1}=\dot{\psi}_T\cos\gamma_T+\dot{\varphi}_T\cos\psi_T\sin\gamma_T\\ \omega_{Tz1}=-\dot{\psi}_T\sin\gamma_T+\dot{\varphi}_T\cos\psi_T\cos\gamma_T\end{cases}\tag{3-2-28}$$

原则上可由此解得 $\varphi_T$、$\psi_T$、$\gamma_T$。

箭体相对于地球的转动角速度 $\boldsymbol{\omega}$ 与箭体对于惯性(平移)坐标系的转动角速度 $\boldsymbol{\omega}_T$、地球自转角速度 $\boldsymbol{\omega}_e$ 之间有下列关系:

$$\boldsymbol{\omega}=\boldsymbol{\omega}_T-\boldsymbol{\omega}_e\tag{3-2-29}$$

注意到式(1-4-20),则上式在箭体坐标系的投影分量表示式即为

$$\begin{bmatrix}\omega_{x1}\\ \omega_{y1}\\ \omega_{z1}\end{bmatrix}=\begin{bmatrix}\omega_{Tx1}\\ \omega_{Ty1}\\ \omega_{Tz1}\end{bmatrix}-\boldsymbol{B}_G\begin{bmatrix}\omega_{ex}\\ \omega_{ey}\\ \omega_{ez}\end{bmatrix}\tag{3-2-30}$$

2. 控制方程

式(2-4-11)已给出控制方程的一般方程。

3. 欧拉角之间的联系方程

由式(1-4-31)知道 $\varphi_T$、$\psi_T$、$\gamma_T$ 与 $\varphi$、$\psi$、$\gamma$ 的联系方程为

$$\begin{cases}\varphi_T=\varphi+\omega_{ez}t\\ \psi_T=\psi+\omega_{ey}t\cos\varphi-\omega_{ex}t\sin\varphi\\ \gamma_T=\gamma+\omega_{ey}t\sin\varphi+\omega_{ex}t\cos\varphi\end{cases}$$

其中,$\varphi$、$\psi$、$\gamma$ 可由上式解得。注意到速度倾角 $\theta$ 及航迹偏航角 $\sigma$ 可由:

$$\begin{cases}\theta=\arctan\dfrac{v_y}{v_x}\\ \sigma=-\arcsin\dfrac{v_z}{v}\end{cases}\tag{3-2-31}$$

解算。则箭体坐标系、速度坐标系及地面发射坐标系中的八个欧拉角已知五个，其余三个可由方向余弦关系式(1－4－24)找到解式：

$$\begin{cases}\sin\beta = \cos(\varphi-\theta)\cos\sigma\sin\psi\cos\gamma + \sin(\varphi-\theta)\cos\sigma\sin\gamma - \sin\sigma\cos\psi\cos\gamma \\ -\sin\alpha\cos\beta = \cos(\varphi-\theta)\cos\sigma\sin\psi\sin\gamma - \sin(\varphi-\theta)\cos\sigma\cos\gamma - \sin\sigma\cos\psi\sin\gamma \\ \sin\nu = \dfrac{1}{\cos\sigma}(\cos\alpha\cos\psi\sin\gamma - \sin\psi\sin\alpha)\end{cases} \tag{3-2-32}$$

4. 附加方程

1）速度计算方程：

$$v = \sqrt{v_x^2 + v_y^2 + v_z^2} \tag{3-2-33}$$

2）质量计算方程：

$$m = m_0 - \dot{m}t \tag{3-2-34}$$

式中，$m_0$ 为火箭离开发射台瞬间的质量；$\dot{m}$ 为火箭发动机工作单位时间的质量消耗量；$t$ 为火箭离开发射台瞬间 $t=0$ 起的计时。

3）高度计算公式

因计算气动力影响，必须知道轨道上任一点距地面的高度 $h$，故要补充有关方程。

已知轨道上任一点距地心的距离为

$$r = \sqrt{(x+R_{0x})^2 + (y+R_{0y})^2 + (z+R_{0z})^2} \tag{3-2-35}$$

因设地球为一两轴旋转椭球体，则地球表面任一点距地心的距离与该点的地心纬度 $\phi$ 有关。由图 3－2－1 可知道空间任一点矢径 $\boldsymbol{r}$ 与赤道平面的夹角即为该点在地球上星下点所在的地心纬度角 $\phi$，该角可由 $\boldsymbol{r}$ 与地球自转角速度矢量 $\boldsymbol{\omega}_e$ 之间的关系求得

$$\sin\phi = \frac{\boldsymbol{r}\cdot\boldsymbol{\omega}_e}{r\omega_e}$$

根据式(3－2－8)及式(3－2－12)即可写出：

$$\sin\phi = \frac{(x+R_{0x})\omega_{ex} + (y+R_{0y})\omega_{ey} + (z+R_{0z})\omega_{ez}}{r\omega_e} \tag{3-2-36}$$

则对应于地心纬度 $\phi$ 之椭球表面距地心的距离可由式(2－2－20)得

$$R = \frac{a_e b_e}{\sqrt{a_e^2\sin^2\phi + b_e^2\cos^2\phi}} \tag{3-2-37}$$

在理论弹道计算中计算高度时，可忽略 $\mu$ 的影响，空间任一点距地球表面的距离为

$$h = r - R \tag{3-2-38}$$

### 3.2.4 空间运动方程

综合上述讨论,可整理得火箭在地面发射坐标系中的一般空间运动方程:

$$
\left\{
\begin{aligned}
& m\begin{bmatrix} \dfrac{\mathrm{d}v_x}{\mathrm{d}t} \\ \dfrac{\mathrm{d}v_y}{\mathrm{d}t} \\ \dfrac{\mathrm{d}v_z}{\mathrm{d}t} \end{bmatrix} = \boldsymbol{G}_B\begin{bmatrix} P_e \\ Y_{1c} + 2\dot{m}\omega_{Tz1}x_{1e} \\ Z_{1c} - 2\dot{m}\omega_{Ty1}x_{1e} \end{bmatrix} + \boldsymbol{G}_V\begin{bmatrix} -C_x qS_M \\ C_y^{\alpha} qS_M\alpha \\ -C_y^{\alpha} qS_M\beta \end{bmatrix} + m\frac{g_{r\phi r}}{r}\begin{bmatrix} x + R_{0x} \\ y + R_{0y} \\ z + R_{0z} \end{bmatrix} \\
& \qquad + m\frac{g_{\omega_e}}{\omega_e}\begin{bmatrix} \omega_{ex} \\ \omega_{ey} \\ \omega_{ez} \end{bmatrix} - m\begin{bmatrix} a_{11} & a_{12} & a_{13} \\ a_{21} & a_{22} & a_{23} \\ a_{31} & a_{32} & a_{33} \end{bmatrix}\begin{bmatrix} x + R_{0x} \\ y + R_{0y} \\ z + R_{0z} \end{bmatrix} - m\begin{bmatrix} b_{11} & b_{12} & b_{13} \\ b_{21} & b_{22} & b_{23} \\ b_{31} & b_{32} & b_{33} \end{bmatrix}\begin{bmatrix} \dot{x} \\ \dot{y} \\ \dot{z} \end{bmatrix} \\
& \begin{bmatrix} I_{x1} & 0 & 0 \\ 0 & I_{y1} & 0 \\ 0 & 0 & I_{z1} \end{bmatrix}\begin{bmatrix} \dfrac{\mathrm{d}\omega_{Tx1}}{\mathrm{d}t} \\ \dfrac{\mathrm{d}\omega_{Ty1}}{\mathrm{d}t} \\ \dfrac{\mathrm{d}\omega_{Tz1}}{\mathrm{d}t} \end{bmatrix} + \begin{bmatrix} (I_{z1} - I_{y1})\omega_{Tz1}\omega_{Ty1} \\ (I_{x1} - I_{z1})\omega_{Tx1}\omega_{Tz1} \\ (I_{y1} - I_{x1})\omega_{Ty1}\omega_{Tx1} \end{bmatrix} = \begin{bmatrix} 0 \\ m_{y1}^{\beta} qS_M l_k\beta \\ m_{z1}^{\alpha} qS_M l_k\alpha \end{bmatrix} \\
& \qquad + \begin{bmatrix} m_{x1}^{\bar{\omega}_{x1}} qS_M l_k\bar{\omega}_{x1} \\ m_{y1}^{\bar{\omega}_{y1}} qS_M l_k\bar{\omega}_{y1} \\ m_{z1}^{\bar{\omega}_{z1}} qS_M l_k\bar{\omega}_{z1} \end{bmatrix} + \begin{bmatrix} -2R'r_c\delta_r \\ -R'(x_c - x_g)\delta_{\psi} \\ -R'(x_c - x_g)\delta_{\varphi} \end{bmatrix} - \begin{bmatrix} \dot{I}_{x1}\omega_{Tx1} \\ \dot{I}_{y1}\omega_{Ty1} \\ \dot{I}_{z1}\omega_{Tz1} \end{bmatrix} + \dot{m}\begin{bmatrix} 0 \\ -x_{1e}^2\omega_{Ty1} \\ -x_{1e}^2\omega_{Tz1} \end{bmatrix} \\
& \begin{cases} \dfrac{\mathrm{d}x}{\mathrm{d}t} = v_x \\ \dfrac{\mathrm{d}y}{\mathrm{d}t} = v_y \\ \dfrac{\mathrm{d}z}{\mathrm{d}t} = v_z \end{cases} \\
& \begin{cases} \omega_{Tx1} = \dot{\gamma}_T - \dot{\varphi}_T\sin\psi_T \\ \omega_{Ty1} = \dot{\psi}_T\cos\gamma_T + \dot{\varphi}_T\cos\psi_T\sin\gamma_T \\ \omega_{Tz1} = -\dot{\psi}_T\sin\gamma_T + \dot{\varphi}_T\cos\psi_T\cos\gamma_T \end{cases} \\
& \begin{bmatrix} \omega_{x1} \\ \omega_{y1} \\ \omega_{z1} \end{bmatrix} = \begin{bmatrix} \omega_{Tx1} \\ \omega_{Ty1} \\ \omega_{Tz1} \end{bmatrix} - \boldsymbol{B}_G\begin{bmatrix} \omega_{ex} \\ \omega_{ey} \\ \omega_{ez} \end{bmatrix}
\end{aligned}
\right.
\qquad (3-2-39)
$$

$$\begin{cases} F_{\varphi}(\delta_{\varphi}, x, y, z, \dot{x}, \dot{y}, \dot{z}, \varphi_T, \dot{\varphi}_T \cdots) = 0 \\ F_{\psi}(\delta_{\psi}, x, y, z, \dot{x}, \dot{y}, \dot{z}, \psi_T, \dot{\psi}_T \cdots) = 0 \\ F_{\gamma}(\delta_{\gamma}, x, y, z, \dot{x}, \dot{y}, \dot{z}, \gamma_T, \dot{\gamma}_T \cdots) = 0 \end{cases}$$

$$\begin{cases} \varphi_T = \varphi + \omega_{ez} t \\ \psi_T = \psi + \omega_{ey} t\cos\varphi - \omega_{ex} t\sin\varphi \\ \gamma_T = \gamma + \omega_{ey} t\sin\varphi + \omega_{ex} t\cos\varphi \end{cases}$$

$$\begin{cases} \theta = \arctan\dfrac{v_y}{v_x} \\ \sigma = -\arcsin\dfrac{v_z}{v} \end{cases}$$

$$\begin{cases} \sin\beta = \cos(\varphi - \theta)\cos\sigma\sin\psi\cos\gamma + \sin(\varphi - \theta)\cos\sigma\sin\gamma - \sin\sigma\cos\psi\cos\gamma \\ -\sin\alpha\cos\beta = \cos(\varphi - \theta)\cos\sigma\sin\psi\sin\gamma - \sin(\varphi - \theta)\cos\sigma\cos\gamma - \sin\sigma\cos\psi\sin\gamma \\ \sin\nu = \dfrac{1}{\cos\sigma}(\cos\alpha\cos\psi\sin\gamma - \sin\psi\sin\alpha) \end{cases}$$

$$r = \sqrt{(x + R_{0x})^2 + (y + R_{0y})^2 + (z + R_{0z})^2}$$

$$\sin\phi = \frac{(x + R_{0x})\omega_{ex} + (y + R_{0y})\omega_{ey} + (z + R_{0z})\omega_{ez}}{r\omega_e}$$

$$R = \frac{a_e b_e}{\sqrt{a_e^2\sin^2\phi + b_e^2\cos^2\phi}}$$

$$h = r - R$$

$$v = \sqrt{v_x^2 + v_y^2 + v_z^2}$$

$$m = m_0 - \dot{m}t$$

以上共 32 个方程，有 32 个未知量：$v_x$、$v_y$、$v_z$、$\omega_{Tx1}$、$\omega_{Ty1}$、$\omega_{Tz1}$、$x$、$y$、$z$、$\gamma_T$、$\psi_T$、$\varphi_T$、$\omega_{x1}$、$\omega_{y1}$、$\omega_{z1}$、$\delta_{\varphi}$、$\delta_{\psi}$、$\delta_{\gamma}$、$\varphi$、$\psi$、$\gamma$、$\theta$、$\sigma$、$\beta$、$\alpha$、$\nu$、$r$、$\phi$、$R$、$h$、$v$、$m$。原则上，当已知控制方程的具体形式后给出 32 个起始条件，即可进行求解。

事实上，由于其中有些方程是确定量之间具有明确的关系方程，因此，这些量则不是任意给出的，如 $\omega_{x1}$、$\omega_{y1}$、$\omega_{z1}$、$\beta$、$\alpha$、$\nu$、$r$、$\phi$、$R$、$h$、$v$、$\varphi$、$\psi$、$\gamma$ 等 14 个参数，当有关的参数起始条件给出时，它们也即相应的确定。

在动力学方程中，有关一些力和力矩（或力矩导数）的参数均可用上述方程组中解得的参数进行计算，其计算式在本章内已列出，这里不再重复了。

## 3.3 地面发射坐标系中的空间弹道方程的简化

### 3.3.1 空间运动方程简化假设条件

火箭空间一般方程较精确地描述了火箭在主动段运动规律。实际在研究火箭质心运动时,根据火箭飞行的情况,为计算方便,可做如下的假设。

(1) 在一般方程中的一些欧拉角,如$\psi_T$、$\gamma_T$、$\psi$、$\gamma$、$\sigma$、$\nu$、$\alpha$、$\beta$等在火箭有控制的条件下,主动段中所表现的数值均很小。因此可将一般方程中,上述这些角度的正弦值取为该角弧度值,而其余弦值取为1;当上述角值出现两个以上的乘积时,则作为高阶项略去,据此,一般方程中的方向余弦阵及附加方程中的一些有关欧拉角关系的方程式即可简化。当然,附加科氏力项亦可略去。

(2) 火箭绕质心转动方程是反映火箭飞行过程中的力矩平衡过程。对姿态稳定的火箭,这一动态过程进行得很快,以至对于火箭质心运动不产生什么影响。因此在研究火箭质心运动时,可不考虑动态过程,即将绕质心运动方程中与姿态角速度和角加速度有关项予以忽略,称为"瞬时平衡"假设。则由式(3-1-4)得

$$\boldsymbol{M}_{st}+\boldsymbol{M}_c=0$$

将式(2-3-39)及式(2-4-20)代入上式,则有

$$\begin{cases}M_{z1}^{\alpha}\alpha+M_{z1}^{\delta}\delta_{\varphi}=0\\M_{y1}^{\beta}\beta+M_{y1}^{\delta}\delta_{\psi}=0\\\delta_{\gamma}=0\end{cases}\tag{3-3-1}$$

对于控制方程如取式(2-4-13):

$$\begin{cases}\delta_{\varphi}=a_0^{\varphi}\Delta\varphi_T+k_{\varphi}u_{\varphi}\\\delta_{\psi}=a_0^{\psi}\Delta\psi_T+k_Hu_H\\\delta_{\gamma}=a_0^{\gamma}\Delta\gamma_T\end{cases}$$

将式(1-4-31)代入上式即得略去动态过程的控制方程为

$$\begin{cases}\delta_{\varphi}=a_0^{\varphi}(\varphi+\omega_{ez}t-\varphi_{pr})+k_{\varphi}u_{\varphi}\\\delta_{\psi}=a_0^{\psi}[\psi+(\omega_{ey}\cos\varphi-\omega_{ex}\sin\varphi)t]+k_Hu_H\\\delta_{\gamma}=a_0^{\gamma}[\gamma+(\omega_{ey}\sin\varphi+\omega_{ex}\cos\varphi)t]\end{cases}\tag{3-3-2}$$

将式(3-3-2)代入式(3-3-1),并据假设(1)可知有下面的欧拉角关系式:

$$\begin{cases}\beta=\psi-\sigma\\\alpha=\varphi-\theta\\\nu=\gamma\end{cases}$$

则可整理得绕质心运动方程在“瞬时平衡”假设条件下的另一等价关系形式：

$$\begin{cases}\alpha = A_{\varphi}\left[(\varphi_{pr} - \omega_{ez}t - \theta) - \dfrac{k_{\varphi}}{a_0^{\varphi}}u_{\varphi}\right] \\ \beta = A_{\psi}\left[(\omega_{ex}\sin\varphi - \omega_{ey}\cos\varphi)t - \sigma - \dfrac{k_H}{a_0^{\psi}}u_H\right] \\ \gamma = -(\omega_{ey}\sin\varphi + \omega_{ex}\cos\varphi)t\end{cases} \tag{3-3-3}$$

其中，

$$\begin{cases}A_{\varphi} = \dfrac{a_0^{\varphi}M_{z1}^{\delta}}{M_{z1}^{\alpha} + a_0^{\varphi}M_{z1}^{\delta}} \\ A_{\psi} = \dfrac{a_0^{\psi}M_{y1}^{\delta}}{M_{y1}^{\beta} + a_0^{\psi}M_{y1}^{\delta}}\end{cases} \tag{3-3-4}$$

### 3.3.2 空间弹道计算方程

根据以上假设，且忽略$\nu$、$\gamma$的影响，则可得到在发射坐标系中的空间弹道计算方程：

$$m\begin{bmatrix}\dfrac{\mathrm{d}v_x}{\mathrm{d}t} \\ \dfrac{\mathrm{d}v_y}{\mathrm{d}t} \\ \dfrac{\mathrm{d}v_z}{\mathrm{d}t}\end{bmatrix} = \begin{bmatrix}\cos\varphi\cos\psi & -\sin\varphi & \cos\varphi\sin\psi \\ \sin\varphi\cos\psi & \cos\varphi & \sin\varphi\sin\psi \\ -\sin\psi & 0 & \cos\psi\end{bmatrix}\begin{bmatrix}P_e \\ Y_{1c} \\ Z_{1c}\end{bmatrix}$$

$$+\begin{bmatrix}\cos\theta\cos\sigma & -\sin\theta & \cos\theta\sin\sigma \\ \sin\theta\cos\sigma & \cos\theta & \sin\theta\sin\sigma \\ -\sin\sigma & 0 & \cos\sigma\end{bmatrix}\begin{bmatrix}-C_x q S_M \\ C_y^{\alpha} q S_M \alpha \\ -C_y^{\alpha} q S_M \beta\end{bmatrix} + m\frac{g_{r\phi r}}{r}\begin{bmatrix}x + R_{0x} \\ y + R_{0y} \\ z + R_{0z}\end{bmatrix}$$

$$+ m\frac{g_{\omega_e}}{\omega_e}\begin{bmatrix}\omega_{ex} \\ \omega_{ey} \\ \omega_{ez}\end{bmatrix} - m\begin{bmatrix}a_{11} & a_{12} & a_{13} \\ a_{21} & a_{22} & a_{23} \\ a_{31} & a_{32} & a_{33}\end{bmatrix}\begin{bmatrix}x + R_{0x} \\ y + R_{0y} \\ z + R_{0z}\end{bmatrix} - m\begin{bmatrix}b_{11} & b_{12} & b_{13} \\ b_{21} & b_{22} & b_{23} \\ b_{31} & b_{32} & b_{33}\end{bmatrix}\begin{bmatrix}\dot{x} \\ \dot{y} \\ \dot{z}\end{bmatrix}$$

$$\begin{cases}\dfrac{\mathrm{d}x}{\mathrm{d}t} = v_x \\ \dfrac{\mathrm{d}y}{\mathrm{d}t} = v_y \\ \dfrac{\mathrm{d}z}{\mathrm{d}t} = v_z\end{cases} \tag{3-3-5}$$

$$\alpha = A_{\varphi}\left[(\varphi_{pr} - \omega_{ez}t - \theta) - \frac{k_{\varphi}}{a_0^{\varphi}}u_{\varphi}\right]$$

$$\beta = A_\psi\left[(\omega_{ex}\sin\varphi - \omega_{ey}\cos\varphi)t - \sigma - \frac{k_H}{a_0^\psi}u_H\right]$$

$$\theta = \arctan\frac{v_y}{v_x}$$

$$\sigma = -\arcsin\frac{v_z}{v}$$

$$\varphi = \theta + \alpha$$

$$\psi = \sigma + \beta$$

$$\delta_\varphi = a_0^\varphi(\varphi + \omega_{ez}t - \varphi_{pr}) + k_\varphi u_\varphi$$

$$\delta_\psi = a_0^\psi[\psi + (\omega_{ey}\cos\varphi - \omega_{ex}\sin\varphi)t] + k_H u_H$$

$$r = \sqrt{(x + R_{0x})^2 + (y + R_{0y})^2 + (z + R_{0z})^2}$$

$$\sin\phi = \frac{(x + R_{0x})\omega_{ex} + (y + R_{0y})\omega_{ey} + (z + R_{0z})\omega_{ez}}{r\omega_e}$$

$$R = \frac{a_e b_e}{\sqrt{a_e^2\sin^2\phi + b_e^2\cos^2\phi}}$$

$$h = r - R$$

$$v = \sqrt{v_x^2 + v_y^2 + v_z^2}$$

$$m = m_0 - \dot{m}t$$

上式即为空间弹道的计算方程,给定相应的起始条件就可求得火箭质心运动参数。

在实际的弹道计算中,有时根据应用需要,用惯性加速度表测量参数视加速度 $\dot{\boldsymbol{W}}$ 作为参变量,根据式(2-4-3)不难写出除引力以外作用在火箭上的力在箭体坐标系内的各投影值:

$$\begin{bmatrix}\dot{W}_{x1}\\ \dot{W}_{y1}\\ \dot{W}_{z1}\end{bmatrix} = \frac{1}{m}\begin{bmatrix}P_e\\ Y_{1c}\\ Z_{1c}\end{bmatrix} + \frac{1}{m}B_V\begin{bmatrix}-C_x qS_M\\ C_y^\alpha qS_M\alpha\\ -C_y^\alpha qS_M\beta\end{bmatrix} \tag{3-3-6}$$

将式(3-3-5)空间弹道计算方程中之质心动力学方程改写成下列形式:

$$\left\{\begin{aligned}&m\begin{bmatrix}\dfrac{\mathrm{d}v_x}{\mathrm{d}t}\\\dfrac{\mathrm{d}v_y}{\mathrm{d}t}\\\dfrac{\mathrm{d}v_z}{\mathrm{d}t}\end{bmatrix}=m\begin{bmatrix}\cos\varphi\cos\psi & -\sin\varphi & \cos\varphi\sin\psi\\\sin\varphi\cos\psi & \cos\varphi & \sin\varphi\sin\psi\\-\sin\psi & 0 & \cos\psi\end{bmatrix}\begin{bmatrix}\dot W_{x1}\\\dot W_{y1}\\\dot W_{z1}\end{bmatrix}+m\frac{g_{r\phi r}}{r}\begin{bmatrix}x+R_{0x}\\y+R_{0y}\\z+R_{0z}\end{bmatrix}\\&\qquad+m\frac{g_{\omega_e}}{\omega_e}\begin{bmatrix}\omega_{ex}\\\omega_{ey}\\\omega_{ez}\end{bmatrix}-m\begin{bmatrix}a_{11}&a_{12}&a_{13}\\a_{21}&a_{22}&a_{23}\\a_{31}&a_{32}&a_{33}\end{bmatrix}\begin{bmatrix}x+R_{0x}\\y+R_{0y}\\z+R_{0z}\end{bmatrix}-m\begin{bmatrix}b_{11}&b_{12}&b_{13}\\b_{21}&b_{22}&b_{23}\\b_{31}&b_{32}&b_{33}\end{bmatrix}\begin{bmatrix}\dot x\\\dot y\\\dot z\end{bmatrix}\\&\begin{bmatrix}\dot W_{x1}\\\dot W_{y1}\\\dot W_{z1}\end{bmatrix}=\frac{1}{m}\begin{bmatrix}P_e\\Y_{1c}\\Z_{1c}\end{bmatrix}+\frac{1}{m}\begin{bmatrix}\cos\beta\cos\alpha & \sin\alpha & -\sin\beta\cos\alpha\\-\cos\beta\sin\alpha & \cos\alpha & \sin\beta\sin\alpha\\\sin\beta & 0 & \cos\beta\end{bmatrix}\begin{bmatrix}-C_x qS_M\\C_y^{\alpha}qS_M\alpha\\-C_y^{\alpha}qS_M\beta\end{bmatrix}\end{aligned}\right.\tag{3-3-7}$$

将式(3-3-7)代入式(3-3-5)中质心动力学方程即组成含 $\dot{\boldsymbol{W}}$ 参变量的空间弹道计算方程。

### 3.3.3　弹道参数计算

运用空间弹道方程解得的各个参数还可用来计算一些有实际应用价值的参量,如弹下点的位置(经、纬度)、方位角、射程角、火箭飞行过程中每个时刻的切向、法向、侧向加速度及过载。

1. 弹下点的经纬度

弹下点地心纬度 $\phi$ 在空间弹道方程的解算中已求得,而相应的地理纬度 $B$,则可根据两者的关系式(2-2-28):

$$\tan B=\frac{a_e^2}{b_e^2}\tan\phi$$

来求得。

为求弹下点经度 $\lambda$,因已知发射点的经度 $\lambda_0$,只需求出弹下点经度与发射点经度之差值 $\Delta\lambda$,则 $\lambda=\lambda_0+\Delta\lambda$,为此,在地心处建立一直角坐标系,$x'$ 轴与地球自转轴一致,$y'$ 轴在赤道面内,指向发射点子午线与赤道的交点,$z'$ 轴与上两轴组成右手直角坐标系,如图 3-3-1 所示。

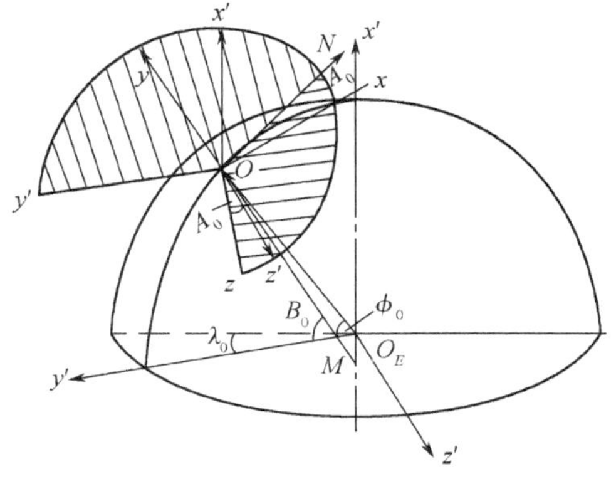

**图 3-3-1　计算经度差用的地心坐标系及其与发射坐标系的转换**

由图 3-3-1 可见,将发射坐标系绕 $y$ 轴转 $A_0$,再绕新的侧轴转 $B_0$ 角即可找到这两坐标系的方向余弦阵,只要注意到两坐标系的原点不重合,且已知由 $O_E$ 到 $O$ 的矢量为 $\boldsymbol{R}_0$,则不难写出这两坐标系的坐标转换关系式:

$$\begin{bmatrix} x' \\ y' \\ z' \end{bmatrix} = \begin{bmatrix} \cos B_0 & \sin B_0 & 0 \\ -\sin B_0 & \cos B_0 & 0 \\ 0 & 0 & 1 \end{bmatrix} \begin{bmatrix} \cos A_0 & 0 & -\sin A_0 \\ 0 & 1 & 0 \\ \sin A_0 & 0 & \cos A_0 \end{bmatrix} \begin{bmatrix} x + R_{0x} \\ y + R_{0y} \\ z + R_{0z} \end{bmatrix}$$

亦即

$$\begin{bmatrix} x' \\ y' \\ z' \end{bmatrix} = \begin{bmatrix} \cos B_0 \cos A_0 & \sin B_0 & -\cos B_0 \sin A_0 \\ -\sin B_0 \cos A_0 & \cos B_0 & \sin B_0 \sin A_0 \\ \sin A_0 & 0 & \cos A_0 \end{bmatrix} \begin{bmatrix} x + R_{0x} \\ y + R_{0y} \\ z + R_{0z} \end{bmatrix} \tag{3-3-8}$$

从而可得任一时刻弹下点的经度与发射点经度之差 $\Delta\lambda$ 的求解式为

$$\tan \Delta\lambda = \frac{z'}{y'} \tag{3-3-9}$$

$\Delta\lambda$ 的取值可以由下式判断:

$$\Delta\lambda = \begin{cases} \arctan \dfrac{z'}{y'}, & y' > 0 \\ \pi + \arctan \dfrac{z'}{y'}, & y' < 0 \end{cases} \tag{3-3-10}$$

2. 方位角

根据地球为圆球或两轴旋转的椭球,方位角亦有地心方位角 $\alpha_0$ 或大地方位角 $A_0$。

利用图 3-3-1 之地心直角坐标系与地面发射坐标系的方向余弦关系,可写出火箭相对速度在地心直角坐标系的三分量为

$$\begin{bmatrix} v'_x \\ v'_y \\ v'_z \end{bmatrix} = \begin{bmatrix} \cos B_0 \cos A_0 & \sin B_0 & -\cos B_0 \sin A_0 \\ -\sin B_0 \cos A_0 & \cos B_0 & \sin B_0 \sin A_0 \\ \sin A_0 & 0 & \cos A_0 \end{bmatrix} \begin{bmatrix} v_x \\ v_y \\ v_z \end{bmatrix} \tag{3-3-11}$$

任一时刻弹下点的经度 $\lambda(=\lambda_0+\Delta\lambda)$、地心纬度 $\phi$、地理纬度 $B$ 为已知,在该弹下点处建立北天东右手直角坐标系,天轴有两个,它们与赤道平面的夹角分别为 $\phi$、$B$,东轴均垂直弹下点所在的子午面,地心直角坐标系 $O_E-x'y'z'$ 与上两坐标系的方向余弦关系可将 $O_E-x'y'z'$ 绕 $x'$ 轴转 $\Delta\lambda$ 角,然后绕新的侧轴转 $-\phi$ 或 $-B$ 而得到,这就不难写出相对速度在这两个北天东坐标系中的分量分别为

$$\begin{bmatrix} v_{\phi N} \\ v_{\phi r} \\ v_{\phi E} \end{bmatrix} = \begin{bmatrix} \cos\phi & -\sin\phi\cos\Delta\lambda & -\sin\phi\sin\Delta\lambda \\ \sin\phi & \cos\phi\cos\Delta\lambda & \cos\phi\sin\Delta\lambda \\ 0 & -\sin\Delta\lambda & \cos\Delta\lambda \end{bmatrix} \begin{bmatrix} v'_x \\ v'_y \\ v'_z \end{bmatrix} \tag{3-3-12}$$

$$\begin{bmatrix} v_N \\ v_r \\ v_E \end{bmatrix} = \begin{bmatrix} \cos B & -\sin B\cos\Delta\lambda & -\sin B\sin\Delta\lambda \\ \sin B & \cos B\cos\Delta\lambda & \cos B\sin\Delta\lambda \\ 0 & -\sin\Delta\lambda & \cos\Delta\lambda \end{bmatrix} \begin{bmatrix} v'_x \\ v'_y \\ v'_z \end{bmatrix} \tag{3-3-13}$$

从而可求出任一时刻相对速度在弹下点的当地水平面的分量所对应的 $\alpha$ 或 $A$：

$$\begin{cases} \alpha = \arctan \dfrac{v_{\phi E}}{v_{\phi N}} \\ A = \arctan \dfrac{v_E}{v_N} \end{cases} \tag{3-3-14}$$

3. 弹下点对应的射程角 $\beta$

$$\cos\beta = \frac{\boldsymbol{r}\cdot\boldsymbol{R}_0}{rR_0} = \frac{R_{0x}(x+R_{0x}) + R_{0y}(y+R_{0y}) + R_{0z}(z+R_{0z})}{rR_0}$$

则得

$$\beta = \arccos\left(\frac{R_0}{r} + \frac{xR_{0x} + yR_{0y} + zR_{0z}}{rR_0}\right) \tag{3-3-15}$$

4. 切向、法向、侧向加速度

将火箭质心相对于地面坐标系的加速度沿半速度坐标系三轴分解，则得沿 $x_v^0$、$y_v^0$、$z_v^0$ 三轴的加速度分量，依次称为切向加速度、法向加速度及侧向加速度：

$$\frac{\mathrm{d}\boldsymbol{v}}{\mathrm{d}t} = \dot{v}_{xv}\boldsymbol{x}_v^0 + \dot{v}_{yv}\boldsymbol{y}_v^0 + \dot{v}_{zv}\boldsymbol{z}_v^0 \tag{3-3-16}$$

由空间弹道方程已解得

$$\frac{\mathrm{d}\boldsymbol{v}}{\mathrm{d}t} = \dot{v}_x\boldsymbol{x}^0 + \dot{v}_y\boldsymbol{y}^0 + \dot{v}_z\boldsymbol{z}^0 \tag{3-3-17}$$

且已知：

$$\begin{bmatrix} \dot{v}_x \\ \dot{v}_y \\ \dot{v}_z \end{bmatrix} = \begin{bmatrix} \cos\theta\cos\sigma & -\sin\theta & \cos\theta\sin\sigma \\ \sin\theta\cos\sigma & \cos\theta & \sin\theta\sin\sigma \\ -\sin\sigma & 0 & \cos\sigma \end{bmatrix} \begin{bmatrix} \dot{v}_{xv} \\ \dot{v}_{yv} \\ \dot{v}_{zv} \end{bmatrix} \tag{3-3-18}$$

由上式整理得

$$\begin{bmatrix} \dot{v}_{xv} \\ \dot{v}_{yv} \\ \dot{v}_{zv} \end{bmatrix} = \begin{bmatrix} \dot{v}_x\cos\theta\cos\sigma + \dot{v}_y\sin\theta\cos\sigma - \dot{v}_z\sin\sigma \\ -\dot{v}_x\sin\theta + \dot{v}_y\cos\theta \\ \dot{v}_x\cos\theta\sin\sigma + \dot{v}_y\sin\theta\sin\sigma + \dot{v}_z\cos\sigma \end{bmatrix} \tag{3-3-19}$$

注意到关系式：

$$\begin{cases} v_x = v\cos\theta\cos\sigma \\ v_y = v\sin\theta\cos\sigma \\ v_z = -v\sin\sigma \end{cases}$$

则式(3-3-19)可写成另一种形式：

$$\begin{bmatrix} \dot{v}_{xv} \\ \dot{v}_{yv} \\ \dot{v}_{zv} \end{bmatrix} = \begin{bmatrix} \dfrac{1}{v}(v_x\dot{v}_x + v_y\dot{v}_y + v_z\dot{v}_z) \\ \dfrac{1}{\sqrt{v_x^2 + v_y^2}}(-v_y\dot{v}_x + v_x\dot{v}_y) \\ \dfrac{-1}{\sqrt{v_x^2 + v_y^2}}(v_x\dot{v}_x + v_y\dot{v}_y)\dfrac{v_z}{v} + \dot{v}_z\dfrac{\sqrt{v_x^2 + v_y^2}}{v} \end{bmatrix} \tag{3-3-20}$$

考虑到 $\sigma$ 为小量,则 $v_z$ 较之 $v_x$、$v_y$ 甚小,则可近似取:

$$v = \sqrt{v_x^2 + v_y^2}$$

式(3-3-20)可近似为

$$\begin{bmatrix} \dot{v}_{xv} \\ \dot{v}_{yv} \\ \dot{v}_{zv} \end{bmatrix} = \frac{1}{v}\begin{bmatrix} v_x\dot{v}_x + v_y\dot{v}_y + v_z\dot{v}_z \\ -v_y\dot{v}_x + v_x\dot{v}_y \\ -\dfrac{1}{v}(v_x\dot{v}_x + v_y\dot{v}_y)v_z + \dot{v}_z v \end{bmatrix} \tag{3-3-21}$$

式(3-3-19)、式(3-3-20)及式(3-3-21)均可用来计算火箭质心在速度坐标系中的切向加速度 $\dot{v}_{xv}$、法向加速度 $\dot{v}_{yv}$ 及侧向加速度 $\dot{v}_{zv}$。

5. 轴向、法向、横向过载系数

在火箭总体设计中,从仪表和箭体强度设计角度考虑,需要知道它们要承受的加速度有多大。为此,设计者把火箭飞行中除引力以外的作用在火箭上的力 $\boldsymbol{N}$ 称为过载。显然,视加速度即为过载所产生的加速度,将 $\boldsymbol{N}$ 在箭体坐标系中分解为

$$\begin{bmatrix} N_{x1} \\ N_{y1} \\ N_{z1} \end{bmatrix} = m\begin{bmatrix} \dot{W}_{x1} \\ \dot{W}_{y1} \\ \dot{W}_{z1} \end{bmatrix} \tag{3-3-22}$$

过载系数定义为 $\boldsymbol{N}$ 被火箭质量 $m$ 与地面重力加速度 $g_0'$ 之乘积除后的值,即

$$\begin{bmatrix} n_{x1} \\ n_{y1} \\ n_{z1} \end{bmatrix} = \frac{1}{g_0'}\begin{bmatrix} \dot{W}_{x1} \\ \dot{W}_{y1} \\ \dot{W}_{z1} \end{bmatrix} \tag{3-3-23}$$

式中,$n_{x1}$、$n_{y1}$、$n_{z1}$ 分别称为火箭飞行中的轴向、法向、横向过载系数。

## 3.4 速度坐标系中的空间弹道方程与简化

### 3.4.1 速度坐标系中的质心动力学方程

由地面发射坐标中的质心动力学方程式(3-2-1):

$$m\frac{\delta^2 \boldsymbol{r}}{\delta t^2} = \boldsymbol{P} + \boldsymbol{R} + \boldsymbol{F}_c + m\boldsymbol{g} + \boldsymbol{F}'_k - m\boldsymbol{\omega}_e \times (\boldsymbol{\omega}_e \times \boldsymbol{r}) - 2m\boldsymbol{\omega}_e \times \frac{\delta \boldsymbol{r}}{\delta t}$$

将其在速度坐标系投影，根据矢量微分法则有

$$\frac{\mathrm{d}\boldsymbol{v}}{\mathrm{d}t} = \frac{\mathrm{d}}{\mathrm{d}t}(v\boldsymbol{x}_v^0) = \frac{\mathrm{d}v}{\mathrm{d}t}\boldsymbol{x}_v^0 + v\frac{\mathrm{d}\boldsymbol{x}_v^0}{\mathrm{d}t} \tag{3-4-1}$$

由于，

$$\frac{\mathrm{d}\boldsymbol{x}_v^0}{\mathrm{d}t} = \boldsymbol{\omega}_v \times \boldsymbol{x}_v^0 \tag{3-4-2}$$

其中，$\boldsymbol{\omega}_v$ 为速度坐标系相对于地面坐标系的转动角速度。由图 1－4－5 可知：

$$\boldsymbol{\omega}_v = \dot{\boldsymbol{\theta}} + \dot{\boldsymbol{\sigma}} + \dot{\boldsymbol{\nu}} \tag{3-4-3}$$

将 $\boldsymbol{\omega}_v$ 在速度坐标系投影，式(3－4－3)右端的投影分量可由图 1－4－5 的几何关系得出

$$\begin{cases} \omega_{xv} = \dot{\nu} - \dot{\theta}\sin\sigma \\ \omega_{yv} = \dot{\sigma}\cos\nu + \dot{\theta}\sin\nu\cos\sigma \\ \omega_{zv} = -\dot{\sigma}\sin\nu + \dot{\theta}\cos\nu\cos\sigma \end{cases} \tag{3-4-4}$$

故可得

$$\frac{\mathrm{d}\boldsymbol{x}_v^0}{\mathrm{d}t} = (-\dot{\sigma}\sin\nu + \dot{\theta}\cos\nu\cos\sigma)\boldsymbol{y}_v^0 - (\dot{\sigma}\cos\nu + \dot{\theta}\sin\nu\cos\sigma)\boldsymbol{z}_v^0$$

代入式(3－4－1)即得

$$\frac{\mathrm{d}\boldsymbol{v}}{\mathrm{d}t} = \frac{\mathrm{d}v}{\mathrm{d}t}\boldsymbol{x}_v^0 + v(-\dot{\sigma}\sin\nu + \dot{\theta}\cos\nu\cos\sigma)\boldsymbol{y}_v^0 - v(\dot{\sigma}\cos\nu + \dot{\theta}\sin\nu\cos\sigma)\boldsymbol{z}_v^0 \tag{3-4-5}$$

上式即为火箭质心相对于地面发射坐标系的加速度沿速度坐标系的分解。

将式(3－4－5)代入式(3－2－1)的左端，而式(3－2－1)的右端各项即可参照式(3－2－23)右端内容直接写出他们在速度坐标系的分量形式，最终可得在速度坐标系内的质心动力学方程为

$$m\begin{bmatrix} \dot{v} \\ v(-\dot{\sigma}\sin\nu + \dot{\theta}\cos\nu\cos\sigma) \\ -v(\dot{\sigma}\cos\nu + \dot{\theta}\sin\nu\cos\sigma) \end{bmatrix} = \boldsymbol{V}_B\begin{bmatrix} P_e \\ Y_{1c} + 2\dot{m}\omega_{Tz1}x_{1e} \\ Z_{1c} - 2\dot{m}\omega_{Ty1}x_{1e} \end{bmatrix}$$

$$+ \begin{bmatrix} -C_x q S_M \\ C_y^{\alpha} q S_M \alpha \\ -C_y^{\alpha} q S_M \beta \end{bmatrix} + m\frac{g'_r}{r}\boldsymbol{V}_G\begin{bmatrix} x + R_{0x} \\ y + R_{0y} \\ z + R_{0z} \end{bmatrix} + m\frac{g_{\omega_e}}{\omega_e}\boldsymbol{V}_G\begin{bmatrix} \omega_{ex} \\ \omega_{ey} \\ \omega_{ez} \end{bmatrix}$$

$$
-mV_G\begin{bmatrix}a_{11} & a_{12} & a_{13}\\ a_{21} & a_{22} & a_{23}\\ a_{31} & a_{32} & a_{33}\end{bmatrix}\begin{bmatrix}x+R_{0x}\\ y+R_{0y}\\ z+R_{0z}\end{bmatrix}-mV_G\begin{bmatrix}b_{11} & b_{12} & b_{13}\\ b_{21} & b_{22} & b_{23}\\ b_{31} & b_{32} & b_{33}\end{bmatrix}\begin{bmatrix}\dot{x}\\ \dot{y}\\ \dot{z}\end{bmatrix} \tag{3-4-6}
$$

观察上式,后两式中等式左端均有两个微分变量,为进行计算,现引进矩阵 $\boldsymbol{H}_V$

$$
\boldsymbol{H}_V=\begin{bmatrix}1 & 0 & 0\\ 0 & \cos\nu & -\sin\nu\\ 0 & \sin\nu & \cos\nu\end{bmatrix} \tag{3-4-7}
$$

用矩阵 $\boldsymbol{H}_V$ 左乘式(3-4-6),则得

$$
\begin{aligned}
m\begin{bmatrix}\dot{v}\\ v\dot{\theta}\cos\sigma\\ -v\dot{\sigma}\end{bmatrix}=&\boldsymbol{H}_V\boldsymbol{V}_B\begin{bmatrix}P_e\\ Y_{1c}+2\dot{m}\omega_{Tz1}x_{1e}\\ Z_{1c}-2\dot{m}\omega_{Ty1}x_{1e}\end{bmatrix}+\boldsymbol{H}_V\begin{bmatrix}-C_xqS_M\\ C_y^{\alpha}qS_M\alpha\\ -C_y^{\alpha}qS_M\beta\end{bmatrix}\\
&+m\frac{g_{r\phi r}}{r}\boldsymbol{H}_V\boldsymbol{V}_G\begin{bmatrix}x+R_{0x}\\ y+R_{0y}\\ z+R_{0z}\end{bmatrix}+m\frac{g_{\omega_e}}{\omega_e}\boldsymbol{H}_V\boldsymbol{V}_G\begin{bmatrix}\omega_{ex}\\ \omega_{ey}\\ \omega_{ez}\end{bmatrix}\\
&-m\boldsymbol{H}_V\boldsymbol{V}_G\begin{bmatrix}a_{11} & a_{12} & a_{13}\\ a_{21} & a_{22} & a_{23}\\ a_{31} & a_{32} & a_{33}\end{bmatrix}\begin{bmatrix}x+R_{0x}\\ y+R_{0y}\\ z+R_{0z}\end{bmatrix}-m\boldsymbol{H}_V\boldsymbol{V}_G\begin{bmatrix}b_{11} & b_{12} & b_{13}\\ b_{21} & b_{22} & b_{23}\\ b_{31} & b_{32} & b_{33}\end{bmatrix}\begin{bmatrix}\dot{x}\\ \dot{y}\\ \dot{z}\end{bmatrix}
\end{aligned} \tag{3-4-8}
$$

### 3.4.2 速度坐标系中的空间弹道方程

为简化书写,火箭质心动力学方程式(3-4-8)、火箭绕质心动力学方程式(3-2-25)在这里不再重述,下面仅给出为解算空间动力学方程需补充的一些方程式,由于这些方程与式(3-2-39)的补充方程基本相同,个别不同的方程式,其符号意义也是明确的,故直接列写如下:

$$
\begin{cases}\dfrac{\mathrm{d}x}{\mathrm{d}t}=v\cos\theta\cos\sigma\\ \dfrac{\mathrm{d}y}{\mathrm{d}t}=v\sin\theta\cos\sigma\\ \dfrac{\mathrm{d}z}{\mathrm{d}t}=-v\sin\sigma\end{cases}
$$

$$
\begin{cases}\omega_{Tx1}=\dot{\gamma}_T-\dot{\varphi}_T\sin\psi_T\\ \omega_{Ty1}=\dot{\psi}_T\cos\gamma_T+\dot{\varphi}_T\cos\psi_T\sin\gamma_T\\ \omega_{Tz1}=-\dot{\psi}_T\sin\gamma_T+\dot{\varphi}_T\cos\psi_T\cos\gamma_T\end{cases}
$$

$$\begin{bmatrix}\omega_{x1}\\ \omega_{y1}\\ \omega_{z1}\end{bmatrix}=\begin{bmatrix}\omega_{Tx1}\\ \omega_{Ty1}\\ \omega_{Tz1}\end{bmatrix}-B_G\begin{bmatrix}\omega_{ex}\\ \omega_{ey}\\ \omega_{ez}\end{bmatrix}$$

$$\begin{cases}F_{\varphi}(\delta_{\varphi},\ x,\ y,\ z,\ \dot{x},\ \dot{y},\ \dot{z},\ \varphi_T,\ \dot{\varphi}_T\cdots)=0\\ F_{\psi}(\delta_{\psi},\ x,\ y,\ z,\ \dot{x},\ \dot{y},\ \dot{z},\ \psi_T,\ \dot{\psi}_T\cdots)=0\\ F_{\gamma}(\delta_{\gamma},\ x,\ y,\ z,\ \dot{x},\ \dot{y},\ \dot{z},\ \gamma_T,\ \dot{\gamma}_T\cdots)=0\end{cases} \tag{3-4-9}$$

$$\begin{cases}\varphi_T=\varphi+\omega_{ez}t\\ \psi_T=\psi+\omega_{ey}t\cos\varphi-\omega_{ex}t\sin\varphi\\ \gamma_T=\gamma+\omega_{ey}t\sin\varphi+\omega_{ex}t\cos\varphi\end{cases}$$

$$\begin{cases}\sin\beta=\cos(\varphi-\theta)\cos\sigma\sin\psi\cos\gamma+\sin(\varphi-\theta)\cos\sigma\sin\gamma-\sin\sigma\cos\psi\cos\gamma\\ -\sin\alpha\cos\beta=\cos(\varphi-\theta)\cos\sigma\sin\psi\sin\gamma-\sin(\varphi-\theta)\cos\sigma\cos\gamma-\sin\sigma\cos\psi\sin\gamma\\ \sin\nu=\dfrac{1}{\cos\sigma}(\cos\alpha\cos\psi\sin\gamma-\sin\psi\sin\alpha)\end{cases}$$

$$r=\sqrt{(x+R_{0x})^2+(y+R_{0y})^2+(z+R_{0z})^2}$$

$$\sin\phi=\frac{(x+R_{0x})\omega_{ex}+(y+R_{0y})\omega_{ey}+(z+R_{0z})\omega_{ez}}{r\omega_e}$$

$$R=\frac{a_e b_e}{\sqrt{a_e^2\sin^2\phi+b_e^2\cos^2\phi}}$$

$$h=r-R$$

$$m=m_0-\dot{m}t$$

这样，即得到由式(3－4－8)、式(3－2－25)、式(3－4－9)共同组成的在速度坐标系内描述的空间弹道方程，共 29 个方程式，给定起始条件即可求解。

### 3.4.3　简化的弹道方程

在新型号火箭的初步设计阶段，由于各分系统参数未定，因而只需进行弹道的粗略计算。为此，对上述空间弹道方程做一些简化假设：

(1) 地球视为一均质圆球，忽略地球扁率及 $g_{\phi}$ 的影响。此时引力 $\boldsymbol{g}$ 沿矢径 $\boldsymbol{r}$ 的反向，且服从平方反比定律。即 $g_{r\phi r}=g_r=-fM/r^2$，$g_{\omega_e}=0$。

(2) 由于工程设计人员在初步设计阶段只关心平均状态下的参数，故通常忽略地球旋转的影响，认为 $\omega_e=0$。显然，平移坐标系与发射坐标系始终重合。

(3) 忽略由于火箭内部介质相对于弹体流动所引起的附加科氏力和全部附加力矩。

(4) 认为在控制系统作用下，火箭始终处于力矩瞬时平衡状态。

(5) 将欧拉角 $\alpha$、$\beta$、$\psi$、$\gamma$、$\sigma$、$\nu$、$(\theta-\varphi)$ 视为小量，这些角度的正弦即取其角度的弧度值，其余弦取为 1，且在等式中出现这些角度值之间的乘积时，则作为二阶以上项略去。则有

$$\boldsymbol{H}_V = \begin{bmatrix} 1 & 0 & 0 \\ 0 & 1 & -\nu \\ 0 & \nu & 1 \end{bmatrix} \tag{3-4-10}$$

$$\boldsymbol{V}_B = \begin{bmatrix} 1 & -\alpha & \beta \\ \alpha & 1 & 0 \\ -\beta & 0 & 1 \end{bmatrix} \tag{3-4-11}$$

$$\boldsymbol{V}_G = \begin{bmatrix} \cos\theta & \sin\theta & -\sigma \\ -\sin\theta & \cos\theta & \nu \\ \sigma\cos\theta + \nu\sin\theta & \sigma\sin\theta - \nu\cos\theta & 1 \end{bmatrix} \tag{3-4-12}$$

那么,

$$\boldsymbol{H}_B = \boldsymbol{H}_V\boldsymbol{V}_B = \begin{bmatrix} 1 & -\alpha & \beta \\ \alpha & 1 & -\nu \\ -\beta & \nu & 1 \end{bmatrix} \tag{3-4-13}$$

$$\boldsymbol{H}_G = \boldsymbol{H}_V\boldsymbol{V}_G = \begin{bmatrix} \cos\theta & \sin\theta & -\sigma \\ -\sin\theta & \cos\theta & 0 \\ \sigma\cos\theta & \sigma\sin\theta & 1 \end{bmatrix} \tag{3-4-14}$$

(6) 考虑到控制力较小,故将控制力与 $\alpha$、$\beta$、$\nu$ 的乘积项略去。

(7) 由于引力在 $x$、$z$ 方向的分量远小于在 $y$ 方向的分量,故将它们与 $\sigma$ 的乘积项略去。

根据以上假设,即可将式(3-4-8)与式(3-4-9)所组成的质心运动方程简化成两组方程。

第一组方程为

$$\begin{cases} m\dot{v} = P_e - C_x qS_M + mg_r\dfrac{y+R}{r}\sin\theta + mg_r\dfrac{x}{r}\cos\theta \\ mv\dot{\theta} = (P_e + C_y^\alpha qS_M)\alpha + mg_r\dfrac{y+R}{r}\cos\theta - mg_r\dfrac{x}{r}\sin\theta + R'\delta_\varphi \\ \dot{x} = v\cos\theta \\ \dot{y} = v\sin\theta \\ \alpha = A_\varphi(\varphi_{pr} - \theta) \\ A_\varphi = \dfrac{a_0^\varphi M_{z1}^\delta}{M_{z1}^\alpha + a_0^\varphi M_{z1}^\delta} \\ \varphi = \theta + \alpha \\ \delta_\varphi = a_0^\varphi(\varphi - \varphi_{pr}) \\ r = \sqrt{x^2 + (y+R)^2 + z^2} \\ h = r - R \\ m = m_0 - \dot{m}t \end{cases} \tag{3-4-15}$$

当取 $r = \sqrt{x^2 + (y + R)^2}$ 后，上式则与侧向参数无关，称为纵向运动方程式。给定起始条件即可求解。

第二组方程为

$$\begin{cases} mv\dot{\sigma} = (P_e + C_y^{\alpha} q S_M)\beta - mg_r \dfrac{y + R}{r}\sin\theta \cdot \sigma - mg_r \dfrac{z}{r} + R'\delta_{\psi} \\ \dot{z} = -v\sigma \\ \beta = -A_{\psi} \cdot \sigma \\ A_{\psi} = \dfrac{a_0^{\psi} M_{y1}^{\delta}}{M_{y1}^{\beta} + a_0^{\psi} M_{y1}^{\delta}} \\ \psi = \sigma + \beta \\ \delta_{\psi} = a_0^{\psi}\psi \end{cases} \tag{3-4-16}$$

在第一组方程解得后，即可由此组方程解得侧向参数，称该组方程为侧向运动方程。

# 第4章 自由飞行段弹道特性分析

运载火箭的载荷(导弹战斗部、卫星)经过动力飞行段在关机点具有一定的位置和速度后,转入无动力、无控制的自由飞行状态。为分析、运用载荷在自由飞行段的基本运动规律,通常做如下基本假设:载荷在自由飞行段中是处于真空飞行状态,即不受空气动力作用。因此可不必考虑载荷在空间的姿态,将载荷看成为质量集中于质心上的质点,认为载荷只受到作为均质圆球的地球的引力作用,而不考虑其他星球对载荷所产生的引力影响。

## 4.1 自由飞行段的弹道方程

设自由飞行段起点载荷具有矢径 $\boldsymbol{r}_k$ 及绝对速度矢量 $\boldsymbol{v}_k$(为书写方便,本章之绝对参量不冠以下注脚 $A$)。根据上述基本假设,载荷在自由飞行段仅受到均质圆形地球的引力作用,此时地球对质量为 $m$ 的载荷的引力可表示为

$$\boldsymbol{F}_T = -\frac{fM \cdot m}{r^3}\boldsymbol{r} = -\frac{\mu m}{r^3}\boldsymbol{r} \tag{4-1-1}$$

显然,引力始终指向 $\boldsymbol{r}$ 的反方向。$\boldsymbol{r}$ 是由地球中心 $O_E$ 至载荷质心的矢径,故引力 $\boldsymbol{F}_T$ 为一有心引力场。

由牛顿第二定律有

$$\boldsymbol{F}_T = m\frac{\mathrm{d}^2\boldsymbol{r}}{\mathrm{d}t^2}$$

将其代入式(4-1-1),即得

$$\frac{\mathrm{d}^2\boldsymbol{r}}{\mathrm{d}t^2} = -\frac{\mu}{r^3}\boldsymbol{r} \tag{4-1-2}$$

用 $\boldsymbol{v}$ 点乘上式,即有

$$\boldsymbol{v} \cdot \frac{\mathrm{d}\boldsymbol{v}}{\mathrm{d}t} = -\frac{\mu}{r^3}(\boldsymbol{v} \cdot \boldsymbol{r})$$

亦即

$$\frac{1}{2}\frac{\mathrm{d}\boldsymbol{v}^2}{\mathrm{d}t}=-\frac{\mu}{r^3}\left(\frac{1}{2}\frac{\mathrm{d}\boldsymbol{r}^2}{\mathrm{d}t}\right)$$

显然上式可化为标量方程：

$$\frac{1}{2}\frac{\mathrm{d}v^2}{\mathrm{d}t}=-\frac{\mu}{r^2}\frac{\mathrm{d}r}{\mathrm{d}t}=\frac{\mathrm{d}\left(\frac{\mu}{r}\right)}{\mathrm{d}t}$$

上式两边积分得

$$\frac{1}{2}v^2=\frac{\mu}{r}+E$$

其中，$E$ 为积分常数，即

$$E=\frac{v^2}{2}-\frac{\mu}{r} \tag{4-1-3}$$

上式即为载荷所具有的机械能，它可用轨道任一点参数代入，故整个轨道上各点参数 $r$、$v$ 均满足机械能守恒。

用 $\boldsymbol{r}$ 叉乘式(4－1－2)，有

$$\boldsymbol{r}\times\frac{\mathrm{d}^2\boldsymbol{r}}{\mathrm{d}t^2}=0$$

亦即

$$\frac{\mathrm{d}}{\mathrm{d}t}\left(\boldsymbol{r}\times\frac{\mathrm{d}\boldsymbol{r}}{\mathrm{d}t}\right)=0$$

上式括号内为一常矢量，记

$$\boldsymbol{h}=\boldsymbol{r}\times\frac{\mathrm{d}\boldsymbol{r}}{\mathrm{d}t}=\boldsymbol{r}\times\boldsymbol{v} \tag{4-1-4}$$

式中，$\boldsymbol{h}$ 为动量矩。

$\boldsymbol{h}$ 为常值矢量说明载荷在自由飞行段动量矩守恒。即是说，载荷在这一段中，不仅动量矩的大小 $|\boldsymbol{r}\times\boldsymbol{v}|$ 不变，而且 $\boldsymbol{h}$ 矢量方向也不变。这样，载荷在自由飞行段的运动为平面运动，该平面由自由飞行段起点参数 $\boldsymbol{r}_k$、$\boldsymbol{v}_k$ 所决定。

将式(4－1－2)两端叉乘 $\boldsymbol{h}$，即

$$\frac{\mathrm{d}^2\boldsymbol{r}}{\mathrm{d}t^2}\times\boldsymbol{h}=-\frac{\mu}{r^3}\boldsymbol{r}\times\boldsymbol{h} \tag{4-1-5}$$

式(4－1－5)的左端可化为

$$\frac{\mathrm{d}^2\boldsymbol{r}}{\mathrm{d}t^2}\times\boldsymbol{h}=\frac{\mathrm{d}}{\mathrm{d}t}\left(\frac{\mathrm{d}\boldsymbol{r}}{\mathrm{d}t}\times\boldsymbol{h}\right) \tag{4-1-6}$$

而式(4－1－5)的右端可化为

$$
\begin{aligned}
-\frac{\mu}{r^3}\boldsymbol{r}\times\boldsymbol{h} &= -\frac{\mu}{r^3}\boldsymbol{r}\times(\boldsymbol{r}\times\boldsymbol{v}) \\
&= -\frac{\mu}{r^3}[\boldsymbol{r}\cdot(\boldsymbol{r}\cdot\boldsymbol{v})-\boldsymbol{v}\cdot(\boldsymbol{r}\cdot\boldsymbol{r})] \\
&= -\frac{\mu}{r^3}(r\dot{r}\boldsymbol{r}-r^2\boldsymbol{v}) \\
&= -\mu\left(\frac{\boldsymbol{r}}{r^2}\frac{\mathrm{d}r}{\mathrm{d}t}-\frac{1}{r}\frac{\mathrm{d}\boldsymbol{r}}{\mathrm{d}t}\right) \\
&= \mu\frac{\mathrm{d}}{\mathrm{d}t}\left(\frac{\boldsymbol{r}}{r}\right)
\end{aligned}
\tag{4-1-7}
$$

因此得

$$
\frac{\mathrm{d}}{\mathrm{d}t}\left(\frac{\mathrm{d}\boldsymbol{r}}{\mathrm{d}t}\times\boldsymbol{h}\right)=\mu\frac{\mathrm{d}}{\mathrm{d}t}\left(\frac{\boldsymbol{r}}{r}\right) \tag{4-1-8}
$$

将上式两边积分得

$$
\frac{\mathrm{d}\boldsymbol{r}}{\mathrm{d}t}\times\boldsymbol{h}=\mu\left(\frac{\boldsymbol{r}}{r}+\boldsymbol{e}\right) \tag{4-1-9}
$$

式中，$\boldsymbol{e}$ 为待定的积分常矢量。

为获得数量方程，用 $\boldsymbol{r}$ 点乘式(4－1－9)可得

$$
\boldsymbol{r}\cdot\left(\frac{\mathrm{d}\boldsymbol{r}}{\mathrm{d}t}\times\boldsymbol{h}\right)=\mu[r+re\cos(\widehat{\boldsymbol{r},\boldsymbol{e}})] \tag{4-1-10}
$$

上式左端为矢量混合积，具有轮换性，即

$$
\boldsymbol{r}\cdot\left(\frac{\mathrm{d}\boldsymbol{r}}{\mathrm{d}t}\times\boldsymbol{h}\right)=\boldsymbol{h}\cdot\left(\boldsymbol{r}\times\frac{\mathrm{d}\boldsymbol{r}}{\mathrm{d}t}\right)=h^2
$$

将该结果代入式(4－1－10)，即可整理得

$$
r=\frac{h^2/\mu}{1+e\cos(\widehat{\boldsymbol{r},\boldsymbol{e}})} \tag{4-1-11}
$$

令

$$
P=h^2/\mu \tag{4-1-12}
$$

则

$$
r=\frac{P}{1+e\cos(\widehat{\boldsymbol{r},\boldsymbol{e}})} \tag{4-1-13}
$$

上式即为载荷在自由飞行段中的轨道方程式。

# 4.2　弹道方程的分析

## 4.2.1　e、P 的意义及其确定

式(4－1－13)即为解析几何中介绍的圆锥截线方程式，其中，$e$ 为偏心率，它决定圆锥截线的形状；$P$ 为半通径，它和 $e$ 共同决定圆锥截线的尺寸。

已知载荷在自由飞行段起点具有运动参数 $\boldsymbol{r}_k$、$\boldsymbol{v}_k$，亦即知道 $r_k$、$v_k$ 及 $\boldsymbol{v}_k$ 与 $\boldsymbol{K}$ 点当地水平面的夹角 $\Theta_k$，见图 4－2－1。现用这几个参数来计算确定 $\boldsymbol{e}$ 矢量的大小和方向，以及 $P$ 的大小。

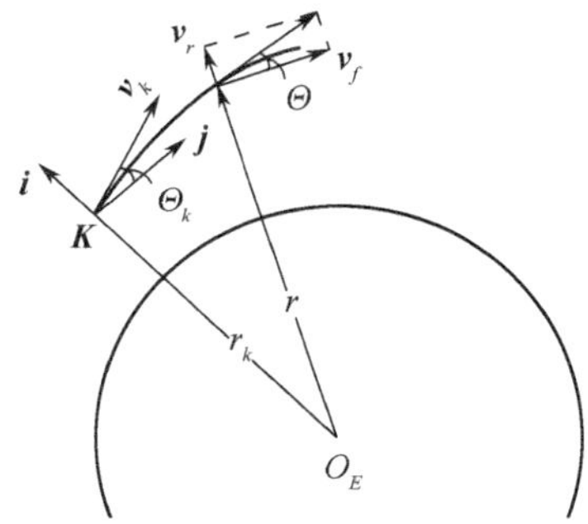


图 4－2－1　自由飞行段参数示意图

在 $\boldsymbol{K}$ 点首先建立当地坐标系 $\boldsymbol{K-ijk}$，$\boldsymbol{K}$ 为自由飞行段起点；$\boldsymbol{i}$、$\boldsymbol{j}$ 在轨道平面内，$\boldsymbol{i}$ 与 $\boldsymbol{r}$ 矢量同向；$\boldsymbol{j}$ 与 $\boldsymbol{i}$ 垂直，指向飞行方向；$\boldsymbol{k}$ 与 $\boldsymbol{i}$、$\boldsymbol{j}$ 组成右手坐标系。显然 $\boldsymbol{k}$ 与 $\boldsymbol{h}$ 矢量方向一致。

已知式(4－1－9)，将其改写为

$$\boldsymbol{v} \times \frac{\boldsymbol{h}}{\mu} = \frac{\boldsymbol{r}}{r} + \boldsymbol{e} \tag{4-2-1}$$

注意到：

$$h = |\boldsymbol{r} \times \boldsymbol{v}| = rv\cos\Theta \tag{4-2-2}$$

现用 $\boldsymbol{K}$ 点参数来表示式(4－2－1)左端量：

$$\begin{aligned}\boldsymbol{v} \times \frac{\boldsymbol{h}}{\mu} &= \begin{vmatrix} \boldsymbol{i} & \boldsymbol{j} & \boldsymbol{k} \\ v_k\sin\Theta_k & v_k\cos\Theta_k & 0 \\ 0 & 0 & r_k v_k\cos\Theta_k/\mu \end{vmatrix} \\ &= r_k v_k^2\cos^2\Theta_k/\mu\boldsymbol{i} - r_k v_k^2\sin\Theta_k\cos\Theta_k/\mu\boldsymbol{j} + 0\cdot\boldsymbol{k}\end{aligned} \tag{4-2-3}$$

令

$$\nu_k = \frac{v_k^2}{\mu/r_k} \tag{4-2-4}$$

$\nu_k$ 称为能量参数，表示轨道上一点的动能的两倍与势能之比。

将式(4－2－4)代入式(4－2－3)后，再代入式(4－2－1)经过整理可得 $\boldsymbol{e}$ 矢量表达式为

$$\boldsymbol{e} = (\nu_k\cos^2\Theta_k - 1)\boldsymbol{i} - \nu_k\sin\Theta_k\cos\Theta_k\boldsymbol{j}$$

由上式不难求得 $\boldsymbol{e}$ 的大小：

$$e = \sqrt{1 + \nu_k(\nu_k - 2)\cos^2\Theta_k} \tag{4-2-5}$$

将式(4-2-2)及式(4-2-4)代入式(4-1-12)即得

$$P = r_k^2 v_k^2 \cos^2\Theta_k / \mu = r_k \nu_k \cos^2\Theta_k \tag{4-2-6}$$

在$P$、$e$已知条件下,由轨道方程式可看出,轨道上任一点的矢径大小$r$,仅与$\boldsymbol{r}$和$\boldsymbol{e}$两矢量的夹角有关。记$f = \widehat{\boldsymbol{re}}$,定义该角由$\boldsymbol{e}$矢量作为起始极轴顺飞行器飞行方向到$\boldsymbol{r}$矢量为正角,称$f$为真近点角。显然,当$\boldsymbol{r}$、$\boldsymbol{v}$给定后,即可解算得

$$f = \arccos\frac{P - r}{er} \tag{4-2-7}$$

因此,由给定的$\boldsymbol{r}_k$沿飞行器飞行反方向转$f$角即可确定$\boldsymbol{e}$的方向。实际由轨道方程式不难看出在轨道上有一点$p$距地心$O_E$的矢径长度$r_p$为最小,$p$点称为近地点。此时有$f = \widehat{\boldsymbol{r}_p\boldsymbol{e}} = 0$,即$\boldsymbol{e}$矢量与$\boldsymbol{r}_p$矢径方向一致,故$\boldsymbol{e}$的方向是由地心$O_E$指向近地点$p$。

引入真近点角$f$后,轨道方程式可写成常见的形式:

$$r = \frac{P}{1 + e\cos f} \tag{4-2-8}$$

由以上讨论可知,圆锥截线的参数$e$、$P$可由主动段终点参数来决定。反之,也可用圆锥截线的参数来表示相应的运动参数$r$、$v$、$\Theta$。

显然,式(4-2-8)表示了圆锥截线上对应于$f$点的地心矩。

由于圆锥截线上任一点的径向分速为

$$v_r = \dot{r}$$

则微分式(4-2-8)即得

$$v_r = \dot{r} = \frac{P}{(1 + e\cos f)^2} e\dot{f}\sin f \tag{4-2-9}$$

而由式(4-2-2)可知:

$$h = r^2\dot{f}$$

注意到式(4-1-12)及式(4-2-8),则由上式可导得

$$\dot{f} = \frac{h}{r^2} = \frac{1}{r}\sqrt{\frac{\mu}{P}}(1 + e\cos f) \tag{4-2-10}$$

将其代入式(4-2-9)可得

$$v_r = \sqrt{\frac{\mu}{P}} e\sin f \tag{4-2-11}$$

不难理解,圆锥截线的周向分速为

$$v_f = r\dot{f} = \sqrt{\frac{\mu}{P}}(1 + e\cos f) \tag{4-2-12}$$

根据式(4－2－11)及式(4－2－12)可得圆锥截线对应 $f$ 角的运动参数为

$$\begin{cases} v = \sqrt{\dfrac{\mu}{P}(1 + 2e\cos f + e^2)} \\ \Theta = \arctan\dfrac{e\sin f}{1 + e\cos f} \end{cases} \tag{4-2-13}$$

### 4.2.2　圆锥截线形状与主动段终点参数的关系

由轨道方程式所描述的圆锥截线形状被偏心率 $e$ 的大小所决定。注意到载荷在自由飞行段机械能守恒，则可由起始点参数 $r_k$、$v_k$ 求取 $E$。

$$E = \frac{v_k^2}{2} - \frac{\mu}{r_k}$$

而用式(4－2－5)描述的偏心率 $e$，经过简单推导也可表示为

$$e = \sqrt{1 + 2\frac{h^2}{\mu^2}E} = \sqrt{1 + 2\frac{P}{\mu}E} \tag{4-2-14}$$

现根据式(4－2－5)、式(4－2－8)及式(4－2－14)来讨论圆锥截线形状与 $r_k$、$v_k$、$\Theta_k$ 的关系。

(1) 当 $e = 0$，则圆锥截线形状为圆，其半径 $r = r_k = P$，即圆的半径为 $r_k$。

根据：

$$e = \sqrt{1 + \nu_k(\nu_k - 2)\cos^2\Theta_k} = 0$$

可解得

$$\nu_k = 1 \pm \sqrt{1 - \frac{1}{\cos^2\Theta_k}}$$

因为 $\nu_k$ 不可能为虚数，所以必须使 $\Theta_k = 0$，上式才有实际意义。这表明只有在速度矢量 $\boldsymbol{v}_k$ 与当地水平面相平行的情况下，才能使质点的运动轨道为圆。在此条件下，则有 $\nu_k = 1$，由式(4－2－4)得

$$v_k = \sqrt{\mu / r_k}$$

通常记

$$v_{\mathrm{I}} = \sqrt{\mu / r_k}$$

$v_{\mathrm{I}}$ 称为第一宇宙速度。

由于机械能守恒，因此，在做圆周运动时，任一时刻的速度均等于 $v_k$。

(2) 当 $e=1$ 时,则方程(4-2-8)代表的是抛物线方程。

由

$$e=\sqrt{1+\nu_k(\nu_k-2)\cos^2\Theta_k}=1$$

可知,不论 $\Theta_k$ 为何值(不讨论 $\Theta_k=90°$ 的情况),均有 $\nu_k=2$, 亦即

$$v_{\mathrm{II}}=\sqrt{2\mu/r_k}$$

$v_{\mathrm{II}}$ 称为第二宇宙速度。

由式(4-2-14)还可看出,当 $e=1$ 时, $E=0$。这表示质点所具有的动能恰好等于将该质点从 $r_k$ 移至无穷远时克服引力所做的功。因此,该质点将沿着抛物线轨迹离开地球而飞向宇宙空间,故 $v_{\mathrm{II}}$ 又称为脱离速度。

(3) 当 $e>1$ 时,方程式(4-2-8)则代表双曲线方程。

不难理解,不论 $\Theta_k$ 取何值,此时应有

$$\begin{cases}\nu_k>2\\ v_k>v_{\mathrm{II}}\end{cases}$$

在此条件下,质点将沿着双曲线轨迹飞向宇宙空间。

此时由于 $E>0$, 故当质点移至无穷远处,有

$$\frac{v_k^2}{2}-\frac{\mu}{r_k}=\frac{v_\infty^2}{2}$$

即在距地心无穷远处,质点具有速度 $v_\infty$, 此速度 $v_\infty$ 称为双曲线剩余速度。

(4) 当 $e<1$ 时,方程式(4-2-8)为一椭圆方程。

此时有

$$\begin{cases}\nu_k<2\\ \dfrac{v_k^2}{2}<\dfrac{\mu}{r_k}\\ v_k<v_{\mathrm{II}}\end{cases}$$

由于此时质点所具有的动能不足以将该质点从 $r_k$ 送至离地心的无穷远处,故 $r$ 为一有限值。

根据空间技术的发展,在飞行力学术语中,弹道仅指运载火箭及其载荷的飞行轨迹,在自由飞行段对于地球而言,该飞行轨迹是不闭合的。而人造天体是按照绕地球的闭合飞行轨迹运动,通常称为轨道。

由前面对圆锥截线方程的讨论可知,在运载火箭使有效载荷在主动段终点 $K$ 具有一定的动能后,若 $\nu_k\geqslant 2$, 则载荷做星际航行;若 $\nu_k<2$, 则除 $\Theta_k=0$, $v_k=v_{\mathrm{I}}$ 时载荷沿圆形轨道运行外,其余情况皆成椭圆,但要注意对于地球而言,椭圆有闭合、不闭合两种情况。

### 4.2.3　椭圆的几何参数与主动段终点参数的关系

椭圆方程的直角坐标表示为

$$\frac{x^2}{a^2}+\frac{y^2}{b^2}=1$$

其中，$a$ 为半长轴、$b$ 为短半轴，如图 4-2-2 所示。

若令椭圆的中心 $o$ 至一个焦点 $O_E$ 之间的长度为 $c$，则有

$$c=\sqrt{a^2-b^2} \tag{4-2-15}$$

$c$ 为半焦距。

因此在直角坐标系中，椭圆的几何参数为 $a$、$b$、$c$ 中的任意两个。在以后讨论中常用到 $a$、$b$，故要建立 $a$、$b$ 与 $e$、$P$ 的关系，并进而可找到 $a$、$b$ 与 $r_k$、$\Theta_k$、$v_k$ 的关系。

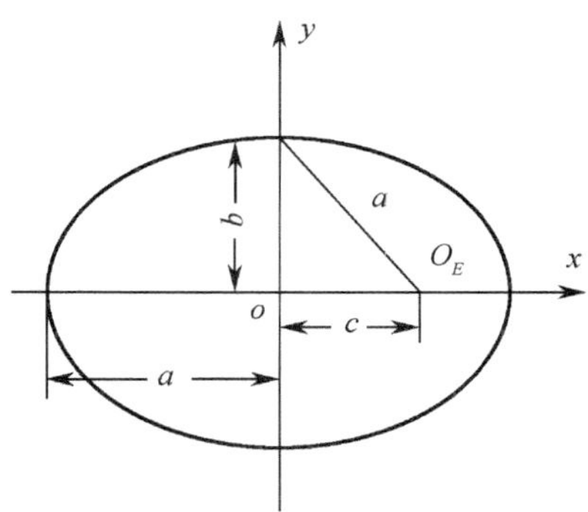


图 4-2-2　椭圆几何参数

由轨道方程式(4-2-8)可知，令 $f=0$，则

$$r=r_{\min}=\frac{P}{1+e}$$

此时椭圆上的点为距地心最近的点，以 $P$ 表示，称为近地点。

令 $f=\pi$，则

$$r=r_{\max}=\frac{P}{1-e}$$

此时椭圆上的点为距地心最远的点，以 $a$ 表示，称为远地点。亦即

$$\begin{cases} r_a=\dfrac{P}{1-e} \\ r_p=\dfrac{P}{1+e} \end{cases} \tag{4-2-16}$$

显然，椭圆长半轴的长度为

$$a=\frac{r_a+r_p}{2}$$

将式(4-2-16)代入上式，则有

$$a=\frac{P}{1-e^2} \tag{4-2-17}$$

又

$$c = \frac{r_a - r_p}{2}$$

将式(4-2-16)代入即得

$$c = \frac{eP}{1 - e^2} = ea \tag{4-2-18}$$

根据式(4-2-15)、式(4-2-17)、式(4-2-18)可得

$$b = \frac{P}{\sqrt{1 - e^2}} \tag{4-2-19}$$

不难由式(4-2-17)及式(4-2-19)解出以 $a$、$b$ 表示的 $e$、$P$:

$$\begin{cases} e = \sqrt{1 - (b/a)^2} \\ P = \dfrac{b^2}{a} \end{cases} \tag{4-2-20}$$

将式(4-2-14)代入式(4-2-17)则得

$$a = -\frac{\mu}{2E} = -\frac{\mu r_k}{r_k v_k^2 - 2\mu} \tag{4-2-21}$$

由此可见,椭圆长半轴的长度只与主动段终点处的机械能 $E$ 有关,而对应的椭圆方程 $E < 0$, 故此时 $E$ 越大,椭圆的 $a$ 也越大。由上式还可得出椭圆上任一点的速度为

$$v^2 = \mu\left(\frac{2}{r} - \frac{1}{a}\right) \tag{4-2-22}$$

上式称为活力公式。

将式(4-2-5)、式(4-2-6)代入式(4-2-19)即得

$$b = \sqrt{\frac{\nu_k}{2 - \nu_k}} r_k \cos \Theta_k \tag{4-2-23}$$

由式(4-2-21)和式(4-2-23)可以看出,当 $r_k$、$v_k$ 一定时,则 $a$ 为一定值,而 $b$ 将随 $\Theta_k$ 变化。

### 4.2.4 成为人造卫星或导弹的条件

根据圆锥截线形状与主动段终点参数关系可知,在基本假设条件下,当参数满足① $\nu_k = 1$, $\Theta_k = 0$; ② $\nu_k < 2$, $r_{\min} > R$ 的两个条件之一时,即可使该圆锥截线不与地球相交。但不能以此作为判断运载火箭对载荷提供的主动段终点参数能否成为人造卫星的判据。因为地球包围着大气层,即使在离地面 100 km 的高空处,大气密度虽然只有地面大气密度的百万分之一,但由于卫星的运动速度很高,稀薄的大气仍然会显著地阻碍卫星的运动,使其速度降低,而使卫星轨道近地点高度逐渐收缩,卫星逐渐失去其本身任务所要

求的功能。因此,要使载荷成为所要求的卫星,则必须使其运行在离地面一定的高度之上,将此高度称为“生存”高度,记为 $h_L$, 该 $h_L$ 是根据卫星完成任务的要求所需在空间停留的时间(运行多少周)来决定。所以要使载荷成为所要求的人造卫星,就必须满足条件:

$$r_p \geqslant r_L = R + h_L$$

而 $r_p$ 被主动段终点参数所决定,因此需确定 $r_k$、$v_k$、$\Theta_k$ 应满足的条件。

1) $r_k$

不言而喻,$K$ 点是椭圆轨道上的一点,故

$$r_k \geqslant r_p \geqslant r_L \tag{4-2-24}$$

2) $\Theta_k$

因为要求 $r_k \geqslant r_L$, 则

$$\frac{P}{1+e} \geqslant r_L$$

将式(4-2-5)及式(4-2-6)代入得

$$\frac{r_k \nu_k \cos^2\Theta_k}{1 + \sqrt{1 + \nu_k(\nu_k - 2)\cos^2\Theta_k}} \geqslant r_L$$

经过推导整理可得 $\Theta_k$ 应满足的关系式为

$$\cos\Theta_k \geqslant \frac{r_L}{r_k}\sqrt{1 + \frac{2\mu}{v_k^2}\left(\frac{1}{r_L} - \frac{1}{r_k}\right)} \tag{4-2-25}$$

3) $v_k$

由式(4-2-25)可知,在 $r_k > r_L$ 条件下, $v_k$ 值减小, $\cos\Theta_k$ 就增大,因而 $\Theta_k$ 就减小。在发射卫星时,希望能量尽量小,也即希望 $v_k$ 尽量小。不难理解, $v_k$ 小的极限是使 $\cos\Theta_k = 1$, 即

$$\frac{r_L}{r_k}\sqrt{1 + \frac{2\mu}{v_k^2}\left(\frac{1}{r_L} - \frac{1}{r_k}\right)} \leqslant 1$$

从而可解得

$$v_k^2 \geqslant \frac{2\mu r_L}{r_k(r_k + r_L)} \tag{4-2-26}$$

或写为

$$\nu_k \geqslant \frac{2}{1 + r_k/r_L} \tag{4-2-27}$$

综上所述,运载火箭运送的载荷,在主动段终点时,当其运动参数 $r_k$、$v_k$、$\Theta_k$ 只有满足

式(4－2－24)、式(4－2－25)及式(4－2－26)，才能成为人造卫星。

至于运载火箭运送的载荷成为导弹的必要条件，除 $0 < \nu_k < 2$，还需要保证在一定的 $v_k$ 下，弹道倾角 $\Theta_k$ 满足：

$$r_p = \frac{P}{1+e} < R \quad (4-2-28)$$

从而可解得

$$\cos\Theta_k < \frac{R}{r_k}\sqrt{1+\frac{2\mu}{v_k^2}\left(\frac{1}{R}-\frac{1}{r_k}\right)} \quad (4-2-29)$$

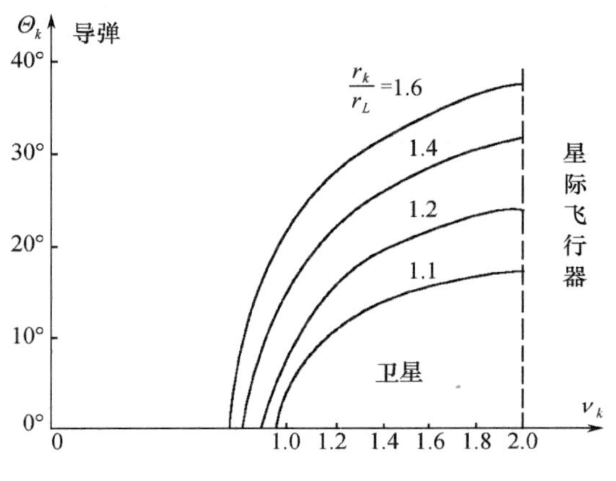


图4－2－3　导弹、卫星及星际飞行器的参数界限区域图

根据上述讨论，在图4－2－3中，画出运载火箭提供载荷主动段终点参数：$\nu_k$、$r_k/r$（卫星取 $r=r_L$；导弹取 $r=R$）及 $\Theta_k$ 使载荷成为导弹、卫星及星际飞行器的区域图。

## 4.3　射程与主动段终点参数的关系

在假设地球为均质圆球条件下，导弹自由飞行段弹道应在主动段终点的绝对参数 $\boldsymbol{r}_k$、$\boldsymbol{v}_k$ 决定的弹道平面内，该平面过地球的球心，故与地球表面相截的截痕为一大圆弧。所谓被动段的绝对射程，是指在弹道平面内，从导弹主动段终点 $K$ 到 $r=R$ 点 $C$ 所对应的一段大圆弧长度，记为 $L_{kc}$。由图4－3－1可知：

$$L_{kc} = L_{ke} + L_{ec} \quad (4-3-1)$$

式中，$L_{ke}$ 为自由段射程，指弹道上 $K$ 点到再入点 $e$ 所对应的大圆弧长；$L_{ec}$ 为再入段射程，指 $e$ 点到 $C$ 点所对应的大圆弧长。

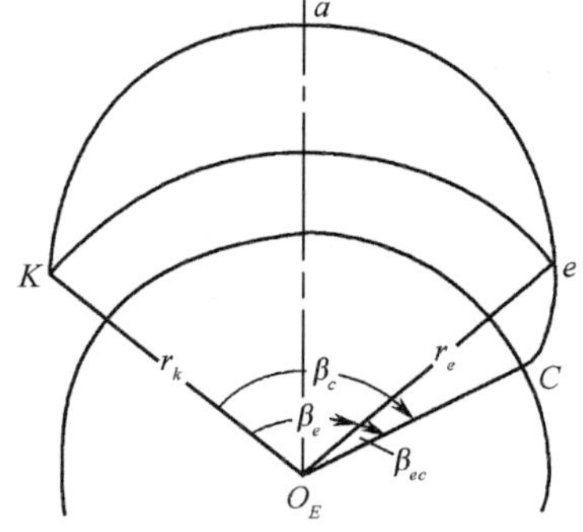


图4－3－1　自由段、被动段的射程角

不难理解，$L_{kc}$、$L_{ke}$、$L_{ec}$ 可用相应的地心角 $\beta_c$、$\beta_e$ 及 $\beta_{ec}$ 乘上地球半径 $R$ 而得到。因此，$\beta_c$、$\beta_e$ 及 $\beta_{ec}$ 也可用来表示射程，称为角射程。

导弹在再入段将受到空气动力作用，这段弹道不是椭圆的一部分，但由于再入段射程在整个被动段弹道的射程所占比例甚小，可近似地将该段弹道看成是自由段椭圆弹道的延续，从而整个被动段的射程即用椭圆弹道来计算。

### 4.3.1　被动段射程的计算

已知 $K$、$C$ 是椭圆弹道上的两点，他们的矢径与近地点极轴之间的夹角，即真近地点，分别记为 $f_k$、$f_c$，显然：

$$\beta_c = f_c - f_k \tag{4-3-2}$$

由椭圆方程即得

$$\cos f = \frac{P - r}{er} \tag{4-3-3}$$

当主动段终点参数给定,则$f$只是$r$的函数,故有

$$\begin{cases} \cos f_k = \dfrac{P - r_k}{er_k} \\ \cos f_c = \dfrac{P - R}{eR} \end{cases} \tag{4-3-4}$$

注意到椭圆弹道的顶点$a$即为椭圆的远地点,且椭圆弹道具有轴对称的特点,则

$$\angle KO_E a = \angle aO_E e = \frac{\beta_e}{2}$$

因此,

$$\cos f_k = \cos\left(\pi - \frac{\beta_e}{2}\right) = -\cos\frac{\beta_e}{2}$$

$$\cos f_c = \cos(f_k + \beta_c) = \cos\left(\pi + \beta_c - \frac{\beta_e}{2}\right)$$

$$= -\cos\left(\beta_c - \frac{\beta_e}{2}\right)$$

故

$$\begin{cases} \cos\left(\beta_c - \dfrac{\beta_e}{2}\right) = \dfrac{R - P}{eR} \\ \cos\dfrac{\beta_e}{2} = \dfrac{r_k - P}{er_k} \end{cases} \tag{4-3-5}$$

由上式第一式有

$$\cos\beta_c \cos\frac{\beta_e}{2} + \sin\beta_c \sin\frac{\beta_e}{2} = \frac{R - P}{eR} \tag{4-3-6}$$

根据式(4-3-5)第二式有

$$\sin\frac{\beta_e}{2} = \frac{1}{e}\sqrt{e^2 - \left(1 - \frac{P}{r_k}\right)^2}$$

将式(4-2-5)及式(4-2-6)代入上式,经整理得

$$\sin\frac{\beta_e}{2}=\frac{P}{er_k}\tan\Theta_k \tag{4-3-7}$$

将式(4-3-5)及式(4-3-7)代入式(4-3-6),得

$$\left(1-\frac{P}{r_k}\right)\cos\beta_c+\frac{P}{r_k}\tan\Theta_k\sin\beta_c=1-\frac{P}{R} \tag{4-3-8}$$

由于,

$$P=r_k\nu_k\cos^2\Theta_k$$

将其代入式(4-3-8),经整理得

$$\frac{r_k}{R}=\frac{1-\cos\beta_c}{\nu_k\cos^2\Theta_k}+\frac{\cos(\beta_c+\Theta_k)}{\cos\Theta_k} \tag{4-3-9}$$

上式称为命中方程。

利用三角公式:

$$\cos\beta_c=\frac{1-\tan^2\dfrac{\beta_c}{2}}{1+\tan^2\dfrac{\beta_c}{2}}$$

$$\sin\beta_c=\frac{2\tan\dfrac{\beta_c}{2}}{1+\tan^2\dfrac{\beta_c}{2}}$$

式(4-3-9)可改写成用 $\tan\dfrac{\beta_c}{2}$ 表示的形式:

$$\left(2-\nu_k\cos^2\Theta_k-\frac{r_k}{R}\nu_k\cos^2\Theta_k\right)\tan^2\frac{\beta_c}{2}-2\nu_k\sin\Theta_k\cos\Theta_k\tan\frac{\beta_c}{2}+\nu_k\cos^2\Theta_k\left(1-\frac{r_k}{R}\right)=0$$

将上式乘以 $R/\cos^2\Theta_k$, 整理可得

$$[2R(1+\tan^2\Theta_k)-\nu_k(R+r_k)]\tan^2\frac{\beta_c}{2}-2\nu_kR\tan\Theta_k\tan\frac{\beta_c}{2}+\nu_k(R-r_k)=0 \tag{4-3-10}$$

记

$$\begin{cases}A=2R(1+\tan^2\Theta_k)-\nu_k(R+r_k)\\B=2\nu_kR\tan\Theta_k\\C=\nu_k(R-r_k)\end{cases} \tag{4-3-11}$$

则式(4-3-10)可写成:

$$A\tan^2\frac{\beta_c}{2} - B\tan\frac{\beta_c}{2} + C = 0 \tag{4-3-12}$$

注意到上式中系数：

$$A \geqslant 2R(1+\tan^2\Theta_k) - 2\nu_k r_k = 2R(1+\tan^2\Theta_k)\left(1-\frac{P}{R}\right) = -2R(1+\tan^2\Theta_k)e\cos f_c \geqslant 0$$

$$C \leqslant 0$$

因此,式(4－3－12)的解应为

$$\tan\frac{\beta_c}{2} = \frac{B+\sqrt{B^2-4AC}}{2A} \tag{4-3-13}$$

可见,在给定主动段终点参数后,即可求得被动段角射程 $\beta_c$，而被动段射程则为

$$L_{kc} = R\cdot\beta_c$$

### 4.3.2　自由段射程的计算

由被动段的射程公式,很易导出自由段射程的公式,即在式(4－3－11)中用 $r_e = r_k$ 来代替 $R$,即有

$$\begin{cases} A = 2r_k(1+\tan^2\Theta_k) - 2r_k\nu_k \\ B = 2r_k\nu_k\tan\Theta_k \\ C = 0 \end{cases} \tag{4-3-14}$$

而式(4－3－13)即成为

$$\tan\frac{\beta_c}{2} \approx \tan\frac{\beta_e}{2} = \frac{B}{A} = \frac{\nu_k\sin\Theta_k\cos\Theta_k}{1-\nu_k\cos^2\Theta_k} \tag{4-3-15}$$

实际将 $P = r_k\nu_k\cos^2\Theta_k$ 代入式(4－3－7)可得计算自由段射程的另一公式：

$$\sin\frac{\beta_c}{2} \approx \sin\frac{\beta_e}{2} = \frac{\nu_k}{2e}\sin 2\Theta_k \tag{4-3-16}$$

此式形式比较简单,在实践中常被运用。

自由段射程即为

$$L_{ke} = R\cdot\beta_e$$

图 4－3－2 是根据式(4－3－13)和式(4－3－16)作出的在不同的 $h_k$ 值下,$\beta_c$ 和 $\beta_e$ 与 $\nu_k$、$\Theta_k$ 的关系曲线。

由图 4－3－2 可看出,当 $\nu_k$ 一定时,总可以找到一个速度倾角 $\Theta_k$ 使射程取最大值,此速度倾角称为最佳速度倾角,记为 $\Theta_{k.opt}$，其物理意义是,当主动段终点 $K$ 的参数 $r_k$、$v_k$ 一定,则 $\nu_k$ 一定,亦即 $K$ 点的机械能 $E$ 为确定值，$\Theta_{k.opt}$ 是保证在同样的机械能条件下,使导

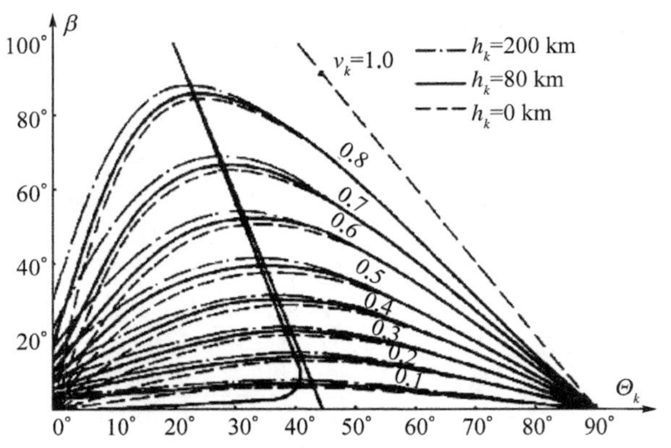


图 4－3－2　射程角与关机点参数的关系

弹的能量得到充分利用,以使射程达到最大值。这在实际应用中是有着重要意义的。

由图 4－3－2 还可看出 $\Theta_{k.opt}$ 的另一物理意义,即当射程 $\beta_c$ 和 $\beta_e$ 一定,在速度倾角取为 $\Theta_{k.opt}$ 时,使所需要的 $\nu_k$ 为最小,亦即当 $r_k$ 给定时,则 $v_k$ 取最小值,也就是说要求导弹在 $K$ 点的机械能最小,这种具有最小 $\nu_k$ 值的弹道称为最小能量弹道。

上述讨论只是一个问题的两个方面,实际满足射程取最大值的弹道亦即能量最小弹道,这在下面讨论中还将提到。

可见,在进行导弹设计时,通常将主动段终点的速度倾角 $\Theta_k$ 取在 $\Theta_{k.opt}$ 附近是比较合理的。

### 4.3.3　已知 $r_k$、$\nu_k$ 求被动段的 $\Theta_{k.opt}$ 及 $\beta_{c.\max}$

由式(4－3－13)可知:

$$\beta_c = \beta_c(v_k,\ \Theta_k,\ r_k)$$

当 $r_k$、$\nu_k$ 给定后,则 $\beta_c$ 仅是 $\Theta_k$ 的函数。因此,要求 $\beta_c$ 取最大值,就可通过极值条件:

$$\frac{\partial \beta_c}{\partial \Theta_k} = 0$$

来求 $\Theta_{k.opt}$。

将式(4－3－12)对 $\Theta_k$ 求导,有

$$\frac{\partial A}{\partial \Theta_k}\tan^2\frac{\beta_c}{2} - \frac{\partial B}{\partial \Theta_k}\tan\frac{\beta_c}{2} + \left(2A\tan\frac{\beta_c}{2} - B\right)\frac{\partial \tan\dfrac{\beta_c}{2}}{\partial \Theta_k} = 0 \tag{4-3-17}$$

由表达式(4－3－11)不难得

$$\begin{cases} \dfrac{\partial A}{\partial \Theta_k} = 4R\tan\Theta_k\sec^2\Theta_k \\ \dfrac{\partial B}{\partial \Theta_k} = 2R\nu_k\sec^2\Theta_k \end{cases} \tag{4-3-18}$$

而

$$\frac{\partial \tan \frac{\beta_c}{2}}{\partial \Theta_k} = \frac{1}{2} \sec^2 \frac{\beta_c}{2} \frac{\partial \beta_c}{\partial \Theta_k}$$

因为 $\sec^2 \frac{\beta_c}{2}$ 不为 0，且 $\partial \beta_c / \partial \Theta_k = 0$。即意味着在 $\Theta_k$ 取 $\Theta_{k.opt}$ 时 $\beta_c$ 达到最大值 $\beta_{c.\max}$，因此，将 $\Theta_{k.opt}$ 及 $\beta_{c.\max}$ 代替式(4-3-17)中之 $\Theta_k$、$\beta_c$，则此时必然满足 $\partial \tan \frac{\beta_c}{2} \Big/ \partial \Theta_k = 0$，故

$$4R\tan \Theta_{k.opt} \sec^2 \Theta_{k.opt} \tan^2 \frac{\beta_{c.\max}}{2} - 2R\nu_k \sec^2 \Theta_{k.opt} \tan \frac{\beta_{c.\max}}{2} = 0$$

即

$$2R\sec^2 \Theta_{k.opt} \tan \frac{\beta_{c.\max}}{2} \left( 2\tan \Theta_{k.opt} \tan \frac{\beta_{c.\max}}{2} - \nu_k \right) = 0$$

因为 $2R\sec^2 \Theta_{k.opt} \tan \frac{\beta_{c.\max}}{2} \neq 0$，则

$$2\tan \Theta_{k.opt} \tan \frac{\beta_{c.\max}}{2} - \nu_k = 0$$

即

$$\tan \frac{\beta_{c.\max}}{2} = \frac{\nu_k}{2\tan \Theta_{k.opt}} \tag{4-3-19}$$

将上式代入式(4-3-10)，有

$$[2R(1 + \tan^2 \Theta_{k.opt}) - \nu_k (R + r_k)] \frac{\nu_k^2}{4\tan^2 \Theta_{k.opt}} - 2R\nu_k \tan \Theta_{k.opt} \frac{\nu_k}{2\tan \Theta_{k.opt}} + \nu_k (R - r_k) = 0$$

经整理可得

$$[4(R - r_k) - 2R\nu_k] \tan^2 \Theta_{k.opt} = \nu_k^2 (R + r_k) - 2R\nu_k$$

由此求出最佳速度倾角为

$$\tan \Theta_{k.opt} = \sqrt{\frac{\nu_k [2R - \nu_k (R + r_k)]}{2R\nu_k - 4(R - r_k)}} \tag{4-3-20}$$

将上式代入式(4-3-19)即可得到对应 $\Theta_{k.opt}$ 之被动段最大射程于主动段终点参数 $r_k$、$\nu_k$ 的表达式：

$$\tan\frac{\beta_{c.\max}}{2}=\sqrt{\frac{\nu_k[R\nu_k-2(R-r_k)]}{2[2R-\nu_k(R+r_k)]}} \quad (4-3-21)$$

显然,当式(4-3-20)与式(4-3-21)中用 $r_e=r_k$ 代替 $R$,则可得出自由段之最佳速度倾角 $\Theta_{ke.opt}$ 及最大射程 $\beta_{e.\max}$:

$$\tan\Theta_{ke.opt}=\sqrt{1-\nu_k} \quad (4-3-22)$$

$$\tan\frac{\beta_{e.\max}}{2}=\frac{1}{2}\frac{\nu_k}{\sqrt{1-\nu_k}} \quad (4-3-23)$$

将式(4-3-22)代入式(4-3-23)则可得 $\beta_{e.\max}$ 与 $\Theta_{ke.opt}$ 的关系式为

$$\tan\frac{\beta_{e.\max}}{2}=\frac{1-\tan^2\Theta_{ke.opt}}{2\tan\Theta_{ke.opt}}=\cot 2\Theta_{ke.opt}=\tan\left(\frac{\pi}{2}-2\Theta_{ke.opt}\right)$$

故有

$$\Theta_{ke.opt}=\frac{1}{4}(\pi-\beta_{e.\max}) \quad (4-3-24)$$

根据式(4-3-20)及式(4-3-21),在图4-3-3中画出对应不同的 $r_k$ ($h_k=0$, 40, 80, 200 km)通过改变 $\nu_k$ 而得到的 $\beta_{c.\max}$ 与 $\Theta_{k.opt}$ 的关系曲线。

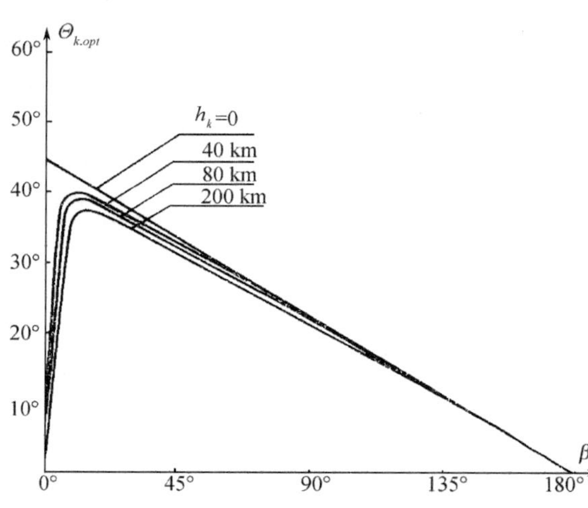

图4-3-3　最佳弹道倾角与射程角、关机点高度的关系曲线

应指出的是,在图4-3-3中,$h_k=0$ 的关系曲线即是对应式(4-3-24)所描述的自由段最佳速度倾角与最大射程的关系。从而由图4-3-3可看出,当被动段射程愈大时,再入段所占比例则愈小,所以整个被动段的最佳速度倾角就愈接近于用式(4-3-24)所标出的自由段最佳速度倾角。反之,当再入段射程占整个被动段射程比例越大(即 $h_k$ 较大,或 $\beta_c$ 较小)时,则两者差别就较大。

由图4-3-3还可以看出,对于 $h_k=0$ 的情况而言,当 $\beta_c$ 很小时,$\Theta_{k.opt}$ 就接近于45°,这与炮兵武器射击所选用的最佳速度倾角的概念是一致的。

### 4.3.4　已知 $r_k$、$\beta_c$ 求 $\Theta_{k.opt}$、$\nu_{k.\min}$

在将再入段看成是自由段的延续时,由于被动段是平面弹道,则在已知 $r_k$、$\beta_c$ 时,落

点的 $r_c$ 与 $r_k$ 的相对位置则是确定的，如图 4-3-4 所示。

现用图解法来找出在给定 $r_k$、$\beta_c$ 条件下的 $\Theta_{k.opt}$、$\nu_{k.\min}$。

显然，过 $K$, $C$ 两点的椭圆弹道的另一焦点 $O$，称为虚焦点。其与 $K$、$C$ 的连线 $OK$、$OC$ 必定满足：

$$\begin{cases} r_k + OK = 2a \\ r_c + OC = 2a \end{cases} \tag{4-3-25}$$

其中，$a$ 为椭圆长半轴。

由式(4-3-25)可得

$$\begin{cases} OK = 2a - r_k \\ OC = 2a - r_c \end{cases} \tag{4-3-26}$$

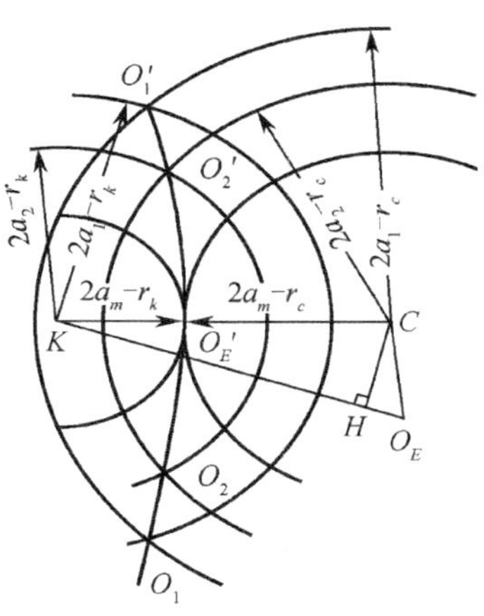


图 4-3-4　最小能量弹道图解法示意图

不难理解，给定 $a$ 值，则由式(4-3-26)求出 $OK$、$OC$，然后以 $K$、$C$ 为圆心，分别以 $OK$、$OC$ 为半径画圆，则得两个交点 $O$、$O'$，这两个点 $O$、$O'$ 即为对应给定 $a$ 之下过 $K$、$C$ 两点的椭圆的虚焦点，对应两个虚焦点，其半焦距 $c = O_EO/2$ 与 $c' = O_EO'/2$ 不同，则这两虚焦点所对应的椭圆偏心率 $e$ 也不相同。

由图 4-3-4 不难得出以下结论。

(1) 给定 $a$ 画出的以 $2a - r_k$、$2a - r_c$ 为半径及 $K$、$C$ 为圆心所得的两圆的交点必在 $KC$ 弦的两侧且对 $KC$ 弦相对称。随着 $a$ 的增大，该对称点的连线为一曲线，该曲线的曲率半径指向 $r_k$、$r_c$ 中长度大的一边。

(2) 随着 $a$ 的减小，$O$、$O'$ 逐渐向 $KC$ 弦靠拢，当 $a$ 减小至某一值，则使 $O$、$O'$ 重合，记为 $O_E'$，此时的半长轴记为 $a_{\min}$，则有

$$a_{\min} = \frac{1}{4}(KC + r_k + r_c) \tag{4-3-27}$$

当 $a < a_{\min}$ 时，则不可能作出过 $K$、$C$ 两点的椭圆，由活力公式可知：

$$a = \frac{r_k}{2 - \nu_k}$$

所以对应给定的 $r_k$，当 $a = a_{\min}$，则 $\nu_k$ 取最小值 $\nu_{k.\min}$，此时所做出的椭圆弹道即为最小能量弹道。

(3) 对于给定的 $a$ 所画椭圆上任一点的法线必平分该点至该椭圆实、虚两焦点连线的夹角，这是椭圆的重要特性之一。因此，对应虚焦点 $O$（或 $O'$）之椭圆在 $K$ 点的法线平分 $\angle O_EKO$（或平分 $\angle O_EKO'$），而对最小能量弹道，只有一个虚焦点 $O_E'$，且在 $KC$ 弦上，故其 $K$ 点的法线平分 $\angle CKO_E$，由于 $\boldsymbol{\nu}_k$ 矢量为过 $K$ 点的切线，而对于最小能量弹道 $\boldsymbol{\nu}_k$ 与当地水平面夹角为 $\Theta_{k.opt}$，故可得

$$\Theta_{k.opt} = \frac{1}{2}\angle CKO_E$$

(4) 对于任一大于 $a_m$ 的长半轴 $a$，可画出过 $K$、$C$ 两点的两个椭圆虚焦点 $O$、$O'$ 分别在 $KC$ 连线的两侧。由椭圆弹道性质可知，当虚焦点在 $O_EK$ 连线的 $O'_E$ 的一侧时，$K$ 点处于弹道由近地点 $p$ 到远地点 $a$ 的升弧段，此时 $\Theta_k > 0$；当虚焦点在 $O_EK$ 连线不含 $O'_E$ 的一侧时，$K$ 点处于由 $a$ 到 $p$ 的降弧段，此时 $\Theta_k < 0$。因此，对应 $O'$ 之椭圆弹道之 $\Theta_{k1} > 0$，则 $\angle O'KO_E = 2\Theta_{k1}$，而 $O$ 可在 $\angle CKO_E$ 的内侧或外侧，故当 $O$ 在内侧时，$\Theta_{k2} > 0$，则 $\angle OKO_E = 2\Theta_{k2}$；当 $O$ 在外侧时，$\Theta_{k2} < 0$，则 $\angle OKO_E = 2|\Theta_{k2}|$，事实上有 $\Theta_{k1} > \Theta_{k2}$。前者对应的椭圆弹道为高弹道，后者对应低弹道。

由于有

$$\begin{aligned}\angle O_EKO'_E &= 2\Theta_{k.opt}\\ \angle O'_EKO' &= \angle O_EKO' - \angle O_EKO'_E\\ &= 2\Theta_{k1} - 2\Theta_{k.opt}\\ \angle O'_EKO &= \angle O_EKO'_E \mp \angle O_EKO\end{aligned}$$

该式中 $O$ 在 $O_EKC$ 内取负号，反之取正号。故

$$\angle O'_EKO = 2\Theta_{k.opt} - 2\Theta_{k2}$$

且注意到 $O$、$O'$ 对于 $KC$ 弦对称，故 $\angle O'_EKO' = \angle O'_EKO$，从而可得

$$2\Theta_{k.opt} = \Theta_{k1} + \Theta_{k2} \tag{4-3-28}$$

根据上面的结论，对给定 $r_k$、$\beta_c$ 要求最小能量弹道之 $\Theta_{k.opt}$ 及 $\nu_{k.\min}$，则由图 4-3-4 可求

$$\tan 2\Theta_{k.opt} = \tan\angle CKO_E = \frac{CH}{KH} = \frac{r_c\sin\beta_c}{r_k - r_c\cos\beta_c}$$

所以，

$$\Theta_{k.opt} = \frac{1}{2}\tan^{-1}\frac{r_c\sin\beta_c}{r_k - r_c\cos\beta_c} \tag{4-3-29}$$

然后，根据式(4-3-19)可求得

$$\nu_{k.\min} = 2\tan\Theta_{k.opt}\cdot\tan\frac{\beta_c}{2} \tag{4-3-30}$$

## 4.4 导弹被动段飞行时间的计算

前面导得的轨道方程式(4-2-8)是以 $f$ 为自变量，因此解得的运动参数 $r$、$v$、$\Theta$ 均是以 $f$ 为自变量，具体见式(4-2-13)。然而在实际应用中，如飞行试验中用光测、雷测等手段跟踪、测量导弹的飞行，或对攻方的弹道导弹进行拦截等，均需要求出以 $t$ 为自变量的参数。

### 4.4.1 面积速度和周期

设导弹在 $\Delta t$ 时间内由 $p_1$ 点飞行至 $p_2$ 点，对应点至地心的距离分别为 $r$ 及 $r+\Delta r$，见图 4－4－1，若记 $O_Ep_1$ 及 $O_Ep_2$ 两矢径所夹的椭圆面积为 $\Delta\sigma$，由图可知，扇形面积 $O_Ep'_1p_2 > \Delta\sigma >$ 扇形面积或 $O_Ep_1p'_2$，亦即

$$\frac{1}{2}(r+\Delta r)^2\Delta f > \Delta\sigma > \frac{1}{2}r^2\Delta f$$

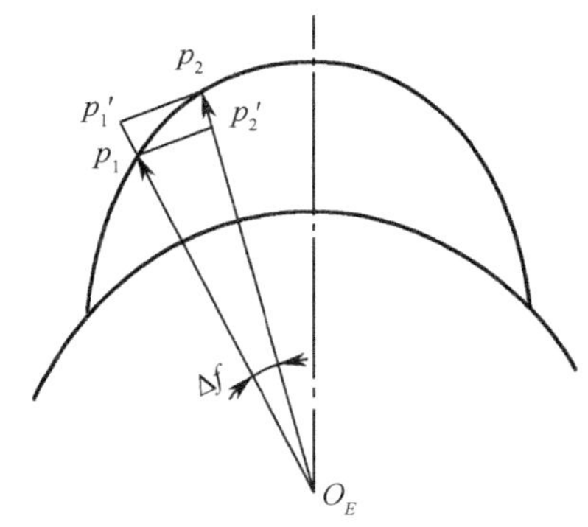

图 4－4－1　求面积速度示意图

将上式各除 $\Delta t$，取极限，令 $\Delta t \to 0$，则

$$\dot{\sigma} = \frac{1}{2}r^2\dot{f} \tag{4-4-1}$$

根据动量矩守恒有

$$h = r^2\dot{f} = 常数$$

故

$$\dot{\sigma} = \frac{h}{2} \tag{4-4-2}$$

$\dot{\sigma}$ 称为面积速度。其意义是做椭圆运动的质点到地心的连线在单位时间内所扫过的椭圆面积为一常数，数值上等于该质点的动量矩的一半。

由解析几何可知，整个椭圆的面积为 $\pi ab$，其中 $a$、$b$ 分别为椭圆的长半轴、短半轴。因此绕椭圆飞行一周所需的时间为

$$T = \frac{\pi ab}{\dot{\sigma}} \tag{4-4-3}$$

$T$ 即为周期。

将式(4－2－19)及式(4－4－2)代入式(4－4－3)，并注意到式(4－2－17)，则可改写为

$$T = \frac{2\pi}{\sqrt{\mu}}a^{\frac{3}{2}} \tag{4-4-4}$$

该式说明，绕椭圆飞行一周的时间只与椭圆长半轴有关，亦即只与机械能 $E$ 有关。

由于人造卫星轨道的长半轴 $a$ 不能小于地球半径 $R$，由式(4－4－4)可知，其周期应满足：

$$T > \frac{2\pi}{\sqrt{\mu}}R^{\frac{3}{2}} = 84.3\ 分$$

### 4.4.2 开普勒方程

设飞行器于 $t_p$ 时刻飞经椭圆上近地点 $p$，而于 $t$ 时刻飞经椭圆上一点 $q$，则飞行器由 $p$

飞至 $q$ 所需的时间为 $t-t_p$。

已知飞行器沿椭圆运动时,其面积速度为一常数,显然有

$$t-t_p=\frac{\sigma_{O_Epq}}{\dot{\sigma}} \tag{4-4-5}$$

其中,$\sigma_{O_Epq}$ 为矢径 $O_Ep$ 与矢径 $O_Eq$ 所夹的椭圆面积,见图4-4-2。

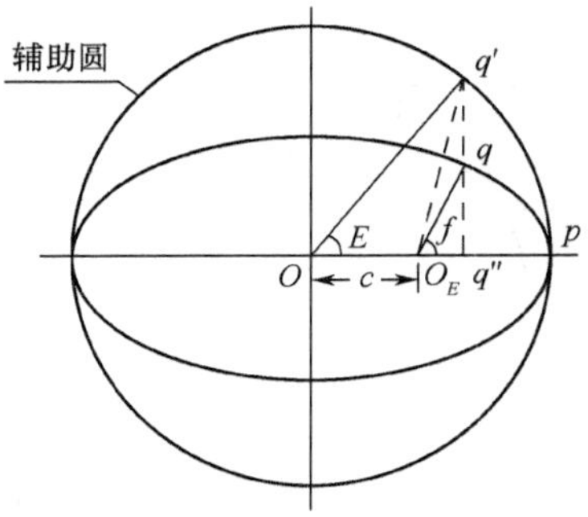

辅助圆
$q'$
$q$
$E$
$f$
$p$
$O$
$c$
$O_E$
$q''$

图4-4-2 辅助圆

要直接去求部分椭圆面积是比较困难的,故需做线性变换,将椭圆变为圆。在直角坐标系中,椭圆方程为

$$\frac{x^2}{a^2}+\frac{y^2}{b^2}=1$$

现做线性变换,令

$$\begin{cases}x=x'\\ y=\dfrac{b}{a}y'\end{cases} \tag{4-4-6}$$

则椭圆方程变为圆方程:

$$x'^2+y'^2=a^2 \tag{4-4-7}$$

在解析几何中,该圆称为辅助圆。

辅助圆有如下性质:

(1) 辅助圆与椭圆上的点有一一对应的关系,即式(4-4-6)所示关系;

(2) 飞行器在椭圆上飞行一周的时间与辅助圆上飞行一周的时间相等,均为 $T$。

通过上述线性变换,就可把研究飞行器在椭圆上由 $p$ 点到 $q$ 点飞行的时间,改为研究在辅助圆上由一点 $p$ 到对应一点 $q'$ 的飞行时间。

(1) 求 $O_E$ 至辅助圆上一点的矢径所扫过的面积速度 $\dot{\sigma}'$。

如图4-4-2所示,令 $O_Eq''=d$, $q''q=y$, $q''q'=y'$, $O_Eq=r$, $O_Eq'=r'$。在 $\triangle O_Eq''q$ 中,

$$\tan f=\frac{y}{d}$$

而在 $\triangle O_Eq''q'$ 中,

$$\tan f'=\frac{y'}{d}$$

故可得关系式:

$$\tan f'=\frac{a}{b}\tan f$$

将上式两端对 $t$ 求导,得

$$\sec^2 f' \cdot \dot{f}' = \frac{a}{b}\sec^2 f \cdot \dot{f} \tag{4-4-8}$$

由图 4－4－2 可将上式写成：

$$\frac{r'^2}{d^2}\dot{f}' = \frac{a}{b}\frac{r^2}{d^2}\dot{f}$$

即

$$r'^2\dot{f}' = \frac{a}{b}r^2\dot{f} \tag{4-4-9}$$

故有

$$\dot{\sigma}' = \frac{a}{b}\dot{\sigma}$$

根据式(4－4－3)，上式即为

$$\dot{\sigma}' = \frac{\pi a^2}{T} \tag{4-4-10}$$

该式说明 $O_E$ 至辅助圆上一点矢径单位时间扫过的面积 $\dot{\sigma}'$ 也为常数。

（2）求辅助圆内的面积 $\sigma'_{O_Epq'}$。

记 $q$ 所对应的辅助圆的点 $q'$ 与 $p$ 点之间所对应的圆心角为

$$\angle poq' = E$$

$E$ 称为偏近点角。

由于，

$$\sigma'_{O_Epq'} = \sigma'_{Opq'} - \sigma_{\triangle O_Eq'O}$$

显然，

$$\sigma'_{Opq'} = \frac{1}{2}a^2E$$

$$\sigma_{\triangle O_Eq'O} = \frac{1}{2}OO_E \times q'q'' = \frac{1}{2}a^2 e\sin E$$

因此可得

$$\sigma'_{O_Epq'} = \frac{1}{2}a^2(E - e\sin E) \tag{4-4-11}$$

（3）开普勒方程。

飞行器由 $p$ 点飞行至 $q$ 点的时间间隔即为对应辅助圆上由 $p$ 点移至 $q'$ 点的时间间隔，所以，由式(4－4－11)及式(4－4－10)即可得

$$t - t_p = \frac{\sigma'_{O_E pq'}}{\dot{\sigma}'} = \frac{E - e\sin E}{2\pi/T} \qquad (4-4-12)$$

令

$$n = \frac{2\pi}{T} = \sqrt{\frac{\mu}{a^3}} \qquad (4-4-13)$$

$n$ 为飞行器在椭圆上飞行的平均角速度。

将 $n$ 代入式(4-4-12)则得

$$n(t - t_p) = E - e\sin E \qquad (4-4-14)$$

等式左端表示飞行器从近地点开始,在 $t - t_p$ 时间内以平均角速度 $n$ 飞过的角度,将此角度称为平近点角,记为 $M$,即

$$M = n(t - t_p) = E - e\sin E \qquad (4-4-15)$$

上式称为开普勒方程,显然,若已知偏近点角 $E$ 则可求得飞行器由近地点飞行至与 $q'$ 有对应关系 $q$ 点所需的时间,反之亦可。

(4) 真近点角 $f$ 与偏近点角 $E$ 的关系式。

由于轨道方程解得的是参变量 $f$,要根据 $f$ 求飞行时间,则需找到 $f$ 与 $E$ 的关系。

由图 4-4-2 可看出,在 $\triangle O_E q'' q'$ 中有

$$q'q'' = y' = \frac{a}{b}y = \frac{a}{b}r\sin f$$

及

$$q'q'' = a\sin E$$

故得

$$b\sin E = r\sin f$$

由式(4-2-19)可知

$$P = b\sqrt{1 - e^2}$$

将其与式(4-2-8)代入前式可得

$$\sin E = \frac{\sqrt{1 - e^2}\sin f}{1 + e\cos f} \qquad (4-4-16)$$

则

$$\cos E = \frac{e + \cos f}{1 + e\cos f} \qquad (4-4-17)$$

将式(4-4-16)、式(4-4-17)代入下面的三角公式:

$$\tan\frac{E}{2}=\frac{1-\cos E}{\sin E}$$

$$\tan\frac{E}{2}=\sqrt{\frac{1-e}{1+e}}\frac{1-\cos f}{\sin f}=\sqrt{\frac{1-e}{1+e}}\tan\frac{f}{2} \tag{4-4-18}$$

该式给出了 $E$ 与 $f$ 的关系式，并说明 $E/2$ 与 $f/2$ 的象限是相同的。

（5）运动参数与 $E$ 的关系式。

根据式(4-4-16)、式(4-4-17)不难解得

$$\begin{cases}\cos f=\dfrac{\cos E-e}{1-e\cos E}\\ \sin f=\dfrac{\sqrt{1-e^2}\sin E}{1-e\cos E}\end{cases} \tag{4-4-19}$$

将上两式分别代入式(4-2-11)、式(4-2-12)，并注意到：

$$P=a(1-e^2)$$

则

$$v_r=\sqrt{\frac{\mu}{a}}\frac{e\sin E}{1-e\cos E} \tag{4-4-20}$$

$$v_f=\sqrt{\frac{\mu}{a}}\frac{\sqrt{1-e^2}}{1-e\cos E} \tag{4-4-21}$$

利用上两式的关系可得

$$\begin{cases}v=\sqrt{\dfrac{\mu}{a}}\dfrac{\sqrt{1-e^2\cos^2E}}{1-e\cos E}\\ \tan\Theta=\dfrac{e\sin E}{\sqrt{1-e^2}}\end{cases} \tag{4-4-22}$$

另由图 4-4-2 中 $\triangle O_Eqq''$ 可得

$$r^2=(O_Eq'')^2+(qq'')^2$$

而

$$O_Eq''=Oq''-OO_E=a(\cos E-e)$$

$$qq''=y=\frac{b}{a}y'=b\sin E=a\sqrt{1-e^2}\sin E$$

则有

$$r=a(1-e\cos E) \tag{4-4-23}$$

式(4-4-22)及式(4-4-23)给出了飞行器在自由飞行段上一点的运动参数与对应

的偏近点角 $E$ 的关系。

根据上述内容,可以根据飞行器主动段终点参数: $t_k$、$v_k$、$\Theta_k$、$r_k$ 解出自由飞行段任一时刻 $t$,导弹所具有的运动参数: $v(t)$, $\Theta(t)$, $r(t)$。 其步骤归纳如下几点。

(1) 根据 $v_k$、$\Theta_k$、$r_k$ 可算得自由段椭圆弹道的几何参数: $a$、$b$、$P$、$e$。

(2) 由 $a$、$e$、$r_k$ 通过式(4-4-23)解得偏近点角 $E_k$。

(3) 将 $E_k$、$t_k$ 代入式(4-4-14)可算得飞行器飞经近地点 $p$ 的时刻 $t_p$。

(4) 根据给定的 $t$ 及算得的 $e$、$t_p$ 解开普勒方程,得到对应 $t$ 时刻的偏近点角 $E(t)$。

(5) 最后利用式(4-4-22)、式(4-4-23)即可求得 $t$ 时刻的运动参数 $v(t)$、$\Theta(t)$、$r(t)$。

### 4.4.3 开普勒方程的近似解算

在实际应用中,往往会遇到从已知量 $M$ 用开普勒方程求解 $E$ 的问题,这需要反解开普勒方程。由于此时是解超越方程,难以得到解析解的形式,下面介绍两种在工程上使用的近似方法。

1. 迭代法

已知 $M$,先粗估一偏近点角 $E_0$, 由开普勒方程,则有

$$M_0 = E_0 - e\sin E_0 \tag{4-4-24}$$

根据牛顿迭代公式,可求得 $E_0$ 的修正量 $\Delta E_0$

$$\Delta E_0 = \frac{M - M_0}{\left.\dfrac{\partial M}{\partial E}\right|_0} = \frac{M - M_0}{1 - e\cos E_0} \tag{4-4-25}$$

则得到一个新的估计值:

$$E_1 = E_0 + \Delta E_0 \tag{4-4-26}$$

再将其代入式(4-4-24)得 $M_1$, 观察是否满足:

$$| M_1 - M_0 | \leqslant \varepsilon \tag{4-4-27}$$

$\varepsilon$ 为给定的精度要求。

若式(4-4-27)不满足,则以 $E_1$ 代替 $E_0$ 重复上述运算,直至式(4-4-27)满足为止。

2. 级数展开法

据开普勒方程:

$$E = M + e\sin E$$

而 $E$ 可视为 $M$ 和 $e$ 的函数,则

$$E(M,\ e) = M + e\sin E(M,\ e)$$

由于 $e$ 很小,故可将上式两端分别按 $e$ 展成泰勒级数,即

$$
\begin{aligned}
& E|_{e=0} + \frac{\partial E}{\partial e}\bigg|_{e=0}\cdot e + \frac{1}{2!}\frac{\partial^2 E}{\partial e^2}\bigg|_{e=0}\cdot e^2 + \frac{1}{3!}\frac{\partial^3 E}{\partial e^3}\bigg|_{e=0}\cdot e^3 + \cdots \\
={} & M + e\sin E|_{e=0} + \left(\sin E + e\cos E\frac{\partial E}{\partial e}\right)\bigg|_{e=0}\cdot e \\
& + \frac{1}{2!}\left\{2\cos E\frac{\partial E}{\partial e} + e\left[\cos E\frac{\partial^2 E}{\partial e^2} - \sin E\left(\frac{\partial E}{\partial e}\right)^2\right]\right\}\bigg|_{e=0}\cdot e^2 \\
& + \frac{1}{3!}\left\{3\left[\cos E\frac{\partial^2 E}{\partial e^2} - \sin E\left(\frac{\partial E}{\partial e}\right)^2\right]\right. \\
& \left. + e\left[\cos E\frac{\partial^3 E}{\partial e^3} - 3\sin E\frac{\partial E}{\partial e}\cdot\frac{\partial^2 E}{\partial e^2} - \cos E\left(\frac{\partial E}{\partial e}\right)^3\right]\right\}\bigg|_{e=0}\cdot e^3 + \cdots
\end{aligned}
$$

然后,令 $e$ 的同次幂对应相等,即得

$$
\begin{aligned}
& E|_{e=0} = M \\
& \frac{\partial E}{\partial e}\bigg|_{e=0} = \sin E|_{e=0} = \sin M \\
& \frac{\partial^2 E}{\partial e^2}\bigg|_{e=0} = 2\cos E\frac{\partial E}{\partial e}\bigg|_{e=0} = \sin 2M \\
& \frac{\partial^3 E}{\partial e^3}\bigg|_{e=0} = 3\left[\cos E\frac{\partial^2 E}{\partial e^2} - \sin E\left(\frac{\partial E}{\partial e}\right)^2\right]\bigg|_{e=0} \\
& \qquad = 3(\cos M\sin 2M - \sin^3 M) = \frac{3}{4}(3\sin 3M - \sin M)
\end{aligned}
$$

故得取到 $e^3$ 项的 $E$ 的展开式为

$$
E = M + \left(e - \frac{e^3}{8}\right)\sin M + \frac{e^2}{2}\sin 2M + \frac{3}{8}e^3\sin 3M \qquad (4-4-28)
$$

可以证明,如果 $e < 0.662\,7$,该级数展开法对于所有 $M$ 值都是收敛的。除少数例外,太阳系中星体的偏心率都非常小;对大多数地球卫星及弹道式导弹,其偏心率也均远小于这个极限值,所以展开式是非常有用的。

### 4.4.4　飞行时间 $T_c$ 与主动段终点参数的关系

应用上面结果即可导出导弹在被动段的飞行时间 $T_c$,在推导中同样认为再入段是椭圆弹道的延续。由于被动段的飞行时间占全弹道飞行时间的绝大部分,因此可由 $T_c$ 近似估算出全弹道的飞行时间,这是导弹初步设计中需要掌握的参数之一。此外,在进一步讨论地球自转对导弹运动的影响时,也需掌握计算导弹飞行时间的方法。

已知飞行器在椭圆弹道上由近地点 $p$ 飞至任一点的时间计算公式为

$$
n(t - t_p) = E - e\sin E
$$

若将飞行器由 $p$ 点飞至主动段终点 $K$ 及落地点 $C$ 的时间分别记为 $t_{pk}$、$t_{pc}$，显然：

$$t_{pk}=\frac{1}{n}(E_k-e\sin E_k) \tag{4-4-29}$$

$$t_{pc}=\frac{1}{n}(E_c-e\sin E_c) \tag{4-4-30}$$

其中，$E_k$、$E_c$ 分别为 $K$ 点和 $C$ 点的偏近点角。

由上两式即可得到导弹由 $K$ 点到 $C$ 点整个被动段飞行的时间 $T_c$ 为

$$T_c=t_{pc}-t_{pk}=\frac{1}{n}[(E_c-E_k)+e(\sin E_k-\sin E_c)] \tag{4-4-31}$$

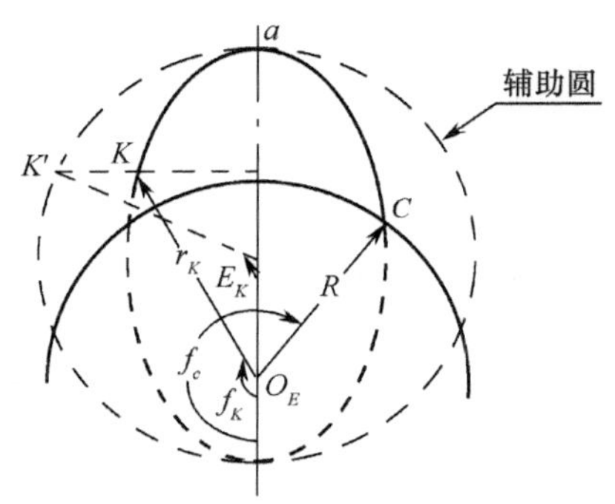


图 4-4-3　求飞行时间的参考图

当给定主动段终点参数 $r_k$、$v_k$、$\Theta_k$ 后，要求导弹飞至落点(即 $r_c=R$)的时间 $T_c$，固然可通过轨道方程先确定 $f_k$、$f_c$，然后用关系式(4-4-18)求得 $E_k$、$E_c$，最后将其代入式(4-4-31)即可得 $T_c$，但由于这种方法不便于写成 $T_c$ 与 $r_k$、$v_k$、$\Theta_k$ 的显式，为此用下面的方法来解决。

由图 4-4-3 可得

$$r_k\cos(\pi-f_k)=c+a\cos(\pi-E_k) \tag{4-4-32}$$

注意到：

$$\pi-f_k=\frac{\beta_e}{2}$$

$$c=ae$$

则式(4-4-32)即为

$$\cos(\pi-E_k)=\frac{r_k}{a}\cos\frac{\beta_e}{2}-e$$

而由弹道方程可得

$$r_k=\frac{a(1-e^2)}{1-e\cos\dfrac{\beta_e}{2}}$$

代入前式得

$$\cos(\pi-E_k)=\frac{\cos\dfrac{\beta_e}{2}-e}{1-e\cos\dfrac{\beta_e}{2}} \tag{4-4-33}$$

根据式(4－3－15)、式(4－3－16)可得

$$\cos\frac{\beta_e}{2}=\frac{1-\nu_k\cos^2\Theta_k}{e}$$

将上式代入式(4－4－33),并利用式(4－2－5)则有

$$\cos(\pi-E_k)=\frac{1-\nu_k}{e}$$

故

$$\begin{cases}E_k=\pi-\arccos\dfrac{1-\nu_k}{e}\\ \sin E_k=\sin\left(\arccos\dfrac{1-\nu_k}{e}\right)\end{cases}\tag{4-4-34}$$

此外,由图 4－4－3 有关系式:

$$r_c\cos(f_c-\pi)=c+a\cos(E_c-\pi)$$

记

$$f_c-\pi=\frac{\beta'_c}{2}$$

其中,$\beta'_c$ 的意义是椭圆弹道 $C$ 点与其关于长半轴的对称点 $C'$ 之间的地心角。

因此,用前面同样的办法可求得

$$\begin{cases}E_c=\pi+\arccos\dfrac{1-\nu_c}{e}\\ \sin E_c=-\sin\left(\arccos\dfrac{1-\nu_c}{e}\right)\end{cases}\tag{4-4-35}$$

其中,$\nu_c$ 为 $C$ 点之能量参数。

将式(4－4－34)、式(4－4－35)代入式(4－4－31)即得

$$\begin{aligned}T_c=\frac{1}{n}\Big\{&\arccos\frac{1-\nu_k}{e}+\arccos\frac{1-\nu_c}{e}\\&+e\left[\sin\left(\arccos\frac{1-\nu_k}{e}\right)+\sin\left(\arccos\frac{1-\nu_c}{e}\right)\right]\Big\}\end{aligned}\tag{4-4-36}$$

注意到,由机械能守恒定理可求得

$$\nu_c=\nu_k+(2-\nu_k)\frac{r_k-R}{r_k}$$

即

$$\nu_c = \nu_k + (2 - \nu_k)\frac{h_k}{r_k} \tag{4-4-37}$$

将 $n = \sqrt{\dfrac{\mu}{a^3}}$ 及式(4-4-37)代入式(4-4-36),则有

$$T_c = \sqrt{\frac{a^3}{\mu}}\left\{\arccos\frac{1-\nu_k}{e} + \arccos\frac{(1-\nu_k)-(2-\nu_k)\dfrac{h_k}{r_k}}{e}\right.$$
$$\left. + e\left[\sin\left(\arccos\frac{1-\nu_k}{e}\right) + \sin\left(\arccos\frac{(1-\nu_k)-(2-\nu_k)\dfrac{h_k}{r_k}}{e}\right)\right]\right\} \tag{4-4-38}$$

显然,如果要求自由段飞行时间,只需令式(4-4-36)中之 $\nu_c = \nu_k$,则可得

$$T_c = 2\sqrt{\frac{a^3}{\mu}}\left[\arccos\frac{1-\nu_k}{e} + e\sin\left(\arccos\frac{1-\nu_k}{e}\right)\right] \tag{4-4-39}$$

特别是当自由飞行段的椭圆弹道为最小能量弹道时,由

$$\tan\Theta_{k.opt} = \sqrt{1-\nu_k}$$

及

$$e = \sqrt{1+\nu_k(\nu_k-2)\cos^2\Theta_{k.opt}}$$

可导得

$$e = \sqrt{1-\nu_k} \tag{4-4-40}$$

将此结果代入式(4-4-39),即得在最小能量弹道条件下导弹自由段飞行时间:

$$T_c = 2\sqrt{\frac{a^3}{\mu}}\left[\arccos\sqrt{1-\nu_k} + \sqrt{\nu_k(1-\nu_k)}\right] \tag{4-4-41}$$

因此,当知道主动段的终点参数 $v_k$、$r_k$、$\Theta_k$,要求被动段、自由段的飞行时间,即可按照式(4-4-38)及式(4-4-39)来计算得到。而当 $\Theta_k$ 为自由飞行段的最佳弹道倾角时,亦可用式(4-4-41)计算自由段飞行时间。

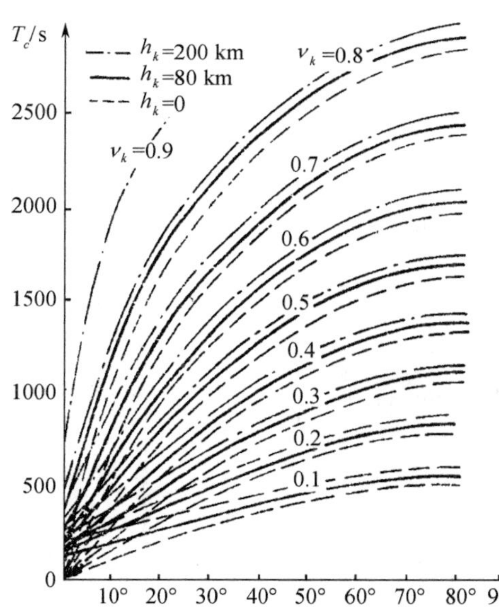

图 4-4-4 飞行时间与主动段关机点参数的关系

图 4-4-4 中,给出了 $h_k$ 分别为 0、80、

200 km 时，在不同的 $\boldsymbol{v}_k$ 下，飞行时间与 $\Theta_k$ 的关系。可以看出：$\boldsymbol{v}_k$ 增大时，飞行时间增长，这是由于 $\boldsymbol{v}_k$ 增大，使得射程增大的缘故；$\Theta_k$ 增大时，飞行时间增长，这是因为 $\Theta_k$ 增大，使弹道高度更高的缘故。

## 4.5 误差系数

在假设地球为均质、不旋转的圆球条件下，导弹被动段的运动完全取决于主动段终点的参数。这样，对主动段终点的运动参数进行控制，即可达到对整个被动段弹道的控制。

若导弹从发射点 $O$ 向目标 $C$ 进行射击，则过 $O$、$C$ 及地心 $O_E$ 可做一平面（图 4-5-1），该平面称为射击平面。为了使导弹命中目标，显然既要控制主动段弹道终点的 $\boldsymbol{r}_k$、$\boldsymbol{v}_k$，使其保持在射击平面内，而且还要控制参数 $v_k$、$\Theta_k$、$r_k$、$\beta_k$（$\beta_k$ 为主动段射程角），使得 $v_k$、$\Theta_k$、$r_k$ 决定的被动段射程角 $\beta_c$ 与主动段射程角之和等于 $O$、$C$ 之间的距离所对应的地心角。

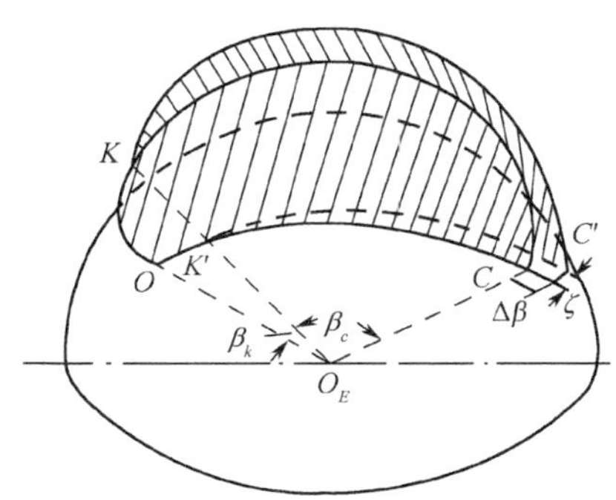

**图 4-5-1　落点偏差示意图**

然而，由于事实上存在着主动段制导方法的缺陷及制导系统工具有误差等，将使得主动段终点参数 $v_k$、$\Theta_k$、$r_k$、$\beta_k$ 产生偏差，而且也完全可能使得 $\boldsymbol{r}_k$、$\boldsymbol{v}_k$ 矢量偏离射击平面，这将会使得导弹落点 $C'$ 偏离目标 $C$，而产生落点偏差，如图 4-5-1 所示。为了命中目标或研究导弹的射击精度，必须对落点偏差进行研究。

通常的做法是将落点偏差分为纵向偏差和侧向偏差，纵向偏差是指导弹落点在射击平面内的投影与标准落点 $C$ 的偏差，它是由于 $v_k$、$\Theta_k$、$r_k$、$\beta_k$ 的偏差 $\Delta v_k$、$\Delta\Theta_k$、$\Delta r_k$、$\Delta\beta_k$ 引起的。显然，在射击平面内总的射程偏差为

$$\Delta\beta = \Delta\beta_k + \Delta\beta_c$$

本节只研究 $\Delta\beta_c$ 与 $\Delta v_k$、$\Delta\Theta_k$、$\Delta r_k$ 的关系。侧向偏差是指导弹落点偏离射击平面的偏差，即落点在垂直射击平面的方向上的偏差，在图 4-5-1 中以 $\zeta$ 表示。该偏差是由 $\boldsymbol{r}_k$、$\boldsymbol{v}_k$ 矢量中至少有一个矢量偏离射击平面引起的，本节对此将进行讨论。此外，已知导弹被动段飞行时间 $T_c$ 是主动段终点参数 $v_k$、$\Theta_k$、$r_k$ 的函数，故还需研究被动段飞行时间偏差 $\Delta T_c$ 与 $\Delta v_k$、$\Delta\Theta_k$、$\Delta r_k$ 的关系。

### 4.5.1 射程误差系数

已知被动段射程 $\beta_c$ 完全取决于主动段终点运动参数 $v_k$、$\Theta_k$、$r_k$，即

$$\beta_c = \beta_c(v_k,\ \Theta_k,\ r_k)$$

若主动段终点运动参数的偏差 $\Delta v_k$、$\Delta\Theta_k$、$\Delta r_k$ 不大时，将上式用泰勒级数展开，得

$$\Delta\beta_c = \frac{\partial\beta_c}{\partial v_k}\Delta v_k + \frac{\partial\beta_c}{\partial\Theta_k}\Delta\Theta_k + \frac{\partial\beta_c}{\partial r_k}\Delta r_k + \frac{1}{2}\left[\frac{\partial^2\beta_c}{\partial v_k^2}(\Delta v_k)^2 + \frac{\partial^2\beta_c}{\partial\Theta_k^2}(\Delta\Theta_k)^2 + \frac{\partial^2\beta_c}{\partial r_k^2}(\Delta r_k)^2 + 2\frac{\partial^2\beta_c}{\partial v_k\partial\Theta_k}\Delta v_k\Delta\Theta_k + 2\frac{\partial^2\beta_c}{\partial v_k\partial r_k}\Delta v_k\Delta r_k + 2\frac{\partial^2\beta_c}{\partial\Theta_k\partial r_k}\Delta\Theta_k\Delta r_k\right] + \cdots \tag{4-5-1}$$

上式中各偏导数表示当相应的运动参数变化一个单位时，由其引起的被动段射程偏差。其中一阶偏导数称为一阶误差系数；二阶偏导数称为二阶误差系数，依此类推。

由式(4-5-1)可见，$\Delta\beta_c$ 不仅与 $\Delta v_k$、$\Delta\Theta_k$、$\Delta r_k$ 有关，还与各阶偏导数的数值有关。一般情况下由于 $\Delta v_k$、$\Delta\Theta_k$、$\Delta r_k$ 的值不大，故在式(4-5-1)中略去高于一阶的各项。此时射程偏差为

$$\Delta\beta_c = \frac{\partial\beta_c}{\partial v_k}\Delta v_k + \frac{\partial\beta_c}{\partial\Theta_k}\Delta\Theta_k + \frac{\partial\beta_c}{\partial r_k}\Delta r_k \tag{4-5-2}$$

现将一阶误差系数的解析表达式推导如下。将式(4-3-10)：

$$[2R(1+\tan^2\Theta_k) - \nu_k(R+r_k)]\tan^2\frac{\beta_c}{2} - 2\nu_k R\tan\Theta_k\tan\frac{\beta_c}{2} + \nu_k(R-r_k) = 0$$

记为

$$F(\nu_k,\ \Theta_k,\ r_k,\ \beta_c) = 0 \tag{4-5-3}$$

对上式求全微分有

$$\mathrm{d}F = \frac{\partial F}{\partial v_k}\mathrm{d}v_k + \frac{\partial F}{\partial\Theta_k}\mathrm{d}\Theta_k + \frac{\partial F}{\partial r_k}\mathrm{d}r_k + \frac{\partial F}{\partial\beta_c}\mathrm{d}\beta_c = 0 \tag{4-5-4}$$

因为，

$$\nu_k = \nu_k(v_k,\ r_k)$$

则有

$$\mathrm{d}\nu_k = \frac{\partial\nu_k}{\partial v_k}\mathrm{d}v_k + \frac{\partial\nu_k}{\partial r_k}\mathrm{d}r_k \tag{4-5-5}$$

将上式代入式(4-5-4)整理后得

$$\mathrm{d}\beta_c = -\left[\frac{\partial F}{\partial\nu_k}\frac{\partial\nu_k}{\partial v_k}\mathrm{d}v_k + \frac{\partial F}{\partial\Theta_k}\mathrm{d}\Theta_k + \left(\frac{\partial F}{\partial\nu_k}\frac{\partial\nu_k}{\partial r_k} + \frac{\partial F}{\partial r_k}\right)\mathrm{d}r_k\right] \Big/ \frac{\partial F}{\partial\beta_c} \tag{4-5-6}$$

比较式(4-5-2)与式(4-5-6)可得

$$\begin{cases} \dfrac{\partial \beta_c}{\partial v_k} = -\dfrac{\partial F}{\partial \nu_k}\dfrac{\partial \nu_k}{\partial v_k} \Big/ \dfrac{\partial F}{\partial \beta_c} \\ \dfrac{\partial \beta_c}{\partial \Theta_k} = -\dfrac{\partial F}{\partial \Theta_k} \Big/ \dfrac{\partial F}{\partial \beta_c} \\ \dfrac{\partial \beta_c}{\partial r_k} = -\left(\dfrac{\partial F}{\partial \nu_k}\dfrac{\partial \nu_k}{\partial r_k} + \dfrac{\partial F}{\partial r_k}\right) \Big/ \dfrac{\partial F}{\partial \beta_c} \end{cases} \tag{4-5-7}$$

可见，只要导出式(4-5-7)的右端各偏导数，即可得到一阶误差系数的表达式。

1. $\dfrac{\partial F}{\partial \beta_c}$

将式(4-5-3)对 $\beta_c$ 求偏导数有

$$\frac{\partial F}{\partial \beta_c} = [2R(1 + \tan^2\Theta_k) - \nu_k(R + r_k)]\tan\frac{\beta_c}{2}\sec^2\frac{\beta_c}{2} - R\nu_k\tan\Theta_k\sec^2\frac{\beta_c}{2} \tag{4-5-8}$$

而由式(4-3-10)可知：

$$[2R(1 + \tan^2\Theta_k) - \nu_k(R + r_k)]\tan\frac{\beta_c}{2} = \left[2R\nu_k\tan\Theta_k\tan\frac{\beta_c}{2} - \nu_k(R - r_k)\right] \Big/ \tan\frac{\beta_c}{2}$$

将其代入式(4-5-8)即得

$$\frac{\partial F}{\partial \beta_c} = \nu_k\left(R\tan\Theta_k\tan\frac{\beta_c}{2} - R + r_k\right)\sec^2\frac{\beta_c}{2} \Big/ \tan\frac{\beta_c}{2} \tag{4-5-9}$$

2. $\dfrac{\partial F}{\partial \nu_k}$

将式(4-5-3)对 $\nu_k$ 求偏导数有

$$\frac{\partial F}{\partial \nu_k} = -(R + r_k)\tan^2\frac{\beta_c}{2} - 2R\tan\Theta_k\tan\frac{\beta_c}{2} + (R - r_k) \tag{4-5-10}$$

由式(4-3-10)可知

$$-2R\tan\Theta_k\tan\frac{\beta_c}{2} + (R - r_k) = -[2R(1 + \tan^2\Theta_k) - \nu_k(R + r_k)]\tan^2\frac{\beta_c}{2} \Big/ \nu_k$$

将其代入式(4-5-10)即得

$$\frac{\partial F}{\partial \nu_k} = -2R(1 + \tan^2\Theta_k)\tan^2\frac{\beta_c}{2} \Big/ \nu_k \tag{4-5-11}$$

3. $\dfrac{\partial F}{\partial \Theta_k}$

将式(4-5-3)对 $\Theta_k$ 求偏导数有

$$\frac{\partial F}{\partial \Theta_k} = 4R\tan^2\frac{\beta_c}{2}\tan\Theta_k\sec^2\Theta_k - 2R\nu_k\tan\frac{\beta_c}{2}\sec^2\Theta_k$$

整理可得

$$\frac{\partial F}{\partial \Theta_k} = 2R\tan\frac{\beta_c}{2}(1 + \tan^2\Theta_k)\left(2\tan\frac{\beta_c}{2}\tan\Theta_k - \nu_k\right) \tag{4-5-12}$$

4. $\dfrac{\partial F}{\partial r_k}$

将式(4-5-3)对 $r_k$ 求偏导数即得

$$\frac{\partial F}{\partial r_k} = -\nu_k\left(1 + \tan^2\frac{\beta_c}{2}\right) \tag{4-5-13}$$

5. $\dfrac{\partial \nu_k}{\partial v_k}$、$\dfrac{\partial \nu_k}{\partial r_k}$

根据:

$$\nu_k = \frac{v_k^2 r_k}{\mu}$$

将其分别对 $v_k$、$r_k$ 求偏导数即可得

$$\begin{cases}\dfrac{\partial \nu_k}{\partial v_k} = 2\dfrac{\nu_k}{v_k}\\[2ex] \dfrac{\partial \nu_k}{\partial r_k} = \dfrac{\nu_k}{r_k}\end{cases} \tag{4-5-14}$$

将上述各偏导数表达式代入式(4-5-7),则得一阶误差系数表达式:

$$\begin{cases}\dfrac{\partial \beta_c}{\partial v_k} = \dfrac{4R}{v_k}\dfrac{(1 + \tan^2\Theta_k)\sin^2\dfrac{\beta_c}{2}\tan\dfrac{\beta_c}{2}}{\nu_k\left(r_k - R + R\tan\Theta_k\tan\dfrac{\beta_c}{2}\right)}\\[4ex] \dfrac{\partial \beta_c}{\partial \Theta_k} = \dfrac{2R(1 + \tan^2\Theta_k)\left(\nu_k - 2\tan\dfrac{\beta_c}{2}\tan\Theta_k\right)\sin^2\dfrac{\beta_c}{2}}{\nu_k\left(r_k - R + R\tan\Theta_k\tan\dfrac{\beta_c}{2}\right)}\\[4ex] \dfrac{\partial \beta_c}{\partial r_k} = \dfrac{\nu_k + \dfrac{2R}{r_k}(1 + \tan^2\Theta_k)\sin^2\dfrac{\beta_c}{2}}{\nu_k\left(r_k - R + R\tan\Theta_k\tan\dfrac{\beta_c}{2}\right)}\tan\dfrac{\beta_c}{2}\end{cases} \tag{4-5-15}$$

在上式中,只要令 $R = r_e = r_k$,$\beta_e = \beta_c$,则得到自由段角射程的误差系数,即

$$\begin{cases} \dfrac{\partial \beta_e}{\partial v_k} = \dfrac{4}{v_k} \dfrac{(1+\tan^2\Theta_k)\sin^2\dfrac{\beta_e}{2}}{\nu_k \tan\Theta_k} \\ \dfrac{\partial \beta_e}{\partial \Theta_k} = \dfrac{(1+\tan^2\Theta_k)\left(\nu_k - 2\tan\dfrac{\beta_e}{2}\tan\Theta_k\right)\sin\beta_e}{\nu_k \tan\Theta_k} \\ \dfrac{\partial \beta_e}{\partial r_k} = \dfrac{\nu_k + 2(1+\tan^2\Theta_k)\sin^2\dfrac{\beta_e}{2}}{r_k \nu_k \tan\Theta_k} \end{cases} \tag{4-5-16}$$

由式(4-5-15)和式(4-5-16)可知,误差系数也是主动段终点参数 $v_k$、$\Theta_k$、$r_k$ 的函数,为了看清这些误差系数的变化特性,下面给出它们的关系曲线,如图 4-5-2、图 4-5-3、图 4-5-4 所示。图中均以自由飞行段之公式(4-5-16)计算得到,只是以射程量代替角射程。

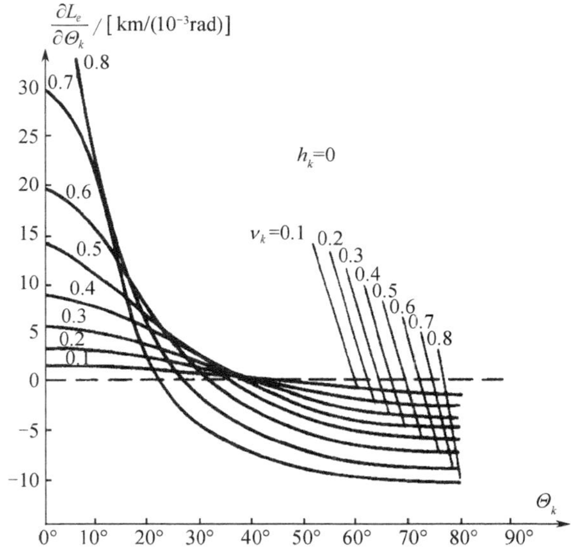


**图 4-5-2　$h_k=0$ 时 $\partial L_e/\partial \Theta_k$ 与 $\nu_k$、$\Theta_k$ 的关系曲线**

图 4-5-2 给出自由飞行段不同 $\nu_k$ 下,$\partial L_e/\partial \Theta_k$ 与 $\Theta_k$ 的关系曲线。可以看出,对于一定 $\nu_k$ 的与 $\Theta_k$ 的关系曲线,有 $\partial L_e/\partial \Theta_k=0$ 的点,这说明对应该点之 $\Theta_k$ 若有微小偏差时,由其造成的射程偏差 $\partial L_e/\partial \Theta_k \cdot \Delta\Theta_k=0$。由于对应 $\partial L_e/\partial \Theta_k=0$ 之 $\Theta_k$ 即为最佳速度倾角 $\Theta_{k.opt}$,因此,当 $\Theta_k=\Theta_{k.opt}$ 时,不但可使被动段射程最大,并可减少速度倾角偏差 $\Delta\Theta_k$ 造成的射程偏差,提高射击精度。

图 4-5-3 给出自由飞行段在不同 $\nu_k$ 下,$\partial L_e/\partial v_k$ 与 $\Theta_k$ 的关系曲线。图上小圆圈表示对应于最佳速度倾角。由图可见,当 $\Theta_k$ 一定时,$\partial L_e/\partial v_k$ 随 $\nu_k$ 增加而增大;在 $\nu_k$ 一定时,对应于小的 $\nu_k$ 值,$\partial L_e/\partial v_k$ 随 $\Theta_k$ 的变化不甚剧烈,而当 $\nu_k$ 值大时,则变化剧烈,在 $\Theta_k=\Theta_{k.opt}$ 附近,$\partial L_e/\partial v_k$ 的值变化相当大。因此,对于射程较远的导弹而言,从减小速度偏差 $\Delta v_k$ 所造成的射程偏差 $\partial L_e/\partial v_k \cdot \Delta v_k$ 的观点来看,应选取 $\Theta_k$ 比 $\Theta_{k.opt}$ 大一些。

图 4-5-4 给出在不同 $\nu_k$ 下,$\partial L_e/\partial r_k$ 与 $\Theta_k$ 的关系曲线,由图可见,$\partial L_e/\partial r_k$ 随 $\Theta_k$ 的减小而增大,这种影响将随着 $\nu_k$ 的增大而愈发显著。应指出的是虽然 $\partial L_e/\partial r_k$ 的数值远小于 $\partial L_e/\partial v_k$,但在一般情况下,由于 $r_k$ 的偏差 $\Delta r_k$ 比较大,因此,由 $\Delta r_k$ 引起的射程偏差 $\partial L_e/\partial r_k \cdot \Delta r_k$ 也不可忽视。

显然用式(4-5-2)计算得到的被动段射程偏差,其误差为二阶微量,此系忽略二阶以上误差项的结果。当射程很远时,二阶项并非完全可以忽略不计。例如对应 11 500 km

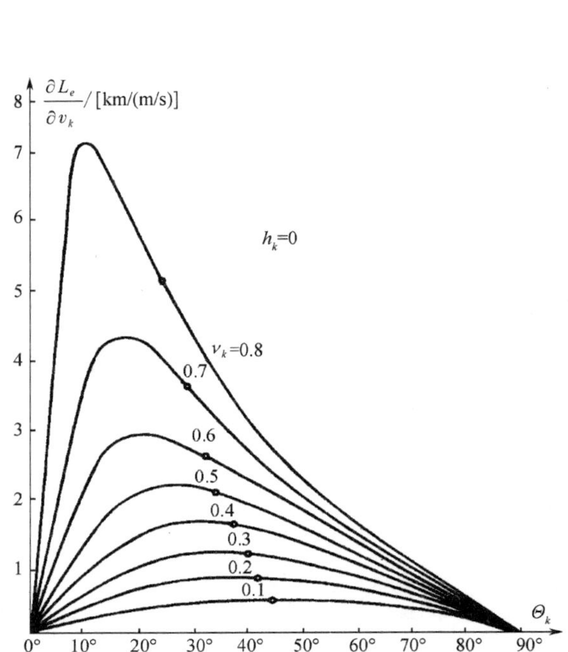


图 4-5-3　$h_k=0$ 时 $\partial L_e/\partial v_k$ 与 $v_k$、$\Theta_k$ 的关系曲线

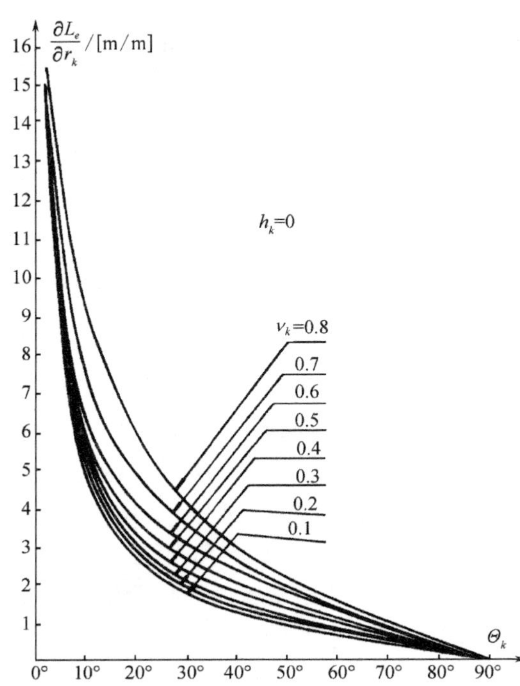


图 4-5-4　$h_k=0$ 时 $\partial L_e/\partial r_k$ 与 $v_k$、$\Theta_k$ 的关系曲线

的射程,当仅有 $\Delta\Theta_k=0.3°$ 时,二阶误差系数项所造成的射程偏差可达 0.85 km。因此远程导弹射击时,对二阶误差系数项的取舍,要根据所要求的射击精度慎重考虑。在这里,之所以不强调在远程导弹射击时必须考虑二阶误差系数项,是基于除控制系统设计得较完善,一般可使得干扰产生的射程偏差二阶项很小。此外,从图 4-5-2 的曲线可以看出,远程导弹若取 $\Theta_k > \Theta_{k.opt}$ 且偏离较多时,其二阶误差系数的数值很小,有可能忽略不计。当然,当 $\Theta_k$ 不是对应被动段或自由段的最佳速度倾角时,则其被动段或自由段的弹道就不是最小能量弹道,此时,要达到较大射程,就要通过提高 $v_k$ 来实现。

### 4.5.2　侧向误差系数

当主动段终点的位置 $\boldsymbol{r}_k$ 偏离射击平面,或虽然终点位置仍在射击平面内,但速度矢量 $\boldsymbol{v}_k$ 偏出射击平面,即存在侧向分速,这两种情况均将造成落点偏出射击平面,形成落点的侧向偏差。

(1) 当仅存在由于 $\boldsymbol{v}_k$ 偏离射击平面产生方位角误差 $\Delta\alpha_k$ 时,导弹的侧向误差系数。

设主动段终点 $K$ 在地球表面的投影为 $K'$,原射击平面由 $\boldsymbol{r}_k$ 和 $\boldsymbol{v}_k$ 所决定,该平面与地球的截痕为 $\widehat{K'C}$,$\widehat{K'C}$ 为大圆弧的一段。当实际的终点速度偏离射击平面记该速度为 $\boldsymbol{v}'_k$,则实际的弹道平面由 $\boldsymbol{r}_k$ 和 $\boldsymbol{v}'_k$ 两矢量所决定,它与地球的截痕为 $\widehat{K'C'}$,也是一段大圆弧。原射击平面与实际弹道平面之间的夹角为二面角,它是由 $\widehat{K'C}$ 与 $\widehat{K'C'}$ 两圆弧在 $K'$

的切线之间的夹角所决定，即称之为方位角误差，记为 $\Delta\alpha_k$，见图 4－5－5，现要讨论仅存在该 $\Delta\alpha_k$ 时所造成的导弹落点的侧向误差系数。因此，令

$$|\boldsymbol{v}_k| = |\boldsymbol{v}'_k| = v_k$$

且 $\boldsymbol{v}'_k$、$\boldsymbol{v}_k$ 与过 $K'$ 点切平面之间的夹角均为 $\Theta_k$，这样，根据计算射程的知识可知：

$$\widehat{K'C} = \widehat{K'C'} = R \cdot \beta_c$$

记 $\widehat{C'C}$ 所对应的地心角为 $\zeta_c$，显然 $\zeta_c$ 即为由于仅存在主动段终点速度偏离射击平面所造成的侧向落点偏差。

不难看出，$\triangle K'CC'$ 为一球面三角形。通常导弹主动段飞行时有横向导引系统工作，故由 $\boldsymbol{v}_k$ 偏离射击平面造成的 $\Delta\alpha_k$ 为一小量，则可近似认为 $\widehat{C'C}$ 与 $\widehat{K'C}$ 相垂直，即把 $\triangle K'CC'$ 视为球面直角三角形，因此可得

$$\sin\zeta_c = \sin\beta_c \cdot \sin\Delta\alpha_k$$

因 $\zeta_c$、$\Delta\alpha_k$ 均为小量，故可简化为

$$\zeta_c = \sin\beta_c \cdot \Delta\alpha_k \tag{4-5-17}$$

由此即得侧向误差系数：

$$\frac{\partial\zeta_c}{\partial\Delta\alpha_k} = \sin\beta_c \tag{4-5-18}$$

不难理解，主动段终点速度偏离射击平面，说明此时导弹具有垂直射击平面的分速度，记为 $\dot{z}_k$，规定顺射击方向看去，$\dot{z}_k$ 指向右方时为正，反之为负。

由图 4－5－6 可看出 $\dot{z}_k$ 与 $\Delta\alpha_k$ 有如下关系：

$$\tan\Delta\alpha_k = \frac{\dot{z}_k}{v_k\cos\Theta_k}$$

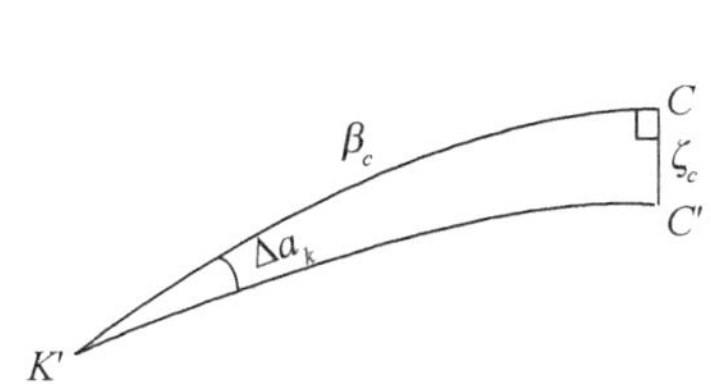

图 4－5－5　$\Delta\alpha_k$ 与 $\zeta_c$ 的几何关系

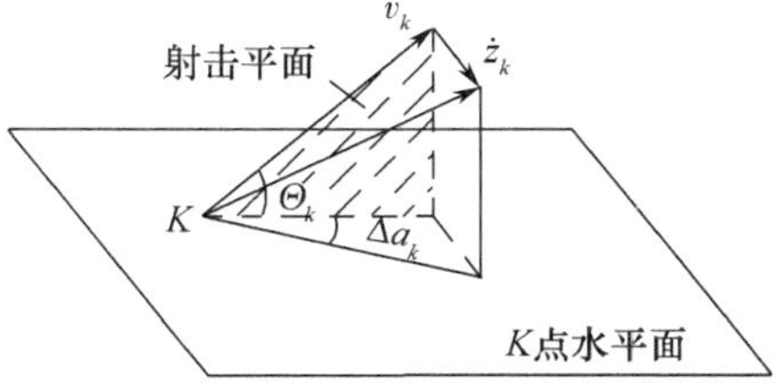

图 4－5－6　$\Delta\alpha_k$ 与 $\dot{z}_k$ 的几何关系

而 $\Delta\alpha_k$ 为小量，则

$$\Delta\alpha_k = \frac{\dot{z}_k}{v_k\cos\Theta_k} \tag{4-5-19}$$

将式(4-5-19)代入式(4-5-17),亦可求得

$$\frac{\partial \zeta_c}{\partial \dot{z}_k} = \frac{\sin \beta_c}{v_k \cos \Theta_k} \tag{4-5-20}$$

(2) 当仅有 $\boldsymbol{r}_k$ 偏离射击平面时的导弹侧向误差系数。

$\boldsymbol{r}_k$ 偏离射击平面,即该导弹在主动段终点处存在有侧向偏差 $z_k$,导弹在控制系统作用下,一般都满足 $z_k \leqslant r_k$,故通常可用侧向角位移偏差量:

$$\zeta_k = \frac{z_k}{r_k}$$

$\zeta_k$ 表示主动段终点的位置偏差,$\zeta_k$ 的正负是这样规定的:顺射击方向看去,$\zeta_k$ 在右方时为正,反之为负。

所谓侧向误差系数,是指当仅有单位 $\zeta_k$ 偏差,而其他主动段终点参数均不变的情况下,所造成的落点偏差。

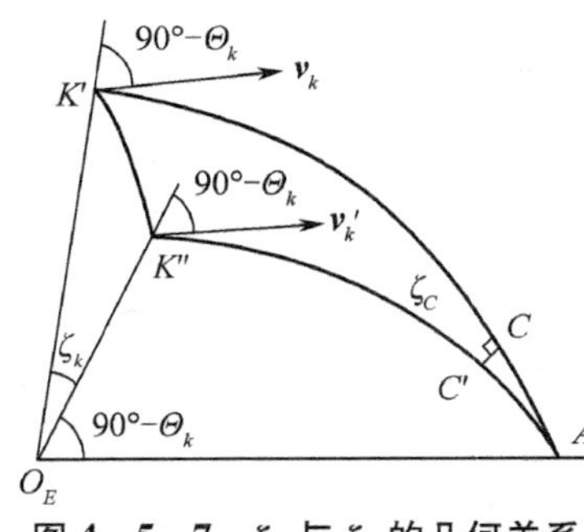


图 4-5-7 $\zeta_k$ 与 $\zeta_c$ 的几何关系

为此,如图 4-5-7 所示在原射击平面 $K'O_EA$ 平面内,以 $O_E$ 为原点转动一向量 $\boldsymbol{O_EA}$,当该向量转至与有偏差 $\zeta_k$ 之 $O_EK''$ 轴成 $90° - \Theta_k$ 夹角时为止。在 $O_EK''$ 与 $\boldsymbol{O_EA}$ 组成的平面内,过 $K''$ 点做 $\boldsymbol{v}'_K$(其大小与 $\boldsymbol{v}_k$ 的大小相等)平行 $\boldsymbol{O_EA}$,不难分析出这样的结果确实保证了在仅有 $\zeta_k$ 时,$v_k$、$\Theta_k$、$r_k$、$\dot{z}_k(=0)$ 参数保持不变。

当导弹飞行角射程为 $\beta_c$ 时,落点为 $C$,由于存在 $\zeta_k$ 时,已保证其他参数不变,则其角射程也相同,则得 $C'$ 点,由于 $\overset{\frown}{CC'}$ 较小,可近似将其看成与原射击平面垂直,则 $\overset{\frown}{CC'}$ 对应的地心角 $\zeta_c$ 即为存在 $\zeta_k$ 所引起的侧向偏差。因 $\overset{\frown}{K'C}$ 与 $\overset{\frown}{K''C'}$ 的交点为 $A$,由球面三角形 $ACC'$ 有

$$\sin(90° - \Theta_k - \beta_c) = \frac{\sin \zeta_c}{\sin A} \tag{4-5-21}$$

另由球面直角三角形 $AK'K''$ 有

$$\sin(90° - \Theta_k) = \frac{\sin \zeta_k}{\sin A} \tag{4-5-22}$$

根据上两式即得

$$\sin \zeta_c = \sin \zeta_k \frac{\cos(\Theta_k + \beta_c)}{\cos \Theta_k} = \sin \zeta_k(\cos \beta_c - \tan \Theta_k \sin \beta_c)$$

上式中 $\zeta_c$、$\zeta_k$ 均很小,故可简化为

$$\zeta_c = \zeta_k(\cos \beta_c - \tan \Theta_k \sin \beta_c) \tag{4-5-23}$$

该式说明,当存在 $\zeta_k$ 时,不仅因关机点的位置变化产生偏差 $\zeta_k\cos\beta_c$,而且因关机点的移动,在保证误差系数的意义下,会使得射面产生偏转,这是因 $\zeta_k$ 的存在,使实际引力垂线倾斜 $\zeta_k$ 角,从而产生寄生偏转,而使射面偏转了 $\Delta\alpha_k = -\tan\Theta_k\cdot\zeta_k$ 的角度,这样就引起落点有 $-\tan\Theta_k\cdot\zeta_k\sin\beta_c$ 的偏差。

由式(4－5－23)即可得侧向误差系数:

$$\frac{\partial\zeta_c}{\partial\zeta_k} = \cos\beta_c - \tan\Theta_k\sin\beta_c \tag{4-5-24}$$

至此,当主动段终点存在偏差 $\Delta\alpha_k$(或 $\dot{z}_k$)、$\zeta_k$ 时,则可用公式:

$$\zeta_c = \frac{\partial\zeta_c}{\partial\Delta\alpha_k}\Delta\alpha_k + \frac{\partial\zeta_c}{\partial\zeta_k}\zeta_k \tag{4-5-25}$$

算得落点的侧向偏差,其中误差系数由式(4－5－18)及式(4－5－24)算得。

### 4.5.3　飞行时间误差系数

已得导弹被动段飞行时间的解析表述式为式(4－4－36):

$$T_c = \frac{1}{n}\left\{\arccos\frac{1-\nu_k}{e} + \arccos\frac{1-\nu_c}{e} + e\left[\sin\left(\arccos\frac{1-\nu_k}{e}\right) + \sin\left(\arccos\frac{1-\nu_c}{e}\right)\right]\right\}$$

若令

$$\chi = \arccos\frac{1-\nu}{e}$$

则

$$\sin\chi = \sqrt{1-\cos^2\chi} = \frac{1}{e}\sqrt{e^2-(1-\nu)^2}$$

利用上述关系式可将式(4－4－36)改写为

$$T_c = \frac{1}{n}\left\{\arccos\frac{1-\nu_k}{e} + \arccos\frac{1-\nu_c}{e} + \sqrt{e^2-(1-\nu_k)^2} + \sqrt{e^2-(1-\nu_c)^2}\right\} \tag{4-5-26}$$

根据前面导出的 $n$、$e$、$\nu_k$、$\nu_c$ 的表达式可知被动段飞行时间 $T_c$ 是主动段终点参数 $v_k$、$\Theta_k$、$r_k$ 的函数,即

$$T_c = T_c(v_k,\ \Theta_k,\ r_k)$$

当参数 $v_k$、$\Theta_k$、$r_k$ 产生偏差时,必然造成 $T_c$ 的变化。将 $T_c$ 在标准关机点展开泰勒级数并取至一阶项,则可得被动段飞行时间偏差为

$$\Delta T_c = \frac{\partial T_c}{\partial v_k}\Delta v_k + \frac{\partial T_c}{\partial\Theta_k}\Delta\Theta_k + \frac{\partial T_c}{\partial r_k}\Delta r_k \tag{4-5-27}$$

式中,各误差系数均应代以标准关机点的参数值。

为了推导上式中三个误差系数,首先导出一些辅助公式。

(1) $\dfrac{\partial n}{\partial a}$。

由 $n = \sqrt{\dfrac{\mu}{a^3}}$ 可得

$$\frac{\partial n}{\partial a} = -\frac{3}{2}\frac{n}{a} \tag{4-5-28}$$

(2) $\dfrac{\partial a}{\partial v_k}$、$\dfrac{\partial a}{\partial r_k}$。

由式(4-2-21)

$$a = -\mu \frac{r_k}{r_k v_k^2 - 2\mu}$$

可导得

$$\begin{cases} \dfrac{\partial a}{\partial v_k} = 2\dfrac{a^2 \nu_k}{v_k r_k} \\ \dfrac{\partial a}{\partial r_k} = 2\dfrac{a^2}{r_k} \end{cases} \tag{4-5-29}$$

(3) $\dfrac{\partial e}{\partial v_k}$、$\dfrac{\partial e}{\partial \Theta_k}$、$\dfrac{\partial e}{\partial r_k}$。

根据:

$$e = \sqrt{1 + \nu_k(\nu_k - 2)\cos^2\Theta_k}$$

可得

$$\begin{cases} \dfrac{\partial e}{\partial v_k} = \dfrac{1}{e}(\nu_k - 1)\cos^2\Theta_k \dfrac{\partial \nu_k}{\partial v_k} \\ \dfrac{\partial e}{\partial r_k} = \dfrac{1}{e}(\nu_k - 1)\cos^2\Theta_k \dfrac{\partial \nu_k}{\partial r_k} \\ \dfrac{\partial e}{\partial \Theta_k} = \dfrac{1}{e}\nu_k(2 - v_k)\cos\Theta_k \sin\Theta_k \end{cases} \tag{4-5-30}$$

(4) $\dfrac{\partial \nu_c}{\partial v_k}$、$\dfrac{\partial \nu_c}{\partial r_k}$。

因为,

$$\nu_c = \nu_k + (2 - \nu_k)\left(1 - \frac{R}{r_k}\right)$$

故得

$$\begin{cases}\dfrac{\partial \nu_c}{\partial v_k} = \dfrac{R}{r_k}\dfrac{\partial \nu_k}{\partial v_k} \\ \dfrac{\partial \nu_c}{\partial r_k} = \dfrac{R}{r_k}\dfrac{\partial \nu_k}{\partial r_k} + (2-\nu_k)\dfrac{R}{r_k^2}\end{cases} \tag{4-5-31}$$

其中，$\dfrac{\partial \nu_k}{\partial v_k}$、$\dfrac{\partial \nu_k}{\partial r_k}$ 已于式(4－5－14)中给出。

有了上述辅助关系式后，不难由式(4－5－26)根据偏微分法则导出被动段飞行时间 $T_c$ 关于主动段终点参数 $v_k$、$\Theta_k$、$r_k$ 的三个误差系数：

$$\begin{cases}\dfrac{\partial T_c}{\partial v_k} = \dfrac{3\nu_k a T_c}{v_k r_k} + \dfrac{2\nu_k}{n v_k}\Big\{(2-\nu_k)F_k + (2-\nu_c)\dfrac{R}{r_k}F_c - \\ \qquad \dfrac{(1-\nu_k)\cos^2\Theta_k}{e^2}\left[(1-\nu_k+e^2)F_k + (1-\nu_c+e^2)F_c\right]\Big\} \\ \dfrac{\partial T_c}{\partial \Theta_k} = \dfrac{\nu_k(2-\nu_k)\sin 2\Theta_k}{2ne^2}\left[(1-\nu_k+e^2)F_k + (1-\nu_c+e^2)F_c\right] \\ \dfrac{\partial T_c}{\partial r_k} = \dfrac{3aT_c}{r_k^2} + \dfrac{1}{n r_k}\Big\{\nu_k(2-\nu_k)F_k + \dfrac{2R}{r_k}(2-\nu_c)F_c + \\ \qquad \dfrac{\nu_k(\nu_k-1)\cos^2\Theta_k}{e^2}\left[(1-\nu_k+e^2)F_k + (1-\nu_c+e^2)F_c\right]\Big\}\end{cases} \tag{4-5-32}$$

其中，

$$\begin{cases}F_k = \dfrac{1}{\sqrt{e^2-(1-\nu_k)^2}} \\ F_c = \dfrac{1}{\sqrt{e^2-(1-\nu_c)^2}}\end{cases} \tag{4-5-33}$$

## 4.6　相对于旋转地球的自由段参数

本章前几节在惯性空间内研究火箭载荷在平方反比引力场内自由飞行段平面运动的基本规律。在实际应用中，地面观察设备测量量是相对于旋转地球的值，而描述自由段运动的参数如弹下点、射程等用相对于地球的参数较直观也有实用意义。因此，有必要介绍在运用自由段运动基本规律时所涉及的与相对参数相联系的问题。此外，地球对球外一质点的引力实际上并非为平方反比引力，所以还要讨论在地球为两轴旋转体条件下的动力学方程问题。

本节介绍确定导弹弹道相对参数的运动学方法，采用理论力学介绍的运动学方法来确定在地球旋转时的任一时刻的导弹相对参数。这种方法可以运用椭圆弹道理论导出的结果,较之用数值积分法求解要简便、直观。为描述方便,将整个被动段均视为真空状况,且以落点来进行讨论。

### 4.6.1 物理景象分析

当考虑地球旋转时,为分析其物理景象,可先分析一特殊情况:若一导弹其主动段终点 $K$ 的矢径 $\boldsymbol{r}_k$ 相对速度 $\boldsymbol{v}_k$ 均在赤道平面内,且为已知矢量,导弹顺着地球旋转的方向飞行,如图 4-6-1 所示。

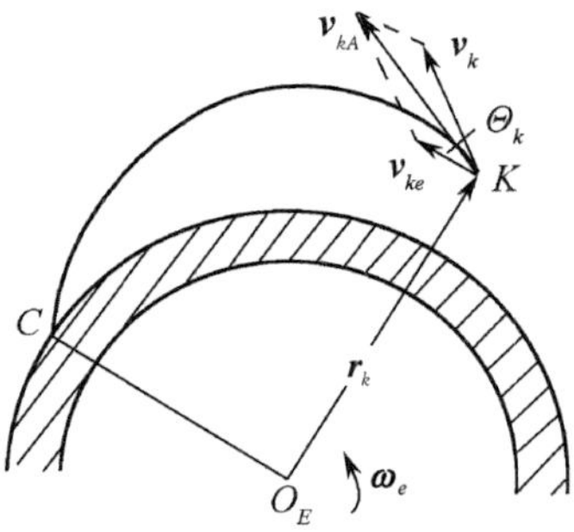

图 4-6-1 $K$ 点在赤道平面内 $\boldsymbol{v}_{kA}$、$\boldsymbol{v}_k$、$\boldsymbol{v}_{ke}$ 间的几何关系

显然 $K$ 点具有牵连速度,即

$$\boldsymbol{v}_{ke}=\boldsymbol{\omega}_e\times\boldsymbol{r}_k$$

且 $\boldsymbol{v}_{ke}$ 处于赤道平面内,与当地水平线平行。

而弹头在 $K$ 点的绝对速度为

$$\boldsymbol{v}_{kA}=\boldsymbol{v}_k+\boldsymbol{v}_{ke}$$

将 $\boldsymbol{v}_k$、$\boldsymbol{v}_{kA}$ 与当地水平线的夹角分别记为 $\Theta_k$、$\Theta_{kA}$,此时导弹的绝对运动参数为 $\boldsymbol{v}_{kA}$、$\Theta_{kA}$、$r_{kA}(=r_k)$。假设在旋转地球的表面 $\sigma$ 上有一与 $\sigma$ 重合但不随地球旋转的球壳 $\sigma^A$,显然在 $\sigma^A$ 上观察弹头的运动即为绝对运动。设地球为均质圆球,故导弹在球壳上的落点 $C_A$ 可用椭圆理论导出的式(4-3-13)求出射程角 $\beta_{CA}$ 而得到。而弹头由 $K$ 点飞行至 $C_A$ 的时间 $T_{CA}$ 可用式(4-4-38)求得。至于落点 $C_A$ 处的绝对速度 $\boldsymbol{v}_{CA}$ 和绝对速度倾角 $\boldsymbol{A}_{CA}$ 则可根据机械能守恒和动量矩守恒来求取。

而导弹在旋转地球表面 $\sigma$ 上的落点为 $C$,当注意到 $C$ 与 $C_A$ 只是由于在不同的坐标系内观察弹头运动的结果。因此,当导弹落地时,$C$ 与 $C_A$ 应重合在一起。从这一事实出发,可见弹头在赤道平面内飞行时,图 4-6-1 中的 $C$ 与 $C_A$ 两点所对应的地心角应为 $\omega_e T_{CA}$ 角。

那么,导弹由 $K$ 点到落点 $C$ 的角射程即为

$$\beta_C=\beta_{CA}-\omega_e T_{CA}$$

落点 $C$ 处的运动参数显然又可通过运动学知识:

$$\boldsymbol{v}_C=\boldsymbol{v}_{CA}-\boldsymbol{\omega}_e\times\boldsymbol{R}$$

来求得 $v_C$ 及 $\Theta_C$。

以上即为运动学方法的思路,这种方法也称绝对坐标法。

### 4.6.2 运动学方法的计算步骤

现在根据上述特例的思路来讨论在一般情况下的计算方法和步骤。

(1) 关机点相对参数与绝对参数的换算。

由空间弹道计算方程式(3-3-5)可解得火箭相对于旋转地球关机 $K$ 点的参数,地心距 $r_k$、相对速度 $\boldsymbol{v}_k$ 及其在发射坐标系的三个分量 $v_{xk}$、$v_{yk}$、$v_{zk}$、地心纬度 $\phi_k$、经度 $\lambda_k$、地心

方位角 $\alpha_k$。显然，$\boldsymbol{r}_k$ 可由 $\phi_k$、$\lambda_k$、$r_k$ 来确定，但 $\boldsymbol{v}_k$ 现在只有 $v_k$ 及 $\alpha_k$，还不能确定其矢量方向，注意到 $\alpha_k$ 反映了 $\boldsymbol{v}_k$ 在 $K$ 点弹下点水平面的分量与该点子午线正北方向的夹角，可见只需补充 $\boldsymbol{v}_k$ 与该水平面的夹角即可使 $\boldsymbol{v}_k$ 确定下来，该角记为 $\Theta_k$，称为相对速度 $\boldsymbol{v}_k$ 的速度倾角。由于已知 $\boldsymbol{v}_k$ 在发射坐标系的三分量 $v_{xk}$、$v_{yk}$、$v_{zk}$，则可根据式(3－3－11)及式(3－3－12)将其转换为弹下 $K'$ 处北天东坐标系的三个分量 $v_{\phi Nk}$、$v_{\phi rk}$、$v_{\phi Ek}$，这样即可求得相对速度 $v_k$ 的速度倾角：

$$\Theta_k = \arctan \frac{v_{\phi rk}}{\sqrt{v_{\phi Nk}^2 + v_{\phi Ek}^2}} \tag{4-6-1}$$

为运用火箭载荷在自由飞行段的运动规律，则需将相对参数 $r_k$、$v_k$、$\Theta_k$ 及 $\phi_k$、$\lambda_k$、$\alpha_k$ 转换为绝对参数 $r_{kA}$、$v_{kA}$、$\Theta_{kA}$、$\phi_{kA}$、$\lambda_{kA}$、$\alpha_{kA}$。

在关机瞬时 $t_k$，$K$ 点在旋转地球与不动球壳上的位置重合，故地心距、地心纬度、经度参数相同，即

$$\begin{cases} r_{kA} = r_k \\ \phi_{kA} = \phi_k \\ \lambda_{kA} = \lambda_k \end{cases} \tag{4-6-2}$$

但在球壳上观察到的绝对速度 $\boldsymbol{v}_{kA}$ 与在地球上观察到导弹的相对速度 $\boldsymbol{v}_k$ 之间有

$$\boldsymbol{v}_{kA} = \boldsymbol{v}_k + \boldsymbol{v}_{ke} \tag{4-6-3}$$

且

$$\boldsymbol{v}_{ke} = \boldsymbol{\omega}_e \times \boldsymbol{r}_k \tag{4-6-4}$$

为进行换算，将速度在 $K'$ 处建立的北天东坐标系中进行分解。$\boldsymbol{v}_k$ 在 $K'-NrE$ 三轴上的投影分别记为 $v_N$、$v_r$、$v_E$，由图 4－6－2 不难写出：

$$\begin{cases} v_N = v_k \cos\Theta_k \cos\alpha_k \\ v_r = v_k \sin\Theta_k \\ v_E = v_k \cos\Theta_k \sin\alpha_k \end{cases} \tag{4-6-5}$$

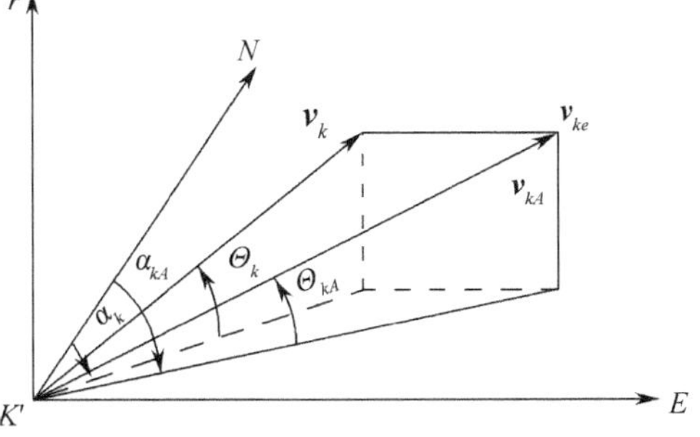

**图 4－6－2　$v_k$、$v_{kA}$ 在 $K'-NrE$ 上投影**

而 $\boldsymbol{v}_{ke}$ 是由地球旋转引起的，故其方向沿 $K'E$ 的正向，大小为 $\omega_e r_k \cos\phi_k$，将式(4－6－3)两端分别向 $K'-NrE$ 的三轴投影，则得

$K'N$ 方向：$v_{kA}\cos\Theta_{kA}\cos\alpha_{kA} = v_k\cos\Theta_k\cos\alpha_k$

$K'r$ 方向：$v_{kA}\sin\Theta_{kA} = v_k\sin\Theta_k$

$K'E$ 方向：$v_{kA}\cos\Theta_{kA}\sin\alpha_{kA} = v_k\cos\Theta_k\sin\alpha_k + \omega_e r_k\cos\phi_k$

由上面三个关系式即可导得

$$\begin{cases}\tan\alpha_{kA}=\tan\alpha_k+\dfrac{\omega_e r_k\cos\phi_k}{v_k\cos\Theta_k\cos\alpha_k}\\ \tan\Theta_{kA}=\tan\Theta_k\dfrac{\cos\alpha_{kA}}{\cos\alpha_k}\\ v_{kA}=v_k\dfrac{\sin\Theta_k}{\sin\Theta_{kA}}\end{cases}\tag{4-6-6}$$

根据式(4-6-2)及式(4-6-6)即完成了关机点 $K$ 相对参数向绝对参数的换算。

(2) 计算在 $\sigma^A$ 上射程 $\beta_{CA}$、飞行时间 $T_{CA}$ 及落点 $C_A$ 的绝对参数 $\phi_{CA}$、$\lambda_{CA}$、$\alpha_{CA}$、$v_{CA}$，以及 $\Theta_{CA}$。

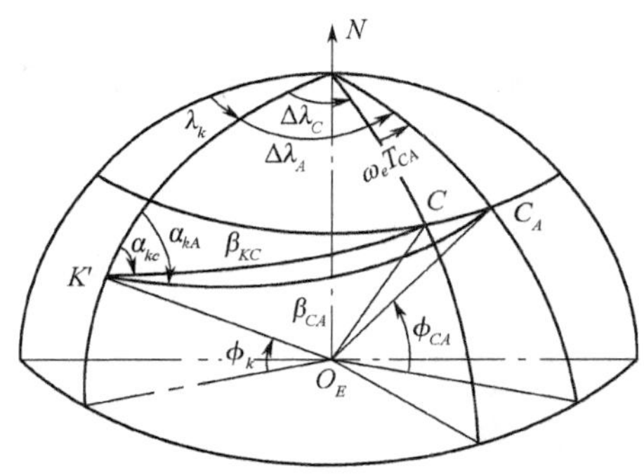

图 4-6-3 绝对射程、相对射程球面关系图

由 $r_{kA}$、$v_{kA}$、$\Theta_{kA}$ 利用椭圆弹道公式(4-3-13)及式(4-4-38)可计算得 $\beta_{CA}$、$T_{CA}$。当已知 $\beta_{CA}$ 和 $\phi_{KA}$、$\lambda_{KA}$、$\alpha_{KA}$ 后，即可根据图 4-6-3 由球面三角关系计算 $\phi_{CA}$、$\lambda_{CA}$、$\alpha_{CA}$。

图 4-6-3 中，根据球面三角形 $K'NC_A$，由边的余弦公式可求得 $\phi_{CA}$，即

$$\cos(90°-\phi_{CA})=\cos(90°-\phi_{kA})\cos\beta_{CA}+\sin(90°-\phi_{kA})\sin\beta_{CA}\cos\alpha_{kA}$$

则

$$\sin\phi_{CA}=\sin\phi_{kA}\cos\beta_{CA}+\cos\phi_{kA}\sin\beta_{CA}\cos\alpha_{kA}\tag{4-6-7}$$

另由四元素公式可求得 $\Delta\lambda_A$ 的表达式：

$$\cot\Delta\lambda_A=-\sin\phi_{kA}\cot\alpha_{kA}+\frac{\cos\phi_{kA}\cot\beta_{CA}}{\sin\alpha_{kA}}\tag{4-6-8}$$

因此可得落点 $C_A$ 的经度：

$$\lambda_{CA}=\lambda_k+\Delta\lambda_A\tag{4-6-9}$$

因为被动段弹道是平面弹道，故 $\boldsymbol{v}_{CA}$ 水平分量的方位角即为 $\beta_{CA}$ 在 $C_A$ 点的切线方向与该点子午线的夹角，故球面三角形 $NK'C_A$ 中 $\angle NC_AK'=180°-\alpha_{CA}$。则由球面三角正弦定理可得

$$\sin\alpha_{CA}=\frac{\cos\phi_{kA}\sin\Delta\lambda_A}{\sin\beta_{CA}}\tag{4-6-10}$$

至于 $v_{CA}$，$\Theta_{CA}$ 则可根据机械能守恒及动量矩守恒而求得

$$\begin{cases} v_{CA} = \sqrt{v_{kA}^2 - 2\left(\dfrac{\mu}{r_{kA}} - \dfrac{\mu}{R}\right)} \\ \Theta_{CA} = \arccos \dfrac{r_{kA} v_{kA} \cos \Theta_{kA}}{R v_{CA}} \end{cases} \tag{4-6-11}$$

（3）将绝对坐标内的落点 $C_A$ 各参数换算成旋转地球上的落点 $C$ 的参数。

由于地球绕地轴旋转，故这种旋转不会影响导弹落点的纬度，因此，

$$\phi_C = \phi_{CA} \tag{4-6-12}$$

但地球的旋转对落点在旋转地球上的经度是有影响的，已求得导弹被动段飞行时间 $T_{CA}$，在此时间内，地球旋转的角度大小为 $\omega_e T_{CA}$，故落点 $C$ 的经度应为

$$\lambda_C = \lambda_{CA} - \omega_e T_{CA} \tag{4-6-13}$$

而落点 $C$ 的相对速度 $v_C$，速度倾角 $\theta_C$ 及方位角 $\alpha_C$ 则可依据式(4－6－6)的推导原理，不难得

$$\begin{cases} \tan \alpha_C = \tan \alpha_{CA} - \dfrac{\omega_e R \cos \phi_C}{v_{CA} \cos \Theta_{CA} \cos \alpha_{CA}} \\ \tan \Theta_C = \tan \Theta_{CA} \dfrac{\cos \alpha_C}{\cos \alpha_{CA}} \\ v_C = v_{CA} \dfrac{\sin \Theta_{kA}}{\sin \Theta_k} \end{cases} \tag{4-6-14}$$

（4）计算在旋转地球上的射程角 $\beta_{KC}$ 和方位角 $\alpha_{KC}$。

由给定的主动段终点 $K$ 的地心坐标 $\phi_K$、$\lambda_K$ 及上面算得的落点 $C$ 的地心坐标 $\phi_C$，$\lambda_C$，即可根据图 4－6－3 中球面三角形 $K'NC$ 计算 $K'C$ 两点对应的地心角，该角即为考虑地球旋转后，弹头飞行的射程角 $\beta_{KC}$，并且还可得到 $\beta_{KC}$ 对应的大圆弧与 $K'$ 处正北方向之间的夹角，亦即考虑地球自转后射程方位角 $\alpha_{KC}$。

图 4－6－3 中，对于球面三角形 $K'NC$ 由边的余弦公式可得

$$\cos \beta_{KC} = \sin \phi_k \sin \phi_c + \cos \phi_k \cos \phi_c \cos \Delta\lambda_c \tag{4-6-15}$$

其中，

$$\Delta\lambda_c = \lambda_c - \lambda_k$$

利用正弦公式即可求得 $\alpha_{KC}$：

$$\sin \alpha_{KC} = \frac{\cos \phi_C \sin \Delta\lambda_c}{\sin \beta_{KC}} \tag{4-6-16}$$

需强调指出的是：

（1）上面所有涉及到三角运算公式，必须注意正确地确定角值的范围。

（2）在介绍的计算步骤中是以落点 $C$ 来讨论的。事实上是在已知关机点 $K$ 的相对参

数基础上,求任一时刻 $t$ 的弹道相对参数。这在上述计算步骤中,只需在步骤(2)中,依据换算得到的绝对参数: $t_k$、$r_{kA}$、$v_{kA}$、$\Theta_{kA}$,先算出椭圆弹道几何参数 $a$、$P$、$e$,然后解得 $E_{kA}$,从而可算得导弹飞经近地点 $p$ 的时刻 $t_p$,再根据 $t$ 及 $e$、$t_p$,反解开普勒方程得偏近点角 $E(t)$,并可求得相应的真近点角 $f(t)$,最后根据弹道方程即可得到 $t$ 时刻弹道相应点的地心矩 $r(t)$,这样就可按步骤(2)的公式进行运算。当然,在步骤(3)及(4)中各计算式的 $C$ 点地球半径 $R$ 应用 $r(t)$ 代替,这样就可算出任意时刻 $t$ 的相对参数。

## 4.7 考虑地球旋转的误差系数

前节中介绍了在被动段不考虑地球旋转时的误差系数的求取方法,其结果是指在被动段绝对弹道(系平面弹道)中,被动段绝对落点、飞行时间对关机点绝对参数的误差系数。在远程导弹弹道设计与制导中通常使用在旋转地球上全程相对落点对关机点参数的误差系数。本节介绍求取该误差系数解析表达式的运动学方法。

观察图4-7-1,在导弹起飞瞬间建立一个半径为地球半径 $R$ 的不随地球旋转的同心球 $\sigma$, $O_A$ 为发射点在起飞瞬时在球壳上的位置,在该瞬时,它与旋转地球上经、纬度为 $\phi_0$、$\lambda_0$ 的一点相重合。$C^{\sim}$ 点为导弹在标准飞行条件下在不动球壳上的理论落点。过 $O_A$ 点建立发射惯性坐标系 $O_A-x_Ay_Az_A$; $y_A$ 轴为 $O_E$ 至 $O_A$ 连线延长线; $x_A$ 轴为导弹发射瞄准方向线,它在过 $O_A$ 点的当地水平面内,与 $O_A$ 所在子午线的指北切线之间夹角为 $\alpha_0$; $z_A$ 轴与 $x_A$、$y_A$ 组成右手直角坐标系。当在发射惯性坐标系内按标准飞行条件解算主动段运动方程时,可得 $t_k$ 时刻主动段关机点 $K$ 的理论弹道绝对参数 $v_{xk}$、$v_{yk}$、$v_{zk}$、$x_k$、$y_k$、$z_k$(为书写方便,此处以及本节后面所有绝对参数符号的下注解"A"均省略)。为不失一般性,设 $v_{xk}$ 与 $z_k$ 均不为0, $K$ 点在球壳上的投影点为 $K'$,连 $O_AK'$ 弧,其所对应的地心角 $\beta_k$ 为主动段绝对射程角。过 $K'$ 点建立当地惯性坐标系 $K'-XYZ$, $X$ 轴与 $O_AK'$ 大圆弧 $K'$ 的切线重合,指向飞行方向; $Y$ 轴为 $O_E$ 至 $K'$ 的连线,指向球外; $Z$ 轴与 $X$、$Y$ 组成右手直角坐标系。

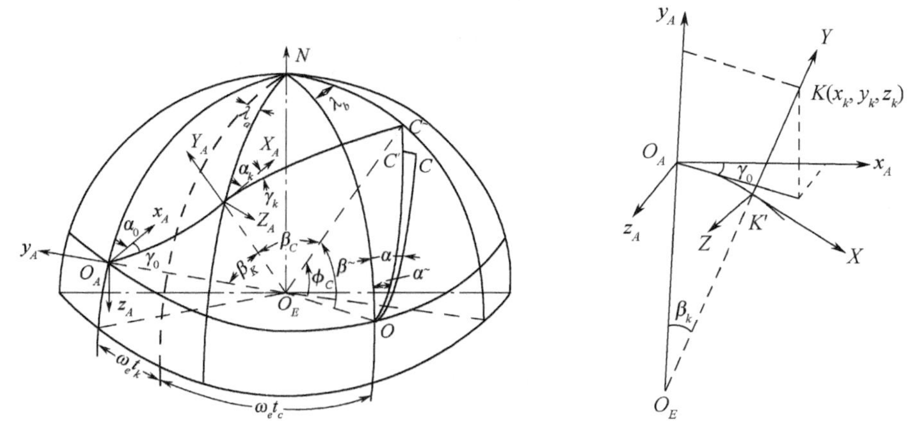


**图4-7-1 求误差系数几何关系图**

**图4-7-2 $O_A-x_Ay_Az_A$ 与 $K'-XYZ$ 关系图**

由图4-7-2可确定 $O_A-x_Ay_Az_A$ 与 $K'-XYZ$ 两坐标系间的两个欧拉角 $\beta_k$、$\gamma_0$:

$$\begin{cases} \tan\beta_k = \dfrac{\sqrt{x_{Ak}^2 + z_{Ak}^2}}{R + y_{Ak}} \\ \tan\gamma_0 = \dfrac{z_k}{x_k} \end{cases} \tag{4-7-1}$$

因而可得两个坐标系的坐标转换关系式：

$$\begin{bmatrix} X_k \\ Y_k + R \\ Z_k \end{bmatrix} = \boldsymbol{A} \begin{bmatrix} x_k \\ y_k + R \\ z_k \end{bmatrix} \tag{4-7-2}$$

其中，$\boldsymbol{A}$ 为两坐标系的方向余弦阵：

$$\boldsymbol{A} = \begin{bmatrix} \cos\gamma_0\cos\beta_k & -\sin\beta_k & \sin\gamma_0\cos\beta_k \\ \cos\gamma_0\sin\beta_k & \cos\beta_k & \sin\gamma_0\sin\beta_k \\ -\sin\gamma_0 & 0 & \cos\gamma_0 \end{bmatrix} \tag{4-7-3}$$

显然，$K$ 点的绝对速度在这两个坐标系间的分量之间有关系式：

$$\begin{bmatrix} v_{Xk} \\ v_{Yk} \\ v_{Zk} \end{bmatrix} = \boldsymbol{A} \begin{bmatrix} v_{xk} \\ v_{yk} \\ v_{zk} \end{bmatrix} \tag{4-7-4}$$

仍然从推导的一般性出发，认为关机点速度矢量 $\boldsymbol{v}_k$ 不在 $K'-XYZ$ 平面内，即 $v_{Zk} \neq 0$，因而把 $\boldsymbol{v}_k$ 在当地惯性坐标系 $K'-XYZ$ 内定向，需要两个角度，即

$$\begin{cases} \tan\Theta_k = \dfrac{v_{Yk}}{\sqrt{v_{Xk}^2 + v_{Zk}^2}} \\ \tan\gamma_k = \dfrac{v_{Zk}}{v_{Xk}} \end{cases} \tag{4-7-5}$$

事实上，下列两关系式成立：

$$\begin{cases} v_k = \sqrt{v_{xk}^2 + v_{yk}^2 + v_{zk}^2} \\ r_k = \sqrt{x_k^2 + (y_k + R)^2 + z_k^2} \end{cases} \tag{4-7-6}$$

因此，由式(4-7-1)、式(4-7-4)、式(4-7-5)、式(4-7-6)可把 $t_k$ 时刻的参数 $v_{xk}$、$v_{yk}$、$v_{zk}$ 及 $x_k$、$y_k$、$z_k$ 变换成另一组形式的参数 $v_k$、$\Theta_k$、$\beta_k$、$r_k$、$\gamma_0$、$\gamma_k$。

首先研究用后一组形式所描述的关机点参数来求取在旋转地球上的全射程的误差系数。已知 $C^{\sim}$ 是球壳上的投影点。$o_A$ 是起飞瞬间同时穿过球壳及地球上的固定点，考虑到地球在旋转，在地球上经过主动段 $t_k$ 及被动段 $t_c$ 时刻后，则地球上的发射点已由 $o_A$ 沿其所在纬圈上移动了经角 $\omega_e(t_k + t_c)$ 值。在图 4-7-1 中 $\overset{\frown}{OC^{\sim}}$ 所对应的地心角 $\tilde{\beta}$ 即为理论相

对射程,若设导弹实际落点为 $C$,则 $\overset{\frown}{OC}$ 即为实际射程,记 $\overset{\frown}{OC}$ 对应的地心角为 $\beta$,由 $C$ 做垂直 $\overset{\frown}{OC}$ 的大圆交于 $C'$,$\overset{\frown}{C'\tilde{C}}$ 为射程偏差。其对应地心角为 $\Delta\beta$,$\overset{\frown}{C'C}$ 为侧向偏差,其地心角记为 $\zeta$,$\overset{\frown}{O\tilde{C}}$、$\overset{\frown}{OC}$ 与 $O$ 点子午线的夹角记为 $\tilde{\alpha}$、$\alpha$。

定义 $\overset{\frown}{OC'}$ 与 $\overset{\frown}{O\tilde{C}}$ 之差为 $\Delta\beta=\beta'-\tilde{\beta}$,则由球面三角形 $OCC'$ 可得关系式:

$$\begin{cases}\tan\beta=\tan(\tilde{\beta}+\Delta\beta)\cos(\alpha-\tilde{\alpha})\\ \sin\zeta=\sin\beta\cdot\sin(\alpha-\tilde{\alpha})\end{cases}$$

由于 $(\alpha-\tilde{\alpha})$ 及 $\Delta\beta$ 均为小量,将上式按泰勒级数展开,取至一阶项,则有

$$\begin{cases}\Delta\beta=\beta-\tilde{\beta}\\ \zeta=\sin\tilde{\beta}(\alpha-\tilde{\alpha})\end{cases}\tag{4-7-7}$$

即

$$\begin{cases}\Delta L=R(\beta-\tilde{\beta})\\ \Delta H=R\sin\tilde{\beta}(\alpha-\tilde{\alpha})\end{cases}\tag{4-7-8}$$

为求 $\Delta L$、$\Delta H$ 对关机点绝对参数 $v_k$、$\Theta_k$、$\beta_k$、$r_k$、$\gamma_0$、$\gamma_k$、$t_k$ 的误差系数,分三步来进行。

1. 求 $\boldsymbol{J}_1=\dfrac{\partial[L,\ H]^{\mathrm{T}}}{\partial[\phi_c,\ \lambda_b]}$

观察图 4-7-1 的局部球面 $NOC$,如图 4-7-3(a)所示,可找出 $\beta$、$\alpha$ 与 $\lambda_b$($O$,$C$ 两点子午线经度差)、$\phi_c$(落点 $C$ 的纬度)之间的关系式:

$$\begin{cases}\cos\beta=\sin\phi_0\sin\phi_c+\cos\phi_0\cos\phi_c\cos\lambda_b\\ \sin\alpha=\dfrac{\cos\phi_c\sin\lambda_b}{\sin\beta}\\ \cos\alpha=\dfrac{\sin\phi_c-\cos\beta\sin\phi_0}{\cos\phi_0\sin\beta}\end{cases}\tag{4-7-9}$$

上式中,发射点纬度 $\phi_0$ 为已知量,显然:

$$\beta=\beta(\phi_c,\ \lambda_b)$$

而 $\alpha$ 是 $\beta$、$\phi_c$、$\lambda_b$ 的函数,故有

$$\alpha=\alpha(\phi_c,\ \lambda_b)$$

由式(4-7-9)可求得雅可比阵:

$$\frac{\partial[\beta,\ \alpha]^{\mathrm{T}}}{\partial[\phi_c,\ \lambda_b]}=\begin{bmatrix}\dfrac{\partial\beta}{\partial\phi_c} & \dfrac{\partial\beta}{\partial\lambda_b}\\ \dfrac{\partial\alpha}{\partial\phi_c} & \dfrac{\partial\alpha}{\partial\lambda_b}\end{bmatrix}\tag{4-7-10}$$

其中，

$$\begin{cases}\dfrac{\partial\beta}{\partial\phi_c}=\dfrac{1}{\sin\beta}(\cos\phi_0\sin\phi_c\cos\lambda_b-\sin\phi_0\cos\phi_c)\\ \dfrac{\partial\beta}{\partial\lambda_b}=\dfrac{\cos\phi_0\cos\phi_c\sin\lambda_b}{\sin\beta}\\ \dfrac{\partial\alpha}{\partial\phi_c}=-\dfrac{\sin\phi_c\sin\lambda_b}{\cos\alpha\sin\beta}-\dfrac{\cos\beta\cos\phi_c\sin\lambda_b}{\cos\alpha\sin^2\beta}\cdot\dfrac{\partial\beta}{\partial\phi_c}\\ \dfrac{\partial\alpha}{\partial\lambda_b}=\dfrac{\cos\phi_c\cos\lambda_b}{\cos\alpha\sin\beta}-\dfrac{\cos\beta\cos\phi_c\sin\lambda_b}{\cos\alpha\sin^2\beta}\cdot\dfrac{\partial\beta}{\partial\lambda_b}\end{cases}\tag{4-7-11}$$

根据式(4－7－8)，运用上式结果，可求得

$$\boldsymbol{J}_1=\frac{\partial[L,\ H]^{\mathrm{T}}}{\partial[\phi_c,\ \lambda_b]}=R\begin{bmatrix}\dfrac{\partial\beta}{\partial\phi_c} & \dfrac{\partial\beta}{\partial\lambda_b}\\ \sin\beta\left(\dfrac{\partial\alpha}{\partial\phi_c}\right) & \sin\beta\left(\dfrac{\partial\alpha}{\partial\lambda_b}\right)\end{bmatrix}\tag{4-7-12}$$

2. 求 $\boldsymbol{J}_2=\dfrac{\partial[\phi_c,\ \lambda_b]^{\mathrm{T}}}{\partial[\beta_c,\ A_k,\ t_c,\ \lambda_a,\ \phi_k]}$

为找出 $\phi_c$、$\lambda_b$ 与关机点绝对参数关系，现观察图 4－7－1 中局部球面三角形 $NCK'$，如图 4－7－3(b)所示。$\angle NK'C$ 为关机点速度矢量的水平分量与过 $K'$ 子午面切线之间的夹角，记为 $A_k$，则

$$A_k=\gamma_k+\alpha_k\tag{4-7-13}$$

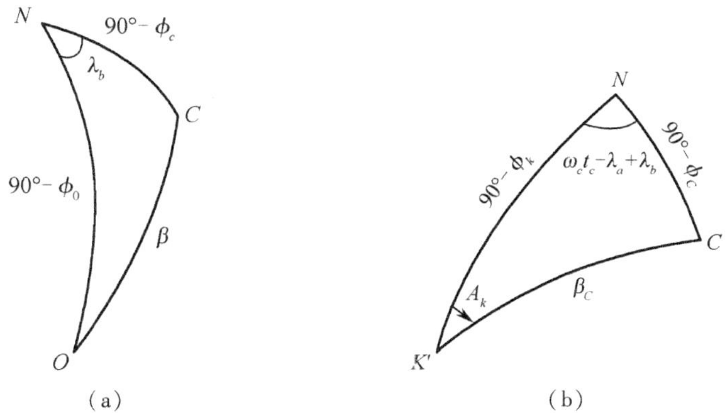


**图 4－7－3　局部球面三角图**

由图 4－7－3 可知：

$$\angle CNK'=\omega_e t_c+\lambda_b-\lambda_a$$

其中，$\lambda_a$ 为 $K'$ 所在子午面与旋转地球上 $O_A$ 点经过 $t_k$ 时刻后所在子午面之间的夹角。从图 4－7－3(b)可得如下的关系式：

$$\begin{cases}\sin\phi_c = \sin\phi_k\cos\beta_c + \cos\phi_k\sin\beta_c\cos A_k & |\phi_c| \leqslant \pi/2 \\ \sin(\omega_e t_c + \lambda_b - \lambda_a) = \dfrac{\sin\beta_c\sin A_k}{\cos\phi_c} & \end{cases} \tag{4-7-14}$$

由式(4－7－14)可知:

$$\begin{cases}\phi_c = \phi_c(\phi_k,\ \beta_c,\ A_k) \\ \lambda_b = \lambda_b(\phi_c,\ \beta_c,\ A_k,\ \lambda_a,\ t_c)\end{cases}$$

这样就建立了落点参数 $\phi_c$、$\lambda_b$ 与参数 $\phi_c$、$\beta_c$、$A_k$、$\lambda_a$、$t_c$ 之间的关系,其雅可比阵为

$$\boldsymbol{J}_2 = \frac{\partial[\phi_c,\ \lambda_b]^{\mathrm{T}}}{\partial[\beta_c,\ A_k,\ t_c,\ \lambda_a,\ \phi_k]} = \begin{bmatrix}\partial\phi_c/\partial\beta_c & \partial\phi_c/\partial A_k & 0 & 0 & \partial\phi_c/\partial\phi_k \\ \partial\lambda_b/\partial\beta_c & \partial\lambda_b/\partial A_k & \partial\lambda_b/\partial t_c & \partial\lambda_b/\partial\lambda_a & \partial\lambda_b/\partial\phi_k\end{bmatrix} \tag{4-7-15}$$

上式矩阵中各元素可通过关系式(4－7－14)求得

$$\begin{cases}\dfrac{\partial\phi_c}{\partial\beta_c} = \dfrac{1}{\cos\phi_c}(\cos\phi_k\cos\beta_c\cos A_k - \sin\phi_k\sin\beta_c) \\ \dfrac{\partial\phi_c}{\partial A_k} = -\dfrac{\cos\phi_k\sin\beta_c\sin A_k}{\cos\phi_c} \\ \dfrac{\partial\phi_c}{\partial\phi_k} = \dfrac{1}{\cos\phi_c}(\cos\phi_k\cos\beta_c - \sin\phi_k\sin\beta_c\cos A_k) \\ \dfrac{\partial\lambda_b}{\partial\beta_c} = \dfrac{1}{\cos(\omega_e t_c + \lambda_b - \lambda_a)}\left(\cos\beta_c\dfrac{\sin A_k}{\cos\phi_c} + \dfrac{\sin\phi_c\sin\beta_c\sin A_k}{\cos^2\phi_c}\dfrac{\partial\phi_c}{\partial\beta_c}\right) \\ \dfrac{\partial\lambda_b}{\partial A_k} = \dfrac{1}{\cos(\omega_e t_c + \lambda_b - \lambda_a)}\left(\sin\beta_c\dfrac{\cos A_k}{\cos\phi_c} + \dfrac{\sin\phi_c\sin\beta_c\sin A_k}{\cos^2\phi_c}\dfrac{\partial\phi_c}{\partial A_k}\right) \\ \dfrac{\partial\lambda_b}{\partial t_c} = -\omega_e \\ \dfrac{\partial\lambda_b}{\partial\lambda_a} = 1 \\ \dfrac{\partial\lambda_b}{\partial\phi_k} = \dfrac{1}{\cos(\omega_e t_c + \lambda_b - \lambda_a)}\dfrac{\sin\phi_c\sin\beta_c\sin A_k}{\cos^2\phi_c}\dfrac{\partial\phi_c}{\partial\phi_k}\end{cases}$$

$$. \tag{4-7-16}$$

3. 求 $\boldsymbol{J}_3 = \dfrac{\partial[\beta_c,\ A_k,\ t_c,\ \lambda_a,\ \phi_k]^{\mathrm{T}}}{\partial[v_k,\ \Theta_k,\ r_k,\ \beta_k,\ \gamma_0,\ \gamma_k,\ t_k]}$

根据图 4－7－1 中的球面三角形 $NO_AK'$ 的边角关系,见图 4－7－4,可见:

$$\angle NK'O_A = 180^\circ - \alpha_k$$

$$A_0 = \alpha_0 + \gamma_0$$

则可写出球面三角关系式：

$$\begin{cases}\sin\alpha_k = \dfrac{\sin A_0}{\cos\phi_k}\cos\phi_0 \\ \sin\phi_k = \sin\phi_0\cos\beta_k + \cos\phi_0\sin\beta_k\cos A_0 \\ \sin(\omega_e t_k + \lambda_a) = \dfrac{\sin A_0}{\cos\phi_k}\sin\beta_k\end{cases} \tag{4-7-17}$$

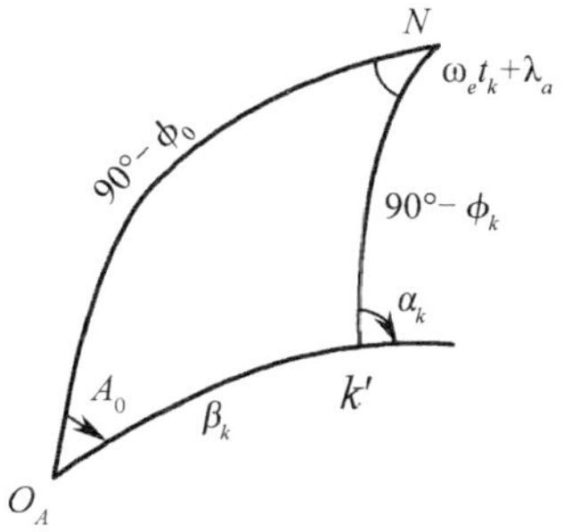

图 4-7-4　局部球面三角形

据式(4-7-17)，并注意到 $A_k = \alpha_k + \gamma_k$，即可求得下列偏导数：

$$\begin{cases}\dfrac{\partial\phi_k}{\partial\beta_k} = \dfrac{1}{\cos\phi_k}(\cos\phi_0\cos\beta_k\cos A_0 - \sin\phi_0\sin\beta_k) \\ \dfrac{\partial\phi_k}{\partial\gamma_0} = \dfrac{\partial\phi_k}{\partial A_0} = -\dfrac{\cos\phi_0\sin\beta_k\sin A_k}{\cos\phi_k} \\ \dfrac{\partial A_k}{\partial\beta_k} = \dfrac{\cos\phi_0\sin\phi_k\sin A_0}{\cos\alpha_k\cos^2\phi_k}\dfrac{\partial\phi_k}{\partial\beta_k} \\ \dfrac{\partial A_k}{\partial\gamma_0} = \dfrac{\cos\phi_0\cos A_0}{\cos\alpha_k\cos\phi_k} + \dfrac{\cos\phi_0\sin\phi_k\sin A_0}{\cos\alpha_k\cos^2\phi_k}\dfrac{\partial\phi_k}{\partial\gamma_0} \\ \dfrac{\partial\lambda_a}{\partial\beta_k} = \dfrac{1}{\cos(\omega_e t_k + \lambda_a)}\left(\dfrac{\cos\beta_k\sin A_0}{\cos\phi_k} + \dfrac{\sin\beta_k\sin\phi_k\sin A_0}{\cos^2\phi_k}\dfrac{\partial\phi_k}{\partial\beta_k}\right) \\ \dfrac{\partial\lambda_a}{\partial\gamma_0} = \dfrac{1}{\cos(\omega_e t_k + \lambda_a)}\left(\dfrac{\sin\beta_k\cos A_0}{\cos\phi_k} + \dfrac{\sin\beta_k\sin\phi_k\sin A_0}{\cos^2\phi_k}\dfrac{\partial\phi_k}{\partial\gamma_0}\right) \\ \dfrac{\partial\lambda_a}{\partial t_k} = -\omega_e\end{cases} \tag{4-7-18}$$

而 $\beta_c$、$t_c$ 仅与 $v_k$、$\Theta_k$、$r_k$ 有关，其偏导数表达式见式(4-5-15)及式(4-5-23)，这样就可得 $\boldsymbol{J}_3$ 的具体形式为

$$\boldsymbol{J}_3 = \frac{\partial[\beta_c, A_k, t_c, \lambda_a, \phi_k]^{\mathrm{T}}}{\partial[v_k, \Theta_k, r_k, \beta_k, \gamma_0, \gamma_k, t_k]} = \begin{bmatrix}\dfrac{\partial\beta_c}{\partial v_k} & \dfrac{\partial\beta_c}{\partial\Theta_k} & \dfrac{\partial\beta_c}{\partial r_k} & 0 & 0 & 0 & 0 \\ 0 & 0 & 0 & \dfrac{\partial A_k}{\partial\beta_k} & \dfrac{\partial A_k}{\partial\gamma_0} & 1 & 0 \\ \dfrac{\partial t_c}{\partial v_k} & \dfrac{\partial t_c}{\partial\Theta_k} & \dfrac{\partial t_c}{\partial r_k} & 0 & 0 & 0 & 0 \\ 0 & 0 & 0 & \dfrac{\partial\lambda_a}{\partial\beta_k} & \dfrac{\partial\lambda_a}{\partial\gamma_0} & 0 & \dfrac{\partial\lambda_a}{\partial t_k} \\ 0 & 0 & 0 & \dfrac{\partial\phi_k}{\partial\beta_k} & \dfrac{\partial\phi_k}{\partial\gamma_0} & 0 & 0\end{bmatrix} \tag{4-7-19}$$

至此,据式(4-7-12)、式(4-7-15)及式(4-7-19)即可求得落点偏差量对关机点绝对参数 $v_k$、$\Theta_k$、$r_k$、$\beta_k$、$\gamma_0$、$\gamma_k$、$t_k$ 的误差系数,即

$$\begin{aligned}\boldsymbol{J} &= \frac{\partial[L,\ H]^{\mathrm{T}}}{\partial[v_k,\ \Theta_k,\ r_k,\ \beta_k,\ \gamma_0,\ \gamma_k,\ t_k]} \\ &= \frac{\partial[L,\ H]^{\mathrm{T}}}{\partial[\phi_c,\ \lambda_b]}\frac{\partial[\phi_c,\ \lambda_b]^{\mathrm{T}}}{\partial[\beta_c,\ A_k,\ t_c,\ \lambda_a,\ \phi_k]}\frac{\partial[\beta_c,\ A_k,\ t_c,\ \lambda_a,\ \phi_k]^{\mathrm{T}}}{\partial[v_k,\ \Theta_k,\ r_k,\ \beta_k,\ \gamma_0,\ \gamma_k,\ t_k]}\end{aligned} \tag{4-7-20}$$

亦即

$$\boldsymbol{J} = \boldsymbol{J}_1 \cdot \boldsymbol{J}_2 \cdot \boldsymbol{J}_3 \tag{4-7-21}$$

如果要以绝对参量 $v_{xk}$、$v_{yk}$、$v_{zk}$、$x_k$、$y_k$、$z_k$、$t_k$ 来求取全程落点对它们的误差系数,则可按下式计算:

$$\frac{\partial[L,\ H]^{\mathrm{T}}}{\partial[v_{xk},\ v_{yk},\ v_{zk},\ x_k,\ y_k,\ z_k,\ t_k]} = \boldsymbol{J} \cdot \boldsymbol{Q} \tag{4-7-22}$$

其中,

$$\boldsymbol{Q} = \frac{\partial[v_k,\ \Theta_k,\ r_k,\ \beta_k,\ \gamma_0,\ \gamma_k,\ t_k]^{\mathrm{T}}}{\partial[v_{xk},\ v_{yk},\ v_{zk},\ x_k,\ y_k,\ z_k,\ t_k]}$$

$\boldsymbol{Q}$ 是由49个偏导数组成的方阵,这些偏导数中:

(1) 由于速度参数 $v_k$、$v_{xk}$、$v_{yk}$、$v_{zk}$ 与坐标参数 $r_k$、$\beta_k$、$x_k$、$y_k$、$z_k$ 是线性无关的,故 $\boldsymbol{Q}$ 中偏导数 $\frac{\partial v_k}{\partial x_k}$、$\frac{\partial v_k}{\partial y_k}$、$\frac{\partial v_k}{\partial z_k}$、$\frac{\partial r_k}{\partial v_{xk}}$、$\frac{\partial r_k}{\partial v_{yk}}$、$\frac{\partial r_k}{\partial v_{zk}}$、$\frac{\partial \beta_k}{\partial v_{xk}}$、$\frac{\partial \beta_k}{\partial v_{yk}}$、$\frac{\partial \beta_k}{\partial v_{zk}}$ 均为0;

(2) 参数 $\gamma_0$ 只与关机点位置参数有关,$\gamma_k$ 只与关机点速度参数有关,故 $\frac{\partial \gamma_0}{\partial v_{xk}}$、$\frac{\partial \gamma_0}{\partial v_{yk}}$、$\frac{\partial \gamma_0}{\partial v_{zk}}$、$\frac{\partial \gamma_k}{\partial x_k}$、$\frac{\partial \gamma_k}{\partial y_k}$、$\frac{\partial \gamma_k}{\partial z_k}$ 均为0;

(3) $t_k$ 与其他参数无关,故 $\boldsymbol{Q}$ 中除 $\frac{\partial t_k}{\partial t_k}=1$ 外,其他参数与 $t_k$ 的相互间偏导数均为0;

(4) $\boldsymbol{Q}$ 中还剩下22个偏导数,可根据式(4-7-1)、式(4-7-5)、式(4-7-6)。

最后需指出的是上述所有雅可比阵各元素,是基于对标准弹道而言的偏导数,故计算这些偏导数时均应代以标准弹道的参数值,在上面书写中没有在符号上特别注明。

## 4.8 扁形地球下自由飞行段弹道

本章前面的讨论均以地球为均质圆球为条件,则引力场为距离平方反比力场。而实际引力势的球函数展开式如式(2-2-6)或式(2-2-7)所示。可见此时较之均质圆球引力势多了后面谐函数项,而这些谐函数的影响,不仅会使引力的大小有别于均质圆球的引力,而且该引力的方向也不只是在矢径 $\boldsymbol{r}$ 的反方向上,这就产生使导弹偏离 $\boldsymbol{r}$ 与 $\boldsymbol{v}$ 所决定

的平面，故谐函数项的影响，将使导弹弹下点相对于地球为均质圆球的落点产生纵向射程偏差和侧向横程偏差，这种影响称为动力学影响。计算结果表明，对远程导弹而言，二阶带谐函数项的影响，使落点偏差量可达 10 千米左右，而高阶带谐函数、田谐函数及扇谐函数对落点的影响要小几个量级，故可忽略不计。此外，导弹的弹着点是指导弹飞行弹道与地球表面的交点。因此，地球表面形状不同将使交点的位置产生变化，而引起落点的偏差。这种由于地球形状不同所引起的落点偏差称为几何影响。不言而喻，在考虑谐函数的影响下，自由飞行段的时间也将不再是按椭圆弹道理论计算的时间，也需要进行修正。对于上述各种影响，基于谐函数项的影响可看成是对椭圆弹道的摄动，故可运用摄动理论导出动力学影响、几何影响及时间的修正项，而这些修正项均可以表示为自由飞行段起点绝对参数：$r_{kA}$、$v_{kA}$、$\Theta_{kA}$、$\phi_{kA}$、$\alpha_{kA}$ 的解析表达式。这些解析表达式可以方便、快捷地求出偏差量，它可以减少发射前射击诸元准备的时间，也可以减少导弹制导计算工作量。但由于该方法的推导是烦冗的，在掌握了椭圆弹道理论及二阶非齐次微分方程的解法的基础上，理解也是不困难的，在这里就不推导了。

当地球引力场只考虑到 $J_2$ 项，且将地球形状视为两轴旋转椭球体时，则可由火箭主动段计算方程式(3－3－5)写出在地面、发射坐标系内导弹弹头在真空状态下的动力学方程：

$$
\begin{cases}
\begin{bmatrix} \dfrac{\mathrm{d}v_x}{\mathrm{d}t} \\ \dfrac{\mathrm{d}v_y}{\mathrm{d}t} \\ \dfrac{\mathrm{d}v_z}{\mathrm{d}t} \end{bmatrix} = \dfrac{g_{r\phi r}}{r}\begin{bmatrix} x + R_{ox} \\ y + R_{oy} \\ z + R_{oz} \end{bmatrix} + \dfrac{g_{\omega_e}}{\omega_e}\begin{bmatrix} \omega_{ex} \\ \omega_{ey} \\ \omega_{ez} \end{bmatrix} - \begin{bmatrix} a_{11} & a_{12} & a_{13} \\ a_{21} & a_{22} & a_{23} \\ a_{31} & a_{32} & a_{33} \end{bmatrix}\begin{bmatrix} x + R_{ox} \\ y + R_{oy} \\ z + R_{oz} \end{bmatrix} - \begin{bmatrix} b_{11} & b_{12} & b_{13} \\ b_{21} & b_{22} & b_{23} \\ b_{31} & b_{32} & b_{33} \end{bmatrix}\begin{bmatrix} \dot{x} \\ \dot{y} \\ \dot{z} \end{bmatrix} \\
\begin{bmatrix} \dfrac{\mathrm{d}x}{\mathrm{d}t} \\ \dfrac{\mathrm{d}y}{\mathrm{d}t} \\ \dfrac{\mathrm{d}z}{\mathrm{d}t} \end{bmatrix} = \begin{bmatrix} v_x \\ v_y \\ v_z \end{bmatrix} \\
v = \sqrt{v_x^2 + v_y^2 + v_z^2} \\
r = \sqrt{(x + R_{ox})^2 + (y + R_{oy})^2 + (z + R_{oz})^2} \\
\sin\phi = \dfrac{(x + R_{ox})\omega_{ex} + (y + R_{oy})\omega_{ey} + (x + R_{oz})\omega_{ez}}{r\omega_e} \\
R = \dfrac{a_e b_e}{\sqrt{a_e^2\sin^2\phi + b_e^2\cos^2\phi}}
\end{cases}
\tag{4-8-1}
$$

式(4－8－1)中各符号意义同式(3－3－5)，其积分起始条件为主动段终点参数，而终止条件为 $r = R$（椭球表面一点纬度 $\phi$ 处的地心距长度）。

# 第5章 再入段运动特性分析与弹道设计

飞行器的被动段飞行弹道，根据其受力情况不同，可分为自由段和再入段。在再入段飞行器受到地球引力、空气动力和空气动力矩的作用。由于空气动力的作用，使得飞行器在再入段具有以下特点：

（1）飞行器运动参数与真空飞行时有较大的区别。

（2）由于飞行器以高速进入稠密大气层，受到强大的空气动力作用而产生很大的过载，且飞行器表面也显著加热。这些在研究飞行器的落点精度和进行飞行器强度设计及防热措施时，都是要予以重视的问题。

（3）可以利用空气动力的升力特性，进行再入机动飞行。

根据上述再入段的特点，有必要对飞行器的再入段运动进行深入的研究。

当然，自由段和再入段的界限是选在大气的任意界面上，其高度与要解决的问题、飞行器的特性、射程（或航程）等有关。例如，大气对远程弹头的运动参数开始产生影响的高度为80~100 km，通常取80 km作为再入段起点，有时为了讨论问题方便，也以主动段终点高度作为划分的界限。实际上，即使在自由段，飞行器也会受到微弱的空气动力作用，特别对近程弹道导弹，由于弹道高度不高，情况更是如此。因此，在本章将建立的考虑空气动力的再入段运动方程，也可用于研究考虑空气动力后的自由段，从而使自由段弹道精确化。

## 5.1 再入段运动方程

在再入段，飞行器仅受地球引力、空气动力和空气动力矩作用的无动力、无控制的常质量飞行段，因此，很容易由第3章空间一般运动方程简化得到再入段运动方程。

### 5.1.1 矢量形式的再入段动力学方程

由质心动力学方程的矢量表达式（3-1-2），只要取$\boldsymbol{P}=0$、$\boldsymbol{F}_c=0$、$\boldsymbol{F}'_k=0$，而绕质心动力学方程式（3-1-4）中，取$\boldsymbol{M}_c=0$、$\boldsymbol{M}'_{rel}=0$、$\boldsymbol{M}'_k=0$。便得到在惯性空间中以矢量形式描述的再入段质心动力学方程：

$$m\frac{\mathrm{d}^2\boldsymbol{r}}{\mathrm{d}t^2}=\boldsymbol{R}+m\boldsymbol{g} \tag{5-1-1}$$

和在平移坐标系中建立的绕质心动力学方程：

$$\boldsymbol{I} \cdot \frac{\mathrm{d}\boldsymbol{\omega}_T}{\mathrm{d}t} + \boldsymbol{\omega}_T \times (\boldsymbol{I} \cdot \boldsymbol{\omega}_T) = \boldsymbol{M}_{st} + \boldsymbol{M}_d \tag{5-1-2}$$

其中，

$$\boldsymbol{\omega}_T = \boldsymbol{\omega} + \boldsymbol{\omega}_e \tag{5-1-3}$$

$\boldsymbol{\omega}$ 为飞行器姿态相对于发射坐标系的转动角速度，$\boldsymbol{\omega}_e$ 为地球自转角速度。

### 5.1.2　地面发射坐标系中再入段空间运动方程

对微分方程(5－1－1)、式(5－1－2)的求解须将其投影到选定的坐标系中。当考虑地球为均质旋转椭球体时，在地面发射坐标系中的再入段空间运动方程，可由式(3－2－39)简化得到。

(1) 由于是无动力飞行，故可在质心动力学方程中，取 $P_e = 0$。

(2) 再入是无控制飞行状态，故可去掉 3 个控制方程，且在动力学方程中，取

$$Y_{1c} = Z_{1c} = 0$$

$$\delta_\varphi = \delta_\psi = \delta_\gamma = 0$$

(3) 再入飞行器无燃料消耗，在理想条件下，为常质量质点系，故可去掉 1 个质量计算方程，且 $\dot{m} = 0$, $\dot{I}_{x1} = \dot{I}_{y1} = \dot{I}_{z1} = 0$。

(4) 考虑到再入段飞行时间很短，且 $\boldsymbol{\omega}_e$ 为 $10^{-4}$ 量级，故可近似取 $\boldsymbol{\omega}_T = \boldsymbol{\omega}$，即

$$\begin{bmatrix} \omega_{Tx1} \\ \omega_{Ty1} \\ \omega_{Tz1} \end{bmatrix} = \begin{bmatrix} \omega_{x1} \\ \omega_{y1} \\ \omega_{z1} \end{bmatrix}$$

且

$$\begin{bmatrix} \varphi_T \\ \psi_T \\ \gamma_T \end{bmatrix} = \begin{bmatrix} \varphi \\ \psi \\ \gamma \end{bmatrix}$$

则可去掉 $\omega_{Tx1}$、$\omega_{Ty1}$、$\omega_{Tz1}$ 与 $\omega_{x1}$、$\omega_{y1}$、$\omega_{z1}$ 之间的联系方程和 $\varphi_T$、$\psi_T$、$\gamma_T$ 与 $\varphi$、$\psi$、$\gamma$ 之间的联系方程，共 6 个。

综上所述，在式(3－2－39)的 32 个方程的基础上，已去掉了 10 个，余下的 22 个也进行了简化，得到的在地面发射坐标系中的再入段空间运动方程如下：

$$
\left\{
\begin{array}{l}
m\begin{bmatrix}\dfrac{\mathrm{d}v_x}{\mathrm{d}t}\\ \dfrac{\mathrm{d}v_y}{\mathrm{d}t}\\ \dfrac{\mathrm{d}v_z}{\mathrm{d}t}\end{bmatrix}=G_V\begin{bmatrix}-X\\ Y\\ Z\end{bmatrix}+m\dfrac{g_{r\phi r}}{r}\begin{bmatrix}x+R_{ox}\\ y+R_{oy}\\ z+R_{oz}\end{bmatrix}+m\dfrac{g_{\omega_e}}{\omega_e}\begin{bmatrix}\omega_{ex}\\ \omega_{ey}\\ \omega_{ez}\end{bmatrix}\\
\qquad -m\begin{bmatrix}a_{11}&a_{12}&a_{13}\\ a_{21}&a_{22}&a_{23}\\ a_{31}&a_{32}&a_{33}\end{bmatrix}\begin{bmatrix}x+R_{ox}\\ y+R_{oy}\\ z+R_{oz}\end{bmatrix}-m\begin{bmatrix}b_{11}&b_{12}&b_{13}\\ b_{21}&b_{22}&b_{23}\\ b_{31}&b_{32}&b_{33}\end{bmatrix}\begin{bmatrix}v_x\\ v_y\\ v_z\end{bmatrix}\\
\begin{bmatrix}I_{x1}\dfrac{\mathrm{d}\omega_{x1}}{\mathrm{d}t}\\ I_{y1}\dfrac{\mathrm{d}\omega_{y1}}{\mathrm{d}t}\\ I_{z1}\dfrac{\mathrm{d}\omega_{z1}}{\mathrm{d}t}\end{bmatrix}+\begin{bmatrix}(I_{z1}-I_{y1})\omega_{z1}\omega_{y1}\\ (I_{x1}-I_{z1})\omega_{x1}\omega_{z1}\\ (I_{y1}-I_{x1})\omega_{y1}\omega_{x1}\end{bmatrix}=\begin{bmatrix}0\\ m_{y1st}qS_Ml_K\\ m_{z1st}qS_Ml_K\end{bmatrix}+\begin{bmatrix}m_{x1}^{\bar{\omega}_{x1}}qS_Ml_K\bar{\omega}_{x1}\\ m_{y1}^{\bar{\omega}_{y1}}qS_Ml_K\bar{\omega}_{y1}\\ m_{z1}^{\bar{\omega}_{z1}}qS_Ml_K\bar{\omega}_{z1}\end{bmatrix}\\
\begin{bmatrix}\dfrac{\mathrm{d}x}{\mathrm{d}t}\\ \dfrac{\mathrm{d}y}{\mathrm{d}t}\\ \dfrac{\mathrm{d}z}{\mathrm{d}t}\end{bmatrix}=\begin{bmatrix}v_x\\ v_y\\ v_z\end{bmatrix}\\
\begin{bmatrix}\omega_{x1}\\ \omega_{y1}\\ \omega_{z1}\end{bmatrix}=\begin{bmatrix}\dot{\gamma}-\dot{\varphi}\sin\psi\\ \dot{\psi}\cos\gamma+\dot{\varphi}\cos\psi\sin\gamma\\ \dot{\varphi}\cos\psi\cos\gamma-\dot{\psi}\sin\gamma\end{bmatrix}\\
\begin{cases}\theta=\arctan(v_y/v_x)\\ \sigma=-\arcsin(v_z/v)\end{cases}\\
\begin{cases}\sin\beta=\cos(\varphi-\theta)\cos\sigma\sin\psi\cos\gamma+\sin(\varphi-\theta)\cos\sigma\sin\gamma-\sin\sigma\cos\psi\cos\gamma\\ -\sin\alpha\cos\beta=\cos(\varphi-\theta)\cos\sigma\sin\psi\sin\gamma-\sin(\varphi-\theta)\cos\sigma\cos\gamma-\sin\sigma\cos\psi\sin\gamma\\ \sin\nu=\dfrac{1}{\cos\sigma}(\cos\alpha\cos\psi\sin\gamma-\sin\psi\sin\alpha)\end{cases}\\
r=\sqrt{(x+R_{ox})^2+(y+R_{oy})^2+(z+R_{oz})^2}\\
\sin\phi=\dfrac{(x+R_{ox})\omega_{ex}+(y+R_{oy})\omega_{ey}+(z+R_{oz})\omega_{ez}}{r\omega_e}\\
R=\dfrac{a_eb_e}{\sqrt{a_e^2\sin^2\phi+b_e^2\cos^2\phi}}\\
h=r-R\\
v=\sqrt{v_x^2+v_y^2+v_z^2}
\end{array}
\right.
\tag{5-1-4}
$$

式(5-1-4)共22个方程,包含22个未知量:$v_x$、$v_y$、$v_z$、$\omega_{x1}$、$\omega_{y1}$、$\omega_{z1}$、$x$、$y$、$z$ 及 $\varphi$、$\psi$、$\gamma$、$\theta$、$\sigma$、$\beta$、$\alpha$、$\nu$、$r$、$\phi$、$R$、$h$、$v$。给出起始条件,便可进行弹道计算,但要注意的是以下几点。

(1) 22个起始条件不是任意给定的,只要给定前12个方程的 $v_x$、$v_y$、$v_z$、$\omega_{x1}$、$\omega_{y1}$、$\omega_{z1}$、$x$、$y$、$z$、$\varphi$、$\psi$、$\gamma$ 等12个参数的初值,则后10个参数的起始值 $\theta$、$\sigma$、$\beta$、$\alpha$、$\nu$、$r$、$\phi$、$R$、$h$、$v$ 可相应地算出。

(2) 为了进行弹道数值计算,需将式(5-1-4)中 $\omega_{x1}$、$\omega_{y1}$、$\omega_{z1}$ 与 $\dot{\varphi}$、$\dot{\psi}$、$\dot{\gamma}$ 的关系式整理成以下形式:

$$\begin{bmatrix} \dot{\varphi} \\ \dot{\psi} \\ \dot{\gamma} \end{bmatrix} = \begin{bmatrix} \dfrac{1}{\cos\psi}(\omega_{y1}\sin\gamma + \omega_{z1}\cos\gamma) \\ \omega_{y1}\cos\gamma - \omega_{z1}\sin\gamma \\ \omega_{x1} + \tan\psi(\omega_{y1}\sin\gamma + \omega_{z1}\cos\gamma) \end{bmatrix} \tag{5-1-5}$$

(3) 当 $\beta$、$\alpha$ 为小角度时,力矩系数 $m_{y1st}$、$m_{z1st}$ 也常表示为

$$m_{y1st} = m_{y1}^{\beta} \cdot \beta$$

$$m_{z1st} = m_{z1}^{\alpha} \cdot \alpha$$

### 5.1.3　以总攻角、总升力表示的再入段空间弹道方程

在式(5-1-4)所示的再入段空间弹道方程中,气动力 $\boldsymbol{R}$ 表示在速度坐标系中,分别为阻力 $X$、升力 $Y$ 和侧力 $Z$。这里引入总攻角、总升力的概念,将气动力 $\boldsymbol{R}$ 用总攻角、总升力等表示,则可推导出适用于各种再入飞行器的再入段空间运动方程的另一种常用形式。

如图5-1-1所示,定义总攻角为速度轴 $o_1x_v$ 与飞行器纵轴 $o_1x_1$ 之夹角,记作 $\eta$,则空气动力 $\boldsymbol{R}$ 必定在 $x_1o_1x_v$ 所决定的平面内,称为总攻角平面。显然,在总攻角平面内将气动力 $\boldsymbol{R}$ 沿飞行器纵轴方向 $\boldsymbol{x}_1^0$ 及垂直于 $\boldsymbol{x}_1^0$ 的方向 $\boldsymbol{n}^0$ 分解,可得

$$\boldsymbol{R} = -X_1\boldsymbol{x}_1^0 + N\boldsymbol{n}^0 \tag{5-1-6}$$

其中,$X_1$ 为轴向力,$N$ 称为总法向力,且有

$$N\boldsymbol{n}^0 = Y_1\boldsymbol{y}_1^0 + Z_1\boldsymbol{z}_1^0 \tag{5-1-7}$$

由此推断出,$\boldsymbol{n}^0$ 沿 $z_1o_1y_1$ 平面与 $x_1o_1x_v$ 平面的交线 $o_1p_1$ 方向。

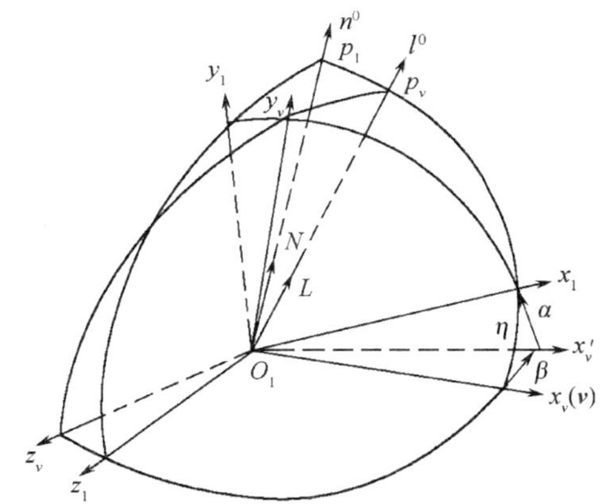


图5-1-1　总攻角 $\eta$、总法向力 $N$ 与总升力 $L$

同理,在总攻角平面内,可将气动力 $\boldsymbol{R}$ 沿速度轴方向 $\boldsymbol{x}_v^0$ 及垂直于速度轴的方向 $\boldsymbol{l}^0$ 分解,可得

$$\boldsymbol{R} = -X\boldsymbol{x}_v^0 + L\boldsymbol{l}^0 \tag{5-1-8}$$

式中,$X$ 为阻力,$L$ 称为总升力,且有

$$L\boldsymbol{l}^0 = Y\boldsymbol{y}_v^0 + Z\boldsymbol{z}_v^0 \tag{5-1-9}$$

显然,$\boldsymbol{l}^0$ 沿 $z_v o_1 y_v$ 平面与 $x_1 o_1 x_v$ 平面的交线 $o_1 p_v$ 方向。

应当指出,气动力 $\boldsymbol{R}$ 的作用点在压心,而不是质心 $o_1$,为了讨论问题的方便,在作图中,$\boldsymbol{R}$ 过质心 $o_1$。下面先讨论总攻角 $\eta$、总法向力 $N$、总升力 $L$ 与攻角 $\alpha$、侧滑角 $\beta$、法向力 $Y_1$、横向力 $Z_1$ 及升力 $Y$、侧力 $Z$ 之间的关系,最后导出以总攻角、总升力等表示的再入段空间运动方程。

(1) 总攻角 $\eta$ 与攻角 $\alpha$、侧滑角 $\beta$ 之间的关系式。

按定义:

$$\begin{cases}\cos\eta = \boldsymbol{x}_v^0 \cdot \boldsymbol{x}_1^0 \\ \cos\alpha = \boldsymbol{x}'^0_v \cdot \boldsymbol{x}_1^0 \\ \cos\beta = \boldsymbol{x}_v^0 \cdot \boldsymbol{x}'^0_v\end{cases} \tag{5-1-10}$$

由图 5-1-1 可看出:

$$\boldsymbol{x}_v^0 = \cos\beta\boldsymbol{x}'^0_v + \sin\beta\boldsymbol{z}_1^0$$

$$\boldsymbol{x}_1^0 = \cos\alpha\boldsymbol{x}'^0_v + \sin\alpha\boldsymbol{y}_v^0$$

则

$$\cos\eta = (\cos\beta\boldsymbol{x}'^0_v + \sin\beta\boldsymbol{z}_1^0)\cdot(\cos\alpha\boldsymbol{x}'^0_v + \sin\alpha\boldsymbol{y}_v^0)$$

注意到:

$$\begin{cases}\boldsymbol{z}_1^0 \cdot \boldsymbol{x}'^0_v = 0 \\ \boldsymbol{x}'^0_v \cdot \boldsymbol{y}_v^0 = 0 \\ \boldsymbol{z}_1^0 \cdot \boldsymbol{y}_v^0 = 0\end{cases}$$

于是,

$$\cos\eta = \cos\beta\cdot\cos\alpha \tag{5-1-11}$$

此式即为总攻角 $\eta$ 与攻角 $\alpha$、侧滑角 $\beta$ 之间的准确关系式。

由式(5-1-11)不难得

$$\sin^2\eta = \sin^2\alpha + \sin^2\beta - \sin^2\alpha\sin^2\beta \tag{5-1-12}$$

当 $\alpha$、$\beta$ 为小角度时,$\eta$ 也为小角度,在精确到小角度平方量级时,则有如下的关系式:

$$\eta = \sqrt{\alpha^2 + \beta^2} \tag{5-1-13}$$

(2) 轴向力 $X_1$、总法向力 $N$ 与阻力 $X$、总升力 $L$ 之间的关系。

由于 $X_1$、$N$ 与 $X$、$L$ 均在 $x_1 o_1 x_v$ 所决定的平面内,如图 5-1-2 所示,则

$$\begin{cases} X = N\sin\eta + X_1\cos\eta \\ L = N\cos\eta - X_1\sin\eta \end{cases} \quad (5-1-14)$$

注意到：

$$X = C_x q S_M$$
$$L = C_L q S_M$$
$$X_1 = C_{x1} q S_M$$
$$N = C_N q S_M$$

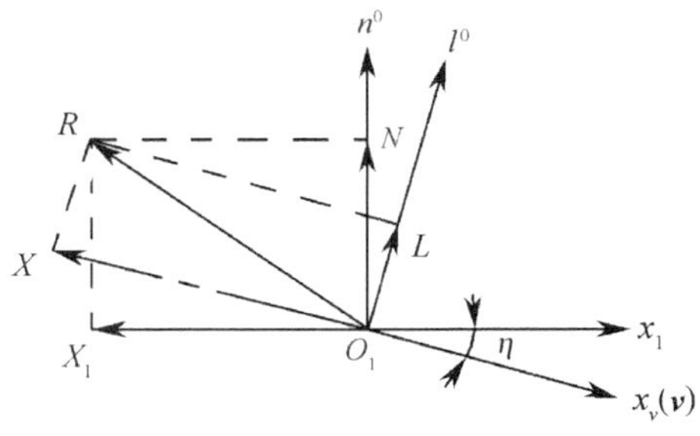


图 5-1-2　阻力 X、总升力 L 与轴向力 $X_1$、总法向力 N 的关系

于是，轴向阻力系数 $C_{x_1}$、总法向力系数 $C_N$ 与阻力系数 $C_x$、总升力系数 $C_L$ 的关系为

$$\begin{cases} C_x = C_N\sin\eta + C_{x1}\cos\eta \\ C_L = C_N\cos\eta - C_{x1}\sin\eta \end{cases} \quad (5-1-15)$$

可见，由风洞试验给出 $C_{x_1}$、$C_N$ 后，便可由此关系式得到 $C_x$、$C_L$。有的资料中，阻力系数也常用 $C_D$ 表示，轴向阻力系数常用 $C_A$ 表示。

（3）总法向力 N 与法向力 $Y_1$、横向力 $Z_1$ 之间的关系。

注意到式(5-1-7)，N 的大小为

$$N = \sqrt{Y_1^2 + Z_1^2} \quad (5-1-16)$$

由图 5-1-3 可知

$$\begin{cases} Y_1 = N\cos\phi_1 \\ Z_1 = -N\sin\phi_1 \end{cases} \quad (5-1-17)$$

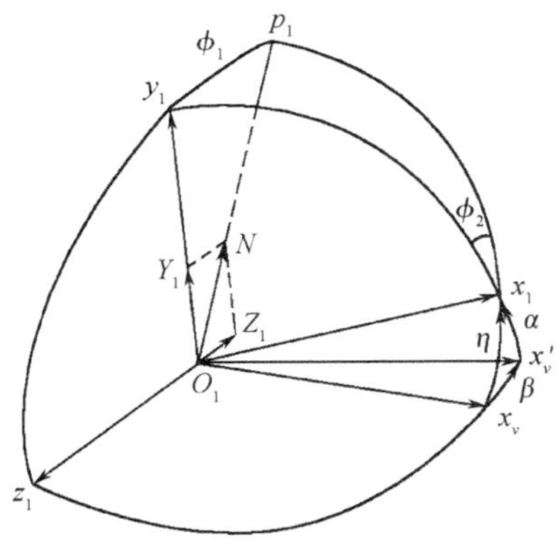


图 5-1-3　总法向力 N 与法向力 $Y_1$、横向力 $Z_1$ 之间的关系

$\phi_1$ 为 $y_1$、$p_1$ 两点连成的大圆弧所对应的球心角，即 $\overset{\frown}{y_1, p_1} = \phi_1$。

在图 5-1-3 的球面三角形 $y_1x_1p_1$ 中，记 $\angle y_1x_1p_1 = \phi_2$，由于 $o_1x_1$ 轴垂直于 $y_1o_1p_1$ 平面，则

$$\phi_1 = \phi_2$$

在球面三角形 $x_vx_v'x_1$ 中，$\angle x_vx_v'x_1 = 90°$，故球面三角形 $x_vx_v'x_1$ 为一球面直角三角形，则

$$\sin\phi_2 = \frac{\sin\beta}{\sin\eta} \quad (5-1-18)$$

又由余弦公式：

$$\cos\beta = \cos\alpha\cos\eta + \sin\alpha\sin\eta\cos\phi_2$$

得

$$\cos\phi_2 = \frac{\cos\beta - \cos\alpha\cos\eta}{\sin\alpha\sin\eta}$$

将式(5-1-11)代入上式,即可得

$$\cos\phi_2 = \frac{\sin\alpha\cos\beta}{\sin\eta} \tag{5-1-19}$$

注意到 $\phi_1 = \phi_2$, 并将式(5-1-18)、式(5-1-19)代入式(5-1-17),则得

$$\begin{cases} Y_1 = N\dfrac{\sin\alpha\cos\beta}{\sin\eta} \\ Z_1 = -N\dfrac{\sin\beta}{\sin\eta} \end{cases} \tag{5-1-20}$$

亦可写成系数形式:

$$\begin{cases} C_{y1} = C_N\dfrac{\sin\alpha\cos\beta}{\sin\eta} \\ C_{z1} = -C_N\dfrac{\sin\beta}{\sin\eta} \end{cases} \tag{5-1-21}$$

且总法向力系数 $C_N$ 与法向力系数 $C_{y_1}$、横向力系数 $C_{z_1}$ 有以下关系:

$$C_N^2 = C_{y1}^2 + C_{z1}^2 \tag{5-1-22}$$

(4) 总升力 $L$ 与升力 $Y$、侧力 $Z$ 之间的关系。

由式(5-1-9)知,总升力的大小为

$$L = \sqrt{Y^2 + Z^2} \tag{5-1-23}$$

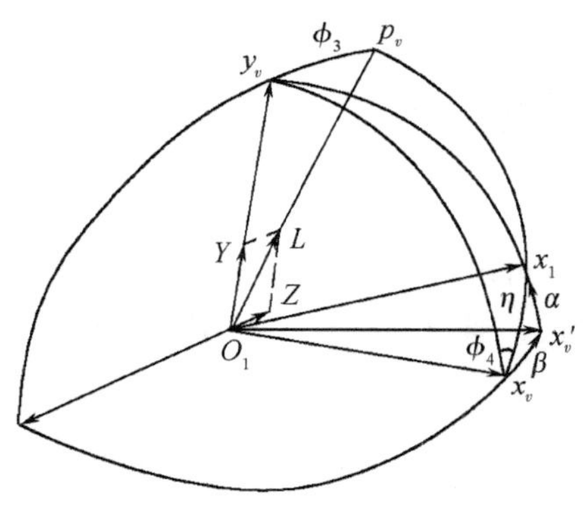


**图 5-1-4 总升力 $L$ 与升力 $Y$、侧力 $Z$ 之间的关系**

由图 5-1-4 知:

$$\begin{cases} Y = L\cos\phi_3 \\ Z = -L\sin\phi_3 \end{cases} \tag{5-1-24}$$

$\phi_3$ 为 $y_v$、$p_v$ 两点连成的大圆弧所对应的球心角,即 $\overset{\frown}{y_v, p_v} = \phi_3$。

在图 5-1-4 中,记 $\angle y_v x_v p_v = \phi_4$, 由于 $o_1 x_v$ 垂直于 $y_v o_1 p_v$ 平面,故

$$\phi_3 = \phi_4$$

注意到球面三角形 $x_v x_v' x_1$ 中, $\angle x_v' x_v x_1 = 90° - \phi_4$, 则

$$\frac{\sin\alpha}{\sin(90° - \phi_4)} = \frac{\sin\eta}{\sin 90°}$$

$$\cos\phi_4 = \frac{\sin\alpha}{\sin\eta} \tag{5-1-25}$$

而由余弦公式：

$$\cos\alpha=\cos\beta\cos\eta+\sin\beta\sin\eta\cos(90^\circ-\phi_4)$$

利用式(5-1-11)，可得

$$\sin\phi_4=\frac{\cos\alpha\sin\beta}{\sin\eta}\tag{5-1-26}$$

由于 $\phi_3=\phi_4$，将式(5-1-25)、式(5-1-26)代入式(5-1-24)，得

$$\begin{cases}Y=L\dfrac{\sin\alpha}{\sin\eta}\\ Z=-L\dfrac{\cos\alpha\sin\beta}{\sin\eta}\end{cases}\tag{5-1-27}$$

显然，也可得到升力系数 $C_y$、侧力系数 $C_z$ 与总升力系数 $C_L$ 之间的关系：

$$\begin{cases}C_y=C_L\dfrac{\sin\alpha}{\sin\eta}\\ C_z=-C_L\dfrac{\cos\alpha\sin\beta}{\sin\eta}\end{cases}\tag{5-1-28}$$

且有

$$C_L^2=C_y^2+C_z^2\tag{5-1-29}$$

(5) 气动力 $\boldsymbol{R}$ 在地面发射坐标系中的表示。

如图 5-1-5 所示，单位矢量 $\boldsymbol{l}^0$ 与 $\boldsymbol{x}_1^0$、$\boldsymbol{x}_v^0$ 之间的关系为

$$\boldsymbol{x}_1^0=\cos\eta\boldsymbol{x}_v^0+\sin\eta\boldsymbol{l}^0$$

则

$$\boldsymbol{R}=-X\boldsymbol{x}_v^0+L\boldsymbol{l}^0=-X\boldsymbol{x}_v^0+\frac{L}{\sin\eta}(\boldsymbol{x}_1^0-\cos\eta\boldsymbol{x}_v^0)\tag{5-1-30}$$

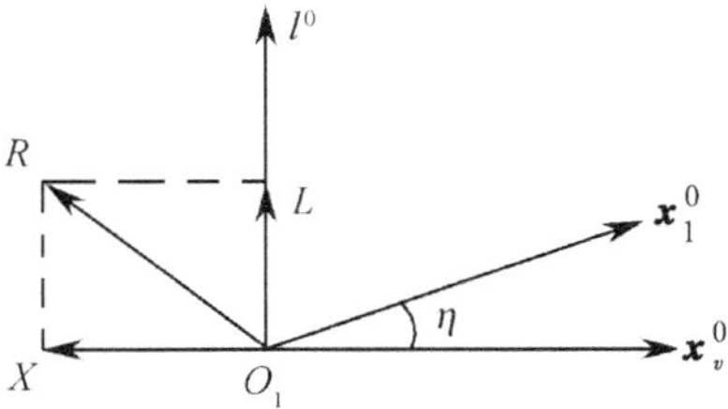


**图 5-1-5　单位矢量 $\boldsymbol{l}^0$ 与 $\boldsymbol{x}_1^0$、$\boldsymbol{x}_v^0$ 之间的关系**

利用箭体坐标系 $o_1-x_1y_1z_1$ 与地面发射坐标系 $o-xyz$ 的方向余弦阵 $\boldsymbol{G}_B$，以及速度坐标系 $o_1-x_vy_vz_v$ 与 $o-xyz$ 关系方向余弦阵 $\boldsymbol{G}_v$，可将 $\boldsymbol{x}_1^0$、$\boldsymbol{x}_v^0$ 用 $\boldsymbol{x}^0$、$\boldsymbol{y}^0$、$\boldsymbol{z}^0$ 表示，则

$$\boldsymbol{x}_1^0=\cos\varphi\cos\psi\boldsymbol{x}^0+\sin\varphi\cos\psi\boldsymbol{y}^0-\sin\psi\boldsymbol{z}^0$$

$$\boldsymbol{x}_v^0=\cos\theta\cos\sigma\boldsymbol{x}^0+\sin\theta\cos\sigma\boldsymbol{y}^0-\sin\sigma\boldsymbol{z}^0$$

代入式(5-1-30)中，于是，在地面发射坐标系中 $\boldsymbol{R}$ 表示为

$$\boldsymbol{R}=\begin{bmatrix}R_x\\R_y\\R_z\end{bmatrix}=-X\begin{bmatrix}\cos\theta\cos\sigma\\\sin\theta\cos\sigma\\-\sin\sigma\end{bmatrix}+\frac{L}{\sin\eta}\begin{bmatrix}\cos\varphi\cos\psi-\cos\eta\cos\theta\cos\sigma\\\sin\varphi\cos\psi-\cos\eta\sin\theta\cos\sigma\\-\sin\psi+\cos\eta\sin\sigma\end{bmatrix}\tag{5-1-31}$$

注意到:

$$\begin{cases}v_x=v\cos\theta\cos\sigma\\v_y=v\sin\theta\cos\sigma\\v_z=-v\sin\sigma\end{cases}$$

$\boldsymbol{R}$ 又可写成:

$$\boldsymbol{R}=-X\begin{bmatrix}\dfrac{v_x}{v}\\\dfrac{v_y}{v}\\\dfrac{v_z}{v}\end{bmatrix}+\frac{L}{\sin\eta}\begin{bmatrix}\cos\varphi\cos\psi-\cos\eta\dfrac{v_x}{v}\\\sin\varphi\cos\psi-\cos\eta\dfrac{v_y}{v}\\-\sin\psi-\cos\eta\dfrac{v_z}{v}\end{bmatrix}\tag{5-1-32}$$

(6) 稳定力矩 $\boldsymbol{M}_{st}$ 的表示。

当飞行器的质心与压心同位于纵轴 $o_1x_1$ 上时,则

$$\boldsymbol{M}_{st}=\begin{bmatrix}M_{x1st}\\M_{y1st}\\M_{z1st}\end{bmatrix}=\begin{bmatrix}0\\Z_1(x_p-x_g)\\-Y_1(x_p-x_g)\end{bmatrix}$$

将式(5-1-20)代入上式,有

$$\boldsymbol{M}_{st}=\begin{bmatrix}0\\-N\dfrac{\sin\beta}{\sin\eta}(x_p-x_g)\\-N\dfrac{\sin\alpha\cos\beta}{\sin\eta}(x_p-x_g)\end{bmatrix}=\begin{bmatrix}0\\-C_NqS_Ml_k(\bar{x}_p-\bar{x}_g)\dfrac{\sin\beta}{\sin\eta}\\-C_NqS_Ml_k(\bar{x}_p-\bar{x}_g)\dfrac{\sin\alpha\cos\beta}{\sin\eta}\end{bmatrix}$$

记

$$m_n=C_N(\bar{x}_p-\bar{x}_g)$$

$m_n$ 称为稳定力矩系数,则

$$\boldsymbol{M}_{st}=\begin{bmatrix}0\\-m_nqS_Ml_k\dfrac{\sin\beta}{\sin\eta}\\-m_nqS_Ml_k\dfrac{\sin\alpha\cos\beta}{\sin\eta}\end{bmatrix}\tag{5-1-33}$$

根据以上讨论,在式(5-1-4)中,气动力 $\boldsymbol{R}$ 和稳定力矩 $\boldsymbol{M}_{st}$ 分别采用式(5-1-32)、式(5-1-33)的表示形式,并去掉计算 $\boldsymbol{\nu}$ 的第 17 个方程,而增加计算总攻角 $\eta$ 的方程,则得到以总攻角、总升力表示的再入段空间弹道方程。此时的质心动力学方程、绕质心动力学方程形式为

$$
m\begin{bmatrix}\dfrac{\mathrm{d}v_x}{\mathrm{d}t}\\ \dfrac{\mathrm{d}v_y}{\mathrm{d}t}\\ \dfrac{\mathrm{d}v_z}{\mathrm{d}t}\end{bmatrix} = -X\begin{bmatrix}\dfrac{v_x}{v}\\ \dfrac{v_y}{v}\\ \dfrac{v_z}{v}\end{bmatrix} + \frac{L}{\sin\eta}\begin{bmatrix}\cos\varphi\cos\psi - \dfrac{v_x}{v}\cos\eta\\ \sin\varphi\cos\psi - \dfrac{v_y}{v}\cos\eta\\ -\sin\psi - \dfrac{v_z}{v}\cos\eta\end{bmatrix} + m\frac{g_{r\phi r}}{r}\begin{bmatrix}x+R_{ox}\\ y+R_{oy}\\ z+R_{oz}\end{bmatrix}
$$
$$
+ m\frac{g_{\omega_e}}{\omega_e}\begin{bmatrix}\omega_{ex}\\ \omega_{ey}\\ \omega_{ez}\end{bmatrix} - m\begin{bmatrix}a_{11} & a_{12} & a_{13}\\ a_{21} & a_{22} & a_{23}\\ a_{31} & a_{32} & a_{33}\end{bmatrix}\begin{bmatrix}x+R_{ox}\\ y+R_{oy}\\ z+R_{oz}\end{bmatrix} - m\begin{bmatrix}b_{11} & b_{12} & b_{13}\\ b_{21} & b_{22} & b_{23}\\ b_{31} & b_{32} & b_{33}\end{bmatrix}\begin{bmatrix}v_x\\ v_y\\ v_z\end{bmatrix}
$$

$$
\begin{bmatrix}I_{x1}\dfrac{\mathrm{d}\omega_{x1}}{\mathrm{d}t}\\ I_{y1}\dfrac{\mathrm{d}\omega_{y1}}{\mathrm{d}t}\\ I_{z1}\dfrac{\mathrm{d}\omega_{z1}}{\mathrm{d}t}\end{bmatrix} = \begin{bmatrix}0\\ -m_n qS_M l_k\dfrac{\sin\beta}{\sin\eta}\\ -m_n qS_M l_k\dfrac{\sin\alpha\cos\beta}{\sin\eta}\end{bmatrix} + \begin{bmatrix}m_{x1}^{\bar{\omega}_{x1}} qS_M l_k\bar{\omega}_{x1}\\ m_{y1}^{\bar{\omega}_{y1}} qS_M l_k\bar{\omega}_{y1}\\ m_{z1}^{\bar{\omega}_{z1}} qS_M l_k\bar{\omega}_{z1}\end{bmatrix} + \begin{bmatrix}(I_{y1}-I_{z1})\omega_{z1}\omega_{y1}\\ (I_{z1}-I_{x1})\omega_{x1}\omega_{z1}\\ (I_{x1}-I_{y1})\omega_{y1}\omega_{x1}\end{bmatrix}
$$

(5-1-34)

总攻角 $\eta$ 计算方程为

$$
\cos\eta = \cos\alpha\cos\beta
$$

以上关于 $v_x$、$v_y$、$v_z$、$\omega_{x1}$、$\omega_{y1}$、$\omega_{z1}$、$\eta$ 等 7 个未知量的 7 个方程,加上与式(5-1-4)相同的计算 $x$、$y$、$z$、$\varphi$、$\psi$、$\gamma$、$\theta$、$\sigma$、$\beta$、$\alpha$、$r$、$\phi$、$R$、$h$、$v$ 等 15 未知量的 15 个计算方程,共 22 个未知量,22 个方程,便构成了一套闭合的空间弹道方程。

## 5.1.4　简化的再入段平面运动方程

考虑到再入飞行器,特别是弹道导弹在再入段飞行的射程较小,飞行时间也较短,因此在研究其运动时,可做如下假设:

(1) 不考虑地球旋转,即 $\omega_e = 0$;

(2) 地球为一圆球,即引力场为一与地心距平方成反比的有心力场,令 $g = \dfrac{\mu}{r^2}$;

(3) 认为飞行器的纵轴始终处于由再入点的速度矢量 $\boldsymbol{v}_e$ 及地心矢 $\boldsymbol{r}_e$ 所决定的射面内,即侧滑角为 0。

根据上述假设可知,飞行器在理想条件下的再入段运动将不存在垂直射面的侧力,因而整个再入段运动为一平面运动。

如图5-1-6所示,建立原点在再入点$e$的直角坐标系$e-xyz$, $e-xy$平面为再入点地心矢$\boldsymbol{r}_e$与速度矢$\boldsymbol{v}_e$所决定的平面,$ey$轴沿$\boldsymbol{r}_e$的方向,$ex$轴垂直于$ey$轴,指向运动方向为正,$ez$轴由右手规则确定,$e-xy$所在的平面即为再入段的运动平面。记再入弹道上任一点地心矢$\boldsymbol{r}$与$\boldsymbol{r}_e$的夹角为$\beta_e$,称为再入段射程角,飞行速度$\boldsymbol{v}$对$ex$轴的倾角为$\theta$,而$\boldsymbol{v}$对当地水平线的倾角为$\Theta$, $\theta$与$\Theta$均为负值。于是,飞行器的运动为平面运动时,速度$\boldsymbol{v}$既可用速度在$e-xy$平面内的分量$v_x$、$v_y$表示,也可用速度大小$v$和当地速度倾角$\Theta$表示;位置$\boldsymbol{r}$既可用在$e-xy$平面内的位置分量$x$、$y$表示,也可用地心距$r$和射程角$\beta_e$表示。下面建立的是以$v$、$\Theta$、$r$、$\beta_e$对时间$t$的微分方程。

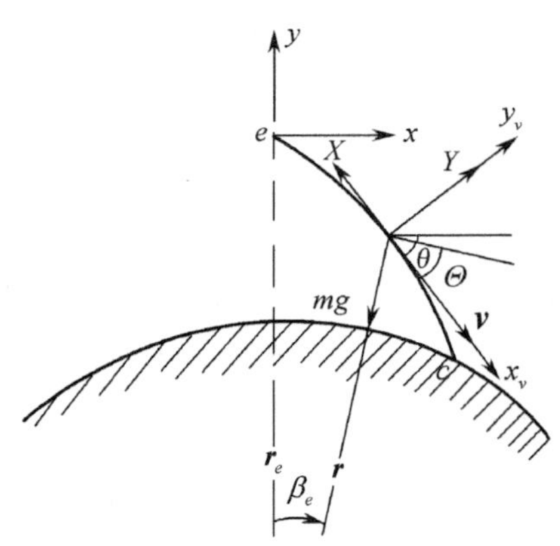

图5-1-6 再入段坐标系与力

根据质量为$m$的飞行器再入段矢量运动方程:

$$m\frac{\mathrm{d}\boldsymbol{v}}{\mathrm{d}t}=\boldsymbol{R}+m\boldsymbol{g} \tag{5-1-35}$$

将上式向速度坐标系投影,就能获得投影形式的运动方程。

注意到速度矢量的转动角速度为$\dot{\theta}$,则

$$\frac{\mathrm{d}\boldsymbol{v}}{\mathrm{d}t}=\frac{\mathrm{d}v}{\mathrm{d}t}\boldsymbol{x}_v^0+v\frac{\mathrm{d}\theta}{\mathrm{d}t}\boldsymbol{y}_v^0 \tag{5-1-36}$$

由图5-1-6可见:

$$\begin{cases}R_{xv}=-X,\ R_{yv}=Y\\ g_{xv}=-g\sin\Theta,\ g_{yv}=-g\cos\Theta\end{cases} \tag{5-1-37}$$

故将式(5-1-35)在速度坐标系上投影得

$$\begin{cases}\dfrac{\mathrm{d}v}{\mathrm{d}t}=-\dfrac{X}{m}-g\sin\Theta\\ \dfrac{\mathrm{d}\theta}{\mathrm{d}t}=\dfrac{Y}{mv}-\dfrac{g}{v}\cos\Theta\end{cases} \tag{5-1-38}$$

由图5-1-6还可看出$\theta$、$\Theta$有几何关系:

$$\Theta=\theta+\beta_e \tag{5-1-39}$$

因此有

$$\dot{\Theta}=\dot{\theta}+\dot{\beta}_e \tag{5-1-40}$$

又由于速度矢量$\boldsymbol{v}$在径向$\boldsymbol{r}$及当地水平线方向(顺飞行器运动方向为正)上的投影分别为

$$\begin{cases}\dot{r} = v\sin\Theta \\ r\dot{\beta}_e = v\cos\Theta\end{cases} \tag{5-1-41}$$

综合式(5-1-38)和式(5-1-41)便得到飞行器在大气中的运动微分方程：

$$\begin{cases}\dfrac{dv}{dt} = -\dfrac{X}{m} - g\sin\Theta \\ \dfrac{d\Theta}{dt} = \dfrac{Y}{mv} + \left(\dfrac{v}{r} - \dfrac{g}{v}\right)\cos\Theta \\ \dfrac{dr}{dt} = v\sin\Theta \\ \dfrac{d\beta_e}{dt} = \dfrac{v}{r}\cos\Theta\end{cases} \tag{5-1-42}$$

上述方程中，气动力 $X$、$Y$ 与攻角 $\alpha$ 有关，因此含 5 个未知量：$v$、$\Theta$、$r$、$\beta_e$、$\alpha$ 仅 4 个方程，要求解还需补充以下方程：

$$\begin{cases}I_{z1}\dfrac{d\omega_{z1}}{dt} = m_{z1}^{\bar{\omega}_{z1}} qS_M l_K \bar{\omega}_{z1} + m_{z1st} qS_M l_K \\ \dfrac{d\varphi}{dt} = \omega_{z1} \\ \alpha = \varphi + \beta_e - \Theta\end{cases} \tag{5-1-43}$$

综合式(5-1-42)、式(5-1-43)便得到闭合的再入段平面质心运动方程。这里 $\varphi$ 为弹体纵轴 $o_1x_1$ 与 $ex$ 轴的夹角，$o_1x_1$ 轴在 $ex$ 轴下方时，$\varphi$ 为负值。当给定再入段起点(也即自由段终点)$e$ 的初始条件：$t = t_e$，$v = v_e$，$\Theta = \Theta_e$，$r = r_e$，$\beta_e = 0$，$\omega_{z1} = \omega_{z1e}$ 及 $\varphi = \varphi_e$，$\alpha = \varphi_e - \Theta_e$ 后，可进行数值积分，直到 $r = R$ 为止，即得到整个再入段的弹道参数。

显然，如果当整个被动段弹道均要计及空气动力的作用，只需以主动段终点的参数作为起始条件来求数值解，则可得整个被动段的弹道参数。

本节已介绍了再入段空间运动方程和简化的平面运动方程。一般来说，飞行器是以任意姿态进入大气层的，其运动包含质心运动和绕质心运动，但对于静稳定的再入飞行器，当有攻角时，稳定力矩将使其减小，通常在气动力较小时就使飞行器稳定下来。此时 $\eta = 0$，速度方向与飞行器纵轴重合，飞行器不再受到升力的作用，这样的再入称为“弹道再入”或“零攻角再入”“零升力再入”。反之，如果在再入过程中，$\eta \neq 0$，飞行器受到升力的作用，这种再入称为“有升力再入”。对于零攻角的再入弹道和有升力的再入弹道，下面将分别予以介绍。

## 5.2　零攻角再入弹道特性分析

无论飞行器是采用零攻角再入，还是有升力再入，用计算机数值积分求解完整的再入弹道都不是困难的事情。在飞行器的初步设计中，希望能迅速地求得飞行器的运动参数，分析各种因素对运动参数的影响。例如,在导弹初步设计中,对弹头结构所能承受的最小负加速度、热流及烧蚀问题感兴趣,便希望能有近似的解析解计算最小负加速度、最大热流等。显然用再入段的空间弹道方程(5-1-4)是得不到近似的解析解的。因此,在研究再入段运动参数的近似解时,一般都采用简化的再入段平面运动方程(5-1-42)。

对零攻角再入因 $\eta=0$,故 $L=0$,即 $Y=Z=0$,由式(5-1-42)可写出零攻角再入时的运动微分方程:

$$\begin{cases}\dfrac{\mathrm{d}v}{\mathrm{d}t}=-\dfrac{X}{m}-g\sin\Theta\\ \dfrac{\mathrm{d}\Theta}{\mathrm{d}t}=\left(\dfrac{v}{r}-\dfrac{g}{v}\right)\cos\Theta\\ \dfrac{\mathrm{d}r}{\mathrm{d}t}=v\sin\Theta\\ \dfrac{\mathrm{d}\beta_e}{\mathrm{d}t}=\dfrac{v}{r}\cos\Theta\end{cases} \tag{5-2-1}$$

注意到上式中第一式:

$$\frac{\mathrm{d}v}{\mathrm{d}t}=-C_x\frac{\rho v^2 S_M}{2m}-g\sin\Theta$$

为得到近似的解析解,假设大气密度 $\rho$ 取指数型,即取 $\rho=\rho_0\mathrm{e}^{-\beta h}$,$\beta$ 为常数。由于密度随高度变化有这样的近似解析式,所以再入段运动参数的近似解一般不以时间 $t$ 为自变量,而以高度 $h$ 为自变量。

### 5.2.1 再入段最小负加速度的近似计算

当飞行器以高速进入稠密大气层时,在巨大的空气阻力作用下,飞行器受到一个很大的加速度,该加速度方向与速度方向相反,当加速度的绝对值达到最大时,称为最小负加速度。对于远程导弹而言,最小负加速度可达几十个 $g$,这就使弹头的结构强度,以及弹头内的控制仪表的正常工作受到很大影响。因此,最小负加速度是导弹初步设计中必须考虑的问题之一。

为了能找出最小负加速度的解析表达式,现做如下假设。

(1) 忽略引力作用。除飞行器刚刚进入大气层的一小段弹道外,大部分弹道上的空气阻力均远远大于引力,因此,这种假设是合理的。此时,再入段弹道为一直线弹道。

(2) 当地水平线的转动角速度为零,又由于前面已假设再入弹道为一直线弹道,则 $\dot{\Theta}=0$,这是由于再入段射程角很小,可近似将球面看成平面。

(3) 阻力系数 $C_x$ 为常数。因为飞行器在达到最小负加速度以前,其飞行速度还相当大,即马赫数 $Ma$ 相当大,此时阻力系数随 $Ma$ 的变化仍很缓慢,故可忽略这种变化。

根据上述假设,运动方程(5-2-1)可简化为

$$\begin{cases} \dfrac{\mathrm{d}v}{\mathrm{d}t} = -\dfrac{X}{m} \\ \dfrac{\mathrm{d}r}{\mathrm{d}t} = v\sin\Theta_e \end{cases} \tag{5-2-2}$$

注意到：

$$X = \frac{1}{2}C_x S_M \rho v^2 = \frac{C_x S_M}{2}\rho_0 \mathrm{e}^{-\beta h} v^2$$

$$r = R + h$$

则有

$$\begin{cases} \dfrac{\mathrm{d}v}{\mathrm{d}t} = -B\rho_0 \mathrm{e}^{-\beta h} v^2 \\ \dfrac{\mathrm{d}h}{\mathrm{d}t} = v\sin\Theta_e \end{cases} \tag{5-2-3}$$

其中，$B$ 称为弹道系数。

$$B = \frac{C_x S_M}{2m}$$

由于，

$$\frac{\mathrm{d}v}{\mathrm{d}t} = \frac{\mathrm{d}v}{\mathrm{d}h} \cdot \frac{\mathrm{d}h}{\mathrm{d}t}$$

将式(5－2－3)代入上式即得

$$\frac{\mathrm{d}v}{\mathrm{d}h} = -\frac{B\rho_0}{\sin\Theta_e}\mathrm{e}^{-\beta h} v \tag{5-2-4}$$

因此，

$$\frac{\mathrm{d}v}{v} = \frac{B\rho_0}{\beta\sin\Theta_e}\mathrm{e}^{-\beta h}\mathrm{d}(-\beta h)$$

积分可得

$$\ln\frac{v}{v_e} = \frac{B}{\beta\sin\Theta_e}(\rho - \rho_e)$$

考虑到再入点高度较高，故可取 $\rho_e = 0$，则

$$v = v_e \exp\left(\frac{B\rho_0}{\beta\sin\Theta_e}\mathrm{e}^{-\beta h}\right) \tag{5-2-5}$$

此即为在前述假设条件下，速度随高度变化的规律。由此再观察式(5－2－3)中第一

式可知 $\dot{v}$ 是 $h$ 的函数。现将该式对 $h$ 微分可得

$$\frac{\mathrm{d}\dot{v}}{\mathrm{d}h} = B\rho_0 \mathrm{e}^{-\beta h}\left(\beta v^2 - 2v\frac{\mathrm{d}v}{\mathrm{d}h}\right)$$

将式(5-2-4)代入上式即得

$$\frac{\mathrm{d}\dot{v}}{\mathrm{d}h} = B\rho v^2\left(\beta + \frac{2B\rho}{\sin\Theta_e}\right) \tag{5-2-6}$$

为求最小负加速度发生的高度 $h_m$，可令上式右端等于零。显然，$B\rho v^2$ 不为零，故可得

$$\beta + \frac{2B\rho_m}{\sin\Theta_e} = 0$$

则

$$\rho_m = -\frac{\beta\sin\Theta_e}{2B} \tag{5-2-7}$$

即

$$\rho_0 \mathrm{e}^{-\beta h_m} = -\frac{\beta\sin\Theta_e}{2B}$$

由此可得

$$h_m = \frac{1}{\beta}\ln\left(-\frac{2B\rho_0}{\beta\sin\Theta_e}\right)$$

即

$$h_m = \frac{1}{\beta}\ln\left(-\frac{C_x S_M\rho_0}{m\beta\sin\Theta_e}\right) \tag{5-2-8}$$

可以看出，当 $m$ 和 $|\Theta_e|$ 越大，或 $C_x$、$S_m$ 越小，则最小负加速度产生的高度就越低。而且还有一个有趣的结论，即最小负加速度的高度与再入点速度 $v_e$ 的大小无关。

当 $h = h_m$ 时，由式(5-2-5)可得

$$v_m = v_e\exp\left(\frac{B\rho_m}{\beta\sin\Theta_e}\right)$$

再将式(5-2-7)代入上式，则有

$$v_m = v_e \mathrm{e}^{-\frac{1}{2}} \tag{5-2-9}$$

因此，

$$v_m \cong 0.61 v_e \tag{5-2-10}$$

由此说明，在前述假设条件下，飞行器处于最小负加速度时，其速度与飞行器的质量、尺寸

及再入角 $\Theta_e$ 无关,而只与再入速度 $v_e$ 有关。

将式(5-2-10)代入式(5-2-3)中第一式,即得飞行器在再入段的最小负加速度:

$$\dot{v}_m = -B\rho_m v_m^2$$

将式(5-2-7)及式(5-2-9)代入上式得

$$\dot{v}_m = \frac{\beta v_e^2}{2\mathrm{e}}\sin\Theta_e \tag{5-2-11}$$

可见,最小负加速度 $\dot{v}_m$ 只与飞行器再入点的运动参数 $v_e$、$\Theta_e$ 有关,而与飞行器的质量、尺寸无关。因此,为使 $|\dot{v}_m|$ 减小,或是减小 $v_e$, 或是减小 $|\Theta_e|$。

### 5.2.2　热流的近似计算

飞行器再入时很重要的一个问题是防热问题。再入时飞行器的巨大能量要通过大气的制动使机械能变成热能,并扩散到周围空气中去,可使空气的温度达到几千度,这是一般结构材料承受不了的。由于飞行器表面的温度很低,而围绕飞行器周围的空气温度很高,就形成了气流向再入飞行器传递热量。如何计算传递的热流,对再入飞行器的防热设计是很重要的。准确确定热交换过程及结构的温度场是一个很复杂的问题,这里只提供热流的计算公式,它是防热设计的基础。

热流计算主要考虑三个量:平均的单位面积的对流热流 $q_{av}$ ($\mathrm{J \cdot m^{-2} \cdot s^{-1}}$);驻点的单位面积的对流热流 $q_S$ ($\mathrm{J \cdot m^{-2} \cdot s^{-1}}$);总的吸热量 $Q$(J)。需说明的是,热流量的大小与围绕飞行器表面的流场的性质有关,由于出现最大热流的高度比较高,围绕飞行器表面的气流是层流,所以下面推导的实际上是层流对流的热流计算公式,而且主要是用来比较各类弹道的优劣,完全用它来确定结构的工作环境是不够的。以下推导中假设条件与求最小负加速度时的假设相同。

1. 平均热流 $q_{av}$

$$q_{av} = \frac{1}{s_T}\int_s q\,\mathrm{d}s$$

式中,$q$ 为飞行器表面单位时间单位面积由空气传给飞行器的热量; $s_T$ 为总表面积。

根据热力学原理:

$$q_{av} = \frac{1}{4}c_f'\rho v^3 \tag{5-2-12}$$

其中, $c_f'$ 为与飞行器外形有关的常数; $\rho$ 为大气密度;$v$ 为飞行速度。

将式(5-2-5)写成:

$$v = v_e \mathrm{e}^{\frac{B}{\beta\sin\Theta_e}\rho} \tag{5-2-13}$$

代入式(5-2-12),有

$$q_{av} = \frac{1}{4}c_f' v_e^3 \rho \mathrm{e}^{\frac{3B}{\beta \sin \Theta_e}\rho} \tag{5-2-14}$$

将该式对密度 $\rho$ 微分:

$$\frac{\mathrm{d}q_{av}}{\mathrm{d}\rho} = \frac{1}{4}c_f' v_e^3 \left( \mathrm{e}^{\frac{3B}{\beta \sin \Theta_e}\rho} + \frac{3B}{\beta \sin \Theta_e}\rho \mathrm{e}^{\frac{3B}{\beta \sin \Theta_e}\rho} \right)$$

当 $q_{av}$ 达到最大值时,应满足 $\mathrm{d}q_{av}/\mathrm{d}\rho = 0$,对应的密度记为 $\rho_{m1}$,显然 $\frac{1}{4}c_f' v_e^3$ 不为0,则必有

$$\mathrm{e}^{\frac{3B}{\beta \sin \Theta_e}\rho_{m1}} + \frac{3B}{\beta \sin \Theta_e}\rho_{m1} \mathrm{e}^{\frac{3B}{\beta \sin \Theta_e}\rho_{m1}} = 0$$

求得

$$\rho_{m1} = -\frac{\beta \sin \Theta_e}{3B} \tag{5-2-15}$$

即

$$\rho_0 \mathrm{e}^{-\beta h_{m1}} = -\frac{\beta \sin \Theta_e}{3B}$$

由此得到 $q_{av}$ 达到最大值时的高度:

$$h_{m1} = \frac{1}{\beta}\ln\left( -\frac{3B\rho_0}{\beta \sin \Theta_e} \right)$$

即

$$h_{m1} = \frac{1}{\beta}\ln\left( -\frac{3C_x S_M \rho_0}{2m\beta \sin \Theta_e} \right) \tag{5-2-16}$$

当 $h = h_{m1}$ 时,由式(5-2-13)可得

$$v_{m1} = v_e \mathrm{e}^{\frac{B}{\beta \sin \Theta_e}\rho_{m1}}$$

再将式(5-2-15)代入上式,则有

$$v_{m1} = v_e \mathrm{e}^{-\frac{1}{3}} \tag{5-2-17}$$

因此,

$$v_{m1} \cong 0.72 v_e \tag{5-2-18}$$

最大平均热流为

$$(q_{av})_{\max} = \frac{1}{4}c_f'\rho_{m1}v_{m1}^3$$

即

$$(q_{av})_{\max} = -\frac{\beta}{6\mathrm{e}}\frac{mc_f'}{C_xS_M}v_e^3\sin\Theta_e \qquad (5-2-19)$$

2. 驻点热流 $q_s$

驻点热流是对头部驻点的热流,它是最严重的情况。根据热力学原理:

$$q_s = k_s\sqrt{\rho}v^3 \qquad (5-2-20)$$

其中, $k_s$ 为取决于头部形状的系数。

将式(5-2-13)代入上式,得

$$q_s = k_s\sqrt{\rho}v_e^3\mathrm{e}^{\frac{3B}{\beta\sin\Theta_e}\rho} \qquad (5-2-21)$$

令 $\mathrm{d}q_s/\mathrm{d}\rho = 0$, 求得出现最大驻点热流 $(q_s)_{\max}$ 时的密度 $\rho_{m2}$ 为

$$\rho_{m2} = -\frac{\beta\sin\Theta_e}{6B} \qquad (5-2-22)$$

即

$$\rho_0\mathrm{e}^{-\beta h_{m2}} = -\frac{\beta\sin\Theta_e}{6B}$$

由此得出,发生 $(q_s)_{\max}$ 的高度 $h_{m2}$ 为

$$h_{m2} = \frac{1}{\beta}\ln\left(-\frac{6B\rho_0}{\beta\sin\Theta_e}\right)$$

$$h_{m2} = \frac{1}{\beta}\ln\left(-\frac{3C_xS_M\rho_0}{m\beta\sin\Theta_e}\right) \qquad (5-2-23)$$

当 $h = h_{m2}$ 时,由式(5-2-13)可得

$$v_{m2} = v_e\mathrm{e}^{\frac{B}{\beta\sin\Theta_e}\rho_{m2}}$$

将式(5-2-22)代入上式,便得

$$v_{m2} = v_e\mathrm{e}^{-\frac{1}{6}} \qquad (5-2-24)$$

即

$$v_{m2} \cong 0.85v_e \qquad (5-2-25)$$

将式(5-2-22)、式(5-2-24)代入式(5-2-20),得到最大驻点热流为

$$(q_s)_{\max} = k_s \sqrt{\rho_{m2}} v_{m2}^3$$

即

$$(q_s)_{\max} = k_s \sqrt{\frac{-m\beta \sin \Theta_e}{3eC_x S_M}} v_e^3 \quad (5-2-26)$$

3. 总吸热量 $Q$

总吸热量计算公式为

$$Q = \int_0^t q_{av} s_T \mathrm{d}t$$

即

$$Q = \int_0^t \frac{1}{4} c_f' \rho v^3 s_T \mathrm{d}t \quad (5-2-27)$$

注意到:

$$\mathrm{d}h = v \sin \Theta_e \mathrm{d}t$$
$$\mathrm{d}\rho = -\beta\rho \mathrm{d}h$$

可得

$$\mathrm{d}t = -\frac{1}{\beta\rho v \sin \Theta_e} \mathrm{d}\rho \quad (5-2-28)$$

代入式(5-2-27),有

$$Q = -\int_{\rho_e}^{\rho} \frac{c_f' s_T}{4\beta \sin \Theta_e} v^2 \mathrm{d}\rho$$

将式(5-2-13)代入该式,可得

$$Q = -\int_{\rho_e}^{\rho} \frac{c_f' s_T v_e^2}{4\beta \sin \Theta_e} \mathrm{e}^{\frac{2B}{\beta \sin \Theta_e}\rho} \mathrm{d}\rho$$

于是,

$$Q = \frac{c_f' s_T}{8B} v_e^2 [\mathrm{e}^{\frac{2B}{\beta \sin \Theta_e}\rho_e} - \mathrm{e}^{\frac{2B}{\beta \sin \Theta_e}\rho}]$$

即

$$Q = \frac{m c_f' s_T}{4C_x S_M} v_e^2 [\mathrm{e}^{\frac{2B}{\beta \sin \Theta_e}\rho_e} - \mathrm{e}^{\frac{2B}{\beta \sin \Theta_e}\rho}] \quad (5-2-29)$$

如果再入点高度 $h_e$ 很大,则 $\rho_e$ 很小,可近似取:

$$\mathrm{e}^{\frac{2B}{\beta \sin \Theta_e}\rho_e} = 1$$

而落地时 $\rho=\rho_0$，速度近似为

$$v_c = v_e e^{\frac{B}{\beta \sin \Theta_e}\rho_0} \tag{5-2-30}$$

所以飞行器从再入至落地总的吸热量为

$$Q = \frac{mc_f' s_T}{4C_x S_M}(v_e^2 - v_c^2) \tag{5-2-31}$$

将以上推导与最小负加速度的推导进行比较可以看出，在同样的假设条件下，有以下近似的结果。

(1) 当 $m$ 和 $|\Theta_e|$ 越大，或 $C_x$、$S_M$ 越小，则最大平均热流 $(q_{av})_{\max}$ 和最大驻点热流 $(q_s)_{\max}$ 产生的高度 $h_{m1}$、$h_{m2}$ 就越低，而且 $h_{m1}$、$h_{m2}$ 与再入点速度 $v_e$ 的大小无关。

(2) 飞行器处于最大平均热流和最大驻点热流时的速度 $v_{m1}$、$v_{m2}$ 与飞行器的质量、尺寸及再入角 $\Theta_e$ 无关，而只与再入速度 $v_e$ 有关。

不同于最小负加速度的是：热流的最大值与飞行器的结构参数 $m$、$C_x$、$S_M$ 直接有关，增大 $C_x$、$S_M$ 或减小 $m$ 可以减小 $(q_{av})_{\max}$ 及 $(q_s)_{\max}$。

分析 $(q_s)_{\max}$ 与总吸热量 $Q$，我们还看到存在这样的问题：如果 $|\Theta_e|$ 增大，则 $(q_s)_{\max}$ 要增加，由式(5-2-31)知，$v_c$ 增大则使 $Q$ 减小。为了减小 $(q_s)_{\max}$ 应减小再入角 $|\Theta_e|$，但 $|\Theta_e|$ 过小，又增加了飞行时间，使总吸热量加大，这也是不利的。因此，合理地选择一个再入角 $\Theta_e$ 是弹道再入中的一个重要问题。

### 5.2.3　运动参数的近似计算

大量计算结果说明，在大多数场合下，飞行器在再入段上的速度受空气阻力作用减小到 $v_e$ 值的一半以前，就会使飞行器的加速度达到最小负加速度值。因此对于具有较大再入速度 $v_e$ 的飞行器要求其最小负加速度时，忽略引力的作用是可行的。欲求飞行器在整个再入段的运动参数时，则会因再入段的速度愈来愈小，如再忽略引力将引起较大的误差。不过，由于再入段引力加速度 $g$ 的大小变化不大，故可取 $g=g_0$，以便求出运动参数的解析表述式。

1. 速度 $v$ 和当地速度倾角 $\Theta$ 的近似计算

首先，从动量矩定理出发来进行讨论。显然，弹道上任一点飞行器对地心的动量矩为 $mrv\cos\Theta$，而所有外力对地心的外力矩就是阻力 $X$ 对地心的外力矩，即为 $-rX\cos\Theta$，故由动量矩定理有

$$\frac{\mathrm{d}}{\mathrm{d}t}(rv\cos\Theta) = -r\frac{X}{m}\cos\Theta = -r\frac{C_x S_M}{2m}\rho v^2\cos\Theta \tag{5-2-32}$$

注意到：

$$\frac{\mathrm{d}h}{\mathrm{d}t} = v\sin\Theta \tag{5-2-33}$$

用式(5-2-32)除以此式，则得

$$\frac{\mathrm{d}}{\mathrm{d}h}(rv\cos\Theta) = -rv\cos\Theta\frac{C_x S_M}{2m\sin\Theta}\rho$$

记

$$k = \frac{C_x S_M}{2m\sin\Theta}$$

代入前式则得

$$\frac{\mathrm{d}}{\mathrm{d}h}(rv\cos\Theta) = -rv\cos\Theta k\rho$$

即

$$\frac{\mathrm{d}(rv\cos\Theta)}{rv\cos\Theta} = -k\rho\mathrm{d}h = -k\rho_0\mathrm{e}^{-\beta h}\mathrm{d}h \tag{5-2-34}$$

在实际计算中发现,对于再入倾角 $|\Theta_e|$ 较大的飞行器而言,在再入段可近似认为 $k$ 为常数。这是由于飞行器再入时,速度不断减小,故马赫数 $Ma$ 也不断减小,不过 $Ma$ 仍然较 1 大得多,根据 $C_x \sim Ma$ 曲线可知,此时 $C_x$ 将随马赫数减小而增大,因此 $k$ 的分子是不断增加的;此外,$k$ 的分母值也由于引力作用使得 $|\Theta|$ 不断增大而逐渐增大,故可认为 $k$ 近似为常数。不难看出,由于再入段 $\Theta$ 是一负值,故 $k$ 也为小于零的值。

对式(5-2-34)两端从再入点 $e$ 积分至再入段任一点,得

$$\ln\frac{rv\cos\Theta}{r_e v_e\cos\Theta_e} = \frac{k\rho_0}{\beta}(\mathrm{e}^{-\beta h} - \mathrm{e}^{-\beta h_e})$$

亦即

$$rv\cos\Theta = r_e v_e\cos\Theta_e\exp\left[\frac{k}{\beta}(\rho - \rho_e)\right] \tag{5-2-35}$$

若认为再入点处 $\rho_e = 0$, 则

$$rv\cos\Theta = r_e v_e\cos\Theta_e\mathrm{e}^{\frac{k}{\beta}\rho} \tag{5-2-36}$$

不难理解,若再入段处于真空时,则 $\rho = 0$, 因此有

$$rv\cos\Theta = r_e v_e\cos\Theta_e$$

即满足动量矩守恒,也即为椭圆弹道的结果。而式(5-2-36)说明,考虑空气阻力后,有一个修正系数 $\mathrm{e}^{\frac{k}{\beta}\rho}$, 由于 $k < 0$, 故 $\mathrm{e}^{\frac{k}{\beta}\rho} < 1$, 所以空气阻力的作用使得动量矩减小。

式(5-2-36)中有三个未知数: $r$、$v$、$\Theta$, 即使以 $r$ 为自变量亦须补充一个关系式。为此,注意到由动量矩对 $t$ 的微分可得

$$\frac{\mathrm{d}}{\mathrm{d}t}(rv\cos\Theta) = v\frac{\mathrm{d}}{\mathrm{d}t}(r\cos\Theta) + r\cos\Theta\frac{\mathrm{d}v}{\mathrm{d}t}$$

由于前面已假设 $g=g_0$，故有

$$\frac{\mathrm{d}v}{\mathrm{d}t}=-\frac{X}{m}-g_0\sin\Theta$$

将其代入上式得

$$\frac{\mathrm{d}}{\mathrm{d}t}(rv\cos\Theta)=v\frac{\mathrm{d}}{\mathrm{d}t}(r\cos\Theta)-r\frac{X}{m}\cos\Theta-rg_0\sin\Theta\cos\Theta$$

将该式右端与式(5－2－32)右端相比较可知:

$$v\frac{\mathrm{d}}{\mathrm{d}t}(r\cos\Theta)=rg_0\sin\Theta\cos\Theta$$

根据式(5－2－33),可将上式写为

$$\frac{\mathrm{d}(r\cos\Theta)}{r\cos\Theta}=\frac{g_0}{v^2}\mathrm{d}h$$

运用式(5－2－36),上式还可进一步改写为

$$\frac{\mathrm{d}(r\cos\Theta)}{r^3\cos^3\Theta}=\frac{g_0}{r_e^2v_e^2\cos^2\Theta_e}\mathrm{e}^{-2\frac{k}{\beta}\rho}\mathrm{d}h \tag{5-2-37}$$

令

$$\eta=-\frac{2k}{\beta}\rho_0\mathrm{e}^{-\beta h} \tag{5-2-38}$$

则

$$\mathrm{d}\eta=2k\rho_0\mathrm{e}^{-\beta h}\mathrm{d}h$$

所以,

$$\mathrm{d}h=-\frac{\mathrm{d}\eta}{\beta\eta}$$

将其代入式(5－2－37),即为

$$\frac{\mathrm{d}(r\cos\Theta)}{r^3\cos^3\Theta}=-\frac{g_0}{\beta r_e^2v_e^2\cos^2\Theta_e}\cdot\frac{\mathrm{e}^{\eta}}{\eta}\mathrm{d}\eta$$

由再入点 $e$ 积分上式至再入段任一点,则得

$$\frac{1}{2r_e^2\cos^2\Theta_e}-\frac{1}{2r^2\cos^2\Theta}=-\frac{g_0}{\beta r_e^2v_e^2\cos^2\Theta_e}\int_{\eta_e}^{\eta}\frac{\mathrm{e}^{\eta}}{\eta}\mathrm{d}\eta$$

即

$$\frac{1}{2r^2\cos^2\Theta}-\frac{1}{2r_e^2\cos^2\Theta_e}=\frac{g_0}{\beta r_e^2 v_e^2\cos^2\Theta_e}\left(\int_0^{\eta}\frac{e^{\eta}}{\eta}d\eta-\int_0^{\eta_e}\frac{e^{\eta}}{\eta}d\eta\right) \tag{5-2-39}$$

记

$$E(\eta)=\int_0^{\eta}\frac{e^{\eta}}{\eta}d\eta \tag{5-2-40}$$

此为超越函数,其数值可根据 $\eta$ 查表得到。因而式(5-2-39)可写成:

$$\frac{1}{2r^2\cos^2\Theta}-\frac{1}{2r_e^2\cos^2\Theta_e}=\frac{g_0}{\beta r_e^2 v_e^2\cos^2\Theta_e}[E(\eta)-E(\eta_e)]$$

经过整理可得

$$r\cos\Theta=\frac{r_e\cos\Theta_e}{\sqrt{1+\frac{2g_0}{\beta v_e^2}[E(\eta)-E(\eta_e)]}} \tag{5-2-41}$$

由式(5-2-36)和式(5-2-41)即可求出以 $r$ 为自变量的再入段任一点的速度 $v$ 和当地速度倾角 $\Theta$,特别当令 $r=R$ 时,有 $\rho=\rho_0$,$\eta=\eta_0=-\left(\frac{2k}{\beta}\right)\cdot\rho_0$,则可由式(5-2-41)求得落角 $\Theta_c$,即

$$\cos\Theta_c=\frac{r_e\cos\Theta_e}{R}\frac{1}{\sqrt{1+\frac{2g_0}{\beta v_e^2}[E(\eta_0)-E(\eta_e)]}} \tag{5-2-42}$$

从而代入式(5-2-36)即可求得落速:

$$v_c=\frac{r_e v_e\cos\Theta_e}{R\cos\Theta_c}e^{-\frac{\eta_0}{2}} \tag{5-2-43}$$

需指出的是,若在整个再入段上将 $k$ 看成常数误差过大,则可将 $k$ 分段视为常数,以提高精度。

2. 再入段射程 $L_e$ 的近似计算

由于再入段射程的 $L_e$ 变化率可写为

$$\frac{dL_e}{dh}=\frac{dL_e}{dt}\cdot\frac{dt}{dh}$$

注意到式(5-2-1)及式(5-2-33),可得

$$\frac{dL_e}{dh}=\frac{R}{r}\cot\Theta \tag{5-2-44}$$

积分上式,从再入点至弹道上任一点的射程为

$$L_e = R\int_{h_e}^{h} \frac{\cot \Theta}{R + h} \mathrm{d}h \tag{5-2-45}$$

由于再入段射程小,可近似认为 $\Theta = \Theta_e$, 则

$$L_e = R\cot \Theta_e \ln \frac{R + h}{R + h_e} \tag{5-2-46}$$

特别当 $h = 0$ 时,得到整个再入段射程为

$$L_e = R\cot \Theta_e \ln \frac{R}{R + h_e} \tag{5-2-47}$$

### 5.2.4 有空气阻力作用的被动段弹道特性

实际自由段并非处于绝对真空状态,只是空气密度非常稀薄。严格地说,飞行器在自由段也会受到空气阻力作用,特别是弹道导弹,导弹射程越小,弹道高度也就越低,因而阻力的影响也将逐渐明显。因此,实际自由段的弹道特性与理想真空中的椭圆弹道特性是有所区别的,了解这种区别,可使我们对弹道导弹运动规律的认识进一步深化。

有空气阻力的被动段弹道与椭圆弹道的区别,具体有以下几方面。

(1) 在弹道对应点上,飞行速度的大小不等。

对于椭圆弹道,其升弧段和降弧段上具有相同地心距 $r$ 的对应点之速度值相等。而对于有空气阻力的被动段弹道,在其上任取两个对应点 $q$ 和 $q'$, 如图 5-2-1 所示。由理论力学可知,导弹由 $q$ 至 $q'$ 的动能改变量应等于作用在导弹上外力 $F$ 所做的功,用公式表示即为

$$\frac{1}{2}mv_{q'}^2 - \frac{1}{2}mv_q^2 = \int_{(q)}^{(q')} F\mathrm{d}s \tag{5-2-48}$$

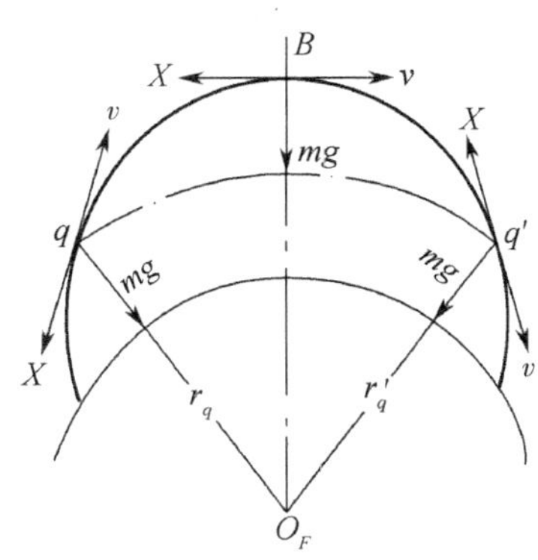

图 5-2-1　有空气阻力时被动段弹道各点受力情况

外力 $F$ 包含有引力和空气阻力。由于 $q$ 和 $q'$ 两点有相同的地心距,故引力做的功等于零,而空气阻力在导弹运动中做负功,故由式(5-2-48)可以看出:

$$v_q > v_{q'}$$

因为 $q$ 和 $q'$ 是任意给定一个 $r$ 所对应的两点,故可得出结论:考虑空气阻力的被动段弹道对应点之速度不等,且

$$v_{升}(r) > v_{降}(r) \tag{5-2-49}$$

并且当空气阻力作用越大时,两点速度值的差别也越大。

(2) 弹道的降弧段比升弧段陡。

由式(5-2-1)中的第二式和第三式可得

$$\frac{\mathrm{d}\Theta}{\mathrm{d}r}=\left(\frac{1}{r}-\frac{g}{v^2}\right)\frac{\cos\Theta}{\sin\Theta}$$

即

$$\frac{\sin\Theta}{\cos\Theta}\mathrm{d}\Theta=\frac{\mathrm{d}r}{r}-\frac{g}{v^2}\mathrm{d}r$$

上式不难写为

$$\mathrm{d}(\ln\cos\Theta)=\frac{g}{v^2}\mathrm{d}r-\frac{\mathrm{d}r}{r}$$

在弹道上任取对应点 $q$ 和 $q'$，对上式由 $q$ 积分至 $q'$，即

$$\int_{(q)}^{(q')}\mathrm{d}(\ln\cos\Theta)=\int_{r_q}^{r_{q'}}\frac{g}{v^2}\mathrm{d}r-\int_{r_q}^{r_{q'}}\frac{\mathrm{d}r}{r}$$

为便于讨论,将上述积分分成两段进行：一段从 $q$ 至弹道顶点 $B$,另一段由 $B$ 至 $q'$，则有

$$\begin{cases}\displaystyle\int_{(q)}^{(B)}\mathrm{d}(\ln\cos\Theta)=\int_{r_q}^{r_B}\frac{g}{v_{升}^2(r)}\mathrm{d}r-\int_{r_q}^{r_B}\frac{\mathrm{d}r}{r}\\ \displaystyle\int_{(B)}^{(q')}\mathrm{d}(\ln\cos\Theta)=\int_{r_B}^{r_{q'}}\frac{g}{v_{降}^2(r)}\mathrm{d}r-\int_{r_B}^{r_{q'}}\frac{\mathrm{d}r}{r}\end{cases}$$

因在弹道顶点处 $\Theta_B=0$，故上式写为

$$\begin{cases}\displaystyle-\ln\cos\Theta_q=\int_{r_q}^{r_B}\frac{g}{v_{升}^2(r)}\mathrm{d}r-\ln\frac{r_B}{r_q}\\ \displaystyle\ln\cos\Theta'_q=\int_{r_B}^{r_{q'}}\frac{g}{v_{降}^2(r)}\mathrm{d}r-\ln\frac{r_{q'}}{r_B}\end{cases}$$

因 $q$ 和 $q'$ 地心距相同,故上式即为

$$\begin{cases}\displaystyle\ln\cos\Theta_q=-\int_{r_q}^{r_B}\frac{g}{v_{升}^2(r)}\mathrm{d}r+\ln\frac{r_B}{r_q}\\ \displaystyle\ln\cos\Theta'_q=-\int_{r_{q'}}^{r_B}\frac{g}{v_{降}^2(r)}\mathrm{d}r+\ln\frac{r_B}{r_{q'}}\end{cases}$$

对于椭圆弹道,因对应点之速度值相同,故速度倾角 $|\Theta|$ 也相等。而考虑空气阻力的被动段,之前已证明对应点速度不等,且 $v_{升}(r)$ 较 $v_{降}(r)$ 大,据此可得

$$\ln\cos\Theta_q>\ln\cos\Theta'_q\tag{5-2-50}$$

亦即

$$|\Theta'_q|>|\Theta_q|$$

由上述讨论,可推广到整个被动段弹道均满足:

$$|\Theta_{降}(r)| > |\Theta_{升}(r)| \tag{5-2-51}$$

所以,处于大气中的被动段弹道,其降弧段比升弧段要陡。

(3) 对应速度最小值 $v_{\min}$ 的点与弹道顶点不重合。

椭圆弹道的顶点为远地点,故此点速度最小。而对有空气阻力的弹道而言,其 $v$ 取最小值时,应满足:

$$\frac{\mathrm{d}v}{\mathrm{d}t} = 0$$

根据式(5-2-1)中的第一式可知,在 $v_{\min}$ 处有

$$\frac{X}{m} + g\sin\Theta = 0 \tag{5-2-52}$$

由此可知,欲使飞行速度达到最小值,必须满足引力 $mg$ 在弹道的切向分量与空气阻力 $X$ 的大小相等,而方向相反。在升弧段上,由于阻力的方向与引力在弹道切线方向的分量一致,因而 $\dot{v}$ 不能为零,而弹道顶点处引力与阻力相垂直故也不能相消,只有在降弧段上两者的方向才相反,故 $\dot{v}=0$ 必发生在降弧段上。

(4) 被动段射程与导弹的质量大小有关。

由椭圆弹道已知,其被动段射程完全取决于主动段终点的参数 $v_k$、$\Theta_k$、$r_k$,而与导弹的质量 $m$ 无关。但当导弹被动段考虑空气阻力影响时,由式(5-2-48)有

$$v_q^2 - v_{q'}^2 = \frac{2}{m}\int_{(q)}^{(q')} X\mathrm{d}s$$

可见,在弹道上任意两对应点速度平方之差不仅与作用在导弹上的空气阻力大小有关,而且与导弹的质量 $m$ 有关。这是由于在相同的 $v_q$ 条件下,质量大的导弹具有的动能也大,故空气阻力所造成的速度损失就比较小,因而射程就比较大。所以,导弹在大气中飞行时,其被动段射程不仅与主动段终点参数 $v_k$、$\Theta_k$、$r_k$ 有关,还与主动段终点时导弹的质量 $m$ 有关。

### 5.2.5　被动段弹道运动参数的特性分析

综合本节的内容,若对式(5-2-1)在给定起始条件 $t=0$、$v=v_k$、$\Theta=\Theta_k$、$r=r_k$ 且 $\beta_e=0$ 来进行计算,即得到在被动段考虑空气阻力情况下的运动参数随时间变化的情况。通常,我们最感兴趣的运动参数是 $\dot{v}$、$v$ 及阻力 $X$,下面给出近程导弹的 $\dot{v}$、$v$ 及阻力 $X$ 随时间变化的典型情况,见图 5-2-2。

由图 5-2-2 可看出,在被动段开始时,由于导弹只受引力和阻力的作用,此两力均使导弹减速,故切向加速度为负值。以后由于速度不断减小,而飞行高度不断增加,空气密度越来越稀薄,因而阻力不断下降,同时由于速度倾角 $\Theta$ 也不断减小,使得引力的切向分量在减小,总的结果使得 $\dot{v}$ 的绝对值不断减小。当导弹飞行至弹道顶点时,虽然在该点

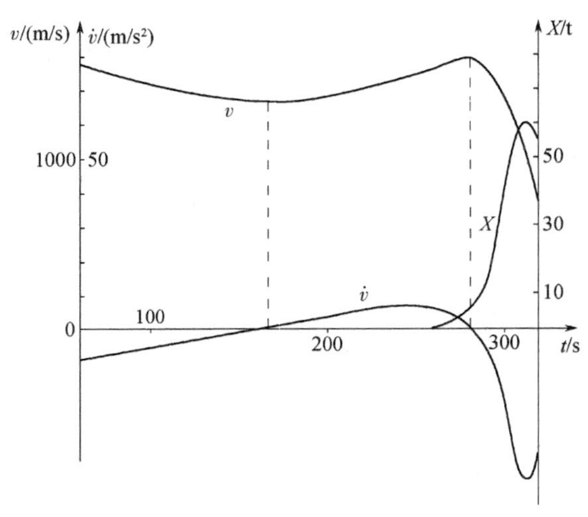


图5-2-2 考虑空气阻力时被动段运动参数随时间变化的情况

引力 $mg$ 垂直于速度方向,但此时阻力 $X$ 不为0,故 $\dot{v}$ 尚未达到0。当导弹飞过顶点后,$mg$ 在速度方向的分量为正值,而与阻力 $X$ 方向相反,由于此时 $X$ 很小,故导弹沿降弧段飞行一小段就会使引力在速度方向的分量与阻力平衡,则出现 $\dot{v}=0$,此时速度 $v$ 取最小值 $v_{\min}$,以后由于引力的作用较阻力大,$\dot{v}$ 则变为正值,并逐渐增大,$v$ 也相应地增大。随着导弹飞行高度的降低,空气密度逐渐增大,所以空气阻力也在增大,它将促使 $\dot{v}$ 减小。当空气阻力 $X$ 与引力在切向的分量再次相等时,则 $\dot{v}$ 又为零,这时飞行速度取得最大值 $v_{\max}$,由于飞行速度很大,随着飞行高度的急剧下降,空气阻力很快增大而造成 $\dot{v}$ 负的增大,则 $v$ 迅速减小,在阻力达到最大值时,则 $\dot{v}$ 取最小值。以后因 $v$ 的减小,使得阻力也减小,同时,也因速度倾角 $\Theta$ 绝对值增大,而使引力在切向上的分量增大,致使 $\dot{v}$ 值又有所回升。

对于远程导弹被动段弹道中参数 $\dot{v}$、$v$、$X$ 的变化规律与上述情况大致相仿,只是在自由段中空气阻力基本为0,而再入时再入速度很大,且在引力作用下继续加速,较 $v_k$ 还大,因而再入段飞行时间较短,在该段 $\dot{v}$、$v$、$X$ 变化较剧烈,变化的幅度也明显增加。

## 5.3 有升力再入弹道特性分析

对于再入飞行器,无论是弹头,还是航天器(卫星、飞船和航天飞机),都涉及再入弹道问题。飞行器以什么样的弹道再入,再入过程中是否对升力进行控制,与飞行器的特性和所要完成的任务有关。

本节从飞行器采用弹道式再入时存在的问题出发,讨论有升力的再入弹道问题。

### 5.3.1 问题的提出及技术途径

1. 弹头再入机动

随着弹道导弹武器的迅速发展,导弹的威力越来越大,命中精度也越来越高,目前已发展到携带多个数十万吨TNT当量子弹头的洲际导弹,其命中精度已达到近100 m的圆概率偏差,具有摧毁加固地下井的打击能力。为了对付攻方弹道导弹的袭击,出现了反弹道导弹的反导武器和反导防御体系。反导武器通常配置于所要保卫目标的附近,可成圆周形配置,也可配置于敌方可能实施突击的方向上。当预警雷达测得敌方来袭的弹道导弹参数后,将参数传送给反导系统,使反导系统能在敌方导弹进入防御空间时用高空拦截武器进行拦截，若有弹道导弹突破高空拦截区，还可使用低空拦截武器实施攻击。无论是高空拦截武器或是低空拦截武器都有一定的防御空间，通常称为杀伤区。而弹道导弹飞行速度大，相应穿过杀伤区的时间是很短的，因此拦截武器的反击时间是有限的，而且要求拦截武器有较好的机动性能。关于反导武器设计问题不属本门课程讨论范围。正因为反导武器的出现，势必刺激战略进攻武器的进一步完善和发展，要求弹道导弹具有突破对方反导防御体系的能力。

目前，主要的突防技术包括采用多弹头和施放诱饵等手段，而在大气中的再入突防，一种有效的办法是进行再入弹道的机动，在导弹弹头接近目标时，突然改变其原来的弹道做机动飞行，亦称机动变轨，其目的是造成反导导弹的脱靶量，或避开反导拦截区的攻击目标。突防采用的弹道如图 5-3-1 所示。

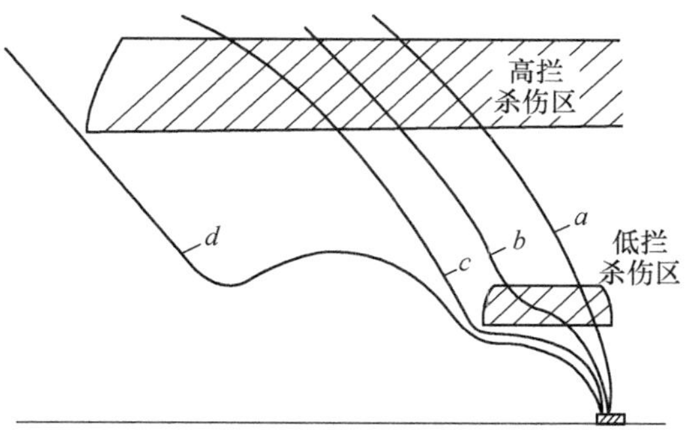


**图 5-3-1　弹道导弹突防示意图**

如图 5-3-1 中，除弹道 $a$ 外，其余的三条弹道均为机动弹道，分析如下：

（1）弹道 $a$ 以陡峭的再入角 $\Theta$ 进行弹道再入，即 $|\Theta_e|$ 较大，高速穿过杀伤区，以减少穿过杀伤区的时间，从而减小反导武器拦截的杀伤概率；

（2）弹道 $b$，弹头的再入弹道经过杀伤区，弹头进入杀伤区后，利用弹道的机动，造成低空反导武器有较大的脱靶量；

（3）弹道 $c$，弹头的再入机动弹道避开低拦杀伤区攻击目标；

（4）弹道 $d$，对高拦杀伤区和低拦杀伤区均采用再入机动弹道，避开这两个杀伤区。

这就从弹头的突防提出了再入机动弹道的研究问题。图 5-3-2 为某种具有末制导图像匹配系统的再入弹头攻击地面固定目标时，为保证末制导系统良好的工作条件和弹头落地速度要求时，采用的再入机动弹道示意图。图中 $L$、$h$、$t$、$n_y$、$\alpha$ 分别为再入段射程、飞行高度、飞行时间、法向过载和攻角。

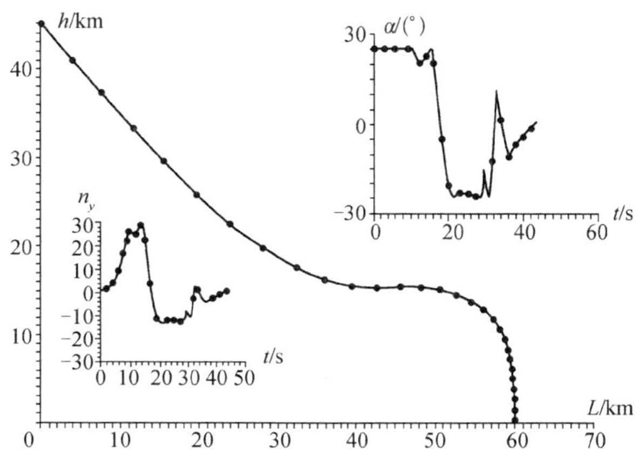


**图 5-3-2　具有末制导图像匹配系统的弹头再入机动弹道示意图**

为实现弹头再入弹道的机动,可通过改变弹头的姿态产生一定的攻角来完成。而改变弹头的姿态可以在弹头尾部装发动机;装伸缩块,或称调整片、配平翼;或者利用质心偏移的方法来产生控制力矩。

2. 航天器的再入

航天器要脱离运行轨道返回地面,可通过制动火箭给航天器一个速度增量 $\Delta V$,使飞行器进入与地球大气相交的椭圆轨道,然后进入大气层。从进入大气层到着陆系统开始工作(如降落伞打开)的这一飞行段称为再入段。

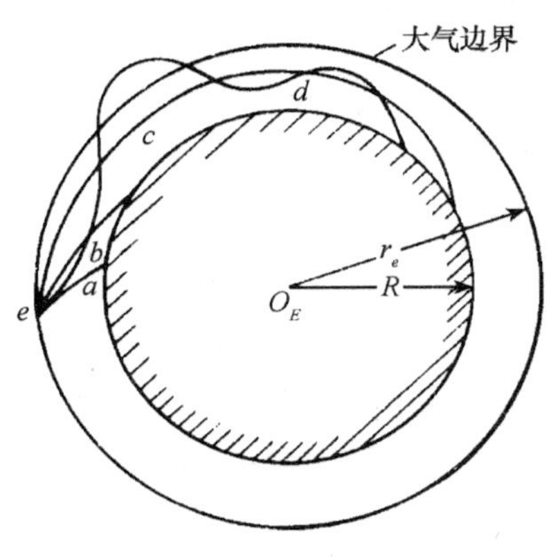


图 5-3-3 航天器可能降落轨道

航天器在地球大气中可能的降落轨道有:弹道式轨道、升力式轨道、跳跃式轨道和椭圆衰减式轨道。前三种轨道示意图如图 5-3-3 所示。

轨道 $a$ 为沿陡峭弹道的弹道式再入,轨道 $b$ 为沿倾斜弹道的弹道式再入,轨道 $c$ 为升力式轨道,轨道 $d$ 为跳跃式轨道。航天器以较小的再入角进入大气层后,依靠升力,再次冲出大气层,做一段弹道式飞行,然后再进入大气层,也可以多次出入大气层,每进入一次大气层就利用大气进行一次减速,这种返回轨道的高度有较大起伏变化,故称作跳跃式轨道。对进入大气层后虽不再跳出大气层,但靠升力使再入轨道高度有较大起伏变化的轨道,称作跳跃式轨道。对于弹道式再入和升力式再入,下面将予以介绍。

如果航天器采用弹道式再入,存在以下的主要问题。

(1) 着陆点散布大。由于航天器在大气层的运动处于无控状态,航天器落点位置的准确程度,主要取决于制动火箭的姿态和推力,而在制动结束后的降落过程中没有修正偏差的可能,因此需要有一个广阔的回收区。此外,还必须等到星下点轨迹恰好经过预想的落点上空。解决以上问题最可行的办法是在再入过程中,利用空气动力的升力特性来改变轨道,即通过控制升力,使航天器具有一定的纵向机动和侧向机动能力。

(2) 再入走廊狭窄。弹道式再入时,轨道的形状完全取决于航天器进入大气层时的初始条件,即取决于再入时的速度大小 $v_e$ 和再入角 $\Theta_e$,由式(5-2-11)分析可知,最小负加速度与运动参数 $v_e$ 和 $\Theta_e$ 有关。理论上讲,适当地控制再入角 $\Theta_e$ 和速度 $v_e$ 的大小,可以使最大过载不超过允许值。实际上,用减小速度 $v_e$ 的办法来减小最大过载值是不可取的。因为速度 $v_e$ 的减小有赖于制动速度的增大,这将使制动火箭的总冲增加,使航天器质量增大,所以控制弹道式再入航天器最大过载的主要办法就是控制再入角 $\Theta_e$。

若 $|\Theta_e|$ 过大,则轨道过陡,受到的空气动力作用过大,减速过于激烈,以致使航天器受到的减速过载和气动加热超过航天器的结构、仪器设备或宇航员所容许承受的过载,或使航天器严重烧蚀,不能正常再入,因此存在一个最大再入角 $|\Theta_e|_{max}$,若 $\Theta_e$ 过小,可能使航天器进入大气层后受到的空气动力作用过小,不足以使它继续深入大气层,可能会在稠密大气层的边缘掠过而进入不了大气层,也不能正常再入。因此,存在一个最小再入角 $|\Theta_e|_{min}$。可见,为了实现正常再入,再入角 $\Theta_e$ 应满足下式:

$$|\Theta_e|_{\min} \leqslant |\Theta_e| \leqslant |\Theta_e|_{\max}$$

称这个范围为再入走廊。$\Delta\Theta_e = |\Theta_e|_{\max} - |\Theta_e|_{\min}$ 为再入走廊的宽度，如图 5-3-4 所示。

不同的航天器有不同的气动特性、防热结构和最大过载允许值，因而有不同的再入走廊。一般来说，航天器的再入走廊都比较狭窄。为了加宽再入走廊，可通过使航天器再入时具有一定的升力来实现。当航天器有一定的负攻角，那么它将以一定的负升力进入大气层，负升力使航天器的再入轨道向内弯曲，从而可以使航天器在 $|\Theta_e| \leqslant |\Theta_e|_{\min}$ 的某些情况下也可实现再入。与此类似，一个具有升力的航天器，以一定的正攻角再入，其正升力可以使轨道变缓，从而可以降低最大过载和热流峰值。这样就加大了再入走廊的宽度。

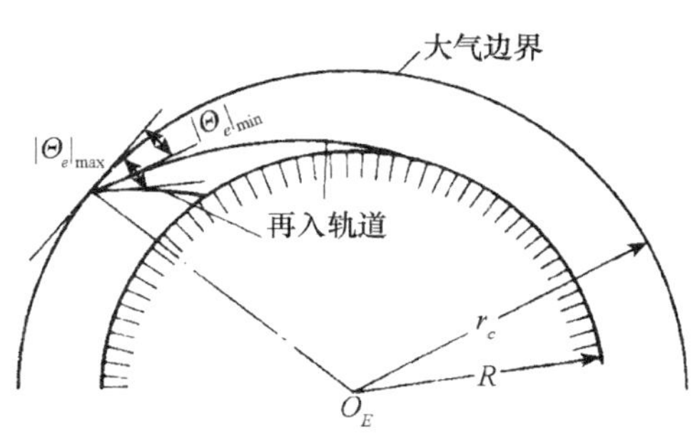


图 5-3-4　航天器再入走廊示意图

综上所述，采用弹道式再入的航天器存在落点散布大、再入走廊狭窄等问题，而解决问题的方法就是采用有升力的再入机动弹道。

目前，根据航天器的气动特征不同，航天器可分为三类：弹道式再入航天器、弹道—升力式再入航天器和升力式再入航天器。

1）弹道式再入航天器

虽然弹道式再入存在落点散布大和再入走廊狭窄等主要问题，但由于再入大气层不产生升力或不控制升力，再入轨道比较陡峭，所经历的航程和时间较短，因而气动加热的总量也较小，防热问题较易处理。此外它的气动外形也不复杂，可做成简单的旋成体。上述两点都使它的结构和防热设计大为简化，因而成为最先发展的一类再入航天器。

2）弹道—升力式再入航天器

在弹道式再入航天器的基础上，通过配置质心的办法，使航天器进入大气层时产生一定的升力就成为弹道—升力式再入航天器。其质心不配置在再入航天器的中心轴线上，而配置在偏离中心轴线的一段很小的距离处，同时使质心在压心之前。这样，航天器在大气中飞行时，在某一个攻角下，空气动力对质心的力矩为零，这个攻角称为配平攻角，记作 $\eta$，如图 5-3-5 所示。在配平攻角飞行状态下，航天器相应地产生一定的升力，此升力一般不大于阻力的一半，即升阻比小于等于 0.5。

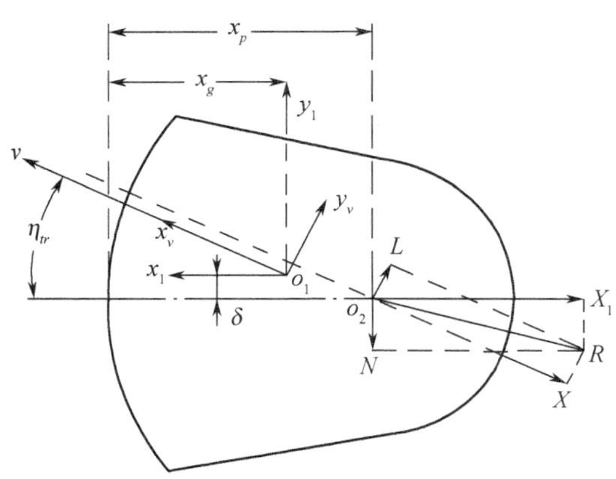


图 5-3-5　以配平攻角飞行时作用在航天器上的空气动力

以配平攻角飞行时的特性如下几点。

（1）根据配平攻角的定义，空气动力 $\boldsymbol{R}$ 对质心 $o_1$ 的力矩为 0，而 $\boldsymbol{R}$ 的压心为 $o_2$，故空气动力 $\boldsymbol{R}$ 通过航天器的压心和质心。

(2) 由于 $\boldsymbol{R}$ 通过航天器的压心和质心,且再入航天器为旋成体,其压心 $o_2$ 在再入航天器的几何纵轴上,所以 $\boldsymbol{R}$ 在 $o_1x_1y_1$ 平面内,又 $\boldsymbol{R}$ 在 $o_1x_vx_1$ 平面内,故 $o_1x_v$ 轴在 $o_1x_1y_1$ 平面内,即侧滑角 $\beta = 0$。

(3) 以配平攻角飞行时,由图 5-3-5 可知:

$$N(x_p - x_g) = X_1\delta$$

即

$$C_N(x_p - x_g) = C_{x1}\delta \tag{5-3-1}$$

其中,$\delta$ 为质心 $o_1$ 偏离几何纵轴的距离。

(4) 以配平攻角飞行时 $\alpha < 0$, 这是因为以配平攻角飞行时, $\beta = 0$, $o_1x_v$ 轴在 $o_1x_1y_1$ 平面内,此时 $o_1x_v$ 的正向必在 $o_1x_1$ 轴正向及 $o_1y_1$ 轴正向所夹的直角之内,否则 $\boldsymbol{R}$ 不能通过质心,故由 $\alpha$ 的定义得到 $\alpha < 0$。

关于配平攻角 $\eta$ 的求取,注意到式(5-3-1), $C_N$、$C_{x1}$、$x_p$ 为攻角 $\eta$ (即 $\alpha$)、马赫数 $Ma$ 及飞行高度 $h$ 的函数。因此,对于一定的 $Ma$ 及 $h$ 值,若某一 $\eta$ (即 $\alpha$)对应的 $C_N$、$C_{x1}$、$x_p$ 满足于式(5-3-1),则该 $\eta$ (即 $\alpha$)值就是再入航天器在该 $Ma$ 及 $h$ 值下的配平攻角 $\eta_{tr}$ (或 $\alpha_{tr}$)。

弹道—升力式再入航天器的外形如图 5-3-5 所示,为简单的旋成体。在再入飞行过程中,通过姿态控制系统将再入航天器绕本身纵轴转动一个角度,就可以改变升力在当地铅垂平面和水平平面的分量。因此,以一定的逻辑程序控制滚动角 $\gamma$, 就可以控制航天器在大气中的运动轨道。从而在一定范围内可以控制航天器的着陆点位置,其最大过载也远小于弹道式再入时的最大过载。

3) 升力式再入航天器

当要求再入航天器水平着陆时,例如航天飞机,必须给再入航天器足够大的升力。而能够实现水平着陆的升力式再入航天器的升阻比一般都大于 1,也就是说升力大于阻力,这样大的升力不能再用偏离对称中心轴线配置质心的办法获得。因此,升力式再入航天器不能再用旋成体,只能采用不对称的升力体。现有的和正在研制的升力式再入航天器都是带翼的升力体,形状与飞机相似,主要由机翼产生升力和控制升力,以及反作用喷气与控制相结合的办法来控制它的机动飞行、下滑和水平着陆,并着陆到指定的机场跑道上。

与弹道—升力式再入相比,升力式再入具有再入过载小、机动范围大和着陆精度高的三个特点。

### 5.3.2 再入走廊的确定

随着航天技术的发展,再入走廊的定义已发展为多样化。例如,可将再入走廊定义为导向预定着陆目标的“管子”。在此“管子”内,再入航天器满足所有的限制,如过载限制、热流限制、动压限制等。如图 5-3-6 所示的是某一航天器的再入走廊示意图和在此走廊内设计的一条再入基准轨道或飞行剖面。图中 $v$ 为飞行速度,$D$ 为阻力加速度,四条边界分别为满足法向过载限制、动压限制、最大热流限制和平衡滑翔要求时，阻力加速度 $D$ 随速度 $v$ 的变化曲线。

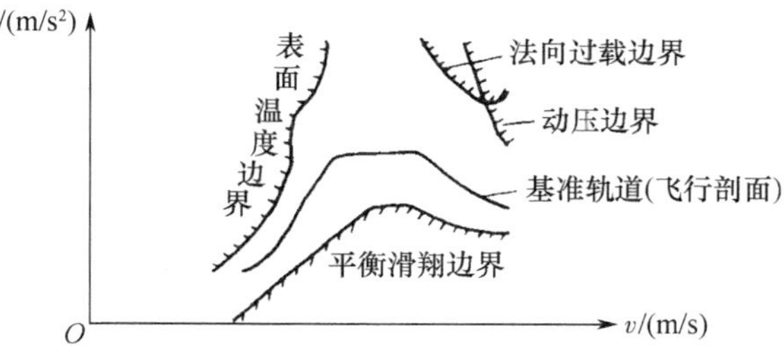


图5-3-6　再入走廊示意图

下面介绍对于事先装订好总攻角 $\eta$ 与飞行速度 $v$ 的关系的航天器，其再入走廊的确定。

1. 法向过载的限制

法向过载 $n_y$ 应满足：

$$n_y \leqslant n_{y\max} \tag{5-3-2}$$

由于讨论中设侧滑角 $\beta=0$，故 $Y=L$，且注意到：

$$n_y = \frac{L}{mg_0} = \frac{C_L q S_M}{mg_0} \tag{5-3-3}$$

$$D = \frac{X}{m} = \frac{C_x q S_M}{m} \tag{5-3-4}$$

将式(5-3-4)除式(5-3-3)，即得

$$\frac{D}{n_y} = \frac{C_x g_0}{C_L}$$

于是，满足法向过载限制的边界为

$$D = \frac{C_x}{C_L} g_0 n_{y\max} \tag{5-3-5}$$

由于已装订好总攻角 $\eta$ 与飞行速度 $v$ 的关系，于是给定 $v$ 值可得到相应的 $C_L$、$C_x$ 值，从而得到阻力加速度 $D$ 与飞行速度 $v$ 的对应关系，故由式(5-3-5)得到满足法向过载限制的边界。

2. 动压的限制

动压 $q$ 应满足：

$$q \leqslant q_{\max} \tag{5-3-6}$$

由式(5-3-4)可知，满足动压限制的边界为

$$D = \frac{C_x}{m} S_M q_{\max} \tag{5-3-7}$$

3. 最大热流限制

驻点热流是最严重的情况，应满足：

$$q_s \leqslant (q_s)_{\max} \tag{5-3-8}$$

由于，

$$q_s = k_s\sqrt{\rho}v^3$$

于是,

$$\rho = \frac{q_s^2}{k_s^2 v^6}$$

而阻力加速度:

$$D = \frac{C_x}{m}S_M \frac{1}{2}\rho v^2 = \frac{C_x S_M}{2m} \cdot \frac{q_s^2}{k_s^2 v^4}$$

所以,满足最大热流限制的边界为

$$D = \frac{C_x S_M}{2m} \cdot \frac{(q_s)_{\max}^2}{k_s^2 v^4} \tag{5-3-9}$$

4. 平衡滑翔边界

为使再入航天器返回地面,再入大气层时应使 $\mathrm{d}\Theta/\mathrm{d}t \leqslant 0$, 即存在一个平衡滑翔边界:

$$\frac{\mathrm{d}\Theta}{\mathrm{d}t} = 0 \tag{5-3-10}$$

由式(5-1-42)知,亦即

$$\frac{L}{mv} + \left(\frac{v}{r} - \frac{g}{v}\right)\cos\Theta = 0$$

当 $|\Theta|$ 较小,可近似地认为 $\cos\Theta = 1$, 于是,

$$\frac{L}{mv} = \frac{g}{v} - \frac{v}{r}$$

即

$$\frac{qS_M}{m} = \frac{g - \dfrac{v^2}{r}}{C_L}$$

所以,平衡滑翔边界为

$$D = \left(g - \frac{v^2}{r}\right)\frac{C_x}{C_L} \tag{5-3-11}$$

其中,$r$ 为飞行器质心到地心之距离,可近似取 $r = r_e$, 便得到 $D$ 与 $v$ 的对应关系。

### 5.3.3 有升力再入时,运动参数的近似计算

对有升力的再入飞行器,在初步设计时,为便于对其弹道特性进行分析,研究再入机动弹道的控制规律,通常是在一定的假设条件下,求出有升力再入时运动方程的近似解析

解。下面我们讨论再入段为平面运动情况下，弹道上任一点弹道参数和最小负加速度的近似解。

在假设地球为一不旋转圆球的条件下，考虑空气阻力 $X$ 和升力 $Y$ 作用时的平面弹道方程已由运动微分方程式(5-1-42)给出。由此可知，影响再入弹道运动参数的外力有空气阻力 $X$、升力 $Y$、引力 $mg$ 及离心力 $mv^2/r$。工程上通常是根据实际问题的要求对上述四个力给以一定的近似条件，简化数学模型，以求得解析解。多年以来很多学者在不同的近似条件下，得到各自的解析解，显然，不同近似条件下的解析解，无论是形式或是精度都是有差别的。这里，只介绍两种情况下的解析解。

1. 略去引力和离心力，且认为升阻比 $Y/X$ 为常数时的再入弹道近似计算

当略去引力和离心力后，由式(5-1-42)简化得到的运动微分方程为

$$\begin{cases}\dfrac{\mathrm{d}v}{\mathrm{d}t}=-\dfrac{X}{m}\\ \dfrac{\mathrm{d}\Theta}{\mathrm{d}t}=\dfrac{Y}{mv}\\ \dfrac{\mathrm{d}r}{\mathrm{d}t}=v\sin\Theta\\ \dfrac{\mathrm{d}L}{\mathrm{d}t}=R\dfrac{v}{r}\cos\Theta\end{cases}\tag{5-3-12}$$

式中，$L$ 为再入段射程。

1）弹道参数的近似计算

记再入点的速度为 $v_e$，再入角为 $\Theta_e$，弹道上任一点的速度为 $v$，当地速度倾角为 $\Theta$，$v$ 与 $\Theta$ 可由下述公式的近似计算确定。

（1）$Y/X$ 为非零常数时：

$$v=v_e\exp\left[-\frac{X}{Y}(\Theta-\Theta_e)\right]\tag{5-3-13}$$

$$\cos\Theta=\cos\Theta_e+\frac{1}{2}\frac{Y}{X}\cdot\frac{C_xS_M}{m\beta}(\rho-\rho_e)\tag{5-3-14}$$

（2）当 $Y/X=0$ 时，则为零攻角弹道：

$$v=v_e\exp\left[\frac{C_{x0}S_M}{2m\beta\sin\Theta_e}(\rho-\rho_e)\right]\tag{5-3-15}$$

$$\Theta=\Theta_e\tag{5-3-16}$$

后面的讨论均认为 $Y/X$ 不为零。

2）最小负加速度的求取

将式(5-3-13)和式(5-3-14)代入式(5-3-12)中的第一式得

$$\frac{\mathrm{d}v}{\mathrm{d}t}=-\frac{C_xS_M}{2m}\left[\frac{\cos\Theta-\cos\Theta_e}{\dfrac{1}{2}\dfrac{Y}{X}\dfrac{C_xS_M}{m\beta}}+\rho_e\right]v_e^2\mathrm{e}^{-2\frac{X}{Y}(\Theta-\Theta_e)}$$

整理得

$$\frac{\mathrm{d}v}{\mathrm{d}t}=-\frac{X}{Y}\beta\left(\cos\Theta-\cos\Theta_e+\frac{1}{2}\frac{Y}{X}\frac{C_xS_M}{m\beta}\rho_e\right)v_e^2\mathrm{e}^{-2\frac{X}{Y}(\Theta-\Theta_e)}\tag{5-3-17}$$

由该式知，$\dfrac{\mathrm{d}v}{\mathrm{d}t}$ 是 $\Theta$ 的函数，因此可用此式对 $\Theta$ 微分求极值，式(5－3－17)对 $\Theta$ 微分得

$$\frac{\mathrm{d}}{\mathrm{d}\Theta}\left(\frac{\mathrm{d}v}{\mathrm{d}t}\right)=\frac{X}{Y}\beta\left[\left(\cos\Theta-\cos\Theta_e+\frac{1}{2}\frac{Y}{X}\frac{C_xS_M}{m\beta}\rho_e\right)2\frac{X}{Y}+\sin\Theta\right]v_e^2\mathrm{e}^{-2\frac{X}{Y}(\Theta-\Theta_e)}\tag{5-3-18}$$

当 $\dfrac{\mathrm{d}v}{\mathrm{d}t}$ 取极值时，上式等于 0，从中可解得满足极值条件的弹道倾角，记为 $\Theta_m$，故

$$2\frac{X}{Y}\left(\cos\Theta_m+\frac{1}{2}\frac{Y}{X}\frac{C_xS_M}{m\beta}\rho_e-\cos\Theta_e\right)=-\sin\Theta_m$$

将上式两边平方，并将右端改成余弦函数，且令

$$\begin{cases}a=2\dfrac{X}{Y}\\ b=\dfrac{1}{2}\dfrac{Y}{X}\dfrac{C_xS_M}{m\beta}\rho_e-\cos\Theta_e\\ c=a^2b^2-1\end{cases}\tag{5-3-19}$$

则可最终整理得

$$(a^2+1)\cos^2\Theta_m+2ba^2\cos\Theta_m+c=0$$

由此解得

$$\cos\Theta_m=\frac{-ba^2\pm\sqrt{1+a^2(1-b^2)}}{a^2+1}\tag{5-3-20}$$

式中，“－”号对应于最小负加速度的倾角值。

将解得的 $\Theta_m$ 代入式(5－3－17)，即可求得最小负加速度。由于假设 $Y/X$ 为常数，观察式(5－3－12)中的第一式和第二式，不难知道，当切向加速度取得极值时，法向加速度也取极值。故可将 $\Theta_m$ 代入式(5－3－14)解出 $\rho_m$，再去计算式(5－3－12)中的第二式即得法向最大加速度的值。

3）求再入段射程

将式(5－3－12)第四式除以第二式，则有

$$\frac{\mathrm{d}L}{\mathrm{d}\Theta}=\frac{Rmv^2}{rY}\cos\Theta \tag{5-3-21}$$

由于再入段高度较之地球半径 $R$ 要小得多，故可认为 $r\cong R$，则上式即为

$$\mathrm{d}L=\frac{\cos\Theta\mathrm{d}\Theta}{\frac{1}{2}\frac{Y}{X}\frac{C_xS_M}{m}\rho} \tag{5-3-22}$$

其中，$\rho$ 以式(5－3－14)的关系式代入整理可得

$$\mathrm{d}L=\frac{\cos\Theta\mathrm{d}\Theta}{\beta\left(\cos\Theta-\cos\Theta_e+\frac{1}{2}\frac{Y}{X}\frac{C_xS_M}{m\beta}\rho_e\right)}$$

利用式(5－3－19)中的第二式，上式可写为

$$\mathrm{d}L=\frac{\cos\Theta\mathrm{d}\Theta}{\beta(b+\cos\Theta)} \tag{5-3-23}$$

将上式由再入点积分至再入段上的任一点，则左端 $L$ 即表示该点距再入点的射程，即

$$L=\int_{\Theta_e}^{\Theta}\frac{\cos\Theta}{\beta(b+\cos\Theta)}\mathrm{d}\Theta \tag{5-3-24}$$

亦即

$$L=\frac{1}{\beta}\int_{\Theta_e}^{\Theta}\left(1-\frac{b}{b+\cos\Theta}\right)\mathrm{d}\Theta \tag{5-3-25}$$

记

$$L=I_1+I_2 \tag{5-3-26}$$

其中，

$$I_1=\frac{1}{\beta}\int_{\Theta_e}^{\Theta}\mathrm{d}\Theta=\frac{1}{\beta}(\Theta-\Theta_e) \tag{5-3-27}$$

$$I_2=-\frac{b}{\beta}\int_{\Theta_e}^{\Theta}\frac{\mathrm{d}\Theta}{b+\cos\Theta} \tag{5-3-28}$$

$I_2$ 的积分分两种情况：

当 $b^2>1$ 时，可积得

$$I_2=\frac{-b}{\beta}\cdot\frac{2}{\sqrt{b^2-1}}\left[\tan^{-1}\left(\sqrt{\frac{b-1}{b+1}}\tan\frac{\Theta}{2}\right)-\tan^{-1}\left(\sqrt{\frac{b-1}{b+1}}\tan\frac{\Theta_e}{2}\right)\right] \tag{5-3-29}$$

当 $b^2<1$ 时,可积得

$$I_2=\frac{-b}{\beta}\cdot\frac{1}{\sqrt{1-b^2}}\left[\ln\frac{\sqrt{1-b^2}\tan\frac{\Theta}{2}+(1+b)}{\sqrt{1-b^2}\tan\frac{\Theta}{2}-(1+b)}-\ln\frac{\sqrt{1-b^2}\tan\frac{\Theta_e}{2}+(1+b)}{\sqrt{1-b^2}\tan\frac{\Theta_e}{2}-(1+b)}\right] \tag{5-3-30}$$

即

$$I_2=\frac{-b}{\beta\sqrt{1-b^2}}\left[\ln\frac{\sqrt{1-b}\tan\frac{\Theta}{2}+\sqrt{1+b}}{\sqrt{1-b}\tan\frac{\Theta}{2}-\sqrt{1+b}}-\ln\frac{\sqrt{1-b}\tan\frac{\Theta_e}{2}+\sqrt{1+b}}{\sqrt{1-b}\tan\frac{\Theta_e}{2}-\sqrt{1+b}}\right] \tag{5-3-31}$$

如果将上式中之 $\tan\frac{\Theta}{2}$ 及 $\tan\frac{\Theta_e}{2}$ 用三角关系式:

$$\tan\frac{u}{2}=\frac{1-\cos u}{\sin u}$$

的形式代入,经过整理,可得另一种形式:

$$I_2=\frac{-b}{\beta\sqrt{1-b^2}}\ln\left(\frac{1+b\cos\Theta+\sqrt{1-b^2}\sin\Theta}{1+b\cos\Theta_e+\sqrt{1-b^2}\sin\Theta_e}\cdot\frac{b+\cos\Theta_e}{b+\cos\Theta}\right) \tag{5-3-32}$$

将式(5-3-27)和式(5-3-29)或式(5-3-32)代入式(5-3-26)中,即得再入段任一点距离再入点的射程计算公式:

$$L=\begin{cases}\frac{1}{\beta}(\Theta-\Theta_e)-\frac{2b}{\beta\sqrt{b^2-1}}\left[\arctan\left(\sqrt{\frac{b-1}{b+1}}\tan\frac{\Theta}{2}\right)-\arctan\left(\sqrt{\frac{b-1}{b+1}}\tan\frac{\Theta_e}{2}\right)\right] & (b^2>1)\\ \frac{1}{\beta}(\Theta-\Theta_e)-\frac{b}{\beta\sqrt{1-b^2}}\left(\ln\frac{1+b\cos\Theta+\sqrt{1-b^2}\sin\Theta}{1+b\cos\Theta_e+\sqrt{1-b^2}\sin\Theta_e}\cdot\frac{b+\cos\Theta_e}{b+\cos\Theta}\right) & (b^2<1)\end{cases} \tag{5-3-33}$$

2. 一般情况下的再入弹道近似计算

前面的解析解是在忽略引力和离心力条件下获得的,这里我们讨论这两项力均不忽略时再入弹道的近似计算。

1) 弹道参数的近似计算

在再入段精确弹道方程组(5-1-42)中,第二式最后一项表示引力和离心力垂直于速度矢量的分量,它对倾角 $\Theta$ 的影响,在陡峭再入时是小的,而在小角再入时是大的。为了便于求解,将该项中的 $\cos\Theta$ 在整个再入段取为常数,即取 $\cos\Theta=\cos\Theta_e$,这种近似只会引起一个小的倾角误差。因此方程组可简化为

$$
\begin{cases}
\dfrac{\mathrm{d}v}{\mathrm{d}t} = -\dfrac{X}{m} - g\sin\Theta \\
\dfrac{\mathrm{d}\Theta}{\mathrm{d}t} = \dfrac{Y}{mv} + \left(\dfrac{v}{r} - \dfrac{g}{v}\right)\cos\Theta_e \\
\dfrac{\mathrm{d}h}{\mathrm{d}t} = v\sin\Theta \\
\dfrac{\mathrm{d}L}{\mathrm{d}t} = R\dfrac{v}{r}\cos\Theta
\end{cases}
\tag{5-3-34}
$$

将式(5-3-34)中第一式、第二式分别以第三式来除,可得

$$
\frac{\mathrm{d}v}{v} = -\frac{C_x S_M \rho}{2m\sin\Theta}\mathrm{d}h - \frac{g}{v^2}\mathrm{d}h \tag{5-3-35}
$$

$$
\sin\Theta\mathrm{d}\Theta = \frac{C_y S_M \rho}{2m}\mathrm{d}h + \left(\frac{1}{r} - \frac{g}{v^2}\right)\cos\Theta_e\mathrm{d}h \tag{5-3-36}
$$

将 $\mathrm{d}h = -\mathrm{d}\rho/\beta\rho$ 代入上式得

$$
\frac{\mathrm{d}v}{v} = \frac{C_x S_M}{2m\beta\sin\Theta}\mathrm{d}\rho + \frac{g}{\beta v^2}\cdot\frac{\mathrm{d}\rho}{\rho} \tag{5-3-37}
$$

$$
\sin\Theta\mathrm{d}\Theta = -\frac{C_y S_M}{2m\beta}\mathrm{d}\rho - \frac{\cos\Theta_e}{\beta}\left(\frac{1}{r} - \frac{g}{v^2}\right)\frac{\mathrm{d}\rho}{\rho} \tag{5-3-38}
$$

为了便于求解析解,考虑到再入机动时,一般速度较大,即马赫数 $Ma$ 较大,故把 $C_x$、$C_y$ 视为常数。即使这样也很难对式(5-3-37)及式(5-3-38)求解。考虑到无论是小角再入或是陡峭再入,引力在速度矢量方向的分量较之阻力要小得多,故首先对式(5-3-37)作如下近似:

$$
\frac{\mathrm{d}v}{v} = \frac{C_x S_M}{2m\beta\sin\Theta_e}\mathrm{d}\rho \tag{5-3-39}
$$

积分上式得

$$
\ln\frac{v}{v_e} = \frac{C_x S_M}{2m\beta\sin\Theta_e}(\rho - \rho_e) \tag{5-3-40}
$$

将此解得的 $v$ 作为一级近似值,若直接将其代入式(5-3-37)及式(5-3-38)两式的右端去求积分还是困难的,因此将 $g/v^2$ 按 $\ln v/v_e$ 进行展开,即

$$
\frac{g}{v^2} = \frac{g}{v_e^2}\left(\frac{v_e}{v}\right)^2 = \frac{g}{v_e^2}\mathrm{e}^{-2\ln\frac{v}{v_e}} = \frac{g}{v_e^2}\left[1 - 2\ln\frac{v}{v_e} + \frac{4}{2!}\left(\ln\frac{v}{v_e}\right)^2 - \cdots\right]
$$

现只取前三项,并写成:

$$
\frac{g}{v^2} = \frac{g}{v_e^2}\left[1 + c_1\ln\left(\frac{v}{v_e}\right) + c_2\left(\ln\frac{v}{v_e}\right)^2\right] \tag{5-3-41}
$$

其中,常系数 $c_1$、$c_2$ 可以按照速度 $v$ 需要改变范围,用拟合的办法确定。在大多数场合下,在再入速度减小到一半以前,即达到最小负加速度,因此常系数 $c_1$、$c_2$ 可以在该范围内确定。

将式(5-3-40)代入式(5-3-41)得

$$\frac{g}{v^2}=\frac{g}{v_e^2}\left[1+c_1\frac{C_xS_M}{2m\beta\sin\Theta_e}(\rho-\rho_e)+c_2\left(\frac{C_xS_M}{2m\beta\sin\Theta_e}\right)^2(\rho-\rho_e)^2\right] \tag{5-3-42}$$

将式(5-3-42)代入式(5-3-38),因设 $C_x$、$C_y$ 为常数,且注意到再入段弹道高度 $h$ 变化对于 $r$ 来说是个小量,故可认为 $r$ 为一常数,这样就可将式(5-3-38)积出为

$$\cos\Theta=\cos\Theta_e+B_1(\rho-\rho_e)+B_2\ln\frac{\rho}{\rho_e}+B_3f_1(\rho) \tag{5-3-43}$$

其中,

$$\begin{cases}B_1=\dfrac{C_yS_M}{2m\beta}\\[2mm] B_2=\dfrac{\cos\Theta_e}{\beta r}\\[2mm] B_3=-\dfrac{\cos\Theta_e}{\beta}\dfrac{g}{v_e^2}\\[2mm] B_4=\dfrac{C_xS_M\rho_e}{2m\beta\sin\Theta_e}\\[2mm] f_1(\rho)=(1-c_1B_4+c_2B_4^2)\ln\dfrac{\rho}{\rho_e}+(c_1B_4-c_2B_4^2)\dfrac{\rho-\rho_e}{\rho_e}+\dfrac{1}{2}c_2B_4^2\left(\dfrac{\rho-\rho_e}{\rho_e}\right)^2\end{cases} \tag{5-3-44}$$

为求 $v$ 与 $\rho$ 的关系,将方程式(5-3-37)两端由 $\rho_e$ 积分至 $\rho$,积分变量为区别于上界 $\rho$ 而记为 $\bar{\rho}$,则

$$\ln\frac{v}{v_e}=\frac{C_xS_M}{2m\beta}\int_{\rho_e}^{\rho}\frac{\mathrm{d}\bar{\rho}}{\sin\Theta(\bar{\rho})}+\frac{1}{\beta}\int_{\rho_e}^{\rho}\frac{g}{v^2}\frac{\mathrm{d}\bar{\rho}}{\bar{\rho}} \tag{5-3-45}$$

上式后半部分为一积分式,只需将式(5-3-42)代入即可积出,为

$$\frac{1}{\beta}\int_{\rho_e}^{\rho}\frac{g}{v^2}\frac{\mathrm{d}\bar{\rho}}{\bar{\rho}}=\frac{1}{\beta}\frac{g}{v_e^2}f_1(\rho)=-\frac{B_3}{\cos\Theta_e}f_1(\rho) \tag{5-3-46}$$

其中,$B_3$、$f_1(\rho)$ 如式(5-3-44)中所示。但式(5-3-45)第一积分式,需要代以 $\Theta(\bar{\rho})$ 的值,这就需要通过方程(5-3-43)来求取。为此,将 $\cos\Theta$ 进行展开,只取到前两项,即

$$\cos\Theta=1-\frac{\Theta^2}{2}$$

将此关系式代入(5-3-43)，则在任一 $\bar{\rho}$ 处有

$$\Theta^2(\bar{\rho}) = \Theta_e^2 - 2B_1(\bar{\rho} - \rho_e) - 2B_2\ln\frac{\bar{\rho}}{\rho_e} - 2B_3f_1(\bar{\rho}) \qquad (5-3-47)$$

并考虑到式(5-3-45)第一式积分值主要取决于 $\Theta(\bar{\rho})$ 在积分区间的最小绝对值，对有升力弹道，在正升力作用下，弹道是往上弯曲的，因此 $\Theta$ 的绝对值将随 $\bar{\rho}$ 的增加而单调减小，一直到它的极小值。为了便于后面进行积分，将 $\ln \bar{\rho}/\rho$ 以 $(1-\bar{\rho}/\rho)$ 进行展开并取前四项，即

$$\ln\frac{\bar{\rho}}{\rho} = \ln\left[1 - \left(1 - \frac{\bar{\rho}}{\rho}\right)\right] = -\left[\left(1 - \frac{\bar{\rho}}{\rho}\right) + \frac{1}{2}\left(1 - \frac{\bar{\rho}}{\rho}\right)^2\right]$$

令

$$\zeta = \frac{\rho - \bar{\rho}}{\rho}$$

则前式写成：

$$\ln\frac{\bar{\rho}}{\rho} = -\left(\zeta + \frac{1}{2}\zeta^2\right) \qquad (5-3-48)$$

在式(5-3-47)中，注意到：

$$\ln\frac{\bar{\rho}}{\rho_e} = \ln\left(\frac{\rho}{\rho_e}\frac{\bar{\rho}}{\rho}\right) = \ln\frac{\rho}{\rho_e} + \ln\frac{\bar{\rho}}{\rho}$$

将式(5-3-48)代入上式得

$$\ln\frac{\bar{\rho}}{\rho_e} = \ln\frac{\rho}{\rho_e} - \left(\zeta + \frac{1}{2}\zeta^2\right) \qquad (5-3-49)$$

再注意到：

$$\begin{aligned}\bar{\rho} - \rho_e &= -(\rho - \bar{\rho}) + (\rho - \rho_e)\\ &= -\rho\zeta + (\rho - \rho_e)\end{aligned} \qquad (5-3-50)$$

将式(5-3-49)、式(5-3-50)代入式(5-3-47)，则有

$$\begin{aligned}\Theta^2(\bar{\rho}) = {} & \Theta_e^2 + 2B_1\rho\zeta - 2B_1(\rho - \rho_e) - 2B_2\ln\frac{\rho}{\rho_e} + 2B_2\left(\zeta + \frac{1}{2}\zeta^2\right)\\ & - 2B_3\left\{(1 - c_1B_4 + c_2B_4^2)\left[\ln\frac{\rho}{\rho_e} - \left(\zeta + \frac{1}{2}\zeta^2\right)\right]\right.\\ & \left. + (c_1B_4 - c_2B_4^2)\left(\frac{\rho - \rho_e}{\rho_e} - \frac{\rho}{\rho_e}\zeta\right) + \frac{1}{2\rho_e^2}c_2B_4^2[(\rho - \rho_e) - \rho\zeta]^2\right\}\end{aligned}$$

上式中只有 $\zeta$ 为变量,$\rho$ 是给定的再入段某点所决定的值。经过整理,上式可写为

$$\Theta^2(\bar{\rho}) = \bar{\Theta}^2 + k_1\zeta + k_2\zeta^2 \tag{5-3-51}$$

其中,

$$\begin{aligned}\bar{\Theta}^2 = \bar{\Theta}_e^2 &- \left(2B_1 + \frac{2}{\rho_e}c_1B_3B_4 + c_2B_3B_4^2\frac{\rho - 3\rho_e}{\rho_e}\right)(\rho - \rho_e) \\ &- 2(B_2 + B_3 - c_1B_3B_4 + c_2B_3B_4^2)\ln\frac{\rho}{\rho_e}\end{aligned} \tag{5-3-52}$$

$$\begin{aligned}K_1 &= 2(B_1\rho + B_2 + B_3 - c_1B_3B_4 + c_2B_3B_4^2) \\ &\quad + 2c_1B_3B_4\frac{\rho}{\rho_e} - 2c_2B_3B_4^2\frac{\rho}{\rho_e} + 2c_2B_3B_4^2\frac{\rho}{\rho_e^2}(\rho - \rho_e) \\ &= 2\left[B_1\rho + B_2 + B_3 + c_1B_3B_4\left(\frac{\rho - \rho_e}{\rho_e}\right)\right. \\ &\quad \left. + c_2B_3B_4^2\left(\frac{\rho_e - \rho}{\rho_e}\right) + c_2B_3B_4^2\frac{\rho}{\rho_e}\left(\frac{\rho - \rho_e}{\rho_e}\right)\right] \\ &= 2\left[B_1\rho + B_2 + B_3 + c_1B_3B_4\left(\frac{\rho - \rho_e}{\rho_e}\right) + c_2B_3B_4^2\left(\frac{\rho - \rho_e}{\rho_e}\right)^2\right]\end{aligned} \tag{5-3-53}$$

$$\begin{aligned}K_2 &= B_2 + B_3 - c_1B_3B_4 + c_2B_3B_4^2 - c_2B_3B_4^2\frac{\rho^2}{\rho_e^2} \\ &= B_2 + B_3 - c_1B_3B_4 - c_2B_3B_4^2\frac{\rho^2 - \rho_e^2}{\rho_e^2}\end{aligned} \tag{5-3-54}$$

有了上述辅助关系式,直接对式(5-3-45)着手进行积分还有困难,为此,还需将积分号内的分母 $\sin\Theta$ 按照再入角的值的大小用两种不同的形式展成 $\Theta$ 的级数。

对于 $|\Theta| < 60°$ 时,可将其展成:

$$\frac{1}{\sin\Theta} \cong \frac{1}{\Theta - \frac{1}{6}\Theta^3} = \frac{1}{\Theta} + \frac{1}{6}\Theta \tag{5-3-55}$$

利用该式最大误差将小于 3%。

对于 $|\Theta| > 45°$ 时,同样的项可展成 $(\Theta_e - \Theta)$ 的级数,在达到最小负加速度之前,$|\Theta_e - \Theta|$ 是比 $|\Theta_e|$ 小的,则

$$\frac{1}{\sin\Theta} = \frac{1}{\sin[\Theta_e - (\Theta_e - \Theta)]} \cong \frac{1}{\sin\Theta_e} + \frac{\cos\Theta_e}{\sin^2\Theta_e}(\Theta_e - \Theta) \tag{5-3-56}$$

上式对于 $\Theta_e = -45°$, $(\Theta_e - \Theta) = -2°$, 最大误差小于 5%。

下面根据再入角的大小对式(5-3-45)中的第一式进行积分。

（1）$|\Theta| < 60°$。

根据式（5－3－51）和式（5－3－55）有

$$\frac{C_x S_M}{2m\beta}\int_{\rho_e}^{\rho}\frac{\mathrm{d}\bar{\rho}}{\sin\Theta(\bar{\rho})}=-\frac{C_x S_M}{2m\beta}\left[\int_{\rho_e}^{\rho}\frac{\mathrm{d}\bar{\rho}}{\sqrt{\bar{\Theta}^2+k_1\zeta+k_2\zeta^2}}+\frac{1}{6}\int_{\rho_e}^{\rho}\sqrt{\bar{\Theta}^2+k_1\zeta+k_2\zeta^2}\,\mathrm{d}\bar{\rho}\right] \tag{5-3-57}$$

上式右端两项积分，只要将积分变量 $\bar{\rho}$ 用配元法写成变量 $\zeta$，再根据 $k_2$ 的正负可用积分表查得积分结果。

① $k_2 > 0$。

$$\int_{\rho_e}^{\rho}\frac{\mathrm{d}\bar{\rho}}{\sqrt{\bar{\Theta}^2+k_1\zeta+k_2\zeta^2}}=\frac{-\rho}{\sqrt{k_2}}\ln\frac{k_1+2\sqrt{k_2}\bar{\Theta}}{k_1+2k_2(1-\sigma)+2\sqrt{k_2}\sqrt{\bar{\Theta}^2+k_1(1-\sigma)+k_2(1-\sigma)^2}} \tag{5-3-58}$$

$$\begin{aligned}&\frac{1}{6}\int_{\rho_e}^{\rho}\sqrt{\bar{\Theta}^2+k_1\zeta+k_2\zeta^2}\,\mathrm{d}\bar{\rho}\\&=\frac{-\rho}{24k_2}\left\{k_1\bar{\Theta}-[k_1+2k_2(1-\sigma)]\sqrt{\bar{\Theta}^2+k_1(1-\sigma)+k_2(1-\sigma)^2}\right\}\\&\quad+\rho\frac{k_1^2-4k_2\bar{\Theta}^2}{48k_2\sqrt{k_2}}\ln\frac{k_1+2\sqrt{k_2}\bar{\Theta}}{k_1+2k_2(1-\sigma)+2\sqrt{k_2}\sqrt{\bar{\Theta}^2+k_1(1-\sigma)+k_2(1-\sigma)^2}}\end{aligned} \tag{5-3-59}$$

上两式中曾令

$$\sigma=\frac{\rho_e}{\rho} \tag{5-3-60}$$

将式（5－3－58）、式（5－3－59）代入式（5－3－57）得

$$\frac{C_x S_M}{2m\beta}\int_{\rho_e}^{\rho}\frac{\mathrm{d}\bar{\rho}}{\sin\Theta(\bar{\rho})}=\frac{B_5}{\sqrt{k_2}}f_2(\rho)+f_3(\rho) \tag{5-3-61}$$

其中，

$$\begin{cases}B_5=\dfrac{C_x S_M\rho}{2m\beta}\left(1+\dfrac{4k_2\bar{\Theta}^2-k_1^2}{48k_2}\right)\\f_2(\rho)=\rho\cdot\ln\dfrac{k_1+2\sqrt{k_2}\bar{\Theta}}{k_1+2k_2(1-\sigma)+2\sqrt{k_2}\sqrt{\bar{\Theta}^2+k_1(1-\sigma)+k_2(1-\sigma)^2}}\\f_3(\rho)=\dfrac{C_x S_M\rho}{48m\beta k_2}\left\{k_1\bar{\Theta}-[k_1+2k_2(1-\sigma)]\sqrt{\bar{\Theta}^2+k_1(1-\sigma)+k_2(1-\sigma)^2}\right\}\end{cases} \tag{5-3-62}$$

最后将式(5-3-46)、式(5-3-61)代入式(5-3-45)即可得

$$\ln\frac{v}{v_e}=-\frac{B_3}{\cos\Theta_e}f_1(\rho)+\frac{B_5}{\sqrt{k_2}}f_2(\rho)+f_3(\rho) \tag{5-3-63}$$

② $k_2<0$。

$$\int_{\rho_e}^{\rho}\frac{\mathrm{d}\bar{\rho}}{\sqrt{\bar{\Theta}^2+k_1\zeta+k_2\zeta^2}}=-\frac{\rho}{\sqrt{1-k_2}}\left[\arcsin\frac{k_1+2k_2(1-\sigma)}{\sqrt{k_1^2-4k_2\bar{\Theta}^2}}-\arcsin\frac{k_1}{\sqrt{k_1^2-4k_2\bar{\Theta}^2}}\right] \tag{5-3-64}$$

$$\begin{aligned}&\frac{1}{6}\int_{\rho_e}^{\rho}\sqrt{\bar{\Theta}^2+k_1\zeta+k_2\zeta^2}\,\mathrm{d}\bar{\rho}\\&=-\frac{k_1^2-4k_2\bar{\Theta}^2}{48k_2\sqrt{1-k_2}}\rho\left[\arcsin\frac{k_1+2k_2(1-\sigma)}{\sqrt{k_1^2-4k_2\bar{\Theta}^2}}-\arcsin\frac{k_1}{\sqrt{k_1^2-4k_2\bar{\Theta}^2}}\right]\\&\quad+\frac{\rho}{24k_2}\left\{[k_1+2k_2(1-\sigma)]\sqrt{\bar{\Theta}^2+k_1(1-\sigma)+k_2(1-\sigma)^2}-k_1\bar{\Theta}\right\}\end{aligned} \tag{5-3-65}$$

将式(5-3-64)、式(5-3-65)代入式(5-3-57)得

$$\frac{C_xS_M}{2m\beta}\int_{\rho_e}^{\rho}\frac{\mathrm{d}\bar{\rho}}{\sin\Theta(\bar{\rho})}=\frac{B_5}{\sqrt{-k_2}}f_4(\rho)+f_3(\rho) \tag{5-3-66}$$

其中,

$$\begin{cases}f_4(\rho)=\rho\left[\arcsin\dfrac{k_1+2k_2(1-\sigma)}{\sqrt{k_1^2-4k_2\bar{\Theta}^2}}-\arcsin\dfrac{k_1}{\sqrt{k_1^2-4k_2\bar{\Theta}^2}}\right]\\ B_5\text{ 及 }f_3(\rho)\text{ 前面已给出}\end{cases} \tag{5-3-67}$$

将式(5-3-46)、式(5-3-66)代入式(5-3-45)得

$$\ln\frac{v}{v_e}=-\frac{B_3}{\cos\Theta_e}f_1(\rho)+\frac{B_5}{\sqrt{-k_2}}f_4(\rho)+f_3(\rho) \tag{5-3-68}$$

(2) $|\Theta|>45°$。

利用式(5-3-56),并将式(5-3-51)代入,仿照上述方法可最终导得

① $k_2>0$。

$$\ln\frac{v}{v_e}=-\frac{B_3}{\cos\Theta_e}f_1(\rho)+B_6(\rho-\rho_e)-\frac{B_7}{\sqrt{k_2}}f_2(\rho)-B_8f_3(\rho) \tag{5-3-69}$$

其中,

$$
\begin{cases}
B_6 = \dfrac{C_x S_M}{2m\beta}\left(\dfrac{1}{\sin \Theta_e} + \dfrac{\Theta_e \cos \Theta_e}{\sin^2 \Theta_e}\right) \\
B_7 = \dfrac{C_x S_M \cos \Theta_e (4k_2 \bar{\Theta}^2 - k_1^2)}{16m\beta k_2 \sin^2 \Theta_e} \\
B_8 = \dfrac{6\cos \Theta_e}{\sin^2 \Theta_e} \\
B_3、f_2(\rho)、f_3(\rho)\ \text{如前给出}
\end{cases}
\tag{5-3-70}
$$

② $k_2 < 0$。

$$
\ln \frac{v}{v_e} = -\frac{B_3}{\cos \Theta_e} f_1(\rho) + B_6(\rho - \rho_e) - \frac{B_7}{\sqrt{1 - k_2}} f_4(\rho) - B_8 f_3(\rho) \tag{5-3-71}
$$

其中, $B_3$、$B_6$、$B_7$、$B_8$、$f_1(\rho)$、$f_4(\rho)$、$f_3(\rho)$ 均同前。

以上推导结果,由式(5-3-43)和根据 $\Theta$、$k_2$ 之值的大小或正负所决定的式(5-3-63)、式(5-3-68)、式(5-3-69)、式(5-3-71)中之一式组成再入段考虑升力时一般情况下的解析解。

2) 再入弹道上的最大加速度

不难理解,再入弹道在为一平面弹道的假设条件下,其加速度大小值为

$$
a = \sqrt{\left(\frac{\mathrm{d}v}{\mathrm{d}t}\right)^2 + \left(v\frac{\mathrm{d}\Theta}{\mathrm{d}t}\right)^2} \tag{5-3-72}
$$

考虑到再入段的最大加速度在 $v_e$ 的一半以前出现,此时,升力和阻力较之引力和离心力要大得多,故只求取空气动力造成的最大加速度。据此,再入段任一点加速度为

$$
a = \frac{1}{m}\sqrt{X^2 + Y^2} = \frac{1}{2m} C_x S_M \rho v^2 \sqrt{1 + \left(\frac{C_Y}{C_X}\right)^2} \tag{5-3-73}
$$

因假设 $C_x$、$C_y$ 为常数,而最大加速度满足条件:

$$
\frac{\mathrm{d}a}{\mathrm{d}t} = 0
$$

故得

$$
v^2 \frac{\mathrm{d}\rho}{\mathrm{d}t} + 2\rho v \frac{\mathrm{d}v}{\mathrm{d}t} = 0 \tag{5-3-74}
$$

注意到式(5-3-34),则有

$$
\left(1 + \frac{2g}{\beta v_m^2}\right) \sin \Theta_m = -\frac{C_x S_M}{m\beta} \rho_m \tag{5-3-75}
$$

其中，$v_m$、$\Theta_m$、$\rho_m$ 表示弹道上满足式(5-3-74)极值条件参数。

观察上式，由于 $\frac{2g}{\beta v_m^2}$ 通常较1小得多，为便于求解，将式(5-3-75)近似为

$$\sin\Theta_m = -\frac{C_x S_M}{\beta m}\rho_m \tag{5-3-76}$$

这样就可根据式(5-3-43)及式(5-3-76)来求解出 $\Theta_m$、$\rho_m$，注意到式(5-3-43)为一超越方程，直接求解是困难的。工程上的一个简便方法即是将式(5-3-43)与式(5-3-76)分别画出 $\Theta\sim\rho$ 关系曲线，两曲线的交点即为所要求的 $\Theta_m$、$\rho_m$。还有是用迭代的办法求解，关于迭代求解 $\Theta_m$ 的初值选取，只要注意到式(5-3-76)，即为前面讨论中忽略引力及离心力条件下，求最小负加速度的极值条件，那么就可用式(5-3-20)来求 $\Theta_m$，作为解式(5-3-76)的初值 $\Theta_m^0$。显然，由于引力和离心力较之升力和阻力确实小很多，故用式(5-3-20)解得的 $\Theta_m$ 是一个很好的近似值。将 $\Theta_m^0$ 代入式(5-3-76)求得 $\rho_m^0$，用此 $\rho_m^0$ 代入式(5-3-43)再算得 $\Theta_m^1$，若 $\Theta_m^1$ 在精度上不能满足式(5-3-76)则进行逐次迭代，直至满足精度要求为止。一般情况下，迭代两次即可得到满意的结果。将最终得到的 $\Theta_m$、$\rho_m$ 代入根据 $k_2$、$\Theta$ 的正负和大小所选定的 $\ln v/v_e$ 表达式可算得 $v_m$，这样最后即可用式(5-3-73)算得再入弹道上的最大加速度值。

在图5-3-7、图5-3-8中，给出初始条件为 $v_e = 10\,675$ m/s，$h_e = 122$ km 的 $v_m\sim\Theta_e$ 及 $a_m/g\sim\Theta_e$ 的精确计算及近似解析解算得的结果。

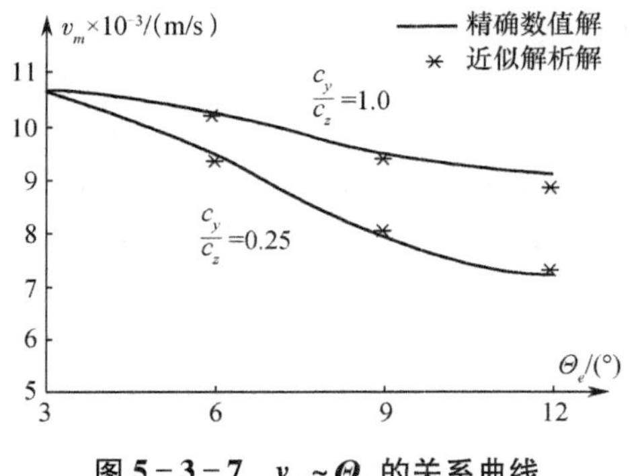


图5-3-7　$v_m\sim\Theta_e$ 的关系曲线

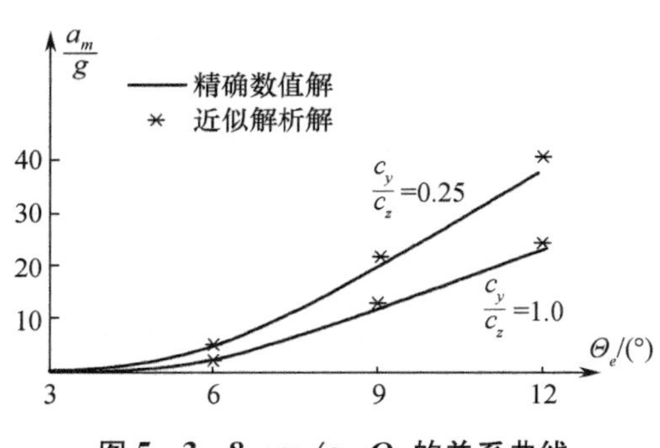


图5-3-8　$a_m/g\sim\Theta_e$ 的关系曲线

## 5.4　再入机动弹道的工程设计

飞行器再入大气层除了要满足一些限制，如攻角不能超过最大值，法向过载不能超过最大值，还可以对其提出某些性能指标为最佳的要求。例如，对再入机动弹头，希望机动后的落地速度最大；又如对航天飞机、飞船返回大气层时，为减小烧蚀的程度，往往要求输入到航天器的总热量最小，以及当有横向机动飞行时，希望横向机动距离最大。总之，可以归纳为一个满足某一性能指标的最佳弹道问题。性能指标很多，一般包括：

(1) 落地速度最大，或到某一点时速度最大；

（2）再入飞行过程中总吸热量最小，即 $Q = \min$；

（3）再入飞行过程中过载的积分最小，即 $J = \int_0^t (n_x^2 + n_y^2)\mathrm{d}t = \min$；

（4）总吸热量和过载的综合指标最小，即 $Q + k_1 J = \min$，$k_1$ 为一系数；

（5）横向机动距离最大。

性能指标不一样，其最佳控制规律也不一样，如攻角 $\alpha$ 的变化不一样。最佳控制规律可由优化原理设计得到，但这需要进行数值积分。如果有一个近似的控制规律，而无需进行数值积分，这对优化弹道的设计是十分有利的。所以人们在用优化原理设计再入机动弹道的同时，也在寻找近似的工程设计法，它不需要数值积分，仅需解代数方程，这种方法计算速度快，也便于分析，虽然它不是最优的，但对优化弹道设计仍十分有益。

再入机动弹道可以是空间的，也可以是平面的。这里以平面再入机动弹道满足速度最大的性能指标为例，说明其工程设计法。

为了选择控制规律 $\alpha(h)$，得到一些规律性的数值，除了弹道方程（5－1－42）所做的假设外，还需进一步作如下假设：

（1）忽略引力影响，当空气动力大时，引力与空气动力相比是一个较小的因素，在用工程法设计弹道时，可以暂不考虑引力影响；

（2）当马赫数 $Ma > 5$，一般可认为空气动力系数 $C_x$、$C_y$ 仅是攻角 $\alpha$ 的函数，而与马赫数 $Ma$、高度 $h$ 无关。且 $C_x$、$C_y$ 近似取为

$$C_x = C_{x0} + C_x^{\alpha}\alpha^2$$
$$C_y = C_y^{\alpha}\alpha$$

在以上假设下，式（5－1－42）简化为

$$\begin{cases} \dfrac{\mathrm{d}v}{\mathrm{d}t} = -\dfrac{\rho v^2 S_M}{2m}C_x \\ \dfrac{\mathrm{d}\Theta}{\mathrm{d}t} = \dfrac{\rho v S_M}{2m}C_y \\ \dfrac{\mathrm{d}h}{\mathrm{d}t} = v\sin\Theta \end{cases} \tag{5-4-1}$$

其中，

$$\rho = \rho_0 \mathrm{e}^{-\beta h}$$

如果 $\alpha$ 为 0 或常数，上述方程可以得到解析解。因此，可以设想如果将控制规律 $\alpha(h)$ 认为是由若干段 $\alpha$ 为常数的小段组成，而对每一小段 $\alpha$ 为常数，$C_x$、$C_y$ 也为常数，方程式（5－4－1）可以解出。

当 $\alpha$ 为非 0 常数时，将式（5－4－1）的第一式除以第二式，可得

$$\frac{\mathrm{d}v}{\mathrm{d}\Theta} = -\frac{C_x}{C_y}v$$

积分上式得

$$v = v_0\exp\left(-\frac{\Theta - \Theta_0}{k}\right) \tag{5-4-2}$$

其中，$k = C_y/C_x$ 为升阻比，下标 0 表示初值。将式(5-4-1)的第二式除以第三式，又得

$$\frac{\mathrm{d}\Theta}{\mathrm{d}h} = \frac{C_y\rho S_M}{2m\sin\Theta}$$

于是，

$$\sin\Theta\mathrm{d}\Theta = \frac{C_y S_M\rho_0}{2m}\mathrm{e}^{-\beta h}\mathrm{d}h$$

积分上式则有

$$\cos\Theta = \cos\Theta_0 + \frac{C_y^\alpha\alpha S_M}{2m\beta}(\rho - \rho_{0'}) \tag{5-4-3}$$

为避免与地面大气密度 $\rho_0$ 的混淆，初始点密度用 $\rho_{0'}$ 表示。

当 $\alpha$ 为 0 时，由式(5-4-1)第二式知：

$$\Theta = \Theta_0 \tag{5-4-4}$$

将式(5-4-1)第一式除以第三式，便得

$$\frac{\mathrm{d}v}{\mathrm{d}h} = -\frac{\rho v S_M}{2m\sin\Theta}C_x$$

积分上式，且注意到 $\alpha = 0$，$C_x = C_{x0}$，于是，

$$v = v_0\exp\left[\frac{C_{x0}S_M}{2m\beta\sin\Theta_0}(\rho - \rho_{0'})\right] \tag{5-4-5}$$

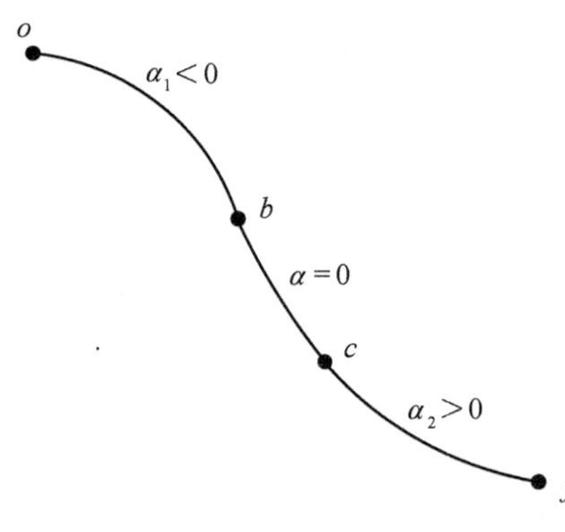


**图 5-4-1　分三段 $\alpha$ 为常数方式的机动弹道**

为叙述方便，以图 5-3-1 弹道 $d$ 中选到低拦下界前的一段为例说明工程设计方法。从高度 $h_0$ 处，此时 $\Theta_0 < 0$，之后把弹道拉平，即 $\Theta_f$ 近似为 0，此时高度为 $h_f$，并使 $v_f$ 达到最大。到达低拦下界时，将弹道拉平的原因是使弹飞行得较高，减小阻力损失。为了拉平，如果分三段 $\alpha$ 为常数的方式进行，以图 5-4-1 的方式为最好。

图中 $o-b$ 段，攻角为常值 $\alpha_1 < 0$；$b-c$ 段，取攻角 $\alpha = 0$；$c-f$ 段，取常值攻角 $\alpha_2 > 0$；$\Theta_b$ 表示 $b-c$ 直线段的 $\Theta$ 值。

记起始点 $o$ 的参数为：$v_0$、$\Theta_0$、$h_0$，大气密度为

$\rho_{0'}$，终点 $f$ 的参数为 $v_f$、$\Theta_f$、$h_f$，可推出用 $\alpha_1$、$\alpha_2$ 及 $\Theta_b$ 表示的终点速度 $v_f$。

由式(5-4-2)及式(5-4-5)，可知：

$$v_b = v_0 \exp\left(-\frac{\Theta_b - \Theta_0}{k_1}\right)$$

$$v_c = v_b \exp\left[\frac{C_{x0} S_M}{2m\beta \sin\Theta_b}(\rho_c - \rho_b)\right]$$

$$v_f = v_c \exp\left(-\frac{\Theta_f - \Theta_c}{k_2}\right)$$

其中，

$$k_1 = \frac{C_{y1}}{C_{x1}} = \frac{C_y^\alpha \alpha_1}{C_{x0} + C_x^\alpha \alpha_1^2} \tag{5-4-6}$$

$$k_2 = \frac{C_{y2}}{C_{x2}} = \frac{C_y^\alpha \alpha_2}{C_{x0} + C_x^\alpha \alpha_2^2} \tag{5-4-7}$$

由上述 $v_b$、$v_c$、$v_f$ 的表达式，可推出：

$$v_f = v_0 \exp\left[-\frac{\Theta_b - \Theta_0}{k_1} - \frac{\Theta_f - \Theta_c}{k_2} + \frac{C_{x0} \cdot S_M}{2m\beta \sin\Theta_b}(\rho_c - \rho_b)\right] \tag{5-4-8}$$

由式(5-4-3)及式(5-4-4)，可知：

$$\begin{cases}\cos\Theta_b = \cos\Theta_0 + W\alpha_1(\rho_b - \rho_{0'}) \\ \Theta_c = \Theta_b \\ \cos\Theta_f = \cos\Theta_c + W\alpha_2(\rho_f - \rho_c)\end{cases}$$

其中，

$$W = \frac{C_y^\alpha \cdot S_M}{2m\beta}$$

于是，可推出：

$$\rho_c - \rho_b = \rho_f - \rho_{0'} - \frac{1}{W}\left(\frac{\cos\Theta_b - \cos\Theta_0}{\alpha_1} + \frac{\cos\Theta_f - \cos\Theta_b}{\alpha_2}\right) \tag{5-4-9}$$

将上式代入式(5-4-8)，则

$$v_f = v_0 \mathrm{e}^{F(\alpha_1,\ \alpha_2,\ \Theta_b)} \tag{5-4-10}$$

其中，

$$F(\alpha_1, \alpha_2, \Theta_b) = -\frac{\Theta_b - \Theta_0}{k_1} - \frac{\Theta_f - \Theta_b}{k_2} + \frac{C_{x0} \cdot S_M}{2m\beta\sin\Theta_b}\left[\rho_f - \rho_{0'} - \frac{1}{W}\left(\frac{\cos\Theta_b - \cos\Theta_0}{\alpha_1} + \frac{\cos\Theta_f - \cos\Theta_b}{\alpha_2}\right)\right] \tag{5-4-11}$$

于是,当 $v_0$、$\Theta_0$、$h_0$、$\Theta_f$、$h_f$ 一定时,有

$$v_f = v_f(\alpha_1, \alpha_2, \Theta_b) \tag{5-4-12}$$

因此,求使 $v_f$ 最大的问题即是求函数的极值问题,下面分 $|\alpha_1| = |\alpha_2|$ 和 $|\alpha_1| \neq |\alpha_2|$ 两种情况进行讨论:

(1) $|\alpha_1| \neq |\alpha_2|$,即 $\alpha_1 \neq -\alpha_2 < 0$,此时,求 $v_{f\max}$ 就是求三元函数的极值问题。令

$$\frac{\partial v_f}{\partial \alpha_1} = 0$$

$$\frac{\partial v_f}{\partial \alpha_2} = 0$$

$$\frac{\partial v_f}{\partial \Theta_b} = 0$$

可以得到使 $v_f$ 达到最大值的 $\alpha_1$、$\alpha_2$ 和 $\Theta_b$,记

$$F = F(\alpha_1, \alpha_2, \Theta_b)$$

则

$$\frac{\partial v_f}{\partial \alpha_1} = v_0 \frac{\partial F}{\partial \alpha_1} e^F$$

$$\frac{\partial v_f}{\partial \alpha_2} = v_0 \frac{\partial F}{\partial \alpha_2} e^F$$

$$\frac{\partial v_f}{\partial \Theta_b} = v_0 \frac{\partial F}{\partial \Theta_b} e^F$$

由于 $e^F$ 不为 0,所以必有

$$\frac{\partial F}{\partial \alpha_1} = 0$$

$$\frac{\partial F}{\partial \alpha_2} = 0$$

$$\frac{\partial F}{\partial \Theta_b} = 0$$

由式(5－4－11),注意到其中 $k_1$、$k_2$ 的表达式为式(5－4－6)和式(5－4－7),则

$$\frac{\partial F}{\partial \alpha_1}=\frac{\Theta_b-\Theta_0}{k_1^2}\frac{\partial k_1}{\partial \alpha_1}-\frac{C_{x0}\cdot S_M}{2m\beta\sin\Theta_b}\cdot\frac{-\cos\Theta_b+\cos\Theta_0}{W\alpha_1^2} \tag{5-4-13}$$

而

$$\frac{1}{k_1^2}\frac{\partial k_1}{\partial \alpha_1}=\frac{1}{k_1^2}\cdot\frac{C_y^\alpha(C_{x0}-C_x^\alpha\alpha_1^2)}{(C_{x0}+C_x^\alpha\cdot\alpha_1^2)^2}=\frac{C_{x0}-C_x^\alpha\alpha_1^2}{C_y^\alpha\cdot\alpha_1^2}$$

代入式(5－4－13),并令 $\frac{\partial F}{\partial \alpha_1}=0$, 便得

$$\alpha_1=-\sqrt{\frac{C_{x0}}{C_x^\alpha}\left[1-\frac{\cos\Theta_0-\cos\Theta_b}{\sin\Theta_b\cdot(\Theta_b-\Theta_0)}\right]} \tag{5-4-14}$$

同理得

$$\alpha_2=\sqrt{\frac{C_{x0}}{C_x^\alpha}\left[1-\frac{\cos\Theta_f-\cos\Theta_b}{\sin\Theta_b\cdot(\Theta_b-\Theta_f)}\right]} \tag{5-4-15}$$

其中, $\Theta_b$ 满足:

$$\frac{\partial F}{\partial \Theta_b}=0$$

可求出:

$$\cos\Theta_b=\frac{-P_2+\sqrt{P_2^2-4P_1P_3}}{2P_1} \tag{5-4-16}$$

其中,

$$P_1=-\frac{1}{k_1}+\frac{1}{k_2}$$

$$P_2=\frac{C_{x0}\cdot S_M}{2m\beta}\left[\rho_f-\rho_{0'}-\frac{1}{W}\left(\frac{\cos\Theta_f}{\alpha_2}-\frac{\cos\Theta_0}{\alpha_1}\right)\right]$$

$$P_3=\frac{C_{x0}}{C_y^\alpha}\left(\frac{1}{\alpha_2}-\frac{1}{\alpha_1}\right)-P_1$$

(2) $|\alpha_1|=|\alpha_2|$, 即 $\alpha_1=-\alpha_2<0$, 此时,求 $v_{f\max}$ 就是求二元函数的极值问题。令 $\alpha_2=\alpha$, 则

$$v_f=v_f(\alpha,\ \Theta_b)=v_0\mathrm{e}^{F(\alpha,\ \Theta_b)}$$

其中,

$$F(\alpha,\ \Theta_b)=\frac{2\Theta_b-\Theta_0-\Theta_f}{k}+\frac{C_{x0}\cdot S_M}{2m\beta\sin\Theta_b}\left[\rho_f-\rho_{0'}+\frac{1}{W\alpha}(2\cos\Theta_b-\cos\Theta_0-\cos\Theta_f)\right] \tag{5-4-17}$$

而

$$k=|k_1|=|k_2|$$

欲求 $v_f$ 达到最大值,应满足:

$$\frac{\partial v_f}{\partial \alpha}=0$$

$$\frac{\partial v_f}{\partial \Theta_b}=0$$

于是,求出 $\Theta_b$、$\alpha$ 应满足的条件为

$$\cos\Theta_b=\frac{-a_2+\sqrt{a_2^2-4a_1a_3}}{2a_1} \tag{5-4-18}$$

$$\alpha=\sqrt{\frac{C_{x0}}{C_x^{\alpha}}\left[1-\frac{\cos\Theta_f+\cos\Theta_0-2\cos\Theta_b}{\sin\Theta_b(2\Theta_b-\Theta_0-\Theta_f)}\right]} \tag{5-4-19}$$

其中,

$$a_1=\frac{2}{k}>0$$

$$a_2=\frac{C_{x0}\cdot S_M}{2m\beta}\left(\rho_f-\rho_{0'}-\frac{\cos\Theta_0+\cos\Theta_f}{W\alpha}\right)$$

$$a_3=-\frac{2}{k}\left(1-\frac{C_{x0}}{C_x}\right)<0$$

值得指出的是,实际上不取 $|\alpha_1|=|\alpha_2|$,因为约束条件越多,将使 $v_f$ 值越小。

上面求出了 $o-f$ 段分三段时,使 $v_f$ 达到最大的攻角变化规律。而 $b$、$c$ 两点的高度可由式(5-4-3)求出,即

$$h_b=-\frac{1}{\beta}\ln\left\{\frac{1}{\rho_0}\left[\rho_{0'}+\frac{1}{W\alpha_1}(\cos\Theta_b-\cos\Theta_0)\right]\right\} \tag{5-4-20}$$

$$h_c=-\frac{1}{\beta}\ln\left\{\frac{1}{\rho_0}\left[\rho_f-\frac{1}{W\alpha_2}(\cos\Theta_f-\cos\Theta_b)\right]\right\} \tag{5-4-21}$$

对某个具体算例,得到 $\alpha$ 随 $h$ 的变化,如图 5-4-2 所示。实线为将 $a-f$ 段分三段的情况,如果希望在分三段的基础上,再使 $v_f$ 增大,则对 $a-b$、$b-c$、$c-f$ 三段的每一段再继

续分二至三段。即在 $a-b$ 段,求使 $v_b$ 最大的控制量 $\alpha$ 在该段的变化规律;在 $b-c$ 段,求使 $v_c$ 最大的 $\alpha$ 在该段的变化规律;在 $c-f$ 段,再求使 $v_f$ 最大的 $\alpha$ 变化规律。分七段时 $\alpha(h)$ 如图 5-4-2 中虚线所示。还可以在分七段的基础上,继续对每一段分段求最佳。图 5-4-3 中,将用优化原理设计出的最佳控制规律 $\alpha(h)$ 与用工程设计法得出的控制规律进行了比较。说明工程设计法选择 $\alpha(h)$ 是可行的,变化规律一致,且分段越多,越接近于最佳的 $\alpha(h)$。仿真计算表明,用工程法设计控制规律 $\alpha(h)$ 时,得到的速度 $v_f$ 值与优化原理算出的 $v_f$ 值相差不大。

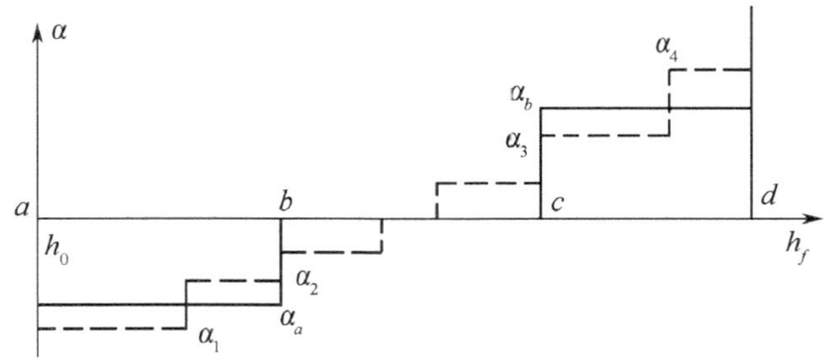


**图 5-4-2 分三段与分七段的 $\alpha(h)$**

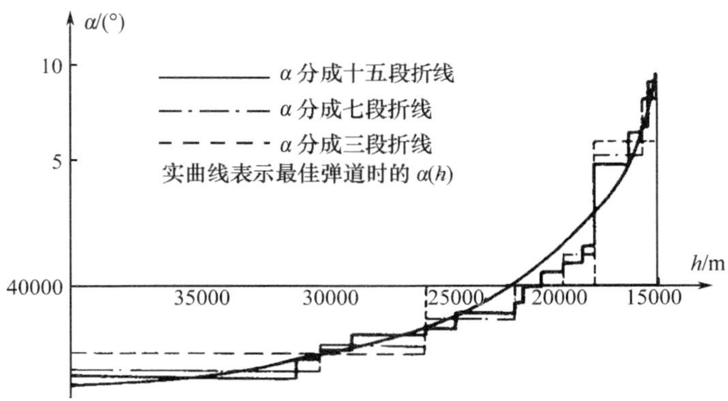


**图 5-4-3 用优化原理与工程法设计的 $\alpha(h)$ 的比较**

# 第 6 章
# 主动段运动特性分析与弹道设计

前面各章按火箭飞行中受力特性分别建立了主动段、自由段与再入段弹道方程。当给定火箭各分系统参数及发射点的位置、射击方位角后,即可逐段求解。但在新型号设计中,如何根据应用部门对导弹、卫星提出的战术技术指标,如载荷重量、导弹的射程或卫星的轨道根数及精度指标等进行方案论证,还涉及分配和协调各分系统设计指标有关的弹道问题。在这一章中,首先建立适用于方案论证阶段的简化弹道方程。然后分析火箭在主动段的运动特性,将影响火箭分系统的因素归结为五个设计参数,并以此为基础,讨论火箭主动段终点参数及导弹射程的近似估算方法。最后,研究如何根据射程或主动段终点速度来选择各分系统的设计参数。

## 6.1 用于方案论证阶段简化的纵向方程

在方案论证阶段,主要关心各分系统设计参数对射程的影响,因此只研究火箭的纵向运动。为方便计算,可对纵向运动方程式(3-4-15)做进一步的简化。

由于主动段射程较小,可以认为引力只有沿 $y$ 轴的分量,且近似认为 $h=y$; 另注意到瞬时平衡假设条件下有

$$\delta_\varphi = -\frac{M_{Z1}^{\alpha}}{M_{Z1}^{\delta}}\alpha = -\frac{Y_1^{\alpha}(x_g - x_p)}{R'(x_g - x_c)}\cdot\alpha$$

当近似认为 $Y_1^{\alpha}=Y^{\alpha}$ 后,则有

$$Y + R'\delta_\varphi = \left(1 - \frac{x_g - x_p}{x_g - x_c}\right)Y^{\alpha}\cdot\alpha$$

记

$$C = \frac{x_p - x_c}{x_g - x_c} \tag{6-1-1}$$

即有

$$Y + R'\delta_\varphi = CY^{\alpha}\cdot\alpha \tag{6-1-2}$$

这样,纵向运动方程式(3-4-15)即成为

$$
\begin{cases}
\dot{v} = \dfrac{P_e}{m} - \dfrac{1}{m}C_x q S_M + g\sin\theta \\
\dot{\theta} = \dfrac{1}{mv}(P_e + CY^{\alpha})\alpha + \dfrac{g}{v}\cos\theta \\
\dot{x} = v\cos\theta \\
\dot{y} = v\sin\theta \\
\alpha = A_{\varphi}(\varphi_{pr} - \theta) \\
A_{\varphi} = \dfrac{a_0^{\varphi} M_{Z1}^{\delta}}{M_{Z1}^{\alpha} + a_0^{\varphi} M_{Z1}^{\delta}} \\
h = y \\
m = m_0 - \dot{m}t
\end{cases}
\tag{6-1-3}
$$

式中，$A_{\varphi}$ 为系数表达式，实际是 7 个方程式，只要给定初始条件即可进行数值积分求解。$t = 0$ 时，$v = x = y = h = \alpha = 0$、$\theta = 90°$、$m = m_0$，积分至 $m = m_k$（$m_k$ 为火箭除去全部燃料后的质量），即得 $v_k$、$\theta_k$、$x_k$、$y_k$。然后按下式：

$$
\begin{cases}
\beta_k = \arctan\dfrac{x_k}{R + y_k} \\
\Theta_k = \theta_k + \beta_k \\
r_k = R + h_k
\end{cases}
$$

算得关机点的参数 $\Theta_k$、$r_k$。最后运用椭圆弹道计算出被动段射程 $\beta_c$，从而得到全射程为

$$\beta = \beta_k + \beta_c$$

## 6.2　主动段运动特性分析

简化后的纵向运动方程式(6-1-3)，虽然在形式上已大大简化，但它仍是一组非线性的变系数微分方程组，只能采用数值积分求解。下面对单级火箭主动段运动特性进行定性分析，以助于对主动段运动的物理现象的理解。

### 6.2.1　切向运动特性分析

由式(6-1-3)切向方程：

$$\dot{v} = \frac{P_e}{m} - \frac{X}{m} + g\sin\theta$$

已知，

$$P_e = \dot{m}u'_e - S_e p_H - X_{1c}$$

将上式中略去舵阻力或是摇摆发动机的推力损失 $X_{1c}$，并代入前式,则有

$$\dot{v} = \frac{\dot{m}}{m}u'_e + g\sin\theta - \frac{X}{m} - \frac{S_e p_H}{m} \tag{6-2-1}$$

将上式由 $t=0$ 积分至 $t_k$ 时刻,并记

$$\begin{cases} v_{idk} = \int_0^{t_k} \frac{\dot{m}}{m}u'_e \mathrm{d}t \\ \Delta v_{1k} = -\int_0^{t_k} g\sin\theta \mathrm{d}t \\ \Delta v_{2k} = \int_0^{t_k} \frac{X}{m}\mathrm{d}t \\ \Delta v_{3k} = \int_0^{t_k} \frac{S_e p_H}{m}\mathrm{d}t \end{cases} \tag{6-2-2}$$

则

$$v(t_k) = v_{idk} - \Delta v_{1k} - \Delta v_{2k} - \Delta v_{3k} \tag{6-2-3}$$

式中, $v_{idk}$ 为火箭在真空无引力作用下推力所产生的速度,称为理想速度,注意到 $\dot{m} = -\mathrm{d}m/\mathrm{d}t$, 而 $u'_e$ 为一常数,则 $v_{idk}$ 可直接积分得

$$v_{idk} = -u'_e \ln \frac{m_k}{m_0} \tag{6-2-4}$$

记 $\mu_k = m_k/m_0$, 如果至 $t_k$ 时燃料全部烧完,则 $m_k$ 即为火箭的结构质量,故 $\mu_k$ 称为结构比。

由式(6-2-4)可知,减小 $\mu_k$ 和增大 $u'_e$ 可提高理想速度。

$\Delta v_{1k}$ 为引力加速度分量引起的速度损失,称为引力损失。不难理解,引力损失在主动段飞行时间较长时损失就较大,反之则较小;主动段弹道越陡,即 $\theta$ 角变化缓慢,损失就越大,反之则较小。对中程导弹而言,该项损失 $\Delta v_{1k}$ 为理想速度的 20%~30%。

$\Delta v_{2k}$ 为阻力造成的速度损失,火箭运动过程是由静止起飞,不断加速。固然,阻力与飞行速度的平方成正比,但还与大气密度及阻力系数有关,主动段飞行过程中,开始虽在稠密大气层内飞行,但火箭速度很低,而后尽管速度增加,但大气密度又显著下降。所以在主动段的阻力变化是两头小中间大的变化过程。阻力造成的速度损失,对于中程导弹而言,占理想速度的 3%~5%。

$\Delta v_{3k}$ 为发动机在大气中工作时大气静压力所引起的速度损失,该损失对中程导弹也约占理想速度的 5%。

对于远程导弹而言,由于要求关机点的速度倾角较小,其弹道曲线也比中近程导弹的弹道曲线要平缓,故引力引起的速度损失相对比例要减小。另外远程导弹主动段中,大气层外的飞行时间增长,因此,阻力及大气静压所引起的速度损失的相对比例也将减小。

如图 6-2-1 所示的是一射程约 3 000 km 的典型导弹的有效推力 $P_e$、阻力 $X$、引力 $mg$ 及其分量 $mg\sin\theta$、切向力、相应加速度 $\dot{v}$ 随时间的变化曲线。

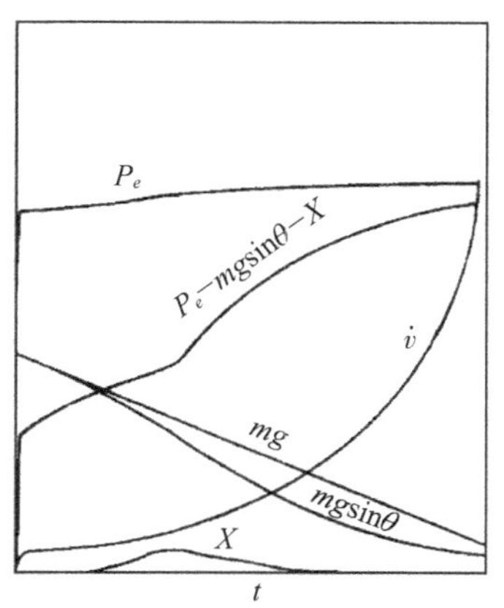


**图 6-2-1　切向力和相应加速度随时间的变化曲线**

### 6.2.2　主动段转弯过程及运动特性分析

远程火箭发射时通常采用竖直发射，火箭起飞后，弹轴 $x_1$ 及速度轴 $x_v$ 均沿发射点垂直向上，即 $\varphi=\theta=90°$。作为火箭根据其射程或入轨点参数要求，应在关机点将速度轴转到某一个角度值 $\theta_k$，由式(6-1-3)法向加速度方程为

$$\dot{\theta}=\frac{1}{mv}(P_e+CY^{\alpha})\alpha+\frac{g}{v}\cos\theta \qquad (6-2-5)$$

可见，要使速度矢量转变，必须提供垂直于速度矢量的法向力。显然引力 $g$ 可使 $\theta$ 减小，但垂直起飞后，$\theta=90°$，因此不能靠引力首先使速度轴转弯。即使速度轴处于 $\theta<90°$ 的状态，由于 $g$ 本身只随高度变化，也不能作为一个控制量。此外，$g$ 对 $\theta$ 的影响很小，而主动段发动机工作时间有一定的限制，因此不能依靠引力分量作为使速度轴转弯的主要法向力。从法向加速度方程可知，只有将升力和推力在法向的分量作为主要法向力，且该法向力与攻角 $\alpha$ 有关。注意到攻角 $\alpha$ 是反映速度轴 $x_v$ 与弹轴 $x_1$ 的夹角，当转动 $x_1$ 轴使 $x_1$ 与 $x_v$ 不重合，即可产生 $\alpha$ 以提供法向力。显然，要使 $x_1$ 轴转弯就必须提供绕 $z_1$ 轴的转动力矩。这可通过控制系统的执行机构(如燃气舵或摇摆发动机)提供控制力矩来实现，已知：

$$M_{z1c}=M_{z1c}^{\delta}\delta_{\varphi}=R'(x_g-x_c)\delta_{\varphi} \qquad (6-2-6)$$

而 $\delta_{\varphi}$ 的值是按所要求的程序规律 $\varphi_{pr}$ 来赋予的，即

$$\delta_{\varphi}=a_0^{\varphi}(\varphi-\varphi_{pr}) \qquad (6-2-7)$$

通常俯仰程序 $\varphi_{pr}$ 取为图 6-2-2 的形式。

当给定 $\delta_{\varphi}$ 值后，则根据“力矩瞬时平衡假设”，可得对应的攻角 $\alpha$ 为

$$\alpha=-\frac{M_{z1}^{\delta}}{M_{z1}^{\alpha}}\delta_{\varphi}=-\frac{R'(x_g-x_c)}{Y_1^{\alpha}(x_g-x_p)}\delta_{\varphi} \qquad (6-2-8)$$

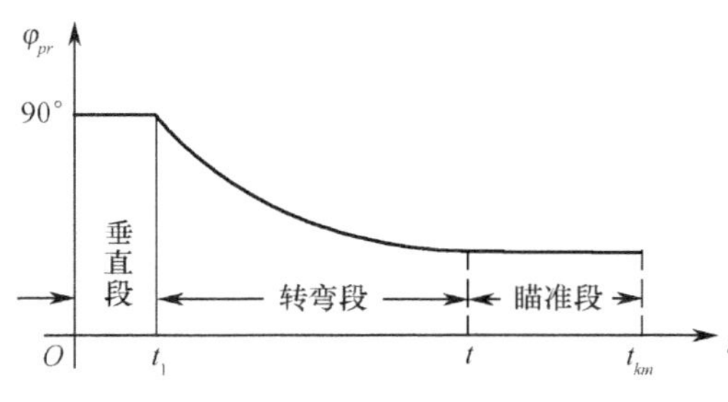


**图 6-2-2　弹道导弹的飞行程序**

从而产生法向力使得速度轴 $x_v$ 转动，直至保证关机时刻 $t_k$，其倾角值为 $\theta_k$。

由式(6-2-8)可知，对于静稳定火箭(如 $x_g-x_p<0$)和静不稳定火箭($x_g-x_p>0$)，当 $\delta_{\varphi}$ 取定后，相应的 $\alpha$ 的表现值是不同号的。因此，它们转弯过程中的物理现象也有区别。现根据图 6-2-2 中程序角 $\varphi_{pr}$ 的分段，逐段对两种火箭的转弯过程及 $\Delta\varphi_{pr}$、

$\alpha$、$\delta_\varphi$ 的变化进行讨论。

1. 垂直段

火箭垂直起飞段约几秒到十余秒钟。在此段 $\varphi_{pr}=90°$，对应程序角设有一虚拟的程序轴 $x_{1pr}$，则此时程序轴 $x_{1pr}$ 与实际弹轴 $x_1$ 重合，且均垂直于地面坐标系 $x$ 轴，故 $\Delta\varphi_{pr}=0$，$\delta_\varphi=0$，而速度轴 $x_v$ 的起始状态也与 $x_1$ 重合，即 $\alpha=0$。因此，在垂直起飞段，既没有使弹轴 $x_1$ 转弯的力矩，也没有使速度轴转弯的法向力，所以 $x_{1pr}$、$x_1$、$x_v$ 三轴始终重合，即 $\varphi_{pr}=\varphi=\theta=90°$。

2. 转弯段

1）静稳定火箭

垂直段结束后，首先程序机构赋予虚拟的程序轴 $x_{1pr}$ 一个小于 $90°$ 的程序角 $\varphi_{pr}$，使处于垂直状态的 $x_1$ 轴与 $x_{1pr}$ 轴形成正的程序误差角 $\Delta\varphi_{pr}$。此时，相应地执行机构产生一个正的等效舵偏角 $\delta_\varphi$，从而使火箭受到负的控制力矩 $\boldsymbol{M}_{z1c}$ 作用，促使弹轴 $x_1$ 向地面坐标系 $x$ 轴方向偏转，则 $\varphi<90°$。但此时速度轴 $x_v$ 仍处于垂直状态，这就产生一负攻角。由式(6-2-5)可知，负攻角 $\alpha$ 将产生负的法向力，在该力作用下，速度轴 $x_v$ 向地面坐标系 $x$ 方向偏转，即 $\dot{\theta}<0$。由于负攻角的出现，对于静稳定火箭，则相应产生正的安定力矩 $\boldsymbol{M}_{z1st}$，该力矩与负的控制力矩 $\boldsymbol{M}_{z1c}$ 平衡，抑制 $x_1$ 不再继续转动。但程序机构在转弯段不断使程序角减小，则上述物理过程在连续进行。事实上，$\theta$ 还取决于引力分量的作用，因 $g$ 为负值，所以该项的效应也使 $x_v$ 轴向 $x$ 轴方向偏转。

2）静不稳定火箭

转弯段起始时，也是先形成正的程序误差角 $\Delta\varphi_{pr}$，相应即有正的等效舵偏角 $\delta_\varphi$，使 $x_1$ 轴向 $x$ 轴偏转，从而出现负的攻角 $\alpha$，产生负的法向力，使速度轴也向 $x$ 轴偏转。但对静不稳定火箭而言，负攻角产生负升力，相应形成负的稳定力矩 $\boldsymbol{M}_{z1st}$。该力矩与正舵偏角 $\delta_\varphi$ 所产生的负的控制力矩同时作用在火箭上，加快了弹轴 $x_1$ 向 $x$ 轴的偏转，直至 $\varphi<\varphi_{pr}$，从而出现负的程序误差角，而使 $\delta_\varphi$ 由正值变为负值，这样就造成正的控制力矩 $\boldsymbol{M}_{z1c}$ 与负的稳定力矩平衡。此后，程序角 $\varphi_{pr}$ 不断减小，致使 $\Delta\varphi_{pr}(-)$ 的绝对值减小，$\delta_\varphi(-)$ 的绝对值减小，相应地正的控制力矩减小。从而使绕 $z_1$ 轴的负向稳定力矩大于绕 $z_1$ 轴的正向控制力矩，促使 $x_1$ 轴继续向 $x$ 轴偏转。而负攻角的存在，则使 $x_v$ 轴不断地偏转。

如图6-2-3、图6-2-4所示，分别描述转弯过程中静稳定火箭与静不稳定火箭的程序轴 $x_{1pr}$、弹轴 $x_1$、速度轴 $x_v$ 的位置状态及力和力矩的方向。

当转弯段快结束时，程序角取为定值，两种火箭速度轴 $x_v$ 在负法向力作用下继续偏转，逐渐向 $x_1$ 轴靠拢，从而气动力矩减小，控制力矩较稳定力矩大，促使 $x_1$ 轴向 $x_{1pr}$ 偏转，直至 $x_1$、$x_v$、$x_{1pr}$ 三轴重合，所以在转弯段末点 $\Delta\varphi_{pr}=\delta_\varphi=\alpha=0$。

3. 瞄准段

该段的特点是程序角 $\varphi_{pr}$ 为一常值，而这一段起始状态是 $x_1$、$x_v$、$x_{1pr}$ 三轴重合，因此 $x_1$ 保持与 $x_{1pr}$ 重合。但速度轴 $x_v$ 在引力法向分量作用下偏离 $x_{1pr}$，$\theta$ 角在减小，其结果使得火箭出现正攻角 $\alpha$，对静稳定火箭则形成负的安定力矩，使弹轴 $x_1$ 向 $\varphi$ 减小的方向转动而形成负的程序误差角 $\Delta\varphi_{pr}$。但对静不稳定火箭则形成正的安定力矩，使弹轴 $x_1$ 向 $\varphi$

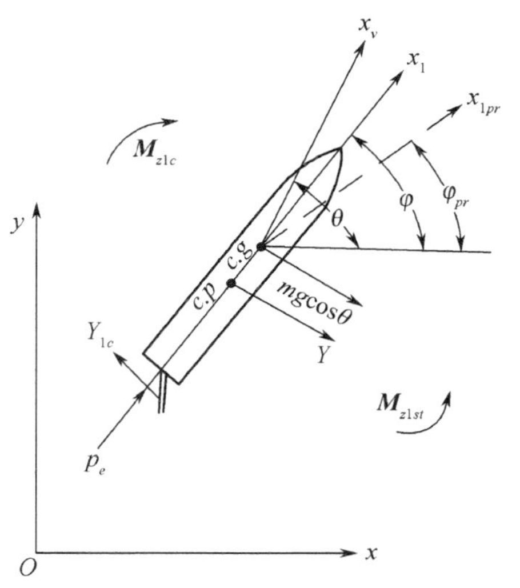


图 6-2-3　静稳定火箭转弯段情况

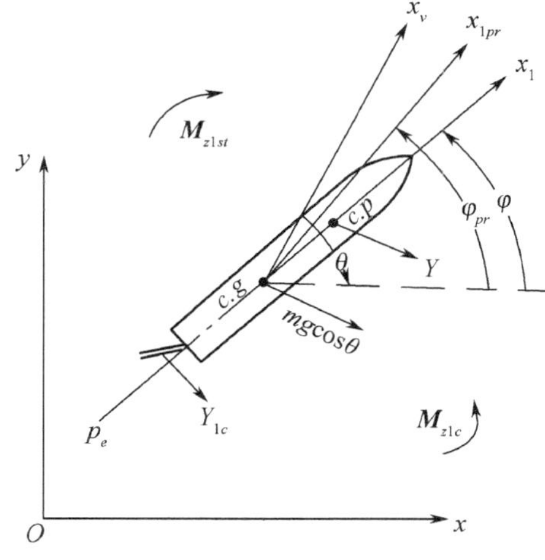


图 6-2-4　静不稳定火箭转弯段情况

增大的方向转动而形成正的程序误差角。这时，两种火箭便会产生与 $\Delta\varphi_{pr}$ 符号一致的舵偏角。从而这两种火箭均处于稳定力矩 $\boldsymbol{M}_{z1st}$ 与控制力矩 $\boldsymbol{M}_{z1c}$ 瞬时平衡的状态。在该段中，$x_1$、$x_v$、$x_{1pr}$ 三轴的位置状态和作用在火箭上的力与力矩，如图 6-2-5、图 6-2-6 所示。

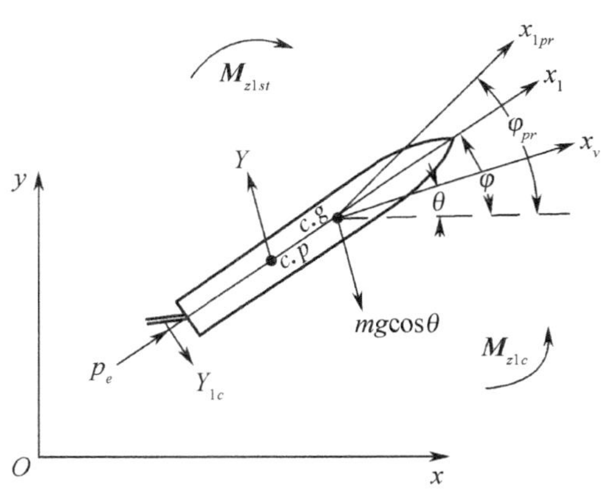


图 6-2-5　静稳定火箭瞄准段情况

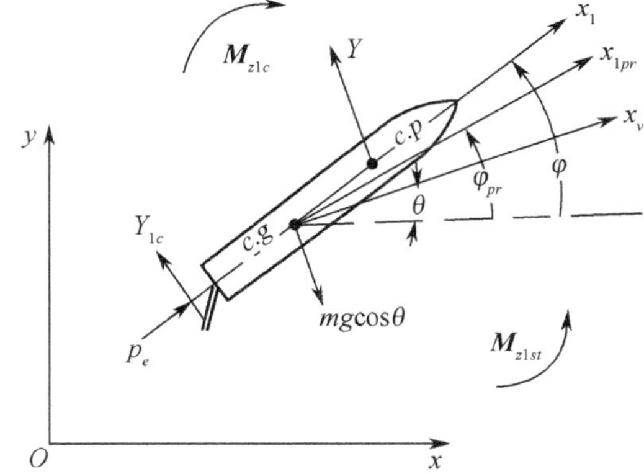


图 6-2-6　静不稳定火箭瞄准段情况

在整个瞄准段，引力法向分量始终作用，故正攻角总是存在，似乎有不断增大的趋势。但正攻角出现，会使推力与升力的正法向分量增大，且推力远大于引力，故必然会对引力法向分量起抵消作用，以致超过引力法向分量，从而使得速度轴 $x_v$ 又向 $\theta$ 增大的方向偏转，减小了正攻角。

图 6-2-7、图 6-2-8 分别给出静稳定火箭与静不稳定火箭在整个主动段中攻角 $\alpha$、舵偏角 $\delta_\varphi$ 及程序误差角 $\Delta\varphi_{pr}$ 变化关系示意图。

图 6-2-9、图 6-2-10 分别为静稳定火箭与静不稳定火箭在整个主动段中对应上两图的程序角 $\varphi_{pr}$、速度倾角 $\theta$ 及火箭俯仰角 $\varphi$ 变化关系示意图。

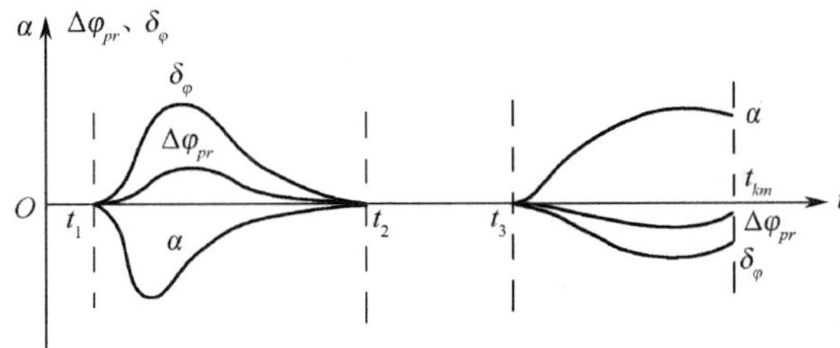


图 6-2-7　静稳定火箭在整个主动段中 $\boldsymbol{\alpha}$、$\boldsymbol{\delta_\varphi}$ 和 $\boldsymbol{\Delta\varphi_{pr}}$ 变化关系示意图

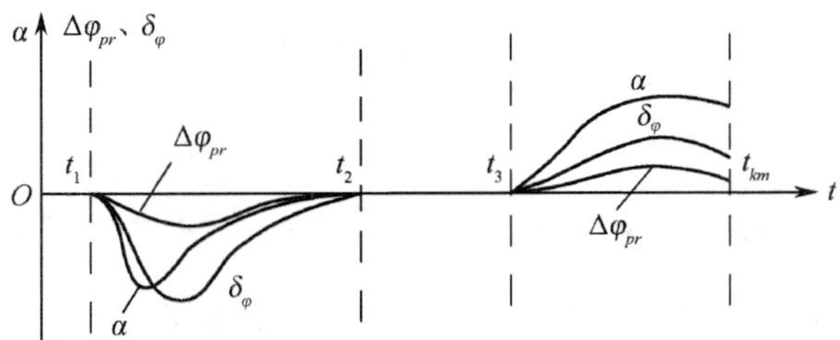


图 6-2-8　静不稳定火箭在整个主动段中 $\boldsymbol{\alpha}$、$\boldsymbol{\delta_\varphi}$ 和 $\boldsymbol{\Delta\varphi_{pr}}$ 变化关系示意图

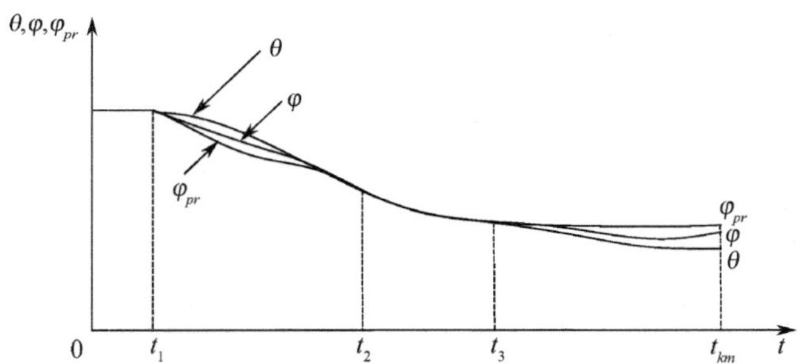


图 6-2-9　静稳定火箭在整个主动段中 $\boldsymbol{\theta}$、$\boldsymbol{\varphi}$ 和 $\boldsymbol{\varphi_{pr}}$ 变化关系示意图

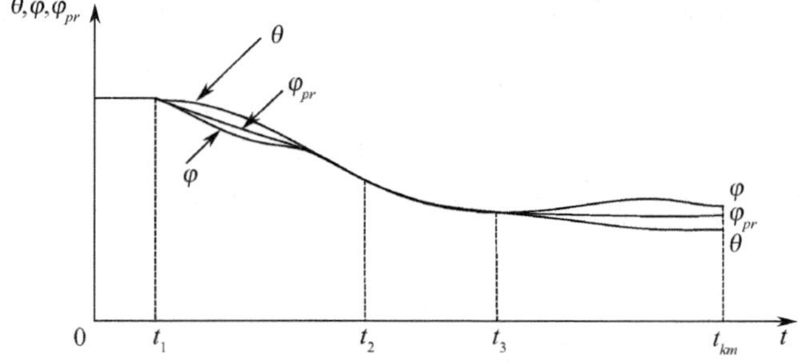


图 6-2-10　静不稳定火箭在整个主动段中 $\boldsymbol{\theta}$、$\boldsymbol{\varphi}$ 和 $\boldsymbol{\varphi_{pr}}$ 变化关系示意图

### 6.2.3 法向运动特性分析

由法向加速度方程：

$$v\dot{\theta} = \frac{1}{m}(P_e + CY^{\alpha}) \cdot \alpha + g\cos\theta$$

可知，法向加速度 $v\dot{\theta}$ 的大小反映火箭在主动段飞行时所受法向力的大小。由于攻角 $\alpha$ 较小，故该力基本与 $y_1$ 轴平行。为了减少火箭的结构重量，设计者应考虑尽量减小法向加速度，避免因承受较大法向力而对火箭采取横向加固措施。由于法向加速度与飞行速度 $v$ 及速度倾角的变化率 $\dot{\theta}$ 有关，而前面讨论可知 $\theta$ 的变化与程序角 $\varphi_{pr}$ 有关，这是可由设计者选择的，为此可使火箭在飞行速度较小时，让速度轴转得快些，而在速度较大时，转得慢些，这样既可使火箭在整个主动段法向加速度不致过大，也可使主动段终点时速度轴 $x_v$ 能转到预定的 $\theta_k$ 值。事实上，主动段速度倾角的变化率 $\dot{\theta}$ 和法向加速度 $v\dot{\theta}$ 随时间变化的规律如图 6-2-11 所示。

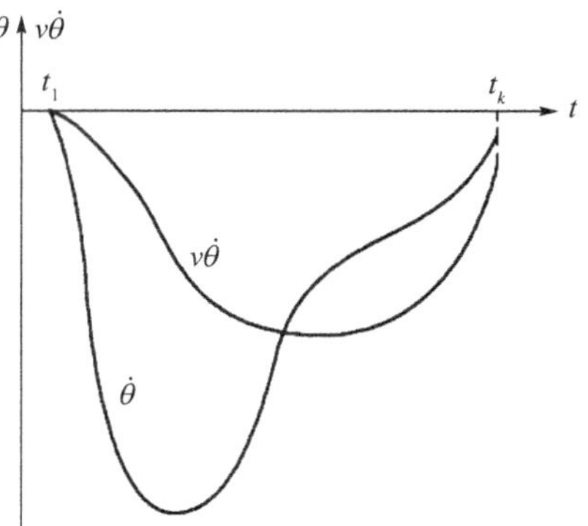


**图 6-2-11 主动段速度倾角变化率 $\dot{\theta}$ 和法向加速度 $v\dot{\theta}$ 随时间变化规律**

## 6.3 主动段终点运动参数及全射程估算

根据自由飞行段得知，导弹全射程取决于主动段终点的运动参数，即

$$\beta = \beta(v_k,\ \Theta_k,\ r_k,\ \beta_k)$$

由于关机点速度倾角的最佳值 $\Theta_{k.opt}$ 与能量参数 $\nu_k$ 有关，而 $\nu_k$ 又主要取决于 $v_k$，因此要解决全射程的估算问题，首先要对 $v_k$ 进行估算。

影响 $v_k$ 的因素很多，如导弹的结构重量、气动力外形、发动机系统参数、控制系统参数等。为了估算 $v_k$，将其主要影响因素归结为五个设计参数，然后运用半经验的方法找出 $v_k$ 与五个设计参数的关系。这样在选取一组设计参数后即可估算 $v_k$ 及相应的 $x_k$、$y_k$，进而估算出导弹的全射程。

### 6.3.1 设计参数

1. 结构比 $\mu_k$

$\mu_k$ 为导弹推进剂全部燃烧完后的纯结构质量 $m_k$（或结构重量 $G_k$）与起飞质量 $m_0$（或起飞重量 $G_0$）之比，即

$$\mu_k = \frac{m_k}{m_0} = \frac{G_k}{G_0} \tag{6-3-1}$$

可见,在相同的起飞重量 $G_0$ 下,$\mu_k$ 小即意味着导弹结构重量小,相应地可携带的推进剂量多,因而导弹的结构更优越。故 $\mu_k$ 是衡量导弹结构优劣的主要参数之一。由理想速度 $v_{idk}$ 表达式(6-2-4):

$$v_{idk} = -u'_e \ln \mu_k$$

可知,$\mu_k$ 越小,则导弹所能达到的理想速度越大。在目前的材料及工艺水平下,单级液体火箭 $\mu_k$ 的下限约为0.08~0.1,对固体推进剂导弹则要稍大些。

2. 地面重推比 $\nu_0$

$\nu_0$ 为导弹起飞重量与火箭发动机地面额定推力之比,即

$$\nu_0 = \frac{G_0}{P_0} \tag{6-3-2}$$

$\nu_0$ 越小,表示导弹的加速性能越好,要达到一定速度的飞行时间越短,从而使引力造成的速度损失减小。但 $\nu_0$ 不宜太小,因为加速度太大,将会要求导弹有较强的结构,这必将使导弹的结构重量增加。

3. 地面比推力 $P_{SP.O}$

如式(2-1-45)所示:

$$P_{SP.O} = \frac{P_0}{\dot{G}_0} \tag{6-3-3}$$

比推力反映了火箭推进剂地面重量秒消耗量所产生的地面推力,这是衡量火箭发动机性能指标之一。为了获得一定的地面推力,比推力大,则表示单位时间所消耗的推进剂重量少。比推力主要取决于发动机所使用的推进剂及发动机工作情况。

4. 发动机高空特性系数 $a$

$a$ 为火箭发动机真空比推力与地面比推力之比,即

$$a = \frac{P_{SP.V}}{P_{SP.O}} \tag{6-3-4}$$

该系数反映了火箭发动机高空的工作性能,其变化范围很小,为1.10~1.15。

5. 起飞截面负荷 $P_M$

$P_M$ 为导弹起飞重量与其最大截面积之比,即

$$P_M = \frac{G_0}{S_M} \tag{6-3-5}$$

可见,$P_M$ 为起飞时单位截面上所承受的重量。导弹起飞重量一定时,$S_M$ 越小,则 $P_M$ 越大。一般来说 $S_M$ 越小导弹就越长,所以 $P_M$ 直接与导弹的长细比有关,而导弹的长细比直接影响导弹的空气动力,故也称 $P_M$ 为空气动力特性参数。

除上述五个设计参数外,通常还引进另一辅助参数 $T$,该参数为将导弹起飞时的整个重量看作全部是推进剂,按重量秒耗量燃烧完所需的时间,即

$$T = \frac{G_0}{\dot{G}} \tag{6-3-6}$$

$T$ 为理想时间，它不是独立参数，可用上述五个设计数中的 $P_{SP.O}$、$\nu_0$ 来表示：

$$T = \frac{G_0}{P_0}\frac{P_0}{\dot{G}} = \nu_0 P_{SP.O} \tag{6-3-7}$$

## 6.3.2　主动段终点速度的估算

由式(6－2－1)及式(6－2－3)知，$v_k$ 可以用理想速度及引力、阻力和大气静压引起的三个速度损失量来表示。下面设法将这些量用设计参数来表示。

已知：

$$v_{idk} = -u'_e \ln \mu_k$$

由于真空推力为

$$P_v = \dot{m} u'_e$$

则

$$u'_e = \frac{P_v}{\dot{m}} = g_0 \frac{P_v}{\dot{G}} = g_0 P_{SP.V}$$

将其代入理想速度表达式，且注意到式(6－3－4)，则有

$$v_{idk} = -g_0 a P_{SP.O} \ln \mu_k \tag{6-3-8}$$

考虑到：

$$t = \frac{m_0 - m}{\dot{m}} = \frac{m_0}{\dot{m}}\left(1 - \frac{m}{m_0}\right) = T(1-\mu)$$

则有

$$\mathrm{d}t = -T\mathrm{d}\mu \tag{6-3-9}$$

因此，引力、阻力和大气静压引起的速度损失的积分式(6－2－2)通过置换变量后可导得

$$\Delta v_{1k} = -\int_0^{t_k} g\sin\theta \mathrm{d}t = g_0 \nu_0 P_{SP.O}\int_{\mu_k}^1 \sin\theta \mathrm{d}\mu \tag{6-3-10}$$

$$\Delta v_{2k} = \int_0^{t_k} \frac{X}{m}\mathrm{d}t = \frac{g_0 \nu_0 P_{SP.O}}{P_M}\int_{\mu_k}^1 C_x \frac{\rho v^2}{2}\frac{\mathrm{d}\mu}{\mu} \tag{6-3-11}$$

$$\Delta v_{3k} = \int_0^{t_k} \frac{S_e p_H}{m}\mathrm{d}t = g_0 P_{SP.O}(a-1)\int_{\mu_k}^1 \frac{p_H}{p_0}\frac{\mathrm{d}\mu}{\mu} \tag{6-3-12}$$

记

$$\begin{cases} I_{1k} = \int_{\mu_k}^{1} \sin\theta \mathrm{d}\mu \\ I_{2k} = \int_{\mu_k}^{1} C_x \dfrac{\rho v^2}{2} \dfrac{\mathrm{d}\mu}{\mu} \\ I_{3k} = \int_{\mu_k}^{1} \dfrac{p_H}{p_0} \dfrac{\mathrm{d}\mu}{\mu} \end{cases} \tag{6-3-13}$$

$$\begin{cases} \Delta v_{1k} = g_0 \nu_0 P_{SP.O} I_{1k} \\ \Delta v_{2k} = \dfrac{g_0 \nu_0 P_{SP.O}}{P_M} I_{2k} \\ \Delta v_{3k} = g_0 P_{SP.O}(a-1) I_{3k} \end{cases} \tag{6-3-14}$$

将式(6-3-8)及式(6-3-14)代入式(6-2-3),即有

$$v_k = -g_0 a P_{SP.O} \ln \mu_k - g_0 \nu_0 P_{SP.O} I_{1k} - \frac{g_0 \nu_0 P_{SP.O}}{P_M} I_{2k} - g_0 P_{SP.O}(a-1) I_{3k} \tag{6-3-15}$$

现在的问题是如何将式(6-3-14)各积分式表述成五个设计参数的函数。下面分别进行讨论。

1. $I_{1k}$ 的估算

$I_{1k}$ 是 $\theta(\mu)$ 正弦函数的积分值,而 $\theta(\mu)$ 与导弹的飞行程序有关。在控制系统作用下,程序误差角 $\Delta\varphi_{pr}$ 与攻角 $\alpha$ 均不大,可近似认为 $\theta(\mu) = \varphi_{pr}(\mu)$。对于弹道导弹而言,考虑到实际限制条件,一般所选出的俯仰程序都具有近似相同的特征,即起飞时有一段垂直飞行段,接近终点处有一段为常值俯仰程序角的瞄准段,而这常值俯仰角是与关机点最佳速度倾角有关。显然,对不同的射程,$\theta_k$ 不一样。至于垂直段终点与瞄准段起点之间的转弯段程序,则是一条曲线,考虑到 $\varphi_{pr}(\mu)$ 的微小变化对终点速度的影响并不显著,因此,通常选定用同一种函数的二次曲线来连接垂直段终点和瞄准段起点的 $\theta$ 值,估算中将 $\theta(\mu)$ 取为

$$\begin{cases} \theta = 90^\circ & 1 \geqslant \mu \geqslant 0.95 \\ \theta = 4(\pi/2 - \theta_k)(\mu - 0.45)^2 + \theta_k & 0.95 \geqslant \mu \geqslant 0.45 \\ \theta = \theta_k & 0.45 \geqslant \mu \end{cases} \tag{6-3-16}$$

由上式可知,不同的 $\theta_k$ 值,即有不同的 $\theta(\mu)$。图 6-3-1 为不同 $\theta_k$ 值对应的典型程序。

将 $\theta = \theta(\mu)$ 关系式(6-3-16)代入:

$$I_1 = \int_{\mu}^{1} \sin\theta \mathrm{d}\mu$$

即可积分得 $I_1 = I_1(\mu, \theta_k)$,其积分结果可绘出 $I_1(\mu, \theta_k)$ 曲线,如图 6-3-2 所示。

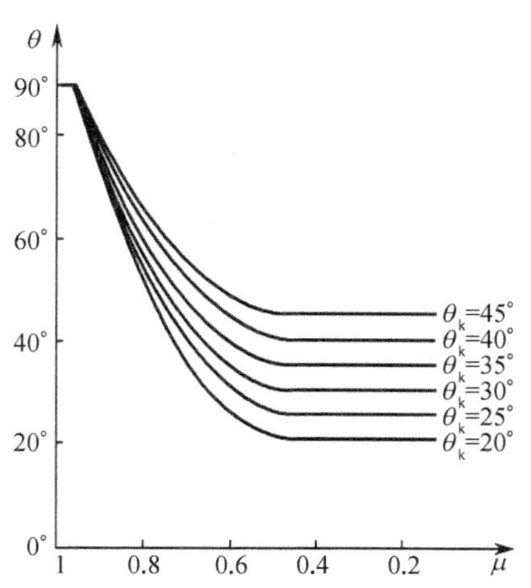

**图 6-3-1 近似计算飞行性能时用的典型程序**

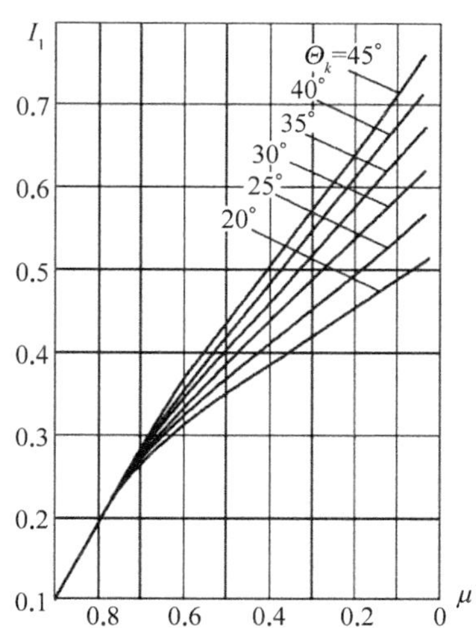


**图 6-3-2 近似计算重力损失时用的函数**

这样,当设计参数给定后,先算出理想速度 $v_{idk}$,考虑存在速度损失,取该值的 70%左右求出最佳速度倾角,将其作为 $\theta_k$。然后根据 $I_1(\mu, \theta_k)$ 曲线查出 $I_{1k}$,从而可算出引力造成的速度损失 $\Delta v_1$,这样即可得到 $v$ 的一次近似值:

$$v_1(\mu) = v_{id}(\mu) - \Delta v_1(\mu) \tag{6-3-17}$$

2. $I_{2k}$ 的估算

由式(6-3-13)可见,要估算 $I_{2k}$,需知道阻力系数 $C_x(M)$ 及 $\rho$、$v$ 随 $\mu$ 的变化规律。$C_x(M)$ 曲线虽与具体导弹气动特性有关,但一般情况下阻力的影响是个小量,因此,$C_x(M)$ 的误差所引起的速度损失误差是较小的。故可取一典型导弹的 $C_x$ 来计算。$v$ 即用一次近似值 $v_1(\mu)$ 来代替。至于计算密度 $\rho$ 和 $M$ 数所依据的高度,则可近似为 $y$,由于,

$$y = \int_0^t v\sin\theta \mathrm{d}t$$

将积分变量用 $\mu$ 置换,并取 $v \approx v_1$,则可得

$$y = \nu_0 P_{SP.O}\int_m^1 v_1 \sin\theta(\mu)\mathrm{d}\mu \tag{6-3-18}$$

有了 $y$ 即可根据大气表查得 $\rho(y)$、$a(y)$,再根据 $v_1$、$a$ 算得 $M$,即可查 $C_x(M)$ 曲线,注意到 $y$、$\mu$、$M$ 有一一对应关系,则将 $\rho$、$v_1$、$C_x$ 代入 $I_2$ 表达式进行数值积分。在进行大量计算基础上,对计算结果进行整理,可得经验曲线,图 6-3-3 将曲线 $I_2$ 表示为 $I_2(v_1, \sigma)$,其中,

$$\sigma = \nu_0 P_{SP.O}\sqrt{\frac{1}{2}g_0 P_{SP.O}(a+1)\sin\theta_k} \cdot 10^{-3} \tag{6-3-19}$$

当由设计参数计算出 $v_1$ 及 $\sigma$ 后,即可由图 6-3-3 查得 $I_2$,从而可算得阻力引起的速度损失 $\Delta v_{2k}$,显然即可求得速度 $v$ 的二次近似值:

$$v_2(\mu) = v_{id}(\mu) - \Delta v_1(\mu) - \Delta v_2(\mu) \tag{6-3-20}$$

3. $I_{3k}$ 的估算

由式(6-3-13),$I_{3k}$ 与 $p_H$ 有关,而 $p_H$ 是高度的函数,这可采用速度的二次近似值 $v_2$ 去计算 $y(\mu)$,即

$$y(\mu) = \nu_0 P_{SP.O}\int_{\mu}^{1} v_2(\mu)\sin\theta(\mu)\,\mathrm{d}\mu \tag{6-3-21}$$

根据 $y(\mu)$ 查大气表可得 $p_H/p_0$,代入 $I_3$ 表达式中进行数值积分,经大量计算后,可将结果整理成经验曲线,如图 6-3-4 所示。该曲线为 $\eta = \eta(t_k, \nu_0)$,而 $t_k = \nu_0 P_{SP.O}(1 - \mu_k)$。

$I_{3k}$ 与 $\eta$ 的关系式为

$$I_{3k} = \frac{\eta}{\frac{1}{2}g_0 P_{SP.O}(a+1)\sqrt[3]{\frac{1}{2}g_0 P_{SP.O}(a+1)\sin\theta_k}\cdot 10^{-3}} \tag{6-3-22}$$

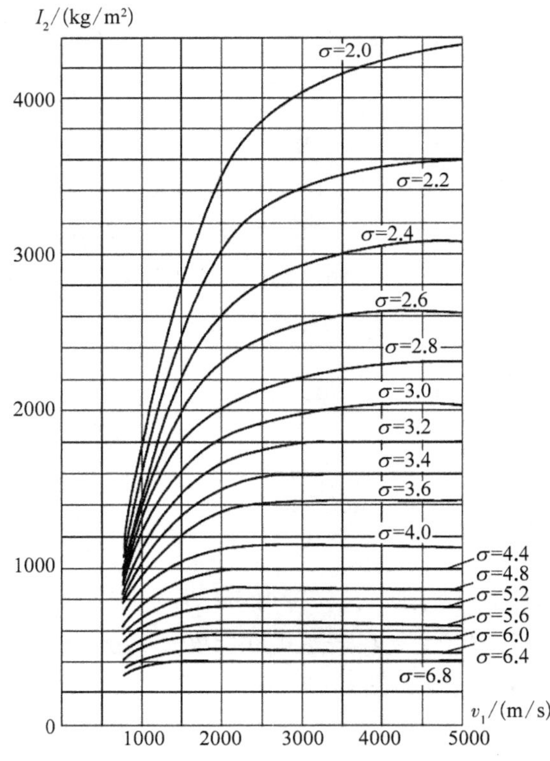


图 6-3-3 计算阻力损失时所用的函数

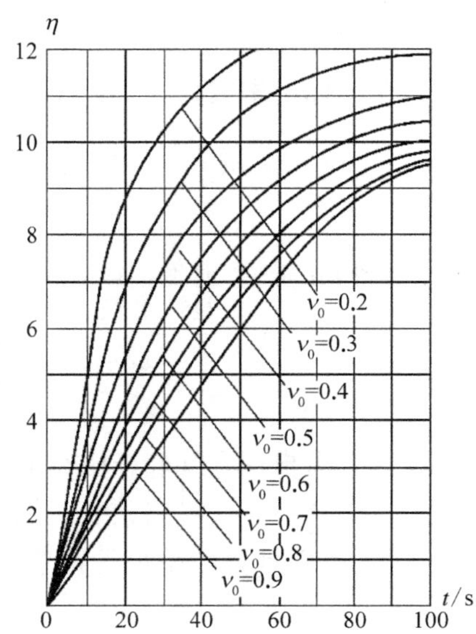


图 6-3-4 计算 $I_3$ 时用的函数 $\eta$

因此，只要知道了设计参数，即可先找到 $I_{1k}$、$I_{2k}$、$I_{3k}$ 及算出三种速度损失，从而估算出主动段终点速度 $v_k$。

现以一典型导弹为例，已知某导弹的设计参数为：$\nu_0 = 0.577$，$P_{SP.V} = 288$ s，$P_{SP.O} = 240$ s，$P_M = 10\,000$ kg/m$^2$，$\theta_k = 38°20'$，按上述方法算得的 $v_{id}$、$\Delta v_1$、$\Delta v_2$、$\Delta v_3$ 及相应的百分比变化绘于图 6－3－5，图 6－3－6、图 6－3－7、图 6－3－8 分别画出了 $\Delta v_1$、$\Delta v_2$、$\Delta v_3$ 近似计算结果与精确计算结果的比较图形，其中（1）为数值积分计算结果，（2）为近似计算结果。

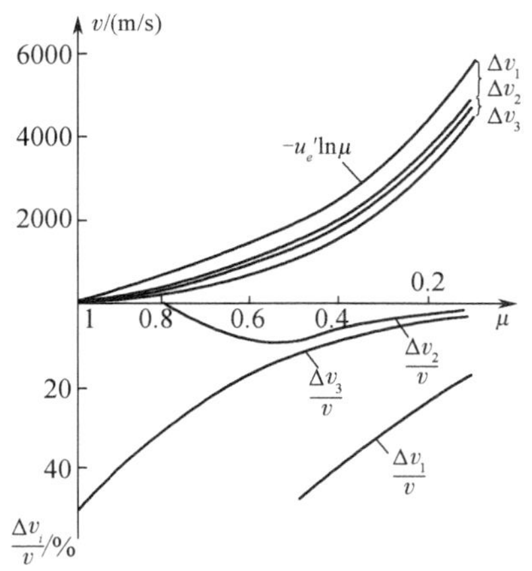


图 6－3－5　$\Delta v_1$，$\Delta v_2$，$\Delta v_3$ 及相应的百分比变化曲线

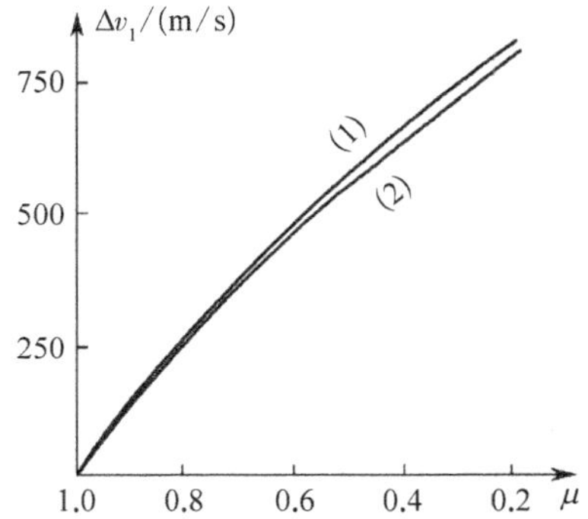

图 6－3－6　$\Delta v_1$ 近似计算与精确计算结果比较

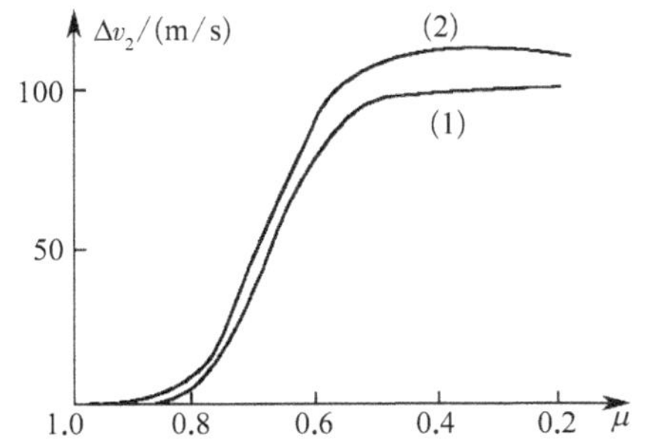


图 6－3－7　$\Delta v_2$ 近似计算与精确计算结果比较

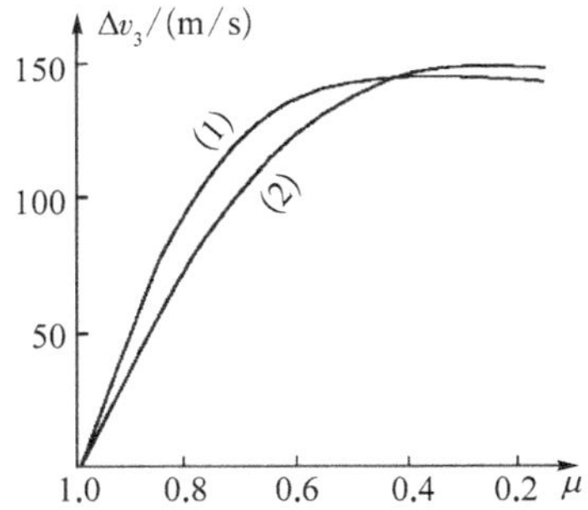


图 6－3－8　$\Delta v_3$ 近似计算与精确计算结果比较

## 6.3.3　主动段终点位置参数近似计算

将式（6－3－8）理想速度改写为

$$v_{id} = -g_0 P_{SP.O} \ln\mu + g_0(a-1)P_{SP.O}\int_{\mu}^{1}\frac{d\mu}{\mu}$$

则由式（6－3－15），可将主动段的速度表示成：

$$v(\mu) = -g_0 P_{SP.O} \ln \mu - g_0 \nu_0 P_{SP.O} I_1 - \frac{g_0 \nu_0 P_{SP.O}}{P_M} \int_{\mu}^{1} C_x \frac{\rho v^2}{2} \frac{d\mu}{\mu} + g_0 P_{SP.O} (a-1) \int_{\mu}^{1} \left(1 - \frac{p_H}{p_0}\right) \frac{d\mu}{\mu}$$

该等式右端最后两项符号相反,彼此可抵消一部分,在近似计算导弹主动段终点坐标时可略去,则

$$v(\mu) = -g_0 P_{SP.O} \ln \mu - g_0 \nu_0 P_{SP.O} I_1 \tag{6-3-23}$$

主动段终点坐标为

$$y_k = \nu_0 P_{SP.O} \int_{\mu_k}^{1} v(\mu) \sin \theta(\mu, \theta_k) d\mu \tag{6-3-24}$$

$$x_k = \nu_0 P_{SP.O} \int_{\mu_k}^{1} v(\mu) \cos \theta(\mu, \theta_k) d\mu \tag{6-3-25}$$

将式(6-3-23)代入式(6-3-24)得

$$y_k = g_0 \nu_0 P_{SP.O}^2 \int_{\mu_k}^{1} \sin \theta \ln \frac{1}{\mu} d\mu - g_0 \nu_0^2 P_{SP.O}^2 \int_{\mu_k}^{1} \sin \theta I_1 d\mu \tag{6-3-26}$$

注意到:

$$I_1 = \int_{\mu}^{1} \sin \theta d\mu$$

即得

$$dI_1 = -\sin \theta d\mu$$

则式(6-3-26)可写为

$$y_k = g_0 \nu_0 P_{SP.O}^2 \left( \int_{\mu_k}^{1} \sin \theta \ln \frac{1}{\mu} d\mu - \nu_0 \int_{I_1}^{1} I_1 dI_1 \right) \tag{6-3-27}$$

将式(6-3-23)代入式(6-3-25)得

$$x_k = g_0 \nu_0 P_{SP.O}^2 \left( \int_{\mu_k}^{1} \cos \theta \ln \frac{1}{\mu} d\mu - \nu_0 \int_{\mu_k}^{1} I_1 \cos \theta d\mu \right) \tag{6-3-28}$$

记

$$\begin{cases} \Phi_1 = \int_{\mu_k}^{1} \sin \theta \ln \frac{1}{\mu} d\mu \\ \Phi_2 = \int_{\mu_k}^{1} \cos \theta \ln \frac{1}{\mu} d\mu \\ \Phi_3 = \int_{\mu_k}^{1} \cos \theta I_1 d\mu \end{cases} \tag{6-3-29}$$

式中，$\Phi_1$、$\Phi_2$、$\Phi_3$ 均为 $\mu_k$、$\theta_k$ 的函数，根据 $\theta_k$ 选定的典型程序 $\theta(\mu)$，代入式(6-3-29)，由 $\mu_k$ 积分至 1，结果绘成图 6-3-9、图 6-3-10、图 6-3-11。

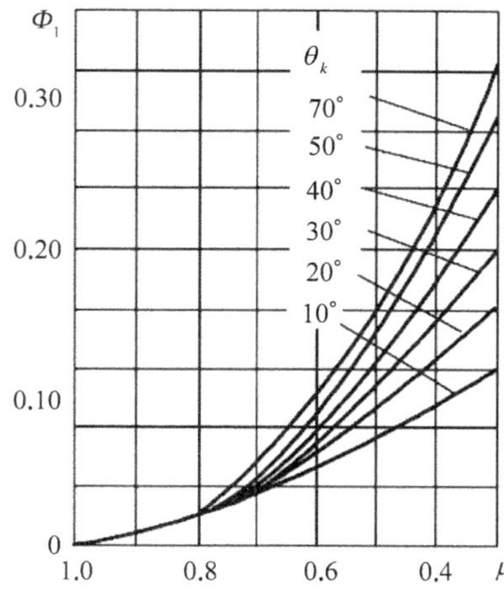


**图 6-3-9　$\Phi_1$ 与 $\mu$、$\theta_k$ 的关系曲线**

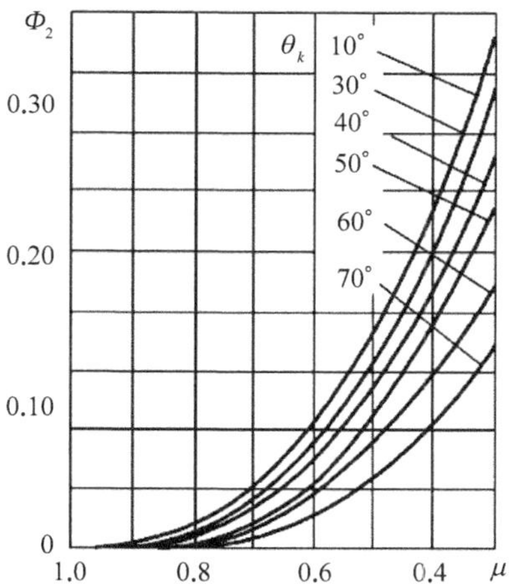


**图 6-3-10　$\Phi_2$ 与 $\mu$、$\theta_k$ 的关系曲线**

这样，主动段终点坐标的近似计算公式(6-3-27)、式(6-3-28)即可写成：

$$\begin{cases} y_k = g_0 \nu_0 P_{SP.O}^2 \left( \Phi_1 - \dfrac{1}{2} \nu_0 I_1^2 \right) \\ x_k = g_0 \nu_0 P_{SP.O}^2 ( \Phi_2 - \nu_0 \Phi_3 ) \end{cases} \quad (6-3-30)$$

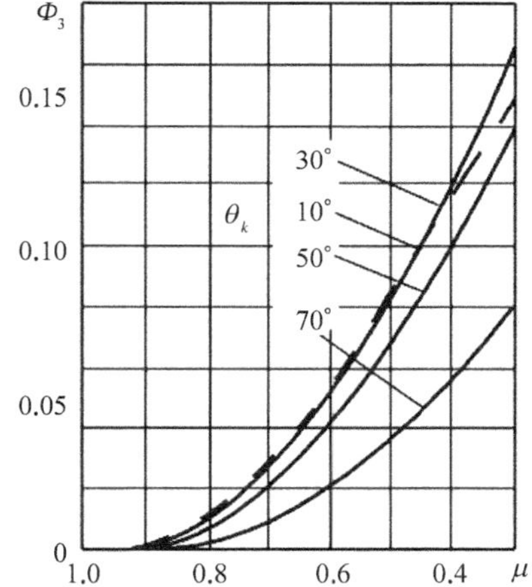


**图 6-3-11　$\Phi_3$ 与 $\mu$、$\theta_k$ 的关系曲线**

## 6.3.4　全射程估算

根据上面估算出的主动段终点参数 $v_k$、$x_k$、$y_k$，即可进行全射程的估算。由于，

$$h_k \approx y_k$$

$$\beta_k = \arctan \frac{x_k}{R + y_k}$$

$$\Theta_k = \theta_k + \beta_k$$

则由被动段射程计算公式：

$$\tan \frac{\beta_c}{2} = \frac{B + \sqrt{B^2 - 4AC}}{2A}$$

其中，

$$A = 2R(1 + \tan^2 \Theta_k - \nu_k) - \nu_k h_k$$

$$B = 2R\nu_k \tan \Theta_k$$

$$C = -h_k \nu_k$$

计算出 $\beta_c$，于是全射程为

$$L = R(\beta_c + \beta_k)$$

不言而喻,上面估算的全射程,是将再入大气层的空气动力忽略了,而将再入段作为自由飞行段椭圆弹道的延伸。

在新型导弹的方案论证阶段,还可采用更为简便的方法估算全射程,即在不考虑主动段终点坐标的条件下,直接用估算出的速度 $v_k$ 计算出在最佳速度倾角 $\Theta_{ke.\,opt}$ 下的自由段射程:

$$\tan\frac{\beta_e}{2} = \frac{1}{2}\frac{\nu_k}{\sqrt{1-\nu_k}}$$

即有

$$L_{ke} = 2R\arctan\frac{\nu_k}{2\sqrt{1-\nu_k}}$$

然后将自由段射程乘上一系数 $k$,来估得全射程,即

$$L = k\cdot L_{ke} = 2kR\arctan\frac{\nu_k}{2\sqrt{1-\nu_k}} \tag{6-3-31}$$

其中,$k$ 为比例系数。由于自由飞行段射程占全射程的绝大部分,因此,$k$ 是大于1而接近1的数,射程越大,$k$ 越接近1。事实上,$k$ 不仅取决于射程或主动段终点速度,而且与主动段工作时间有关,而工作时间依赖于设计参数地面比推力 $P_{SP.\,O}$ 及重推比 $\nu_0$。注意到理想时间 $T = P_{SP.\,O}\cdot\nu_0$,故用这具有共同效应的参数 $T$ 作为一个参变量,则 $k = k(v_k,\ T)$。

为了确定 $k$,在大量精确计算的基础上,画出 $k(v_k,\ T)$ 的函数曲线,见图6-3-12。图6-3-12给出了不同 $T$ 值时比例系数 $k$ 随 $v_k$ 的变化。由于 $T = P_{SP.\,O}\nu_0 = G_0/\dot{G}_0$,所以 $T$ 反映主动段发动机工作时间的长短。由图可见,当 $T$ 一定时,即反映主动段工作时间相

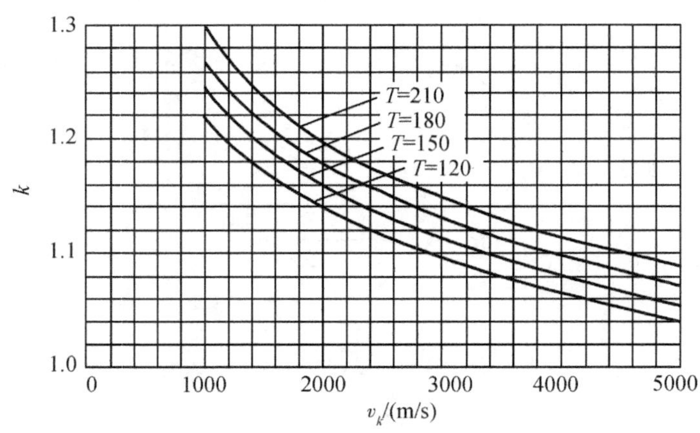


**图6-3-12　不同 $T$ 值时比例系数 $k$ 与 $v_k$ 的变化关系**

当，而当 $v_k$ 大时，自由飞行段射程越大，自由飞行段占全射程的比例就越大，则 $k$ 值就减小；当 $v_k$ 一定时，被动段射程则为定值，$T$ 越大，则主动段工作时间增长，主动段射程就越增加，故 $k$ 值增大。

因此在选定一组设计参数后，即可算出 $T$ 及 $v_k$，然后查图 6-3-12 得 $k$，即可由式(6-3-31)来估计全射程。

工程上为方便估算，还可近似取 $r_k = R$，则相应有

$$\nu_k = \frac{Rv_k^2}{fM}$$

将 $r_k = R$ 及 $\nu_k$ 代入式(6-3-31)，可整理为

$$L = 222.4k \cdot \arctan \frac{v_k^2}{15.82\sqrt{62.57 - v_k^2}} \tag{6-3-32}$$

该式中反正切值取为度值，长度单位取为千米。

由式(6-3-32)可看出，也能用全射程 $L$ 来反估 $v_k$，由

$$\tan\frac{\beta_c}{2} = \frac{\nu_k}{2\tan\Theta_{ke.opt}} = \frac{\nu_k}{2\tan\left(\frac{\pi}{4} - \frac{\beta_e}{4}\right)}$$

其中，取 $\nu_k$ 为

$$\nu_k = \frac{Rv_k^2}{fM}$$

则由 $L = k \cdot L_{ke}$，可解出：

$$v_k = 11.19\sqrt{\tan\left(\frac{L}{222.4k}\right)\tan\left(45° - \frac{L}{2\times 222.4k}\right)} \tag{6-3-33}$$

但该式中 $k$ 实际为 $v_k$、$T$ 的函数。为方便应用，考虑到设计参数 $P_{SP.O}$、$\nu_0$ 给定，则 $T$ 即随之确定。因此，可在给定 $T$ 的条件下，对不同的 $v_k$ 值，求出 $k = k(v_k)_{T=\text{const}}$，从而由式(6-3-32)求出 $L = L(v_k)_{T=\text{const}}$，经计算后，可画出以 $T$ 为参变量的全射程 $L$ 与主动段终点速度 $v_k$ 的关系曲线，如图 6-3-13 所示。

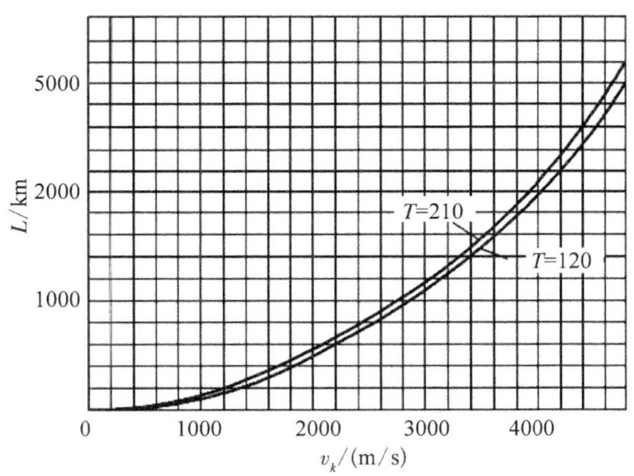


**图 6-3-13　不同 $T$ 值时 $L$ 与 $v_k$ 的变化关系**

### 6.3.5 设计参数的选择

火箭设计的方案论证阶段，首先是

要使设计参数的选择能满足预定的战术、技术要求。对导弹设计而言,就是要根据射程来选择五个设计参数。这是一个与上节相反的问题。

由于全射程 $L$ 主要取决于主动段终点速度,由图 6-3-13 可知,若已知 $T$,即可由 $L$ 找出 $v_k$,然而 $\nu_0$ 及 $P_{SP.O}$ 也是要选择的设计参数。在方案论证时,可先粗估一个 $T$ 值,求出 $v_k$,然后去选择设计参数。如果选出的 $\nu_0$、$P_{SP.O}$ 所确定的 $T$ 与粗估值差别较大,则进行迭代,直到两者相差不大时为止。

事实上,主动段终点速度 $v_k$ 除与五个设计参数有关外,还受到关机点速度倾角 $\theta_k$ 的影响。为此先要确定 $\theta_k$,由式(6-3-31)知:

$$\beta_{ke} = \frac{L}{Rk}$$

其中,$k$ 由主动段终点速度 $v_k$ 及粗估的理想时间 $T$ 查图 6-3-12 得到。

主动段射程角可表示为

$$\beta_k = \frac{L}{2Rk}(k - 1)$$

由 $\beta_{ke}$ 可求得自由飞行段的最佳速度倾角:

$$\Theta_{ke.opt} = \frac{1}{4}(\pi - \beta_{ke})$$

则主动段终点的速度倾角即为

$$\theta_k = \Theta_{ke.opt} - \beta_k = \frac{1}{4}\left[\pi - \frac{L}{Rk}(2k - 1)\right] \tag{6-3-34}$$

在 $\theta_k$ 确定后,$v_k$ 是五个设计参数的函数。

地面比推力 $P_{SP.O}$ 主要取决于推进剂的种类及发动机设计水平,这与当前的技术条件有关,另外考虑到技术的延用性,可在方案论证阶段根据具体情况选定。

发动机高空特性系数 $a$ 反映发动机高空工作性能,由于它的变化范围较小,为 1.10~1.15,且对速度的影响很小,故在方案论证时,可取 $a = 1.13$。

起飞截面负荷 $P_M$ 与火箭的长细比有关,它影响火箭的空气动力特性,因此,它通过对空气动力引起的速度损失为 $\Delta v_2$,而 $\Delta v_2$ 所占比重较小,故在方案论证时也可先选定。

因此,在给定射程 $L$ 条件下,影响 $v_k$ 的五个设计参数中,仅需选择 $\mu_k$、$\nu_0$,即 $v_k$ 是 $\mu_k$、$\nu_0$ 的组合。但这两个量不是相互独立的量,它们与起飞重量 $G_0$ 有关,故不能独立地任意选择,要受到重量方程的约束。

1. 火箭的重量方程

火箭的起飞质量(或重量)可表示为各部分质量之和:

$$m_0 = m_p + m_c + m_u \tag{6-3-35}$$

式中,$m_p$ 为推进剂质量;$m_c$ 为结构、发动机及其他附件的质量;$m_u$ 为有效载荷质量(包括部分控制仪器在内的头部质量)。

为便于设计参数的选择，将上面各部分质量细化，并与设计参数相联系：

$$m_p = (1 - \mu_k) m_0 \tag{6-3-36}$$

$$m_c = m_{en} + m_b + m_{pt} \tag{6-3-37}$$

其中，$m_{en}$ 为发动机及其附件质量，它取决于推力、发动机结构形式、材料性能、燃烧室压力和喷管出口压力等。通常可将发动机质量近似看作只与推力成正比，即

$$m_{en} = \frac{b}{g_0} P_0 = \frac{b}{\nu_0} m_0 \tag{6-3-38}$$

$m_b$ 为包括壳体、仪器舱及控制仪器质量，可近似看成与起飞质量成正比，即

$$m_b = B m_0 \tag{6-3-39}$$

$m_{pt}$ 为推进箱质量，可近似看成与推进剂质量成正比，即

$$m_{pt} = K m_p = K(1 - \mu_k) m_0 \tag{6-3-40}$$

将以上各式代入式(6-3-35)得

$$m_0 = \left[B + \frac{b}{\nu_0} + (1 + K)(1 - \mu_k)\right] m_0 + m_u \tag{6-3-41}$$

或

$$m_0 = \frac{m_u}{1 - B - \dfrac{b}{\nu_0} - (1 + K)(1 - \mu_k)} \tag{6-3-42}$$

其中，比例系数 $b$、$B$、$k$ 由经验统计关系给出。

称式(6-3-41)或式(6-3-42)为火箭的重量方程。它反映了火箭各部分质量之间的关系。

令

$$\lambda = \frac{m_u}{m_0} \tag{6-3-43}$$

$\lambda$ 为火箭有效载荷比。则重量方程可改写为

$$\mu_k = \frac{K + B + \dfrac{b}{\nu_0}}{1 + K} + \frac{\lambda}{1 + K} \tag{6-3-44}$$

这样，通过重量方程可将 $\mu_k$ 与 $\nu_0$ 联系起来。

如果火箭没有有效载荷，即 $\lambda = 0$，则记：

$$(\mu_k)_{\lim} = \frac{K + B + \dfrac{b}{\nu_0}}{1 + K} \tag{6-3-45}$$

称为火箭的极限结构比,目前水平 $(\mu_k)_{\lim}$ 约为 0.08,这样式(6-3-44)即可写成:

$$\mu_k = (\mu_k)_{\lim} + \frac{\lambda}{1+K} \tag{6-3-46}$$

2. $\mu_k$ 与 $\nu_0$ 的选择

由重量方程式(6-3-44)可知,在有效载荷比 $\lambda$ 一定时,$\mu_k$ 与 $\nu_0$ 有一定的对应关系。根据式(6-3-14),$\nu_0$ 越小,则引力及气动力引起的速度损失 $\Delta v_1$、$\Delta v_2$ 越小,因而主动段终点速度 $v_k$ 越大。事实上,在 $m_0$ 一定的条件下,$\nu_0$ 越小,即意味着需要较大的地面推力 $P_0$,因而就要增大发动机及其附件质量 $m_{en}$,从而使得火箭的结构比 $\mu_k$ 增大。而 $\mu_k$ 的增大,就减小了理想速度 $v_{id}$,也就影响到 $v_k$。因此,在给定有效载荷比 $\lambda$ 时,为获得最大的主动段终点速度 $v_k$ 或在给定的 $v_k$ 时,为获得最大的有效载荷比 $\lambda$,$\mu_k$ 与 $\nu_0$ 之间必然存在一组最佳组合。

为选取 $\mu_k$ 与 $\nu_0$ 的组合,工程上可对应一定的有效载荷比 $\lambda$,给出一组 $\nu_0$ 值,根据重量方程式(6-3-44)求出相应的 $\mu_k$,这样,在五个设计参数为已知的情况下,利用上节介绍的方法求出与之对应的一组 $v_k$,并可画出 $v_k$ 与 $\nu_0$ 的关系曲线。因此,对应不同的 $\lambda$ 值,可得出一族曲线,如图 6-3-14 所示。这样,根据给定射程所对应的关机点速度 $v_k^*$ 值,可在图 6-3-14 的曲线族中,找到一个与最大的有效载荷比 $\lambda_{\max}$ 相应的 $\nu_0^*$,这即为所需的重推比,将 $\nu_0^*$ 值代入式(6-4-11)就可求得所需的结构比。

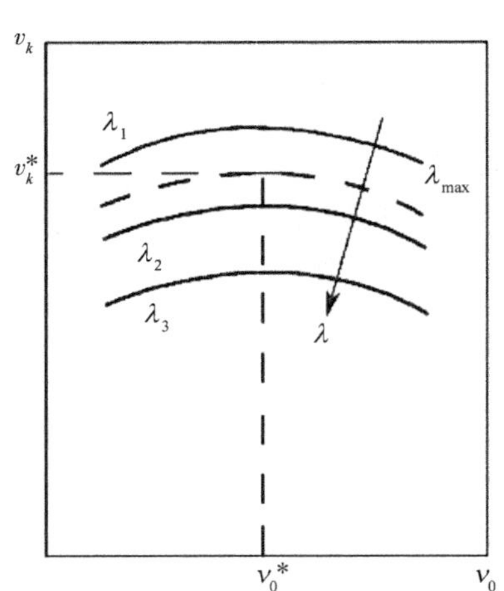


**图 6-3-14 不同载荷比 $\lambda$ 时 $v_k$ 与 $\nu_0$ 的关系曲线**

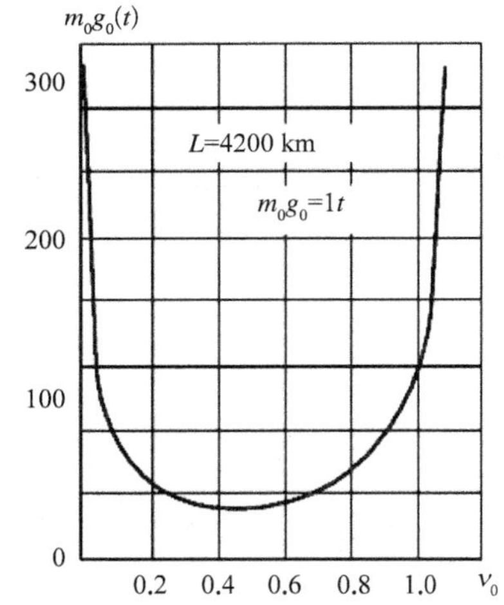


**图 6-3-15 射程和有效载荷重量一定时 $m_0g_0$ 与 $\nu_0$ 的关系曲线**

由图 6-3-14 可看出,在射程一定(亦即 $v_k$ 一定)的条件下,重推比 $\nu_0$ 与有效载荷比 $\lambda$ 有对应关系。由于有效载荷比 $\lambda$ 为有效载荷质量与起飞质量之比,因此,在固定有效载荷质量时,即可找到重推比 $\nu_0$ 与起飞质量 $m_0$ 之间的关系。图 6-3-15 即为射程为 4 200 km、有效载荷重量 $G_u$ 为 1 t 时,重推比 $\nu_0$ 与起飞重量 $G_0$ 的关系曲线。曲线最低点对应于重推比的最佳值 $\nu_0^*$,即有效载荷重量 $G_u$ 一定,且要使其达到一定的射程时,重推比

$\nu_0$ 取此值最合理。否则，$\nu_0 < \nu_0^*$ 时，由于火箭加速性能好，过载大，则要增大火箭结构重量，而使起飞重量 $G_0$ 增大；$\nu_0 > \nu_0^*$ 时，因加速性能差，则主动段飞行中引力造成的速度损失增大，为要达到一定的关机点速度 $v_k$，则要增加推进剂量，从而使起飞重量 $G_0$ 增大。函数 $G_0(\nu_0)$ 在 $\nu_0^*$ 附近较平滑，故 $\nu_0$ 偏离 $\nu_0^*$ 较小时，$G_0$ 增加很少。这对火箭设计是有利的，在设计中，可考虑利用现有的发动机，而不必为了追求使 $\nu_0$ 取最佳值而重新设计发动机，以使火箭研制周期缩短和成本减少。

## 6.4　主动段弹道设计的作用及原则

远程火箭不论是作为人造地球卫星的运载工具，还是作为远程导弹使用时，其弹道设计在总体设计中都起着极其重要的作用。火箭总体方案、设计参数及运载性能分析等，无论是在方案论证、方案设计和初步设计阶段，还是在火箭的研制和试验阶段都与弹道密切相关，而主动段飞行程序的选择则是弹道设计中的一个重要部分。

飞行程序通常指远程火箭主动段飞行时俯仰角的变化规律。飞行程序的选择是远程火箭总体设计工作中很重要的一部分。因为这是关系到能否正确使用和充分发挥远程火箭的战术技术性能的一个大问题。一些重要的战术技术性能，例如最大射程、落点散布及远程火箭飞行中受载荷受热情况等都与所选择的飞行程序有关。

下面针对设计参数和总体布置已经确定的远程火箭，分析采用不同飞行程序时的情况。若规定使主动段弹道倾角 $\Theta_k = \Theta_{k.opt}$，那么就有三种不同的主动段弹道，如图 6-4-1 所示。

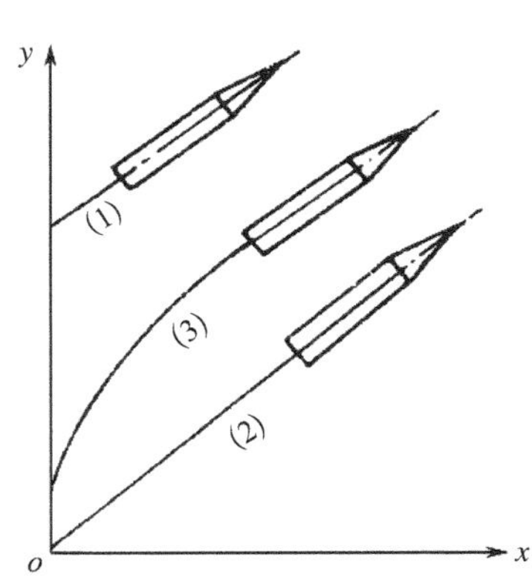

**图 6-4-1　不同飞行程序的比较**

（1）火箭垂直上升，到接近主动段终点时使弹道倾角突然转到 $\Theta_{k.opt}$。这样的弹道穿过稠密大气层的时间较短，因而空气阻力造成的速度损失较小，但长时间的垂直上升，重力造成的速度损失很大。况且，在短时间内在较大的关机点速度之下，使速度倾角突然从 90°改变到 $\Theta_{k.opt}$ 时，$\dot{\theta}$ 和 $\ddot{\theta}$ 的值很大，因而要造成很大的法向力，这样会使火箭的结构和其中的元件横向受力过大，同时也要求控制系统的执行元件提供极大的控制力和控制力矩。所以实际不会采用这样的弹道。

（2）火箭从起飞开始就按不变的速度倾角飞行，直到主动段终点。这样虽然可减少重力造成的速度损失，但火箭穿过稠密大气层的飞行时间较长，速度的阻力损失加大。由于在稠密大气层中飞行时间长，使火箭会受到较严重的空气动力加热，所以要采取防热措施从而增加了结构质量。此外，这一方案还有一个显著的弱点是倾斜发射，它会使发射装置复杂化。所以对大型运载火箭而言，通常不采用这种弹道。

（3）火箭垂直起飞，然后逐渐转弯，达到主动段终点所需要的速度倾角。这是一种使用得当的方案。垂直发射使发射装置简单，逐渐转弯使法向过载和控制力比较小，速度的阻力损失和重力损失也不至于过大。

通过以上分析可知,同一远程火箭选用不同形状的弹道,就会有不同的飞行性能。火箭姿态角的程序控制就是改变弹道形状的一种基本方法。由程序机构产生事先规定好的俯仰程序角变化规律 $\varphi_{pr}(t)$,使火箭在主动段飞行时的实际俯仰角 $\varphi(t)$ 按 $\varphi_{pr}(t)$ 的变化规律变化,从而达到间接控制 $\theta(t)$ 以改变弹道形状的目的。

由上面的分析也可以看到,选择飞行程序时,不仅要从弹道的观点考虑(如使速度损失减小),而且还要考虑到弹体结构强度、控制和发射使用方面的许多实际约束条件。对飞行程序的要求正是应该充分考虑到这些实际问题。还应指出,选择飞行程序还与发射火箭时对弹道所规定的具体任务有关。如发射导弹和发射卫星的飞行程序,导弹飞行试验时,采用高弹道和低弹道进行试验所要求的飞行程序显然是不同的。

下面我们就远程火箭飞行程序的选择提出一些基本的原则。

(1) 垂直起飞。

垂直起飞能克服倾斜发射的缺点,使发射设备简单,只需要结构简单的发射台,同时也使火箭在起飞时刻保持稳定。垂直起飞段的时间应合理选择,此段时间过长就会增大速度的重力损失,并且使得转弯时因速度过大而需要较大的法向力。但如果垂直段时间过短,那么很可能发动机还未达到额定工作状态,控制系统的执行元件还不能产生足够大的控制力,从而会影响弹道性能。因此,通常垂直段应至少保证延续到发动机进入额定工作状态的时刻,此时控制机构也能正常地控制转弯。初始设计时可根据垂直上升时间与火箭推重比(地面额定推力与起飞重量的比值)的经验关系选定。如图6-4-2所示,推重比大,则表示起飞加速性能好,因此相应的垂直上升时间就可取得较短些。

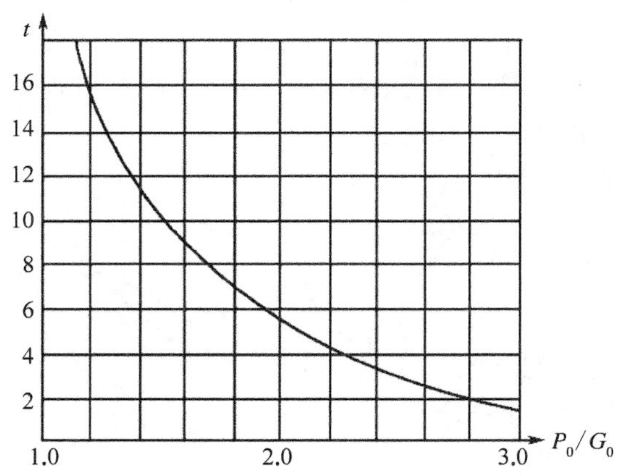


**图6-4-2 垂直上升时间与火箭推重比的关系**

(2) 火箭转弯时的法向过载要有限制。

法向过载:

$$n_y = \frac{(P_e + CY^\alpha)\alpha}{mg_0} = \frac{v\dot{\theta} - g\cos\theta}{g_0}$$

式中,

$$Y^\alpha = C_y^\alpha qS$$

因此,限制法向过载就要限制攻角 $\alpha$ 及攻角和动压的乘积 $q\alpha$ 的值。飞行时作用在火箭上的空气动力矩以及由此造成的法向过载也与 $q\alpha$ 成正比,因此通常要求在跨声速及其整个具有大动压头的转弯段弹道上攻角为0或尽可能小。这样火箭只在重力法向分量 $-mg\cos\theta$ 作用下转弯,这种转弯称为零攻角转弯或重力转弯。重力转弯减少了速度的阻力损失，同时也在空气动力急剧变化的跨音速段改善了控制系统的工作条件。

从加速度的观点看，限制法向过载也就是要限制 $v\dot{\theta}$ 的值，因此，在速度增大后 $\dot{\theta}$ 的值更要受到限制。因为 $\dot{\theta}=\dot{\varphi}-\dot{\alpha}$，当 $\alpha$ 保持为 0 时，$\dot{\theta}=\dot{\varphi}$，限制法向过载也就意味着 $\dot{\varphi}$ 值要受到限制。

（3）程序俯仰角变化应连续，角速度 $\dot{\varphi}_{pr}(t)$ 及角加速度 $\ddot{\varphi}_{pr}(t)$ 要有限制。

如果程序俯仰角 $\varphi_{pr}(t)$ 间断，则与程序俯仰角的物理意义相矛盾，同时 $\varphi_{pr}(t)$ 的突变也使角速度 $\dot{\varphi}_{pr}(t)$ 过大，从而会使法向过载过大。$\ddot{\varphi}_{pr}(t)$ 过大时会有过大的惯性力矩，有可能使控制机构提供不了所需的控制力矩。

有时候提出使 $\dot{\varphi}_{pr}(t)$ 及 $\ddot{\varphi}_{pr}(t)$ 都要连续的要求。因为 $\dot{\varphi}_{pr}(t)$ 的间断相应于控制力矩为无穷大，而 $\ddot{\varphi}_{pr}(t)$ 的间断则相应于控制力矩即舵偏角的瞬时变化，或者是相应于舵偏转的角速度为无穷大。这当然是做不到的，因为会使火箭有短暂的“失控”。如果这种短暂的“失控”对实际俯仰角没有造成实际影响的话，就可以不必严格遵守这样的要求。

（4）应保证可靠的级间分离或弹头分离的飞行条件。

为保证级间或弹头的可靠分离，要求分离时产生的扰动尽可能小，这样不致增大散布。因此，通常要求分离时攻角尽可能小，使分离时空气动力扰动减小。高度较高时也可以在有攻角时分离，因为气动力影响已经较小，当然推力应已处于末级关机状态，因此分离时的扰动不会很大。

（5）应考虑有合适的再入条件。

再入大气层时的弹道参数与主动段终点的弹道参数密切相关。为增加射程，通常远程火箭主动段终点速度倾角很小，因此，再入时的再入角的绝对值也很小，这样使弹头在大气层中的飞行时间增长，弹头气动加热就更严重，这将要求增加防热涂层的重量。同时，较小的再入角也使落速过低，从而增加了对敌方反导防御系统突防的困难。因此，考虑再入条件时就要将主动段终点的速度倾角取大一些。

（6）根据对弹道规定的任务，选定合适的飞行程序。

可以根据对弹道规定的不同任务，选择合适的飞行程序。如要求满足上述五个条件，并在规定的射程散布条件下向接近射程上限的射程发射时，就要求采用最大射程的程序。规定的射程散布指的就是由射程控制方案所规定的散布，包括采用这一射程控制方案的工具误差和方法误差。

需要指出的是，射程控制的工具误差和方法误差在选择不同的弹道时是不同的，这是因为不同弹道关机点上的射程偏导数值不同，所以当不向最大射程射击，但仍用最大射程的程序时，那么就可能因对应关机点上的射程偏导数改变而使射程散布增大。因此，当向射程范围内最大射程以下的各射程射击时，最好根据规定的射程，选择使散布最小的弹道程序，通常称为最小散布程序。为发射使用的方便，应把射程范围尽可能小地划分为若干区域，对每一区域上的射程射击时就采用同一程序。采用尽可能少的程序，这也是便于实际战斗使用的一个要求。对于小射程或者射程范围很窄的大射程火箭，往往就只使用一条程序。对近程火箭，最大射程和最小散布的要求则可统一于采用最小能量弹道。

上述这些要求是选择飞行程序的一般性原则，对于特定型号或特定任务的火箭，在选择飞行程序时，还应考虑到某些特殊的要求。

## 6.5 飞行程序设计的工程方法

根据远程火箭主动段的飞行特点,飞行程序的设计在工程上通常将其分为大气层飞行段与真空飞行段两部分进行。一般来说,远程火箭的第一级基本上是在稠密大气层内飞行,而其第二级以及更上面的各级则基本上是在稀薄大气层或真空中飞行。火箭在大气层飞行段与稠密大气层外的飞行段受力状况有着显著不同。对于稠密大气层外的飞行段,火箭主要受到发动机推力和地球引力的作用,所受到的空气动力很小,可忽略不计,火箭载荷基本上决定于发动机的工作状态。因此,此段飞行程序的选择主要考虑怎样使火箭关机时达到有效载荷所要求的运动状态,同时尽量减小火箭在地球引力作用下的重力速度损失及发动机推力偏离速度方向的攻角速度损失。但对于大气层飞行段的飞行程序的选择,除了考虑减小火箭的重力速度损失和攻角速度损失之外,则主要考虑怎样减小火箭所受到的空气动力,特别是空气阻力,以减小火箭速度的气动阻力损失,同时减小作用在火箭上的气动载荷。

下面介绍一种在基本设计参数选定以后选择飞行程序的工程方法。

### 6.5.1 大气层内飞行程序设计

在选择大气层飞行段的飞行程序时采用简化的平面运动方程组(6-1-3):

$$\begin{cases}\dot{v} = \dfrac{P_e - X}{m} + g\sin\theta \\ \dot{\theta} = \dfrac{1}{mv}(P_e + CY^{\alpha})\alpha + \dfrac{g}{v}\cos\theta \\ \dot{y} = v\sin\theta \\ \dot{x} = v\cos\theta \\ \alpha = A(\varphi_{pr} - \theta)\end{cases} \tag{6-5-1}$$

因为基本设计参数已选定,故上述方程中要求解的未知数为 $v(t)$、$\theta(t)$、$y(t)$、$x(t)$、$\alpha(t)$ 及 $\varphi_{pr}(t)$,即

$$\begin{cases}\dot{v} = \dot{v}(v,\ \theta,\ y) \\ \dot{\theta} = \dot{\theta}(v,\ \theta,\ y,\ \alpha) \\ \dot{y} = \dot{y}(v,\ \theta) \\ \dot{x} = \dot{x}(v,\ \theta) \\ \alpha = \alpha(\varphi_{pr},\ \theta)\end{cases} \tag{6-5-2}$$

上述方程组中未知函数有六个,而方程只有五个,显然其解不唯一。因此,工程法的想法就是根据对选择飞行程序的要求,给定 $\alpha(t)$ 或 $\varphi_{pr}(t)$,积分上述方程组。对于给定的 $\alpha(t)$ 或 $\varphi_{pr}(t)$ 进行适当调整后就可以选择出合乎要求的飞行程序。对于中近程火箭,一般就要求主动段终点的速度倾角取最小能量弹道的倾角,即 $\Theta_k = \Theta_{k.opt}$,而对于远程火

箭的第一级则要求其关机时能连续地过渡到下一级的程序。

具体选择时，首先根据对程序的要求，将主动段弹道分成三段，如图 6－5－1 所示。

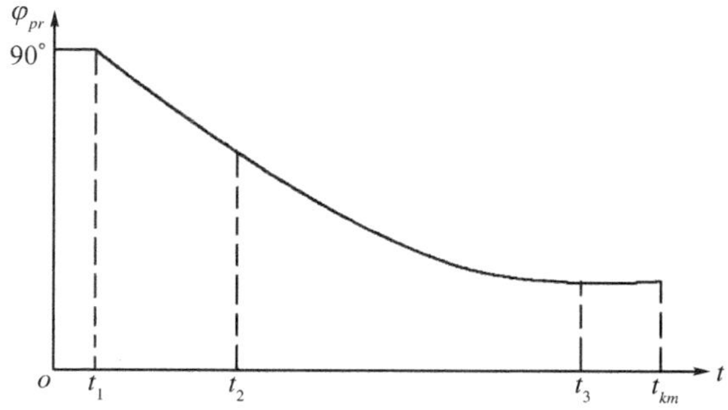


$o-t_1$ 为垂直上升段；$t_1-t_3$ 为转弯段；$t_3-t_{km}$ 为瞄准段。

**图 6－5－1　飞行程序的分段**

下面分别介绍每段飞行程序选择的方法。

$o-t_1$：垂直上升段。$t_1$ 为从火箭起飞到垂直段结束时间，可按 6.4 节所述要求确定。$t_1$ 选择得过大，则会使转弯时攻角增大，过载增大，同时速度损失也相应增大。$t_1$ 主要取决于火箭的推重比 $1/\nu_0$，初步确定时可根据推重比查看图 6－4－2，或者近似由下式：

$$t_1 = \sqrt{40\Big/\left(\frac{1}{\nu_0} - 1\right)} \tag{6-5-3}$$

确定，然后由试算加以修正最后确定。

$t_1-t_3$：转弯段。转弯段前期（$t_1-t_2$）为有攻角的转弯，根据要求应在气动力急剧变化的跨声速之前结束，以减少气动载荷和气动干扰，故可在对应于马赫数 $Ma(t_2)=0.7\sim0.8$ 时使攻角收缩为 0。在以后的整个大动压段（$t_2-t_3$）只依靠重力的法向分量缓慢地转弯，即重力转弯。转弯段结束时间 $t_3$，则对应于近程火箭的程序转弯截止时间或中近程火箭的最小射程的关机时间。

确定这一段的飞行程序时，根据对攻角的实际要求，攻角的变化规律可由下述两种经验关系式确定。

1）攻角变化规律关系式一

$$\alpha(t) = \begin{cases} -\alpha_m \cdot \sin^2 f(t) & , t_1 < t < t_2 \\ 0 & , t_2 < t < t_3 \end{cases} \tag{6-5-4}$$

式中，

$$f(t) = \frac{\pi(t - t_1)}{k(t_2 - t) + (t - t_1)}$$

$$k = \frac{t_m - t_1}{t_2 - t_m}$$

$\alpha_m$ 为声速段上攻角绝对值的最大值，$t_m$ 为攻角达到极值 $\alpha_m$ 的时间。

分析式（6－5－4）易知，通过调整参数 $k$，即调整了 $t_m$，从而达到调整 $\alpha(t)$ 的变化规律。由式（6－5－4）还可看出：

$$\begin{cases}\alpha(t_m) = -\alpha_m \\ \alpha(t_1) = \alpha(t_2) = 0 \\ \left.\dfrac{\mathrm{d}\alpha}{\mathrm{d}t}\right|_{t=t_1} = \left.\dfrac{\mathrm{d}\alpha}{\mathrm{d}t}\right|_{t=t_2} = 0\end{cases}$$

由式(6-5-4)所描述的 $\alpha(t)$ 的变化规律如图 6-5-2 所示。

2）攻角变化规律关系式二

$$\alpha(t) = -4\alpha_m Z(1-Z) \tag{6-5-5}$$

式中，

$$Z = \mathrm{e}^{-a(t-t_1)} \tag{6-5-6}$$

$\alpha_m$ 亦为声速段上攻角绝对值的最大值，$a$ 为选取的某一常值。式(6-5-5)所描述的 $\alpha(t)$ 的变化规律曲线如图 6-5-3 所示。

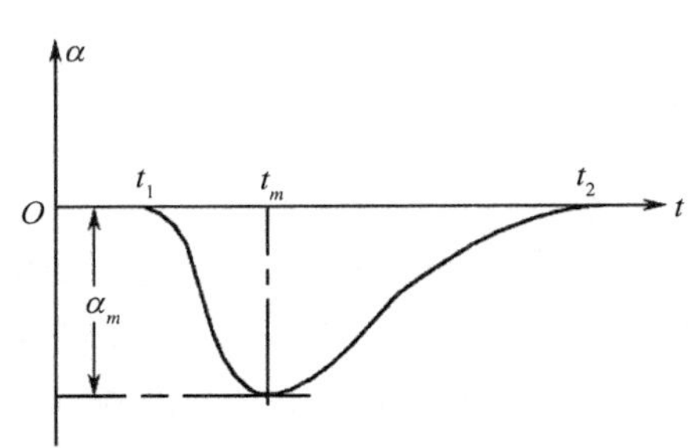


图 6-5-2　α(t)变化规律曲线之一

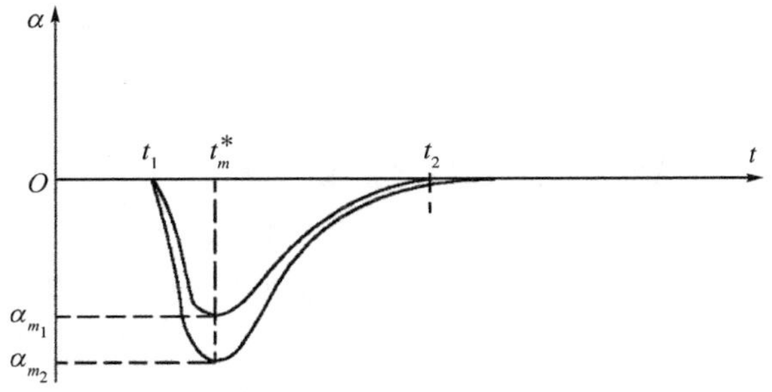

图 6-5-3　α(t)变化规律曲线之二

从式(6-5-5)所给出的 $\alpha(t)$ 的关系式可以看出，$\alpha(t)$ 是开始迅速地达到负极值，然后绝对值开始变小，以指数速率趋向于 0，趋向于 0 的速度由参数 $a$ 决定。

$\alpha(t)$ 对 $t$ 的导数为

$$\frac{\mathrm{d}\alpha(t)}{\mathrm{d}t} = -4\alpha_m(1-2Z)\frac{\mathrm{d}Z}{\mathrm{d}t}$$

由

$$\frac{\mathrm{d}\alpha(t)}{\mathrm{d}t} = 0$$

即得

$$Z = 1/2$$

将上式代入式(6-5-6)，从而可求得攻角达到极值的时间。

$$t_m = t_1 + \frac{\ln 2}{a} \approx t_1 + \frac{0.6931}{a} \tag{6-5-7}$$

由上式可见 $a$ 值越大，则 $t_m$ 越小，即最大攻角来得越早，弹道转弯越快。显然调整值

$a$ 及 $\alpha_m$ 值，就可调整弹道转弯的快慢。

与式(6－5－4)不同，式(6－5－5)所给出的 $\alpha(t)$ 的变化规律并不能严格保证 $\alpha(t_2)=0$，要保证 $\alpha(t_2)$ 满足足够小的条件，则可通过适当调整 $a$ 值来实现。

当选定了 $\alpha(t)$，就可积分式(6－5－1)，求解出 $v(t)$、$\theta(t)$、$x(t)$、$y(t)$、$\varphi_{pr}(t)$，同时增加射程计算式：

$$L = L(v,\ \theta,\ x,\ y)$$

当 $L = L_{\min}$ 时便得到 $t_3$，或者先选定 $t_3$ 值。

$t_3 - t_{km}$：瞄准段或称常值段。在此段上保持不变的程序角，即 $\varphi_{pr}(t)=\varphi_{pr}(t_3)$。根据运动特性的分析，在此段内，要作渐增的正攻角飞行。因而运动方程与有攻角的转弯段相同，所不同的是积分此段运动方程时将不是给出 $\alpha(t)$，而是给出 $\varphi_{pr}(t)=\varphi_{pr}(t_3)$。因为是正攻角飞行，因此 $\theta(t)$ 变化减慢，使它与相应的 $\Theta_{k.\,opt}(t)$ 的变化规律趋近。即如果保证了 $t_{km}$ 时，$\Theta_{km}=\Theta_{k.\,opt}(t_{km})$，则在 $t_3 - t_{km}$ 的其他时间关机时，$\Theta_k(t)\approx\Theta_{k.\,opt}$，如图 6－5－4 所示。

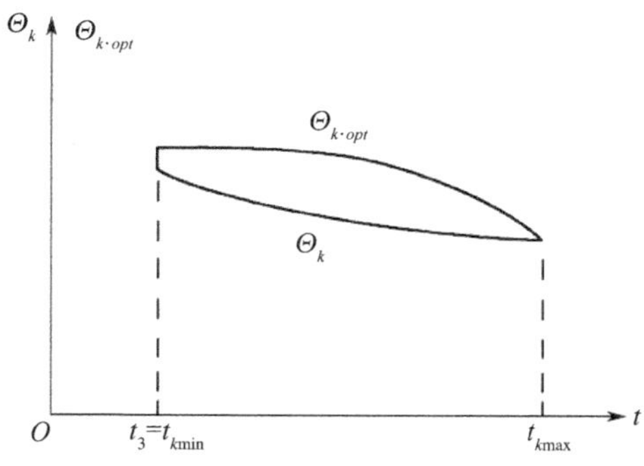


图 6－5－4　$\Theta_k(t)$、$\Theta_{k.\,opt}(t)$ 变化曲线

注意到：

$$\Theta_k = \theta_k + \arctan\frac{x}{R+y}$$

$\Theta_{k.\,opt}(t)$ 由 $v$、$x$ 和 $y$ 计算出。

经过上述逐段求解运动方程，对不同的 $\alpha_m$ 值（或 $a$ 值）就可得出不同的程序曲线及其对应的主动段参数 $v_{km}$、$\Theta_{km}$、$x_{km}$ 及 $y_{km}$，如图 6－5－5 所示。

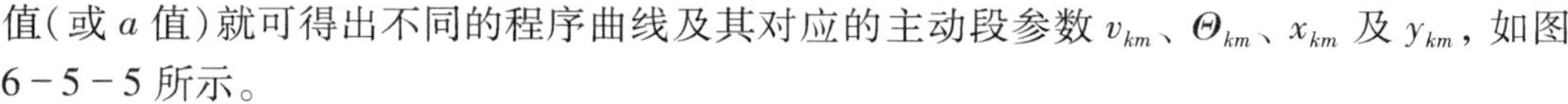

如何从这些曲线中选择使 $\Theta_{km}=\Theta_{k.\,opt}$ 的程序呢？为减小工作量，一般可采用作图方法，即画出不同的 $\alpha_m$ 值时的 $\Theta_{km}$ 曲线 $\Theta_{km}(\alpha_m)$，再根据不同的 $\alpha_m$ 值时的终点参数计算出 $\Theta_{k.\,opt}$ 并画出 $\Theta_{k.\,opt}(\alpha_m)$ 曲线，在此二曲线的交点上 $\Theta_{km}=\Theta_{k.\,opt}$，此时所对应的 $\alpha_m^*$ 值即为所要求的值。$\alpha_m^*$ 对应的 $\varphi_{pr}(t)$ 即为所要求的程序曲线，如图 6－5－6 所示。

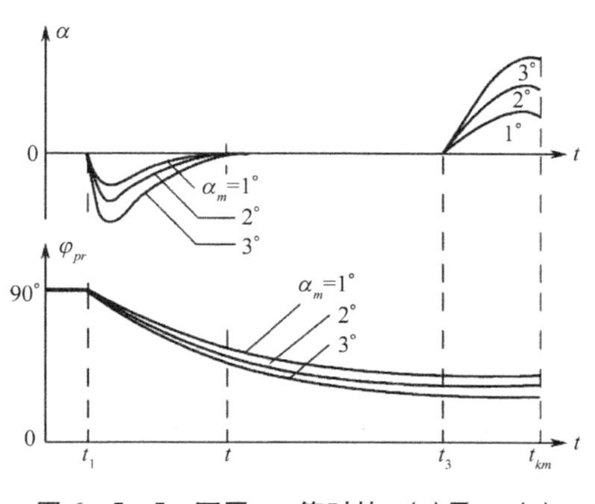


图 6－5－5　不同 $\alpha_m$ 值时的 $\alpha(t)$ 及 $\varphi_{pr}(t)$

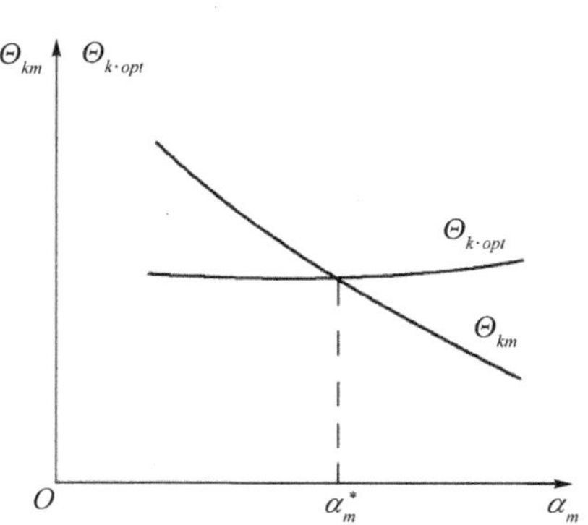


图 6－5－6　$\alpha_m^*$ 值的确定

用上述工程方法能选择出一条符合实际要求的程序,但并不一定是最大射程的程序。可以用更进一步的方法,例如变分方法寻求有约束条件下射程的极值解,但这些方法将导致去求解复杂的微分方程边值问题。并且由于受选择程序时那些实际要求的限制,因此可能变分的范围是很窄的。实际计算表明,对中程火箭采用最大射程的"最优程序",较上述"工程程序"所增加的射程仅在5%的范围。

### 6.5.2 真空段飞行程序的设计

远程火箭第二级及其以上的各级已处于稀薄大气层中飞行,这时空气动力对俯仰角程序选择的影响可以忽略不计,所以称为真空飞行段。在这一段,从气动载荷方面来说,对弹道没有什么特殊要求,所以在真空飞行段对俯仰角程序选择时可以完全从提高导弹性能(如射程和散布度)来考虑。下面运用变分原理来研究真空飞行段最优俯仰角程序。

如取发射坐标系,并认为地球是圆球时,则其运动方程为

$$\begin{cases}\dot{v}_x = \dfrac{P}{m}\cos\varphi(t) - \dfrac{fM}{r^3}x \\ \dot{v}_y = \dfrac{P}{m}\sin\varphi(t) - \dfrac{fM}{r^3}(y+R) \\ \dot{x} = v_x \\ \dot{y} = v_y\end{cases} \tag{6-5-8}$$

式中,$r$ 为地心到火箭质心的距离;$fM$ 为地球引力常数和地球质量的乘积。若火箭第二级从离地面 100 km 飞行到 200 km 的高度,则 $fM/r^3$ 仅减小不到5%,因此,可以考虑取一个平均距离 $r$ 而近似认为 $fM/r^3 = a^2 =$ 常数。这样式(6-5-8)近似成为一常系数线性非齐次方程组:

$$\begin{cases}\dot{v}_x = \dfrac{P}{m}\cos\varphi(t) - a^2x \\ \dot{v}_y = \dfrac{P}{m}\sin\varphi(t) - a^2(y+R) \\ \dot{x} = v_x \\ \dot{y} = v_y\end{cases} \tag{6-5-9}$$

设第二级开始 $t=0$ 时初始条件已由第一级终点参数决定,则有

$$\begin{cases}v_x(0) = v_{x0}, \quad v_y(0) = v_{y0} \\ x(0) = x_0, \quad y(0) = y_0\end{cases}$$

在式(6-5-9)中,由于第一式与第二式相互独立,故可分别求解。

以

$$\ddot{x} + a^2x = \frac{P}{m}\cos\varphi(t) \tag{6-5-10}$$

为例具体求解。该式为二阶常系数线性非齐次方程。按一般原理要找此方程的通解,就要找对应齐次方程的一般解及该非齐次方程的任一特解来组成该非齐次方程的特解。

显然式(6-5-10)中对应齐次方程的一般解的形式可写为

$$x' = C_1\cos at + C_2\sin at \tag{6-5-11}$$

其中,$C_1$、$C_2$ 为常数。

要找非齐次方程的特解,这里用常数变易法来求取。具体做法是将一般解式(6-5-11)中的常数 $C_1$、$C_2$ 换成自变量 $t$ 的函数 $D_1(t)$、$D_2(t)$,那么,非齐次方程(6-5-10)就有一个特解:

$$\bar{x} = D_1(t)\cos at + D_2(t)\sin at \tag{6-5-12}$$

其中,$D_1(t)$、$D_2(t)$ 为待定函数,它们的导数满足下列方程组:

$$\begin{cases} \dot{D}_1\cos at + \dot{D}_2\sin at = 0 \\ -\dot{D}_1 a\sin at + \dot{D}_2 a\cos at = \dfrac{P}{m}\cos\varphi(t) \end{cases} \tag{6-5-13}$$

由上式可解待定函数的导数 $\dot{D}_1(t)$、$\dot{D}_2(t)$:

$$\begin{cases} \dot{D}_1(t) = \dfrac{\begin{vmatrix} 0 & \sin at \\ \dfrac{P}{m}\cos\varphi(t) & a\cos at \end{vmatrix}}{\begin{vmatrix} \cos at & \sin at \\ -a\sin at & a\cos at \end{vmatrix}} = -\dfrac{P}{ma}\sin at\cos\varphi(t) \\ \dot{D}_2(t) = \dfrac{\begin{vmatrix} \cos at & 0 \\ -a\sin at & \dfrac{P}{m}\cos\varphi(t) \end{vmatrix}}{\begin{vmatrix} \cos at & \sin at \\ -a\sin at & a\cos at \end{vmatrix}} = \dfrac{P}{ma}\cos at\cos\varphi(t) \end{cases} \tag{6-5-14}$$

将式(6-5-14)进行积分可得

$$\begin{cases} D_1(t) = -\displaystyle\int_0^t \frac{P}{ma}\sin(a\tau)\cos\varphi(\tau)\,d\tau \\ D_2(t) = \displaystyle\int_0^t \frac{P}{ma}\cos(a\tau)\cos\varphi(\tau)\,d\tau \end{cases} \tag{6-5-15}$$

将式(6-5-15)代入式(6-5-12),即得非齐次方程的特解:

$$\begin{aligned} \bar{x} &= -\int_0^t \frac{P}{ma}\sin(a\tau)\cos\varphi(\tau)\cos(at)\,d\tau + \int_0^t \frac{P}{ma}\cos(a\tau)\cos\varphi(\tau)\sin(at)\,d\tau \\ &= \frac{1}{a}\int_0^t \frac{P}{m}\cos\varphi(\tau)\sin[a(t-\tau)]\,d\tau \end{aligned} \tag{6-5-16}$$

于是由式(6-5-11)与式(6-5-16)即可组成非齐次方程式(6-5-10)的通解形式为

$$x = C_1\cos at + C_2\sin at + \frac{1}{a}\int_0^t \frac{P}{m}\cos\varphi(\tau)\sin a(t-\tau)\mathrm{d}\tau \tag{6-5-17}$$

由初始条件:

$$x(0) = x_0, \quad \dot{x}(0) = v_{x0}$$

可将待定常数 $C_1$、$C_2$ 确定为

$$C_1 = x_0, \quad C_2 = \frac{v_{x0}}{a}$$

那么,在上述初始条件下,式(6-5-17)的特解即为

$$x(t) = x_0\cos at + \frac{v_{x0}}{a}\sin at + \frac{1}{a}\int_0^t \frac{P}{m}\cos\varphi(\tau)\sin a(t-\tau)\mathrm{d}\tau \tag{6-5-18}$$

将式(6-5-18)对 $t$ 微分,即得

$$\dot{x}(t) = v_{x0}\cos at - x_0 a\sin at + \int_0^t \frac{P}{m}\cos\varphi(\tau)\cos a(t-\tau)\mathrm{d}\tau \tag{6-5-19}$$

同理,可对式(6-5-9)中的第二式求解得

$$y(t) = y_0\cos at + \frac{v_{y0}}{a}\sin at + \frac{1}{a}\int_0^t \left[\frac{P}{m}\sin\varphi(\tau) - a^2R\right]\sin a(t-\tau)\mathrm{d}\tau \tag{6-5-20}$$

$$\dot{y}(t) = v_{y0}\cos at - y_0 a\sin at + \int_0^t \left[\frac{P}{m}\sin\varphi(\tau) - a^2R\right]\cos a(t-\tau)\mathrm{d}\tau \tag{6-5-21}$$

于是,由式(6-5-18)~式(6-5-21)可解得 $t_k$ 时刻的运动参数为

$$\begin{cases} v_{xk} = v_{x0}\cos at_k - x_0 a\sin at_k + \int_0^{t_k} \frac{P}{m}\cos\varphi(\tau)\cos a(t_k-\tau)\mathrm{d}\tau \\ v_{yk} = v_{y0}\cos at_k - y_0 a\sin at_k + \int_0^{t_k} \left[\frac{P}{m}\sin\varphi(\tau) - a^2R\right]\cos a(t_k-\tau)\mathrm{d}\tau \\ x_k = x_0\cos at_k + \frac{v_{x0}}{a}\sin at_k + \frac{1}{a}\int_0^{t_k} \frac{P}{m}\cos\varphi(\tau)\sin a(t_k-\tau)\mathrm{d}\tau \\ y_k = y_0\cos at_k + \frac{v_{y0}}{a}\sin at_k + \frac{1}{a}\int_0^{t_k} \left[\frac{P}{m}\sin\varphi(\tau) - a^2R\right]\sin a(t_k-\tau)\mathrm{d}\tau \end{cases} \tag{6-5-22}$$

由变分法则可求得程序角变分 $\delta\varphi(t)$ 引起的运动参数变分为

$$\begin{cases}\delta v_{xk} = -\int_0^{t_k} \frac{P}{m}\cos a(t_k - \tau)\cdot \sin\varphi(\tau)\cdot \delta\varphi(\tau)\mathrm{d}\tau \\ \delta v_{yk} = \int_0^{t_k} \frac{P}{m}\cos a(t_k - \tau)\cdot \cos\varphi(\tau)\cdot \delta\varphi(\tau)\mathrm{d}\tau \\ \delta x_k = -\int_0^{t_k} \frac{P}{ma}\sin a(t_k - \tau)\cdot \sin\varphi(\tau)\cdot \delta\varphi(\tau)\mathrm{d}\tau \\ \delta y_k = \int_0^{t_k} \frac{P}{ma}\sin a(t_k - \tau)\cdot \cos\varphi(\tau)\cdot \delta\varphi(\tau)\mathrm{d}\tau \end{cases} \tag{6-5-23}$$

则射程的变分为

$$\begin{aligned}\delta L &= \left(\frac{\partial L}{\partial v_x}\right)_k\cdot \delta v_{xk} + \left(\frac{\partial L}{\partial v_y}\right)_k\cdot \delta v_{yk} + \left(\frac{\partial L}{\partial x}\right)_k\cdot \delta x_k + \left(\frac{\partial L}{\partial y}\right)_k\cdot \delta y_k \\ &= \int_0^{t_k}\left\{-\left[\left(\frac{\partial L}{\partial v_x}\right)_k\cdot \cos a(t_k - \tau) + \left(\frac{\partial L}{\partial x}\right)_k\cdot \frac{1}{a}\sin a(t_k - \tau)\right]\cdot \frac{P}{m}\sin\varphi(\tau)\delta\varphi(\tau)\right. \\ &\quad \left. + \left[\left(\frac{\partial L}{\partial v_y}\right)_k\cdot \cos a(t_k - \tau) + \left(\frac{\partial L}{\partial y}\right)_k\cdot \frac{1}{a}\sin a(t_k - \tau)\right]\cdot \frac{P}{m}\cos\varphi(\tau)\delta\varphi(\tau)\right\}\mathrm{d}\tau\end{aligned} \tag{6-5-24}$$

射程取极值的必要条件是其一阶变分为 0,故由式(6-5-24),令 $\delta L = 0$ 得出最优俯仰程序角随时间变化的变化规律为

$$\tan\varphi(t) = \frac{\left(\frac{\partial L}{\partial y}\right)_k\cdot \frac{1}{a}\sin a(t_k - t) + \left(\frac{\partial L}{\partial v_y}\right)_k\cdot \cos a(t_k - t)}{\left(\frac{\partial L}{\partial x}\right)_k\cdot \frac{1}{a}\sin a(t_k - t) + \left(\frac{\partial L}{\partial v_x}\right)_k\cdot \cos a(t_k - t)} \tag{6-5-25}$$

因为 $a$ 为一个小量,则 $\sin a(t_k - t)$ 及 $\cos a(t_k - t)$ 可以写成级数取两项,故上式可以近似取为

$$\tan\varphi(t) = \frac{\left(\frac{\partial L}{\partial y}\right)_k(t_k - t)\left[1 - \frac{a^2}{6}(t_k - t)^2\right] + \left(\frac{\partial L}{\partial v_y}\right)_k\left[1 - \frac{a^2}{2}(t_k - t)^2\right]}{\left(\frac{\partial L}{\partial x}\right)_k(t_k - t)\left[1 - \frac{a^2}{6}(t_k - t)^2\right] + \left(\frac{\partial L}{\partial v_x}\right)_k\left[1 - \frac{a^2}{2}(t_k - t)^2\right]} \tag{6-5-26}$$

当进一步将主动段认为是平行而均匀的不变引力场时,运动方程(6-5-9)可简化为

$$\begin{cases}\dot{v}_x = \frac{P}{m}\cos\varphi(t) \\ \dot{v}_y = \frac{P}{m}\sin\varphi(t) + g \\ \dot{x} = v_x \\ \dot{y} = v_y\end{cases} \tag{6-5-27}$$

则最优俯仰程序角成为一分式线性函数：

$$\tan \varphi(t)=\frac{\left(\frac{\partial L}{\partial y}\right)_k (t_k-t)+\left(\frac{\partial L}{\partial v_y}\right)_k}{\left(\frac{\partial L}{\partial x}\right)_k (t_k-t)+\left(\frac{\partial L}{\partial v_x}\right)_k} \tag{6-5-28}$$

由上式可看出 $\varphi(t)$ 由 $t=0$ 时的值：

$$\varphi(0)=\arctan \frac{\left(\frac{\partial L}{\partial y}\right)_k t_k+\left(\frac{\partial L}{\partial v_y}\right)_k}{\left(\frac{\partial L}{\partial x}\right)_k t_k+\left(\frac{\partial L}{\partial v_x}\right)_k} \tag{6-5-29}$$

变化到 $t=t_k$ 时的值：

$$\varphi(t_k)=\arctan \frac{\left(\frac{\partial L}{\partial v_y}\right)_k}{\left(\frac{\partial L}{\partial v_x}\right)_k} \tag{6-5-30}$$

值得指出的是 $t=t_k$ 时，俯仰程序角 $\varphi(t_k)$ 的表达式与瞬时冲量发射时满足最小能量弹道条件的速度倾角所应有的表达式：

$$\tan \Theta_{k.\,opt}=\frac{\left(\frac{\partial L}{\partial v_y}\right)_k}{\left(\frac{\partial L}{\partial v_x}\right)_k} \tag{6-5-31}$$

是相同的，但仅只是表达形式相同。式(6-5-30)是相对于发射坐标系计算的，$\varphi(t_k)$ 为相对于发射点水平线的程序角。而式(6-5-31)则是相对于主动段终点的当地坐标系计算的，$\Theta_{k.\,opt}$ 为相对于当地水平线的速度倾角。计算 $\varphi(t_k)$ 时的偏导数值取决于 $t_k$ 时的运动参数 $v_k$、$\Theta_k$ 及 $r_k$，而计算 $\Theta_{k.\,opt}$ 时的偏导数值取决于给定的速度和高度。只有在瞬时发射的情况下，两者的内容和形式才相同，所以前者可以包括后者这一特殊情况。由此也可以了解到，在非瞬时发射的一般情况下，使射程最大的主动段终点速度倾角已经不是最小能量弹道条件下对应的速度倾角了。

应当注意，因为准确的射程偏导数值在开始计算时是未知的，所以用上述公式确定最优俯仰角程序是一个迭代过程。开始只能选择一近似程序，进行弹道计算，算出对应的偏导数值，然后用式(6-5-26)或式(6-5-28)计算最优俯仰角程序的第一次近似值，再进行弹道计算，确定偏导数的进一步近似值，再确定最优程序的进一步近似值，如此重复计算。迭代过程的收敛速度取决于 $\varphi(t)$ 的首次近似对最优程序的逼近程度。

用式(6-5-26)或式(6-5-28)计算最优俯仰角程序时，如果采用考虑地球自转时的偏导数值，那么就可以把地球自转对被动段射程的影响考虑在内。不变引力场的条件对中近程火箭比远程火箭引起的误差要小，但真空段假设对远程火箭更为接近。

上面所得最优俯仰角程序是在二级起始点运动参数确定情况下的解。把二级起始点运动参数看成为一级关机点俯仰角程序 $\varphi_0$ 的函数时，则还可求出使全射程最大所需的一级关机点的最佳程序角 $\varphi_{OM}$，即由式(6－5－27)可得

$$\begin{cases} v_{xk} = v_{x0} + \int_0^{t_k} \dfrac{P}{m}\cos\varphi(t)\,\mathrm{d}t \\ v_{yk} = v_{y0} + \int_0^{t_k} \dfrac{P}{m}\sin\varphi(t)\,\mathrm{d}t + gt_k \\ x_k = x_0 + v_{x0}t_k + \int_0^{t_k} \dfrac{P}{m}(t_k - t)\cos\varphi(t)\,\mathrm{d}t \\ y_k = y_0 + v_{y0}t_k + \int_0^{t_k}(t_k - t)\left[\dfrac{P}{m}\sin\varphi(t) + g\right]\mathrm{d}t \end{cases} \tag{6-5-32}$$

$$\begin{cases} \delta v_{xk} = \dfrac{\partial v_{x0}}{\partial\varphi_0}\delta\varphi_0 - \int_0^{t_k} \dfrac{P}{m}\sin\varphi(t)\delta\varphi(t)\,\mathrm{d}t \\ \delta v_{yk} = \dfrac{\partial v_{y0}}{\partial\varphi_0}\delta\varphi_0 + \int_0^{t_k} \dfrac{P}{m}\cos\varphi(t)\delta\varphi(t)\,\mathrm{d}t \\ \delta x_k = \dfrac{\partial x_0}{\partial\varphi_0}\delta\varphi_0 + t_k\dfrac{\partial v_{x0}}{\partial\varphi_0}\delta\varphi_0 - \int_0^{t_k}(t_k - t)\dfrac{P}{m}\sin\varphi(t)\delta\varphi(t)\,\mathrm{d}t \\ \delta y_k = \dfrac{\partial y_0}{\partial\varphi_0}\delta\varphi_0 + t_k\dfrac{\partial v_{y0}}{\partial\varphi_0}\delta\varphi_0 + \int_0^{t_k}(t_k - t)\dfrac{P}{m}\cos\varphi(t)\delta\varphi(t)\,\mathrm{d}t \end{cases} \tag{6-5-33}$$

式中，$\dfrac{\partial v_{x0}}{\partial\varphi_0}$、$\dfrac{\partial v_{y0}}{\partial\varphi_0}$、$\dfrac{\partial x_0}{\partial\varphi_0}$ 和 $\dfrac{\partial y_0}{\partial\varphi_0}$ 表示选择第一级程序时，第一级关机点程序角改变所引起的 $v_{x0}$、$v_{y0}$、$x_0$ 和 $y_0$ 的改变。

利用射程一阶变分 $\delta L = 0$ 的条件，除得出二级最优俯仰角程序必须满足的解式(6－5－28)以外，还必须满足条件：

$$\frac{\partial L}{\partial v_{xk}}\cdot\frac{\partial v_{x0}}{\partial\varphi_0} + \frac{\partial L}{\partial v_{yk}}\cdot\frac{\partial v_{y0}}{\partial\varphi_0} + \frac{\partial L}{\partial x_k}\cdot\left(\frac{\partial x_0}{\partial\varphi_0} + t_k\frac{\partial v_{x0}}{\partial\varphi_0}\right) + \frac{\partial L}{\partial y_k}\cdot\left(\frac{\partial y_0}{\partial\varphi_0} + t_k\frac{\partial v_{y0}}{\partial\varphi_0}\right) = 0 \tag{6-5-34}$$

当第一级关机前近似为重力转弯时，则

$$\theta_0 \approx \varphi_0$$

故

$$\begin{cases} \dfrac{\partial v_{x0}}{\partial\varphi_0} = \dfrac{\partial v_0}{\partial\varphi_0}\cos\varphi_0 - v_0\sin\varphi_0 \\ \dfrac{\partial v_{y0}}{\partial\varphi_0} = \dfrac{\partial v_0}{\partial\varphi_0}\sin\varphi_0 + v_0\cos\varphi_0 \end{cases} \tag{6-5-35}$$

考虑到 $\dfrac{\partial x_0}{\partial \varphi_0}$、$\dfrac{\partial y_0}{\partial \varphi_0}$ 的值较小可略去。那么将式(6-5-35)代入式(6-5-34),得一级关机点的最佳程序角:

$$\varphi_{OM} = \arctan \frac{\dfrac{\partial v_0}{\partial \varphi_0}\left(\dfrac{\partial L}{\partial v_{xk}} + t_k \dfrac{\partial L}{\partial x_k}\right) + v_0\left(\dfrac{\partial L}{\partial v_{yk}} + t_k \dfrac{\partial L}{\partial y_k}\right)}{-\dfrac{\partial v_0}{\partial \varphi_0}\left(\dfrac{\partial L}{\partial v_{yk}} + t_k \dfrac{\partial L}{\partial y_k}\right) + v_0\left(\dfrac{\partial L}{\partial v_{xk}} + t_k \dfrac{\partial L}{\partial x_k}\right)} \tag{6-5-36}$$

式中,$\partial v_0/\partial \varphi_0$ 表示选择第一级程序时第一级关机点程序角改变引起的关机速度改变值。因为 $\partial v_0/\partial \varphi_0$ 主要由速度重力损失的改变所引起的,故 $\partial v_0/\partial \varphi_0 < 0$,因而 $\varphi_{OM}$ 小于按式(6-5-29)算得的 $\varphi(0)$ 值。

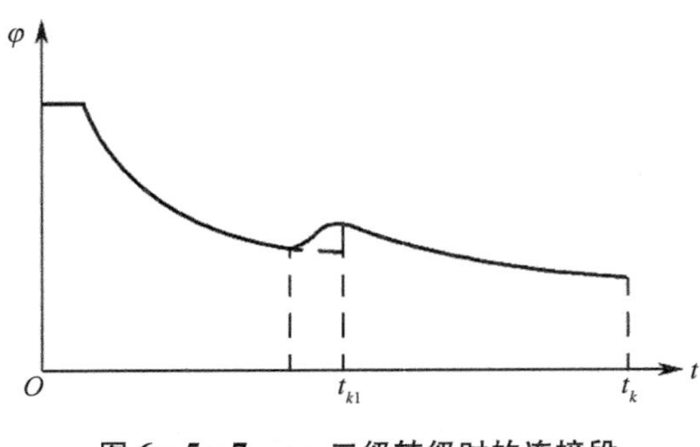

图 6-5-7 一、二级转级时的连接段

根据飞行程序的选择原则,作为与第一级程序相连接的第二级程序,在转级处不应有间断,为此,可在 $t_{k1} = t_0$ 前某一小段时间内用一连接段加以连接,如图 6-5-7 所示。但这样一个处于一级关机和一、二级级间分离过程中的连接段有许多不利影响。首先在推力随机下降的关机过程中不宜做程序偏转,另外,关机时间的偏差也将增大程序角的偏差,分离时刻的控制力矩将造成对下一级的扰动。

为了避免连接段等的不利因素的影响,可将式(6-5-28)所给出的最优俯仰角程序表示成更具有普遍意义的形式:

$$\varphi(t) = \arctan \frac{A + Bt}{1 + Ct} \tag{6-5-37}$$

在工程设计中可以直接选择其系数 $A$、$B$、$C$,在保持满足飞行程序选择的基本原则的条件下,使目标最优。

为使二级飞行程序机构简化,在工程设计中也可以采用简化形式,此时俯仰角程序按时间的线性关系表达为

$$\varphi(t) = \varphi_0 + \dot{\varphi} \cdot t \tag{6-5-38}$$

在优化理论研究中,用数值方法得到的最优解是很接近线性关系的。

式(6-5-38)不仅适用于真空段的二级飞行段,而且直接适用于真空段二级以上的各级飞行段。其中 $\varphi_0$ 为该级起始点的俯仰角程序,它应与上一级终止点的俯仰角程序相等。$\dot{\varphi}$ 为该级俯仰角程序的常值变化率,显然可以通过选择 $\varphi_0$ 和 $\dot{\varphi}$ 等使目标最优。

进一步简化,通常可使二级俯仰角程序保持为某一常值。如果这一常值取得合适,那么不至于使射程比采用最优俯仰角程序时有明显减小。下面利用使射程一阶增量为 0 的条件求出这一常值俯仰角。

因为，

$$\begin{cases} v_{xk} = v_{x0} + g\cos\varphi\int_0^{t_k}\dfrac{P}{G}\mathrm{d}\tau \\ v_{yk} = v_{y0} + g\sin\varphi\int_0^{t_k}\dfrac{P}{G}\mathrm{d}\tau + gt_k \\ x_k = x_0 + v_{x0}t_k + g\cos\varphi\int_0^{t_k}\dfrac{P}{G}(t_k - \tau)\mathrm{d}\tau \\ y_k = y_0 + v_{y0}t_k + g\sin\varphi\int_0^{t_k}\dfrac{P}{G}(t_k - \tau)\mathrm{d}\tau + \dfrac{1}{2}gt_k^2 \end{cases} \tag{6-5-39}$$

式中，$g = fM/r^2$、$v_{x0}$、$v_{y0}$、$x_0$ 和 $y_0$ 取决于第一级终点的速度倾角，若第一级后期做重力转弯，则速度倾角就是程序角。根据转级时程序应连续的要求，第一级终点的程序角 $\varphi_0$ 应与第二级程序角 $\varphi$ 相等。故

$$\begin{cases} v_{x0} = v_0\cos\varphi_0 = v_0\cos\varphi \\ v_{y0} = v_0\sin\varphi_0 = v_0\sin\varphi \end{cases} \tag{6-5-40}$$

记

$$\begin{cases} \int_0^{t_k}\dfrac{P}{G}\mathrm{d}\tau = N \\ \int_0^{t_k}\tau\dfrac{P}{G}\mathrm{d}\tau = N_1 \end{cases}$$

则当俯仰角有一常值微小增量 $\delta\varphi$ 时：

$$\begin{cases} \delta v_{xk} = -v_0\sin\varphi\delta\varphi + \left(\dfrac{\partial v_0}{\partial\varphi_0}\right)\cos\varphi\delta\varphi - gN\sin\varphi\delta\varphi \\ \delta v_{yk} = v_0\cos\varphi\delta\varphi + \left(\dfrac{\partial v_0}{\partial\varphi_0}\right)\sin\varphi\delta\varphi + gN\cos\varphi\delta\varphi \\ \delta x_k = \left(\dfrac{\partial x_0}{\partial\varphi_0}\right)\delta\varphi - t_kv_0\sin\varphi\delta\varphi + t_k\left(\dfrac{\partial v_0}{\partial\varphi_0}\right)\cos\varphi\delta\varphi - g(Nt_k - N_1)\sin\varphi\delta\varphi \\ \delta y_k = \left(\dfrac{\partial y_0}{\partial\varphi_0}\right)\delta\varphi + t_kv_0\cos\varphi\delta\varphi + t_k\left(\dfrac{\partial v_0}{\partial\varphi_0}\right)\sin\varphi\delta\varphi + g(Nt_k - N_1)\cos\varphi\delta\varphi \end{cases} \tag{6-5-41}$$

式中，$\dfrac{\partial x_0}{\partial\varphi_0}$、$\dfrac{\partial y_0}{\partial\varphi_0}$、$\dfrac{\partial v_0}{\partial\varphi_0}$ 表示选择第一级程序时第一级终点从程序角改变所引起的 $x_0$、$y_0$ 和 $v_0$ 的变化。$\dfrac{\partial x_0}{\partial\varphi_0}$、$\dfrac{\partial y_0}{\partial\varphi_0}$ 较小从略时射程的一阶增量为

$$\begin{aligned}\delta L = &\frac{\partial L}{\partial v_{xk}}\left[-v_0\sin\varphi + \left(\frac{\partial v_0}{\partial \varphi_0}\right)\cos\varphi - gN\sin\varphi\right]\delta\varphi + \\ &\frac{\partial L}{\partial v_{yk}}\left[v_0\cos\varphi + \left(\frac{\partial v_0}{\partial \varphi_0}\right)\sin\varphi + gN\cos\varphi\right]\delta\varphi + \\ &\frac{\partial L}{\partial x_k}\left\{-t_k\left[v_0\sin\varphi - \left(\frac{\partial v_0}{\partial \varphi_0}\right)\cos\varphi\right] - g(Nt_k - N_1)\sin\varphi\right\}\delta\varphi + \\ &\frac{\partial L}{\partial y_k}\left\{t_k\left[v_0\cos\varphi + \left(\frac{\partial v_0}{\partial \varphi_0}\right)\sin\varphi\right] + g(Nt_k - N_1)\cos\varphi\right\}\delta\varphi\end{aligned} \tag{6-5-42}$$

由 $\delta L = 0$ 得出:

$$\tan\varphi_c = \frac{\dfrac{\partial v_0}{\partial \varphi_0}\left(\dfrac{\partial L}{\partial v_{xk}} + t_k\dfrac{\partial L}{\partial x_k}\right) + (gN + v_0)\left(\dfrac{\partial L}{\partial v_{yk}}\right) + [g(Nt_k - N_1) + t_kv_0]\left(\dfrac{\partial L}{\partial y_k}\right)}{-\dfrac{\partial v_0}{\partial \varphi_0}\left(\dfrac{\partial L}{\partial v_{yk}} + t_k\dfrac{\partial L}{\partial y_k}\right) + (gN + v_0)\left(\dfrac{\partial L}{\partial v_{xk}}\right) + [g(Nt_k - N_1) + t_kv_0]\left(\dfrac{\partial L}{\partial x_k}\right)} \tag{6-5-43}$$

式(6-5-43)中,$\varphi_c$ 即为所求二级常值俯仰角,偏导数 $\dfrac{\partial L}{\partial v_{yk}}$、$\dfrac{\partial L}{\partial v_{xk}}$、$\dfrac{\partial L}{\partial y_k}$ 和 $\dfrac{\partial L}{\partial x_k}$ 的准确值在开始时也是未知的,因此计算时也要有一个迭代过程。

图 6-5-8 画出了二级最优程序角 $\varphi(t)$ 及 $\varphi_c$ 和 $\varphi_{OM}$ 的示意图,$t_{(\text{I})}$、$t_{(\text{II})}$ 分别为从第一级和第二级开始计算的飞行时间。

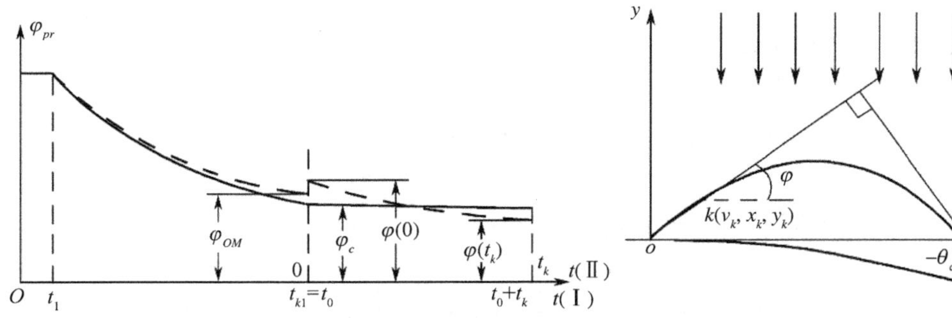


**图 6-5-8　二级最优程序角 $\varphi(t)$、$\varphi_c$ 和 $\varphi_{OM}$ 的示意图**　　**图 6-5-9　不变引力场中的弹道**

下面再介绍一种选择真空段二级程序的近似方法,可以减少迭代计算而作为式(6-5-43)的首次近似。这一方法的出发点是把被动段也假定为平行而均匀的不变引力场。认为在一定射程范围内不变引力场中的最大射程与有心力场中的最大射程成正比,因此使不变引力场中射程最大的程序角也就是使有心力场中的射程最大。

图 6-5-9 画出了不变引力场中的弹道,其射程近似看作是落点 $c$ 对应的坐标 $x_c$,即

$$L \approx x_c = x_k + v_{xk}t_c \tag{6-5-44}$$

式(6-5-44)中，$t_c$ 为被动段飞行时间，若令 $g=fM/r^2$，则 $t_c$ 可由下式求出：

$$y_k+v_{yk}t_c-gt_c^2/2=y_c$$

$$t_c=\frac{v_{yk}+\sqrt{v_{yk}^2+2g(y_k-y_c)}}{g} \tag{6-5-45}$$

故由式(6-5-44)得

$$L=x_k+\frac{v_{xk}\left(v_{yk}+\sqrt{v_{yk}^2+2g(y_k-y_c)}\right)}{g} \tag{6-5-46}$$

由上式可求得射程对各主动段运动参数的偏导数：

$$\begin{cases}\dfrac{\partial L}{\partial x_k}=1\\[2mm] \dfrac{\partial L}{\partial y_k}=\dfrac{v_{xk}}{\sqrt{v_{yk}^2+2g(y_k-y_c)}}\\[2mm] \dfrac{\partial L}{\partial v_{xk}}=\dfrac{v_{yk}+\sqrt{v_{yk}^2+2g(y_k-y_c)}}{g}=t_c\\[2mm] \dfrac{\partial L}{\partial v_{yk}}=t_c\cdot\dfrac{\partial L}{\partial y_k}\end{cases} \tag{6-5-47}$$

将式(6-5-47)中各偏导数值代入式(6-5-28)即得出使 $x_c$ 为最大的程序角：

$$\tan\varphi=\frac{\partial L/\partial v_{yk}}{\partial L/\partial v_{xk}}=\frac{\partial L}{\partial y_k}$$

即

$$\tan\varphi=\frac{v_{xk}}{\sqrt{v_{yk}^2+2g(y_k-y_c)}} \tag{6-5-48}$$

利用式(6-5-45)，这一结果还可写成为

$$\tan\varphi=-\frac{v_{xk}}{v_{yk}-gt_c}=-\frac{v_{xc}}{v_{yc}}=-\cot\theta_c \tag{6-5-49}$$

故

$$\varphi+(-\theta_c)=\frac{\pi}{2} \tag{6-5-50}$$

即为达到不变引力场中的最大射程，应使推力方向与落速方向垂直。

在式(6-5-48)或者式(6-5-49)中，$v_{xk}$、$v_{yk}$ 或 $v_{xc}$、$v_{yc}$ 都还与 $\varphi$ 角有关，因此为了求出俯仰角，还要进一步利用一些关系。

首先可以由运动方程式(6-5-27)直接积分求出落点参数：

$$\begin{cases} v_{xc}=v_{x0}+gN\cos\varphi \\ v_{yc}=v_{y0}+g(N\sin\varphi-T_c) \\ x_c=x_0+v_{x0}T_c+g(NT_c-N_1)\cos\varphi \\ y_c=y_0+v_{y0}T_c+g\left[(NT_c-N_1)\sin\varphi-\dfrac{1}{2}T_c^2\right] \end{cases} \tag{6-5-51}$$

式(6-5-51)可以从第一级开始计算,故运动参数的初始值可取自发射点:

$$v_{x0}=v_{y0}=x_0=y_0=0$$

$T_c$ 为总飞行时间。$N_1$、$N$ 则可用两级的设计参数表示:

$$\begin{cases} N=\displaystyle\int_0^{t_{k1}}\left(\frac{P}{G}\right)_{\mathrm{I}}\mathrm{d}t+\int_0^{t_{k2}}\left(\frac{P}{G}\right)_{\mathrm{II}}\mathrm{d}t \\ \quad=\displaystyle\int_0^{t_{k1}}\frac{P_{sp1}}{T_1-t}\mathrm{d}t+\int_0^{t_{k2}}\frac{P_{sp2}}{T_2-t}\mathrm{d}t \\ \quad=-P_{sp1}\ln\mu_{k1}-P_{sp2}\ln\mu_{k2} \\ N_1=\displaystyle\int_0^{t_{k1}}\left(\frac{P}{G}\right)_{\mathrm{I}}t\mathrm{d}t+\int_0^{t_{k2}}\left(\frac{P}{G}\right)_{\mathrm{II}}t\mathrm{d}t \\ \quad=-P_{sp1}(T_1\ln\mu_{k1}+t_{k1})-P_{sp2}(T_2\ln\mu_{k2}+t_{k2}) \end{cases} \tag{6-5-52}$$

式中,$t_{k1}$、$t_{k2}$ 分别为第一、二级发动机工作时间;$P_{sp1}$、$P_{sp2}$ 分别为第一、二级发动机比推力;$T_1$、$T_2$ 分别为第一、二级火箭的理想时间。即

$$\begin{cases} T_1=G_{01}/\dot{G}_1 \\ T_2=G_{02}/\dot{G}_2 \end{cases}$$

$\dot{G}_1$、$\dot{G}_2$ 分别为第一、二级发动机的燃料秒消耗量,假设分别为常值。

由式(6-5-49)得

$$v_{yc}\sin\varphi+v_{xc}\cos\varphi=0$$

将式(6-5-51)中的 $v_{xc}$ 及 $v_{yc}$ 代入上式,则得

$$N-T_c\sin\varphi=0$$

这样由上式就得出了显含 $\varphi$ 角的 $T_c$ 表达式:

$$T_c=\frac{N}{\sin\varphi} \tag{6-5-53}$$

将式(6-5-53)代入式(6-5-51),就得出显含 $\varphi$ 角的 $x_c$、$y_c$ 表达式:

$$\begin{cases} x_c=g\left(\dfrac{N^2}{\sin\varphi}-N_1\right)\cos\varphi \\ y_c=g\left[\left(\dfrac{N^2}{\sin\varphi}-N_1\right)\sin\varphi-\dfrac{N^2}{2\sin^2\varphi}\right] \end{cases} \tag{6-5-54}$$

记无因次量：

$$\begin{cases} \dfrac{N_1}{N^2} = A \\ \dfrac{(gN)^2}{gR} = \dfrac{gN^2}{R} = B \end{cases} \tag{6-5-55}$$

式中，$R$ 为地球半径；$gN$ 为两级火箭瞬时燃烧时的熄火速度。因此，$B$ 值相当于能量参数。

将式(6－5－55)代入式(6－5－54)，则 $x_c$、$y_c$ 的表达式变为

$$\begin{cases} x_c = RB\cot\varphi(1 - A\sin\varphi) \\ y_c = \dfrac{RB}{2\sin^2\varphi}(2\sin^2\varphi - 2A\sin^3\varphi - 1) \end{cases} \tag{6-5-56}$$

落点 $C(x_c,\ y_c)$ 应满足地表面上大圆弧方程：

$$y = -R + \sqrt{R^2 - x^2}$$

但通过计算发现，采用 $y = -x^2/2R$ 的抛物线弧作为地表面交线所计算出的最优程序角更接近于有心力场的结果。实际上，可这样近似来看，大圆弧相当于有心引力场中沿地表面以第一宇宙速度 $\sqrt{gR}$ 发射的圆轨道，抛物线弧则相当于不变引力场中沿地表面以同一宇宙速度 $\sqrt{gR}$ 再发射的轨道，因此用不变引力场代替有心引力场时弹道平面与表面的交线就需进行这一转换。故

$$-\frac{1}{2R}[RB\cot\varphi(1 - A\sin\varphi)]^2 = \frac{RB}{2\sin^2\varphi}(2\sin^2\varphi - 2A\sin^3\varphi - 1)$$

即

$$\sin\varphi = \left\{\frac{1}{2 - B}[A^2B\sin^4\varphi + 2A(1 - B)\sin^3\varphi - A^2B\sin^2\varphi + 2AB\sin\varphi + 1 - B]\right\}^{1/2} \tag{6-5-57}$$

方程式(6－5－57)可以进行数值求解。当 $A = 0$ 时，则相当于瞬时发射，上述结果式(6－5－57)成为

$$\sin\varphi = \sqrt{\frac{1 - B}{2 - B}}$$

或

$$\tan\varphi = \sqrt{1 - B} \tag{6-5-58}$$

式(6－5－58)给出的程序角与最小能量弹道条件下所要求的最佳速度倾角相同。还

可以由式(6-5-56)求出此时的射程

$$x_c = \frac{RB}{\sqrt{1-B}} \tag{6-5-59}$$

而用椭圆理论算出的射程为

$$L_e = 2R\arctan\frac{B}{2\sqrt{1-B}}$$

比较两者关系得出

$$L_e = 2R\arctan\frac{x_c}{2R} \tag{6-5-60}$$

由此看出,不变引力场中的最大射程与有心引力场中的最大射程成正比,由于有心引力场的影响,使按椭圆理论计算的射程 $L_e$ 小于 $x_c$。

## 6.6 飞行程序优化设计方法

在上节中我们运用变分原理分析研究了远程火箭真空段的最优飞行程序,这是一种控制变量无约束条件下求解优化问题的间接方法。除古典的变分法之外,在控制变量为有约束的条件下,则运用极大值原理求解优化问题,这也是一种间接方法。间接方法中,一般作为飞行程序优化的自变量,是整个动力飞行段的时间函数,期望获得极大值的"目标"是一个泛函。解决问题的办法是用古典变分原理导得的两点边界条件之间的迭代法等。其实,在实际工程设计中,远程火箭的飞行程序一般用若干个参数即可完全确定。正如上节中所分析的那样,一级飞行程序由 $\alpha_m$ 即可基本确定,真空段二级飞行程序如取简化形式,即俯仰角程序按时间的线性关系变化,则该段飞行程序由其起始俯仰角 $\varphi_0$ 和常值俯仰角速率 $\dot{\varphi}$ 即可确定。由此分析易知,全弹道的俯仰角飞行程序可表示为如下形式:

$$\varphi_{pr}(t) = f(\alpha_m,\ \varphi_0,\ \dot{\varphi},\ \cdots) \tag{6-6-1}$$

这样就使得飞行程序 $\varphi_{pr}(t)$ 的选择转化为参数 $\alpha_m$、$\varphi_0$、$\dot{\varphi}$ 等的选择,所以飞行程序的优化设计完全可以归结为一个"参数优化"问题,目标函数已不再是一个泛函。运用容量大、速度高的计算机进行参数优化的直接遴选,是优化设计技术的一个发展方向。常见的直接优化方法有很多,本节介绍的是对飞行程序优化较有效的一种方法——随机方向法。

飞行程序的设计与其飞行任务密切相关。那么,飞行程序参数的优化,当然要受工程设计上的一系列约束,包括等式约束和不等式约束。如一级飞行程序要求满足最大动压 $q_{\max} \leqslant C$;又如二级飞行程序要求满足速度倾角 $\Theta_k = \Theta_{k.opt}$ 等。处理这类含有约束条件的优化问题的办法较多,方法之一是拉格朗日乘子法。本节将用"罚函数法"的办法来进行处理分析,下面从原理上对飞行程序优化设计中的参数优化法进行介绍。

### 6.6.1　目标函数

飞行程序的优化设计是挖掘远程火箭的潜力,以提高其使用价值的重要手段。假设飞行程序由 $n$ 个参数决定,即由 $n$ 维空域 $\boldsymbol{R}_n$ 中的某一点——$n$ 维向量 $\boldsymbol{X} = [x_1, x_2, x_3, x_4, \cdots]^{\mathrm{T}}$ 唯一确定。那么,优化的目的就是在空域 $\boldsymbol{R}_n$ 中选择某一个点 $\boldsymbol{X} = \boldsymbol{X}^*$,使远程火箭所获得的某一个(单目标)或几个(多目标)设计指标达到极大。这些设计指标当然因任务而有差异。如发射卫星时,可以是给定入轨条件下的最大有效载荷,或给定载荷下的最大圆轨道高度等;又如发射导弹时,则可以是一定条件下的最大射程等。所有这些要求达到极值的量,就是飞行程序优化问题中的"目标函数",它们是 $n$ 维向量 $\boldsymbol{X}$ 的单值函数。

用 $J$ 表示目标函数,则有

$$J = J(\boldsymbol{X}) \tag{6-6-2}$$

值得注意的是,如果目标有 $m$ 个,即在一般情况下,$n$ 维空域中 $R_n$ 不存在一点,使它们同时达到极大。处理这类问题的有效方法是引入"权系数",即根据这些目标的重要程度,分别乘以相应的权因子 $a_i(i = 1, 2, 3, 4, \cdots, m)$,使其综合成单一的"目标函数"来处理:

$$\begin{cases} J = \sum\limits_{i=1}^{m} a_i J_i \\ a_i \geqslant 0 \\ \sum\limits_{i=1}^{m} a_i = 1 \end{cases} \tag{6-6-3}$$

### 6.6.2　优化自变量的选取

由式(6-6-1)知,全弹道的飞行程序主要由 $\alpha_m$、$\varphi_0$、$\dot{\varphi}$ 等参数确定。这些参数即是飞行程序优化设计中所需要进行优化的自变量。优化自变量的选取通常要根据远程火箭的总体结构、发动机的性能及具体飞行任务等实际情况来确定。

例如远程火箭作为发射人造卫星等的运载器使用,火箭由三级组成,且三级具有二次启动能力,则飞行程序的优化自变量一般可以选取下述主要参数:

(1) 第一级亚声速段最大负攻角 $\alpha_m$;

(2) 第二级常值俯仰角速率 $\dot{\varphi}_{pr2}$;

(3) 三级首次动力飞行段熄火点重量 $G_{k3}$;

(4) 三级首次动力飞行段常值俯仰角速率 $\dot{\varphi}_{pr3}^{(1)}$;

(5) 无动力滑行段飞行时间 $T_{c3}$;

(6) 三级二次动力飞行段起始俯仰角 $\varphi_{pr_03}^{(2)}$;

(7) 三级二次动力飞行段常值俯仰角速率 $\dot{\varphi}_{pr_03}^{(2)}$;

对于不具备二次启动能力,也不具备级间滑行能力的二级远程火箭来说,其飞行程序的优化自变量一般主要选取 $\alpha_m$、$\dot{\varphi}_{pr2}$、$\dot{\varphi}_{pr_02}$ 等参数。

### 6.6.3 约束条件的处理

飞行程序设计受一系列工程设计上的限制或约束,如在稠密大气层中飞行的最大速度头的限制、各级残骸落区的约束、飞行试验时关机点高度的约束及飞行试验时靶场距离的约束等。它们可表示为等式约束和不等式约束:

$$\begin{cases} h_j(\boldsymbol{X}) = 0, & j = 1, 2, \cdots, p \\ g_k(\boldsymbol{X}) \geqslant 0, & k = 1, 2, \cdots, q \end{cases} \tag{6-6-4}$$

通常将约束极值问题转化为无约束极值问题来求解。一个有效的办法是采用"罚函数法"。它是通过改变目标函数的办法来达到消去约束的目的,即在目标函数中加入与偏离约束程度有关的"惩罚函数"(或称"代价函数")形成一个增广的"代价目标函数"(罚函数),从而使有约束条件下的求极值问题转化为求解无约束的极值问题。

罚函数法分为内罚函数法和外罚函数法。内罚函数法的基本思想是,在约束区域的边界筑起一道"墙"来。当迭代点靠近边界时,函数值陡然增加起来,于是最优点就被"挡"在允许区域内部。例如约束条件式(6-6-4),可取内罚函数为

$$B(\boldsymbol{X}) = \sum_{k=1}^{q} \frac{1}{g_k(\boldsymbol{X})} \tag{6-6-5}$$

显然内罚函数法只能用以改进"可行方案",优化开始时的自变量必须位于"可行域"之内,即必须是满足约束条件的允许的飞行程序角。

而外罚函数法的优点则是允许优化从任意"不可行方案"开始,即其自变量允许位于"可行域"之外,所以一般应用外罚函数法的较为普遍。对于不等式约束,外罚函数又可分为"悬岩代价函数"和"非悬岩代价函数","悬岩代价函数"使综合目标面在约束边界(可行域边界)处形成一个陡峭的"悬岩",设置它是为了加速攀登,并保证优化结果必然是满足约束的可行方案。

那么,对于约束条件式(6-6-4),若采用"外罚函数法",并对其不等式约束采用"悬岩代价函数",则外罚函数为

$$P = \sum_{j=1}^{p} k_j \mid h_j(\boldsymbol{X}) \mid^2 + \sum_{k=1}^{q} l_k(1 + \mid g_k(\boldsymbol{X}) \mid^2) \tag{6-6-6}$$

其中,

$$l_k = \begin{cases} 0, & g_k(\boldsymbol{X}) \geqslant 0 \\ l'_k, & g_k(\boldsymbol{X}) < 0 \end{cases}$$

$l'_k$、$k_j$ 为惩罚系数。于是可得到代价目标函数:

$$\tilde{J}(\boldsymbol{X}) = J(\boldsymbol{X}) + P(\boldsymbol{X}) \tag{6-6-7}$$

这样问题即完全转化为利用随机方向法优化飞行程序中的自变量(如参数 $\alpha_m$、$\dot{\varphi}_{pr}$ 等),使无约束的代价目标函数达到极大值或最佳值。

### 6.6.4　随机方向法的原理

下面以二维自变量为例介绍随机方向法的基本原理。从变量空间(现该空间为一平面)内,取任意“0”点为起始点,对应矢量 $\boldsymbol{X}_0$ 表示初始方案,然后由计算机随机地确定一个调优矢 $\mathrm{d}\boldsymbol{X}$,其大小和方向均是随机的。与 $\boldsymbol{X}_0$ 矢量叠加得新方案 $\boldsymbol{X}'_1$(对应点为 1′),求其目标函数值。从等高线图 6－6－1 分析可知,如“1′”点比“0”点低,则探索失败,这时应返回到“0”点,重新随机给一个调优矢,例如得到新点“1”,对应的矢量为 $\boldsymbol{X}_1$,求其目标函数值。如“1”点比“0”点高,则探索成功,于是将“1”点取代“0”点作为新的起始点,并沿成功的方向加大步长前进,直到探索失败,回到最后一次成功的位置上,如图 6－6－1 中的“2”点,以此作为起始点重复上述过程,直到逼近顶峰(最优点)。

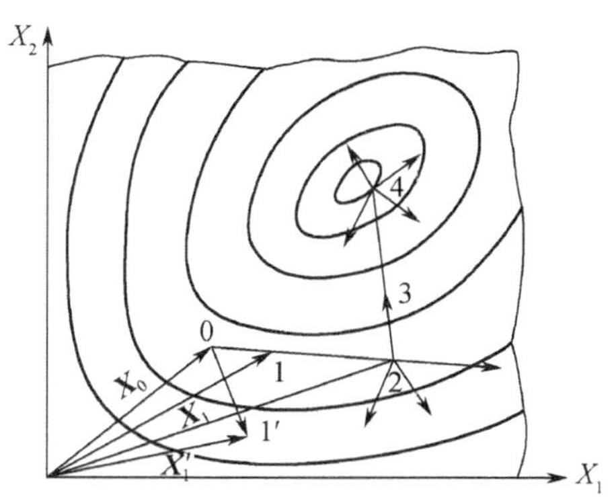


图 6－6－1　随机方向法的原理示意图

当起始点与顶峰点间距离小于调优矢 $\mathrm{d}\boldsymbol{X}$ 的长度时,则会出现连续无数次探索不得成功,如图 6－6－1 中“4”点处所示的情形。此时要缩小调优矢的长度,继续上述过程,直到调优矢的长度缩小到规定的精度,探索停止,最后得到的最高点即为最优点。该点所对应的参数也就是对应的最优设计参数。

## 6.7　远程固体火箭的能量管理

由以上所述可知,对于远程火箭主动段飞行程序的选择一般是与总体设计指标和性能相对应的,当选定好飞行程序后,远程火箭在主动段飞行过程中,即可按该俯仰角程序进行导引控制,以保证其达到目标点的偏差在允许范围之内。这对于有推力终止系统工作的火箭来说,由于其制导技术的日臻完善,所以不论火箭的推进剂是固体的还是液体的,都是容易实现的。

然而固体火箭一般从增加其强度和最大射程的角度来考虑,总希望取消其推力终止系统。这是因为固体火箭发动机的壳体通常采用的是玻璃纤维或由有机纤维缠绕制造工艺制造而成,若在发动机上安装推力终止机构,则需要在壳体上开几个大孔,这样势必切断纤维,影响发动机的强度,同时反向喷管与壳体的连接也有一定的困难。这类问题即使可以通过改进制造工艺的方法得到解决,但也要使发动机的结构重量增加,从而影响到最大射程。显然取消推力终止系统可以提高固体火箭发动机的推重比,提高最大有效射程,并且可以避免推力终止机构在制造工艺上的困难和降低其发动机的结构强度等问题。

取消推力终止系统后,对远程固体火箭飞行程序的选择提出以下新的要求:

(1) 在总能量固定的前提条件下,对于从最小射程到最大射程之间的任意目标射击时,如何消耗掉多余的能量;

(2) 如何保证最大有效射程取极值;

(3) 如何确保在能量耗尽的条件下,主动段所造成的误差能在末修级低推力修正能力的范围之内;

(4) 在能量耗尽的条件下,如何保证射击诸元计算尽可能简单且精度较高。

显然上述问题的实质是要解决过剩能量的耗尽管理问题。当然这一问题的解决用高、低弹道的方法在理论上说也是可以的。但高弹道的再入角和再入速度均较大,给弹头造成较大的气动加热,对弹头的结构设计和材料的要求会更高些,从而给弹头的设计带来新的困难。而低弹道的再入角较小,相应的再入飞行时间较长,由于气动干扰的影响,其落点散布会相应增大。另一方面,再入角还受具体飞行任务要求的制约。因此简单地用选择高弹道或低弹道,以保证远程固体火箭动力段关机时使能量恰好全部耗尽,事实上并不可取。比较有效的方法是通过飞行程序的导引控制火箭本身姿态的变化来达到消耗过剩能量的目的。

下面就远程固体火箭的飞行程序的选择及其能量管理的基本原理做一般性介绍。

### 6.7.1 大气层内飞行程序设计

与远程液体火箭一样,远程固体火箭的第一级一般都在稠密大气层内飞行,由于在该段飞行过程中火箭受力情况复杂,故其飞行程序通常仍采用 6.5 节所述的固定飞行程序。即取:

$$\varphi_{pr}(t)=\begin{cases}90^\circ, & t\leqslant t_1\\ \theta_T+\alpha(t), & t_1<t\leqslant t_2\\ \theta_T, & t_2<t\leqslant t_3\\ \varphi_{pr}(t_3), & t_3<t\leqslant t_{k1}\end{cases}\tag{6-7-1}$$

为了适应于不同射向、不同射程能量耗尽管理的要求,通常该段飞行程序还可取下述形式:

$$\varphi_{pr}(t)=\begin{cases}90^\circ, & t\leqslant t_1\\ \theta_T+\varepsilon\alpha(t), & t_1<t\leqslant t_2\\ \theta_T, & t_2<t\leqslant t_3\\ \varphi_{pr}(t_3), & t_3<t\leqslant t_{k1}\end{cases}\tag{6-7-2}$$

其中,$\varepsilon$ 为一可调节的权系数。显然只要取不同的 $\varepsilon$ 值,便可满足不同射向、不同射程的要求,即可将 $\varepsilon$ 的取值作为射击诸元的一项。对于最大射程附近的目标要求 $\varepsilon$ 值给得比较准确,以便使射程最大,对于一般射程的目标,$\varepsilon$ 的取值要求不严格,只要将其表示为射程的简单函数即可。

### 6.7.2 真空段飞行程序的设计

与远程液体火箭真空飞行段飞行程序的选择方法不同,远程固体火箭真空飞行段飞行程序的选择还必须解决一个剩余能量的耗尽管理的技术问题。为此下面首先引入与火箭固有能量有关的视速度模量的概念。

1. 视速度模量

由于第二级及其以上的各级一般都在稠密大气层外飞行，火箭所受空气动力与推力和重力相比甚小，若忽略空气动力的影响，那么在地面比推力 $P_{sp0}$ 为常值的条件下，采用式(2-1-42)则可将二级及其以上的各级的视速度模量表示为

$$W_M = \int_{t_0}^{t_k} |\dot{W}| \,\mathrm{d}t = \int_{t_0}^{t_k} \frac{P}{m}\mathrm{d}t = g_0 P_{sp0} \ln \frac{G_0}{G_K} \tag{6-7-3}$$

式中，$t_0$ 为第一级关机，第二级起始的时刻。

式(6-7-3)表明：视速度模量只与发动机比推力及各级的点火和熄火点质量有关。它是火箭固有能量的一个度量指标，是火箭各级所能提供的视速度增量的最大值，$W_M$ 的误差一般主要取决于比推力 $P_{sp0}$ 的偏差。那么在该级若取 $W_M$ 的标准值来进行能量耗尽管理，其实际视速度模量的偏差则需靠下一级或者末修级来给予修正。

2. 能量管理模型

真空段各级飞行程序一般可以分为两部分，其中第一部分主要用于能量耗散管理，第二部分则主要用于误差的适当补偿修正。若记 $\Delta W_{\mathrm{I}}$、$\Delta W_{\mathrm{II}}$ 分别为这两部分的视速度模量，通常 $\Delta W_{\mathrm{I}}$ 占 $W_M$ 的85%左右，$\Delta W_{\mathrm{II}}$ 占 $W_M$ 的15%左右。

假设在该级起始时刻已求出多余的视速度模量 $W_e$，且假定火箭的纵轴已与所要求的视速度 $W_D$ 方向一致，那么能量管理的目的就是要通过调整火箭本身姿态的变化，消耗掉剩余的视速度模量。即在该段结束时，使其视速度增量在 $W_D$ 方向上，其大小等于 $W_D - \Delta W_{\mathrm{II}}$。若用曲线 $W_{\mathrm{I}}$ 表示能量管理段起点与终点之间长度为 $\Delta W_{\mathrm{I}}$ 的任一曲线，那么上述基本思想可以形象地用图6-7-1表示。

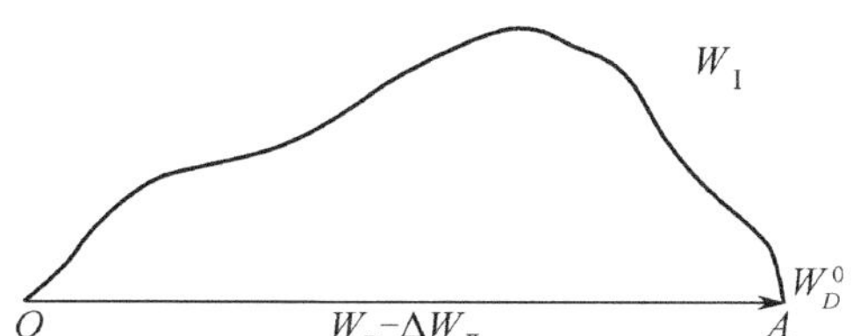


**图6-7-1 能量耗尽管理基本思想示意图**

根据飞行程序选择的基本原则，为使火箭的姿态控制方便，一般取 $W_{\mathrm{I}}$ 为一光滑连续且以 $\overline{OA}$ 垂直平分线为轴对称的曲线，如图6-7-2所示。显然若视曲线 $W_{\mathrm{I}}$ 与直线 $W_D - \Delta W_{\mathrm{II}}$ 为质点运动的轨迹，同样从 $O$ 点到达 $A$ 点，能量曲线 $W_{\mathrm{I}}$ 明显比直线 $W_D - \Delta W_{\mathrm{II}}$ 长，即偏离 $W_D$ 方向的运动与沿 $W_D$ 方向的运动相比，需要更多的能量才能到达 $A$ 点。所以通过调整火箭的姿态，使其偏离 $W_D$ 方向飞行，可以达到消耗掉剩余能量的目的。

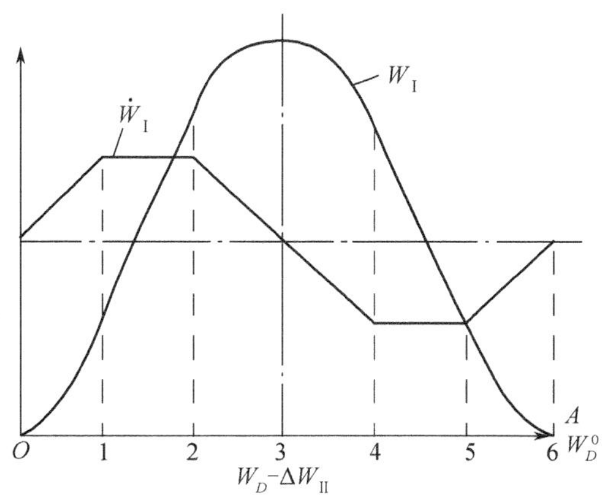


**图6-7-2 $W_{\mathrm{I}}$ 及 $\dot{W}_{\mathrm{I}}$ 的模型示意图**

图6-7-2中 $\dot{W}_{\mathrm{I}}$ 是曲线 $W_{\mathrm{I}}$ 的斜率变化曲线，它反映了 $W_{\mathrm{I}}$ 从 $O$ 点到 $A$ 点偏离 $W_D^0$ 的方向变化过程。显然，在火箭的飞行过程中要实现图6-7-2所示的视速度 $W_{\mathrm{I}}$ 的变

化规律,其姿态变化规律只要选取图 6-7-3 所示的曲线即可。

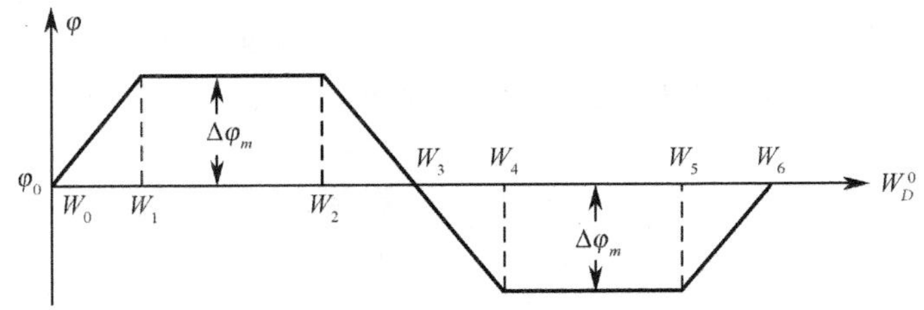


图 6-7-3 $\varphi$ 随 $W$ 的变化规律

图 6-7-3 所示的 $\varphi$ 曲线的斜率 $\dfrac{\mathrm{d}\varphi}{\mathrm{d}W_{\mathrm{I}}}$ 的变化规律如图 6-7-4 所示。

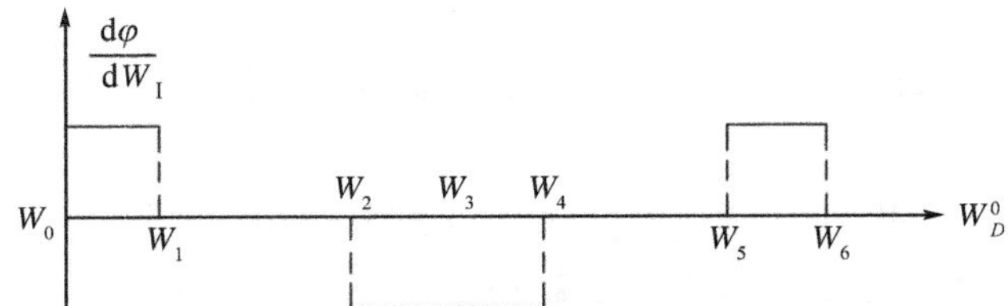


图 6-7-4 $\mathrm{d}\varphi/\mathrm{d}W_{\mathrm{I}}$ 随 $W$ 的变化规律

由以上分析易知,在火箭的动力飞行过程中完全可以由视加速度的测量值 $\dot{W}_s$ 实时地确定其飞行姿态角 $\varphi(t)$,亦即实时地确定其飞行程序。由于,

$$\frac{\mathrm{d}\varphi}{\mathrm{d}t}=\frac{\mathrm{d}\varphi}{\mathrm{d}W_{\mathrm{I}}}\cdot\frac{\mathrm{d}W_{\mathrm{I}}}{\mathrm{d}t}=\dot{W}_{\mathrm{I}}\frac{\mathrm{d}\varphi}{\mathrm{d}W_{\mathrm{I}}}\tag{6-7-4}$$

若假设远程固体火箭动力飞行中的视加速度 $\dot{W}_{\mathrm{I}}$ 服从给定的规律,记为 $\dot{W}_{\mathrm{I}}^{\sim}$,则有

$$\frac{\mathrm{d}\varphi^{\sim}}{\mathrm{d}t}=\dot{W}_{\mathrm{I}}^{\sim}\cdot\frac{\mathrm{d}\varphi^{\sim}}{\mathrm{d}W_{\mathrm{I}}}\tag{6-7-5}$$

或者,

$$\frac{\mathrm{d}\varphi^{\sim}}{\mathrm{d}W_{\mathrm{I}}}=\frac{\mathrm{d}\varphi^{\sim}}{\mathrm{d}t}\bigg/\dot{W}_{\mathrm{I}}^{\sim}\tag{6-7-6}$$

其中,$\varphi^{\sim}$ 为对应给定规律 $\dot{W}_{\mathrm{I}}^{\sim}$ 条件下的姿态角。在火箭的实际飞行过程中应有

$$\frac{\mathrm{d}\varphi_s}{\mathrm{d}W_{\mathrm{I}}}=\frac{\mathrm{d}\varphi_s}{\mathrm{d}t}\bigg/\dot{W}_s\tag{6-7-7}$$

其中,$\varphi_s$ 为与视加速度测量值 $\dot{W}_s$ 相对应的姿态角。

不难看出,式(6-7-6)表示的是在给定视加速度变化规律的条件下,飞行姿态角的变化率与给定的视加速度 $\dot{W}_{\mathrm{I}}^{\sim}$ 之间的关系。而式(6-7-7)则表示的是在实际飞行过程中,飞行姿态角的变化率与测量的视加速度 $\dot{W}_s$ 之间的关系。

显然为了保证实际飞行的 $W_{\mathrm{I}}$ 曲线与给定的形式一致,应满足条件:

$$\frac{\mathrm{d}\varphi^{\sim}}{\mathrm{d}W_{\mathrm{I}}}=\frac{\mathrm{d}\varphi_s}{\mathrm{d}W_{\mathrm{I}}} \tag{6-7-8}$$

于是由式(6-7-6)~式(6-7-8),即可求得

$$\frac{\mathrm{d}\varphi_s}{\mathrm{d}t}=\frac{\mathrm{d}\varphi_s}{\mathrm{d}W_{\mathrm{I}}}\cdot\dot{W}_s=\frac{\mathrm{d}\varphi^{\sim}}{\mathrm{d}W_{\mathrm{I}}}\cdot\dot{W}_s=\frac{\dot{\varphi}^{\sim}}{\dot{W}_{\mathrm{I}}^{\sim}}\cdot\dot{W}_s \tag{6-7-9}$$

那么由式(6-7-9)积分可得

$$\varphi(t)=\int_{t_0}^{t}\frac{\dot{\varphi}^{\sim}}{\dot{W}^{\sim}}\cdot\dot{W}_s\mathrm{d}t+\varphi_0 \tag{6-7-10}$$

考虑到 $\dot{\varphi}^{\sim}$ 具有分段连续的特点,由式(6-7-5)和图 6-7-4,可以得到如图 6-7-5 所示的 $\dot{\varphi}^{\sim}$ 随时间的变化规律和图 6-7-6 所示的 $\varphi^{\sim}$ 随时间的变化规律,所以式(6-7-10)中的积分式应分段积分。

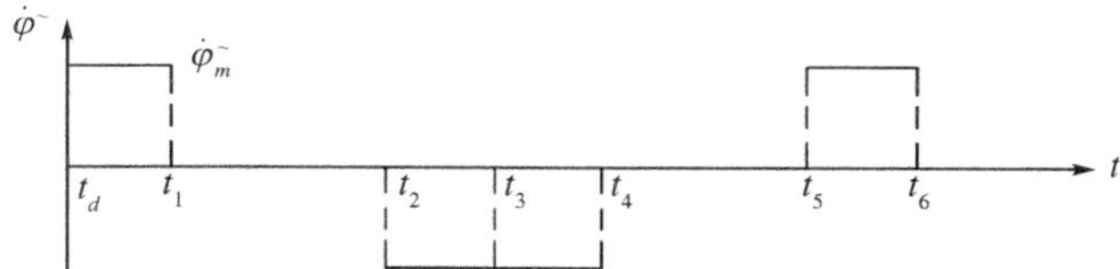


**图 6-7-5　$\dot{\varphi}^{\sim}$ 随时间的变化规律**

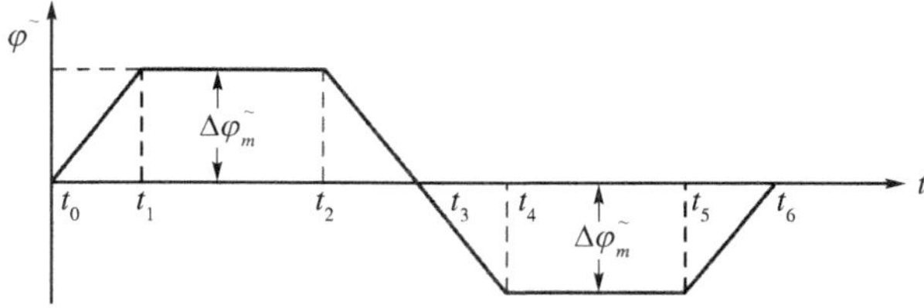


**图 6-7-6　$\varphi^{\sim}$ 随时间的变化规律**

取能量管理段总能量:

$$\Delta W_{\mathrm{I}}=4\Delta W_1+2\Delta W_2 \tag{6-7-11}$$

其中,

$$\begin{cases}\Delta W_1=W_1-W_0=W_3-W_2=W_4-W_3=W_6-W_5\\ \Delta W_2=W_2-W_1=W_5-W_4\end{cases} \tag{6-7-12}$$

并注意到:

$$\begin{cases}\dot{\varphi}_m^{\sim}=\Delta\varphi_m^{\sim}/\Delta t_1\\ \Delta W_1=\dot{W}^{\sim}\cdot\Delta t_1\end{cases} \tag{6-7-13}$$

式中，$\Delta\varphi_{\tilde{m}}$ 为允许的最大调姿角，$\Delta t_1$ 为从调姿起始时刻一直到调姿角达到 $\Delta\varphi_{\tilde{m}}$ 的时间。

于是由式(6－7－10)即可求得以视速度模量为自变量的飞行程序：

$$\varphi_{pr}(W)=\begin{cases}\varphi_0+\dfrac{\Delta\varphi_{\tilde{m}}}{\Delta W_1}(W-W_0) & W_0\leqslant W<W_1\\ \varphi_0+\Delta\varphi_{\tilde{m}} & W_1\leqslant W<W_2\\ \varphi_0+\Delta\varphi_{\tilde{m}}-\dfrac{\Delta\varphi_{\tilde{m}}}{\Delta W_1}(W-W_2) & W_2\leqslant W<W_4\\ \varphi_0-\Delta\varphi_{\tilde{m}} & W_4\leqslant W<W_5\\ \varphi_0-\Delta\varphi_{\tilde{m}}+\dfrac{\Delta\varphi_{\tilde{m}}}{\Delta W_1}(W-W_5) & W_5\leqslant W<W_6\end{cases} \tag{6-7-14}$$

3. 最大调姿角的确定

能量管理段消耗多余能量的多少主要取决于最大调姿角 $\Delta\varphi_{\tilde{m}}$ 的值，$\Delta\varphi_{\tilde{m}}$ 大则耗散的剩余能量就多。因此，必须根据飞行任务的能量要求，首先确定出所需要调整的最大姿态角增量 $\Delta\varphi_m$。

由飞行程序模型(图 6－7－6)分析易知，在第一个斜坡段的机动期间，消耗掉的视速度为

$$\begin{aligned}W_{1con}&=\int_{t_0}^{t_1}\dot{W}_s(1-\cos\Delta\varphi)\mathrm{d}t=\int_0^{\Delta\varphi_{\tilde{m}}}\frac{\dot{W}_s}{\dot{\varphi}_{\tilde{}}}(1-\cos\Delta\varphi)\mathrm{d}\Delta\varphi\\&=\frac{\Delta W_1}{\Delta\varphi_{\tilde{m}}}(\Delta\varphi_{\tilde{m}}-\sin\Delta\varphi_{\tilde{m}})=\Delta W_1\left(1-\frac{\sin\Delta\varphi_{\tilde{m}}}{\Delta\varphi_{\tilde{m}}}\right)\end{aligned} \tag{6-7-15}$$

同理在常值期间，消耗掉的视速度为

$$\begin{aligned}W_{2con}&=\int_{t_1}^{t_2}\dot{W}_s(1-\cos\Delta\varphi)\mathrm{d}t=(1-\cos\Delta\varphi_{\tilde{m}})\int_{t_1}^{t_2}\dot{W}_s\mathrm{d}t\\&=(1-\cos\Delta\varphi_{\tilde{m}})\cdot\Delta W_2\end{aligned} \tag{6-7-16}$$

于是在 $t_0\sim t_6$ 整个机动期间，总消耗掉的视速度为

$$W_{con}=4\Delta W_{1con}+2\Delta W_{2con}=4\Delta W_1\left(1-\frac{\sin\Delta\varphi_{\tilde{m}}}{\Delta\varphi_{\tilde{m}}}\right)+2(1-\cos\Delta\varphi_{\tilde{m}})\Delta W_2 \tag{6-7-17}$$

所以总的消耗掉的视速度模量应满足方程：

$$4\Delta W_1\left(1-\frac{\sin\Delta\varphi_{\tilde{m}}}{\Delta\varphi_{\tilde{m}}}\right)+2(1-\cos\Delta\varphi_{\tilde{m}})\Delta W_2=W_M-W_D \tag{6-7-18}$$

式(6－7－18)是关于 $\Delta\varphi_{\tilde{m}}$ 的超越方程，式中 $W_M$、$\Delta W_1$、$\Delta W_2$ 均可在火箭发射之前确定，

只有 $W_D$ 需要由火箭上面的测量计算装置确定，式(6-7-18)的精确解只能通过迭代方法求出。为了减少箭载计算机的计算量，可用下述近似方法求解。注意式(6-7-18)，首先取 $\sin\Delta\tilde{\varphi}_m/\Delta\tilde{\varphi}_m$、$\cos\Delta\tilde{\varphi}_m$ 的六阶级数展开式：

$$\begin{cases}\dfrac{\sin\Delta\tilde{\varphi}_m}{\Delta\tilde{\varphi}_m}=1-\dfrac{1}{6}\Delta\tilde{\varphi}_m^2+\dfrac{1}{120}\Delta\tilde{\varphi}_m^4-\dfrac{1}{5\,040}\Delta\tilde{\varphi}_m^6\\ \cos\Delta\tilde{\varphi}_m^2=1-\dfrac{1}{2}\Delta\tilde{\varphi}_m^2+\dfrac{1}{24}\Delta\tilde{\varphi}_m^4-\dfrac{1}{720}\Delta\tilde{\varphi}_m^6\end{cases}\tag{6-7-19}$$

将式(6-7-19)代入到式(6-7-18)，并考虑到 $\Delta\tilde{\varphi}_m^6$ 项影响很小，将其略去后，即得

$$A\cdot\Delta\tilde{\varphi}_m^4-B\Delta\tilde{\varphi}_m^2+W_M-W_D=0\tag{6-7-20}$$

式中，

$$\begin{cases}A=\dfrac{1}{30}\Delta W_1+\dfrac{1}{12}\Delta W_2\\ B=\dfrac{2}{3}\Delta W_1+\Delta W_2\end{cases}$$

于是求解式(6-7-20)得

$$\Delta\tilde{\varphi}_m=\left[\frac{B-\sqrt{B^2-4A(W_M-W_D)}}{2A}\right]^{1/2}\tag{6-7-21}$$

若记

$$a=B/2A,\ b=a^2,\ c=1/A,\ \eta_e=\frac{W_{con}}{\Delta W_{\mathrm{I}}}$$

则式(6-7-21)又可写为

$$\Delta\tilde{\varphi}_m=(a-\sqrt{b-c\eta_e\Delta W_{\mathrm{I}}})^{1/2}\tag{6-7-22}$$

方程式(6-7-20)的另一解 $(a+\sqrt{b-c\eta_e\Delta W_{\mathrm{I}}})^{1/2}$ 为不合理解，显然当 $\eta_e=0$ 时由该解得出 $\Delta\tilde{\varphi}_m\neq 0$，故舍去。

在 $|\Delta\tilde{\varphi}_m|\ll 1$ 的条件下，由于以上近似公式推导过程中忽略了 $\Delta\tilde{\varphi}_m^6$ 以上的高阶项，且式(6-7-19)的级数展开式是交错级数，所以由近似公式(6-7-21)或式(6-7-22)求出的 $\Delta\tilde{\varphi}_m$ 具有较高的精度，其误差小于 $\Delta\tilde{\varphi}_m^6$。当然若要求更高精度，则可由近似确定的 $\Delta\tilde{\varphi}_m$ 作为初值，由超越方程迭代求解。$\Delta\tilde{\varphi}_m$ 与 $\eta_e$ 的关系曲线如图 6-7-7 所示。

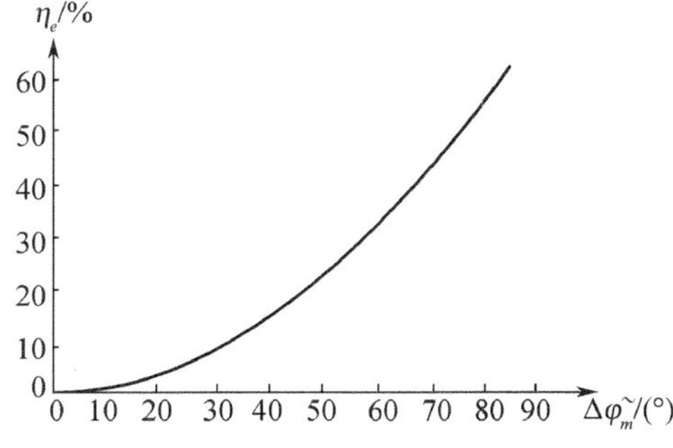


**图 6-7-7　$\Delta\tilde{\varphi}_m$ 与 $\eta_e$ 的关系曲线**

4. 常姿态飞行段

当能量管理段结束后,火箭通常保持一段常姿态角飞行。设置此段程序的主要目的是消除交变姿态导引的误差,并保证在给定的比推力误差前提下,使能量耗尽所造成的偏差最小,换言之,使末修级用以修正上述偏差所需消耗的燃料最少。

# 第7章 主动段的摄动制导方法

## 7.1 弹道摄动的基本原理

### 7.1.1 摄动法的基本思想

飞行力学介绍了飞行器的运动特性,给出了飞行中的运动方程与弹道计算方法。从理论上说,如果知道了发射条件,也就是给出运动方程的一组起始条件,则可以唯一地确定一条弹道。实际上,影响其运动的因素很多,诸如飞行运动的环境条件、弹体本身的特征参数、发动机与控制系统的特性,都会对弹道产生影响,因此,即使给定了发射条件,也无法准确地确定实际运动轨迹,事先只能给出运动的某些平均规律,设法使实际运动规律对这些平均运动规律的偏差是小量,那么就可在平均运动规律的基础上,利用小偏差理论来研究这些偏差对弹体运动特性的影响,称为弹道摄动理论。

1. 标准条件与标准弹道

为了能反映出飞行器质心运动的"平均"运动情况,需要给出标准条件和标准弹道方程的假设,利用标准弹道方程在标准条件下计算出来的弹道叫标准弹道。

标准条件和标准弹道方程会随着研究问题的内容和性质不同而有所不同。不同的研究内容,可以有不同的标准条件和标准弹道方程,目的在于保证实际运动弹道对标准弹道的小偏差。

标准条件可以概括为下面三方面。

(1) 地理条件:地球形状、旋转、重力加速度。

(2) 气象条件:大气、气温、气压、密度。

(3) 弹道条件:弹的尺寸、空气动力系数、重量、发动机推力及控制系统放大系数等。

2. 研究"扰动"对弹道偏差关系的方法

把实际弹道飞行条件和标准弹道飞行条件的偏差叫做"摄动"或"扰动"。扰动包括瞬时扰动与经常扰动,或称随机扰动与系统扰动。

研究"扰动"与弹道偏差的关系有两种方法。

(1) 方法之一是"求差法",分别求解标准条件下的弹道方程和实际条件下的弹道方程,将实际弹道参数和标准弹道参数求差。其优点是不论干扰大小都可避免运动稳定性问题;缺点在于:计算工作量大;当扰动小时,仅仅是两个大数相减,会带来较大的计算误差,要求计算机有较长字长;不便于分析干扰与弹道偏差之间的关系,不方便应用于制导。

(2) 方法之二是“摄动法”,亦称微分法,一般情况下扰动较小可将实际弹道在标准弹道附近展开,取到一阶项来进行研究。摄动法实际上就是线性化法,该方法存在运动稳定性问题。

### 7.1.2 用摄动法研究扰动因素对导弹落点偏差的影响

在给定发射条件下标准弹道通过目标,在实际情况下,由于各种扰动因素的影响,实际弹道将偏离标准弹道而产生落点偏差。影响落点偏差的因素很多,可分为两类:其一为随机扰动因素,其特点是随机的、无法预知的,由此而引起落点对目标散布,可用数理统计的方法研究散布特性;其二为系统扰动因素,其特点是非随机的,理论上说是确定的,但受条件的限制,不能确切掌握精确值,如起飞重量、燃耗后质量等,在标准条件选择适当时,系统扰动为小量,可用摄动法来研究。

由于实际射程(包含射程偏差 $\Delta L$ 与横程偏差 $\Delta H$)是实际飞行条件的函数,也就是发射时的实际气温、气压、重力加速度、发动机推力、空气动力系数等一系列参数的函数,用 $\lambda_i(i=1,2,\cdots,n)$ 来表示,用 $L_{全}$来表示全射程,则

$$L_{全}=L_{全}(\lambda_1,\lambda_2,\cdots,\lambda_n) \tag{7-1-1}$$

这里需强调的是 $\lambda_i(i=1,2,\cdots,n)$ 应是相互独立的,例如气温、压力和大气密度($T,P,\rho$)三个参数满足 $P=\rho gRT$,故只有两个独立参数。

把对应于标准飞行条件和标准弹道的参数上加“~”表示,则标准条件下的标准射程为

$$\tilde{L}_{全}=\tilde{L}_{全}(\tilde{\lambda}_1,\tilde{\lambda}_2,\cdots,\tilde{\lambda}_n) \tag{7-1-2}$$

而实际条件下的实际射程为

$$L_{全}=L_{全}(\lambda_1,\lambda_2,\cdots,\lambda_n) \tag{7-1-3}$$

如果令 $\Delta L_{全}=L_{全}-\tilde{L}_{全}$, $\Delta\lambda_i=\lambda_i-\tilde{\lambda}_i(i=1,2,\cdots,n)$,将实际射程在标准射程附近展开,则

$$\Delta L_{全}=\sum_{i=1}^{n}\frac{\partial L_{全}}{\partial\lambda_i}\Delta\lambda_i \tag{7-1-4}$$

用方程式(7-1-4)来研究由扰动 $\Delta\lambda_i$ 引起的射程偏差 $\Delta L_{全}$的方法就是摄动法。故摄动法的实质就是用线性函数来逼近非线性函数,或者说是用线性微分方程来逼近非线性微分方程。

由于在弹道不同段的运动情况不同,因而扰动也不同。弹道的射程可表达为

$$L_{全}=L_{主}+L_{自}+L_{再} \tag{7-1-5}$$

其中,自由段射程只与主动段终点参数有关,即

$$L_{自}=L_{自}(v_{xk},v_{yk},v_{zk},x_k,y_k,z_k) \tag{7-1-6}$$

近似地可将再入段看成是自由段弹道的继续,可将射程偏差数统一起来计算。

与被动段相比，主动段情况比较复杂，影响因素很多，最终的结果是引起主动段终点坐标与速度的偏差。因此，在进行摄动制导方法研究时，我们感兴趣的在于主动段终点弹道参数的偏差会引起多大的射程偏差，在考虑地球旋转影响时，可将全射程写成：

$$L_{全} = L_{全}(v_{xk},\ v_{yk},\ v_{zk},\ x_k,\ y_k,\ z_k,\ t_k) \tag{7-1-7}$$

其中，$v_{xk}$、$v_{yk}$、$v_{zk}$、$x_k$、$y_k$、$z_k$、$t_k$ 分别为关机点惯性坐标下的速度、位置与时间。

如果将落点偏差分解成射程偏差 $\Delta L$ 与横程偏差 $\Delta H$，则包括主动段射程偏差的全射程偏差为

$$\begin{cases}\Delta L = \dfrac{\partial L}{\partial v_{xk}}\Delta v_{xk} + \dfrac{\partial L}{\partial v_{yk}}\Delta v_{yk} + \dfrac{\partial L}{\partial v_{zk}}\Delta v_{zk} + \dfrac{\partial L}{\partial x_k}\Delta x_k + \dfrac{\partial L}{\partial y_k}\Delta y_k + \dfrac{\partial L}{\partial z_k}\Delta z_k + \dfrac{\partial L}{\partial t_k}\Delta t_k \\ \Delta H = \dfrac{\partial H}{\partial v_{xk}}\Delta v_{xk} + \dfrac{\partial H}{\partial v_{yk}}\Delta v_{yk} + \dfrac{\partial H}{\partial v_{zk}}\Delta v_{zk} + \dfrac{\partial H}{\partial x_k}\Delta x_k + \dfrac{\partial H}{\partial y_k}\Delta y_k + \dfrac{\partial H}{\partial z_k}\Delta z_k + \dfrac{\partial H}{\partial t_k}\Delta t_k\end{cases} \tag{7-1-8}$$

给定主动段终点的绝对弹道运动参量和起始发射点方位角与纬度，即可求出全射程偏差量。

### 7.1.3　主动段摄动方程的建立

由于弹道主动段射程较小，研究扰动因素对主动弹道参数偏差的影响时，可将纵向运动和侧向运动看成互相独立的两个运动，只研究纵向运动，其运动方程为

$$\begin{cases}\dot{v}(t) = \dfrac{1}{m}(P_e\cos\alpha - C_x qS_m - R'\delta_\varphi\sin\alpha) + g\sin\theta \triangleq f_1(v,\ \theta,\ y,\ \alpha,\ \delta_\varphi,\ \lambda_i) \\ \dot{\theta}(t) = \dfrac{1}{mv}(P_e\sin\alpha + C_y^\alpha qS_m\alpha + R'\delta_\varphi\cos\alpha) + \dfrac{g}{v}\cos\theta \triangleq f_2(v,\ \theta,\ y,\ \alpha,\ \delta_\varphi,\ \lambda_i) \\ \dot{x}(t) = v\cos\theta \triangleq f_3(v,\ \theta) \\ \dot{y}(t) = v\sin\theta \triangleq f_4(v,\ \theta) \\ \dot{W}_{x1} = \dfrac{1}{m}(P_e - C_x qS_m\cdot\cos\alpha + C_y^\alpha qS_m\alpha\cdot\sin\alpha) \triangleq f_5(v,\ \theta,\ y,\ \alpha,\ \delta_\varphi,\ \lambda_i) \\ \dot{W}_{y1} = \dfrac{1}{m}(C_x qS_m\cdot\sin\alpha + C_y^\alpha qS_m\alpha\cdot\cos\alpha + R'\delta_\varphi) \triangleq f_6(v,\ \theta,\ y,\ \alpha,\ \delta_\varphi,\ \lambda_i) \\ M_{z1} = M_{z1}^\alpha\cdot\alpha + M_{z1}^\delta\cdot\delta_\varphi = 0 \\ \delta_\varphi = a_0^\varphi(\theta + \alpha - \varphi_{pr})\end{cases} \tag{7-1-9}$$

式中，前四个是质心运动方程，$\lambda_i$ 为诸干扰因素；第五、六式是视加速度方程，由此可求出扰动因素引起视速度的偏差；第七式是“力矩瞬时平衡”方程；第八式是控制方程，$a_0^\varphi$ 为放大系数。

如果将第八式的 $\delta_\varphi$ 表达式代入前几式,可消去 $\delta_\varphi$,那么,

$$\begin{cases}\dot{v}(t)=f_1(v,\ \theta,\ y,\ \alpha,\ \lambda_i)\\ \dot{\theta}(t)=f_2(v,\ \theta,\ y,\ \alpha,\ \lambda_i)\\ \dot{x}(t)=f_3(v,\ \theta)\\ \dot{y}(t)=f_4(v,\ \theta)\\ \dot{W}_{x1}=f_5(v,\ \theta,\ y,\ \alpha,\ \lambda_i)\\ \dot{W}_{y1}=f_6(v,\ \theta,\ y,\ \alpha,\ \lambda_i)\\ M_{z1}^{\alpha}\cdot\alpha+M_{z1}^{\delta}\cdot a_0^{\varphi}(\theta+\alpha-\varphi_{pr})=0\end{cases}\tag{7-1-10}$$

在方程组(7-1-10)中,第五、六式独立,其余五式包含 $v$、$\theta$、$x$、$y$、$\alpha$ 五个未知参数。如果在标准条件下,对给定起始条件用数值积分式(7-1-10),则可解出标准弹道运动参数:

$$\tilde{v}(t),\ \tilde{\theta}(t),\ \tilde{x}(t),\ \tilde{y}(t),\ \tilde{\alpha}(t),\ \tilde{W}_{x1}(t),\ \tilde{W}_{y1}(t)$$

实际情况下,飞行条件将偏离标准条件,则运动参数的等时偏差为

$$\begin{cases}\delta v(t)=v(t)-\tilde{v}(t)\\ \delta\theta(t)=\theta(t)-\tilde{\theta}(t)\\ \delta x(t)=x(t)-\tilde{x}(t)\\ \delta y(t)=y(t)-\tilde{y}(t)\\ \delta\alpha(t)=\alpha(t)-\tilde{\alpha}(t)\\ \delta W_{x1}(t)=W_{x1}(t)-\tilde{W}_{x1}(t)\\ \delta W_{y1}(t)=W_{y1}(t)-\tilde{W}_{y1}(t)\end{cases}$$

根据变分与微分算子的可交换律,等时偏差的导数等于导数的等时偏差,即

$$\frac{\mathrm{d}}{\mathrm{d}t}\delta v(t)=\delta\dot{v}(t)$$

以 $\tilde{\lambda}_i$ 表示标准飞行条件;$\lambda_i$ 表示实际飞行条件。则 $\delta\lambda_i=\lambda_i-\tilde{\lambda}_i$ 为扰动,在小扰动情况下,可将实际弹道在标准弹道附近展开,则

$$\begin{cases}\delta\dot{v}=a_{11}\delta v+a_{12}\delta\theta+a_{13}\delta y+a_{14}\delta\alpha+\sum\limits_{i=1}^{n}\dfrac{\partial f_1}{\partial\lambda_i}\delta\lambda_i\\ \delta\dot{\theta}=a_{21}\delta v+a_{22}\delta\theta+a_{23}\delta y+a_{24}\delta\alpha+\sum\limits_{i=1}^{n}\dfrac{\partial f_2}{\partial\lambda_i}\delta\lambda_i\\ \delta\dot{y}=a_{31}\delta v+a_{32}\delta\theta\\ \delta\dot{x}=a_{41}\delta v+a_{42}\delta\theta\\ a_{51}\delta v+a_{52}\delta\theta+a_{53}\delta y+a_{54}\delta\alpha+\sum\limits_{i=1}^{n}\dfrac{\partial M_{z1}}{\partial\lambda_i}\delta\lambda_i=0\end{cases}\tag{7-1-11}$$

$$\begin{cases} \delta \dot{W}_{x1} = a_{61}\delta v + a_{62}\delta\theta + a_{63}\delta y + a_{64}\delta\alpha + \sum_{i=1}^{n} \dfrac{\partial f_5}{\partial \lambda_i}\delta\lambda_i \\ \delta \dot{W}_{y1} = a_{71}\delta v + a_{72}\delta\theta + a_{73}\delta y + a_{74}\delta\alpha + \sum_{i=1}^{n} \dfrac{\partial f_6}{\partial \lambda_i}\delta\lambda_i \end{cases}$$

其中，$\sum_{i=1}^{n} \frac{\partial f_1}{\partial \lambda_i}\delta\lambda_i$、$\sum_{i=1}^{n} \frac{\partial f_2}{\partial \lambda_i}\delta\lambda_i$、$\sum_{i=1}^{n} \frac{\partial M_{z1}}{\partial \lambda_i}\delta\lambda_i$、$\sum_{i=1}^{n} \frac{\partial f_5}{\partial \lambda_i}\delta\lambda_i$、$\sum_{i=1}^{n} \frac{\partial f_6}{\partial \lambda_i}\delta\lambda_i$ 为由诸扰动因素而产生的 $\dot{v}$、$\dot{\theta}$、$M_{z1}$、$W_{x1}$、$W_{y1}$ 的增量，分别令其为 $\varepsilon_v$、$\varepsilon_\theta$、$M_D$、$\varepsilon_{Wx}$、$\varepsilon_{Wy}$，并从第五式中解出 $\delta\alpha = -\frac{1}{a_{54}}(a_{51}\delta v + a_{52}\delta\theta + a_{53}\delta y + M_D)$，代入式(7－1－11)消去 $\delta\alpha$，则得

$$\frac{\mathrm{d}\boldsymbol{\xi}}{\mathrm{d}t} = \boldsymbol{A}\boldsymbol{\xi} + \boldsymbol{F} \tag{7-1-12}$$

其中，$\xi = [\delta v,\ \delta\theta,\ \delta y,\ \delta x,\ \delta W_{x1},\ \delta W_{y1}]^{\mathrm{T}}$；$\boldsymbol{F} = [\varepsilon'_v,\ \varepsilon'_\theta,\ 0,\ 0,\ \varepsilon'_{Wx},\ \varepsilon'_{Wy}]^{\mathrm{T}}$；

$$\boldsymbol{A} = \begin{bmatrix} a'_{11} & a'_{12} & a'_{13} & 0 & 0 & 0 \\ a'_{21} & a'_{22} & a'_{23} & 0 & 0 & 0 \\ a'_{31} & a'_{32} & 0 & 0 & 0 & 0 \\ a'_{41} & a'_{42} & 0 & 0 & 0 & 0 \\ a'_{61} & a'_{62} & a'_{63} & 0 & 0 & 0 \\ a'_{71} & a'_{72} & a'_{73} & 0 & 0 & 0 \end{bmatrix}$$

故

$$\boldsymbol{\xi} = \boldsymbol{\phi}(t,\ t_0)\boldsymbol{\xi}(t_0) + \int_{t_0}^{t} \boldsymbol{\phi}(t,\ \tau)\boldsymbol{F}(\tau)\,\mathrm{d}\tau \tag{7-1-13}$$

其中，$\boldsymbol{\phi}(t,\ \tau)$ 为状态转移矩阵。

给出各参数的初始偏差，根据方程式(7－1－13)可以计算任意时间的运动参数偏差。

### 7.1.4　弹体结构参数偏差对主动段弹道的影响

影响主动段弹道特性的因素很多，诸如发射条件偏差（$\Delta B_0$，$\Delta\lambda_0$，$\Delta A_0$，$\Delta h_0$）、环境的变化（$T$，$p$，$\rho$）、所采用的引力模型、风的影响和弹体结构参数的偏差等。本节仅研究弹体结构参数偏差对主动段弹道的影响。

1. *弹体结构参数的偏差*

结构参数的偏差是由安装和制造误差引起的，对于一个二级火箭，其主要的结构参数偏差为

$\Delta\lambda_1 = \Delta G_{01}$，　　一级重量偏差

$\Delta\lambda_2 = \Delta \dot{G}_1$，　　一级秒耗量偏差

$\Delta\lambda_3 = \Delta P_{sp01}$，　　一级真空有效比推力偏差

$\Delta\lambda_4 = \Delta\left(\frac{1}{2}\rho_0 S_{\max}\right)$, 主动段气动力特征系数偏差

$\Delta\lambda_5 = \Delta i = \frac{C_x - \tilde{C}_x}{\tilde{C}_x}$, 主动段弹性系数偏差

$\Delta\lambda_6 = \Delta(\sigma_a p_0)_1$, 二级发动机高度特征系数偏差

$\Delta\lambda_7 = \Delta\varphi_{pr}$, 主动段程序角偏差

$\Delta\lambda_8 = \Delta G_{02}$, 二级重量偏差

$\Delta\lambda_9 = \Delta\dot{G}_2$, 二级秒耗量偏差

$\Delta\lambda_{10} = \Delta p_{sp02}$, 二级真空有效比推力偏差

$\Delta\lambda_{11} = \Delta v_{z0}$, 一级后效冲量偏差引起二级初始速度偏差

$\Delta\lambda_{12} = \Delta W_{l1}$, 一级预令关机点视速度误差

根据式(7-1-9),可求出 $\frac{\partial f_i}{\partial\lambda_j}$ ($i=1, 2, \cdots, 6$; $j=1, 2, \cdots, 12$),故方程式(7-1-12)中的扰动项为

$$\boldsymbol{F} = \begin{bmatrix} \varepsilon'_v \\ \varepsilon'_\theta \\ \vdots \\ \varepsilon'_{wx} \\ \varepsilon'_{wy} \end{bmatrix} = \begin{bmatrix} \frac{\partial f_1}{\partial\lambda_1} \cdots \frac{\partial f_1}{\partial\lambda_{12}} \\ \frac{\partial f_2}{\partial\lambda_1} \cdots \frac{\partial f_2}{\partial\lambda_{12}} \\ \vdots \quad \ddots \quad \vdots \\ \frac{\partial f_5}{\partial\lambda_1} \cdots \frac{\partial f_5}{\partial\lambda_{12}} \\ \frac{\partial f_6}{\partial\lambda_1} \cdots \frac{\partial f_6}{\partial\lambda_{12}} \end{bmatrix} \begin{bmatrix} \delta\lambda_1 \\ \vdots \\ \delta\lambda_{12} \end{bmatrix} \tag{7-1-14}$$

再代入方程式(7-1-13),可求出等时偏差 $\delta v$、$\delta\theta$、$\delta y$、$\delta x$、$\delta W_{x1}$、$\delta W_{y1}$。如果不考虑起始条件的偏差,则分别可简记为

$$\begin{cases} \delta v = \sum_{k=1}^{12} \xi_{1k} \cdot \delta\lambda_k \\ \delta\theta = \sum_{k=1}^{12} \xi_{2k} \cdot \delta\lambda_k \\ \delta y = \sum_{k=1}^{12} \xi_{3k} \cdot \delta\lambda_k \\ \delta x = \sum_{k=1}^{12} \xi_{4k} \cdot \delta\lambda_k \\ \delta W_{x1} = \sum_{k=1}^{12} \xi_{5k} \cdot \delta\lambda_k \\ \delta W_{y1} = \sum_{k=1}^{12} \xi_{6k} \cdot \delta\lambda_k \end{cases} \tag{7-1-15}$$

2. 射程等时偏差

如果主动段终点是在实际飞行时间 $t_k$ 等于标准飞行时间 $\tilde{t}_k$ 时关机，则利用式(7-1-15)，可得由结构参数所引起的射程等时偏差：

$$\begin{aligned}\delta L &= \frac{\partial L}{\partial v_k}\cdot\delta v_k + \frac{\partial L}{\partial \theta_k}\cdot\delta\theta_k + \frac{\partial L}{\partial y_k}\cdot\delta y_k + \frac{\partial L}{\partial x_k}\cdot\delta x_k \\ &= \frac{\partial L}{\partial v_k}\sum_{i=1}^{12}\xi_{1i}\delta\lambda_i + \frac{\partial L}{\partial \theta_k}\sum_{i=1}^{12}\xi_{2i}\delta\lambda_i + \frac{\partial L}{\partial y_k}\sum_{i=1}^{12}\xi_{3i}\delta\lambda_i + \frac{\partial L}{\partial x_k}\sum_{i=1}^{12}\xi_{4i}\delta\lambda_i \\ &= \sum_{i=1}^{12} Z_i\delta\lambda_i\end{aligned} \tag{7-1-16}$$

3. 非等时关机的射程偏差

如果不采用等时关机，实际发动机关机时间 $t_k = \tilde{t}_k + \Delta t_k$，而以 $\Delta v_k$、$\Delta\theta_k$、$\Delta x_k$、$\Delta y_k$、$\Delta W_{xk}$、$\Delta W_{yk}$ 表示此时的运动量偏差，那么

$$\Delta v_k = \delta v_k + \dot{v}(\tilde{t}_k)\cdot\Delta t_k = \sum_{i=1}^{12}\xi_{1i}\cdot\delta\lambda_i + \dot{v}(\tilde{t}_k)\cdot\Delta t_k \tag{7-1-17}$$

其他同理，形式一致。由此而引起的射程偏差为

$$\Delta L = \delta L + \dot{L}\cdot\Delta t_k = \sum_{i=1}^{12} Z_i\cdot\delta\lambda_i + \dot{L}\cdot\Delta t_k \tag{7-1-18}$$

其中，

$$\dot{L} = \frac{\partial L}{\partial v_k}\dot{v}(\tilde{t}_k) + \frac{\partial L}{\partial \theta_k}\dot{\theta}(\tilde{t}_k) + \frac{\partial L}{\partial y_k}\dot{y}(\tilde{t}_k) + \frac{\partial L}{\partial x_k}\dot{x}(\tilde{t}_k)$$

分析结构参数偏差对最大射程推进剂影响时，往往按“推进剂消耗量”控制发动机关机，设实际推进剂为 $Q$，标准推进剂为 $\tilde{Q}$，则按“推进剂消耗量”控制发动机关机，即为

$$Q(\tilde{t}_k + \Delta t_k) - \tilde{Q}(\tilde{t}_k) = 0$$

式中，

$$\begin{aligned}Q(\tilde{t}_k + \Delta t_k) &= Q(\tilde{t}_k) + \left.\frac{\mathrm{d}Q}{\mathrm{d}t}\right|_{t=\tilde{t}_k}\cdot\Delta t_k \\ &= Q_0 - \dot{G}\tilde{t}_k - \dot{G}(\tilde{t}_k)\cdot\Delta t_k\end{aligned}$$

$$\tilde{Q}(\tilde{t}_k) = \tilde{Q}_0 - \tilde{\dot{G}}\cdot\tilde{t}_k$$

$$Q(\tilde{t}_k + \Delta t_k) - \tilde{Q}(\tilde{t}_k) = Q_0 - \tilde{Q}_0 - \dot{G}\tilde{t}_k + \tilde{\dot{G}}\tilde{t}_k - \dot{G}(\tilde{t}_k)\cdot\Delta t_k = 0$$

即

$$\delta Q_0 - \delta\dot{G}\cdot\tilde{t}_k - \dot{G}(\tilde{t})\cdot\Delta t_k = 0$$

所以，

$$\Delta t_k = \frac{1}{\dot{G}(\tilde{t}_k)}(\delta Q_0 - \delta\dot{G}\cdot\tilde{t}_k) \tag{7-1-19}$$

将式(7－1－19)代入式(7－1－18),即可求出射程偏差 $\Delta L$。

4. 利用共轭方程求射程偏差

用以上方法求射程偏差,需要求出状态方程式(7－1－12)的状态转移矩阵,并积分式(7－1－13),实际上可利用共轭方程来求射程偏差。

等时射程偏差为

$$\delta L = \frac{\partial L}{\partial v_k}\cdot\delta v_k + \frac{\partial L}{\partial \theta_k}\cdot\delta\theta_k + \frac{\partial L}{\partial y_k}\cdot\delta y_k + \frac{\partial L}{\partial x_k}\cdot\delta x_k$$

其中,$\delta v_k$、$\delta\theta_k$、$\delta y_k$、$\delta x_k$ 为方程在 $t = \tilde{t}_k$ 时的解。

如果设

$$\frac{\mathrm{d}\boldsymbol{\xi}}{\mathrm{d}t} = \boldsymbol{A\xi} + \boldsymbol{F}$$

的共轭方程为

$$\frac{\mathrm{d}\boldsymbol{Z}}{\mathrm{d}t} = -\boldsymbol{A}^{\mathrm{T}}\boldsymbol{Z}$$

则

$$\boldsymbol{Z}^{\mathrm{T}}\frac{\mathrm{d}\boldsymbol{\xi}}{\mathrm{d}t} = \boldsymbol{Z}^{\mathrm{T}}\boldsymbol{A\xi} + \boldsymbol{Z}^{\mathrm{T}}\boldsymbol{F} \tag{7-1-20}$$

而

$$\boldsymbol{\xi}^{\mathrm{T}}\frac{\mathrm{d}\boldsymbol{Z}}{\mathrm{d}t} = -\boldsymbol{\xi}^{\mathrm{T}}\boldsymbol{A}^{\mathrm{T}}\boldsymbol{Z} \Rightarrow \left(\frac{\mathrm{d}\boldsymbol{Z}}{\mathrm{d}t}\right)^{\mathrm{T}}\boldsymbol{\xi} = -\boldsymbol{Z}^{\mathrm{T}}\boldsymbol{A\xi} \tag{7-1-21}$$

由式(7－1－20)加式(7－1－21)可得

$$\boldsymbol{Z}^{\mathrm{T}}\frac{\mathrm{d}\boldsymbol{\xi}}{\mathrm{d}t} + \left(\frac{\mathrm{d}\boldsymbol{Z}}{\mathrm{d}t}\right)^{\mathrm{T}}\boldsymbol{\xi} = \boldsymbol{Z}^{\mathrm{T}}\boldsymbol{F}$$

即

$$\frac{\mathrm{d}(\boldsymbol{Z}^{\mathrm{T}}\boldsymbol{\xi})}{\mathrm{d}t} = \boldsymbol{Z}^{\mathrm{T}}\boldsymbol{F}$$

两边积分:

$$\boldsymbol{Z}^{\mathrm{T}}\boldsymbol{\xi}\Big|_{t_0}^{\tilde{t}_k} = \int_{t_0}^{\tilde{t}_k}\boldsymbol{Z}^{\mathrm{T}}\boldsymbol{F}\cdot\mathrm{d}t$$

则

$$Z_{1k}\cdot\delta v_k + Z_{2k}\cdot\delta\theta_k + Z_{3k}\cdot\delta y_k + Z_{4k}\cdot\delta x_k =$$

$$Z_{10} \cdot \delta v_0 + Z_{20} \cdot \delta \theta_0 + Z_{30} \cdot \delta y_0 + Z_{40} \cdot \delta x_0 + \int_{t_0}^{\tilde{t}_k} \boldsymbol{Z}^{\mathrm{T}} \boldsymbol{F} \mathrm{d}t \tag{7-1-22}$$

其中，$t_0$ 为发射瞬间，$\delta v_0 = \delta \theta_0 = \delta y_0 = \delta x_0 = 0$。如果选择 $Z_{1k} = \dfrac{\partial L}{\partial v_k}$、$Z_{2k} = \dfrac{\partial L}{\partial \theta_k}$、$Z_{3k} = \dfrac{\partial L}{\partial y_k}$、$Z_{4k} = \dfrac{\partial L}{\partial x_k}$，由式(7-1-22)可得

$$\delta L = Z_{1k} \cdot \delta v_k + Z_{2k} \cdot \delta \theta_k + Z_{3k} \cdot \delta y_k + Z_{4k} \cdot \delta x_k = \int_{t_0}^{\tilde{t}_k} \boldsymbol{Z}^{\mathrm{T}} \boldsymbol{F} \mathrm{d}t \tag{7-1-23}$$

这样，求出射程等时偏差后，由

$$\Delta L = \delta L + \dot{L} \Delta t_k$$

即可求出任一种关机情况下的射程偏差。

## 7.2　摄动制导的基本原理

### 7.2.1　弹头落点偏差控制原理

弹道导弹应能以所要求的精度命中在其射程范围内的目标，射程控制器则利用发射前装订的参数，根据所选定的制导方式进行射程控制，以保证导弹射程与发射点到目标之间的距离相等。

导弹的射程可以用发动机关机时刻 $t_k$ 时弹的运动参量来确定。设在 $t_k$ 瞬间弹相对于发射系 $oxyz$ 的运动参量为

$$\begin{cases} \boldsymbol{r}_k = \boldsymbol{r}(t_k) = (x_k,\ y_k,\ z_k)^{\mathrm{T}} \\ \dot{\boldsymbol{r}}_k = \dot{\boldsymbol{r}}(t_k) = (v_{xk},\ v_{yk},\ v_{zk})^{\mathrm{T}} \end{cases} \tag{7-2-1}$$

即 $L_{全} = L_{全}(\boldsymbol{r}_k,\ \dot{\boldsymbol{r}}_k)$。

如果用 $ox_a y_a z_a$ 表示发射惯性坐标系，在 $t_k$ 瞬间其运动参量为

$$\begin{cases} \boldsymbol{r}_{ak} = \boldsymbol{r}_a(t_k) = (x_{ak},\ y_{ak},\ z_{ak})^{\mathrm{T}} \\ \dot{\boldsymbol{r}}_{ak} = \dot{\boldsymbol{r}}_a(t_k) = (\dot{x}_{ak},\ \dot{y}_{ak},\ \dot{z}_{ak})^{\mathrm{T}} = (v_{axk},\ v_{ayk},\ v_{azk})^{\mathrm{T}} \end{cases} \tag{7-2-2}$$

由于目标随地球旋转，故在地球上的全射程 $L_{全}$，不仅与绝对参数 $\boldsymbol{r}_{ak}$、$\dot{\boldsymbol{r}}_{ak}$ 有关，而且与主动段关机时间 $t_k$ 有关：

$$L_{全} = L_{全}(\boldsymbol{r}_{ak},\ \dot{\boldsymbol{r}}_{ak},\ t_k) \tag{7-2-3}$$

如果在发射坐标系内进行标准弹道计算，设发动机关机时间为 $\tilde{t}_k$，运动参量为 $\tilde{\boldsymbol{r}}_k$、$\tilde{\dot{\boldsymbol{r}}}_k$，则由此而确定的标准弹道射程为

$$\tilde{L}_{全} = \tilde{L}_{全}(\tilde{\boldsymbol{r}}_k,\ \tilde{\dot{\boldsymbol{r}}}_k) \tag{7-2-4}$$

在发射惯性系内表示为

$$\tilde{L}_{全} = \tilde{L}_{全}(\tilde{\boldsymbol{r}}_{ak}, \tilde{\dot{\boldsymbol{r}}}_{ak}, \tilde{t}_k) \tag{7-2-5}$$

标准弹道射程 $\tilde{L}_{全}$ 即是对目标进行射击时所要求的射程。射程控制问题即是使：

$$L_{全}(\boldsymbol{r}_k, \dot{\boldsymbol{r}}_k) = \tilde{L}_{全}(\tilde{\boldsymbol{r}}_k, \tilde{\dot{\boldsymbol{r}}}_k) \text{ 或 } L_{全}(\boldsymbol{r}_{ak}, \dot{\boldsymbol{r}}_{ak}, t_k) = \tilde{L}_{全}(\tilde{\boldsymbol{r}}_{a_k}, \tilde{\dot{\boldsymbol{r}}}_{a_k}, \tilde{t}_k) \tag{7-2-6}$$

### 7.2.2 弹头落点偏差控制方法

简单而容易想到的射程控制方法是使发动机关机时刻 $t_k$ 与标准弹道的关机时刻相等,即

$$t_k = \tilde{t}_k \tag{7-2-7}$$

但由于扰动因素的影响, $t_k = \tilde{t}_k$ 时,射程将存在等时偏差：

$$\delta L \approx \frac{\partial L}{\partial \boldsymbol{r}_k}\delta \boldsymbol{r}_k + \frac{\partial L}{\partial \dot{\boldsymbol{r}}_k}\delta \dot{\boldsymbol{r}}_k \tag{7-2-8}$$

因为是在标准弹道上展开的,式中偏导数都是对标准弹道的偏导数,即各偏导数中的运动参量都是标准弹道的运动参量 $\delta x_k$、$\delta y_k$、$\delta \dot{x}_k$、$\delta \dot{y}_k$($\delta x_{ak}$、$\delta y_{ak}$、$\delta \dot{x}_{ak}$、$\delta \dot{y}_{ak}$),表示关机点弹的相对(或绝对)弹道纵平面运动参量的等时偏差对射程等时偏差的影响,而 $\delta z_k$、$\delta z_{ak}$ 则表示弹道侧平面的等时偏差。计算表明,可以将导弹的运动分解成为纵平面运动和侧平面运动两个互相独立的运动来考虑。

当弹上法向与横向稳定系统正常工作时,可将弹头落点偏差分成射程偏差 $\Delta L$(纵向)和横向偏差 $\Delta H$(侧向),则

$$\begin{cases}\Delta L = L(x_k, y_k, v_k, \theta_k) - \tilde{L}(\tilde{x}_k, \tilde{y}_k, \tilde{v}_k, \tilde{\theta}_k)\\ \Delta H = H(x_k, z_k, v_k, \sigma_k) - \tilde{H}(\tilde{x}_k, \tilde{z}_k, \tilde{v}_k, \tilde{\sigma}_k)\end{cases} \tag{7-2-9}$$

对于发射惯性坐标系,情形与之类似。

射程控制坐标系统的任务在于正确选择关机点参数,使 $\Delta L \to 0$、$\Delta H \to 0$。具体的有按时间关机、按速度关机、按射程关机等多种射程控制方案。

## 7.3 按速度关机的射程控制方案

### 7.3.1 速度关机方程

按时间关机的射程控制方案相对来说最为简单,但却存在较大的射程偏差,根据射程偏差方程：

$$\delta L = \frac{\partial L}{\partial x_k}\delta x_k + \frac{\partial L}{\partial y_k}\delta y_k + \frac{\partial L}{\partial v_{xk}}\delta v_{xk} + \frac{\partial L}{\partial v_{yk}}\delta v_{yk} \tag{7-3-1}$$

或

$$\delta L = \frac{\partial L}{\partial x_k}\delta x_k + \frac{\partial L}{\partial y_k}\delta y_k + \frac{\partial L}{\partial v_k}\delta v_k + \frac{\partial L}{\partial \theta_k}\delta \theta_k \tag{7-3-2}$$

式中前两项是由于关机点坐标偏差而引起的射程偏差,后两项是由于速度偏差而引起的射程偏差,它们前面的偏导数称为误差传递系数。

研究表明,射程对坐标的偏导数 $\frac{\partial L}{\partial r_k}$ 比较小,而射程对速度的偏导数 $\frac{\partial L}{\partial v_k}$ 则较大,对于近程导弹来说,在最佳射角附近 $\frac{\partial L}{\partial \theta_k}$ 不大,且主动段飞行程序保证了 $\delta\theta_k$ 值比较小,故射程偏差的主要原因是 $\frac{\partial L}{\partial v_k}\delta v_k$,这启发我们考虑能否用速度关机的方案。

设弹上有测量装置,能测出实际飞行速度 $\boldsymbol{v}$ 的大小 $v$,然后与标准弹道关机速度 $\tilde{v}_k$ 比较,二者相等时关机,则关机方程为

$$v_k = \tilde{v}_k \tag{7-3-3}$$

控制方案示意图如图 7-3-1 所示,此时主动段终点的速度偏差为

$$\Delta v_k = v_k - \tilde{v}_k = 0 \tag{7-3-4}$$

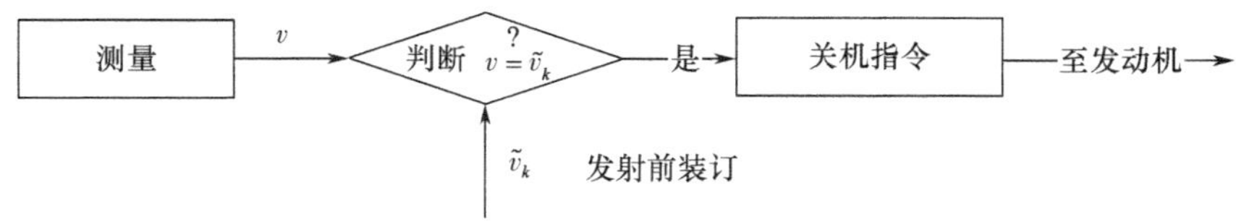


**图 7-3-1　按速度关机方案示意图**

由于按速度关机,关机时刻 $t_k$ 与标准关机时刻不等,有一时间偏差 $\Delta t_k$:

$$\Delta t_k = t_k - \tilde{t}_k \tag{7-3-5}$$

$\Delta t_k$ 应为小偏差,则

$$v_k = v(t_k) = v(\tilde{t}_k + \Delta t_k) = v(\tilde{t}_k) + \dot{v}(\tilde{t}_k)\Delta t_k$$

则

$$\Delta v_k = v_k - \tilde{v}_k = v(\tilde{t}_k) - \tilde{v}_k + \dot{v}(\tilde{t}_k)\Delta t_k = \delta v_k + \dot{v}\Delta t_k \tag{7-3-6}$$

按速度关机 $\Delta v_k = 0$, 故

$$\Delta t_k = -\frac{\delta v_k}{\dot{v}_k} \approx -\frac{\delta v_k}{\dot{\tilde{v}}_k} \tag{7-3-7}$$

正是有了这一时间偏差 $\Delta t_k$,对等时关机的射程偏差起到了补偿作用,使按速度关机的射

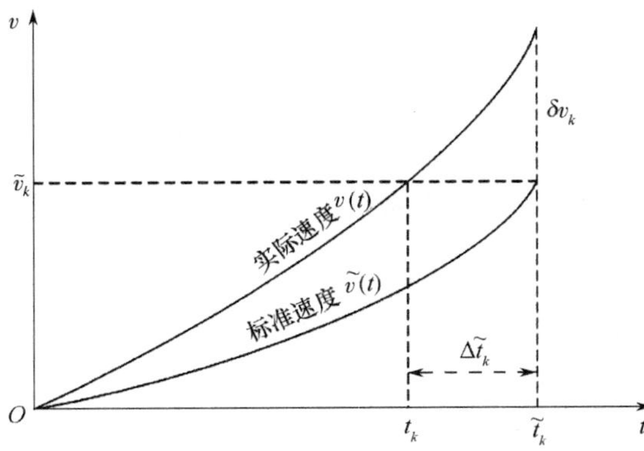

图 7-3-2　按速度关机与按时间关机的比较

程偏差小于按时间关机的射程偏差,下面加以说明。

如图 7-3-2 所示,设主动段在干扰作用下,实际弹道 $v$ 比标准弹道 $\tilde{v}$ 大,若按时间关机,$t=\tilde{t}_k$ 时产生速度偏差 $\delta v_k > 0$,而使 $\delta L > 0$;若按速度关机,关机时间为 $t_k$,比 $\tilde{t}_k$ 提前了 $\Delta t_k$,使射程偏差减小。射程偏差 $\Delta L$ 是否确实小于 $\delta L$ 需要进一步研究,为此,首先导出按速度关机时的射程偏差公式,然后再与按时间关机的射程偏差公式进行比较。

## 7.3.2　方法误差分析

1. 按速度关机时的射程偏差计算公式

在按速度关机的条件下,主动段终点运动参数对标准弹道主动段终点运动参数的偏差为

$$\begin{cases}\Delta v_k = v_k - \tilde{v}_k = v(t_k) - \tilde{v}(\tilde{t}_k) = 0 \\ \Delta\theta = \theta_k - \tilde{\theta}_k = \theta(t_k) - \tilde{\theta}(\tilde{t}_k) \\ \Delta x_k = x_k - \tilde{x}_k = x(t_k) - \tilde{x}(\tilde{t}_k) \\ \Delta y_k = y_k - \tilde{y}_k = y(t_k) - \tilde{y}(\tilde{t}_k)\end{cases} \tag{7-3-8}$$

$$\Delta L = L(x_k,\ y_k,\ v_k,\ \theta_k) - \tilde{L}(\tilde{x}_k,\ \tilde{y}_k,\ \tilde{v}_k,\ \tilde{\theta}_k)$$

将按速度关机的实际射程在按标准弹道附近展开,并取到一阶项,则

$$L(x_k,\ y_k,\ v_k,\ \theta_k) = \tilde{L}(\tilde{x}_k,\ \tilde{y}_k,\ \tilde{v}_k,\ \tilde{\theta}_k) + \frac{\partial L}{\partial \theta_k}\Delta\theta_k + \frac{\partial L}{\partial x_k}\Delta x_k + \frac{\partial L}{\partial y_k}\Delta y_k$$

即

$$\Delta L = \frac{\partial L}{\partial \theta_k}\Delta\theta_k + \frac{\partial L}{\partial x_k}\Delta x_k + \frac{\partial L}{\partial y_k}\Delta y_k \tag{7-3-9}$$

式中,$\Delta\theta_k$、$\Delta x_k$、$\Delta y_k$ 为按速度关机的实际弹道关机时刻运动参数对标准弹道关机时刻运动参数的偏差。

2. 按速度关机的射程偏差 $\Delta L$ 与按时间关机的射程偏差 $\delta L$ 比较

按速度关机时,

$$\Delta t_k = -\frac{\delta v_k}{\dot{v}_k} \approx -\frac{\delta v_k}{\dot{\tilde{v}}_k} \tag{7-3-10}$$

故

$$\Delta\theta_k = \theta(t_k) - \tilde{\theta}(\tilde{t}_k) = \theta(\tilde{t}_k) + \dot{\theta}(\tilde{t}_k)\cdot\Delta t_k - \tilde{\theta}(\tilde{t}_k) = \delta\theta_k - \frac{\dot{\theta}_k}{\dot{v}_k}\delta v_k$$

同理：

$$\begin{cases} \Delta x_k = \delta x_k - \dfrac{\dot{x}_k}{\dot{v}_k}\delta v_k \\ \Delta y_k = \delta y_k - \dfrac{\dot{y}_k}{\dot{v}_k}\delta v_k \end{cases} \tag{7-3-11}$$

代入式(7－3－9)，则得

$$\begin{aligned} \Delta L &= -\frac{1}{\dot{v}_k}\left(\frac{\delta L}{\delta\theta_k}\cdot\dot{\theta}_k + \frac{\delta L}{\delta x_k}\cdot\dot{x}_k + \frac{\delta L}{\delta y_k}\cdot\dot{y}_k\right)\delta v_k + \frac{\partial L}{\partial\theta_k}\cdot\delta\theta_k + \frac{\partial L}{\partial x_k}\cdot\delta x_k + \frac{\partial L}{\partial y_k}\cdot\delta y_k \\ &\approx -\frac{1}{\dot{\tilde{v}}_k}\left(\frac{\delta L}{\delta\theta_k}\cdot\dot{\tilde{\theta}}_k + \frac{\delta L}{\delta x_k}\cdot\dot{\tilde{x}}_k + \frac{\delta L}{\delta y_k}\cdot\dot{\tilde{y}}_k\right)\delta v_k + \frac{\partial L}{\partial\theta_k}\cdot\delta\theta_k + \frac{\partial L}{\partial x_k}\cdot\delta x_k + \frac{\partial L}{\partial y_k}\cdot\delta y_k \end{aligned} \tag{7-3-12}$$

令

$$\left(\frac{\partial L}{\partial v_k}\right)^* = -\frac{1}{\dot{\tilde{v}}_k}\left(\frac{\delta L}{\delta\theta_k}\cdot\dot{\tilde{\theta}}_k + \frac{\delta L}{\delta x_k}\cdot\dot{\tilde{x}}_k + \frac{\delta L}{\delta y_k}\cdot\dot{\tilde{y}}_k\right)$$

则

$$\Delta L = \left(\frac{\partial L}{\partial v_k}\right)^*\delta v_k + \frac{\partial L}{\partial\theta_k}\cdot\delta\theta_k + \frac{\partial L}{\partial x_k}\cdot\delta x_k + \frac{\partial L}{\partial y_k}\cdot\delta y_k \tag{7-3-13}$$

式(7－3－2)与式(7－3－13)相比较，差别只是第一项，举例比较如下。

**例**：设某弹 $\frac{\partial L}{\partial v_k} = 9\ 040\ \mathrm{s}$，$\frac{\partial L}{\partial\theta_k} = 26\ 400\ \mathrm{m}/(°)$，$\frac{\partial L}{\partial x_k} = 1.29$，$\frac{\partial L}{\partial y_k} = 9.59$，$\dot{\tilde{\theta}}_k = -0.043\ 322\ 8°/\mathrm{s}$，$\dot{\tilde{v}}_k = 81.130\ \mathrm{m/s^2}$，$\dot{\tilde{x}}_k = 6\ 527.2\ \mathrm{m/s}$，$\dot{\tilde{y}}_k = 1\ 056.2\ \mathrm{m/s}$，且已知 $\delta v_k = 1\ \mathrm{m/s}$，$\delta\theta_k = 0.01°$，$\delta x_k = 1\ 000\ \mathrm{m}$，$\delta y_k = 1\ 000\ \mathrm{m}$，$\delta t_k = -0.012\ 326\ \mathrm{s}$，则 $\left(\frac{\partial L}{\partial v_k}\right)^* = -214.536\ 23\ \mathrm{s}$，$\Delta L = 10\ 929.45\ \mathrm{m}$，$\delta L = 20\ 184.0\ \mathrm{m}$。

计算表明，$\left|\left(\frac{\partial L}{\partial v_k}\right)^*\right| \ll \left(\frac{\partial L}{\partial v_k}\right)$，故按速度关机所产生的射程偏差 $\Delta L$ 小于按时间关机偏差 $\delta L$，也可用以下形式说明二者关系。

$$\Delta L = -\frac{1}{\dot{\tilde{v}}_k}\left(\frac{\delta L}{\delta v_k}\cdot\dot{\tilde{v}}_k + \frac{\delta L}{\delta\theta_k}\cdot\dot{\tilde{\theta}}_k + \frac{\delta L}{\delta x_k}\cdot\dot{\tilde{x}}_k + \frac{\delta L}{\delta y_k}\cdot\dot{\tilde{y}}_k\right)\delta v_k + \frac{\partial L}{\partial v_k}\cdot\delta v_k + \frac{\partial L}{\partial\theta_k}\cdot\delta\theta_k + \frac{\partial L}{\partial x_k}\cdot\delta x_k + \frac{\partial L}{\partial y_k}\cdot\delta y_k \tag{7-3-14}$$

即可得
$$\Delta L = -\frac{\dot{\tilde{L}}}{\dot{\tilde{v}}_k}\delta v_k + \delta L = \delta L + \dot{\tilde{L}}\Delta t_k$$

当 $\Delta v_k > 0$ 时，$\delta L > 0$ 而 $\Delta t_k < 0$，则 $\Delta L < \delta L$，故按速度关机的方案减小了射程偏差。

这种方案，可以减小射程偏差，但需要对导弹的飞行速度进行测量，因此弹上要有测量速度的设备，在结构上比按时间关机方案要复杂多了。

在射程控制方法中，始终存在着结构的简易性与控制的精确性的矛盾，这一矛盾促进了射程控制技术的发展，而控制的精确性是主要矛盾，应在保证精度的条件下使结构尽可能简单。

## 7.4 按视速度关机的射程控制方案

### 7.4.1 视速度关机方程

按速度关机方案与按时间关机方案比较，前者可以减小射程偏差，有明显的优越性，但在弹上测量飞行速度是困难的，如果在弹上安装加速度计，只能测量导弹的视加速度 $\dot{\boldsymbol{W}}$，如果对视加速度进行积分，只能得到视速度 $\boldsymbol{W}$，不能获得弹的飞行速度 $\boldsymbol{v}$。为得到 $\boldsymbol{v}$，必须计算出沿弹道的引力加速度 $\boldsymbol{g}$，需要复杂的导航计算。

对于中近程导弹来说，由于主动段沿实际弹道的引力加速度 $\boldsymbol{g}$ 与沿标准弹道的引力加速度 $\tilde{\boldsymbol{g}}$ 相差不大，由此引起的射程偏差也小，可以不采用速度关机方案，而采用按视速度关机方案，按视加速度组成关机方程的最简单方案是在弹纵轴方向上固连一加速度计，测得视加速度为

$$\dot{W}_{x1} = a_{x1} - g_{x1} \tag{7-4-1}$$

如果不考虑地球旋转影响：

$$\dot{W}_{x1} = \dot{v}\cos\alpha + v\dot{\theta}\sin\alpha + g\sin\varphi \approx \dot{v} + v\dot{\theta}\alpha + g\sin\varphi \tag{7-4-2}$$

故轴向视速度：

$$W_{x1} \approx v + \int_0^t (v\dot{\theta}\alpha + g\sin\varphi)\mathrm{d}t \tag{7-4-3}$$

如果考虑地球自转，则在轴向的加速度满足：

$$a_{x1} = a_{rx1} + a_{ex1} + a_{kx1}$$

式中，$a_{rx1}$、$a_{ex1}$、$a_{kx1}$ 分别为轴向的相对加速度、牵连加速度与科氏加速度在 $Ox_1$ 方向投影。则

$$a_{rx1} = \dot{v}_{x1} = \dot{v}\cos\alpha + v\dot{\theta}\sin\alpha \approx \dot{v} + \left(v\dot{\theta} - \frac{\dot{v}}{2}\alpha\right)\alpha$$

用 $\boldsymbol{g}^0$ 表示重力，则 $\boldsymbol{g} - \boldsymbol{a}_e = \boldsymbol{g}^0$，$g_{x1} - a_{ex1} = g_{x1}^0$，即

$$-g\sin\varphi - a_{ex1} = -g^0\sin\varphi$$

那么由

$$\dot{\boldsymbol{W}} = \boldsymbol{a} - \boldsymbol{g}$$

$$\dot{\boldsymbol{W}} = \boldsymbol{a}_r + \boldsymbol{a}_e + \boldsymbol{a}_k - \boldsymbol{g}$$

在 $x_1$ 轴上投影,则

$$\dot{W}_{x1} = a_{rx1} + a_{ex1} + a_{kx1} + g\sin\varphi$$

$$\dot{W}_{x1} = \dot{v} + \left(v\dot{\theta} - \frac{\dot{v}}{2}\alpha\right)\alpha + g^0\sin\varphi + a_{kx1}$$

如果令

$$\dot{I}_1 = \left(v\dot{\theta} - \frac{\dot{v}}{2}\alpha\right)\alpha + g^0\sin\varphi + a_{kx1}$$

则

$$\begin{cases} W_{x1} = \dot{v} + \dot{I}_1 \\ W_{x1} = v + I_1 \end{cases} \tag{7-4-4}$$

式中,

$$I_1(t) = \int_0^t \left[\left(v\dot{\theta} - \frac{\dot{v}}{2}\alpha\right)\alpha + g^0\sin\varphi + a_{kx1}\right]\mathrm{d}t \tag{7-4-5}$$

可以看出,视速度 $W_{x1}$ 与速度 $v$ 之间,只差一项 $I_1(t)$,而 $I_1(t)$ 与 $\alpha$、$\varphi$、$v$、$\dot{v}$、$g^0$、$a_{kx1}$ 有关,因而由弹轴方向的一个加速度计来实现按速度关机的方案是困难的。

在关机时刻,式(7-4-4)可写成:

$$\begin{cases} W_{x1k} = \dot{v}_k + \dot{I}_{1k} \\ W_{x1k} = v_k + I_{1k} \end{cases} \tag{7-4-6}$$

研究表明 $I_{1k}$ 为小量,$W_{x1k}$ 与 $v_k$ 很接近。如果以 $W_{xk} = \tilde{W}_{xk}$ 作为关机条件,能否有较好效果,需要进行研究。这时关机点运动参量的偏差为

$$\begin{cases} \Delta W_{x1k} = W_{x1k}(t_k) - \tilde{W}_{x1k}(t_k) = 0 \\ \Delta v_k = v_k(t_k) - \tilde{v}_k(\tilde{t}_k) \\ \Delta\theta_k = \theta_k(t_k) - \tilde{\theta}_k(\tilde{t}_k) \\ \Delta x_k = x_k(t_k) - \tilde{x}_k(\tilde{t}_k) \\ \Delta y_k = y_k(t_k) - \tilde{y}_k(\tilde{t}_k) \\ \Delta t_k = t_k - \tilde{t}_k \end{cases} \tag{7-4-7}$$

根据式(7－4－7)的第一式：

$$\begin{aligned}&W_{x1k}(t_k)-\tilde{W}_{x1k}(t_k)=W_{x1k}(\tilde{t}_k+\Delta t_k)-\tilde{W}_{x1k}(\tilde{t}_k)\\&=W_{x1k}(\tilde{t}_k)-\tilde{W}_{x1k}(\tilde{t}_k)+\dot{\tilde{W}}_{x1k}(\tilde{t}_k)\cdot\Delta t_k=\delta W_{x1k}+\dot{W}_{x1k}(\tilde{t}_k)\cdot\Delta t_k=0\end{aligned}$$

故

$$\Delta t_k=-\frac{\delta W_{x1k}}{\dot{W}_{x1k}}\approx-\frac{\delta W_{x1k}}{\dot{\tilde{W}}_{x1k}}\tag{7-4-8}$$

因为

$$\delta W_{x1k}=\delta v_k+\delta I_{1k}$$

故

$$\Delta t_k=-\frac{\delta v_k}{\dot{\tilde{W}}_{x1k}}-\frac{\delta I_{1k}}{\dot{\tilde{W}}_{x1k}}\tag{7-4-9}$$

与按速度关机类似,正是由于按视速度关机造成了这一时间补偿 $\Delta t_k$，从而使射程偏差与按时间关机的射程偏差比较要小得多,如图 7－4－1 所示。

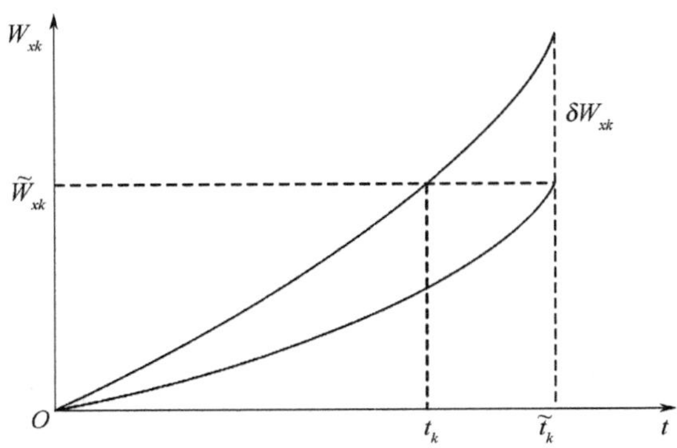


**图 7－4－1　按视速度关机方案示意图**

## 7.4.2　方法误差分析

比较式(7－4－9)与式(7－3－10)：

$$\begin{cases}\Delta t_k=-\dfrac{\delta v_k}{\dot{\tilde{W}}_{x1k}}-\dfrac{\delta I_{1k}}{\dot{\tilde{W}}_{x1k}}, & \text{按视速度关机}\\[2ex]\Delta t_k\approx\dfrac{\delta v_k}{\dot{\tilde{v}}_k}, & \text{按速度关机}\end{cases}\tag{7-4-10}$$

如果近似认为 $\dot{\tilde{W}}_{x1k}=\dot{\tilde{v}}_k$，则按视速度关机方案的时间补偿比按速度关机方案的时间多了一项,下面进行比较。

按视速度关机的射程偏差表达式为

$$\Delta L=\frac{\partial L}{\partial v_k}\Delta v_k+\frac{\partial L}{\partial\theta_k}\Delta\theta_k+\frac{\partial L}{\partial x_k}\Delta x_k+\frac{\partial L}{\partial y_k}\Delta y_k\tag{7-4-11}$$

而

$$\begin{cases}\Delta v_k = \delta v_k + \tilde{\dot{v}}_k \Delta t_k = \left(1 - \dfrac{\tilde{\dot{v}}_k}{\tilde{\dot{W}}_{x1k}}\right)\delta v_k - \dfrac{\tilde{\dot{v}}_k}{\tilde{\dot{W}}_{x1k}}\delta I_{1k} \\ \Delta \theta_k = \delta\theta_k + \tilde{\dot{\theta}}_k \cdot \Delta t_k = \delta\theta_k - \dfrac{\tilde{\dot{\theta}}_k}{\tilde{\dot{W}}_{x1k}}\delta v_k - \dfrac{\tilde{\dot{\theta}}_k}{\tilde{\dot{W}}_{x1k}}\delta I_{1k} \\ \Delta x_k = \delta x_k - \dfrac{\tilde{\dot{x}}_k}{\tilde{\dot{W}}_{x1k}}\delta v_k - \dfrac{\tilde{\dot{x}}_k}{\tilde{\dot{W}}_{x1k}}\delta I_{1k} \\ \Delta y_k = \delta y_k - \dfrac{\tilde{\dot{y}}_k}{\tilde{\dot{W}}_{x1k}}\delta v_k - \dfrac{\tilde{\dot{y}}_k}{\tilde{\dot{W}}_{x1k}}\delta I_{1k}\end{cases} \tag{7-4-12}$$

则

$$\begin{aligned}\Delta L &= \frac{\partial L}{\partial v_k}\delta v_k + \frac{\partial L}{\partial \theta_k}\delta\theta_k + \frac{\partial L}{\partial x_k}\delta x_k + \frac{\partial L}{\partial y_k}\delta y_k - \\ &\quad \left(\frac{\partial L}{\partial v_k}\frac{\tilde{\dot{v}}_k}{\tilde{\dot{W}}_{x1k}} + \frac{\partial L}{\partial \theta_k}\frac{\tilde{\dot{\theta}}_k}{\tilde{\dot{W}}_{x1k}} + \frac{\partial L}{\partial x_k}\frac{\tilde{\dot{x}}_k}{\tilde{\dot{W}}_{x1k}} + \frac{\partial L}{\partial y_k}\frac{\tilde{\dot{y}}_k}{\tilde{\dot{W}}_{x1k}}\right)\cdot \delta v_k \\ &\quad - \left(\frac{\partial L}{\partial v_k}\frac{\tilde{\dot{v}}_k}{\tilde{\dot{W}}_{x1k}} + \frac{\partial L}{\partial \theta_k}\frac{\tilde{\dot{\theta}}_k}{\tilde{\dot{W}}_{x1k}} + \frac{\partial L}{\partial x_k}\frac{\tilde{\dot{x}}_k}{\tilde{\dot{W}}_{x1k}} + \frac{\partial L}{\partial y_k}\frac{\tilde{\dot{y}}_k}{\tilde{\dot{W}}_{x1k}}\right)\cdot \delta I_{1k} \\ &= \delta L - \frac{\dot{L}}{\tilde{\dot{W}}_{x1k}}(\delta v_k + \delta I_{1k}) \\ &= \left(\frac{\partial L}{\partial v_k}\right)^{**}\delta v_k + \frac{\partial L}{\partial \theta_k}\delta\theta_k + \frac{\partial L}{\partial x_k}\delta x_k + \frac{\partial L}{\partial y_k}\delta y_k - \frac{\dot{L}}{\tilde{\dot{W}}_{x1k}}\delta I_{1k}\end{aligned} \tag{7-4-13}$$

其中，

$$\begin{aligned}\left(\frac{\partial L}{\partial v_k}\right)^{**} &= \left(1 - \frac{\tilde{\dot{v}}_k}{\tilde{\dot{W}}_{x1k}}\right)\frac{\partial L}{\partial v_k} - \frac{1}{\tilde{\dot{W}}_{x1k}}\left(\frac{\partial L}{\partial \theta_k}\tilde{\dot{\theta}}_k + \frac{\partial L}{\partial x_k}\tilde{\dot{x}}_k + \frac{\partial L}{\partial y_k}\tilde{\dot{y}}_k\right) \\ &= \frac{\tilde{\dot{I}}_{1k}}{\tilde{\dot{W}}_{x1k}}\frac{\partial L}{\partial v_k} - \frac{1}{\tilde{\dot{W}}_{x1k}}\left(\frac{\partial L}{\partial \theta_k}\tilde{\dot{\theta}}_k + \frac{\partial L}{\partial x_k}\tilde{\dot{x}}_k + \frac{\partial L}{\partial y_k}\tilde{\dot{y}}_k\right) \\ &= \frac{\tilde{\dot{I}}_{1k}}{\tilde{\dot{W}}_{x1k}}\frac{\partial L}{\partial v_k} - \frac{\tilde{\dot{v}}_k}{\tilde{\dot{W}}_{x1k}}\left(\frac{\delta L}{\delta v_k}\right)^{*}\end{aligned}$$

$$
= \frac{\dot{\tilde{I}}_{1k}}{\dot{\tilde{W}}_{x1k}} \left[ \frac{\partial L}{\partial v_k} - \left( \frac{\delta L}{\delta v_k} \right)^* \right] + \left( \frac{\delta L}{\delta v_k} \right)^*
$$

由此知：

$$
\begin{aligned}
\frac{\dot{L}}{\dot{\tilde{W}}_{x1k}} &= \left( \frac{\delta L}{\delta v_k} \right)^{**} - \frac{\delta L}{\delta v_k} = \frac{\dot{\tilde{I}}_{1k}}{\dot{\tilde{W}}_{x1k}} \frac{\partial L}{\partial v_k} - \frac{\dot{\tilde{v}}_k}{\dot{\tilde{W}}_{x1k}} \left( \frac{\delta L}{\delta v_k} \right)^* - \frac{\delta L}{\delta v_k} \\
&= - \frac{\dot{\tilde{v}}_k}{\dot{\tilde{W}}_{x1k}} \frac{\partial L}{\partial v_k} - \frac{\dot{\tilde{v}}_k}{\dot{\tilde{W}}_{x1k}} \left( \frac{\delta L}{\delta v_k} \right)^* \\
&= - \frac{\dot{\tilde{v}}_k}{\dot{\tilde{W}}_{x1k}} \left[ \frac{\partial L}{\partial v_k} - \left( \frac{\partial L}{\partial v_k} \right)^* \right]
\end{aligned} \tag{7-4-14}
$$

$$
\begin{aligned}
\Delta L &= \left\{ \left[ \frac{\partial L}{\partial v_k} - \left( \frac{\partial L}{\partial v_k} \right)^* \right] \cdot \frac{\dot{\tilde{I}}_{1k}}{\dot{\tilde{W}}_{x1k}} + \left( \frac{\partial L}{\partial v_k} \right)^* \right\} \delta v_k + \frac{\partial L}{\partial \theta_k} \delta \theta_k \\
&\quad + \frac{\partial L}{\partial x_k} \delta x_k + \frac{\partial L}{\partial y_k} \delta y_k - \left[ \frac{\partial L}{\partial v_k} - \left( \frac{\partial L}{\partial v_k} \right)^* \right] \cdot \frac{\dot{\tilde{v}}_k}{\dot{\tilde{W}}_{x1k}} \cdot \delta I_{1k} \\
&= \left( \frac{\partial L}{\partial v_k} \right)^* \delta v_k + \frac{\partial L}{\partial \theta_k} \delta \theta_k + \frac{\partial L}{\partial x_k} \delta x_k + \frac{\partial L}{\partial y_k} \delta y_k \\
&\quad + \left[ \frac{\partial L}{\partial v_k} - \left( \frac{\partial L}{\partial v_k} \right)^* \right] \left[ \frac{\dot{\tilde{I}}_{1k}}{\dot{\tilde{W}}_{x1k}} \delta v_k - \frac{\dot{\tilde{v}}_k}{\dot{\tilde{W}}_{x1k}} \delta I_{1k} \right] \\
&= \Delta L_{速} + \left[ \frac{\partial L}{\partial v_k} - \left( \frac{\partial L}{\partial v_k} \right)^* \right] \frac{\dot{\tilde{v}}_k}{\dot{\tilde{W}}_{x1k}} \left( \frac{\dot{\tilde{I}}_{1k}}{\dot{\tilde{W}}_{x1k}} \delta v_k - \delta I_{1k} \right)
\end{aligned} \tag{7-4-15}
$$

故

$$
\begin{aligned}
\Delta L_{视} - \Delta L_{速} &= \left[ \frac{\partial L}{\partial v_k} - \left( \frac{\partial L}{\partial v_k} \right)^* \right] \frac{\dot{\tilde{v}}_k}{\dot{\tilde{W}}_{x1k}} \left( \frac{\dot{\tilde{I}}_{1k}}{\dot{\tilde{W}}_{x1k}} \delta v_k - \delta I_{1k} \right) \\
&= \left[ \frac{\partial L}{\partial v_k} - \left( \frac{\partial L}{\partial v_k} \right)^* \right] \left( \delta v_k - \frac{\dot{\tilde{v}}_k}{\dot{\tilde{W}}_{x1k}} \delta W_{x1k} \right)
\end{aligned} \tag{7-4-16}
$$

通常 $\Delta L - \Delta L_{速} > 0$,其偏差大小取决于等时偏差 $\delta v_k$、$\delta I_{1k}$, $\delta v_k$ 主要是主动段飞行时切

向干扰因素影响的结果，而 $\delta I_{1k}$ 主要是主动段飞行时，法向干扰因素影响的结果。

使射程偏差增大的原因是在关机时利用 $W_{x1k}=\tilde{W}_{x1k}$ 代替了 $v_k=\tilde{v}_k$，因为按速度关机时：

$$v_k = W_{x1k} - I_{1k} = \tilde{v}_k = \tilde{W}_{x1k} - \tilde{I}_{1k}$$

即

$$W_{x1k} - [I_{1k}(\tilde{t}_k) + \dot{I}_{1k}(\tilde{t}_k)\Delta t_k] = \tilde{W}_{x1k} - \tilde{I}_{1k}(\tilde{t}_k)$$

$$W_{x1k} - [I_{1k}(\tilde{t}_k) - \tilde{I}_{1k}(\tilde{t}_k) + \dot{I}_{1k}(\tilde{t}_k)\Delta t_k] = \tilde{W}_{x1k}$$

$$W_{x1k} - [\delta I_{1k} + \dot{I}_{1k}(\tilde{t}_k)\Delta t_k] = \tilde{W}_{x1k}$$

故用轴向视速度关机来代替速度关机，相当于略去了 $[\delta I_{1k} + \dot{I}_{1k}(\tilde{t}_k)\Delta t_k]$，使射程偏差增大。

### 7.4.3　带补偿的视速度关机方案

以上的误差分析启示我们，如果将加速度计所测得的轴向视加速度 $\dot{W}_{x_1}$，人为减去一固定值，例如令

$$\dot{W}_{x1}^* = \dot{W}_{x1} - kg_0^0 \tag{7-4-17}$$

式中，$k$ 为待定系数，可称为补偿系数；$g_0^0 = 9.8\ \mathrm{m/s^2}$ 为常数。

积分式(7-4-17)得

$$W_{x1k}^* = W_{x1k} - kg^0 \cdot t_k$$

如果取

$$W_{x1k}^* = \tilde{W}_{x1k}^* = \tilde{W}_{x1k} - kg_0^0 \cdot \tilde{t}_k \tag{7-4-18}$$

作为关机条件，适当选择补偿系数 $k$，能否减小射程偏差？

令

$$W_{x1k}(t_k) - \tilde{W}_{x1k}(\tilde{t}_k) - kg_0^0 \cdot \tilde{t}_k = 0$$

则

$$\delta W_{x1k}(\tilde{t}_k) + \dot{\tilde{W}}_{x1k}(\tilde{t}_k)\Delta t_k - kg_0^0 \cdot \tilde{t}_k = 0$$

故

$$\Delta t_k = -\frac{\delta W_{xk}(\tilde{t}_k) + kg_0^0 \tilde{t}_k}{\dot{\tilde{W}}_{x1k}} \tag{7-4-19}$$

与以上讨论过程类似：

$$\Delta L^{*}-\Delta L_{速}=\left[\frac{\partial L}{\partial v_k}-\left(\frac{\partial L}{\partial v_k}\right)^{*}\right]\cdot\left(\delta v_k-\frac{\tilde{\dot{v}}_k}{\tilde{\dot{W}}_{x1k}-kg_0^0}\delta W_{x1k}\right) \tag{7-4-20}$$

如果切向干扰是主要的,选择 $k=\frac{\tilde{\dot{I}}_{1k}}{g_0^0}$, 则式(7-4-20)为

$$\Delta L^{*}-\Delta L_{速}=-\left[\frac{\partial L}{\partial v_k}-\left(\frac{\partial L}{\partial v_k}\right)^{*}\right]\cdot\delta I_{1k}$$

此时法向干扰对射程偏差的影响增大,因为,

$$\begin{aligned}\delta v_k-\frac{\tilde{\dot{v}}_k}{\tilde{\dot{W}}_{x1k}-kg_0^0}\delta W_{x1k}&=\delta v_k-\frac{\tilde{\dot{v}}_k}{\tilde{\dot{W}}_{x1k}-kg_0^0}(\delta v_k+\delta I_{1k})\\&=\frac{\tilde{\dot{I}}_{1k}-kg_0^0}{\tilde{\dot{W}}_{x1k}-kg_0^0}\cdot\delta v_k-\frac{\tilde{\dot{v}}_k}{\tilde{\dot{W}}_{x1k}-kg_0^0}\cdot\delta I_{1k}\end{aligned} \tag{7-4-21}$$

所以选择 $k$,可使上式为0,那么,

$$k=\frac{\tilde{\dot{I}}_{1k}-\tilde{\dot{v}}_k\cdot\dfrac{\delta I_{1k}}{\delta v_k}}{g_0^0} \tag{7-4-22}$$

此时 $\Delta L^{*}=\Delta L_{速}$。

但不论是切向干扰 $\delta v_k$,还是法向干扰 $\delta I_{1k}$,都是随机分量,在发射前完全确定是不可能的,只能适当考虑。

这种方案的示意图如图7-4-2所示。

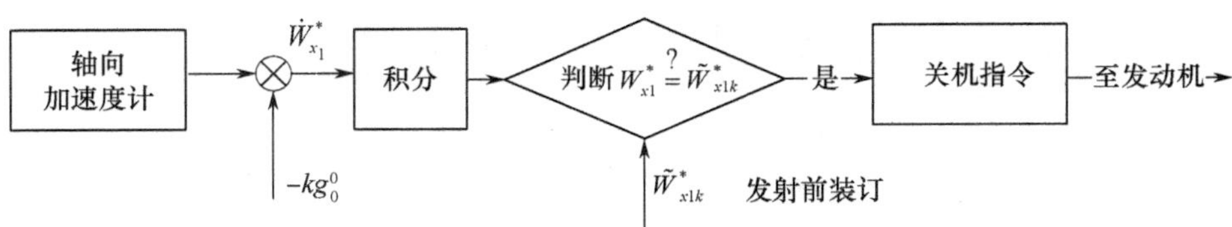


图7-4-2 按视速度关机方案示意图

# 7.5 按射程关机的射程控制方案

## 7.5.1 带补偿的视速度关机方法误差分析

上节研究表明:沿轴向安装一个加速度计,即使采用补偿方法,仍会存在射程偏差 $\Delta L^{*}$。为了提高命中精度,显然必须在弹上增加测量装置,为此首先研究轴向视速度关机

的射程偏差。

$$\begin{aligned}\Delta L &= \frac{\partial L}{\partial v_{xk}}\Delta v_{xk} + \frac{\partial L}{\partial v_{yk}}\Delta v_{yk} + \frac{\partial L}{\partial x_k}\Delta x_k + \frac{\partial L}{\partial y_k}\Delta y_k \\ &= \frac{\partial L}{\partial v_{xk}}(\delta v_{xk} + \dot{\tilde{v}}_{xk}\Delta t_k) + \frac{\partial L}{\partial v_{yk}}(\delta v_{yk} + \dot{\tilde{v}}_{yk}\Delta t_k) \\ &\quad + \frac{\partial L}{\partial x_k}(\delta x_k + \dot{\tilde{x}}_k\Delta t_k) + \frac{\partial L}{\partial y_k}(\delta y_k + \dot{\tilde{y}}_k\Delta t_k) \\ &= \frac{\partial L}{\partial v_{xk}}\delta v_{xk} + \frac{\partial L}{\partial v_{yk}}\delta v_{yk} + \frac{\partial L}{\partial x_k}\delta x_k + \frac{\partial L}{\partial y_k}\delta y_k - \frac{\dot{\tilde{L}}}{\dot{\tilde{W}}_{xk}}\delta W_{xk}\end{aligned} \tag{7-5-1}$$

式中，

$$\dot{\tilde{L}} = \frac{\partial L}{\partial v_{xk}}\dot{\tilde{v}}_{xk} + \frac{\partial L}{\partial v_{yk}}\dot{\tilde{v}}_{yk} + \frac{\partial L}{\partial x_k}\dot{\tilde{x}}_k + \frac{\partial L}{\partial y_k}\dot{\tilde{y}}_k$$

设轴向视加速度为 $\dot{W}_x$，法向视加速度为 $\dot{W}_y$，俯仰角为 $\varphi$，则有

$$\begin{cases}\dot{v}_x = \dot{W}_x\cos\varphi - \dot{W}_y\sin\varphi + g_x \\ \dot{v}_y = \dot{W}_x\sin\varphi + \dot{W}_y\cos\varphi + g_y\end{cases} \tag{7-5-2}$$

故

$$\begin{cases}\delta\dot{v}_x = \cos\tilde{\varphi}\cdot\delta\dot{W}_x - \sin\tilde{\varphi}\cdot\delta\dot{W}_y - (\dot{\tilde{W}}_x\sin\tilde{\varphi} + \dot{\tilde{W}}_y\cos\tilde{\varphi})\cdot\delta\varphi + \delta g_x \\ \delta\dot{v}_y = \sin\tilde{\varphi}\cdot\delta\dot{W}_x + \cos\tilde{\varphi}\cdot\delta\dot{W}_y + (\dot{\tilde{W}}_x\cos\tilde{\varphi} - \dot{\tilde{W}}_y\sin\tilde{\varphi})\cdot\delta\varphi + \delta g_y\end{cases} \tag{7-5-3}$$

式中，$\delta g_x$、$\delta g_y$ 为实际弹道与标准弹道引力项等时偏差在发射坐标系中的分量，值较小，将其略去，则

$$\begin{cases}\delta\dot{v}_x \approx \cos\tilde{\varphi}\cdot\delta\dot{W}_x - \sin\tilde{\varphi}\cdot\delta\dot{W}_y - (\dot{\tilde{W}}_x\sin\tilde{\varphi} + \dot{\tilde{W}}_y\cos\tilde{\varphi})\cdot\delta\varphi \\ \delta\dot{v}_y \approx \sin\tilde{\varphi}\cdot\delta\dot{W}_x + \cos\tilde{\varphi}\cdot\delta\dot{W}_y + (\dot{\tilde{W}}_x\cos\tilde{\varphi} - \dot{\tilde{W}}_y\sin\tilde{\varphi})\cdot\delta\varphi\end{cases} \tag{7-5-4}$$

而

$$\begin{cases}\delta v_{xk} = \int_0^{\tilde{t}_k}\delta\dot{v}_x\mathrm{d}t \\ \delta v_{yk} = \int_0^{\tilde{t}_k}\delta\dot{v}_y\mathrm{d}t\end{cases} \tag{7-5-5}$$

$$\begin{cases}\delta x_k = \int_0^{\tilde{t}_k}\int_0^t\delta\dot{v}_x(\tau)\mathrm{d}\tau\mathrm{d}t \\ \delta y_k = \int_0^{\tilde{t}_k}\int_0^t\delta\dot{v}_y(\tau)\mathrm{d}\tau\mathrm{d}t\end{cases} \tag{7-5-6}$$

利用狄利克雷积分对上式变换：

$$\delta x_k = \int_0^{\tilde{t}_k}\left(\delta\dot{v}_x(\tau)\int_\tau^{\tilde{t}_k}\mathrm{d}t\right)\mathrm{d}\tau = \int_0^{\tilde{t}_k}\delta\dot{v}_x(\tau)(\tilde{t}_k - \tau)\mathrm{d}\tau \tag{7-5-7}$$

同理,

$$\delta y_k = \int_0^{\tilde{t}_k} \delta \dot{v}_y(\tau)(\tilde{t}_k - \tau)\mathrm{d}\tau \tag{7-5-8}$$

将式(7-5-5)、式(7-5-7)、式(7-5-8)代入式(7-5-1):

$$\Delta L = \int_0^{\tilde{t}_k}\left[\left(c_1 - \frac{\dot{\tilde{L}}}{\dot{\tilde{W}}_{xk}}\right)\cdot \delta \dot{W}_x + c_2 \delta \dot{W}_y + (c_2 \dot{\tilde{W}}_x - c_1 \dot{\tilde{W}}_y)\cdot \delta\varphi\right]\mathrm{d}t \tag{7-5-9}$$

其中,

$$\begin{cases} c_1 = \cos\tilde{\varphi}\cdot\dfrac{\partial L}{\partial v_{xk}} + \sin\tilde{\varphi}\dfrac{\partial L}{\partial v_{yk}} + (\tilde{t}_k - t)\cos\tilde{\varphi}\cdot\dfrac{\partial L}{\partial x_k} + (\tilde{t}_k - t)\sin\tilde{\varphi}\cdot\dfrac{\partial L}{\partial y_k} \\ c_2 = -\sin\tilde{\varphi}\dfrac{\partial L}{\partial v_{xk}} + \cos\tilde{\varphi}\dfrac{\partial L}{\partial v_{yk}} - (\tilde{t}_k - t)\sin\tilde{\varphi}\cdot\dfrac{\partial L}{\partial x_k} + (\tilde{t}_k - t)\cos\tilde{\varphi}\cdot\dfrac{\partial L}{\partial y_k} \end{cases}$$

由式(7-5-9)可以看出,如果在弹上可以实时测出轴向视加速度 $\dot{W}_x$、法向视加速度为 $\dot{W}_y$、俯仰角偏差 $\delta\varphi$,则可以完全估算出射程偏差 $\Delta L$。

### 7.5.2 射程关机方程

研究满足 $\Delta L = 0$ 的关机射程控制的补偿方法。为此,可以在关机方程中引入补偿信号 $W^*$,使射程偏差 $\Delta L_{补} = 0$,这时关机方程为

$$W_x(t_k) = \tilde{W}_x(\tilde{t}_k) - W^* \tag{7-5-10}$$

$$\Delta t_k = -\frac{\delta W_x + W^*}{\dot{\tilde{W}}_{xk}} \tag{7-5-11}$$

代入方程式(7-5-1),即使,

$$\Delta L_{补} = \frac{\partial L}{\partial v_{xk}}\delta v_{xk} + \frac{\partial L}{\partial v_{yk}}\delta v_{yk} + \frac{\partial L}{\partial x_k}\delta x_k + \frac{\partial L}{\partial y_k}\delta y_k - \frac{\dot{\tilde{L}}}{\dot{\tilde{W}}_{xk}}(\delta W_{xk} + W^*)$$

则

$$W^* = \int_0^{\tilde{t}_k}[a_1(t)\cdot\delta\dot{W}_x + a_2(t)\delta\dot{W}_y + a_3(t)\delta\varphi]\mathrm{d}t \tag{7-5-12}$$

其中,$a_1(t) = \dfrac{\dot{\tilde{W}}_{xk}}{\dot{\tilde{L}}}c_1 - 1$;$a_2(t) = \dfrac{\dot{\tilde{W}}_{xk}}{\dot{\tilde{L}}}c_2$;$a_3(t) = a_2(t)\dot{\tilde{W}}_{xk} - (a_1 + 1)\dot{\tilde{W}}_{yk}$。

将式(7-5-12)代入式(7-5-10),故关机方程为

$$W_x(t_k) = \tilde{W}_x(\tilde{t}_k) - \int_0^{\tilde{t}_k}[a_1(t)\cdot\delta\dot{W}_x + a_2(t)\delta\dot{W}_y + a_3(t)\delta\varphi]\mathrm{d}t \tag{7-5-13}$$

如果不考虑 $\delta g_x$、$\delta g_y$ 和工具误差的影响，利用式（7－5－13）关机，应能使射程偏差为 0。

由 $\delta g_x$、$\delta g_y$ 引起的射程偏差为

$$\Delta L_g = \int_0^{\tilde{t}_k} \left\{ \left[ \frac{\partial L}{\partial v_{xk}} + (\tilde{t}_k - t) \frac{\partial L}{\partial x_k} \right] \cdot \delta g_x + \left[ \frac{\partial L}{\partial v_{yk}} + (\tilde{t}_k - t) \frac{\partial L}{\partial y_k} \right] \cdot \delta g_y \right\} \mathrm{d}t \tag{7-5-14}$$

这个由引力加速度等时偏差引起的射程偏差，随射程增大而增大。

**例：** 设某导弹主动段关机点弹道参数为

$$\tilde{r}_k = 6\,472.84 \text{ km},\ \tilde{x}_{ak} = 118.93 \text{ km},\ \tilde{y}_{ak} = 100.63 \text{ km},\ \tilde{t}_k = 250 \text{ s}$$

$$\frac{\partial L}{\partial v_{xk}} = 6\,000 \text{ s},\ \frac{\partial L}{\partial v_{yk}} = 2\,500 \text{ s},\ \frac{\partial L}{\partial x_k} = 2,\ \frac{\partial L}{\partial y_k} = 10$$

若 $\Delta x_k = -2 \cdot 10^{-3} t$ km，$\Delta y_k = 3 \cdot 10^{-3} t$ km，则 $1.581 \text{km} > |\Delta L_g| > 1.505$ km。

由此可见，以上采用的 $\Delta L = 0$ 补偿关机方案，由于没有能补偿 $\delta g_x$、$\delta g_y$，仍然存在较大的射程偏差，必须进一步进行补偿。能否完全补偿由于干扰而引起的偏差，关键在于在弹飞行过程中，能不能利用弹上测量设备，对干扰或因干扰产生的影响进行测量，并组成对干扰的完全补偿信号。由于 $\delta g_x$、$\delta g_y$ 是位置坐标的函数，计算中需解算弹的运动方程，可以利用共轭方程的方法进一步建立 $\Delta L = 0$ 全补偿关机方程，从而进一步提高导弹制导精度。

## 7.6　横向导引与法向导引

### 7.6.1　横向导引

导弹制导的任务是使射程偏差 $\Delta L$ 和横程偏差 $\Delta H$ 都为 0。已知横程偏差可表示为

$$\Delta H = \frac{\partial H}{\partial \dot{\boldsymbol{r}}_k} \Delta \dot{\boldsymbol{r}}_k + \frac{\partial H}{\partial \boldsymbol{r}_k} \Delta \boldsymbol{r} \tag{7-6-1}$$

或

$$\Delta H = \frac{\partial H}{\partial \dot{\boldsymbol{r}}_{ak}} \Delta \dot{\boldsymbol{r}}_{ak} + \frac{\partial H}{\partial \boldsymbol{r}_{ak}} \Delta \boldsymbol{r}_{ak} + \frac{\partial H}{\partial t_k} \Delta t_k \tag{7-6-2}$$

横程控制即是要求在关机时刻 $t_k$ 满足：

$$\Delta H(t_k) = 0 \tag{7-6-3}$$

但关机时刻 $t_k$ 是由射程控制来确定的，由于干扰的随机性，不可能同时满足射程和横程偏差的关机条件，因此，往往采用先横程后射程的原则，即在标准弹道关机时刻 $\tilde{t}_k$ 之前，某一时刻 $\tilde{t}_k - T$ 开始，直到 $t_k$，一直保持：

$$\Delta H(t)=0,\quad \tilde{t}_k-T\leqslant t<t_k \tag{7-6-4}$$

这就是说先满足横程控制的要求,并加以保持,再按射程控制的要求关机。因为横向只能控制 $z$ 与 $v_z$,为满足式(7-6-4),必须在 $\tilde{t}_k-T$ 之前足够长时间内对弹的质心横向运动进行控制,故称横向控制为横向导引。

式(7-6-1)中的偏差为全偏差,将其换成等时偏差,则

$$\Delta H(t_k)=\delta H(t_k)+\dot{H}(t_k)\cdot\Delta t_k \tag{7-6-5}$$

式中,

$$\delta H(t_k)=\frac{\partial H}{\partial \dot{\boldsymbol{r}}_k}\delta\dot{\boldsymbol{r}}_k+\frac{\partial H}{\partial \boldsymbol{r}_k}\delta\boldsymbol{r}_k$$

或

$$\delta H(t_k)=\frac{\partial H}{\partial \dot{\boldsymbol{r}}_{ak}}\delta\dot{\boldsymbol{r}}_{ak}+\frac{\partial H}{\partial \boldsymbol{r}_{ak}}\delta\boldsymbol{r}_{ak}$$

由于 $t_k$ 是按射程关机的时间,故

$$\begin{aligned}&\Delta L(t_k)=\delta L(t_k)+\dot{L}(\tilde{t}_k)\cdot\Delta t_k=0\\&\Delta t_k=-\frac{\delta L(t_k)}{\dot{L}(\tilde{t}_k)}\end{aligned} \tag{7-6-6}$$

代入式(7-6-5),则

$$\Delta H(t_k)=\delta H(t_k)-\frac{\dot{H}(t_k)}{\dot{L}(t_k)}\delta L(t_k) \tag{7-6-7}$$

式中,$\delta L(t_k)=\dfrac{\partial L}{\partial \dot{\boldsymbol{r}}_k}\delta\dot{\boldsymbol{r}}_k+\dfrac{\partial L}{\partial \boldsymbol{r}_k}\delta\boldsymbol{r}_k$ 或 $\delta L(t_k)=\dfrac{\partial L}{\partial \dot{\boldsymbol{r}}_{ak}}\delta\dot{\boldsymbol{r}}_{ak}+\dfrac{\partial L}{\partial \boldsymbol{r}_{ak}}\delta\boldsymbol{r}_{ak}$。

故

$$\begin{aligned}\Delta H(t_k)&=\left(\frac{\partial H}{\partial \dot{\boldsymbol{r}}_k}-\frac{\dot{H}}{\dot{L}}\frac{\partial L}{\partial \dot{\boldsymbol{r}}_k}\right)_{\tilde{t}_k}\cdot\delta\dot{\boldsymbol{r}}_k+\left(\frac{\partial H}{\partial \boldsymbol{r}_k}-\frac{\dot{H}}{\dot{L}}\frac{\partial L}{\partial \boldsymbol{r}_k}\right)_{\tilde{t}_k}\cdot\delta\boldsymbol{r}_k\\&\triangleq K_1(\tilde{t}_k)\cdot\delta\dot{\boldsymbol{r}}_k+K_2(\tilde{t}_k)\cdot\delta\boldsymbol{r}_k\end{aligned} \tag{7-6-8}$$

或

$$\begin{aligned}\Delta H(t_k)&=\left(\frac{\partial H}{\partial \dot{\boldsymbol{r}}_{ak}}-\frac{\dot{H}}{\dot{L}}\frac{\partial L}{\partial \dot{\boldsymbol{r}}_{ak}}\right)_{\tilde{t}_k}\cdot\delta\dot{\boldsymbol{r}}_{ak}+\left(\frac{\partial H}{\partial \boldsymbol{r}_{ak}}-\frac{\dot{H}}{\dot{L}}\frac{\partial L}{\partial \boldsymbol{r}_{ak}}\right)_{\tilde{t}_k}\cdot\delta\boldsymbol{r}_{ak}\\&\triangleq K_{1a}(\tilde{t}_k)\cdot\delta\dot{\boldsymbol{r}}_{ak}+K_{2a}(\tilde{t}_k)\cdot\delta\boldsymbol{r}_{ak}\end{aligned}$$

由标准弹道可以确定式(7-6-8)。如果令

$$W_H(t)=K_1(\tilde{t}_k)\cdot\delta\dot{\boldsymbol{r}}(t)+K_2(\tilde{t}_k)\cdot\delta\boldsymbol{r}(t)$$

或

$$W_H(t) = K_{1a}(\tilde{t}_k) \cdot \delta\dot{\boldsymbol{r}}_a(t) + K_{2a}(\tilde{t}_k) \cdot \delta\boldsymbol{r}_a(t)$$

称为横向控制函数。则当 $t \to t_k$ 时，$W_H(t) \to \Delta H(t_k)$。因此，按 $W_H(t) = 0$ 控制横向质心运动与按 $\Delta H(t) \to 0$ 控制是等价的。

横向导引系统，利用与射程控制所用的导弹位置速度信息相同，经过横向导引计算，得出控制函数 $W_H(t)$，并产生信号送入偏航姿态控制系统，实现对横向质心运动的控制，其控制结构的示意图如图 7－6－1 所示。

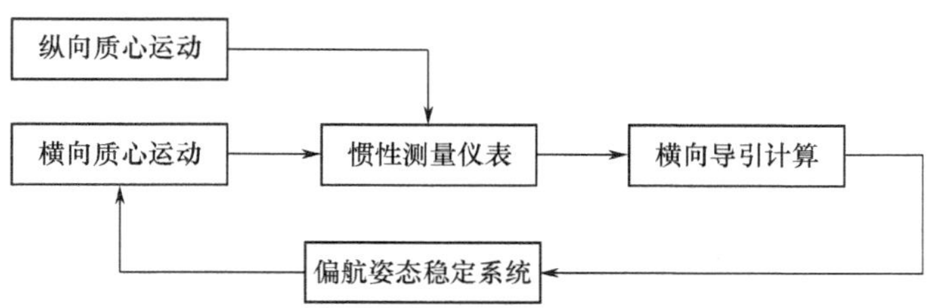


**图 7－6－1　横向导引控制结构示意图**

对于中、近程导弹来说可以将弹的运动分为纵向与侧向两个平面运动来研究。横程偏差取决于主动段终点时侧向运动参数，如图 7－6－2 所示，此时，

$$\Delta H = z_k + \dot{z}_k T_c$$

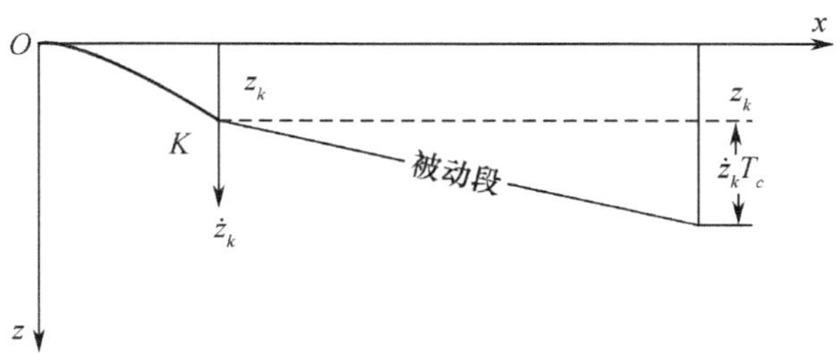


**图 7－6－2　侧平面参量的变化**

图 7－6－2 中 $Ox$ 为射向，通过目标，$z_k$、$\dot{z}_k$ 为关机点 $K$ 的侧向参量，$T_c$ 为被动段飞行时间。如果在弹上安装三个加速度表，则

$$\begin{cases} \dot{v}_z = -\dot{W}_x \sin\psi + \dot{W}_y \cos\psi \sin\gamma + \dot{W}_z \cos\psi \cos\gamma + g_z \\ \quad \approx -\dot{W}_x \psi + \dot{W}_y \gamma + \dot{W}_z + g_z \\ \dot{z} = v_z \end{cases}$$

考虑到偏航角 $\psi$，滚动角 $\gamma$ 都很小，$g_z$ 也是微量，故可令

$$\begin{cases} \dot{v}_z \approx \dot{W}_z - \dot{W}_x \psi \\ \dot{z} = v_z \approx W_z - W_x \psi \end{cases}$$

则

$$\Delta H \approx (W_z - W_x\psi)T_c + \int_0^t W_z \mathrm{d}t - \psi\int_0^t W_x \mathrm{d}t \tag{7-6-9}$$

将其作为横向导引信号,加入偏航姿态稳定系统进行控制,使关机瞬间 $\Delta H \to 0$。

### 7.6.2 法向导引

摄动制导(也称 $\delta$ 制导)即是使射程偏差展开式的一阶项 $\Delta L^{(1)} = 0$ 的制导方法,为了保证摄动制导的正确性,必须保证二阶以上各项是高阶小量,为此,要求实际弹道运动参量与标准弹道运动参量之差是小量,也就是要使实际弹道很接近标准弹道。特别是高阶射程偏导数比较大的那些运动参量,更应该是小量。计算和分析表明,在二阶射程偏导数中 $\partial^2 L/\partial\theta^2$、$\partial^2 L/\partial\theta\partial v$ 最大,因此必须控制 $\Delta\theta(t_k)$ 小于允许值,这就是法向导引。

与横向导引类似,有

$$\Delta\theta(t_k) = \frac{\partial\theta}{\partial\dot{\boldsymbol{r}}_k}\Delta\dot{\boldsymbol{r}}_k + \frac{\partial\theta}{\partial\boldsymbol{r}_k}\Delta\boldsymbol{r}_k = \delta\theta(t_k) + \dot{\theta}(\tilde{t}_k)\Delta t_k$$

$$= \left(\frac{\partial\theta}{\partial\dot{\boldsymbol{r}}_k} - \frac{\dot{\theta}}{\dot{L}}\frac{\partial L}{\partial\dot{\boldsymbol{r}}_k}\right)_{\tilde{t}_k}\delta\dot{\boldsymbol{r}}_k + \left(\frac{\partial\theta}{\partial\boldsymbol{r}_k} - \frac{\dot{\theta}}{\dot{L}}\frac{\partial L}{\partial\boldsymbol{r}_k}\right)_{\tilde{t}_k}\delta\boldsymbol{r}_k$$

或

$$\Delta\theta(t_k) = \left(\frac{\partial\theta}{\partial\dot{\boldsymbol{r}}_{ak}} - \frac{\dot{\theta}}{\dot{L}}\frac{\partial L}{\partial\dot{\boldsymbol{r}}_{ak}}\right)_{\tilde{t}_k}\delta\dot{\boldsymbol{r}}_{ak} + \left(\frac{\partial\theta}{\partial\boldsymbol{r}_{ak}} - \frac{\dot{\theta}}{\dot{L}}\frac{\partial L}{\partial\boldsymbol{r}_{ak}}\right)_{\tilde{t}_k}\delta\boldsymbol{r}_{ak}$$

式中,

$$\dot{\theta}(\tilde{t}_k) = \left[\frac{\partial\theta}{\partial v_x}\dot{v}_x + \frac{\partial\theta}{\partial v_y}\dot{v}_y + \frac{\partial\theta}{\partial v_z}\dot{v}_z + \frac{\partial\theta}{\partial x}\dot{x} + \frac{\partial\theta}{\partial y}\dot{y} + \frac{\partial\theta}{\partial z}\dot{z}\right]$$

或

$$\dot{\theta}(\tilde{t}_k) = \left[\frac{\partial\theta}{\partial v_{ax}}\dot{v}_{ax} + \frac{\partial\theta}{\partial v_{ay}}\dot{v}_{ay} + \frac{\partial\theta}{\partial v_{az}}\dot{v}_{az} + \frac{\partial\theta}{\partial x_a}\dot{x}_a + \frac{\partial\theta}{\partial y_a}\dot{y}_a + \frac{\partial\theta}{\partial z_a}\dot{z}_a + \frac{\partial\theta}{\partial t_k}\right]_{\tilde{t}_k}$$

如果选择法向控制函数:

$$W_\theta(t) = \left(\frac{\partial\theta}{\partial\dot{\boldsymbol{r}}_k} - \frac{\dot{\theta}}{\dot{L}}\frac{\partial L}{\partial\dot{\boldsymbol{r}}_k}\right)_{\tilde{t}_k}\delta\dot{\boldsymbol{r}}(t) + \left(\frac{\partial\theta}{\partial\boldsymbol{r}_k} - \frac{\dot{\theta}}{\dot{L}}\frac{\partial L}{\partial\boldsymbol{r}_k}\right)_{\tilde{t}_k}\delta\boldsymbol{r}(t)$$

或

$$W_\theta(t) = \left(\frac{\partial\theta}{\partial\dot{\boldsymbol{r}}_{ak}} - \frac{\dot{\theta}}{\dot{L}}\frac{\partial L}{\partial\dot{\boldsymbol{r}}_{ak}}\right)_{\tilde{t}_k}\delta\dot{\boldsymbol{r}}_a(t) + \left(\frac{\partial\theta}{\partial\boldsymbol{r}_{ak}} - \frac{\dot{\theta}}{\dot{L}}\frac{\partial L}{\partial\boldsymbol{r}_k}\right)_{\tilde{t}_k}\delta\boldsymbol{r}_a(t)$$

在远离 $\tilde{t}_k$ 的时间 $t_\theta$ 开始控制使 $W_\theta(t) \to 0$, 则当时间 $t \to t_k$ 时, $W_\theta(t_k) \to \Delta\theta(t_k) \to 0$, 即满足了导引的要求。法向导引信号加在俯仰姿态控制系统上,通过对弹的质心的纵向运动参数的控制,以达到法向导引的要求。

# 第 8 章 主动段的显式制导方法

## 8.1 显式制导的基本原理

与摄动制导不同，显式制导是基于当前的飞行状态，实时算出对所要求的终端条件的偏差，并以此来组成制导指令，对飞行器进行控制。当终端偏差满足制导任务要求时，发出指令关闭发动机。对于远程弹道导弹而言，其飞行任务在于能准确地命中地面固定目标，即要求弹道通过落点 $\boldsymbol{r}_c$。

为了实施显式制导，必须解决以下三个问题。

（1）$\boldsymbol{r}$、$\dot{\boldsymbol{r}}$ 确定问题：如何利用弹上测量和计算装置，确定弹的瞬时位置坐标及瞬时飞行速度 $\boldsymbol{r}$、$\dot{\boldsymbol{r}}$。

（2）射击平面外控制问题：如何根据 $\boldsymbol{r}$、$\dot{\boldsymbol{r}}$ 产生控制信号，将弹控制在通过目标的射击平面内。

（3）射击平面内控制问题：如何在射面内准确地计算瞬时关机时被动段的射程角 $\beta_c$ 和目标到该点的射程角 $\beta_c^*$，当 $\beta_c = \beta_c^*$ 时关闭发动机。

下面分别对此问题进行原理性讨论。

### 8.1.1 $\boldsymbol{r}$、$\dot{\boldsymbol{r}}$ 的确定

当采用惯性平台计算机系统时（$ox_a y_a z_a$），其运动方程为

$$\begin{cases}\dot{\boldsymbol{r}}_a = \boldsymbol{v}_a \\ \dot{\boldsymbol{v}}_a = \boldsymbol{g}_a + \dot{\boldsymbol{W}}_a\end{cases} \tag{8-1-1}$$

在发射惯性坐标系中可表示为

$$\begin{cases}\dot{x}_a = v_{xa} \\ \dot{y}_a = v_{ya} \\ \dot{z}_a = v_{za} \\ \dot{v}_{xa} = g_{xa} + \dot{W}_{xa} \\ \dot{v}_{ya} = g_{ya} + \dot{W}_{ya} \\ \dot{v}_{za} = g_{za} + \dot{W}_{za}\end{cases} \tag{8-1-2}$$

式中，$\dot{W}_{xa}$、$\dot{W}_{ya}$、$\dot{W}_{za}$ 由三个加速度表测量给出；$g_{xa}$、$g_{ya}$、$g_{za}$ 由引力模型确定。

当考虑 $J_2 \neq 0$ 时,

$$\boldsymbol{g}=\begin{bmatrix} g_{xa} \\ g_{ya} \\ g_{za} \end{bmatrix}=g_r\frac{\boldsymbol{r}_a}{r_a}+g_{\omega_e}\frac{\boldsymbol{\omega}_e}{\omega_e} \tag{8-1-3}$$

式中,

$$\begin{cases} g_r=-\dfrac{fM}{r_a^2}\left[1+J\left(\dfrac{a}{r_a}\right)^2\cdot(1-5\sin^2\varphi_a)\right]=g_r(r_a,\ \varphi_a) \\ g_{\omega_e}=-\dfrac{2fM}{r_a^2}J\left(\dfrac{a}{r_a}\right)^2\sin\varphi_a=g_{\omega_e}(r_a,\ \varphi_a) \end{cases} \tag{8-1-4}$$

$$\frac{\boldsymbol{r}_a}{r_a}=\frac{1}{r_a}\begin{bmatrix} R_{ox}+x_a \\ R_{oy}+y_a \\ R_{oz}+z_a \end{bmatrix},\quad \begin{bmatrix} R_{ox} \\ R_{oy} \\ R_{oz} \end{bmatrix}=R_0\begin{bmatrix} -\sin(B-\varphi_a)\cos A \\ \cos(B-\varphi_a) \\ \sin(B-\varphi_a)\sin A \end{bmatrix} \tag{8-1-5}$$

$$\frac{\boldsymbol{\omega}_e}{\omega_e}=\begin{bmatrix} \cos B\cos A \\ \sin B \\ -\cos B\sin A \end{bmatrix},\quad \sin\varphi_a=\frac{\boldsymbol{r}_a\cdot\boldsymbol{\omega}_e}{r_a\omega_e} \tag{8-1-6}$$

不难看出,$\boldsymbol{g}$ 是坐标的非线性函数,因而,运动方程式(8-1-2)是非线性变系数微分方程,必须运用数值积分法进行计算。这样对弹载计算机的容量和速度要求都非常高,增加了显式制导实现的困难度。在进行显式制导方案设计时,一般都要用各种近似计算方法,以降低对弹载计算机的要求。最简单的近似方法是将引力场看成有心力场,而认为地球是一圆球,即考虑到 $J_2=0$。

$$\boldsymbol{g}=-g_0\left(\frac{R}{r}\right)^2\frac{\boldsymbol{r}}{r}=-\frac{g_0}{R}\left(\frac{R}{r}\right)^3\boldsymbol{r},\quad g_0=\frac{fM}{R^2} \tag{8-1-7}$$

在发射惯性坐标系中可表示为

$$\begin{cases} g_{xa}=-g_0\dfrac{R^2}{r^3}x_a \\ g_{ya}=-g_0\dfrac{R^2}{r^3}(y_a+R) \\ g_{za}=-g_0\dfrac{R^2}{r^3}z_a \end{cases} \tag{8-1-8}$$

将式(8-1-8)泰勒级数展开且取一阶项可得

$$\begin{cases} g_{xa}=-\dfrac{g_0}{R}x_a+\Delta g_x \\ g_{ya}=\dfrac{2g_0}{R}y_a+\Delta g_y-g_0 \\ g_{za}=-\dfrac{g_0}{R}z_a+\Delta g_z \end{cases} \tag{8-1-9}$$

其中，$\Delta g_{xa}$、$\Delta g_{ya}$、$\Delta g_{za}$ 为扰动项。

这样，原方程组就变为一线性非齐次常系数微分方程组：

$$\begin{cases}\dot{x}_a = v_{xa} \\ \dot{y}_a = v_{ya} \\ \dot{z}_a = v_{za} \\ \dot{v}_{xa} = -\dfrac{g_0}{R}x_a + \Delta g_x + \dot{W}_{xa} \\ \dot{v}_{ya} = \dfrac{2g_0}{R}y_a + \Delta g_y + \dot{W}_{ya} - g_0 \\ \dot{v}_{za} = -\dfrac{g_0}{R}z_a + \Delta g_z + \dot{W}_{za}\end{cases} \tag{8-1-10}$$

起始条件 $(t=0)$：$(x_0, y_0, z_0, v_{x0}, v_{y0}, v_{z0})^{\mathrm{T}}$。

用矢量式表示为

$$\frac{\mathrm{d}\boldsymbol{X}}{\mathrm{d}t} = \boldsymbol{A}\boldsymbol{X} + \boldsymbol{F} \tag{8-1-11}$$

式中，$\boldsymbol{X} = [x_a, y_a, z_a, v_{xa}, v_{ya}, v_{za}]^{\mathrm{T}}$，$\dfrac{g_0}{R} = a$，

$$\boldsymbol{A} = \begin{bmatrix} & \boldsymbol{O}_{3\times3} & & \ddots & \boldsymbol{I}_{3\times3} \\ \ddots & \ddots & \ddots & \ddots & \ddots \\ -a & 0 & 0 & & \\ 0 & 2a & 0 & \ddots & \boldsymbol{O}_{3\times3} \\ 0 & 0 & -a & & \end{bmatrix}, \quad \boldsymbol{F} = \begin{bmatrix} \boldsymbol{O}_{3\times1} \\ \vdots \\ \Delta g_x + \dot{W}_{xa} \\ \Delta g_y + \dot{W}_{ya} - g_0 \\ \Delta g_z + \dot{W}_{za} \end{bmatrix}$$

起始条件：$\boldsymbol{X}(0) = [x_0, y_0, z_0, v_{x0}, v_{y0}, v_{z0}]^{\mathrm{T}}$，那么，其状态转移矩阵或脉冲过渡函数阵 $\boldsymbol{G}(t, \tau)$ 可由其齐次方程 $\dfrac{\mathrm{d}\boldsymbol{X}}{\mathrm{d}t} = \boldsymbol{A}\boldsymbol{X}$ 的基本解组阵 $\boldsymbol{X}_H(t)$ 确定：

$$\boldsymbol{G}(t, \tau) = \boldsymbol{X}_H(t)\boldsymbol{X}_H^{-1}(\tau)$$

则

$$\boldsymbol{X}(t) = \boldsymbol{G}(t, t_0)\boldsymbol{X}(t_0) + \int_{t_0}^{t} \boldsymbol{G}(t, \tau)\boldsymbol{F}(\tau)\mathrm{d}\tau \tag{8-1-12}$$

显然在所选定的计算周期内取 $\dot{W}_{xa}$、$\dot{W}_{ya}$、$\dot{W}_{za}$ 的测量平均值及 $\Delta g_x$、$\Delta g_y$、$\Delta g_z$ 的平均计算值，利用式(8－1－12)即可以确定出状态 $\boldsymbol{X}(t)$。亦即确定出 $\boldsymbol{r}(t)$、$\dot{\boldsymbol{r}}(t)$。

### 8.1.2　根据 $\boldsymbol{r}_a$、$\dot{\boldsymbol{r}}_a$ 产生控制信号 $U_\psi$

设 $\boldsymbol{r}_{ca}$ 为命中瞬间目标在惯性坐标系中的位置矢量。为了保证 $\dot{\boldsymbol{r}}_a$ 在由 $\boldsymbol{r}_a$、$\boldsymbol{r}_{ca}$ 所确定

的平面内,$\dot{\boldsymbol{r}}_a$ 应满足条件:

$$(\boldsymbol{r}_{ca} \times \boldsymbol{r}_a) \cdot \dot{\boldsymbol{r}}_a = 0 \tag{8-1-13}$$

上式的大小、符号则标出了 $\dot{\boldsymbol{r}}_a$ 偏离射平面的大小与方向,故在弹的偏航通道中附加信号:

$$U_\psi = \frac{K_\psi}{r_{ca} r_a |\dot{\boldsymbol{r}}_a|}[(\boldsymbol{r}_{ca} \times \boldsymbol{r}_a) \cdot \dot{\boldsymbol{r}}_a] \tag{8-1-14}$$

这样即可将 $\dot{\boldsymbol{r}}_a$ 控制在由 $\boldsymbol{r}_a$、$\boldsymbol{r}_{ca}$ 所确定的射面内,式中,$K_\psi$ 为放大系数。

如图 8-1-1 所示,设目标 $c$ 在发射瞬间位于 $c_0$,$t$ 时刻位于 $c_t$,命中瞬间位于 $c_a$($t+t_n$ 时刻),$O_E-XYZ$ 为地心惯性系,$o-x_a y_a z_a$ 为发射惯性系。

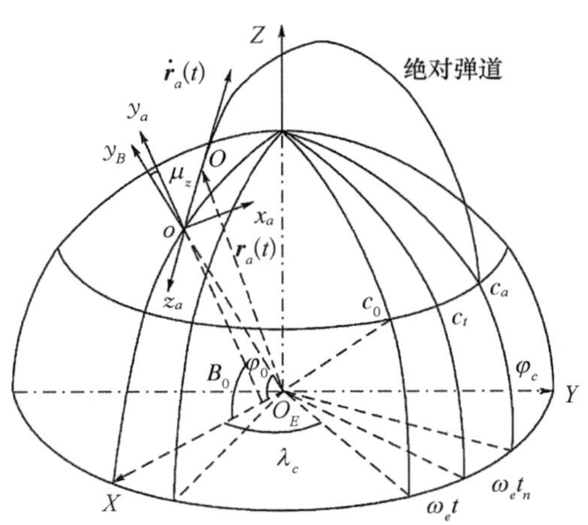


图 8-1-1　绝对弹道模型示意图

显然,

$$\boldsymbol{r}_{ca} = \begin{bmatrix} X \\ Y \\ Z \end{bmatrix} = \begin{bmatrix} r_{ca}\cos\varphi_c \cos[\lambda_c + \omega_e(t+t_n)] \\ r_{ca}\cos\varphi_c \sin[\lambda_c + \omega_e(t+t_n)] \\ r_{ca}\sin\varphi_c \end{bmatrix} \tag{8-1-15}$$

而地心系与发射系间的关系为

$$\begin{bmatrix} \overline{OX} \\ \overline{OY} \\ \overline{OZ} \end{bmatrix} = \boldsymbol{M}_3[\lambda_0 + \omega_e(t+t_n)]\boldsymbol{M}_1(-\varphi_0)\boldsymbol{M}_2(90° + A)\boldsymbol{M}_2(-A)\boldsymbol{M}_3(\mu)\boldsymbol{M}_2(A)\begin{bmatrix} \overline{ox_a} \\ \overline{oy_a} \\ \overline{oz_a} \end{bmatrix} \tag{8-1-16}$$

那么由其关系阵,即可确定出:

$$\begin{cases} \boldsymbol{r}_{ca} = [x_{ca}, \quad y_{ca}, \quad z_{ca}]^{\mathrm{T}} \\ \boldsymbol{r}_a = [R_{ox} + x_a, \quad R_{oy} + y_a, \quad R_{oz} + z_a]^{\mathrm{T}} \\ \dot{\boldsymbol{r}}_a = [v_{xa}, \quad v_{ya}, \quad v_{za}]^{\mathrm{T}} \end{cases} \tag{8-1-17}$$

$$U_\psi = \frac{K_\psi}{r_{ca} r_a |\dot{\boldsymbol{r}}_a|}\begin{vmatrix} v_{xa} & v_{ya} & v_{za} \\ x_{ca} & y_{ca} & z_{ca} \\ R_{ox} + x_a & R_{oy} + y_a & R_{oz} + z_a \end{vmatrix} \tag{8-1-18}$$

不难看出,控制问题(信号产生)的关键在于如何准确地确定 $t_n$。

$$t_n = t_{n主} + t_{n再} + t_{n自}$$

通常 $t_{n主}$ 由计算瞬时到关机时间,通常无法预测,$t_{n再}$ 仅为几十秒,$t_{n自}$ 约为 $95\%t_n$。

$$t_{n主}+t_{n再}\ll t_{n自}\Rightarrow t_n\sim t_{n被}(\boldsymbol{\nu}_k,\ r_k)$$

$t_n$ 的确定有时是近似用椭圆理论来计算,即若知道椭圆参数,则可根据偏近点角计算确定如下:

$$\begin{cases}\sin E_t=\dfrac{r_a}{a\sqrt{1-e^2}}\sqrt{1-\left[\dfrac{1}{e}\left(\dfrac{p}{r_a}-1\right)\right]^2}\\ \sin E_c=\dfrac{r_{ca}}{a\sqrt{1-e^2}}\sqrt{1-\left[\dfrac{1}{e}\left(\dfrac{p}{r_{ca}}-1\right)\right]^2}\\ t_n=\dfrac{a^{3/2}}{\sqrt{fM}}[E_c-E_t-e(\sin E_c-\sin E_t)]\end{cases}\tag{8-1-19}$$

### 8.1.3　$\boldsymbol{\beta}_c$ 和 $\boldsymbol{\beta}_c^*$ 的确定

类似上述 $t_n$ 的确定可近似求取。被动段看成为椭圆,如图 8-1-2 所示。

由椭圆理论知:

$$r=\frac{p}{1+e\cos f}\tag{8-1-20}$$

$$\beta_c=\varphi_2-\varphi_1\tag{8-1-21}$$

式中,$\varphi_2$、$\varphi_1$ 分别为第三象限和第二象限角。

$$\begin{cases}\varphi_1=\arccos\left[\dfrac{1}{e}\left(\dfrac{p}{r_a}-1\right)\right]\\ \varphi_2=2\pi-\arccos\left[\dfrac{1}{e}\left(\dfrac{p}{r_{ca}}-1\right)\right]\end{cases}\tag{8-1-22}$$

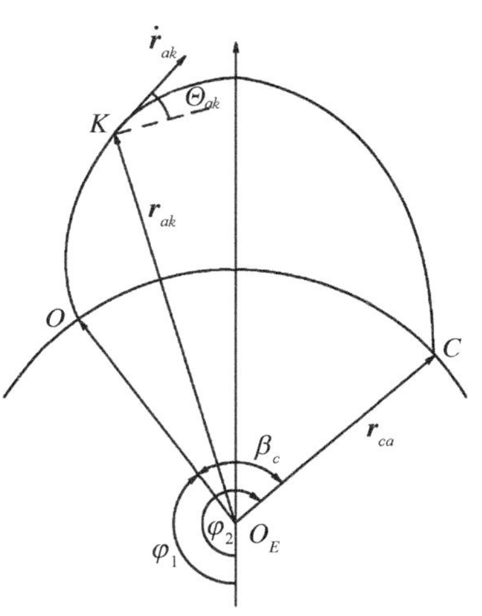


**图 8-1-2　被动段射程计算模型示意图**

而

$$\begin{cases}p=r_a\nu_{ka}\cos^2\Theta_{ka}\\ e=\sqrt{1+\nu_{ka}(\nu_{ka}-2)\cos^2\Theta_{ka}}\\ \nu_{ka}=v_a^2r_a/fM\\ \cos\left(\dfrac{\pi}{2}-\Theta_{ka}\right)=\dfrac{\dot{\boldsymbol{r}}_a\cdot\boldsymbol{r}_a}{r_a\dot{r}_a}\\ \beta_c^*=\arccos\left(\dfrac{\boldsymbol{r}_a\cdot\boldsymbol{r}_{ca}}{r_ar_{ca}}\right)\end{cases}\tag{8-1-23}$$

当 $\beta_c=\beta_c^*$ 时关机。

上述仅原理性论述,据此了解其制导的基本思想,原则上能按上述思路进行显式制

导,但还存在如下问题:

(1) 由于被动段近似用椭圆轨道代替实际被动段弹道,忽略地球扁率 $J_2$ 及再入空气阻力的影响,将引起偏差,尤其是 $J_2$ 的影响较大,需进一步加以分析考虑。

(2) 关机之前,并未规定弹沿什么路径运动。如何确定飞行路径问题,尚需分析研究。为此可使弹仍按所选择的程序飞行,或按任务要求对弹在关机之前的飞行路径进行某种限制等。

## 8.2 增益速度制导方法

### 8.2.1 增益速度制导的基本原理

上节所述的显式制导基本思想分析可知,显式制导的特点包括:根据现时状态和要求达到的终端状态直接组成制导指令公式。与摄动制导不同,它没有什么预先的要求,故其伸缩性大、精准、灵活和适用性强,其唯一的要求是必须准确地给出所要求的终端条件。

按显式制导基本思想而引出的制导方法要点,原则上说能进行显式制导,但在关机之前,并未规定弹沿什么路线运动。故此我们可以使弹仍按所选择的程序飞行,或按任务要求,对弹在关机之前的飞行路线进行某种控制。前者与之相应的典型方法有迭代制导方法等,后者与之相应的典型方法有需要速度或闭路制导方法等。

1. 主动段飞行状态预报问题

首先利用级数展开法将 $\boldsymbol{g}$ 展开成坐标 $(x_a, y_a, z_a)$ 的级数,近似逼近为状态的线性问题来分析研究,从而将非线性问题(运动方程)转化为线性问题研究。然后利用现代控制理论导出飞行器的真位置和真速度的递推公式。这样既简化了复杂的导航计算,又提高了实时确定飞行状态的快速性及实现的可靠性等问题。

2. 被动飞行段入轨点的需要状态的确定问题

该问题实质是确定其需要速度 $\boldsymbol{v}_r$ 的值,它主要是通过"虚拟目标法"来对 $J_2$ 项以及再入大气阻力的影响加以修正。这里所谓"虚拟目标法",即是指下述基本思想:

(1) 在不计 $J_2$ 及 $\rho$ 时(标称情况下),利用椭圆理论方可确定目标点对应的被动入轨点的需要状态。

(2) 当计 $J_2$ 及 $\rho$ 的影响时,将产生较大的落点偏差,将其落点偏差加以修正后的目标即为虚拟目标。

(3) 由此虚拟目标,利用椭圆理论确定需要状态或直接由此对原需要状态加以修正。

3. 导引控制信号的确定

即要求利用攻击虚拟目标的需要状态来进行导引控制。即根据其增益速度

$$\boldsymbol{v}_g = \boldsymbol{v}_r - \boldsymbol{v} \tag{8-2-1}$$

产生导引控制信号,从而改变其推力方向。

显然当条件:

$$\boldsymbol{v}_g = 0 \tag{8-2-2}$$

满足时，$\boldsymbol{v} = \boldsymbol{v}_r$，此时关闭发动机，弹体分离，被动入轨。

## 8.2.2　需要速度的概念

所谓需要速度是指飞行器在当前位置矢量 $\boldsymbol{r}(t)$，应该以什么样的速度 $\boldsymbol{v}_r(t)$ 关机，才能完成其制导任务，或满足所要求的终端条件。这里的 $\boldsymbol{v}_r(t)$ 即定义为需要速度。

如图 8－2－1 所示，以远程弹道导弹为例，假设 $OKM$ 为在惯性空间的绝对弹道，$M$ 为命中目标瞬间点，$K$ 为计算瞬间绝对弹道点 $K(\boldsymbol{r}_a, \boldsymbol{v}_a)$。显然，我们制导的目的在于使弹道通过目标投影点 $M$。

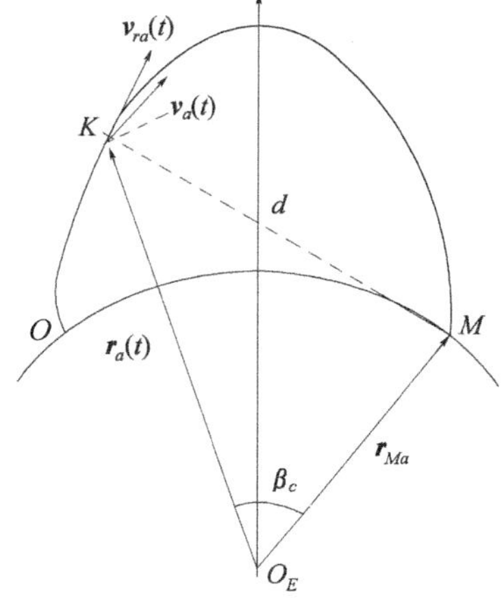


图 8－2－1　需要速度概念模型示意图

问题在于若使 $KM$ 为椭圆弹道，则过 $K$、$M$ 点原则上可以有无穷多个椭圆，也就是说满足上述条件的 $K$ 点飞行状态 $(\boldsymbol{r}_a, \boldsymbol{v}_{ra})$ 有无穷多个，即不唯一。但是若给定了由 $K$ 点飞行到达 $M$ 点的时间，则椭圆弹道唯一，即在飞行时间 $T$ 的约束下，满足终端条件（命中目标）的需要状态 $(\boldsymbol{r}_a, \boldsymbol{v}_{ra})$ 被唯一确定。由于 $\boldsymbol{r}_a$ 已知，则需要速度 $\boldsymbol{v}_{ra}$ 可被唯一确定。

假设可忽略气动力的影响，仅考虑发动机推力作用，故视加速度可简单描述为

$$\dot{\boldsymbol{W}} = \frac{P}{m}\boldsymbol{a}_T^0 \tag{8-2-3}$$

式中，$m$ 为导弹的质量；$P$ 为发动机推力；$\boldsymbol{a}_T^0$ 为发动机推力方向。

其闭路制导可依据增益速度：

$$\boldsymbol{v}_g = \boldsymbol{v}_r - \boldsymbol{v} \tag{8-2-4}$$

按矢量积控制：

$$\boldsymbol{a}_T^0 \times \boldsymbol{v}_g = 0 \tag{8-2-5}$$

直至发动机推力终止时满足条件：

$$\boldsymbol{v}_g = 0 \tag{8-2-6}$$

其中，$\boldsymbol{a}_T^0$ 为发动机推力方向；$\boldsymbol{v}$ 为导弹的实际飞行速度；$\boldsymbol{v}_r$ 为需要速度。

## 8.2.3　需要速度的确定

1. $\boldsymbol{v}_r$ 确定的原则

根据前面的分析研究，对应于关机点 $K$，命中目标瞬间 $M$，如图 8－2－2 所示。

由于 $\beta_c \sim (\boldsymbol{r}_k, \boldsymbol{v}_r)$，且状态 $(\boldsymbol{r}_k, \boldsymbol{v}_r)$ 不唯一，因此要唯一确定 $\boldsymbol{v}_r$，需要附加约束条件。

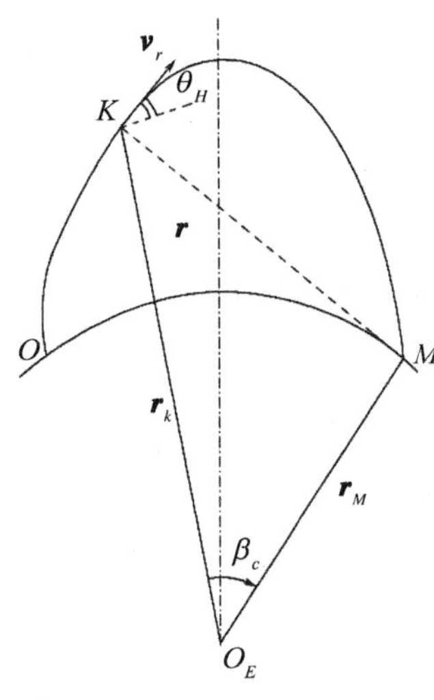


**图8-2-2 需要速度确定模型示意图**

根据飞行力学知识,如果分别考虑下述约束条件:

(1) 加约束时间 $T_c$,这种约束适应于拦截问题;

(2) 假定 $\boldsymbol{v}_r$ 中的倾角 $\theta_H$ 给定,常用于地-地导弹。

则可唯一确定。

2. $\boldsymbol{v}_r$ 的计算公式

根据飞行力学基础及航天器轨道力学,即可整理得到如下两种求解 $\boldsymbol{v}_r$ 的计算公式。

1) 由飞行时间确定需要速度

在已知拦截弹当前时刻的位置矢量 $\boldsymbol{r}_k(r_k, \lambda_k, \varphi_k)$,目标的预测命中点的位置矢量 $\boldsymbol{r}_m(r_m, \lambda_m, \varphi_m)$(这里 $r$、$\lambda$、$\varphi$ 分别为地心距、经度和纬度),并确定当前时刻到达预测命中点的拦截时间为 $T_{km}$ 的条件下,拦截弹在当前时刻的需要速度 $\boldsymbol{v}_r$ 的具体算法模型可描述如下:

由开普勒方程可知,过 $K$、$M$ 两点的飞行时间可描述为

$$T_f = \left(\frac{a^3}{\mu}\right)^{\frac{1}{2}}[(E_m - E_k) - e(\sin E_m - \sin E_k)] \tag{8-2-7}$$

式中,$E_m$、$E_k$ 分别为 $M$、$K$ 两点所对应的偏近点角;$a$、$e$ 分别为弹道长半轴和偏心率;$\mu$ 为地球引力常数。

引入变量:

$$Z = \frac{E_m - E_k}{2} \tag{8-2-8}$$

则过 $K$、$M$ 两点的飞行时间可进一步表示为

$$T_f = A(B - \cos Z)^{\frac{1}{2}}[1 + (2Z - \sin 2Z)(B - \cos Z)/(2\sin^3 Z)] \tag{8-2-9}$$

式中,

$$\begin{cases} A = 2(r_k r_m)^{\frac{3}{4}}\cos^{\frac{3}{2}}\Delta f/\mu^{\frac{1}{2}} \\ B = (r_k + r_m)/2r_k r_m \cos\Delta f \\ \Delta f = \beta_{km}/2 \\ \beta_{km} = \arccos(\sin\phi_k \sin\phi_m + \cos\phi_k \cos\phi_m \cos\Delta\lambda) \\ \Delta\lambda = \lambda_m - \lambda_k \end{cases} \tag{8-2-10}$$

式中,$\beta_{km}$ 为射程角;$\Delta\lambda$ 为 $K$、$M$ 两点的经度差;$Z$ 为两偏近点角之差之半,可先赋给 $Z$ 的初值 $Z(0) = \Delta f$,利用上述公式进行迭代计算。

当 $|T_f - T_{km}| < \varepsilon$ 不满足时,利用牛顿迭代公式可得

$$Z(1) = Z(0) - \left.\frac{T_f - T_{km}}{\partial T_f / \partial Z}\right|_{Z(0)} \tag{8-2-11}$$

式中，

$$\partial T_f/\partial Z = T_f/(2B\sin Z - \sin 2Z)(1 + 5\cos^2 Z - 6B\cos Z) + A(B - \cos Z)^{\frac{1}{2}}[(Z + 2B\sin Z)/\sin^2 Z] \tag{8-2-12}$$

然后利用所得 $Z(1)$ 计算 $T_f$，重复迭代计算，直至满足条件：

$$|T_f - T_{km}| < \varepsilon \tag{8-2-13}$$

为止，于是可求得需要速度 $\boldsymbol{v}_{rk}$：

$$\begin{cases} v_{rk} = \sqrt{\mu(2/r_k - 1/a)} \\ \Theta_{rk} = \arccos(\sqrt{\mu P}/r_k/v_{rk}) \\ \hat{\alpha}_{rk} = \arctan(\sin\hat{\alpha}_{rk}/\cos\hat{\alpha}_{rk}) \end{cases} \tag{8-2-14}$$

式中，

$$\begin{cases} a = (\sqrt{u}A/2)^{\frac{2}{3}}(B - \cos Z)/\sin^2 Z \\ P = \sqrt{r_k r_m}\sin 2\Delta f/(B - \cos Z)/\cos\Delta f \\ \sin\hat{\alpha}_{rk} = \cos\varphi_m \sin\Delta\lambda/\sin\beta_{km} \\ \cos\hat{\alpha}_{rk} = (\sin\varphi_m - \cos\beta_{km}\sin\varphi_k)/(\sin\beta_{km}\cos\varphi_k) \end{cases} \tag{8-2-15}$$

式中，$a$、$P$ 分别为弹道长半轴和半通径；$v_{rk}$、$\Theta_{rk}$、$\hat{\alpha}_{rk}$ 分别为需要速度的大小、倾角和方位角。

2）由速度倾角确定需要速度

若假定某时刻导弹的位置 $\boldsymbol{r}$ 和目标位置 $\boldsymbol{r}_m$，则需要速度可表示为

$$\boldsymbol{v}_r = \boldsymbol{v}_r(\boldsymbol{r}, \boldsymbol{r}_m, \Theta_r) \tag{8-2-16}$$

式中，$\Theta_r$ 为所需要的速度倾角。

在已知计算时刻弹体位置矢量 $\boldsymbol{r}$、目标位置矢量 $\boldsymbol{r}_m$ 和速度倾角 $\theta_H$ 等参数的条件下，计算需要速度 $\boldsymbol{v}_r$ 的具体算法模型可描述为以下几种。

（1）用 $P$、$e$、$\xi$ 计算 $\boldsymbol{v}_r$。

$P$、$e$、$\xi$ 各量的物理意义如图 8－2－3 所示：$P$ 为半通径，$e$ 为轨道的偏心率。$\xi$ 如图示之。

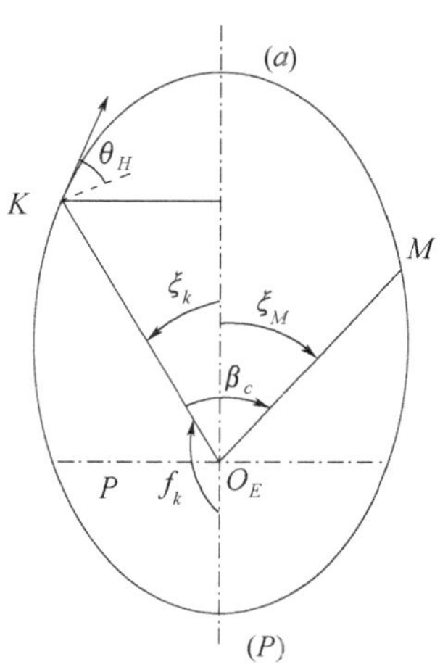


**图 8－2－3　用 $P$、$e$、$\xi$ 确定需要速度计算模型示意图**

首先迭代计算：

$$
\begin{cases}
\Delta\lambda_i = \lambda_{OT} - \lambda_{Ok}^{A} + \Omega(t + t_{fi}) \\
\beta_{ci} = \arccos[\sin\phi_k \sin\phi_m + \cos\phi_k \cos\phi_m \cos(\Delta\lambda_i)] \\
\theta_{Hi} = \begin{cases} \dfrac{1}{2}\arctan\left[\sin\beta_{ci} \Big/ \left(\dfrac{r_k}{r_m} - \cos\beta_{ci}\right)\right] & (\theta_{Hopt},\ \nu_{\min}) \\ \theta_H & (\text{需要给定}) \end{cases} \\
P_i = \dfrac{r_m(1 - \cos\beta_{ci})}{1 - \dfrac{r_m}{r_k}(\cos\beta_{ci} - \sin\beta_{ci}\tan\theta_{Hi})} \\
\xi_{ki} = \arctan\left[\tan\theta_{Hi} \Big/ \left(1 - \dfrac{r_k}{P_i}\right)\right] \\
\xi_{mi} = \beta_{ci} + \xi_{ki} \\
e_i = \left(1 - \dfrac{P_i}{r_k}\right) \Big/ \cos\xi_{ki} \\
\nu_{mi} = 2\arctan\left(\sqrt{\dfrac{1 + e_i}{1 - e_i}}\tan\dfrac{\xi_{mi}}{2}\right) \\
\nu_{ki} = 2\arctan\left(\sqrt{\dfrac{1 + e_i}{1 - e_i}}\tan\dfrac{\xi_{ki}}{2}\right) \\
t_{f,\,i+1} = \dfrac{1}{\sqrt{fM}}\left(\dfrac{P_i}{1 - e_i^2}\right)^{3/2}[\nu_{mi} - \nu_{ki} + e_i(\sin\nu_{mi} - \sin\nu_{ki})]
\end{cases}
\tag{8-2-17}
$$

迭代到 $|P_{n+1} - P_n| < \varepsilon_P$ 允许值时,取 $\beta_c = \beta_{cn}$, $P = P_n$, $\theta_H = \theta_{Hn}$, …

$$
v_r = \frac{\sqrt{fM}}{r_k \cos\theta_H}\sqrt{P} \tag{8-2-18}
$$

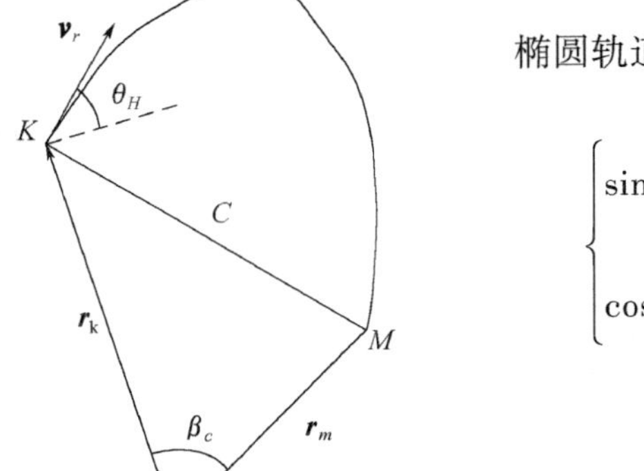


**图 8-2-4 用 C、S、a 确定需要速度计算模型示意图**

椭圆轨道平面大圆弧方位角 $\widehat{\alpha}$ 为

$$
\begin{cases}
\sin\widehat{\alpha} = \dfrac{\cos\phi_T \sin[\lambda_{OT} - \lambda_{Ok}^{A} + \omega_e(t + t_f)]}{\sin\beta_c} \\
\cos\widehat{\alpha} = \dfrac{\cos\phi_T - \cos\beta_c \sin\phi_k}{\sin\beta_c \cos\phi_k}
\end{cases}
\tag{8-2-19}
$$

(2) 用 $C$、$S$、$a$ 计算 $\boldsymbol{v}_r$。

$C$、$S$、$a$ 各量的物理意义如图 8-2-4 所示,$C$ 为连接 $K$、$M$ 两点的弦,$S$ 为 $\triangle KMO_E$ 的半周长,$a$ 为长半轴。

首先迭代计算:

$$
\begin{cases}
C_i = (r_k^2 + r_m^2 - 2r_k r_m \cos\beta_{ci})^{1/2} \\
S_i = \dfrac{1}{2}(r_k + r_m + C_i) \\
a_i = \dfrac{r_k}{2}\left(1 + r_m(1 - \cos\beta_{ci}) \middle/ \left\{2\left[r_k \cos^2\theta_{Hi} - r_m \cos^2\left(\theta_{Hi} + \dfrac{\beta_{ci}}{2}\right)\right]\right\}\right) \\
\alpha_{ki} = 2\arcsin\sqrt{S_i/2a_i} \\
\beta_{ki} = 2\arcsin\sqrt{(S_i - C_i)/2a_i} \\
t_{f,\,i+1} = \dfrac{a^{3/2}}{\sqrt{fM}}[2\pi + (\sin\beta_{ki} - \beta_{ki}) + (\sin\alpha_{ki} - \alpha_{ki})] \\
\left(t_{f,\,i+1} = \dfrac{a^{3/2}}{\sqrt{fM}}[\pi - (\beta_{ki} - \sin\beta_{ki})]，\text{当 } \nu_{\min} \text{ 时 } a_i = \dfrac{1}{2}S_i\right)
\end{cases}
\tag{8-2-20}
$$

$\beta_{ci}$，$\theta_{Hi}$ 与式(8－2－17)中相同。迭代至 $|C_{n+1} - C_n| < \varepsilon_C$（允许值）时，取 $\beta_c = \beta_{cn}$，$C = C_n$，$\theta_H = \theta_{Hn} \cdots$，则

$$
\boldsymbol{v}_r = \sqrt{fM}\sqrt{\frac{2}{r_k} - \frac{1}{a}} \tag{8-2-21}
$$

$\widehat{\alpha}$ 的确定同方法(1)中式(8－2－19)。

### 8.2.4　闭路导引控制信号的确定

一般就这类问题而言，常将在主动段飞行的导引控制分为两段来进行：① 程序飞行段；② 闭路导引段。

程序飞行段是使飞行器在纵平面内按一定的俯仰程序飞行。设计程序时，力求使攻角 $\alpha$ 最小，从而使法向过载最小，以满足结构设计上的要求。在此段中，飞行速度方向基本上是靠重力作用转弯，故称为重力转弯段。

飞行器飞出大气层后，结束程序转弯段，进入闭路飞行段。因为机动不再受结构强度的限制了，可以对弹体实施闭路导引。在闭路飞行导引段，没有固定的程序，按照实时算出的俯仰偏航信号来控制弹的飞行。

有关闭路导引问题的叙述，已有很多文章，相应也有多种思路，这里仅就一些基本问题加以分析。

一般是使推力方向 $\boldsymbol{\alpha}_T^0$ 与 $\boldsymbol{v}_g$ 方向一致，可以使 $\boldsymbol{v}_g$ 迅速减小，于是利用 $\boldsymbol{v}_g$ 即可组成导引控制信号，直至发动机推力终止。当前时刻飞行器所应具有的需要速度 $\boldsymbol{v}_r$ 确定之后，即可利用增益速度确定出闭路导引控制信号。

(1) 增益速度的定义。如图 8－2－5 所示增益速度定义为需要速度与实际速度的差：

$$
\boldsymbol{v}_g(t) = \boldsymbol{v}_r(t) - \boldsymbol{v}(t) \tag{8-2-22}
$$

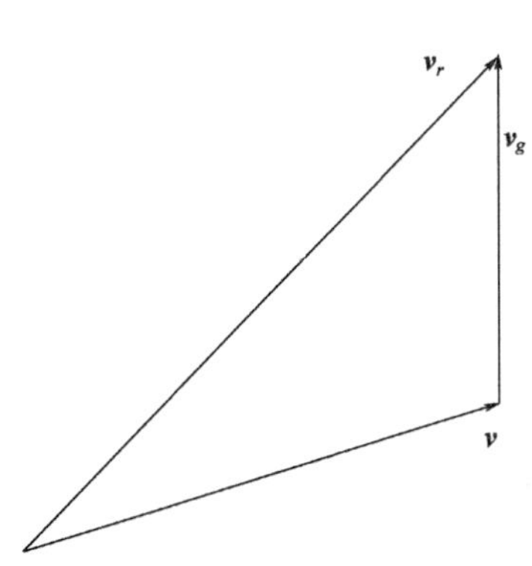


图 8-2-5 增益速度模型示意图

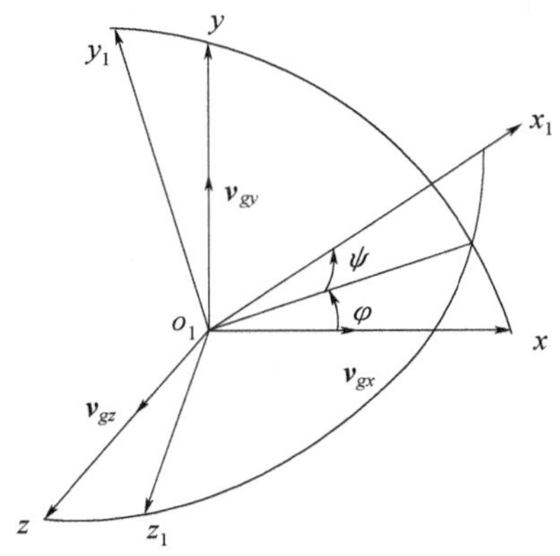


图 8-2-6 推力方向 $\boldsymbol{\alpha}_T^0$ 与 $\psi$ 和 $\varphi$ 导引控制关系图

(2) 导引信号的确定。取 $\dot{\boldsymbol{W}}$(过载方向)与 $\boldsymbol{v}_g$ 一致的原则,那么发动机的推力方向 $\boldsymbol{\alpha}_T^0$ 可分别由偏航角 $\psi$ 和俯仰角 $\varphi$ 导引控制确定,推力方向 $\boldsymbol{\alpha}_T^0$ 与 $\psi$ 和 $\varphi$ 导引控制关系如图 8-2-6 所示。

$$\begin{cases}\varphi = \arctan(v_{gy}/v_{gx}) \\ \psi = \arctan(-v_{gz}/\sqrt{v_{gx}^2 + v_{gy}^2})\end{cases} \tag{8-2-23}$$

### 8.2.5 虚拟目标的确定与需要速度的修正

前面几节所述的增益速度制导及闭路导引方法在求需要速度时,均是视地球为一均质圆球,其地球引力场为一与地心距平方成反比的有心力场,且忽略了飞行器受空气动力的影响,尤其是对飞行器再入稠密大气层飞行时所受大气阻力的作用影响加以忽略。

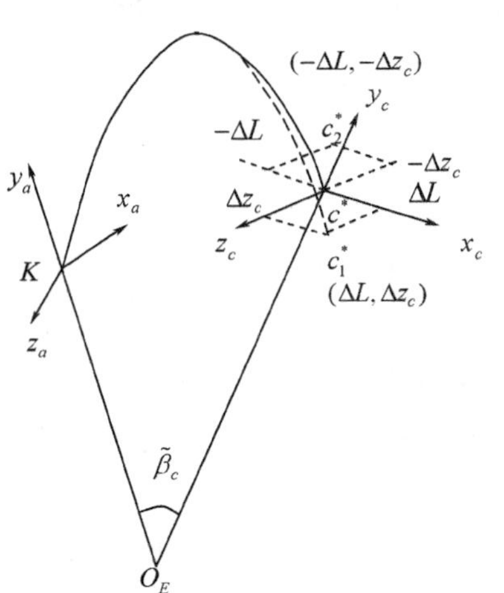


图 8-2-7 虚拟目标的确定与需要速度的修正原理示意图

一般来说,地球扁率、再入段空气动力和其他干扰因素的影响,均会引起较大的落点偏差,那么如何对这些因素加以考虑,而仍然按前面所述的制导方案对飞行器进行制导控制呢?

解决这类关键问题的基本思想是:首先引入虚拟目标的概念,对落点坐标进行适当的修正,它是通过确定落点偏差,在考虑 $J_2$ 时,利用引力模型(扰动法)可得 $\Delta\beta_c$、$\zeta_c$,以及时间偏差 $t_{oB}$;在考虑再入段空气动力影响时,利用曲线拟合方法可得 $\Delta\beta_x$、$\Delta t_x$。然后由虚拟目标求其校正后的需要速度,或直接根据落点偏差求其需要速度的修正量。虚拟目标的确定与需要速度的修正原理如图 8-2-7 所示。

# 8.3　迭代制导方法

## 8.3.1　迭代制导的基本原理

基于需要速度的显式制导方法，为了得到简单的需要速度的显式表达式，将被动段看成是椭圆弹道，然后再对地球扁率和再入段空气动力的影响进行修正，这样将带来一定的方法误差。

迭代制导方法则是利用标准弹道的关机点位置和速度矢量作为关机条件，当实际位置和速度矢量与标准弹道关机点位置和速度矢量一致时关机，这样就不需要对扁率和再入段空气动力的影响进行修正。

如图 8－3－1 所示，$c$ 为目标点，$o$ 为发射点。

（1）首先计算通过目标的标准弹道，给出标准弹道关机点 $\tilde{K}(\tilde{t}_k, \tilde{\boldsymbol{r}}_k, \dot{\tilde{\boldsymbol{r}}}_k)$。

设在标准关机时间前，弹在 $K$ 点，此点 $K(t_k, \boldsymbol{r}_k, \dot{\boldsymbol{r}}_k)$。则制导的任务就在于如何将 $\boldsymbol{r}_k$、$\dot{\boldsymbol{r}}_k$ 控制为 $\tilde{\boldsymbol{r}}_k$、$\dot{\tilde{\boldsymbol{r}}}_k$，这是一个典型的两点边值问题。如果给出某些最佳性能指标，如飞行时间最短，或燃料最省，则可利用极大值原理，求出发动机的最佳控制规律为 $\varphi_\xi$、$\psi_\zeta$。

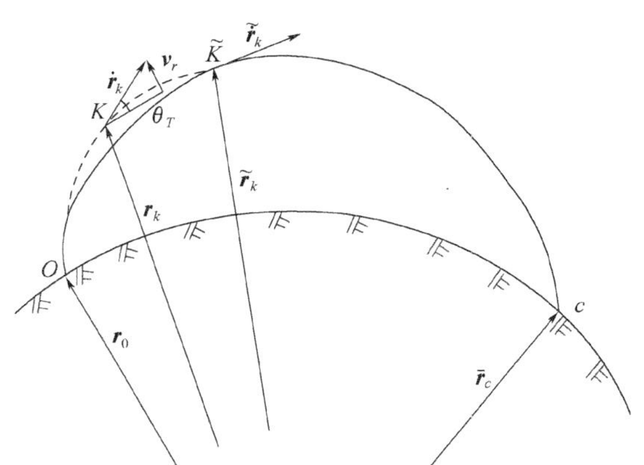


**图 8－3－1　实际位置 $K(t_k, \boldsymbol{r}_k, \dot{\boldsymbol{r}}_k)$ 与关机点 $\tilde{K}(\tilde{t}_k, \tilde{\boldsymbol{r}}_k, \dot{\tilde{\boldsymbol{r}}}_k)$ 关系图**

（2）考虑到由 $K$ 到 $\tilde{K}$ 的时间不长，为了简化控制方程，可做如下的近似处理：

① 射击平面外的控制方法（横向）。

首先将弹控制在由 $\tilde{\boldsymbol{r}}_k$ 和 $\boldsymbol{r}_c$ 所确定的射击平面内，其控制方法可描述为

$$(\boldsymbol{r}_c \times \tilde{\boldsymbol{r}}_k) \cdot \dot{\boldsymbol{r}}_k = 0 \tag{8-3-1}$$

它的大小、符号标志着 $\dot{\boldsymbol{r}}_k$ 偏离射击面的大小和方向，故常在弹的偏航通道中附加信号：

$$U_\psi = \frac{K_\psi}{\tilde{r}_k \cdot r_c \cdot |\dot{\boldsymbol{r}}_k|}\left[(\boldsymbol{r}_c \times \tilde{\boldsymbol{r}}_k) \cdot \dot{\boldsymbol{r}}_k\right] \tag{8-3-2}$$

这样即可将弹的速度矢量 $\dot{\boldsymbol{r}}_k$ 控制在由 $\tilde{\boldsymbol{r}}_k$ 和 $\boldsymbol{r}_c$ 所确定的射面内（其中 $K_\psi$ 为其放大系数）。

② 射击平面内的控制方法（纵向）。

设推力 $P$（或秒消耗量 $\dot{G}$）和有效排气速度 $U_e$ 为常量，则速度矢量 $\dot{\boldsymbol{r}}$ 既可用 $v$ 和 $\theta_T$ 表示确定，也可用 $\boldsymbol{v}$ 和 $\boldsymbol{v}_r$ 来确定。所以将 $\boldsymbol{r}_k$、$\dot{\boldsymbol{r}}_k$ 控制到 $\tilde{\boldsymbol{r}}_k$、$\dot{\tilde{\boldsymbol{r}}}_k$ 的问题，等价于：

$$将\begin{cases} v_k & 控制到 & \tilde{v}_k \\ v_{rk} & 控制到 & \tilde{v}_{rk} \\ \boldsymbol{r}_k & 控制到 & \tilde{\boldsymbol{r}}_k \end{cases} 即 \begin{cases} v_k & \Rightarrow & \tilde{v}_k \\ v_{rk} & \Rightarrow & \tilde{v}_{rk} \\ \boldsymbol{r}_k & \Rightarrow & \tilde{\boldsymbol{r}}_k \end{cases}$$

下面分别对上述问题进行分析研究。

### 8.3.2 由 $v_k$ 控制到 $\tilde{v}_k$ 确定实际关机时间 $t_k^*$

1. 基本关系分析( $\Delta v_k$ )

因为控制发动机推力是给定的常数,故将实际速度控制到要求的关机点速度所需要的时间不一定是标准的关机时间

$$T^* = t_k^* - t_k \neq \tilde{t}_k - t_k = T \tag{8-3-3}$$

式中,$t_k^*$ 为实时终点(关机)时间;$t_k$ 为当前时间;$\tilde{t}_k$ 为标准关机时间;$T$ 为标准的待飞时间。若令

$$T^* = T + \delta t \tag{8-3-4}$$

则 $T^*$ 可由下述方法迭代求解。由于,

$$P = ma = -U_e \frac{\mathrm{d}m}{\mathrm{d}t} \tag{8-3-5}$$

式中,$a$ 为推力产生的加速度;$\alpha$ 为攻角。则

$$\frac{\mathrm{d}v}{\mathrm{d}t} = a\cos\alpha - g\sin\theta_T - \frac{X}{m} \tag{8-3-6}$$

令 $\frac{X}{m} \approx 0$(假设高空中阻力为 0),则

$$\frac{\mathrm{d}v}{\mathrm{d}t} = a\cos\alpha - g\sin\theta_T \tag{8-3-7}$$

定义:

$$a_g = a - \frac{\mathrm{d}v}{\mathrm{d}t} = a(1 - \cos\alpha) + g\sin\theta_T \tag{8-3-8}$$

$a_g$ 可视为由于攻角 $\alpha$ 和重力 $g$ 而引起的加速度损失,那么,

$$a = \frac{\mathrm{d}v}{\mathrm{d}t} + a_g \tag{8-3-9}$$

$$\Delta v_k = \int_{t_k}^{\tilde{t}_k} a\mathrm{d}t = \int_{t_k}^{\tilde{t}_k} \frac{\mathrm{d}v}{\mathrm{d}t}\mathrm{d}t + \int_{t_k}^{\tilde{t}_k} a_g\mathrm{d}t = v_{\tilde{k}} - v_k + \int_{t_k}^{\tilde{t}_k} a_g\mathrm{d}t \tag{8-3-10}$$

式中,$v_{\tilde{k}}$ 为 $\tilde{t}_k$ 瞬间的实际速度;$\Delta v_k$ 为由 $t_k \to \tilde{t}_k$ 时由发动机推力 $P$ 而产生的速度增量。

引入标准弹道在 $\tilde{K}$ 的速度值 $\tilde{v}_k$,该值即为需要达到的值。

定义：

$$v_g = v_{\tilde{k}} - \tilde{v}_k + \int_{t_k}^{\tilde{t}_k} a_g \mathrm{d}t \tag{8-3-11}$$

$$\left.\frac{\mathrm{d}v_g}{\mathrm{d}t}\right|_{t_k} = -\left.a_g\right|_{t_k} \tag{8-3-12}$$

式中，$v_g$ 为在 $\tilde{K}$ 点实际速度 $v_{\tilde{k}}$ 和需要达到的速度 $\tilde{v}_k$ 之差加上由 $\alpha$、$g$ 而引起的速度损失。那么，

$$\Delta v_k = v_{\tilde{k}} - \tilde{v}_k + \int_{t_k}^{\tilde{t}_k} a_g \mathrm{d}t + \tilde{v}_k - v_k = v_g + \tilde{v}_k - v_k \tag{8-3-13}$$

式中，$v_{\tilde{k}} - \tilde{v}_k$ 是由干扰而引起的在关机点 $\tilde{K}$ 的速度差；$\tilde{v}_k - v_k$ 为需要的速度增量。

$$a = \frac{P}{m} = -U_e \frac{\dot{m}}{m} \tag{8-3-14}$$

$$\frac{m_k}{m_{\tilde{k}}} = \frac{m_{\tilde{k}} - \dot{m}(\tilde{t}_k - t_k)}{m_{\tilde{k}}} = 1 - \frac{\dot{m}}{m_{\tilde{k}}}(\tilde{t}_k - t_k) \tag{8-3-15}$$

$$\Delta v_k = \int_{t_k}^{\tilde{t}_k} a \mathrm{d}t = -U_e \ln \frac{m_{\tilde{k}}}{m_k} = U_e \ln\left[1 + \frac{a_{\tilde{k}}}{U_e}(\tilde{t}_k - t_k)\right] \tag{8-3-16}$$

式中，$a_{\tilde{k}} = \dfrac{P}{m_{\tilde{k}}}$ 为 $\tilde{t}_k$ 瞬间的推力加速度。令

$$U = -\frac{a_{\tilde{k}}}{U_e}(\tilde{t}_k - t_k) = -\frac{a_{\tilde{k}}}{U_e} T \tag{8-3-17}$$

则

$$\begin{cases} \dot{U} = \dfrac{a_{\tilde{k}}}{U_e} \\ T = -U/\dot{U} \end{cases} \tag{8-3-18}$$

$$\Delta v_k = U_e \ln(1 - U) = v_g + \tilde{v}_k - v_k \tag{8-3-19}$$

令

$$Q_1 = \frac{v_g + \tilde{v}_k - v_k}{U_e} = \frac{\Delta v_k}{U_e} \tag{8-3-20}$$

则

$$U = 1 - e^{Q_1} \tag{8-3-21}$$

2. $v_g$ 的确定

由于，

$$\left.\frac{\mathrm{d}v_g}{\mathrm{d}t}\right|_{t_k} = -\left.a_g\right|_{t_k} \tag{8-3-22}$$

$v_g$ 未知,但 $\frac{\mathrm{d}v_g}{\mathrm{d}t}$ 是已知的,可由下式确定 $v_{gn}$(各计算瞬间的 $v_{gn}$)值:

$$v_{gn} = v_{gn-1} - a_{gn}\Delta t \tag{8-3-23}$$

式中,$\Delta t$ 为计算步长,给定 $v_{gn}$ 初值,则可求出 $v_{gn}$。令

$$v_g = v_{\tilde{k}} - \tilde{v}_k + \int_{t_k}^{\tilde{t}_k} a_g \mathrm{d}t \tag{8-3-24}$$

则给定 $v_{gn}$ 初值相当于给定 $v_{\tilde{k}}$,理想地希望 $\tilde{t}_k$ 时,$v_{\tilde{k}}$ 恰好为 $\tilde{v}_k$。

若 $v_{gn}$ 选得恰当,可使 $v_{\tilde{k}}$ 接近于 $\tilde{v}_k$,而 $\delta t$ 很小。当 $t_k = \tilde{t}_k$ 时,若 $\Delta v_k = 0$,则

$$\tilde{v}_k - v_k = -v_{g_{\tilde{k}}} \tag{8-3-25}$$

若设 $a_{cp}$ 为 $\tilde{t}_k$ 至 $t_k^* = \tilde{t}_k + \delta t_1$ 之间的平均加速度,则

$$\delta t_1 = -\frac{v_{g_{\tilde{k}}}}{a_{cp}} \tag{8-3-26}$$

这表明若 $\tilde{t}_k$ 瞬间后 $a_g = 0$,则实际关机时间应为 $t_k^* = \tilde{t}_k + \delta t_1$。

但实际上 $a_g \neq 0$,如果考虑 $a_g \neq 0$ 的影响,则实际需要的时间增量为

$$\delta t = -\frac{v_{gD}}{a_{cp}} \tag{8-3-27}$$

式中,

$$v_{gD} = v_g - \int_{\tilde{t}_k}^{\tilde{t}_k+\delta t} a_g \mathrm{d}t \tag{8-3-28}$$

而 $a_{cp}$ 表示 $\tilde{t}_k$ 至 $t_k^* = \tilde{t}_k + \delta t$ 之间的平均加速度,常近似取:

$$a_{cp} = \frac{a_{\tilde{k}} + a_f}{2} \tag{8-3-29}$$

式中,$a_{\tilde{k}}$ 为 $\tilde{t}_k$ 时的推力加速度;$a_f$ 为 $t_k^* = \tilde{t}_k + \delta t$ 时的推力加速度。

$$\begin{cases} a_{\tilde{k}} = U_e \dot{U} \\ a_f = \dfrac{a_{\tilde{k}}}{1 - \dot{U}\delta t} \end{cases} \tag{8-3-30}$$

3. $v_{gD}$ 的近似确定

分析式(8-3-28)可近似确定:

$$v_{gD} = v_g - \int_{\tilde{t}_k}^{\tilde{t}_k+\delta t} a_g \mathrm{d}t = v_g - \int_{\tilde{t}_k}^{\tilde{t}_k+\delta t} [g\sin\theta_T + a(1-\cos\alpha)]\mathrm{d}t \tag{8-3-31}$$

由于 $\delta t$ 为一小量,可近似用终点 $\tilde{t}_k$ 瞬间的 $\tilde{g}_k$ 代替 $g$,用 $\dot{\tilde{\theta}}_{Tk}$ 来代替 $\dot{\theta}_T$ 的平均值。则

$$\int_{\tilde{t}_k}^{\tilde{t}_k+\delta t} g\sin\theta_T \mathrm{d}t = \int_{\tilde{t}_k}^{\tilde{t}_k+\delta t} g\sin\theta_T \frac{\mathrm{d}t}{\mathrm{d}\theta}\mathrm{d}\theta$$

$$\approx -\frac{\tilde{g}_k}{\dot{\tilde{\theta}}_{Tk}}[\cos\theta_T(\tilde{t}_k+\delta t) - \cos\tilde{\theta}_{Tk}] \approx \frac{\tilde{g}_k}{2\dot{\tilde{\theta}}_{Tk}}(\theta_{t_k^*}^2 - \theta_{t_{\tilde{k}}}^2)$$

考虑到 $\dot{\tilde{\theta}}_{Tk} \approx \dfrac{\theta_{t_k^*} - \theta_{t_{\tilde{k}}}}{t_k^* - t_{\tilde{k}}}$,则由上式可得

$$\int_{\tilde{t}_k}^{\tilde{t}_k+\delta t} g\sin\theta_T \mathrm{d}t = \int_{\tilde{t}_k}^{t_k^*} g\sin\theta_T \mathrm{d}t = \tilde{g}_k(t_k^* - \tilde{t}_k)\frac{\theta_{t_k^*} + \theta_{t_{\tilde{k}}}}{2} \tag{8-3-32}$$

$$\int_{\tilde{t}_k}^{\tilde{t}_k+\delta t} a(1-\cos\alpha)\mathrm{d}t \approx \int_{\tilde{t}_k}^{t_k^*} a\frac{\alpha^2}{2}\mathrm{d}t \tag{8-3-33}$$

设当地俯仰角为 $\varphi_T$,在 $\delta t$ 瞬间内认为 $\dot{\alpha} = \dot{\varphi}_T - \dot{\theta}_T = \mathrm{const}$,则

$$\frac{\alpha^2}{2} = \frac{1}{2}[\alpha_{\tilde{t}_k} + \dot{\alpha}(t-\tilde{t}_k)]^2 \tag{8-3-34}$$

那么,

$$\begin{aligned}
\int_{\tilde{t}_k}^{t_k^*} a(1-\cos\alpha)\mathrm{d}t &= \frac{1}{2}\int_{\tilde{t}_k}^{t_k^*} a[\alpha_{\tilde{t}_k} + \dot{\alpha}(t-\tilde{t}_k)]^2\mathrm{d}t \\
&= \frac{1}{2}\alpha_{\tilde{t}_k}^2\int_{\tilde{t}_k}^{t_k^*} a\mathrm{d}t + \alpha_{\tilde{t}_k}\dot{\alpha}\int_{\tilde{t}_k}^{t_k^*}(t-\tilde{t}_k)a\mathrm{d}t + \frac{1}{2}\dot{\alpha}^2\int_{\tilde{t}_k}^{t_k^*}(t-\tilde{t}_k)^2 a\mathrm{d}t \\
&= \frac{1}{2}\alpha_{\tilde{t}_k}^2\Delta V_e(\delta t) + \alpha_{\tilde{t}_k}\dot{\alpha}Q_2(\delta t) + \frac{1}{2}\dot{\alpha}^2[\delta t^2\Delta V_e(\delta t) - 2Q_3(\delta t)]
\end{aligned} \tag{8-3-35}$$

式中,

$$\begin{cases}
\Delta V_e(\delta t) = \displaystyle\int_{\tilde{t}_k}^{t_k^*} a\mathrm{d}t \\
Q_2(\delta t) = \displaystyle\int_{\tilde{t}_k}^{t_k^*} a(t-\tilde{t}_k)\mathrm{d}t \\
Q_3(\delta t) = \dfrac{1}{2}\left[\delta t^2\Delta V_e(\delta t) - \displaystyle\int_{\tilde{t}_k}^{t_k^*} a(t-\tilde{t}_k)^2\mathrm{d}t\right]
\end{cases} \tag{8-3-36}$$

故

$$v_{gD} = v_g - \tilde{g}_k(t_k^* - \tilde{t}_k)\frac{\theta_{t_k^*} - \theta_{\tilde{t}_k}}{2} + \frac{1}{2}(\alpha_{\tilde{t}_k}^2 + \dot{\alpha}^2\delta t^2)\Delta V_e(\delta t) + \alpha_{\tilde{t}_k}\dot{\alpha}Q_2(\delta t) - \dot{\alpha}^2 Q_3(\delta t) \tag{8-3-37}$$

4. $t_k^*$ 迭代框图

利用计算框图 8-3-2,可求出实际需要的关机时间 $t_k^*$,为求 $\int_{\tilde{t}_k}^{t_k^*} a_g \mathrm{d}t$,弹上需要测量 $\theta_T$、$\dot{\theta}_T$、$\varphi_T$、$\dot{\varphi}_T$。

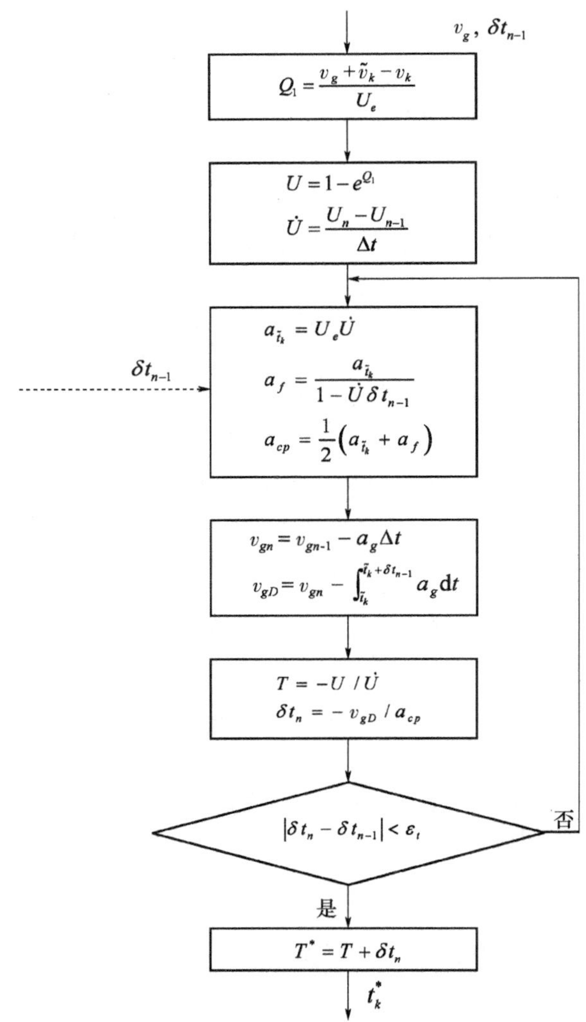


图 8-3-2　关机点 $t_k^*$ 迭代框图

剩下的问题是如何选择 $v_g$ 和 $\delta t$ 的初值。

5. $v_g$、$\delta t$ 初值的选择

由式(8-3-24)可知:

$$v_g = v_{\tilde{k}} - \tilde{v}_k + \int_{t_k}^{\tilde{t}_k} a_g \mathrm{d}t \tag{8-3-38}$$

选择 $v_g$ 就相当于选定了 $v_{\tilde{k}}$,因此最好选择 $v_g$ 的初值为

$$v_g = \int_{t_k}^{\tilde{t}_k} a_g \mathrm{d}t \tag{8-3-39}$$

考虑关系式(8－3－28)：

$$v_{gD} = v_g - \int_{\tilde{t}_k}^{\tilde{t}_k+\delta t} a_g \mathrm{d}t \tag{8-3-40}$$

$\delta t$ 的选择可按下式计算：

$$\delta t = -v_{gD}/a_{cp} \tag{8-3-41}$$

即可取初值：

$$\delta t_0 = -\frac{\tilde{v}_k - v_{\tilde{k}}}{a_{cp}} \approx 0 \tag{8-3-42}$$

### 8.3.3　由 $\boldsymbol{r}_k$、$\boldsymbol{v}_{rk}$ 控制到 $\tilde{\boldsymbol{r}}_k$、$\tilde{\boldsymbol{v}}_{rk}$ 确定控制规律 $\varphi(t)$

基本思路：根据图 8－3－1 所示，可知

$$\begin{cases} v_{rk} = \dfrac{\boldsymbol{r}_k \cdot \boldsymbol{v}_k}{r_k} \\ \sin\theta_T = \dfrac{v_{rk}}{v_k} \end{cases} \tag{8-3-43}$$

若设矢量 $\boldsymbol{r}$ 的旋转角速度为 $\omega$，则

$$\omega = \frac{v\cos\theta_T}{r} \tag{8-3-44}$$

进一步由 $\dfrac{\mathrm{d}v_r}{\mathrm{d}t} - r\omega^2 = -g_r + a\sin\varphi$ 可求得

$$\frac{\mathrm{d}v_r}{\mathrm{d}t} = a\sin\varphi - \left(g_r - \frac{v^2\cos^2\theta_T}{r}\right) \tag{8-3-45}$$

1. $v_{rk}$

显然制导的目的就在于要求 $t = t_k^*$ 时，$v_{rk}^* = \tilde{v}_{rk}$，那么由式(8－3－45)可得

$$\tilde{v}_{rk} = v_{rk} + \int_{t_k}^{t_k^*} a\sin\varphi \mathrm{d}t - \int_{t_k}^{t_k^*} \left(g_r - \frac{v^2\cos^2\theta_T}{r}\right) \mathrm{d}t \tag{8-3-46}$$

定义：

$$\begin{cases} v_{rp} = \displaystyle\int_{t_k}^{t_k^*} a\sin\varphi \mathrm{d}t \\ v_g = \displaystyle\int_{t_k}^{t_k^*} \left(g_r - \frac{v^2\cos^2\theta_T}{r}\right) \mathrm{d}t \end{cases}$$

其中,$v_{rp}$ 为由发动机推力加速度分量产生的径向速度;$v_g$ 为因重力引起的径向速度损失。则

$$\tilde{v}_{rk} = v_{rk} + v_{rp} - v_g \tag{8-3-47}$$

分析易知,欲使 $t_k^*$ 时,径向速度为 $\tilde{v}_{rk}$,即需控制弹的姿态角 $\varphi(t)$。由于 $v_{rk}$ 由测量计算得到,$v_g$ 是 $r$、$v$ 的函数,故主要是控制 $v_{rp}$,而 $v_{rp}$ 取决于所选择的姿态角 $\varphi(t)$ 的控制规律。

通常控制规律可选取为

$$\varphi(t) = A_0 + A_1 f_1(t - t_k) \tag{8-3-48}$$

式中,$A_0$、$A_1$ 为待定常数;$f_1(t - t_k)$ 为 $t - t_k$ 的函数。

2. $r_k$

按制导的目的要求,$t = t_k^*$ 时,$r_k = \tilde{r}_k$。那么积分式(8-3-46)可得

$$\tilde{r}_k = r_k + \int_{t_k}^{t_k^*} v_{rk}\mathrm{d}t + \int_{t_k}^{t_k^*}\int_{t_k}^{t} a\sin\varphi\,\mathrm{d}\tau\,\mathrm{d}t - \int_{t_k}^{t_k^*} v_g\mathrm{d}t \tag{8-3-49}$$

即

$$\tilde{r}_k = r_k + v_{rk}T^* + r_p - r_g \tag{8-3-50}$$

3. $\varphi(t)$

分析易知,控制规律 $\varphi(t)$ 的选择原则,必须是满足方程式(8-3-46)和式(8-3-49),即满足条件:

$$\begin{cases} v_{rk} \\ r_k \end{cases} \xrightarrow{t_k^*} \begin{cases} \tilde{v}_{rk} \\ \tilde{r}_k \end{cases}$$

除此之外,别无其他要求(不需解析、连续等)。但从控制的实现性和动态性能分析,通常其控制指令应当是连续的和易于实现的,故其控制规律选择为

$$\varphi(t) = A_0 + A_1(t - t_k) \tag{8-3-51}$$

故其问题即转化为确定待定常数 $A_0$、$A_1$。

关于 $A_0$、$A_1$ 的选择,下面介绍较方便的方法。

1) 利用中值定理确定 $A_0$、$A_1$

考虑在完成控制任务前提下,应尽量使姿态角变化小,故有

$$\sin\varphi = \sin(\varphi_k + \Delta\varphi) \approx \sin\varphi_k + \Delta\varphi\cos\varphi_k$$

$$v_{rp} = \int_{t_k}^{t_k^*} a\sin\varphi\,\mathrm{d}t = \sin\varphi_k\int_{t_k}^{t_k^*} a\mathrm{d}t + \cos\varphi_k\int_{t_k}^{t_k^*} a\Delta\varphi\,\mathrm{d}t \tag{8-3-52}$$

这里,

$$\Delta\varphi = (A_0 - \varphi_k) + A_1(t - t_k) \tag{8-3-53}$$

利用中值定理:

$$v_{rp} = \sin\varphi_k \int_{t_k}^{t_k^*} a\mathrm{d}t + \Delta\varphi(\xi)\cos\varphi_k \int_{t_k}^{t_k^*} a\mathrm{d}t,\ t_k < \xi < t_k^* \tag{8-3-54}$$

又由上节知:

$$\Delta V_e(T^*) = \int_{t_k}^{t_k^*} a\mathrm{d}t$$

$$\Delta\varphi(\xi) = \frac{v_{rp} - \Delta V_e(T^*)\sin\varphi_k}{\Delta V_e(T^*)\cos\varphi_k} \tag{8-3-55}$$

若设姿态角速度为 $\omega_p$，由 $\xi$ 到 $t_k^*$ 的姿态角增量为 $\Delta\varphi_p$，则

$$\Delta\varphi(t) = \Delta\varphi(\xi) + \Delta\varphi_p - \omega_p(t_k^* - t) \tag{8-3-56}$$

如图 8-3-3 所示。

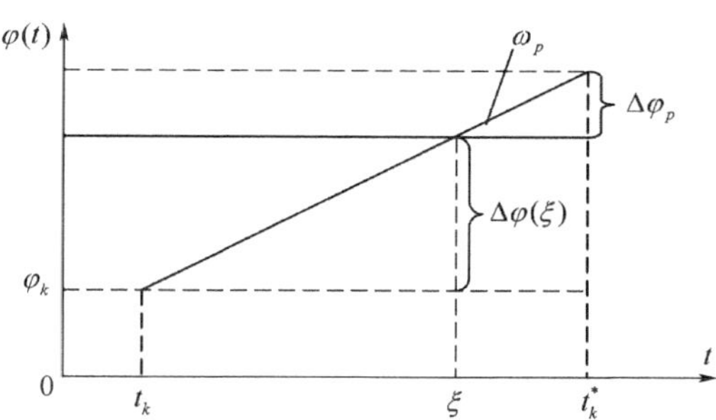

**图 8-3-3　$\varphi(t)$ 曲线示意图**

将 $\Delta\varphi(t)$ 的表达式代入式(8-3-54)，得

$$v_{rp} = \Delta V_e(T^*)\sin\varphi_k + \frac{v_{rp} - \Delta V_e(T^*)\sin\varphi_k}{\Delta V_e(T^*)\cos\varphi_k}\Delta V_e(T^*)\cos\varphi_k + \int_{t_k}^{t_k^*} a[\Delta\varphi_p - \omega_p(t_k^* - t)]\mathrm{d}t \tag{8-3-57}$$

分析易知，上式成立即满足:

$$\int_{t_k}^{t_k^*} a[\Delta\varphi_p - \omega_p(t_k^* - t)]\mathrm{d}t = 0 \tag{8-3-58}$$

这就是说：若取 $\Delta\varphi_p$、$\omega_p$ 使得上式成立，即达到选取 $A_0$、$A_1$ 的目的。故问题由选择常数 $A_0$、$A_1$ 转化为选择 $\Delta\varphi_p$、$\omega_p$ 的值。

2) $\Delta\varphi_p$、$\omega_p$ 的选取

积分式(8-3-58)，得

$$(\Delta\varphi_p - \omega_p t_k^*)\int_{t_k}^{t_k^*} a\mathrm{d}t + \omega_p\int_{t_k}^{t_k^*} at\mathrm{d}t = 0 \tag{8-3-59}$$

又由上节知:

$$\begin{cases} \Delta V_e(T^*) = \displaystyle\int_{t_k}^{t_k^*} a\mathrm{d}t \\ Q_2(T^*) = \displaystyle\int_{t_k}^{t_k^*} a(t - t_k)\mathrm{d}t \end{cases}$$

则式(8-3-59)可表示为

$$[\Delta\varphi_p - \omega_p(t_k^* - t_k)]\Delta V_e(T^*) + \omega_p Q_2(T^*) = 0 \tag{8-3-60}$$

即

$$\Delta\varphi_p = \frac{1}{\Delta V_e(T^*)}[T^*\omega_p \Delta V_e(T^*) - \omega_p Q_2(T^*)] = T^*\omega_p\left[1 - \frac{Q_2(T^*)}{T^*\Delta V_e(T^*)}\right] \triangleq T^*\alpha_1\omega_p \tag{8-3-61}$$

式中,

$$\alpha_1 = 1 - \frac{Q_2(T^*)}{T^*\Delta V_e(T^*)} \tag{8-3-62}$$

代入式(8-3-56)得

$$\Delta\varphi(t) = \Delta\varphi(\xi) + \omega_p[(\alpha_1 - 1)T^* + (t - t_k)] \tag{8-3-63}$$

将 $\Delta\varphi(t)$ 代入式(8-3-49):

$$\tilde{r}_k = r_k + v_{rk}T^* + \int_{t_k}^{t_k^*}\int_{t_k}^{t} a\sin(\varphi_k + \Delta\varphi)\mathrm{d}\tau\mathrm{d}t - \int_{t_k}^{t_k^*} v_g \mathrm{d}t$$

则

$$\begin{aligned} r_p &= \int_{t_k}^{t_k^*}\int_{t_k}^{t} a\sin(\varphi_k + \Delta\varphi)\mathrm{d}\tau\mathrm{d}t = \int_{t_k}^{t_k^*}\int_{t_k}^{t} a\sin\varphi_k \mathrm{d}\tau\mathrm{d}t + \int_{t_k}^{t_k^*}\int_{t_k}^{t} a\cos\varphi_k \Delta\varphi \mathrm{d}\tau\mathrm{d}t \\ &= \sin\varphi_k \int_{t_k}^{t_k^*}\int_{t_k}^{t} a\mathrm{d}\tau\mathrm{d}t + \Delta\varphi(\xi)\cos\varphi_k \cdot \int_{t_k}^{t_k^*}\int_{t_k}^{t} a\mathrm{d}\tau\mathrm{d}t + \omega_p(\alpha_1 - 1)T^*\cos\varphi_k \int_{t_k}^{t_k^*}\int_{t_k}^{t} a\mathrm{d}\tau\mathrm{d}t \\ &\quad + \omega_p \cos\varphi_k \cdot \int_{t_k}^{t_k^*}\int_{t_k}^{t} a(t - t_k)\mathrm{d}\tau\mathrm{d}t \end{aligned} \tag{8-3-64}$$

定义:

$$I_1 = \int_{t_k}^{t_k^*}\int_{t_k}^{t} a\mathrm{d}\tau\mathrm{d}t = U_e T^* \alpha_2 \tag{8-3-65}$$

$$\alpha_2 = 1 - \frac{\Delta V_e}{a_{t_k^*} T^*} \tag{8-3-66}$$

$$I_2 = \int_{t_k}^{t_k^*}\int_{t_k}^{t} at\mathrm{d}\tau\mathrm{d}t = U_e T^*\left[-\frac{1}{2} + \alpha_2 + \alpha_3(1 - \alpha_2)\right] \tag{8-3-67}$$

$$\alpha_3 = U_e \alpha_2 / \Delta V_e \tag{8-3-68}$$

代入 $I_1$、$I_2$ 于式(8-3-64),即得

$$r_p = I_1 \sin\varphi_k + I_1 \Delta\varphi(\xi)\cos\varphi_k + [I_1(\alpha_1 - 1)T^*\omega_p + I_2\omega_p]\cos\varphi_k \tag{8-3-69}$$

故

$$\begin{cases}\omega_p = \dfrac{r_p - I_1[\sin\varphi_k + \Delta\varphi(\xi)\cos\varphi_k]}{[I_1(\alpha_1 - 1)T^* + I_2]\cos\varphi_k} \\ \Delta\varphi_p = T^*\alpha_1\omega_p\end{cases} \tag{8-3-70}$$

综上分析研究讨论,即求得瞬时姿态角应为

$$\varphi(t) = \varphi_k + \Delta\varphi(\xi) + \Delta\varphi_p - \omega_p(t_k^* - t) \tag{8-3-71}$$

式中,

$$\begin{cases}\Delta\varphi(\xi) = \dfrac{\tilde{v}_{rk} - v_{rk} + v_g - \Delta V_e(T^*)\sin\varphi_k}{\Delta V_e(T^*)\cos\varphi_k} \\ \omega_p = \dfrac{\tilde{r}_k - r_k - v_{rk}T^* + r_g - I_1[\sin\varphi_k + \Delta\varphi(\xi)\cos\varphi_k]}{[I_1T^*(\alpha_1 - 1) + I_2]\cos\varphi_k} \\ \Delta\varphi_p = T^*\alpha_1\omega_p\end{cases} \tag{8-3-72}$$

3）进一步分析讨论的问题

(1) 计算 $\Delta\varphi(\xi)$，需计算 $v_g$。

(2) 计算 $\omega_p$，需计算 $r_g$。

处理该问题的方法,常用重力补偿姿态法,即将 $v_g$、$r_g$ 分离出来,单独考虑由于它们的影响所需要的 $\varphi_g$，称为重力补偿姿态。令

$$\begin{cases}g_r^* = g_r - \dfrac{(v\cos\theta_T)^2}{r} \\ \varphi_g = \dfrac{g_r^*}{a}\end{cases} \tag{8-3-73}$$

据此得到其控制规律为

$$\varphi(t) = \varphi_k + \Delta\varphi(\xi) + \Delta\varphi_p - \omega_p(t_k^* - t) + \varphi_g \tag{8-3-74}$$

其中,

$$\begin{cases}\Delta\varphi(\xi) = \dfrac{\tilde{v}_{rk} - v_{rk} - \Delta V_e(T^*)\sin\varphi_k}{\Delta V_e(T^*)\cos\varphi_k} \\ \omega_p = \dfrac{\tilde{r}_k - r_k - v_{rk}T^* - I_1[\sin\varphi_k + \Delta\varphi(\xi)\cos\varphi_k]}{[I_1(\alpha_1 - 1) + I_2]\cos\varphi_k} \\ \Delta\varphi_p = T^*\alpha_1\omega_p \\ \varphi_g = \dfrac{1}{a}\left(g_r - \dfrac{v^2\cos^2\theta_T}{r}\right)\end{cases} \tag{8-3-75}$$

至此我们研究了迭代制导方法的基本思想方法之一,控制过程采用近似处理,分开控制。

## 8.4 *E* 制导方法

### 8.4.1 *E* 制导的基本原理

***E*** 制导法也是一种显式制导方法,通常用来作为可调推力火箭的制导规律,特别适用于诸如月球着陆机动或终端交会机动之类的任务的动力段,也可以用 ***E*** 制导法来研究固定推力的制导规律。本节只简单地加以介绍。

假设在惯性系 $oxyz$ 中,略去空气动力,飞行器的运动方程为

$$\frac{\mathrm{d}^2\boldsymbol{r}}{\mathrm{d}t^2}=\boldsymbol{g}+\boldsymbol{a}_T \tag{8-4-1}$$

当前值:

$$\begin{cases}\boldsymbol{r}(t_0)=[x_0,\quad y_0,\quad z_0]^{\mathrm{T}}\\ \dot{\boldsymbol{r}}(t_0)=[\dot{x}_0,\quad \dot{y}_0,\quad \dot{z}_0]^{\mathrm{T}}\end{cases}$$

终端值:

$$\begin{cases}\boldsymbol{r}(T)=[x_D,\quad y_D,\quad z_D]^{\mathrm{T}}\\ \dot{\boldsymbol{r}}(T)=[\dot{x}_D,\quad \dot{y}_D,\quad \dot{z}_D]^{\mathrm{T}}\end{cases}$$

运动方程分量式为

$$\begin{cases}\ddot{x}=g_x+a_{xT}\\ \ddot{y}=g_y+a_{yT}\\ \ddot{z}=g_z+a_{zT}\end{cases}$$

简化考虑,将三轴分开研究,$x$ 轴方向的运动为

$$\ddot{x}(t)=g_x(t)+a_{xT}(t) \tag{8-4-2}$$

当前值:

$$x(t_0)=x_0,\qquad \dot{x}(t_0)=\dot{x}_0$$

终端值:

$$x(T)=x_D,\qquad \dot{x}(T)=\dot{x}_D$$

制导的任务就是要求出所需要的推力加速度 $a_{xT}(t)$ 的变化规律,使之满足给定的终端条件。

首先来研究所需要的总的加速度的变化规律 $\ddot{x}(t)$,然后再减去相应的重力加速度分量 $g_x(t)$,即得推力加速度变化规律 $a_{xT}(t)$。

上述思想是基于:

$$a_{xT}(t) = \ddot{x}(t) - g_x(t)$$

为此积分式(8-4-2),且将起始条件 I. C. 和所要求的终端条件 F. C. 代入,得

$$\begin{cases} \dot{x}_D - \dot{x}_0 = \int_{t_0}^{T} \ddot{x}(\tau)\,\mathrm{d}\tau \\ x_D - x_0 - \dot{x}(t_0)T_{g0} = \int_{t_0}^{T}\int_{t_0}^{t} \ddot{x}(\tau)\,\mathrm{d}\tau\,\mathrm{d}t \end{cases} \tag{8-4-3}$$

式中, $T_{g0} = T - t_0$ 为剩余工作时间。

式(8-4-3)是一对联立的线性积分方程,求解之即可确定 $\ddot{x}(t)$,从而确定了 $a_{xT}(t)$。从理论上讲,有无穷多个解满足方程(8-4-3)。

若给出某些最优性能指标,例如使:

$$\int_{t_0}^{T} \sqrt{\boldsymbol{a}_T \cdot \boldsymbol{a}_T}\,\mathrm{d}t = \min \tag{8-4-4}$$

则解是唯一的。

实际上,这个解是混合边界条件非线性微分方程中的一个难度很大的分支,很难解出 $\ddot{x}(t)$。所以在实际处理中,常采用如下方法。

定义函数:

$$\ddot{x}(t) = c_1 p_1(t) + c_2 p_2(t) \tag{8-4-5}$$

式中, $p_1(t)$、$p_2(t)$ 为事先给定的 $t$ 的线性无关函数; $c_1$、$c_2$ 为其待定系数,可由式(8-4-3)求出。

令

$$f_{11} = \int_{t_0}^{T} p_1(t)\,\mathrm{d}t,\quad f_{12} = \int_{t_0}^{T} p_2(t)\,\mathrm{d}t$$

$$f_{21} = \int_{t_0}^{T}\int_{t_0}^{t} p_1(\tau)\,\mathrm{d}\tau\,\mathrm{d}t,\quad f_{22} = \int_{t_0}^{T}\int_{t_0}^{t} p_2(\tau)\,\mathrm{d}\tau\,\mathrm{d}t$$

由式(8-4-3)得

$$\begin{cases} \dot{x}_D - \dot{x}_0 = f_{11}c_1 + f_{12}c_2 \\ x_D - x_0 - \dot{x}_0 T_{g0} = f_{21}c_1 + f_{22}c_2 \end{cases} \tag{8-4-6}$$

假设选择的 $p_1(t)$、$p_2(t)$ 是可积函数,则

$$\begin{bmatrix} c_1 \\ c_2 \end{bmatrix} = \begin{bmatrix} e_{11} & e_{12} \\ e_{21} & e_{22} \end{bmatrix} \begin{bmatrix} \dot{x}_D - \dot{x}_0 \\ x_D - (x_0 + \dot{x}_0 T_{g0}) \end{bmatrix} \tag{8-4-7}$$

式中,

$$\boldsymbol{E} = \begin{bmatrix} e_{11} & e_{12} \\ e_{21} & e_{22} \end{bmatrix} \tag{8-4-8}$$

是矩阵。

$$\boldsymbol{F} = \begin{bmatrix} f_{11} & f_{12} \\ f_{21} & f_{22} \end{bmatrix} \tag{8-4-9}$$

为逆矩阵,即

$$\boldsymbol{EF} = \boldsymbol{I}$$

$$\begin{aligned} & e_{11} = \frac{f_{22}}{\Delta}, \quad e_{12} = -\frac{f_{12}}{\Delta} \\ & e_{21} = -\frac{f_{21}}{\Delta}, \quad e_{22} = \frac{f_{11}}{\Delta} \\ & \Delta = f_{11} f_{22} - f_{12} f_{21} \end{aligned} \tag{8-4-10}$$

关于 $y$ 轴和 $z$ 轴方向的 $\boldsymbol{E}$ 矩阵,可按上述方法同理求得。利用 $\boldsymbol{E}$ 矩阵的制导方法,即称为 $\boldsymbol{E}$ 制导。

### 8.4.2 *E* 制导算例分析

设选择:

$$p_1(t) = 1, \quad p_2(t) = T - t \tag{8-4-11}$$

则

$$\begin{aligned} & f_{11} = \int_{t_0}^{T} p_1(t)\,\mathrm{d}t = T_{g0}, \quad f_{12} = \int_{t_0}^{T} p_2(t)\,\mathrm{d}t = \frac{1}{2} T_{g0}^2 \\ & f_{21} = f_{12}, \qquad f_{22} = \int_{t_0}^{T}\int_{t_0}^{t} p_2(\tau)\,\mathrm{d}\tau\mathrm{d}t = \frac{T_{g0}^3}{3} \end{aligned} \tag{8-4-12}$$

$$\Delta = \frac{T_{g0}^4}{12}$$

$$\begin{aligned} & e_{11} = \frac{4}{T_{g0}}, \quad e_{12} = -\frac{6}{T_{g0}^2} \\ & e_{21} = -\frac{6}{T_{g0}^2}, \quad e_{22} = \frac{12}{T_{g0}^3} \end{aligned} \tag{8-4-13}$$

$$\begin{bmatrix} c_1 \\ c_2 \end{bmatrix} = \begin{bmatrix} \dfrac{4}{T_{g0}} & -\dfrac{6}{T_{g0}^2} \\ -\dfrac{6}{T_{g0}^2} & \dfrac{12}{T_{g0}^3} \end{bmatrix} \begin{bmatrix} \dot{x}_D - \dot{x}_0 \\ x_D - (x_0 + \dot{x}_0 T_{g0}) \end{bmatrix} \tag{8-4-14}$$

$$\ddot{x}(t) = c_1 + c_2(T - t) \tag{8-4-15}$$

则

$$a_{xT} = c_1 + c_2(T - t) - g_x(t) \tag{8-4-16}$$

同理可求得 $a_{yT}(t)$、$a_{zT}(t)$。

但求出的三个分量之间需满足约束关系为

$$|\boldsymbol{a}_T| = \sqrt{a_{xT}^2 + a_{yT}^2 + a_{zT}^2} \tag{8-4-17}$$

对于可调推力的发动机来说,由于其喷管可以摆动,所以上述约束条件是容易满足的。在制导过程中,应对式(8-4-14)进行周期的反复的计算。

由于式(8-4-15)是方程(8-4-3)在做假设下的唯一解,$c_1$、$c_2$ 是唯一确定的。若控制系统能够精确的产生 $a_{xT}(t)$,则 $c_1$、$c_2$ 的值不变。故其计算周期,可根据控制系统误差对 $c_1$、$c_2$ 的影响来定。如果制导系统数据可以随时间增加而得到改善,例如登月时随着高度降低而使着陆雷达的数据得到改善,则应以得到改善的雷达数据来计算 $c_1$、$c_2$。

分析式(8-4-14)可知,若在 $t_0 \leqslant t \leqslant T$ 时,$\ddot{x}(t) = 0$,则分量 $\dot{x}_D - \dot{x}_0$ 将是 $\dot{x}$ 在 $t = T$ 时的误差;$x_D - (x_0 + \dot{x}_0 T_{g0})$ 是 $x$ 的终端误差。故总的加速度 $\ddot{x}(t)$ 必须这样选择,使预计的终端误差不会发生。

**E** 矩阵的作用是把预计的终端误差变成系数 $c_1$、$c_2$,使总的加速度按:

$$\ddot{x}(t) = c_1 p_1(t) + c_2 p_2(t) \tag{8-4-18}$$

的规律变化,以消除终端误差。即

$$\begin{bmatrix} c_1 \\ c_2 \end{bmatrix} = \begin{bmatrix} \text{预计的终端速度误差} \\ \text{预计的终端位置误差} \end{bmatrix} \tag{8-4-19}$$

正确的加速度方案为 $c_1 p_1(t) + c_2 p_2(t)$,故 **E** 制导方法也可以看成是末值控制方案。

**E** 矩阵制导存在的主要问题是:当 $T_{g0}$ 变得越来越小,不论 $p_1(t)$、$p_2(t)$ 怎样,在理论上,预计的终端误差将随着 $T_{g0}$ 趋于 0 而消失,不会由于 $T_{g0}$ 趋近于 0 而使 $c_1$、$c_2$ 放大。但实际上,在 $T_{g0}$ 接近于 0 时,误差往往是存在的,这样就会使 $c_1$、$c_2$ 放大,而要求以一个无穷大的加速度来消除它们。为避免这种现象发生,在接近终端的最后几秒,可以简单地采取不对 **E** 矩阵和 $c_1$、$c_2$ 重复计算的办法予以避免。

为了保证 **E** 矩阵存在,必要而充分的条件是:在任何非零区间 $t_0 \leqslant t \leqslant T$ 上,$p_1(t)$、$p_2(t)$ 线性无关。为保证 **E** 矩阵的元素 $e_{ij}$ 是 $t_0$ 和 $T$ 的代数函数,假定在 $t_0 \leqslant t \leqslant T$ 区间上 $p_1(t)$、$p_2(t)$ 具有一次、二次积分,则希望这些一次、二次积分是简单的代数表达式,除此之外再无其他限制。

显然我们利用 $p_1(t)$、$p_2(t)$ 的选择,可以满足某些最佳性能指标,例如燃料最省等。假设选择:

$$\begin{cases} p_1(t) = a_0 + \sum_{i=1}^{n} a_i (T - t)^i = \sum_{i=0}^{n} a_i (T - t)^i \\ p_2(t) = p_1(t)(T - t) \end{cases} \tag{8-4-20}$$

此两函数当 $a_i(i=1,\cdots,n)$ 不全为0时,是线性无关的。将 $p_1(t)$、$p_2(t)$ 代入 $f_{ij}$

$$\begin{cases} f_{11}=a_0T_{g0}+a_1\dfrac{T_{g0}^2}{2}+\cdots+a_n\dfrac{T_{g0}^{n+1}}{n+1}=\sum\limits_{i=0}^{n}a_i\dfrac{T_{g0}^{i+1}}{i+1} \\ f_{12}=a_0\dfrac{T_{g0}^2}{2}+a_1\dfrac{T_{g0}^3}{3}+\cdots+a_n\dfrac{T_{g0}^{n+2}}{n+2}=\sum\limits_{i=0}^{n}a_i\dfrac{T_{g0}^{i+2}}{i+2} \\ f_{21}=f_{12} \\ f_{22}=a_0\dfrac{T_{g0}^3}{3}+a_1\dfrac{T_{g0}^4}{4}+\cdots+a_n\dfrac{T_{g0}^{n+3}}{n+3}=\sum\limits_{i=0}^{n}a_i\dfrac{T_{g0}^{i+3}}{i+3} \end{cases} \tag{8-4-21}$$

则需要加速度:

$$\ddot{x}(t)=c_1\left[a_0+\sum_{i=1}^{n}a_i(T-t)^i\right]+c_2\left[p_1(t)(T-t)\right] \tag{8-4-22}$$

或者,

$$\ddot{x}(t)=c_1\sum_{i=0}^{n}a_i(T-t)^i+c_2p_1(t)(T-t) \tag{8-4-23}$$

这样可以通过变化 $a_i$ 值进行大量(地面)计算,找一组使燃料最省的 $a_i$。值得注意的是,$a_i$ 的选择不十分严格,$p_1(t)$、$p_2(t)$ 的选择也不十分严格,机动性较大。

# 第 9 章 再入段的制导方法

## 9.1 再入制导的基本原理

跨大气层再入飞行器的再入方式一般可以分为：弹道式再入、有升力再入（又可分为低升阻比再入和高升阻比再入），其相应的制导技术和方案也不同。弹道式再入主要是洲际导弹的再入方式，对运载器而言，主要是在再入初期（90 km 以上高空），升力和阻力非常小，制导系统还不能正常工作的时候采用，对于其他阶段是不适用的；低升阻比再入方式广泛用于飞船等不可重复使用的高超声速、跨大气层再入飞行器；而对于可重复使用的跨大气层再入飞行器而言，一般采用较大升阻比的再入方式。

采用何种规律来调整再入飞行器升力变化的问题，便是再入制导规律设计问题。再入制导可分为标准轨道制导方法和预测制导方法两大类。

标准轨道制导是一种比较直观而有效的制导方法，制导算法所需计算量较小、容易实现。标准轨道制导方法广泛用于弹道导弹、运载火箭及飞船再入制导，航天飞机早期的制导方案也曾考虑过这种传统意义上的标准轨道制导方法。不过航天飞机再入制导扩展了这种标准轨道制导方法，可重复使用运载器再入标准轨道制导也是基于航天飞机再入制导技术的广义的标准轨道制导。

### 9.1.1 标准轨道再入制导方法

传统的再入标准轨道制导的基本原理是：预先计算出合乎要求的再入标准轨道，并将所需的标准轨道参数存储在计算机上；再入制导系统根据实际测量的飞行状态和标准轨道状态的关系，计算所需要的控制参数，控制飞行器按标准轨道再入飞行。

再入标准轨道制导的关键技术主要在于两个方面：① 标准再入轨道设计；② 再入制导控制规律。

标准再入轨道一般进行优化设计，用得较多的是非线性规划方法、极小值原理以及动态规划方法；再入制导要求存储标准再入轨道参数，可以根据经验确定制导控制规律，也可以建立状态误差的微分方程，运用经典自动控制方法、自适应控制方法、神经网络控制方法、模糊控制方法等，设计制导控制规律。

早期的标准再入轨道参数是以时间或速度为自变量存储的，研究表明按速度存储的效果优于按时间存储。而当前研究的再入制导方法往往按能量存储，其原因是速度变化不是单调的,而且航程与能量的关系更为密切。

有标准轨道的再入制导的目的是使运动参数接近标准再入轨道参数,使其着陆点满足要求。利用标准轨道的再入制导在实现中分成纵向制导和侧向制导,且以纵向制导为主。

总升力在半速度坐标系上投影,可表示为

$$\boldsymbol{L} = L\cos\nu \boldsymbol{y}_h^0 + L\sin\nu \boldsymbol{z}_h^0 \tag{9-1-1}$$

式中,$\boldsymbol{L}$ 为总升力;$L$ 为总升力大小;$\nu$ 为倾侧角;$\boldsymbol{y}_h^0$、$\boldsymbol{z}_h^0$ 分别为半速度坐标系 $y_h$、$z_h$ 方向的单位向量。

$L\cos\nu$ 为总升力在纵向的投影,它的大小直接影响到飞行器升降快慢。$L\sin\nu$ 为总升力在侧向的投影,它影响飞行器的横向运动和横程。

飞行器受到的热负荷、过载,主要取决于飞行器的下降速度,而下降速度又主要取决于升力的纵向投影 $L\cos\nu$,$L\cos\nu$ 的大小取决于攻角 $\alpha$ 和倾侧角 $\nu$,在配平攻角不可调或攻角模型参数确定的条件下,控制 $L\cos\nu$ 大小的仅有控制变量 $\nu$。纵向制导决定 $\nu$ 的大小,而符号由侧向制导确定。

再入标准轨道制导一般是存储高度及其变化率、速度、阻力加速度以及航程等轨道参数,主要控制升阻比($L/D$)。早期的标准轨道制导一般采用固定反馈增益控制:

$$(L/D)_c = (L/D)_0 + K_1\delta v + K_2\delta h + K_3\delta u + K_4\delta R\,|_t \tag{9-1-2}$$

或

$$(L/D)_c = (L/D)_0 + K_1\delta v + K_2\delta h + K_4\delta R\,|_u \tag{9-1-3}$$

其中,$v$ 为径向速度;$u$ 为切向速度;$R$ 为航程;$(L/D)_0$、$(L/D)_c$ 分别为升阻比的标准值和制导要求值。当实际飞行轨道对标准轨道的偏离较小时,采用上面制导方法,可能有几项反馈作用不大,这说明基本的再入动态特性具有一定的稳定性。研究表明 $K_4$ 增大,则航程控制能力增强,随之系统的稳定裕度减小,必须同时调整 $K_1$、$K_2$ 使控制系统稳定。对稳定性的研究表明,速度较高时 $K_4$ 必定很小,只有在低速时才能增大。

上述标准轨道制导规律也可以改进为

$$(L/D)_c = (L/D)_0 + \left(K_1 S + K_2 + \frac{K_3}{S} + \frac{K_4}{S^2}\right)\frac{\delta D}{m} \tag{9-1-4}$$

其中,$S$ 为微分算子,固定增益制导控制系统在诸多再入应用方面都具有较好效果,但是对于变增益系统,在末端改为对航程的修正更有效:

$$(L/D)_c = (L/D)_0 + \frac{\partial(L/D)}{\partial R}(-K_1\delta v - K_2\delta h + \delta R) \tag{9-1-5}$$

上面制导控制规律主要用于升阻比较小的、采用配平攻角飞行的飞行器再入制导,且制导性能较好。

实际再入飞行器往往采用最优化的反馈增益进行制导,有些飞船就是采用 LQR 方法求最佳反馈系数的标准轨道制导，它采用如下形式的控制规律：

$$(L/D)_c = (L/D)_0 + K_1\delta n_x + K_2\delta \dot{h} + K_3\delta R + K_4\delta \dot{R} \tag{9-1-6}$$

以上标准轨道再入制导方法一般不直接存储控制参数，有研究表明标准轨道再入制导方法也可直接存储攻角和倾侧角：

$$\begin{bmatrix}\delta\alpha \\ \delta\nu\end{bmatrix} = -\boldsymbol{K}_P\delta X(e) - \boldsymbol{K}_I\int\delta R\mathrm{d}e \tag{9-1-7}$$

这属于 PI 控制，其中，$e$ 表示能量；$X$ 表示状态，主要包括高度、飞行路径角以及剩余航程；反馈系数矩阵 $\boldsymbol{K}_P$、$\boldsymbol{K}_I$ 采用 LQR 方法获得。

### 9.1.2　再入轨道预测制导方法

预测制导一般无需标准轨道，能够在线计算再入走廊、航程，在线辨识大气参数、气动系数及其他参数和模型，以对实际参数、模型进行修正，并在线预测轨道。再入轨道预测制导能够降低多种不确定因素对再入制导的可行性、可靠性以及制导精度的影响程度，从而提高飞行器的可靠性、安全性，加快再入制导系统的设计进程，减少再入操作、运营费用，降低运载成本。

预测制导的基本思想是根据飞行器当前飞行状态，实时计算出满足一定要求的轨道，并根据得到的轨道信息对实际轨道进行控制，如将预测值与期望值进行比较，根据所得偏差信息对控制量进行估计、修正。

预测制导的关键技术之一是快速轨道预测，而根据轨道预测方法不同，预测制导一般可分为数值预测制导（也称快速运算预测）和解析预测（也称“闭式”预测）制导。其中数值预测制导主要采用数值积分方法进行轨道预测，而解析预测制导则在简化假设条件下，得到微分方程的解析解，从而近似预测再入轨道。

1. 快速运算预测再入制导

快速运算预测再入制导的基本思想是：依靠飞行器上的快速计算机，对轨道方程进行积分，获得再入轨道的状态信息，然后根据这些信息对轨道进行校正。快速运算预测制导方法要对预测值与期望值进行比较，根据所得偏差信息对控制量进行修正。

快速运算预测再入制导一般要建立简化的再入运动数学模型，例如早期快速积分预测制导主要是考虑纵平面的运动（$h$, $V$, $\theta$, $R$）状态信息，并对其进行积分，同时对升阻比、弹道系数进行修正。这种预测制导主要考虑阻力加速度对航程的影响，认为常升阻比再入，因此主要迭代修正阻力加速度。

快速积分预测制导也可积分三自由度轨道方程，并建立终端状态对制导参数的敏感度函数，以此校正迭代过程，获得所需要的控制变量。这种方法首先定义标准的倾侧角和攻角模型（如图 9－1－1 所示），通过更改制导模型参数，积分轨道方程得到终端状态信息，并与期望值进行比较，以获得终端状态误差对各个参数的敏感度函数，建立误差灵敏度函数是个离线过程，需要大量的计算。接着引入约束函数，在校正制导参数时，要求满足约束条件（温度、热流、过载、动压等）和终端条件。若对制导性能有更高要求，最后还需要建立性能指标函数,以生成优化的控制参数。

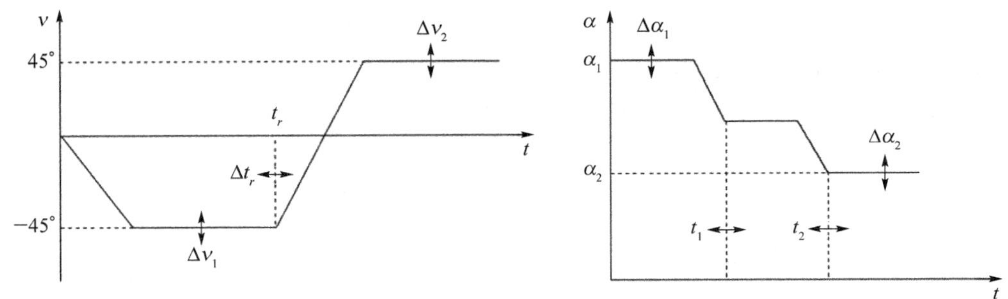


**图9-1-1　用于预测制导的倾侧角、攻角模型**

快速运算预测再入制导也可应用在类似于轨道生成/轨道跟踪的再入制导方法,不同的是该方法不仅在再入前生成飞行剖面,而且在再入过程中,根据实际飞行状态偏离标准状态的程度,决定是否重新用预测校正方法生成标准飞行剖面。

该算法被称为"自由预测"制导(相对于"闭式"预测制导而言),"自由预测"制导所产生的标准轨道是阻力加速度/能量高度飞行剖面。而且被分为6段,每段被拟合为三次曲线,其控制规律采用线性反馈控制,以跟踪飞行剖面。仿真结果表明该算法迭代次数小于10次,能够实时计算,精度高、鲁棒性好。

快速运算预测制导的优点是它能够处理大范围的飞行条件,算法简单,通用性强、可移植性好,而且误差散布对制导方法的影响较小,制导精度也较高;而其缺点则是计算量大,一般难于实时计算。

2. 解析预测再入制导

解析预测再入制导(也称"闭式"预测再入制导)的基本原理是对再入运动方程进行简化,得出近似的解析解,预测部分可能的轨道信息。解析预测制导往往假设某些参数不变,积分时忽略某些变化缓慢的变量。由于假设是有条件的,所以解析预测一般分段预测轨道,如在90 km以上采用牛顿关于二体运动的方程,可以得到很精确的预测,90 km以下则根据飞行特点进行简化。例如:

通过控制阻力加速度不变的飞行时段,则纵向航程可近似为

$$R = r\frac{v_0^2 - v_f^2}{2(D/W)} \tag{9-1-8}$$

式中,$D$、$W$分别为阻力加速度和重量。

通过控制高度不变的飞行时段,则纵向航程为

$$R = r\frac{v_0^2}{(D/W)_0}\ln\frac{v_0}{v_f} \tag{9-1-9}$$

而对于平衡滑翔时段来说,则纵向航程为

$$R = 0.5(L/D)\ln\frac{1 - v_f^2}{1 - v_0^2} \tag{9-1-10}$$

以上方法都是对纵程的预测，而同时预测纵程和横程。首先认为纵平面升阻比为常数，则有

$$R = 0.5r_0(L/D)\cos\nu\ln\frac{r\cdot g - v_0^2}{r\cdot g - v_f^2} \tag{9-1-11}$$

其次认为侧向转弯加速度为常数，此时可以计算横程：

$$Z = \frac{m}{\rho S_{ref}}\frac{C_L}{C_D^2}\sin\nu\left[\frac{v_0 - v_f}{v_0}\right]^2 \tag{9-1-12}$$

从式(9-1-11)、式(9-1-12)可以看出纵程、横程是攻角和倾侧角的函数，“闭式”预测制导并没有直接从这两公式解出控制变量，而是建立敏感矩阵，更新控制变量：

$$\begin{bmatrix}\Delta\alpha\\ \Delta\nu\end{bmatrix} = \begin{bmatrix}\dfrac{\partial R}{\partial\nu} & \dfrac{\partial R}{\partial\alpha}\\ \dfrac{\partial Z}{\partial\nu} & \dfrac{\partial Z}{\partial\alpha}\end{bmatrix}^{-1}\begin{bmatrix}R - R_{pre}\\ Z - Z_{pre}\end{bmatrix} \tag{9-1-13}$$

解析预测制导的关键是对再入运动进行假设，而且制导能够控制飞行器接近假设的条件飞行，否则制导的精度较差。解析预测制导主要是对纵程进行预测，而对横程的预测只能局限在苛刻的条件下，也就是说，实际飞行路径往往会偏离假设，因此对横程预测的制导方法适应范围更窄。解析预测制导方法的优点是计算量小、速度快、所需内存少、对硬件要求低。缺点是不能灵活处理偏离假设的情况，对误差比较敏感，鲁棒性差。

快速积分预测可以与解析预测结合起来，解析预测的结果可以作为快速积分预测的初值，这样能够提高快速积分预测的收敛性和收敛速度。

随着计算机技术的不断发展，机载飞行计算机的运行速度将不断提高，数值积分运算所需时间将不再是制导方法所顾虑的主要因素，因此可以通过快速数值积分方法对再入轨道进行预测，以用于再入制导。由于快速运算预测制导需要在线积分再入运动微分方程，不依赖于对模型的各种假设，因此适应范围更广，将成为很有潜力的再入制导方法。

### 9.1.3　广义的标准轨道再入制导方法

传统意义上的再入标准轨道制导首先要求有一条满足再入走廊要求的标准再入轨道，而且往往需要进行优化设计；其次采用摄动方法，控制飞行器按照（或接近）标准轨道飞行。这种制导方法的关键技术之一是再入标准轨道的优化设计，特别是多维约束（主要指再入走廊）条件下的轨道优化设计，在理论和实践上都存在难度。

广义的标准轨道制导扩展了传统意义上的再入标准轨道制导概念，首先是在再入走廊内，优化设计满足航程和目标接口要求的标准再入飞行剖面，将再入轨道优化问题转化为飞行剖面优化问题。之后设计轨道跟踪控制器跟踪标准飞行剖面，一方面满足再入走廊要求，另一方面满足航程等要求。这种方法的关键技术主要包括：

(1) 再入吸热控制（包括再入走廊的确定）；

(2) 标准再入飞行剖面设计；

(3) 轨道跟踪控制规律;

(4) 航程更新方法。

航天飞机再入制导即是一种广义的标准轨道制导,它综合了解析预测制导、标准轨道制导和在线生成飞行剖面的思想,但又不是简单的综合,而是根据当时的软硬件条件,进行了合理的改进。

这种广义的标准轨道再入制导的基本原理是:将再入制导可分为纵向和侧向制导,其制导原理结构示意图可如图9-1-2所示。

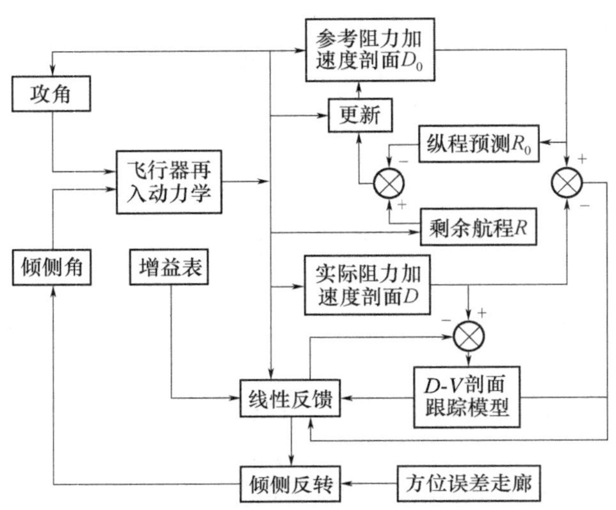


**图9-1-2　广义的标准轨道再入制导原理结构示意图**

采用解析阻力加速度和速度($D-V$)飞行剖面作为参考轨道,主要通过控制倾侧角,并对攻角进行微调,以跟踪$D-V$剖面,一方面控制再入吸热,另一方面对纵向航程进行预测、控制;动态对$D-V$剖面进行调整,进行航程更新,以最终消除航程误差;飞行器的航向通过简单的倾侧逻辑进行控制。

(1) 再入吸热控制技术。首先,将再入飞行路径约束转化为对阻力加速度的约束,并根据飞行器特性、飞行任务确定再入走廊;其次,在再入走廊内设计$D-V$飞行剖面;最后,采用轨道跟踪控制技术,控制飞行器在再入走廊内沿$D-V$飞行剖面飞行,从而对再入吸热进行控制。

(2) 标准再入飞行剖面设计。广义的标准轨道再入制导没有明确的标准再入轨道,而是将标准再入轨道转化为满足一定要求的$D-V$飞行剖面,用于再入制导。再入制导只需要标准轨道在某一速度的升阻比、阻力加速度、高度变化率信息,而这些信息在一定条件下可以通过$D-V$剖面获得。因此可以在再入走廊内,采用分段解析函数,设计满足航程和末端能量管理要求的$D-V$剖面,作为标准轨道,对航程进行预测。

(3) 轨道跟踪控制技术。一般再入制导采用控制攻角和倾侧角,限制侧滑角的制导控制策略。而广义的标准轨道再入制导的攻角变化规律是速度的函数,是事先设计好的,并综合考虑了再入吸热和侧向稳定性和机动性等要求。因此主要控制倾侧角,并适当调整攻角，以对参考 $D-V$ 飞行剖面进行跟踪。

采用摄动方法设计轨道跟踪控制器，轨道跟踪控制规律为 PID 控制，并采用线性反馈方法设计控制器增益系数，存储在飞行计算机中，以用于再入制导。其 PID 控制规律的形式如下：

$$(L/D)_c = (L/D)_0 + K_1(D - D_0) + K_2(\dot{h} - \dot{h}_0) + K_3\int(D - D_0)\mathrm{d}t \tag{9-1-14}$$

其中，下标“$c$”表示制导指令；“0”表示参考值，可以根据参考 $D-V$ 飞行剖面计算得到。根据上面公式则可以确定跟踪参考 $D-V$ 飞行剖面所需要的倾侧角 $\nu_c$ 的大小：

$$\nu_c = \arccos\frac{(L/D)_c}{L/D} \tag{9-1-15}$$

至于倾侧角的符号则根据当前速度矢量与瞬时平面的夹角和侧向方位误差走廊的关系确定，当速度矢量与瞬时平面的夹角超过方位误差走廊时，则改变倾侧角的符号。

（4）航程更新方法。根据 $D-V$ 剖面可以预测航程，但是在长时间、远航程的再入过程中，实际航程会逐渐偏离标准 $D-V$ 剖面所预测的航程，因此再入制导系统需要不断更新参考 $D-V$ 剖面来控制航程，消除航程误差。即：① 根据 $D-V$ 剖面对剩余航程进行预测，并与实际剩余航程进行比较，调整参考 $D-V$ 剖面，以符合实际情况；② 根据制导状态不同，调整不同段的飞行剖面，其基本思想是不改变 $D-V$ 剖面形状，并尽量不调整后继部分剖面的航程。

总的来说，广义的标准轨道再入制导及其扩展的再入制导技术都不要求明确的空间再入标准轨道，而是以平面内的飞行剖面作为航程预测的依据，并采用轨道跟踪控制器跟踪参考飞行剖面，主要对热流和纵向航程进行控制，而侧向航程控制采用简单的倾侧翻转方法。

## 9.2　标准轨道再入制导方法

### 9.2.1　纵向制导

设标准返回轨道纵向升阻比为 $(L/D)_0$，实际升阻比为 $(L/D)$，余量系数为 $K$，则倾侧角 $\nu_0$ 为

$$\cos\nu_0 = \frac{(L/D)_0}{(L/D)} = \frac{(L/D)K}{(L/D)} = K \tag{9-2-1}$$

由于有干扰，实际的状态参数不等于标准轨道的状态参数，应改变倾侧角大小，使实际轨道接近标准再入轨道。设有误差时实际纵向控制升阻比为 $(L/D)_c$，则此时的倾侧角为

$$\cos\nu = \frac{(L/D)_c}{(L/D)} \tag{9-2-2}$$

令

$$(L/D)_c = (L/D)_0 + \Delta(L/D) \tag{9-2-3}$$

则如何确定升阻比增量 $\Delta(L/D)$ 是纵向制导的关键。关于 $\Delta(L/D)$ 的描述已在 9.1.1 节给出了几种表达形式,本节将以式(9-1-6)为例,即选取:

$$\Delta(L/D) = \Delta(C_L/C_D) = K_1\Delta n_x + K_2\Delta\dot{h} + K_3\Delta R + K_4\Delta\dot{R} \tag{9-2-4}$$

其中,$\Delta n_x$、$\Delta\dot{h}$、$\Delta R$、$\Delta\dot{R}$ 分别为飞行器的切向过载、爬高率、纵程和纵程变化率实际值与标准值的差;$K_1$、$K_2$、$K_3$ 和 $K_4$ 为纵向制导规律的反馈增益系数。

对于一般意义的 PID 制导控制规律,关键的是各项系数的确定。目前确定制导参数的方法主要有以下几种:

(1) 摄动法。也称固化系数法,就是在标准轨道附近进行泰勒展开,将制导系统简化为线性系统,采用经典控制的方法(如极点配置方法等)求一些基本反馈项的增益系数。如将制导系统简化为二阶或三阶系统,再采用固化系数法将系统看成常系数系统。对常系数系统用古典方法求解反馈增益系数 $K_i$。这种方法是标准轨道制导的理论基础,是最常用的方法之一。

(2) 试验法。也称试探法,是在一定飞行段取不同系数的组合,以满足较好的制导控制性能。这种方法一般在摄动法的基础上,对其他非基本反馈项进行试探,以观其是否能够显著提高制导性能,如果不能改善制导性能,则一般会取消该项反馈。如取 $K_i$ 为常数或分段为常数,然后对初始误差及其他误差进行仿真计算,通过试验确定满足落点精度要求的 $K_i$。显然该方法理论分析不够且与经验有关。

(3) 最优化方法。即给出性能指标(一般是各种误差的组合),采用最优化方法获取最佳增益系数。通常有两种方法解决这类问题:非线性规划方法求最佳增益系数;最优控制方法,如用最佳二次型性能指标选择最佳的反馈增益系数,即采用最优调节器理论,解 Riccati 方程得到最佳系数。性能指标最优化法得到了更为广泛的关注,下面给予简单介绍。

### 9.2.2 侧向制导

由式(9-2-2)知,当有误差时,其倾侧角 $\nu$ 同标准返回轨道的 $\nu_0$ 不一样。纵向制导方程决定了 $\nu$ 的大小,它满足了纵向制导的要求。此时,总升力 $L$ 的侧向分量 $(L/D)D\sin\nu$ 也就确定了,不能调整。但侧力 $L\sin\nu$ 的符号还可以改变。$\nu$ 反号不影响 $(L/D)_c$ 的大小和符号,也不影响侧力的大小,但可以改变侧力方向。利用这个特点可以在侧向制导设计中设计一个区间,使飞行器在此区间内自由飞行,当碰到边界时,让 $\nu$ 反号,使侧向运动向相反方向进行,因此侧向制导实现的是开关控制。因为最终横程要小于某一值,而开始偏差可能很大,也允许大一些,为此将边界设计成漏斗式的边界。该边界值为 $\bar{Z}$,当横程超过边界时,$\nu$ 就反号,实现开关控制,则侧向制导方程为

$$\nu(t) = \begin{cases} -|\nu|\ \mathrm{sign}(Z + K_5\dot{Z}), & |Z + K_5\dot{Z}| \geq \bar{Z} \\ |\nu|\ \mathrm{sign}[\nu(t_{k-1})], & |Z + K_5\dot{Z}| < \bar{Z} \end{cases} \tag{9-2-5}$$

其中，$Z$ 为侧向运动参数，例如前面定义的横程，$\bar{Z}$ 为侧向控制边界。

$$\begin{cases}\bar{Z} = C_1 + C_2(v/v_e) & (9-2-6)\\ K_5 = C_3 + C_4(v/v_e) & (9-2-7)\end{cases}$$

由于 $\bar{Z}$ 是速度 $v$ 的线性函数，而再入速度基本上是减速的，故侧向控制边界呈“漏斗形”。

在侧向制导方程中，$K_5\dot{Z}$ 项的引进是为了防止侧向运动的过调，因为 $v$ 的反号并不等于 $Z$ 的反号，而近似等于 $\dot{Z}$ 的反号，式中加上一个微分项可以改善侧向运动性能。

系数 $C_1$、$C_2$、$C_3$ 和 $C_4$ 的选择应综合考虑到在各种干扰条件下，飞行器制导控制系统的制导控制能力，通常要反复迭代才能确定。

侧向制导中漏斗形的中心线（面）的定义因横程的定义不同而不同。

（1）在球面上定义纵程和横程时，漏斗形的中心线为过再入点的星下点和开伞点的大圆弧 $ef^{\sim}$。侧向运动参数取球面上定义的横程，而 $\bar{Z}$ 表示在大圆弧 $ef^{\sim}$ 两边在球面上的边界线。

（2）用标准再入纵平面的垂线定义横程，漏斗形的中心实际上是一个面，即过 $e$ 点、$f^{\sim}$ 点和地心的标准再入纵平面，漏斗的边界也是在标准再入纵平面两边的两个曲面（或平面）。

侧向制导方程中的侧向运动参数 $Z$ 也可以定义为横程差（横坐标差）：

$$Z = z_t - z_n \tag{9-2-8}$$

式中，$Z$ 为横坐标差；$z_t$ 为飞行器在返回坐标系中的横坐标；$z_n$ 为标准情况下飞行器在返回坐标系中的横坐标。

此时漏斗的中心线为标准返回轨道在 $o_o - x_o z_o$ 平面上的投影。此时的制导方程为

$$\nu(t) = \begin{cases}-|\nu|\operatorname{sign}(z_t - z_n + K_5\dot{z}_t), & |z_t - z_n + K_5\dot{z}_t| \geq \bar{Z}\\ |\nu|\operatorname{sign}[\nu(t_{k-1})], & |z_t - z_n + K_5\dot{z}_t| < \bar{Z}\end{cases} \tag{9-2-9}$$

### 9.2.3 纵平面运动方程的线性化

为获取纵向制导规律式(9－2－4)中的反馈增益系数 $K_1$、$K_2$、$K_3$、$K_4$，可采用对简化的纵平面运动方程进行摄动的方法。为工程上易于实现，将时变的增益系数逼近成常数或分段常数，得到所需的次优反馈增益系数。

为了简化纵平面运动方程，需做如下基本假设。

（1）地球形状、引力模型：不考虑地球旋转，地球为一均质圆球。

（2）大气模型：高度在 91 km 以下采用标准大气的分段函数模型，91 km 以上采用数值插值办法得到。

（3）飞行过程中采用配平攻角飞行，$\alpha = \eta_{tr}$，$\beta = 0$，$C_D = C_D(M)$ 时：

$$(C_L/C_D)_0 = (C_L/C_D)(M) \tag{9-2-10}$$

纵向运动的升阻比 $(C_L/C_D)_0 = (C_L/C_D)\cos\nu_0$，$\nu_0$ 由三自由度标准弹道设计给出。

这时纵平面运动方程为

$$\begin{cases}\dfrac{\mathrm{d}v}{\mathrm{d}t}=-C_D\dfrac{\rho v^2}{2m}S-g\sin\Theta\\ \dfrac{\mathrm{d}\Theta}{\mathrm{d}t}=\left(\dfrac{C_L}{C_D}\right)_0C_D\dfrac{\rho vS}{2m}+\left(\dfrac{v}{r}-\dfrac{g}{v}\right)\cos\Theta\\ \dfrac{\mathrm{d}r}{\mathrm{d}t}=v\sin\Theta\\ \dfrac{\mathrm{d}R}{\mathrm{d}t}=\dfrac{r_fv}{r}\cos\Theta\end{cases}\tag{9-2-11}$$

式中，$\Theta$ 为当地速度倾角；$r_f=r_p+h_f$，$r_p$ 为地球平均半径，$h_f$ 为飞行终点高度；$g=\dfrac{fM}{r^2}=g_0\left(\dfrac{r_p}{r}\right)^2$；$R$ 为导弹在假想球面飞过的纵程。

切向过载：

$$n_x=\frac{C_D\rho v^2S}{2mg_0}\tag{9-2-12}$$

将式(9-2-11)对标准弹道线性化可得

$$\begin{cases}\Delta\dot v=a_{11}\Delta v+a_{12}\Delta\Theta+a_{13}\Delta h\\ \Delta\dot\Theta=a_{21}\Delta v+a_{22}\Delta\Theta+a_{23}\Delta h+b\Delta(C_L/C_D)\\ \Delta\dot h=a_{31}\Delta v+a_{32}\Delta\Theta\\ \Delta\dot R=a_{41}\Delta v+a_{42}\Delta\Theta+a_{43}\Delta h\end{cases}\tag{9-2-13}$$

其中，

$$\begin{cases}a_{11}=-C_D\rho vS/m-[\rho v^2S/(2ma)](\mathrm{d}C_D/\mathrm{d}M)\\ a_{12}=-g\cos\Theta\\ a_{13}=[\rho v^3S/(2ma^2)](\mathrm{d}C_D/\mathrm{d}M)(\mathrm{d}a/\mathrm{d}h)-[C_Dv^2S/(2m)](\mathrm{d}\rho/\mathrm{d}h)+(2g/r)\sin\Theta\\ a_{21}=(C_L/C_D)_0[C_D\rho vS/(2m)]+(g/v^2+1/r)\cos\Theta+(C_L/C_D)_0[\rho vS/(2ma)](\mathrm{d}C_D/\mathrm{d}M)\\ a_{22}=(g/v-v/r)\sin\Theta\\ a_{23}=-(C_L/C_D)_0[\rho v^2S/(2ma^2)](\mathrm{d}C_D/\mathrm{d}M)(\mathrm{d}a/\mathrm{d}h)\\ \qquad+(C_L/C_D)_0C_D[vS/(2m)](\mathrm{d}\rho/\mathrm{d}h)+[2g/(vr)-v/r^2]\cos\Theta\\ a_{31}=\sin\Theta\\ a_{32}=v\cos\Theta\\ a_{41}=(r_f/r)\cos\Theta\\ a_{42}=-(r_fv/r)\sin\Theta\\ a_{43}=-(r_fv/r^2)\cos\Theta\end{cases}\tag{9-2-14}$$

$$b = C_D \rho v S/(2m) \tag{9-2-15}$$

由式(9－2－12)线性化过载系数可得

$$\Delta n_x = a_{51}\Delta v + a_{53}\Delta h \tag{9-2-16}$$

式中，

$$\begin{cases} a_{51} = -C_D \rho v S/(m g_0) - \rho v^2 S/(2 m g_0 a)(\mathrm{d}C_D/\mathrm{d}M) \\ a_{53} = [\rho v^3 S/(2 m g_0 a^2)](\mathrm{d}C_D/\mathrm{d}M)(\mathrm{d}a/\mathrm{d}h) - [C_D v^2 S/(2 m g_0)](\mathrm{d}\rho/\mathrm{d}h) \end{cases} \tag{9-2-17}$$

由式(9－2－13)后两式和式(9－2－16)可得

$$\begin{cases} \Delta v = b_{11}\Delta n_x + b_{12}\Delta \dot{h} + b_{13}\Delta R + b_{14}\Delta \dot{R} \\ \Delta \Theta = b_{21}\Delta n_x + b_{22}\Delta \dot{h} + b_{23}\Delta R + b_{24}\Delta \dot{R} \\ \Delta h = b_{31}\Delta n_x + b_{32}\Delta \dot{h} + b_{33}\Delta R + b_{34}\Delta \dot{R} \end{cases} \tag{9-2-18}$$

其中，

$$\begin{cases} b_0 = a_{31}a_{42}a_{53} - a_{32}a_{41}a_{53} + a_{32}a_{43}a_{51} \\ b_{11} = a_{32}a_{43}/b_0 \\ b_{12} = a_{42}a_{53}/b_0 \\ b_{13} = 0 \\ b_{14} = -a_{32}a_{53}/b_0 \\ b_{21} = -a_{32}a_{43}/b_0 \\ b_{22} = (a_{43}a_{51} - a_{41}a_{53})/b_0 \\ b_{23} = 0 \\ b_{24} = a_{31}a_{53}/b_0 \\ b_{31} = (1 - a_{51}b_{11})/a_{53} \\ b_{32} = -a_{51}b_{12}/a_{53} \\ b_{33} = 0 \\ b_{34} = -a_{51}b_{14}/a_{53} \end{cases} \tag{9-2-19}$$

现将式(9－2－18)记为

$$[\Delta v,\ \Delta\Theta,\ \Delta h]^{\mathrm{T}} = \boldsymbol{B}_{3\times 4}\cdot[\Delta n_x,\ \Delta\dot{h},\ \Delta R,\ \Delta\dot{R}]^{\mathrm{T}} \tag{9-2-20}$$

要求列写的方程式为

$$\begin{cases}\dfrac{\mathrm{d}\Delta n_x}{\mathrm{d}t} = \dot{a}_{51}\Delta v + a_{51}\Delta\dot{v} + \dot{a}_{53}\Delta h + a_{53}\Delta\dot{h} \\ \dfrac{\mathrm{d}\Delta\dot{h}}{\mathrm{d}t} = \dot{a}_{31}\Delta v + a_{31}\Delta\dot{v} + \dot{a}_{32}\Delta\Theta + a_{32}\Delta\dot{\Theta} \\ \dfrac{\mathrm{d}\Delta R}{\mathrm{d}t} = \Delta\dot{R} \\ \dfrac{\mathrm{d}\Delta\dot{R}}{\mathrm{d}t} = \dot{a}_{41}\Delta v + a_{41}\Delta\dot{v} + \dot{a}_{42}\Delta\Theta + a_{42}\Delta\dot{\Theta} + \dot{a}_{43}\Delta h + a_{43}\Delta\dot{h}\end{cases} \tag{9-2-21}$$

将式(9－2－13)中 $\Delta\dot{v}$, $\Delta\dot{\Theta}$, $\Delta\dot{h}$ 代入上式，则可以得

$$\frac{\mathrm{d}}{\mathrm{d}t}[\Delta n_x,\ \Delta\dot{h},\ \Delta R,\ \Delta\dot{R}]^{\mathrm{T}} = \boldsymbol{C}_{4\times 3}\cdot[\Delta v,\ \Delta\Theta,\ \Delta h]^{\mathrm{T}} + [0,\ a_{32}b,\ 0,\ a_{42}]^{\mathrm{T}}\Delta(C_L/C_D)_0 \tag{9-2-22}$$

其中，

$$\begin{cases}c_{11} = \dot{a}_{51} + a_{51}a_{11} + a_{53}a_{31} \\ c_{12} = a_{51}a_{12} + a_{53}a_{32} \\ c_{13} = \dot{a}_{53} + a_{51}a_{13} \\ c_{21} = \dot{a}_{31} + a_{31}a_{11} + a_{32}a_{21} \\ c_{22} = \dot{a}_{32} + a_{31}a_{12} + a_{32}a_{22} \\ c_{23} = a_{31}a_{13} + a_{32}a_{23} \\ c_{31} = a_{41} \\ c_{32} = a_{42} \\ c_{33} = a_{43} \\ c_{41} = \dot{a}_{41} + a_{41}a_{11} + a_{42}a_{21} + a_{43}a_{31} \\ c_{42} = \dot{a}_{42} + a_{41}a_{12} + a_{42}a_{22} + a_{43}a_{32} \\ c_{43} = \dot{a}_{43} + a_{41}a_{13} + a_{42}a_{23}\end{cases} \tag{9-2-23}$$

$$\begin{cases}\dot{a}_{31} = \cos\Theta(\mathrm{d}\Theta/\mathrm{d}t) \\ \dot{a}_{32} = \cos\Theta(\mathrm{d}v/\mathrm{d}t) - v\sin\Theta(\mathrm{d}\Theta/\mathrm{d}t) \\ \dot{a}_{41} = -(r_f/r)\sin\Theta(\mathrm{d}\Theta/\mathrm{d}t) - (r_f/r^2)\cos\Theta(\mathrm{d}r/\mathrm{d}t) \\ \dot{a}_{42} = -(r_f/r)\sin\Theta(\mathrm{d}v/\mathrm{d}t) - (r_f v/r)\cos\Theta(\mathrm{d}\Theta/\mathrm{d}t) + (r_f v/r^2)\sin\Theta(\mathrm{d}r/\mathrm{d}t) \\ \dot{a}_{43} = -(r_f/r^2)\cos\Theta(\mathrm{d}v/\mathrm{d}t) + (r_f v/r^2)\sin\Theta(\mathrm{d}\Theta/\mathrm{d}t) + (2r_f v/r^3)\cos\Theta(\mathrm{d}r/\mathrm{d}t) \\ \dot{a}_{51} = [\rho S/(mg_0)]\{-[2M(\mathrm{d}C_D/\mathrm{d}M) + C_D + 0.5M^2(\mathrm{d}^2C_D/\mathrm{d}M^2)](\mathrm{d}v/\mathrm{d}t) \\ \qquad + [-(C_D v/\rho)(\mathrm{d}\rho/\mathrm{d}h) + 1.5M^2(\mathrm{d}C_D/\mathrm{d}M)(\mathrm{d}a/\mathrm{d}h) \\ \qquad - 0.5(vM/\rho)(\mathrm{d}C_D/\mathrm{d}M)(\mathrm{d}\rho/\mathrm{d}h) + 0.5M^3(\mathrm{d}^2C_D/\mathrm{d}M^2)(\mathrm{d}a/\mathrm{d}h)](\mathrm{d}r/\mathrm{d}t)\}\end{cases}$$

$$\begin{cases}\dot{a}_{53}=[\rho S/(mg_0)]\{[-(C_D v/\rho)(\mathrm{d}\rho/\mathrm{d}h)+1.5M^2(\mathrm{d}C_D/\mathrm{d}M)(\mathrm{d}a/\mathrm{d}h)\\ \quad +0.5M^3(\mathrm{d}^2C_D/\mathrm{d}M^2)(\mathrm{d}a/\mathrm{d}h)-0.5(vM/\rho)(\mathrm{d}C_D/\mathrm{d}M)(\mathrm{d}\rho/\mathrm{d}h)](\mathrm{d}v/\mathrm{d}t)\\ \quad +[-0.5(C_D v^2/\rho)(\mathrm{d}^2\rho/\mathrm{d}h^2)+(vM^2/\rho)(\mathrm{d}C_D/\mathrm{d}M)(\mathrm{d}a/\mathrm{d}h)(\mathrm{d}\rho/\mathrm{d}h)\\ \quad -M^3(\mathrm{d}C_D/\mathrm{d}M)(\mathrm{d}a/\mathrm{d}h)^2-0.5M^4(\mathrm{d}^2C_D/\mathrm{d}M^2)(\mathrm{d}a/\mathrm{d}h)^2\\ \quad +0.5vM^2(\mathrm{d}C_D/\mathrm{d}M)(\mathrm{d}^2a/\mathrm{d}h^2)](\mathrm{d}r/\mathrm{d}t)\}\end{cases}$$

（9－2－24）

令

$$\boldsymbol{X}=[\Delta n_x,\ \Delta\dot{h},\ \Delta R,\ \Delta\dot{R}]^{\mathrm{T}}$$

$$\boldsymbol{U}=\Delta(C_L/C_D)_0$$

$$\boldsymbol{G}_{4\times4}=\boldsymbol{C}_{4\times3}\cdot\boldsymbol{B}_{3\times4}$$

$$\boldsymbol{H}_{4\times1}=[0,\ a_{32}b,\ 0,\ a_{42}b]^{\mathrm{T}}$$

则式(9－2－22)可改写为

$$\frac{\mathrm{d}\boldsymbol{X}}{\mathrm{d}t}=\boldsymbol{GX}+\boldsymbol{HU}\tag{9－2－25}$$

### 9.2.4　最佳反馈增益系数的求解

经过线性化得到纵向小扰动状态空间方程式(9－2－25)，就可以用二次型性能指标最优的线性控制来求解反馈增益 $K_1$、$K_2$、$K_3$、$K_4$。

取性能指标：

$$J=\frac{1}{2}\boldsymbol{X}^{\mathrm{T}}(t_f)\boldsymbol{FX}(t_f)+\frac{1}{2}\int_{t_0}^{t_f}(\boldsymbol{X}^{\mathrm{T}}\boldsymbol{QX}+\boldsymbol{U}^{\mathrm{T}}\boldsymbol{RU})\,\mathrm{d}t\tag{9－2－26}$$

其中，$\boldsymbol{F}$、$\boldsymbol{Q}$ 为非负定阵；$\boldsymbol{R}$ 为正定阵。

可选择 $\boldsymbol{F}$、$\boldsymbol{Q}$、$\boldsymbol{R}$ 的形式如下：

$$\boldsymbol{F}=\begin{bmatrix}1/\Delta n_{xf}^2 & 0 & 0 & 0\\ 0 & 1/\Delta\dot{h}_f^2 & 0 & 0\\ 0 & 0 & 1/\Delta R_f^2 & 0\\ 0 & 0 & 0 & 1/\Delta\dot{R}_f^2\end{bmatrix}$$

$$\boldsymbol{Q}=\begin{bmatrix}1/\Delta n_{xm}^2 & 0 & 0 & 0\\ 0 & 1/\Delta\dot{h}_m^2 & 0 & 0\\ 0 & 0 & 1/\Delta R_m^2 & 0\\ 0 & 0 & 0 & 1/\Delta\dot{R}_m^2\end{bmatrix}$$

$$\boldsymbol{R} = \frac{1}{\delta[\Delta(C_L/C_D)_0]_m^2}$$

式中，$\Delta n_{xf}$、$\Delta \dot{h}_f$、$\Delta R_f$、$\Delta \dot{R}_f$ 为落点期望的精度；$\Delta n_{xm}$、$\Delta \dot{h}_m$、$\Delta R_m$、$\Delta \dot{R}_m$ 为状态允许的最大偏差；$\delta[\Delta(C_L/C_D)_0]_m$ 为允许的最大控制偏差。

利用极小值原理，哈密尔顿函数为

$$H_u = \frac{1}{2}\boldsymbol{X}^{\mathrm{T}}\boldsymbol{Q}\boldsymbol{X} + \frac{1}{2}\boldsymbol{U}^{\mathrm{T}}\boldsymbol{R}\boldsymbol{U} + \boldsymbol{\lambda}^{\mathrm{T}}\boldsymbol{G}\boldsymbol{X} + \boldsymbol{\lambda}^{\mathrm{T}}\boldsymbol{H}\boldsymbol{U} \tag{9-2-27}$$

其共轭方程及横截条件为

$$\dot{\lambda} = -\frac{\partial H_u}{\partial X} = -\boldsymbol{G}^{\mathrm{T}}\boldsymbol{\lambda} - \boldsymbol{Q}\boldsymbol{X} \tag{9-2-28}$$

$$\lambda(t_f) = \boldsymbol{F}\boldsymbol{X}(t_f) \tag{9-2-29}$$

由极小值原理，最优控制 $U^*$ 使 $H_u$ 取极小值，即

$$\left.\frac{\partial H_u}{\partial X}\right|_{U^*} = \boldsymbol{R}\boldsymbol{U}^* + \boldsymbol{H}^{\mathrm{T}}\boldsymbol{\lambda} = 0 \tag{9-2-30}$$

因 $R$ 是正定的，其逆必存在，故

$$\boldsymbol{U}^* = -\boldsymbol{R}^{-1}\boldsymbol{H}^{\mathrm{T}}\boldsymbol{\lambda} \tag{9-2-31}$$

由此可得

$$\begin{cases} \dfrac{\mathrm{d}\boldsymbol{X}^*}{\mathrm{d}t} = \boldsymbol{G}\boldsymbol{X}^* - \boldsymbol{H}\boldsymbol{R}^{-1}\boldsymbol{H}^{\mathrm{T}}\boldsymbol{\lambda}^* \\ \dfrac{\mathrm{d}\boldsymbol{\lambda}^*}{\mathrm{d}t} = -\boldsymbol{G}^{\mathrm{T}}\boldsymbol{\lambda}^* - \boldsymbol{Q}\boldsymbol{X}^* \\ \boldsymbol{X}^*(t_0) = \boldsymbol{X}_0 \\ \boldsymbol{\lambda}^*(t_f) = \boldsymbol{F}\boldsymbol{X}^*(t_f) \end{cases} \tag{9-2-32}$$

上述方程是线性的，且 $\boldsymbol{X}^*(t_f)$ 与 $\boldsymbol{\lambda}^*(t_f)$ 有线性关系，因此可假设 $\boldsymbol{\lambda} = \boldsymbol{P}\boldsymbol{X}$，则

$$\begin{aligned} \frac{\mathrm{d}\boldsymbol{\lambda}}{\mathrm{d}t} &= \frac{\mathrm{d}\boldsymbol{P}}{\mathrm{d}t}\boldsymbol{X} + \boldsymbol{P}\frac{\mathrm{d}\boldsymbol{X}}{\mathrm{d}t} \\ &= \frac{\mathrm{d}\boldsymbol{P}}{\mathrm{d}t}\boldsymbol{X} + \boldsymbol{P}(\boldsymbol{G}\boldsymbol{X} + \boldsymbol{H}\boldsymbol{U}) \\ &= \frac{\mathrm{d}\boldsymbol{P}}{\mathrm{d}t}\boldsymbol{X} + \boldsymbol{P}(\boldsymbol{G}\boldsymbol{X} - \boldsymbol{H}\boldsymbol{R}^{-1}\boldsymbol{H}^{\mathrm{T}}\boldsymbol{P}\boldsymbol{X}) \end{aligned} \tag{9-2-33}$$

由式(9-2-32)和式(9-2-33)，可得

$$\left(\frac{\mathrm{d}\boldsymbol{P}}{\mathrm{d}t} + \boldsymbol{P}\boldsymbol{G} - \boldsymbol{P}\boldsymbol{H}\boldsymbol{R}^{-1}\boldsymbol{H}^{\mathrm{T}}\boldsymbol{P} + \boldsymbol{G}^{\mathrm{T}}\boldsymbol{P} + \boldsymbol{Q}\right)\boldsymbol{X} = 0 \tag{9-2-34}$$

由 $\boldsymbol{X}$ 的任意性，可得 Riccati 微分方程如下：

$$\begin{cases}\dfrac{\mathrm{d}\boldsymbol{P}}{\mathrm{d}t} = -\boldsymbol{PG} - \boldsymbol{G}^{\mathrm{T}}\boldsymbol{P} + \boldsymbol{PHR}^{-1}\boldsymbol{H}^{\mathrm{T}}\boldsymbol{P} - \boldsymbol{Q} \\ \boldsymbol{P}(t_f) = \boldsymbol{F}\end{cases} \tag{9-2-35}$$

最优控制为

$$\boldsymbol{U}^{*} = -\boldsymbol{R}^{-1}\boldsymbol{H}^{\mathrm{T}}\boldsymbol{PX} \tag{9-2-36}$$

最佳反馈增益系数为

$$\boldsymbol{K} = -\boldsymbol{R}^{-1}\boldsymbol{H}^{\mathrm{T}}\boldsymbol{P} \triangleq [K_1,\ K_2,\ K_3,\ K_4]^{\mathrm{T}} \tag{9-2-37}$$

由此可见，反向积分 Riccati 微分方程，即可得到反馈增益系数 $\boldsymbol{K}$。因为 $\boldsymbol{G}$、$\boldsymbol{H}$、$\boldsymbol{Q}$、$\boldsymbol{R}$ 在 $(t_0,\ t_f)$ 上都是连续函数，所以 Riccati 微分方程在 $(t_0,\ t_f)$ 上满足边界条件的解是存在的，而且是唯一的。

# 9.3　广义的标准轨道再入制导方法

## 9.3.1　简化的再入运动数学模型

在研究再入制导问题时，可考虑速度与地心矢量构成的瞬时平面的运动和目标平面法向的运动或侧向运动，进一步忽略地球扁率和自转的影响，则飞行器在瞬时平面内的再入运动数学模型可简化为

$$\begin{cases}\dot{h} = \dot{r} = v\sin\theta \\ \dot{v} = -g\sin\theta - D \\ \dot{\theta} = \dfrac{1}{v}\left[L_\nu - \left(g - \dfrac{v^2}{r}\right)\cos\theta\right],\quad L_\nu = L\cos\nu \\ \dot{R} \approx v\cos\theta\end{cases} \tag{9-3-1}$$

再入飞行器当前位置到目标的航程可由下面公式近似计算（图 9-3-1）：

$$R = c[R_0 + (h + h_f)/2] \tag{9-3-2}$$

$$\begin{cases}A = \operatorname{arccot}\{[\cos\phi\tan\phi_f - \sin\phi\cos(\lambda_f - \lambda)]/\sin(\lambda_f - \lambda)\} \\ c = \arccos[\sin\phi\sin\phi_f + \cos\phi\cos\phi_f\cos(\lambda_f - \lambda)]\end{cases} \tag{9-3-3}$$

当前时刻的方位误差为

$$\Delta\psi = \psi - A \tag{9-3-4}$$

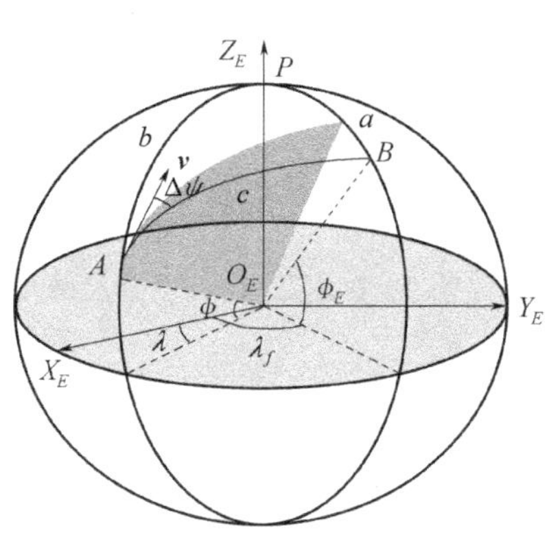


**图 9-3-1　再入纵向运动平面和目标平面的几何关系**

图9－3－1中,$A(\lambda,\phi)$为当前点;$B(\lambda_f,\phi_f)$为目标点;$P$为极点;$c$为弧$AB$所对应的角;$A$到$B$的视线角为$A$;速度方位角为$\psi$;方位误差为$\Delta\psi$。

### 9.3.2　广义的再入标准轨道制导原理

飞行器再入过程中主要依靠升力和阻力来控制再入轨道,而根据飞行器的结构布局,一般不要求侧滑,因此再入制导主要采用攻角和倾侧角进行轨道控制。再入制导方法一般以控制倾侧角为主,以控制攻角为辅,其原因主要是基于以下考虑:

(1) 设计一维制导控制规律相对于二维的要简单;

(2) 基于再入吸热考虑。根据优化结果,认为大攻角再入有利于减少飞行器再入吸热,兼顾机动性则要求以最大升阻比飞行,因此攻角剖面一般事先优化确定;

(3) 采用倾侧转弯不仅能够控制阻力加速度,还可以控制侧向航程,也就是说,只需设计倾侧角变化规律就可以完成再入制导任务。不过辅以攻角调制能够改善制导系统瞬态响应特性,提高制导性能。

综上所述,再入制导通常考虑各种综合因素确定标准攻角飞行剖面,然后重点设计倾侧角变化规律,对热流、过载、动压和纵向航程进行控制,并通过倾侧翻转来实现侧向航程控制。

总的来说,再入标准轨道制导可分为再入机动纵向制导和再入机动侧向制导。再入标准轨道制导采用阻力加速度/飞行速度($D-V$剖面)作为参考轨道(飞行剖面),主要通过控制倾侧角,跟踪$D-V$剖面,从而对驻点热流、过载、动压进行控制,同时对航程进行预测,并实时修正,以消除航程误差。再入标准轨道制导原理方案可如图9－3－2所示。

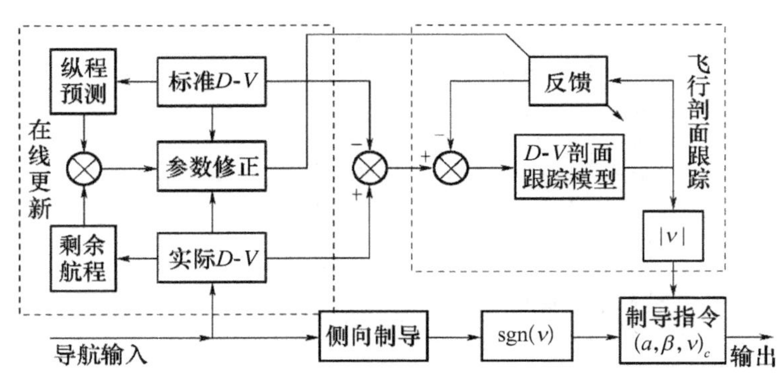


图9－3－2　再入标准轨道制导原理图

### 9.3.3　再入纵向制导

再入纵向制导的任务是跟踪标准(或参考)$D-V$飞行剖面,一方面保证再入轨道满足再入走廊要求,另一方面满足纵向航程和末端能量(包括速度和高度)的要求。再入纵向制导方法的主要步骤为:

(1) 根据飞行器结构配置、再入走廊和飞行任务,选择合适的$D-V$剖面形状和分段,可对$D-V$剖面进行优化,存储得到标准的$D-V$剖面,必要时进行适当的数据处理;

(2) 在不进行航程更新的情况下,设计轨道跟踪控制器及增益系数,较好地跟踪标准 $D-V$ 飞行剖面;

(3) 进一步设计制导控制规律,如选择合适的反馈组合形式,并进一步确定反馈增益,最终满足较小的航程误差;

(4) 根据航程预测值和实际值之间的关系,适当调整 $D-V$ 飞行剖面或相应的轨道参数,进行航程更新,以满足对再入航程的要求,并提高制导精度;

(5) 最后综合考虑制导规律、增益系数和航程更新方法,以获得最佳制导性能。

本节主要研究再入飞行器纵向机动制导规律,包括航程预测、制导规律设计、增益系数确定等内容,而航程更新以及不同组合形式的标准轨道制导规律在后续章节进一步研究。

1. 航程预测

一般的再入飞行器的侧向机动范围(相对纵向而言)不是很大,航程主要由纵向航程决定,而纵向航程可以通过 $D-V$ 剖面解析地预计。在飞行器再入的大部分区域,飞行路径角 $\theta$ 很小,可以近似认为 $\sin\theta=0$, 则

$$R=\int v\cos\theta\mathrm{d}t=-\int\frac{v\cos\theta}{D+g\sin\theta}\mathrm{d}v\approx-\int\frac{v}{D}\mathrm{d}v \tag{9-3-5}$$

当飞行路径角较大时,上面公式误差较大,可进一步采用下面公式估计:

$$\begin{cases}E=gh+\dfrac{1}{2}v^2\\ \dot{E}=-D\\ R=-\displaystyle\int\frac{\cos\theta}{D}\mathrm{d}E\approx-\int\frac{1}{D}\mathrm{d}E\end{cases} \tag{9-3-6}$$

此公式具有较高的航程预测精度,采用 $D-E$ 飞行剖面适用性较好,一方面不用切换制导状态,另一方面能量单调下降,方便计算与分析。根据分段解析 $D-V$ 剖面,可以解析求解 $D-V$ 剖面的航程及其他轨道参数,下面介绍具体的推导过程。

在忽略地球扁率和自转的情况下,且在飞行路径角较小的情况下,考虑瞬时平面内的再入运动则有

$$\begin{cases}\dot{v}=-g\sin\theta-D\approx-D\\ \dot{\theta}=\dfrac{1}{v}\left[L_\nu-\left(g-\dfrac{v^2}{r}\right)\cos\theta\right],\quad L_\nu=L\cos\nu\\ \dot{h}=v\sin\theta\approx v\cdot\theta\\ \dot{R}=v\cos\theta\end{cases} \tag{9-3-7}$$

根据式(9-3-7)可对航程 $R$ 进行预测:

$$R=-\int\frac{v\cos\theta}{D+g\sin\theta}\mathrm{d}v \tag{9-3-8}$$

在飞行路径角 $\theta$ 较小时,可近似认为 $\sin\theta=0$, $\cos\theta=1$, 于是,

$$R = -\int \frac{v}{D}\mathrm{d}v \tag{9-3-9}$$

进一步根据能量的定义,则单位质量的能量 $E$ 为

$$E = gh + \frac{1}{2}v^2 \tag{9-3-10}$$

结合式(9-3-7)、式(9-3-8)和式(9-3-9),则当飞行路径角较大时,航程可进一步近似为

$$R = -\int \frac{\cos\theta}{D}\mathrm{d}E \approx -\int \frac{\mathrm{d}E}{D} \tag{9-3-11}$$

然后根据 $D-V$ 曲线的解析表达式,则可以直接积分 $D-V$ 剖面,以进行航程预测。$D-V$ 曲线的解析表达式和分段航程预测公式见表 9-3-1。

**表 9-3-1 再入 $D-V$ 剖面航程估计**

| 再入状态 | 阻力加速度剖面 $D$ | 航程预计公式 ($v \in [v_0 \sim v_F]$) |
|---|---|---|
| 温控段 | $C_1 + C_2 v + C_3 v^2$ | $Q = 4C_3C_1 - C_2^2$<br>$R = \frac{-1}{2C_3}\ln\frac{C_1 + C_2 v_F + C_3 v_F^2}{C_1 + C_2 v + C_3 v^2} + \begin{cases} C_2/(C_3\sqrt{Q})\{\tan^{-1}[(2C_3 v_F + C_2)/\sqrt{Q}] - \tan^{-1}[(2C_3 v + C_2)/\sqrt{Q}]\}, & Q > 0 \\ C_2/(2C_3\sqrt{-Q})\ln\{(2C_3 v_F + C_2 - \sqrt{-Q})(2C_3 v + C_2 + \sqrt{-Q})/[(2C_3 v + C_2 - \sqrt{-Q})(2C_3 v_F + C_2 + \sqrt{-Q})]\}, & Q < 0 \end{cases}$ |
| 平衡滑翔段 | $g/(L/D)[1-(v/v_s)^2]$ | $(v_S^2 - v^2)/(2D)\ln[(v_F^2 - v_S^2)/(v^2 - v_S^2)]$ |
| 常阻力段 | $C_4$ | $(v^2 - v_F^2)/(2C_4)$ |
| 过渡段 | $D_F + C_5(E - E_F)$ | $(E - E_F)/(D - D_F)\ln(D/D_F)$ |

再入过程中飞行路径角一般较小,根据公式(9-3-7),且为了方便起见,将瞬时平面内的升力 $L_V$ 直接写为 $L$(下同),则高度变化率及其导数可近似为

$$\begin{cases} \dot{h} = v\theta \\ \ddot{h} = \dot{v}\theta + v\dot{\theta} = -D\dfrac{\dot{h}}{v} + \left(\dfrac{v^2}{r} - g\right) + (L/D)\cdot D \end{cases} \tag{9-3-12}$$

进一步根据标准大气模型,可以将大气密度近似为高度的解析函数,即

$$\rho = \rho_0 e^{-h/h_s}, \quad h_s = 1/\beta \tag{9-3-13}$$

则有

$$\frac{\dot{\rho}}{\rho} = -\frac{\dot{h}}{h_s} \tag{9-3-14}$$

由于,

$$D = \frac{1}{2}\rho v^2 \frac{C_D S_{ref}}{m} \tag{9-3-15}$$

于是可得

$$\frac{\dot{D}}{D} = \frac{\dot{\rho}}{\rho} + \frac{2\dot{v}}{v} + \frac{\dot{C}_D}{C_D} \tag{9-3-16}$$

$$\dot{h} = -h_s\left(\frac{\dot{D}}{D} + \frac{2D}{v} - \frac{\dot{C}_D}{C_D}\right) \tag{9-3-17}$$

对式(9-3-17)进行微分,可得

$$\ddot{h} = -h_s\left(\frac{2\dot{D}}{v} + \frac{2D^2}{v^2} + \frac{\ddot{D}}{D} - \frac{\dot{D}^2}{D^2} + \frac{\dot{C}_D^2}{C_D^2} - \frac{\ddot{C}_D}{C_D}\right) \tag{9-3-18}$$

根据式(9-3-12)、式(9-3-17)和式(9-3-18),进一步可得

$$\ddot{D} - \dot{D}\left(\frac{\dot{D}}{D} - \frac{3D}{v}\right) + D\left(\frac{2D}{v}\right)^2 = \frac{D}{h_s}\left(g - \frac{v^2}{r}\right) - \frac{D^2}{h_s}(L/D) - \frac{\dot{C}_D D}{C_D}\left(\frac{\dot{C}_D}{C_D} - \frac{D}{v}\right) + \frac{\ddot{C}_D D}{C_D} \tag{9-3-19}$$

$$(L/D) = \frac{\dot{h}}{v} + \frac{1}{D}\left(g - \frac{v^2}{r}\right) - \frac{h_s}{D}\left(\frac{2\dot{D}}{v} + \frac{2D^2}{v^2} + \frac{\ddot{D}}{D} - \frac{\dot{D}^2}{D^2} + \frac{\dot{C}_D^2}{C_D^2} - \frac{\ddot{C}_D}{C_D}\right) \tag{9-3-20}$$

如果 $D-V$ 剖面采用二次(或二次以下)曲线,则有

$$D = C_1 + C_2 v + C_3 v^2 \tag{9-3-21}$$

$$\frac{\dot{D}}{D} = -C_2 - 2C_3 v \tag{9-3-22}$$

$$\frac{\ddot{D}}{D} = (C_2 + 2C_3 v)^2 + 2C_3 D \tag{9-3-23}$$

则式(9-3-17)和式(9-3-20)可表示为

$$\dot{h} = -\frac{h_s}{v}\left(2C_1 + C_2 v - \frac{\dot{C}_D}{C_D}v\right) \tag{9-3-24}$$

$$(L/D) = \frac{1}{D}\left(g - \frac{v^2}{r}\right) - h_s\left[\frac{4C_1}{v^2} + \frac{C_2}{v} + \frac{\dot{C}_D}{C_D D}\left(\frac{\dot{C}_D}{C_D} - \frac{D}{v}\right) - \frac{\ddot{C}_D}{C_D D}\right] \tag{9-3-25}$$

根据以上公式可以计算与 $D-V$ 剖面相对应的轨道参数以及航程,如表 9-3-1 和表 9-3-2 所示。

**表 9-3-2　标准 $D-V$ 飞行剖面轨道参数**

| 再入状态 | 高度变化率($\dot{h}_0$) | 标准升阻比$(L/D)_0$ |
| --- | --- | --- |
| 温控段 | $-\dfrac{h_s}{v}\left(2C_1+C_2v-\dfrac{\dot{C}_{D0}}{C_{D0}}v\right)$ | $\dfrac{g}{D_0}[1-(v/v_s)^2]-\dfrac{4h_s\cdot C_1}{v^2}-\dfrac{h_s\cdot C_2}{v}-\dfrac{h_s\cdot \dot{C}_{D0}}{C_{D0}D_0}\left(\dfrac{\dot{C}_{D0}}{C_{D0}}-\dfrac{D_0}{v}\right)+\dfrac{h_s\cdot \ddot{C}_{D0}}{C_{D0}D_0}$ |
| 平衡滑翔段 | $-\dfrac{h_s}{v}\left[\dfrac{2D_0}{1-(v/v_s)^2}-\dfrac{\dot{C}_{D0}}{C_{D0}}v\right]$ | $\dfrac{g}{D_0}[1-(v/v_s)^2]-\dfrac{4h_s\cdot D_0}{v^2[1-(v/v_s)^2]}-\dfrac{h_s\cdot \dot{C}_{D0}}{C_{D0}D_0}\left(\dfrac{\dot{C}_{D0}}{C_{D0}}-\dfrac{D_0}{v}\right)+\dfrac{h_s\cdot \ddot{C}_{D0}}{C_{D0}D_0}$ |
| 常阻力段 | $-\dfrac{h_s}{v}\left(2D_0-\dfrac{\dot{C}_{D0}}{C_{D0}}v\right)$ | $\dfrac{g}{D_0}[1-(v/v_s)^2]-\dfrac{4h_s\cdot D_0}{v^2}-\dfrac{h_s\cdot \dot{C}_{D0}}{C_{D0}D_0}\left(\dfrac{\dot{C}_{D0}}{C_{D0}}-\dfrac{D_0}{v}\right)+\dfrac{h_s\cdot \ddot{C}_{D0}}{C_{D0}D_0}$ |
| 过渡段 | $-h_s\left(\dfrac{2D_0-C_5v^2}{v^2+2h_s\cdot g}-\dfrac{\dot{C}_{D0}}{C_{D0}}\right)$ | $\dfrac{g}{D_0}[1-(v/v_s)^2]-\dfrac{4h_s\cdot D_0}{v^2[1-(v/v_s)^2]}+\dfrac{2v\dot{h}_0+2\dot{h}_0^2g/D_0-h_s\cdot C_5v^2+2D_0h_s}{v^2+2g\cdot h_s}+\dfrac{2/v-3C_5v/D_0}{v^2+2g\cdot h_s}g\dot{h}_0h_s-\dfrac{h_s\cdot \dot{C}_{D0}}{C_{D0}D_0}\left(\dfrac{\dot{C}_{D0}}{C_{D0}}-\dfrac{D_0}{v}\right)+\dfrac{h_s\cdot \ddot{C}_{D0}}{C_{D0}D_0}$ |

2. 轨道跟踪控制器

根据上述计算公式可以解析计算标准 $D-V$ 剖面所对应的升阻比,并不能复现标准 $D-V$ 剖面。究其原因是多方面的,如公式本身是近似的,而且再入运动是高度非线性的,微小的扰动可能导致实际轨道偏离标准轨道。因此需要设计轨道跟踪控制器,控制飞行器再入轨道按照或接近标准 $D-V$ 剖面飞行。

跟踪控制器的设计可以采用线性或非线性方法进行设计,本节主要根据摄动原理,采用线性化方法进行设计。在设计时认为实际轨道非常接近标准轨道,则定义以下小量偏差:

$$\begin{cases}\delta D=D-D_0\\ \delta\dot{D}=\dot{D}-\dot{D}_0\\ \delta\ddot{D}=\ddot{D}-\ddot{D}_0\\ \delta v=v-v_0\\ \delta(L/D)=(L/D)_C-(L/D)_0\end{cases}\tag{9-3-26}$$

其中,$(L/D)_C$ 表示跟踪 $D-V$ 剖面所需要的瞬时运动平面内的升阻比;下表“0”表示与标准 $D-V$ 剖面对应的值;可通过表 9-3-1 和表 9-3-2 计算得到。

将公式(9-3-26)代入公式(9-3-19),并忽略偏差的高次项,可以得

$$\ddot{D}-\dot{D}\left(\frac{\dot{D}}{D}-\frac{3D}{v}\right)+D\left(\frac{2D}{v}\right)^{2}=\frac{D}{h_s}\left(g-\frac{v^2}{r}\right)-\frac{D^2}{h_s}(L/D)-\frac{\dot{C}_D D}{C_D}\left(\frac{\dot{C}_D}{C_D}-\frac{D}{v}\right)+\frac{\ddot{C}_D D}{C_D} \tag{9-3-27}$$

$$\begin{aligned}&\delta\ddot{D}+\left(\frac{3D_0}{v_0}-\frac{2\dot{D}_0}{D_0}\right)\delta\dot{D}+\left[3\dot{D}_0\left(\frac{\dot{D}_0}{D_0^2}-\frac{1}{v_0}\right)+4\frac{D_0^2}{v_0^2}+\frac{1}{h_s}\left(g-\frac{v_0^2}{r_0}\right)-2\frac{\ddot{D}_0}{D_0}-\frac{\dot{C}_{D0}^2}{C_{D0}^2}+\frac{\ddot{C}_{D0}}{C_{D0}}\right]\delta D\\&+\left(\frac{2}{h_s}\frac{D_0v_0}{r_0}-3\frac{D_0\dot{D}_0}{v^2}-8\frac{D_0^3}{v_0^3}+\frac{\dot{C}_{D0}D_0^2}{C_{D0}v_0^2}\right)\delta v=-\frac{D_0^2}{h_s}\delta(L/D)+\frac{D_0}{C_{D0}}\delta\ddot{C}_D\\&+\left(\frac{D_0}{C_{D0}v_0}-2\frac{\dot{C}_{D0}D_0}{C_{D0}^2}\right)\delta\dot{C}_D+\left(2\frac{\dot{C}_{D0}^2D_0}{C_{D0}^3}-\frac{\dot{C}_{D0}D_0^2}{C_{D0}^2v_0}-\frac{\ddot{C}_{D0}D_0}{C_{D0}^2}\right)\delta C_D\end{aligned} \tag{9-3-28}$$

因为升力式飞行器再入制导主要采用倾侧角进行制导控制，而且攻角是速度的函数，如果在当前速度进行摄动、展开，则有 $\delta v=0$，于是，

$$\delta C_D=0,\ \delta\dot{C}_D=0,\ \delta\ddot{C}_D=0 \tag{9-3-29}$$

式(9-3-28)进一步可简化为

$$\begin{aligned}&\delta\ddot{D}+\left[\frac{3D_0}{v_0}-\frac{2\dot{D}_0}{D_0}\right]\delta\dot{D}+\left[3\dot{D}_0\left(\frac{\dot{D}_0^2}{D_0^2}-\frac{1}{v_0}\right)+\left(\frac{2D_0}{v_0}\right)^2\right.\\&\left.+\frac{1}{h_s}\left(g-\frac{v_0^2}{r}\right)-\frac{2\ddot{D}_0}{D_0}-\frac{\dot{C}_{D0}^2}{C_{D0}^2}+\frac{\ddot{C}_{D0}}{C_{D0}}\right]\delta D+\frac{D_0^2}{h_s}\delta(L/D)=0\end{aligned} \tag{9-3-30}$$

采用线性反馈控制，则可得到 $D-V$ 飞行剖面跟踪控制器，如图 9-3-3 所示。进一步可采用极点配置方法，使得动力学系统(9-3-30)具有二阶阻尼系统的性能：

$$\delta\ddot{D}+2\zeta\omega\delta\dot{D}+\omega^2\delta D=0 \tag{9-3-31}$$

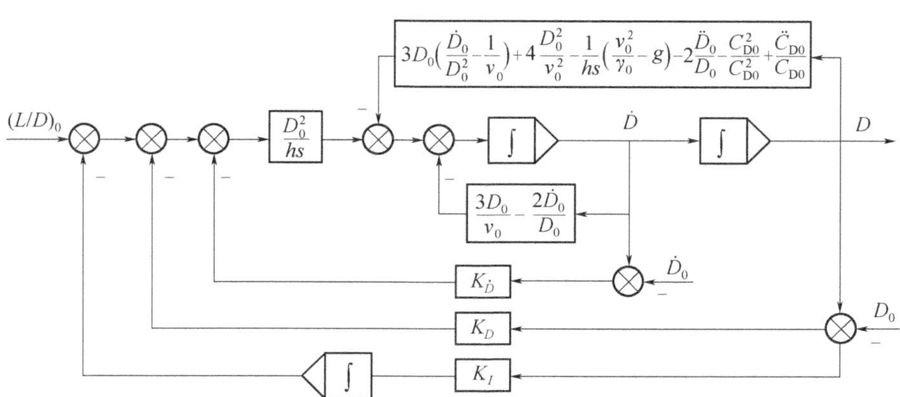


**图 9-3-3　$D-V$ 跟踪控制器结构示意图**

则可以求出反馈增益系数：

$$
\begin{cases}
K_{\dot{D}} = \dfrac{h_s}{D_0^2}\left[\omega^2 + 3\dot{D}_0\left(\dfrac{1}{v_0} - \dfrac{\dot{D}_0}{D_0^2}\right) - \left(\dfrac{2D_0}{v_0}\right)^2 - \dfrac{1}{h_s}\left(g - \dfrac{v_0^2}{r}\right) + \dfrac{2\ddot{D}_0}{D_0} + \dfrac{\dot{C}_{D0}^2}{C_{D0}^2} - \dfrac{\ddot{C}_{D0}}{C_{D0}}\right] \\
K_D = \dfrac{h_s}{D_0^2}\left(2\zeta\omega + \dfrac{2\dot{D}_0}{D_0} - \dfrac{3D_0}{v_0}\right)
\end{cases}
\tag{9-3-32}
$$

由于阻力加速度变化率不易测量,可以将加速度变化率转化为高度变化率,于是得到新的反馈形式及反馈系数:

$$
\begin{cases}
(L/D)_c = (L/D)_0 + f_1(D - D_0) + f_2(\dot{h} - \dot{h}_0) \\
f_1 = K_D - K_{\dot{D}}\left(\dfrac{\dot{h}_0}{h_s} + \dfrac{4D_0}{v_0} - \dfrac{\dot{C}_{D0}}{C_{D0}}\right) \\
f_2 = -K_{\dot{D}}\dfrac{D_0}{h_s}
\end{cases}
\tag{9-3-33}
$$

从上面公式可知增益系数与标准 $D-V$ 剖面和二阶阻尼系统极点有关,一般需要根据跟踪性能仔细设计,并存储为表格,也可以拟合为速度或阻力加速度的函数。

上面跟踪控制规律是最基本的纵向制导控制,为了减小稳态误差可以扩展为 PID 控制规律,进一步可以改进为更一般形式的 PID 跟踪控制规律:

$$
\begin{aligned}
(L/D)_c = {} & (L/D)_0 + f_D(D - D_0) + f_R(R - R_0) \\
& + f_h(h - h_0) + f_{\dot{h}}(\dot{h} - \dot{h}_0) + f_{\dot{R}}(\dot{R} - \dot{R}_0) \\
& + k_D\int(D - D_0)\,\mathrm{d}t + k_R\int(R - R_0)\,\mathrm{d}t + k_h\int(h - h_0)\,\mathrm{d}t
\end{aligned}
\tag{9-3-34}
$$

以上制导规律被广泛用于以控制倾侧角为主的可重复使用跨大气层飞行器再入制导和飞船的再入制导,甚至可以用于远程弹道导弹的制导。不过对于具体飞行器可能采用不同的组合形式,可以增加其他重要的反馈,也可以减少一些不起作用的反馈。本节主要采用阻力加速度、高度变化率、航程作为反馈,其他反馈不能显著改善制导性能,因为本节进一步吸取了航程更新的思想,在制导规律中融入航程更新技术。而航程更新能够大大增强再入制导的鲁棒性,提高制导精度。

3. 增益系数确定

对于一般意义的 PID 制导控制规律,关键在于各项系数的确定,可综合运用摄动法、试验法和最优化法等方法设计确定最佳轨道跟踪控制器反馈增益系数,以获得较好的制导性能。最佳轨道跟踪控制器反馈增益系数可参考上节给出的方法进行求解确定。

### 9.3.4 再入制导的航程更新

再入标准轨道制导通过跟踪标准 $D-V$ 飞行剖面,可以保证再入轨道满足再入走廊和末端能量管理的要求,至于到目标的航程不能完全依赖标准 $D-V$ 剖面跟踪控制来满足。因为剖面对航程的预测是近似的,而且由于侧向机动,使得实际航程逐渐偏离 $D-V$ 剖面所预测的航程。因此在飞行过程中要不断进行航程更新，使得实际航程逼近预测航程（或预测航程逼近实际航程），从而动态消除航程误差。有多种航程更新技术用于动态消除航程误差：

（1）更新参考飞行剖面，即在线调整参考飞行剖面及其轨道参数以适应实际飞行情况，其结果是参考轨道不断逼近实际轨道。更新参考飞行剖面有多种方案，较常用的是更新部分飞行剖面和更新整个飞行剖面，如图 9－3－4 所示。

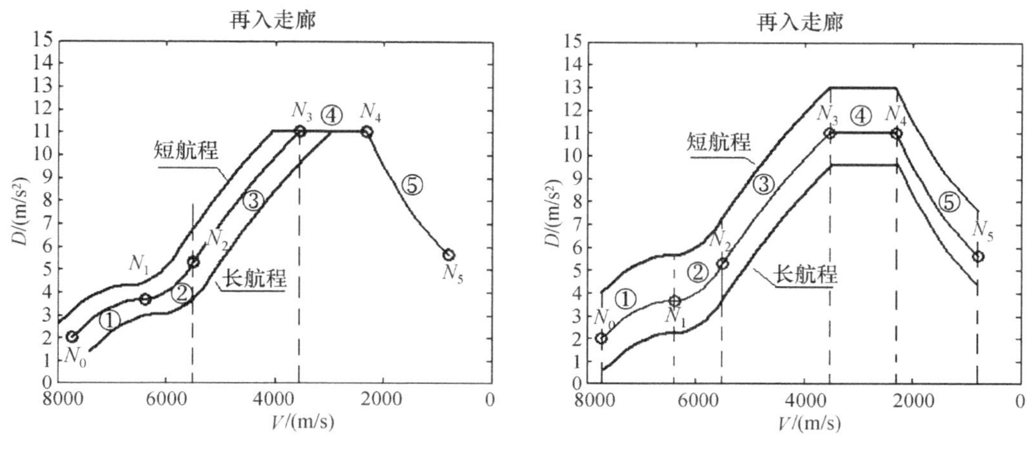


**图 9－3－4　剖面更新方案**

（2）更新实际飞行剖面，即结合再入制导进行轨道控制，使得实际再入轨道不断逼近标准轨道。这种方案实际上并不改变标准飞行剖面，而是在制导过程中融合航程更新技术。瞬时更新与标准 $D-V$ 飞行剖面相对应的轨道参数，并反馈给制导控制系统进行轨道控制，使得实际航程逐渐逼近标准航程，这种方法也可称为“修正标准飞行剖面参数”的航程更新方法。

### 9.3.5　再入机动的侧向制导

升力式再入飞行器再入机动侧向制导，采用一系列倾侧翻转的方法改变倾侧角符号，控制侧向航程和速度方向。可以采用开关控制的原理控制飞行器对准目标，开关曲线可称之为侧向方位误差走廊，如图 9－3－5(a)所示，而侧向方位误差可定义为速度与目标平面[图 9－3－5(b)]的夹角，右偏于目标平面时为正。

飞行器再入侧向机动制导除了确保最小倾侧角以进行侧向机动外，不额外计算倾侧角大小，只是根据方位误差确定倾侧翻转时机，即当侧向方位误差超过预定的方位误差走廊边界时，则改变倾侧角符号，使得再入飞行器朝向目标。方位误差走廊可分为高速区、中速区和低速区，低速区的走廊宽度线性减小，以保证侧向航程精度要求。

下面公式为一个可行的方位误差走廊，公式中角度的单位为度，速度的单位为 m/s。方位误差走廊的数学表达式如下：

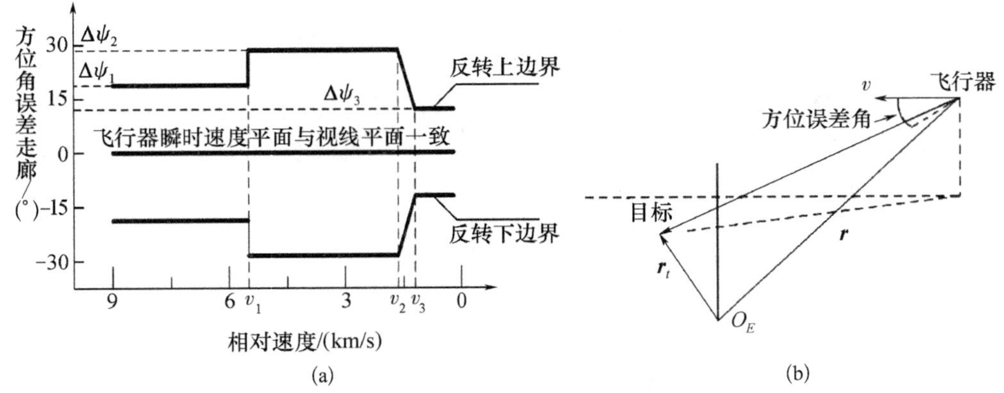


图 9-3-5　再入飞行方位误差及侧向方位误差走廊

$$
\Delta\psi_{\max}=\begin{cases}\Delta\psi_1, & v>v_1\\ \Delta\psi_2, & v_1\geqslant v>v_2\\ \Delta\psi_2+(\Delta\psi_2-\Delta\psi_3)(v-v_2)/(v_2-v_3), & v_2\geqslant v>v_3\\ \Delta\psi_3, & v\leqslant v_3\end{cases} \tag{9-3-35}
$$

其中，$\Delta\psi_{\max}$ 为所允许的最大方位误差，方位误差角 $\Delta\psi$ 也可定义为速度方位角与到目标的视线方位角之差，速度方位角由导航系统给出，视线方位角通过公式计算得到，在整个再入过程中要求 $|\Delta\psi|\leqslant\Delta\psi_{\max}$。侧向制导需要选择 $\Delta\psi_{\max}$，以满足侧向航程及其他要求。

## 9.4　最优再入机动末制导方法

再入飞行器若是为以提高精度和突防为主的高级机动弹头，通常要求同时完成两大任务，既要命中目标，又要使其落速方向满足弹道规划要求。本节将用优化原理解决这一复杂多约束条件下的闭路最优制导问题。

### 9.4.1　相对运动方程

为了简化问题，可将飞行器运动分解为俯冲平面和转弯平面，如图 9-4-1 所示。其中，俯冲平面定义为弹头质心 $O_1$、目标 $O_O$ 和地心 $O_E$ 所确定的平面，转弯平面定义为过目标和弹头质心而垂直于俯冲平面的平面。

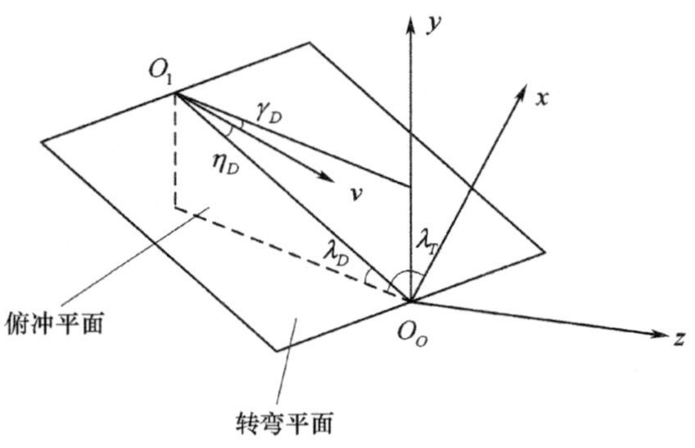


图 9-4-1　俯冲平面和转弯平面示意图

图中 $\boldsymbol{v}$ 为速度矢量，$\gamma_D$ 为速度在俯冲平面内的方位角，$\lambda_D$ 为视线角，$\eta_D$ 为速度方向与视线间的夹角，$\rho$ 为视线距离。设 $\boldsymbol{v}$

在俯冲平面内，$\gamma_D < 0$，则

$$\eta_D = \lambda_D + \gamma_D \tag{9-4-1}$$

由图知：

$$\begin{cases}\dot{\rho} = -v\cos\eta_D \\ \rho\dot{\lambda}_D = v\sin\eta_D\end{cases} \tag{9-4-2}$$

由式(9－4－2)中第二式，两边对时间求导，并将式(9－4－1)和式(9－4－2)代入，即可得俯冲平面内的相对运动方程：

$$\ddot{\lambda}_D = \left(\frac{\dot{v}}{v} - 2\frac{\dot{\rho}}{\rho}\right)\dot{\lambda}_D - \frac{\dot{\rho}}{\rho}\dot{\gamma}_D \tag{9-4-3}$$

同理，令

$$\eta_T = \lambda_T - \gamma_T \tag{9-4-4}$$

其中，$\eta_T$ 为速度矢量在转弯平面内与俯冲平面的夹角；$\gamma_T$ 为速度在转弯平面内的方向角；$\lambda_T$ 为转弯平面内的视线角。与俯冲平面类似推导可得转弯平面内的相对运动方程：

$$\ddot{\lambda}_T = \left(\frac{\dot{v}}{v} - 2\frac{\dot{\rho}}{\rho}\right)\dot{\lambda}_T + \frac{\dot{\rho}}{\rho}\dot{\gamma}_T \tag{9-4-5}$$

### 9.4.2　俯冲平面内最优导引规律

飞行器攻击段的最优导引律是终端有约束的，约束条件包括终端速度倾角和终端速度大小，速度大小放在下一节讨论，本节研究对落地速度倾角有约束、对地面固定目标进行攻击的导引规律。

俯冲平面内的相对运动方程如式(9－4－3)所示，终端约束取视线角与要求的速度倾角相等，且视线转率为 0，即

$$\begin{cases}\lambda_D(t_f) = -\gamma_{DF} \\ \dot{\lambda}_D(t_f) = 0\end{cases} \tag{9-4-6}$$

此条件可保证终端的速度倾角等于要求的落地倾角。记

$$\begin{cases}x_1 = \lambda_D + \gamma_{DF} \\ x_2 = \dot{\lambda}_D\end{cases} \tag{9-4-7}$$

可得状态方程：

$$\begin{cases}\dot{x}_1 = x_2 \\ \dot{x}_2 = \left(\dfrac{\dot{v}}{v} - \dfrac{2\dot{\rho}}{\rho}\right)x_2 - \dfrac{\dot{\rho}}{\rho}\dot{\gamma}_D\end{cases} \tag{9-4-8}$$

终端约束表达式变为

$$\begin{cases} x_1(t_f) = 0 \\ x_2(t_f) = 0 \end{cases} \tag{9-4-9}$$

假定 $\dot{v}/v \approx 0$, 且定义待飞时间:

$$T_g = -\frac{\rho}{\dot{\rho}} \tag{9-4-10}$$

则状态方程简化为

$$\begin{cases} \dot{x}_1 = x_2 \\ \dot{x}_2 = \dfrac{2}{T_g}x_2 + \dfrac{1}{T_g}\dot{\gamma}_D \\ x_1(t_f) = 0 \\ x_2(t_f) = 0 \end{cases} \tag{9-4-11}$$

记

$$\begin{cases} \boldsymbol{A} = \begin{bmatrix} 0 & 1 \\ 0 & 2/T_g \end{bmatrix} \\ \boldsymbol{B} = \begin{bmatrix} 0 \\ 1/T_g \end{bmatrix} \\ \boldsymbol{x} = \begin{bmatrix} x_1 \\ x_2 \end{bmatrix} \\ \boldsymbol{u} = \dot{\gamma}_D \end{cases} \tag{9-4-12}$$

则状态方程可改写为

$$\begin{cases} \dot{\boldsymbol{x}} = \boldsymbol{Ax} + \boldsymbol{Bu} \\ \boldsymbol{x}(t_f) = 0 \end{cases} \tag{9-4-13}$$

考虑到除终端速度倾角外对终端速度大小也有要求,因此在最优导引规律研究中应该使速度损失尽量小,以便有富余速度用来减速,落速大小主要取决于诱导阻力的大小,而诱导阻力的大小又近似与 $\alpha^2$ 成正比,且攻角 $\alpha$ 又近似与 $\dot{\gamma}_D$ 的大小成正比,所以速度损失要小,即要求 $\int_0^{t_f}\dot{\gamma}_D^2\mathrm{d}t$ 要小,所以求最优导引规律的性能指标取为

$$J = \boldsymbol{x}^{\mathrm{T}}(t_f)\boldsymbol{Fx}(t_f) + \frac{1}{2}\int_0^{t_f}\dot{\gamma}_D^2\mathrm{d}t \tag{9-4-14}$$

其中, $\boldsymbol{x}^{\mathrm{T}}(t_f)\boldsymbol{Fx}(t_f)$ 为补偿函数; $\boldsymbol{F}$ 为一个对称半定常值矩阵,因为要求终端时刻 $\boldsymbol{x}(t_f) = 0$, 故 $\boldsymbol{F} \to \infty$ 。

这是一个典型的二次型性能指标的最优控制问题,可利用极大值原理进行解析求解。

根据极大值原理,线性系统二次型性能指标的最优控制为

$$\boldsymbol{u}^{*}=-\boldsymbol{R}^{-1}\boldsymbol{B}^{\mathrm{T}}\boldsymbol{P}\boldsymbol{x} \tag{9-4-15}$$

式中，$\boldsymbol{R}=1$、$\boldsymbol{u}^{*}=\dot{\gamma}_D^{*}$，于是可得

$$\gamma_D^{*}=-\boldsymbol{B}^{\mathrm{T}}\boldsymbol{P}\boldsymbol{x} \tag{9-4-16}$$

式中，$\boldsymbol{P}$ 通过解如下逆 Riccati 矩阵微分方程得

$$\begin{cases}\dot{\boldsymbol{P}}^{-1}-\boldsymbol{A}\boldsymbol{P}^{-1}-\boldsymbol{P}^{-1}\boldsymbol{A}^{\mathrm{T}}+\boldsymbol{B}\boldsymbol{B}^{\mathrm{T}}=0\\ \boldsymbol{P}^{-1}(t_f)=\boldsymbol{F}^{-1}=0\end{cases} \tag{9-4-17}$$

考虑到 $\boldsymbol{P}$ 为对称阵，令

$$\boldsymbol{E}=\boldsymbol{P}^{-1}=\begin{bmatrix}e_{11} & e\\ e & e_{22}\end{bmatrix} \tag{9-4-18}$$

将 $\boldsymbol{A}$、$\boldsymbol{B}$ 阵代入，写成分量形式，有

$$\begin{cases}\dot{e}_{11}=2e\\ \dot{e}=e_{22}+\dfrac{2}{T_g}e\\ \dot{e}_{22}=\dfrac{4}{T_g}e_{22}-\dfrac{1}{T_g^2}\end{cases} \tag{9-4-19}$$

终端条件为

$$e_{11}(t_f)=e(t_f)=e_{22}(t_f)=0$$

引入小量 $\Delta t_f$，剩余时间 $T_g=t_f-t+\Delta t_f$，对式(9-4-19)按照从第三式到第一式的顺序逐个积分，可得

$$\begin{cases}e_{11}(t)=\dfrac{T_g}{3}-\dfrac{\Delta t_f^3}{3T_g^2}+\dfrac{\Delta t_f^2}{T_g}-\Delta t_f\\ e(t)=-\dfrac{1}{6}-\dfrac{\Delta t_f^2}{3T_g^3}-\dfrac{\Delta t_f^2}{2T_g^2}\\ e_{22}(t)=\dfrac{1}{3T_g}-\dfrac{\Delta t_f^3}{3T_g^4}\end{cases} \tag{9-4-20}$$

显然当 $t=t_f$ 时，$T_g=\Delta t_f$，

$$\boldsymbol{E}(t_f)=0$$

满足终端条件。

考虑到 $\Delta t_f$ 为小量，可简化得

$$\boldsymbol{E}=\begin{bmatrix}\dfrac{T_g}{3} & -\dfrac{1}{6}\\ -\dfrac{1}{6} & \dfrac{1}{3T_g}\end{bmatrix} \tag{9-4-21}$$

对上式求逆从而可得

$$P = E^{-1} = \begin{bmatrix} \dfrac{4}{T_g} & 2 \\ 2 & 4T_g \end{bmatrix} \tag{9-4-22}$$

将 $P$ 矩阵代入最优控制式(9-4-16),可得最优控制律为

$$\dot{\gamma}_D = -4\dot{\lambda}_D - 2\frac{(\lambda_D + \gamma_{DF})}{T_g} \tag{9-4-23}$$

式(9-4-23)为弹头在俯冲平面内的最优导引律,从中可以看出,为了命中目标,且速度损失尽量小,其最优导引规律相当于比例导航参数为4的比例导引。因为终端有约束,增加了终端约束项,以保证命中点处速度方向满足要求。

### 9.4.3 转弯平面内最优导引规律

弹头在转弯平面内的运动方程如式(9-4-5)所示,类似俯冲平面,仍假设 $\dot{v}/v \approx 0$,令 $T_g = -\rho/\dot{\rho}$,则运动方程简化为

$$\ddot{\lambda}_T = \frac{2}{T_g}\dot{\lambda}_T - \frac{1}{T_g}\dot{\gamma}_T \tag{9-4-24}$$

假设在命中目标时,仅要求转弯平面视线转率为零($\dot{\lambda}_T(t_f)=0$),而对视线方位角 $\lambda_T(t_f)$ 无要求,这是因为只要落速方向为 $\gamma_{DF}$,但转弯平面内沿什么方向进入没要求,故 $\lambda_T(t_f)$ 是自由的。取状态变量 $x = \dot{\lambda}_T$,控制变量 $u = \dot{\gamma}_T$,可得状态方程标准形式:

$$\begin{cases} \dot{x} = Ax + Bu \\ x(t_f) = 0 \end{cases} \tag{9-4-25}$$

其中,

$$A = \frac{2}{T_g}, \quad B = -\frac{1}{T_g} \tag{9-4-26}$$

性能指标取为

$$J = x(t_f)Fx(t_f) + \frac{1}{2}\int_0^{t_f}\dot{\gamma}_T^2 \mathrm{d}t \tag{9-4-27}$$

要求终端时刻 $x(t_f)=0$,故 $F \to \infty$,同样为二次型性能指标最优控制问题。根据极大值原理,转弯平面内的最优控制律为

$$\dot{\gamma}_T^* = -BPx \tag{9-4-28}$$

式中,$P$ 通过解如下逆 Riccati 矩阵微分方程得

$$\begin{cases} \dot{P}^{-1} - AP^{-1} - P^{-1}A + B^2 = 0 \\ P^{-1}(t_f) = F^{-1} = 0 \end{cases} \tag{9-4-29}$$

将 $A$、$B$ 代入,可得

$$\begin{cases}\dot{P}^{-1}=\dfrac{4}{T_g}P^{-1}-\dfrac{1}{T_g^2}\\ P^{-1}(t_f)=F^{-1}=0\end{cases}\tag{9-4-30}$$

对上式进行积分,且考虑到 $T_g=t_f-t+\Delta t_f$, 可得

$$P^{-1}=\frac{1}{3T_g}-\frac{\Delta t_f^3}{3T_g^4}\tag{9-4-31}$$

考虑到 $\Delta t_f$ 为小量,可简化得

$$P=3T_g\tag{9-4-32}$$

将 $P$ 代入最优控制式(9－4－28),可得转弯平面内的最优控制律为

$$\dot{\gamma}_T=3\dot{\lambda}_T\tag{9-4-33}$$

### 9.4.4　速度控制方法

根据攻击要求,落速需要限制在一定范围内,为了保证射程,在不加特殊控制情况下终端速度通常偏大,为此需要进行减速控制。整个减速过程中,任何时刻的减速目标如何确定至关重要,为此,需要设计一条理想速度曲线,如果整个过程速度按此理想速度曲线变化,或者尽量接近此变化曲线,则可以保证落速大小满足要求。当理想速度曲线设计好,如何把实际速度减小到理想速度曲线上,就是速度大小的控制问题。

1. 理想速度曲线设计

为了便于计算,理想速度曲线尽量采用解析表达式。由第 5 章简化再入运动方程,可得

$$\frac{\mathrm{d}v}{\mathrm{d}t}=-C_x\frac{\rho v^2S}{2m}-g\sin\Theta\tag{9-4-34}$$

在 0~80 km 高度范围内,大气密度可取 $\rho=\rho_0\mathrm{e}^{-\beta h}$。其中,$\rho_0$ 为 $h=0$ 处的密度;$\beta$ 近似为一常数。

由 $\mathrm{d}t=\mathrm{d}h/v\sin\Theta$, 则式(9－4－34)可改写成:

$$\frac{\mathrm{d}v^2}{\mathrm{d}h}=-\beta\frac{C_xS\rho_0}{\beta m\sin\Theta}\mathrm{e}^{-\beta h}v^2-2g\tag{9-4-35}$$

令 $K_0=\dfrac{-C_xS\rho_0}{\beta m\sin\Theta}$, 则式(9－4－35)为

$$\frac{\mathrm{d}v^2}{\mathrm{d}h}-\beta K_0\mathrm{e}^{-\beta h}v^2+2g=0\tag{9-4-36}$$

令 $t=0$ 时, $v=v_e$、$h=h_e$、$\rho=\rho_e$, 积分式(9－4－36)可得

$$v^2 = v_e^2 e^{\int_{h_e}^{h} \beta K_0 e^{-\beta h} dh} \left[1 - \frac{2}{v_e^2}\int_{h_e}^{h} g e^{-\int_{h_e}^{h} \beta K_0 e^{-\beta h} dh} dh\right] \tag{9-4-37}$$

若略去重力影响，飞行器只受阻力作用，弹道为直线，$\Theta = \Theta_e$ 为常数。又因飞行器马赫数很大时可认为 $C_x$ 为常数。此时，$K_0$ 也为常数，式(9-4-37)变为

$$v^2 = v_e^2 e^{\beta K_0 \int_{h_e}^{h} e^{-\beta h} dh} = v_e^2 e^{-K_0(e^{-\beta h} - e^{-\beta h_e})} \tag{9-4-38}$$

故

$$v = v_e e^{-K_0(e^{-\beta h} - e^{-\beta h_e})/2} \tag{9-4-39}$$

在当前讨论范围内，$\Theta \approx \gamma_D$，为了突出 $\gamma_D$ 的作用，将 $K_0$ 写成 $K_0 = -K_{01}/\sin\gamma_D$，$K_{01} = C_x S \rho_0 / \beta m$。则式(9-4-39)可写为

$$v = v_e [e^{\frac{K_{01}}{2}(e^{-\beta h_e} - e^{-\beta h})}]^{-\frac{1}{\sin\gamma_D}} \tag{9-4-40}$$

假如垂直降落，$\gamma_D = -90°$，则

$$v = v_e [e^{\frac{K_{01}}{2}(e^{-\beta h_e} - e^{-\beta h})}] \tag{9-4-41}$$

为了方便理解，逆向观察弹道，即令 $h_e = h_F = 0$，$v_e = v_F$（$v_F$ 为期望终端速度），则

$$v = v_F [e^{\frac{K_{01}}{2}(1 - e^{-\beta h})}] \tag{9-4-42}$$

将式(9-4-42)按泰勒级数展开，且只取第一项，则可近似得

$$v = v_F [1 + K(1 - e^{-\beta h})] \tag{9-4-43}$$

实际中 $\gamma_D = -90°$ 不可能总是满足，为此可采用下面的经验公式：

$$v = v_F [1 + K(1 - e^{-\beta h})]^c \tag{9-4-44}$$

其中，$c$ 表示对 $\gamma_D \neq -90°$ 的修正，可取为

$$c = \begin{cases} 1/[\sin\lambda_D \cos^2(\lambda_D + \gamma_{DF})] & c < 2 \\ 2 & c \geqslant 2 \end{cases} \tag{9-4-45}$$

2. 速度大小控制

速度控制就是如何把实际速度控制到理想速度曲线上去。从减速角度讲，只要增大攻角，产生附加的诱导阻力，便可以达到减速的目的。由于飞行器具有面对称结构，采用 BTT 控制，设侧滑角恒为 0。

若不做减速运动，则阻力加速度为

$$A_{xc} = -\frac{\rho_c v_c^2 S}{2m}(C_{x0} + C_{xi}) = -\frac{\rho_c v_c^2 S}{2m}(C_{x0} + C_N^{\alpha}\tilde{\alpha}^2) \tag{9-4-46}$$

其中，$C_{x0}$ 为 $\tilde{\alpha}=0$ 时的阻力系数；$C_{xi}$ 为 $\tilde{\alpha}$ 引起的诱导阻力系数。

同样条件下若有附加的减速运动，设攻角为 $\alpha$（未知），此时阻力加速度为

$$A_x=-\frac{\rho v^2 S}{2m}(C_{x0}+C_N^{\alpha}\alpha^2) \tag{9-4-47}$$

短时间内近似认为 $v_c \approx v$，$\rho_c \approx \rho$，则附加攻角引起的附加诱导阻力加速度可写为

$$A_x-A_{xc}=-\frac{\rho v^2 S}{2m}C_N^{\alpha}(\alpha^2-\tilde{\alpha}^2) \tag{9-4-48}$$

按导引规律要求的速度方向转率为

$$\begin{cases}\dot{\boldsymbol{\gamma}}_g=\dot{\boldsymbol{\gamma}}_D+\dot{\boldsymbol{\gamma}}_T\\ \dot{\gamma}_g=\sqrt{\dot{\gamma}_D^2+\dot{\gamma}_T^2}\end{cases} \tag{9-4-49}$$

而由附加攻角 $\alpha_N$ 产生的 $\Delta\dot{\boldsymbol{\gamma}}$ 希望沿 $\dot{\boldsymbol{\gamma}}_g$ 的垂直方向加上去，如图 9-4-2 所示，则

$$\Delta\dot{\gamma}^2=\dot{\gamma}_B^2-\dot{\gamma}_g^2 \tag{9-4-50}$$

考虑到速度方向转率 $\dot{\boldsymbol{\gamma}}_g$ 即由攻角产生的法向过载实现，故可近似认为 $\dot{\boldsymbol{\gamma}}_g$ 与 $\alpha$ 成正比，可得

$$\alpha_N^2=\alpha^2-\tilde{\alpha}^2 \tag{9-4-51}$$

进而结合式(9-4-48)可得

$$A_x-A_{xc}=-\frac{\rho v^2 S}{2m}C_N^{\alpha}\alpha_N^2 \tag{9-4-52}$$

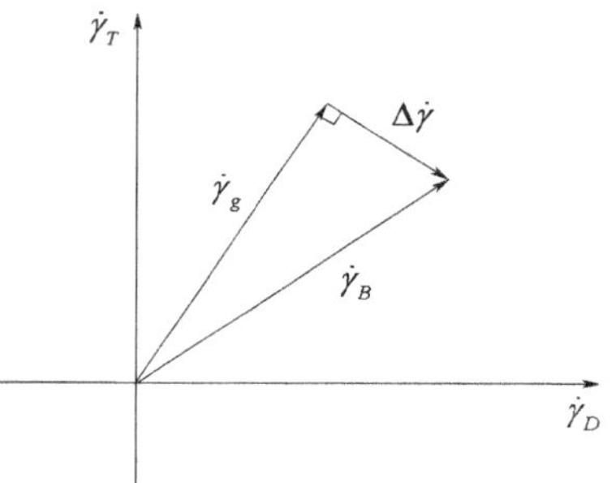


**图 9-4-2　附加速度方向转率示意图**

设某一时刻实际速度 $v$ 和理想速度 $v^*$ 的差为 $v-v^*$，如果认为在 $T_g=-\rho/\dot{\rho}$ 时间内完成减速，则所需的平均加速度为 $(v-v^*)/T_g$，但实际上由于速度持续下降并不是在 $T_g$ 时间内完成，所以应加一修正系数 $K$，故可以认为附加的切向加速度为

$$-K\frac{v-v^*}{T_g}=A_x-A_{xc}=-\frac{\rho v^2 S}{2m}C_N^{\alpha}\alpha_N^2 \tag{9-4-53}$$

由此可得附加攻角：

$$\alpha_N=\left[\frac{2m}{C_N^{\alpha}S}K\left(\frac{v-v^*}{v}\right)\frac{1}{T_g}\frac{1}{\rho v}\right]^{1/2} \tag{9-4-54}$$

本来的攻角 $\tilde{\alpha}$ 可由导引规律确定，但是也可以采用下面的方法计算。无附加的减速运动，则

$$mA_{xc}=-C_{x0}\frac{\rho v^2 S}{2}-\frac{\rho v^2 S}{2}C_N^{\alpha}\tilde{\alpha}^2$$

$$= mA_{x0} + mA_{xi} \tag{9-4-55}$$

即

$$mA_{xi} = -\frac{\rho v^2 S}{2} C_N^{\alpha} \tilde{\alpha}^2 \tag{9-4-56}$$

进而,可得

$$\tilde{\alpha} = \left[\frac{2m}{C_N^{\alpha} S} \frac{1}{\rho v} \frac{|A_{xi}|}{v}\right]^{1/2} \tag{9-4-57}$$

由

$$\dot{\gamma}_g = \frac{\rho v S}{2m} C_y^{\alpha} \tilde{\alpha} \tag{9-4-58}$$

$$\Delta \dot{\gamma} = \frac{\rho v S}{2m} C_y^{\alpha} \alpha_N \tag{9-4-59}$$

故

$$\begin{aligned}
\dot{\gamma}_B &= \frac{\rho v S}{2m} C_y^{\alpha} (\tilde{\alpha}^2 + \alpha_N^2)^{1/2} \\
&= \sqrt{\frac{(C_y^{\alpha})^2 S}{2m C_N^{\alpha}}} \left\{\rho v \left[\left(\frac{v - v^*}{v}\right) K\left(\frac{-\dot{d}}{d}\right) + \frac{|A_{xi}|}{v}\right]\right\}^{1/2}
\end{aligned} \tag{9-4-60}$$

其中,诱导阻力加速度由下式求出:

$$|A_{xi}| = \frac{\rho v^2 S}{2m} (C_x - C_{x0}) \tag{9-4-61}$$

令

$$K_1 = \sqrt{\frac{(C_y^{\alpha})^2 S}{2m C_N^{\alpha}}}, \quad \varepsilon = \frac{v - v^*}{v} \tag{9-4-62}$$

则式(9-4-60)变成:

$$\dot{\gamma}_B = K_1 \left\{\rho v \left[K\left(\frac{-\dot{d}}{d}\right) \varepsilon + \frac{|A_{xi}|}{v}\right]\right\}^{1/2} \tag{9-4-63}$$

式(9-4-63)即为减速控制附加攻角后的速度方向转率计算公式,将其分解得

$$\begin{cases}
\dot{\gamma}_{BD} = \dot{\gamma}_D + \dfrac{\dot{\gamma}_T}{\dot{\gamma}_g} \Delta \dot{\gamma} \\
\dot{\gamma}_{BT} = \dot{\gamma}_T - \dfrac{\dot{\gamma}_D}{\dot{\gamma}_g} \Delta \dot{\gamma}
\end{cases} \tag{9-4-64}$$

其中,

$$\Delta\dot{\gamma} = \begin{cases} \sqrt{\dot{\gamma}_B - \dot{\gamma}_g} & |\dot{\gamma}_B| > |\dot{\gamma}_g| \\ 0 & |\dot{\gamma}_B| \leqslant |\dot{\gamma}_g| \end{cases} \tag{9-4-65}$$

### 9.4.5　导引参数确定

获得所需速度方向转率后,可近似地转化为需用过载的形式:

$$\begin{cases} n_y^* = \dot{\gamma}_{BD} v / g_0 \\ n_z^* = \dot{\gamma}_{BT} v / g_0 \end{cases} \tag{9-4-66}$$

根据制导指令要求过载 $n_y^*$、$n_z^*$,可得总的法向过载:

$$n_L^* = \sqrt{n_y^* + n_z^*} \tag{9-4-67}$$

当采用倾斜转弯机动方式时,认为控制系统可保证侧滑角 $\beta = 0$, 侧力 $Z = 0$, 则攻角 $\alpha$ 可由下式近似求解确定:

$$L = C_L(M, \alpha) \cdot q \cdot S_M = n_L^* \cdot g \tag{9-4-68}$$

式中,$L$ 为制导指令要求过载所对应的总升力。而倾侧角:

$$\nu = \arctan(n_z^* / n_y^*) \tag{9-4-69}$$

当采用双平面机动方式时,认为控制系统可保证飞行过程中倾侧角 $\nu = 0$, 可分别由俯仰和偏航通道保证实际所要求的 $\alpha$ 和 $\beta$ 或 $n_{y1}$、$n_{z1}$。则攻角 $\alpha$ 和侧滑角 $\beta$ 可由下式近似求解确定:

$$\begin{cases} Y = C_y(M, \alpha) \cdot q \cdot S_M = n_y^* \cdot g \\ Z = C_z(M, \beta) \cdot q \cdot S_M = n_z^* \cdot g \end{cases} \tag{9-4-70}$$

式中, $Y$、$Z$ 分别为制导指令要求过载所对应的升力和侧力。

# 参考文献


陈克俊,1992. 载人飞船上升段轨道的 Newton 迭代设计法[J]. 国防科技大学学报,14(2): 66-71.

陈克俊,1992. 载人飞船上升段摄动制导方法探讨[J]. 航天控制(2): 1-5.

陈克俊,1996. 耗尽关机制导方法研究[J]. 国防科技大学学报,18(3): 35-39.

陈克俊,1997. 飞船返回再入制导方法研究[J]. 国防科技大学学报,19(6): 8-14.

陈克俊,胡建学,赵兴锋,2003. 基于惯导和雷达导引头的再入复合末制导方法研究[J]. 现代防御技术,30(2): 32-34,54.

陈克俊,赵汉元,1994. 一种适用于攻击地面固定目标的最优再入机动制导律[J]. 宇航学报(1): 1-7,94.

陈世年,1996. 控制系统设计[M]. 北京: 宇航出版社.

陈新民,余梦伦,2003. 迭代制导在运载火箭上的应用研究[J]. 宇航学报,24(5): 484-489.

程国采,1996. 战术导弹导引方法[M]. 北京: 国防工业出版社.

程国采,1997. 弹道导弹制导与最优控制[M]. 长沙: 国防科技大学出版社.

程国采,1999. 航天器最优控制理论与方法[M]. 北京: 国防工业出版社.

胡建学,陈克俊,赵汉元,等,2007. RLV 再入标准轨道制导与轨道预测制导方法比较分析研究[J]. 国防科技大学学报,29(1): 26-29.

胡建学,陈克俊,赵汉元,等,2007. RLV 再入标准轨道制导与设计[J]. 航天控制,25(6): 13-16.

贾沛然,陈克俊,何力,1993. 远程火箭弹道学[M]. 长沙: 国防科技大学出版社.

贾沛然,沈为异,1980. 弹道导弹弹道学[M]. 长沙: 国防科技大学出版社.

李华滨,李伶,2002. 小型固体运载火箭迭代制导方法研究[J]. 航天控制,20(2): 29-37.

李连仲,1982. 弹道飞行器自由飞行轨道的解析解法[J]. 宇航学报,(1): 4-20.

龙乐豪,1993. 总体设计[M]. 北京: 宇航出版社.

钱杏芳,张鸿端,林瑞雄,2000. 导弹飞行力学[M]. 北京: 北京理工大学出版社.

王希季,1991. 航天器进入与返回技术[M]. 北京: 宇航出版社.

吴德隆,王小军,2006. 航天器气动力辅助变轨动力学与最优控制[M]. 北京: 中国宇航出版社.

徐明亮,刘鲁华,汤国建,等,2011. 高超声速临近空间飞行器链力矩最小俯冲弹道设计[J]. 弹道学报,23(3): 1-6.

徐明亮,刘鲁华,汤国建,等,2012. 高超声速飞行器高精度载荷抛撒制导方法[J]. 弹道学报,24(1): 11-16.

徐延万,1990. 控制系统[M]. 北京: 宇航出版社.

杨炳尉,1983. 标准大气参数的公式表示[J]. 宇航学报,(1): 86-89.

赵汉元,1997. 飞行器再入动力学与制导[M]. 长沙: 国防科技大学出版社.

赵汉元,陈克俊,1993. 再入机动弹头的速度控制[J]. 国防科技大学学报,15(2): 11-17.

M. H. 卡普兰,1981. 空间飞行器动力学和控制[M]. 凌福根,译. 北京: 科学出版社.

R. R. Bate,等,1990. 航天动力学基础[M]. 吴鹤鸣,李肇杰,译. 北京：北京航空航天大学出版社.

Bonnard B, Faubourg L, Launay G, et al., 2003. Optimal Control with State Constraints and the Space Shuttle Re-entry Problem[J]. Journal of Dynamical and Control Systems, 9(2): 155 - 199.

Cornelise J W, Schoyer H F R, Wakker K F, 1979. Rocket Propulsion and Spaceflight Dynamics[M]. London: Pitman Publishing Ltd.

Dukeman G A, 2002. Profile-Following Entry Guidance Using Linear Quadratic Regulator Theory[C]. Monterey: AIAA Guidance, Navigation, and Control Conference and Exhibit.

Grimm W, Van Der Meulen J G, Roenneke A J, 2003. Optimal Update Scheme for Drag Reference Profiles in an Entry Guidance[J]. Journal of Guidance, Control and Dynamics, 26(5): 695 - 701.

Hanak C, Crain T, Masciarelli J, 2003. Revised Algorithm for Analytic Predictor-Corrector Aerocapture Guidance: Exit Phase[R]. Austin: AIAA Guidance, Navigation, and Control Conference and Exhibit.

Hanson J M, 2000. Advanced Guidance and Control Project for Reusable Launch Vehicles[C]. Dever: AIAA Guidance, Navigation, and Control Conference and Exhibit.

Hanson J M, 2002. A Plan for Advanced Guidance and Control Technology for 2nd Generation Reusable Launch Vehicles[C]. Monterey: AIAA Guidance, Navigation, and Control Conference and Exhibit.

Hanson J M, Jones R E, Fogle F, 2002. Advanced Guidance and Control Methods for Reusable Launch Vehicles: Test Results[C]. Monterey: AIAA Guidance, Navigation, and Control Conference and Exhibit.

Hanson J M, Jones R E, 2004. Test Results for Entry Guidance Methods for Space Vehicles[J]. Journal of Guidance Dynamics and Control, 27(6): 960 - 966.

Hu J X, Chen K J, Zhao H Y, et al., 2006. An Evolved Entry Guidance and Performance Analysis for Reusable Launch Vehicles[J]. Journal of Astronautics, 27(6): 1409 - 1413.

Hu J X, Chen K J, Zhao H Y, et al., 2007. Hybrid Entry Guidance for Reusable Launch Vehicles[J]. Journal of Astronautics, 28(1): 213 - 217.

Lu P, Sun H S, Tsai B, 2003. Closed-loop Endo-atmospheric Ascent Guidance[J]. Journal of Guidance, Control, and Dynamics, 26(2): 283 - 294.

Mease K D, Chen T D, Teufel P, et al., 2002. Reduced-Order Entry Trajectory Planning for Acceleration Guidance[J]. Journal of Guidance Control and Dynamics, 25(2): 257 - 266.

Patha J T, Mcgehee R K, 1976. Guidance Energy Management and Control of a Fixed-impulse Solid Rocket Vehicle During Orbit Transfer[C]. San Diego: Guidance and Control Conference.

Roenneke A, 2001. Adaptive On-Board Guidance for Entry Vehicles[C]. Montreal: Guidance, Navigation, and Control Conference and Exhibit.

Schierman J D, Hull J R, Ward D G, 2003. On-Line Trajectory Command Reshaping for Reusable Launch Vehicles[C]. Austin: AIAA Guidance, Navigation, and Control Conference and Exhibit.

Schierman J D, Hull J R, Ward D G, 2003. On-Line Trajectory Command Reshaping for Reusable Launch Vehicles[R]. Austin: AIAA Guidance, Navigation, and Control Conference and Exhibit 2003.

Shen Z J, Lu P, 2003. On-Board Generation of Three-Dimensional Constrained Entry Trajectories[J]. Journal of Guidance, Control, and Dynamics, 26(1) : 111 - 121.

Xu M L, Chen K J, Liu L H, et al., 2012. Quasi-equilibrium Glide Adaptive Guidance for Hypersonic Vehicles[J]. Science China: Technological Sciences, 55(3): 856 - 866.

Xu M L, Liu L H, Yang Y, et al., 2011. Neural Network Based Predictor-Corrector Entry Guidance for High

Lifting Vehicles[R]. Cape Town: 62nd International Astronautical Congress.

Youssef H, Chowdhry R, 1979. Shuttle Entry Guidance[J]. Journal of the Astronautical Science, 27(3): 239-268.

Youssef H, Chowdhry R, Lee H, et al., 2001. Predictor-corrector entry guidance for reusable launch vehicles [C]. Montreal: AIAA Guidance, Navigation, & Control Conference & Exhibit.

Zimmerman C, Dukeman G, Hanson J, 2002. An Automated Method to Computer Orbital Reentry Trajectories with Heating Constraints[C]. Monterey: AIAA Guidance, Navigation, and Control Conference and Exhibit.

Zondervan K P, Baner T P, Betts J T, et al., 2013. Solving the Optimal Control Problem Using a Nonlinear Programming Technique Part 3: Optimal Shuttle Reentry Trajectories[C]. Seattle: AIAA Astrodynamics Conference.

# 附录

## 标准大气表

| 高　度 | | 温　度 | | | 密　度 | 相对密度 | 压　力 | | | 重力加速度 | 压力标高 | 分子量 | 声　速 |
|---|---|---|---|---|---|---|---|---|---|---|---|---|---|
| $Z$/m | $H$/m | $T$/K | $t$/℃ | $T_M$/K | $\rho$/(kg/m$^3$) | $\rho/\rho_0$ | $P$/mbar * | $P$/Torr** | $P/P_0$ | $g$/(m/s$^2$) | $H_p$/m | $M$/(kg/kmol) | $C_s$/(m/s) |
| 0 | 0 | 288.15 | 15 | 288.15 | 1.225 0 * 0 | 1.000 0 * 0 | 1.013 25 * 3 | 7.600 0 * 2 | 1.000 0 * 0 | 9.806 6 | 8 434.5 | 28.964 | 340.29 |
| 500 | 500 | 284.9 | 11.75 | 284.9 | 1.167 3 | 9.528 8 − 1 | 9.546 1 * 2 | 7.160 1 | 9.421 2 − 1 | 9.805 1 | 8 340.7 | 28.964 | 338.37 |
| 1 000 | 1 000 | 281.651 | 8.501 | 281.651 | 1.111 7 | 9.074 8 | 8.987 6 | 6.741 2 | 8.87 | 9.803 6 | 8 246.9 | 28.964 | 336.43 |
| 1 500 | 1 500 | 278.402 | 5.252 | 278.402 | 1.058 1 | 8.637 6 | 8.455 9 | 6.342 4 | 8.345 3 | 9.802 | 8 153 | 28.964 | 334.49 |
| 2 000 | 1 999 | 275.154 | 2.004 | 275.154 | 1.006 6 | 8.216 8 | 7.950 1 | 5.963 | 7.846 1 | 9.800 5 | 8 059.2 | 28.964 | 332.53 |
| 2 500 | 2 499 | 271.906 | −1.244 | 271.906 | 9.569 5 − 1 | 7.811 9 | 7.469 1 | 5.602 3 | 7.371 5 | 9.798 9 | 7 965.3 | 28.964 | 330.56 |
| 3 000 | 2 999 | 268.659 | −4.491 | 268.659 | 9.092 5 | 7.422 5 | 7.012 1 | 5.259 5 | 6.920 4 | 9.797 4 | 7 871.4 | 28.964 | 328.58 |
| 3 500 | 3 498 | 265.413 | −7.737 | 265.413 | 8.634 | 7.048 2 | 6.578 0 | 4.933 9 | 6.492 0 | 9.795 9 | 7 777.5 | 28.964 | 326.59 |
| 4 000 | 3 997 | 262.166 | −10.984 | 262.166 | 8.193 5 | 6.688 5 | 6.166 0 | 4.624 9 | 6.085 4 | 9.794 3 | 7 683.6 | 28.964 | 324.59 |
| 4 500 | 4 497 | 258.921 | −14.229 | 258.921 | 7.770 4 | 6.343 2 | 5.775 2 | 4.331 7 | 5.699 7 | 9.792 8 | 7 580.7 | 28.964 | 322.57 |
| 5 000 | 4 996 | 255.676 | −17.474 | 255.676 | 7.364 3 | 6.011 7 | 5.404 8 | 4.053 9 | 5.334 1 | 9.791 2 | 7 495.7 | 28.964 | 320.55 |
| 5 500 | 5 495 | 252.431 | −20.719 | 252.431 | 6.974 7 | 5.693 6 | 5.053 9 | 3.790 7 | 4.987 8 | 9.789 7 | 7 401.8 | 28.964 | 318.51 |

* 1 bar = $10^5$ Pa。

** 1 Torr = $1.333\ 22\times10^2$ Pa。

续 表

| 高度 | | 温度 | | | 密度 | 相对密度 | 压力 | | | 重力加速度 | 压力标高 | 分子量 | 声速 |
|---|---|---|---|---|---|---|---|---|---|---|---|---|---|
| $Z$/m | $H$/m | $T$/K | $t$/℃ | $T_M$/K | $\rho$/(kg/m$^3$) | $\rho/\rho_0$ | $P$/mbar | $P$/Torr | $P/P_0$ | $g$/(m/s$^2$) | $H_p$/m | $M$/(kg/kmol) | $C_s$/(m/s) |
| 6 000 | 5 994 | 249. 187 | −23. 963 | 249. 187 | 6. 601 1 | 5. 388 7 | 4. 721 7 | 3. 541 6 | 4. 660 0 | 9. 788 2 | 7 307. 8 | 28. 964 | 316. 45 |
| 6 500 | 6 493 | 245. 943 | −27. 207 | 245. 943 | 6. 243 1 | 5. 096 4 | 4. 407 5 | 3. 305 9 | 4. 349 9 | 9. 786 6 | 7 213. 8 | 28. 964 | 314. 39 |
| 7 000 | 6 992 | 242. 7 | −30. 45 | 242. 7 | 5. 900 2 | 4. 816 5 | 4. 110 5 | 3. 083 1 | 4. 056 7 | 9. 785 1 | 7 118. 3 | 28. 964 | 312. 31 |
| 7 500 | 7 491 | 239. 457 | −33. 693 | 239. 457 | 5. 571 9 | 4. 548 5 | 3. 829 9 | 2. 872 7 | 3. 779 8 | 9. 783 5 | 7 024. 1 | 28. 964 | 310. 21 |
| 8 000 | 7 990 | 236. 215 | −36. 935 | 236. 215 | 5. 257 9 | 4. 292 1 | 3. 565 1 | 2. 674 0 | 3. 518 5 | 9. 782 0 | 6 929. 8 | 28. 964 | 308. 11 |
| 8 500 | 8 489 | 232. 974 | −40. 176 | 232. 974 | 4. 957 6 | 4. 074 0 | 3. 315 4 | 2. 486 7 | 3. 272 0 | 9. 780 4 | 6 835. 5 | 28. 964 | 305. 98 |
| 9 000 | 8 987 | 229. 733 | −43. 417 | 229. 733 | 4. 670 6 | 3. 812 8 | 3. 080 0 | 2. 310 2 | 3. 039 7 | 9. 778 9 | 6 741. 2 | 28. 964 | 303. 85 |
| 9 500 | 9 486 | 226. 492 | −46. 658 | 226. 492 | 4. 396 6 | 3. 589 1 | 2. 858 4 | 2. 144 0 | 2. 821 0 | 9. 777 4 | 6 646. 9 | 28. 964 | 301. 70 |
| 10 000 | 9 984 | 223. 252 | −49. 898 | 223. 252 | 4. 135 1 | 3. 375 6 | 2. 649 9 | 1. 987 6 | 2. 615 3 | 9. 775 8 | 6 552. 5 | 28. 964 | 299. 53 |
| 10 500 | 10 483 | 220. 013 | −53. 137 | 220. 013 | 3. 885 7 | 3. 172 0 | 2. 454 0 | 1. 840 6 | 2. 421 9 | 9. 774 3 | 6 458. 1 | 28. 964 | 297. 35 |
| 11 000 | 10 981 | 216. 774 | −56. 376 | 216. 774 | 3. 648 0 | 2. 978 0 | 2. 269 9 | 1. 702 6 | 2. 240 3 | 9. 772 7 | 6 363. 6 | 28. 964 | 295. 15 |
| 12 000 | 11 977 | 216. 650 | −56. 5 | 216. 650 | 3. 119 4 | 2. 546 4 | 1. 939 9 | 1. 455 0 | 1. 194 5 | 9. 769 7 | 6 365. 6 | 28. 964 | 295. 07 |
| 13 000 | 12 973 | 216. 650 | −56. 5 | 216. 650 | 2. 666 0 | 2. 176 3 | 1. 657 9 | 1. 243 5 | 1. 636 2 | 9. 766 6 | 6 367. 6 | 28. 964 | 295. 07 |
| 14 000 | 13 969 | 216. 650 | −56. 5 | 216. 650 | 2. 278 6 | 1. 860 1 | 1. 417 0 | 1. 062 8 | 1. 398 5 | 9. 763 5 | 6 369. 6 | 28. 964 | 295. 07 |
| 15 000 | 14 965 | 216. 650 | −56. 5 | 216. 650 | 1. 947 6 | 1. 589 8 | 1. 211 1 | 9. 084 6 * 1 | 1. 195 3 | 9. 760 4 | 6 371. 7 | 28. 964 | 295. 07 |
| 16 000 | 15 960 | 216. 650 | −56. 5 | 216. 650 | 1. 664 7 | 1. 358 9 | 1. 035 2 | 7. 765 2 | 1. 021 7 | 9. 757 3 | 6 373. 7 | 28. 964 | 295. 07 |
| 17 000 | 16 955 | 216. 650 | −56. 5 | 216. 650 | 1. 423 0 | 1. 161 6 | 8. 849 7 * 1 | 6. 637 8 | 8. 734 0 − 2 | 9. 754 3 | 6 375. 7 | 28. 964 | 295. 07 |
| 18 000 | 17 949 | 216. 650 | −56. 5 | 216. 650 | 1. 216 5 | 9. 930 4 − 2 | 7. 565 2 | 5. 674 3 | 7. 466 3 | 9. 751 2 | 6 377. 7 | 28. 964 | 295. 07 |
| 19 000 | 18 943 | 216. 650 | −56. 5 | 216. 650 | 1. 040 0 | 8. 489 4 | 6. 467 4 | 4. 851 | 6. 382 9 | 9. 748 1 | 6 379. 7 | 28. 964 | 295. 07 |
| 20 000 | 19 937 | 216. 650 | −56. 5 | 216. 650 | 8. 891 0 − 2 | 7. 258 | 5. 529 3 | 4. 147 3 | 5. 457 | 9. 745 0 | 6 381. 7 | 28. 964 | 295. 07 |
| 21 000 | 20 931 | 217. 581 | −55. 569 | 217. 581 | 7. 571 5 | 6. 180 8 | 4. 728 9 | 3. 546 9 | 4. 667 1 | 9. 742 0 | 6 413. 2 | 28. 964 | 295. 70 |
| 22 000 | 21 924 | 218. 574 | −54. 576 | 218. 574 | 6. 451 | 5. 266 1 | 4. 047 5 | 3. 035 8 | 3. 994 5 | 9. 738 9 | 6 444. 7 | 28. 964 | 296. 38 |
| 23 000 | 22 917 | 219. 567 | −53. 583 | 219. 567 | 5. 500 6 | 4. 490 3 | 3. 466 8 | 2. 600 3 | 3. 421 5 | 9. 735 8 | 6 476. 2 | 28. 964 | 297. 05 |

续 表

| 高 度 | | 温 度 | | | 密 度 | 相对密度 | 压 力 | | | 重力加速度 | 压力标高 | 分子量 | 声 速 |
|---|---|---|---|---|---|---|---|---|---|---|---|---|---|
| $Z$/m | $H$/m | $T$/K | $t$/℃ | $T_M$/K | $\rho$/(kg/m$^3$) | $\rho/\rho_0$ | $P$/mbar | $P$/Torr | $P/P_0$ | $g$/(m/s$^2$) | $H_p$/m | $M$/(kg/kmol) | $C_s$/(m/s) |
| 24 000 | 23 910 | 220. 560 | −52. 59 | 220. 560 | 4. 693 8 | 3. 831 7 | 2. 971 7 | 2. 228 9 | 2. 932 8 | 9. 732 7 | 6 507. 8 | 28. 964 | 297. 72 |
| 25 000 | 24 902 | 221. 552 | −51. 598 | 221. 552 | 4. 008 4 | 3. 272 2 | 2. 549 2 | 1. 912 | 2. 515 8 | 9. 729 7 | 6 539. 3 | 28. 964 | 298. 39 |
| 26 000 | 25 894 | 222. 544 | −50. 606 | 222. 544 | 3. 425 7 | 2. 796 5 | 2. 188 3 | 1. 641 4 | 2. 159 7 | 9. 726 6 | 6 570. 9 | 28. 964 | 299. 06 |
| 27 000 | 26 886 | 223. 536 | −49. 614 | 223. 536 | 2. 929 8 − 2 | 2. 391 7 − 2 | 1. 879 9 * 1 | 1. 410 0 * 1 | 1. 855 3 − 2 | 9. 723 5 | 6 602. 5 | 28. 964 | 299. 72 |
| 28 000 | 27 877 | 224. 527 | −48. 623 | 224. 527 | 2. 507 6 | 2. 047 | 1. 616 1 | 1. 212 2 | 1. 595 | 9. 720 4 | 6 634. 1 | 28. 964 | 300. 39 |
| 29 000 | 28 868 | 225. 518 | −47. 632 | 225. 518 | 2. 147 8 | 1. 753 3 | 1. 390 4 | 1. 042 9 | 1. 372 2 | 9. 717 4 | 6 665. 7 | 28. 964 | 301. 05 |
| 30 000 | 29 859 | 226. 509 | −46. 641 | 226. 509 | 1. 841 | 1. 502 9 | 1. 197 | 8. 978 4 * 0 | 1. 181 3 | 9. 714 3 | 6 697. 4 | 28. 964 | 301. 71 |
| 31 000 | 30 850 | 227. 500 | −45. 65 | 227. 500 | 1. 579 2 | 1. 289 1 | 1. 031 2 | 7. 735 1 | 1. 017 7 | 9. 711 2 | 6 729. 1 | 28. 964 | 302. 37 |
| 32 000 | 31 840 | 228. 490 | −44. 66 | 228. 490 | 1. 355 5 | 1. 106 5 | 8. 890 6 * 0 | 6. 668 5 | 8. 774 3 − 3 | 9. 708 2 | 6 760. 8 | 28. 964 | 303. 02 |
| 34 000 | 33 819 | 233. 743 | −39. 407 | 233. 743 | 9. 887 4 − 3 | 8. 071 4 − 3 | 6. 634 1 | 4. 976 | 6. 547 3 | 9. 702 0 | 6 930. 7 | 28. 964 | 306. 49 |
| 36 000 | 35 797 | 239. 282 | −33. 868 | 239. 282 | 7. 257 9 | 5. 924 8 | 4. 985 2 | 3. 739 2 | 4. 92 | 9. 695 9 | 7 100. 9 | 28. 964 | 310. 10 |
| 38 000 | 37 774 | 244. 818 | −28. 332 | 244. 818 | 5. 366 6 | 4. 380 9 | 3. 771 3 | 2. 828 7 | 3. 722 | 9. 689 8 | 7 271. 3 | 28. 964 | 313. 67 |
| 40 000 | 39 750 | 250. 350 | −22. 8 | 250. 350 | 3. 995 7 | 3. 261 8 | 2. 871 4 | 2. 153 7 | 2. 833 8 | 9. 683 6 | 7 441. 9 | 28. 964 | 317. 19 |
| 42 000 | 41 724 | 255. 878 | −17. 272 | 255. 878 | 2. 994 8 | 2. 444 7 | 2. 199 6 | 1. 649 8 | 2. 170 9 | 9. 677 5 | 7 612. 7 | 28. 964 | 320. 67 |
| 44 000 | 43 698 | 261. 403 | −11. 747 | 261. 403 | 2. 258 9 | 1. 844 0 | 1. 694 9 | 1. 271 3 | 1. 672 8 | 9. 671 4 | 7 783. 8 | 28. 964 | 324. 12 |
| 46 000 | 45 669 | 266. 925 | −6. 225 | 266. 925 | 1. 714 2 | 1. 339 3 | 1. 313 4 | 9. 851 3 − 1 | 1. 296 2 | 9. 665 2 | 7 955. 0 | 28. 964 | 327. 52 |
| 48 000 | 47 640 | 270. 650 | −2. 5 | 270. 650 | 1. 316 7 | 1. 074 9 | 1. 022 9 | 7. 672 8 | 1. 009 5 | 9. 659 1 | 8 043. 3 | 28. 964 | 329. 80 |
| 50 000 | 49 610 | 270. 650 | −2. 5 | 270. 650 | 1. 026 9 | 8. 382 7 − 4 | 7. 977 9 − 1 | 5. 983 9 | 7. 873 5 − 4 | 9. 653 0 | 8 048. 4 | 28. 964 | 329. 80 |
| 55 000 | 54 528 | 260. 771 | −12. 379 | 260. 771 | 5. 681 0 − 4 | 4. 637 6 | 4. 252 5 | 3. 189 6 | 4. 196 9 | 9. 637 7 | 7 727. 6 | 28. 964 | 323. 72 |
| 60 000 | 59 439 | 247. 021 | −26. 129 | 247. 021 | 3. 096 8 | 2. 528 | 2. 195 8 | 1. 647 | 2. 167 1 | 9. 624 1 | 7 367. 8 | 28. 964 | 315. 07 |
| 65 000 | 64 342 | 233. 292 | −39. 858 | 233. 292 | 1. 632 1 | 1. 332 3 | 1. 092 9 | 8. 197 9 − 2 | 1. 078 6 | 9. 609 1 | 6 969. 1 | 28. 964 | 306. 19 |
| 70 000 | 69 238 | 219. 585 | −53. 565 | 219. 585 | 8. 282 9 − 5 | 6. 761 6 − 5 | 5. 220 9 − 2 | 3. 916 | 5. 152 6 − 5 | 9. 594 2 | 6 569. 9 | 28. 964 | 297. 06 |
| 75 000 | 74 125 | 208. 399 | −64. 751 | 208. 399 | 3. 992 1 | 3. 258 9 | 2. 388 1 | 1. 791 2 | 2. 356 9 | 9. 579 3 | 6 244. 9 | 28. 964 | 289. 40 |

续 表

| 高度 | | 温度 | | | 密度 | 相对密度 | 压力 | | | 重力加速度 | 压力标高 | 分子量 | 声速 |
|---|---|---|---|---|---|---|---|---|---|---|---|---|---|
| $Z$/m | $H$/m | $T$/K | $t$/℃ | $T_M$/K | $\rho$/(kg/m$^3$) | $\rho/\rho_0$ | $P$/mbar | $P$/Torr | $P/P_0$ | $g$/(m/s$^2$) | $H_p$/m | $M$/(kg/kmol) | $C_s$/(m/s) |
| 80 000 | 79 006 | 198.639 | -74.511 | 198.639 | 1.845 8 | 1.506 8 | 1.052 4 | 7.894 2 - 3 | 1.038 7 | 9.564 4 | 5 961.7 | 28.964 | 282.54 |
| 85 000 | 83 878 | 188.893 | -84.257 | 188.893 | 8.219 6 - 6 | 6.709 9 - 6 | 4.456 8 - 3 | 3.342 9 | 4.398 5 - 6 | 9.549 6 | 5 678.0 | 28.964 | 275.52 |
| 90 000 | 88 744 | 186.87 | -86.28 | 187.210 | 3.416 | 2.789 | 1.835 9 | 1.377 1 | 1.811 9 | 9.534 8 | 5 636 | 28.91 | |
| 95 000 | 93 601 | 188.42 | -84.73 | 189.92 | 1.393 | 1.137 | 7.596 6 - 4 | 5.697 9 - 4 | 7.497 3 - 7 | 9.520 0 | 5 727 | 28.73 | |
| 100 000 | 98 451 | 195.08 | -78.07 | 198.99 | 5.604 - 7 | 4.575 - 7 | 3.201 1 | 2.401 | 3.159 3 | 9.505 2 | 6 009 | 28.4 | |
| 110 000 | 108 129 | 240 | -33.15 | 254.93 | 9.708 - 8 | 7.925 - 8 | 7.104 2 - 5 | 5.328 6 - 5 | 7.011 3 - 8 | 9.475 9 | 7 723 | 27.27 | |
| 120 000 | 117 777 | 360 | 86.85 | 397.91 | 2.222 | 1.814 | 2.538 2 | 1.903 8 | 2.505 | 9.446 6 | 12 091 | 26.2 | |
| 130 000 | 127 395 | 469.27 | 196.12 | 534.36 | 8.152 - 9 | 6.655 - 9 | 1.250 5 | 9.379 5 - 6 | 1.234 1 | 9.417 5 | 16 288 | 25.44 | |
| 140 000 | 136 983 | 559.63 | 286.48 | 654.94 | 3.831 | 3.128 | 7.202 8 - 6 | 5.402 6 | 7.108 7 - 9 | 9.388 6 | 20 025 | 24.75 | |
| 150 000 | 146 542 | 634.39 | 361.24 | 762.35 | 2.076 | 1.694 | 4.542 2 | 3.407 | 4.482 8 | 9.359 7 | 23 380 | 24.1 | |
| 160 000 | 156 072 | 696.29 | 423.14 | 858.63 | 1.233 | 1.007 | 3.039 5 | 2.279 8 | 2.999 7 | 9.331 0 | 26 414 | 23.49 | |
| 170 000 | 165 572 | 747.57 | 474.42 | 945.46 | 7.815 - 10 | 6.380 - 10 | 2.121 | 1.590 9 | 2.093 3 | 9.303 4 | 29 175 | 22.9 | |
| 180 000 | 175 043 | 790.07 | 516.92 | 1 024.24 | 5.194 | 4.24 | 1.527 1 | 1.145 5 | 1.507 2 | 9.274 0 | 31 703 | 22.34 | |
| 190 000 | 184 486 | 825.31 | 552.16 | 1 096.07 | 3.581 | 2.923 | 1.126 6 | 8.449 9 - 7 | 1.111 8 | 9.245 7 | 34 030 | 21.81 | |
| 200 000 | 193 899 | 854.56 | 581.41 | 1 161.85 | 2.541 | 2.074 | 8.473 6 - 7 | 6.355 7 | 8.362 8 - 10 | 9.217 5 | 36 183 | 21.3 | |
| 210 000 | 203 284 | 878.84 | 605.69 | 1 222.31 | 1.846 | 1.507 | 6.475 6 | 4.857 1 | 6.391 | 9.189 5 | 38 182 | 20.83 | |
| 220 000 | 212 641 | 899.01 | 625.86 | 1 278.02 | 1.367 | 1.116 | 5.014 9 | 3.761 5 | 4.949 4 | 9.161 5 | 40 043 | 20.37 | |
| 230 000 | 221 969 | 915.78 | 642.63 | 1 329.43 | 1.029 | 8.402 - 11 | 3.927 6 | 2.946 | 3.876 3 | 9.133 7 | 41 781 | 19.95 | |
| 240 000 | 231 268 | 929.73 | 656.58 | 1 376.91 | 7.858 - 11 | 6.415 - 11 | 3.105 9 - 7 | 2.329 6 - 7 | 3.065 3 - 10 | 9.106 1 | 43 405 | 19.56 | |
| 250 000 | 240 540 | 941.33 | 668.18 | 1 420.80 | 6.073 | 4.957 | 2.476 7 | 1.857 7 | 2.444 3 | 9.078 5 | 44 924 | 19.19 | |
| 260 000 | 249 784 | 950.99 | 677.84 | 1 461.34 | 4.742 | 3.871 | 1.989 4 | 1.492 2 | 1.963 4 | 9.051 1 | 46 346 | 18.85 | |
| 270 000 | 258 999 | 959.04 | 685.89 | 1 498.80 | 3.738 | 3.052 | 1.608 3 | 1.206 3 | 1.587 2 | 9.023 8 | 47 578 | 18.53 | |
| 280 000 | 268 187 | 965.75 | 692.6 | 1 533.38 | 2.971 | 2.425 | 1.307 6 | 9.807 5 | 1.290 5 | 8.996 6 | 48 925 | 18.24 | |

续 表

| 高 度 | | 温 度 | | | 密 度 | 相对密度 | 压 力 | | | 重力加速度 | 压力标高 | 分子量 | 声 速 |
|---|---|---|---|---|---|---|---|---|---|---|---|---|---|
| $Z$/m | $H$/m | $T$/K | $t$/℃ | $T_M$/K | $\rho$/(kg/m$^3$) | $\rho/\rho_0$ | $P$/mbar | $P$/Torr | $P/P_0$ | $g$/(m/s$^2$) | $H_p$/m | $M$/(kg/kmol) | $C_s$/(m/s) |
| 290 000 | 277 347 | 971. 34 | 698. 19 | 1 565. 32 | 2. 378 | 1. 941 | 1. 068 5 | 8. 014 1 | 1. 054 5 | 8. 969 6 | 50 095 | 17. 97 | |
| 300 000 | 286 480 | 976. 01 | 702. 86 | 1 594. 83 | 1. 916 | 1. 564 | 8. 770 4 − 8 | 6. 578 3 | 8. 655 7 − 11 | 8. 942 7 | 51 193 | 17. 73 | |
| 320 000 | 304 663 | 983. 16 | 710. 01 | 1 647. 42 | 1. 264 | 1. 032 | 5. 979 6 | 4. 485 0 | 5. 901 4 | 8. 889 2 | 53 199 | 17. 29 | |
| 340 000 | 322 738 | 988. 15 | 715 | 1 692. 90 | 8. 503 − 12 | 6. 941 − 12 | 4. 132 | 3. 099 2 | 4. 077 9 | 8. 836 1 | 54 996 | 16. 91 | |
| 360 000 | 340 705 | 991. 65 | 718. 5 | 1 733. 05 | 5. 805 | 4. 739 | 2. 887 8 | 2. 166 1 | 2. 850 1 | 8. 783 6 | 56 637 | 16. 57 | |
| 380 000 | 358 565 | 994. 10 | 720. 95 | 1 769. 66 | 4. 013 | 3. 276 | 2. 038 4 | 1. 528 9 | 2. 011 7 | 8. 731 5 | 58 178 | 16. 27 | |
| 400 000 | 376 320 | 995. 83 | 722. 68 | 1 804. 54 | 2. 803 | 2. 288 | 1. 451 8 | 1. 088 9 | 1. 432 8 | 8. 679 9 | 59 678 | 15. 98 | |
| 420 000 | 393 970 | 997. 04 | 723. 89 | 1 839. 52 | 1. 975 | 1. 612 | 1. 042 7 | 7. 821 1 − 9 | 1. 029 1 | 8. 628 8 | 61 195 | 15. 70 | |
| 440 000 | 411 516 | 997. 90 | 724. 75 | 1 876. 48 | 1. 402 | 1. 144 | 7. 551 7 − 9 | 5. 664 2 | 7. 452 9 − 12 | 8. 578 0 | 62 794 | 15. 40 | |
| 460 000 | 428 959 | 998. 50 | 725. 35 | 1 917. 39 | 1. 002 | 8. 180 − 13 | 5. 515 5 | 4. 137 | 5. 443 4 | 8. 527 8 | 64 541 | 15. 08 | |
| 480 000 | 446 300 | 998. 93 | 725. 78 | 1 964. 36 | 7. 208 − 13 | 5. 884 | 4. 064 2 | 3. 048 4 | 4. 011 1 | 8. 478 0 | 66 511 | 14. 73 | |
| 500 000 | 463 540 | 999. 24 | 726. 09 | 2 019. 69 | 5. 215 | 4. 257 | 3. 023 6 | 2. 267 9 | 2. 984 | 8. 428 6 | 68 785 | 14. 33 | |
| 550 000 | 506 202 | 999. 67 | 726. 52 | 2 211. 70 | 2. 384 | 1. 946 | 1. 513 7 | 1. 135 4 | 1. 493 9 | 8. 307 0 | 76 427 | 13. 09 | |
| 600 000 | 548 252 | 999. 85 | 726. 7 | 2 517. 10 | 1. 137 | 9. 279 − 14 | 8. 213 0 | 6. 160 2 − 10 | 8. 105 6 − 13 | 8. 188 0 | 88 244 | 11. 51 | |
| 650 000 | 589 701 | 999. 93 | 726. 78 | 2 980. 36 | 5. 712 | 4. 663 | 4. 886 5 | 3. 665 1 | 4. 822 6 | 8. 071 6 | 105 992 | 9. 72 | |
| 700 000 | 630 563 | 999. 97 | 726. 82 | 3 621. 27 | 3. 070 | 2. 506 | 3. 190 8 | 2. 393 3 | 3. 149 1 | 7. 957 6 | 130 630 | 8. 00 | |
| 750 000 | 670 850 | 999. 99 | 726. 84 | 4 402. 64 | 1. 788 | 1. 4 | 2. 259 9 | 1. 695 1 | 2. 230 3 | 7. 846 0 | 161 074 | 6. 58 | |
| 800 000 | 710 574 | 999. 99 | 726. 84 | 5 225. 06 | 1. 136 − 14 | 9. 272 − 15 | 1. 703 6 − 10 | 1. 277 8 | 1. 681 3 | 7. 736 8 | 193 862 | 5. 54 | |
| 850 000 | 749 747 | 1 000. 00 | 726. 85 | 5 973. 45 | 7. 824 − 15 | 6. 387 | 1. 341 5 | 1. 006 2 | 1. 324 | 7. 629 8 | 224 737 | 4. 85 | |
| 900 000 | 788 380 | 1 000. 00 | 726. 85 | 6 577. 11 | 5. 759 | 4. 701 | 1. 087 3 | 8. 155 6 − 11 | 1. 073 1 | 7. 525 0 | 250 894 | 4. 40 | |
| 950 000 | 826 484 | 1 000. 00 | 726. 85 | 7 026. 78 | 4. 453 | 3. 635 | 8. 916 − 11 | 6. 736 8 | 8. 864 2 − 14 | 7. 422 4 | 271 754 | 4. 12 | |
| 1 000 000 | 864 071 | 1 000. 00 | 726. 85 | 7 351. 15 | 3. 561 | 2. 907 | 7. 513 8 | 5. 635 8 | 7. 415 5 | 7. 321 8 | 288 203 | 3. 94 | |